新装版
数理解析学概論

北田 均

Introduction to
Mathematical Analysis

現代数学社

新装版によせて

　本書は 2012 年に初版が刊行され，2016 年に内容の精緻化を重ねて新訂版を発行いたしました．そして今回，本書が今後も広く参照され続けることを願い新装版として再構成いたしました．故・北田均先生の思想や精神を残しつつお読みいただけるよう心がけております．本書の刊行に際し，ご快諾くださったご遺族様と支えてくださる読者様に心より深く感謝申し上げます．

現代数学社編集部

新訂版 (2016 年) 序文

　初版が出版されてから 4 年ほど経つが，その間に誤植を含むいくつかの不備に気がついた．その後 amazon.co.jp の口コミ欄にほぼ独学と思われる熱心な読者による書き込みに気がついた．彼によれば本書だけで超関数を理解することは難しいという指摘を受けた．確かに $\mathcal{D}(\Omega)$ の帰納的極限としての定義においては数学者の間では暗黙のうちに有向集合 $A = \{K \mid K$ は Ω のコンパクト集合$\}$ の順序は集合の包含関係とされることについてはふれないで $\mathcal{D}(\Omega)$ の「定義」を書いてしまった．今回このような点とまた台がコンパクトな超関数という重要な話題についての記述を少々加え読者の便を図るように改訂増補した．現代数学社の富田淳社長のご意向もありこれを新訂版＝「新装版＋改訂増補版」として刊行する機会を与えられたのでここに上梓する次第である．今後も熱心な読者の期待に応えるべくさらなる精進をしたいと考えている．

　　2016 年 7 月 29 日　『トトロの猫バス』がメイとサツキを乗せて舞い降りた大きなモミの木が正面に見える東京都東村山市諏訪町の新山の手病院の一病室に於いて

北田　均

序 文

　本書は数学において大学で学ぶべき基本的事柄をまとめ，学生および一般諸氏の便に供するものである．数学の論理性を明確に示すことは本書を書くに当たり最も心を砕いたところである．そのため第I部で高等学校の知識があれば学べる線型代数をまず述べ，読者諸氏の抽象的な思考への入り口とした．この第I部の線型代数の知識はまたその後に述べる多変数の解析学を学ぶ際にも必須の事柄である．第I部において当然のことと仮定して用いた数の概念を述べるため，その後の第II部の第6章において19世紀末頃から認識され始めた数学の持つ根本的困難を叙述し，論理学の初歩とともにゲーデル (Gödel) の不完全性定理の一つの証明を述べた．チューリング (Turing)，チャーチ (Church)，タルスキ (Tarski)，ゲーデル (Gödel) 等の人々により1930年前後に相次いで発見された数学ないし計算科学における決定不可能命題について昨今安易な解決を喧伝する向きも見られるが，この問題は決してそのように安易に捉えられるべきものではない．これらの人々による決定不可能命題の発見は，その後数学基礎論の研究を数学者にとって有害でこそあれ益のないものとして斥けあるいは時に嫌悪感を持って語られるという，不当な扱いを受けることすらあるようである．しかしながらこの発見は80年あまりの時を経てその多方面への影響の大きさが理解されてきたものである．

　ゲーデルの定理を述べたのち集合論を公理論的に概観し，順序数等のカントールに由来する無限の概念を述べる．順序数の概念はカントールの解こうとした解析学の問題から派生したものであったが実は本来の彼の問題とは離れた方向性ではあった．しかしながら集合の概念は現代数学の基礎をなし容易に他の概念で置き換えられるものではない．数学の基礎的な問題を概観した後，第II部の本来の題目である実数の概念を集合論から構成する立場に立ち詳しく見る．そして実数の一般化としての位相および距離空間の概念を学び，実数特にいわゆる実数の連続性の概念がより高度の立場から如何に見直されるかを学ぶ．

その後第12章で連続関数を定義しその性質を概観しべき関数と指数関数について学ぶ．そののち現代解析学において至る所に現れるきわめて重要な不動点定理をいわゆる縮小写像の原理として述べ後の章への準備を行う．さらに第13章において級数について学び実数体上の関数の具体例として級数により定義される初等関数の定義を述べる．これらは一変数関数であるのでその微分は高等学校において学んでいることを踏まえ，この章の最後でべき級数で定義される関数の微分についても述べる．第14章においては一般のバナッハ空間を定義し，バナッハ空間の間の写像の微分の概念をいわゆるフレッシェ微分として導入する．偏微分はバナッハ空間がいくつかのバナッハ空間の直積として書けている場合の成分ごとの微分として導入される．この章では一実変数実数値関数の基本的性質も述べられ多変数の場合を含むバナッハ空間の場合の陰関数定理および逆関数定理が述べられる．その後の積分の章である第15章では高等学校から学んできたリーマン積分の概念を詳しく学びバナッハ空間に値をとる関数についても取り扱う．微分積分学の基本定理もバナッハ空間に値をとる関数の場合まで示す．多変数の積分を最初から扱い変数変換等は多変数の場合まで学ぶ．第13章で級数で定義されたコサイン関数の最初の正の零点の二倍として定義された円周率 が積分の章の最後に至って線積分の概念を通して初めてその幾何学的意味を与えられ，集合論から出発した解析学が大団円を描く．

　第16章においてはリーマン積分の一般化としてルベーグにより導入された積分の概念であるルベーグ積分を概観する．この概念は現代数学において必須であり大学前期課程においてもその概要，特に位相の概念の特殊化であるシグマ加法族等の集合の族を学ぶことは意味があろう．この章では複素数値関数についてルベーグの収束定理に代表されるルベーグ積分論において初めて一般的な形に述べられた積分の列の収束に関する判定条件も学ぶ．後の章でボホナー積分を導入する準備として第17章で位相の入った線型空間の概念を学びノルム空間におけるハーン-バナッハの定理等のごく基本的な関数解析の知識を学ぶ．またこの章ではシュワルツの超

関数について必要最小限の導入がなされる．そののちの第18章でバナッハ空間に値を持つ関数の積分であるボホナー積分を導入しルベーグ積分の場合を含めた微分積分学の基本定理を証明する．さらに基本定理の系である部分積分法を用い現代解析学においてもっとも有用とされる広義積分としての振動積分の概念を定義し擬微分作用素，フーリエ積分作用素の定義を与える．これらは現今解析学において重要かつ強力な手法となっている超局所解析における基本的な道具となっているものである．後の第19, 20, 21章においてこれらの作用素の基本的性質および演算を扱う．その後の最終章第22章でバナッハ空間値関数の広義積分の実際例として散乱理論における漸近的完全性の超局所解析による証明を述べる．

　本書は著者が東京大学の理系の学生および大学院生に行った講義のノートをもとに，学生諸氏の勉学の便に供するため東京大学消費生活協同組合の駒場書籍部から上條敬一氏のご厚意により『数学入門』というタイトルで限定出版されたものがもとになっている．この限定版の段階では主に大学一年生に行った授業が収められていた．今回現代数学社の富田淳社長のご厚意により上梓する機会が与えられたのを機に，初等的な例等を省き代わりにより高度な大学院で行った講義を含めるよう大幅に拡大した．この更改に伴いタイトルを大学院で行った講義名に改めた．
　本書を書くきっかけを与えていただいた学生諸氏および上條氏に，また2005年度の東京大学での一年生の解析学の授業の演習をご担当いただき限定出版されたものへいくつかの貴重なご指摘をいただいた片岡俊孝氏にこの場をお借りし感謝の意を表する．

　本書が数学を真摯に学ぶ学生諸氏および一般読者のお役に少しでも立てれば幸いである．

2012年6月6日東京にて

北田　均

目 次

序 文

第 I 部　線型代数学入門 ─── 1

第 1 章　自然現象と線型現象 ─── 3

第 2 章　行列と線型写像 ─── 15
- 2.1　線型方程式と行列 ─── 15
- 2.2　正則性と逆行列 ─── 27
- 2.3　階数 ─── 32
- 2.4　次元と基底 ─── 37
- 2.5　解の自由度と解空間 ─── 44

第 3 章　行列式と内積 ─── 47
- 3.1　行列式と逆行列 ─── 47
- 3.2　内積と計量 ─── 53

第 4 章　線型空間上の計量 ─── 63
- 4.1　線型空間の定義 ─── 63
- 4.2　線型写像の階数 ─── 72
- 4.3　計量線型空間 ─── 77

第 5 章　ジョルダン標準形 ─── 81
- 5.1　特性方程式 ─── 81
- 5.2　対角化可能性 ─── 86
- 5.3　最小多項式 ─── 93
- 5.4　広義固有空間 ─── 95
- 5.5　ジョルダン標準形 ─── 98
- 5.6　実正規変換 ─── 103

第 II 部　数理解析学概論　　109

第 6 章　数学の論理　　111
6.1　公理論的な記述と無矛盾性　　111
6.2　形式的自然数論　　115
6.3　自然数論の不完全性　　122

第 7 章　公理論的集合論　　141
7.1　集合とパラドクス　　141
7.2　集合論の公理系　　143
7.3　集合の構成　　148
7.4　自然数と無限公理　　155
7.5　冪集合と集合の同値　　159

第 8 章　順序数と濃度　　165
8.1　整列集合の分類　　165
8.2　順序数と濃度　　172

第 9 章　実数　　185
9.1　有理数の構成　　185
9.2　実数の構成　　187

第 10 章　実数の連続性　　199
10.1　部分集合による表現　　199
10.2　収束列による表現　　203
10.3　閉区間列による表現　　206
10.4　諸表現の同値性　　210

第 11 章　位相と距離　　219
11.1　位相　　219
11.2　距離空間と完備性　　226
11.3　コンパクト性　　237

第12章 連続写像 ································ 243
- 12.1 連続性 ································ 243
- 12.2 中間値の定理 ································ 249
- 12.3 べき関数と指数関数 ································ 253
- 12.4 不動点定理 ································ 260

第13章 級数 ································ 265
- 13.1 級数の収束 ································ 265
- 13.2 べき級数展開 ································ 273

第14章 バナッハ空間における微分 ································ 285
- 14.1 微分と偏微分 ································ 285
- 14.2 平均値の定理 ································ 298
- 14.3 陰関数定理 ································ 306
- 14.4 極値の条件 ································ 312

第15章 リーマン積分 ································ 319
- 15.1 積分可能性 ································ 319
- 15.2 1次元区間上の積分 ································ 335
- 15.3 多重積分 ································ 344
- 15.4 1次元の広義積分 ································ 346
- 15.5 一般の集合上の積分 ································ 348
- 15.6 線積分 ································ 364

第16章 ルベーグ積分 ································ 371
- 16.1 可算加法性と可測空間 ································ 371
- 16.2 測度と測度空間 ································ 374
- 16.3 ルベーグ非可測集合 ································ 384
- 16.4 可測関数 ································ 386
- 16.5 可測関数の積分 ································ 390
- 16.6 収束定理 ································ 395
- 16.7 リーマン積分とルベーグ積分 ································ 400

第 17 章　線型位相空間 405
17.1　局所凸線型位相空間 406
17.2　ノルム空間 410
17.3　線型位相空間の例 417
17.4　双対空間と超関数 434
17.5　ハーン – バナッハの定理 451
17.6　弱可測性と強可測性 460

第 18 章　ボホナー積分 465
18.1　ボホナー積分 465
18.2　微分積分学の基本定理 469
18.3　ボホナー振動積分 476
18.4　擬微分作用素 480
18.5　フーリエ積分作用素 482
18.6　ヒルベルト空間値関数の可積分性のある条件 484

第 19 章　擬微分作用素 487
19.1　振動積分の多重積分 487
19.2　$\mathcal{B}$ – 関数に対するフーリエの反転公式 488
19.3　単化表象 491
19.4　表象と擬微分作用素 494
19.5　擬微分作用素の積 496
19.6　表象のテイラー展開 498

第 20 章　擬微分作用素の多重積 501
20.1　多重積の表象 502
20.2　擬微分作用素の可逆性 504
20.3　擬微分作用素の L^2 – 有界性 506

第 21 章　フーリエ積分作用素 515
21.1　相関数の空間 $P_\sigma(\tau;\ell)$ とシンボルの空間 B_ℓ^k 516

21.2 擬微分作用素とフーリエ積分作用素の積 ………………… 518
21.3 フーリエ積分作用素の積 ………………… 519
21.4 フーリエ積分作用素の可逆性 ………………… 522

第22章 広義積分の収束 – 散乱理論の場合 ………………… 527
22.1 量子散乱の問題 ………………… 527
22.2 連続スペクトル空間の性質 ………………… 533
22.3 同一視作用素 J ………………… 541
22.4 漸近完全性の証明 ………………… 553

問題略解 ………………… 559

関連文献 ………………… 571

索引 ………………… 584

第 I 部

線型代数学入門

第1章　自然現象と線型現象

　科学とは自然現象の裏に隠された法則性を発見し研究することである．そのような法則性が理解されれば考えている現象が将来どうなっていくか，を予測することが可能になる場合もある．ニュートン (Newton) の力学そしてそれによる天体の運行の説明はそのような典型的な例である．数学は現象の背景に隠されたそれら基本的な法則から現実の現象を説明するための推論を与える役目をする．ニュートン力学の場合は微分積分学がこの役割を担っている．これは自然の現象を微細な領域で線型に近似しそしてその線型近似を滑らかに無限に足しあわせ自然現象を再現しようという学問である．

　このように近代科学の始まりでは線型近似から自然現象を再現するという素朴な考えが成功し，その後この方向の研究が適用される自然の領域の探求が科学の大きな分野をなしていた．たとえば現代でも経済学で使われるものに線型予測，線型計画法などがある．しかし線型の予測は大きな災厄等は予測しない．突然のカタストロフは科学の考察の外にあった．現代はこのような現象が大きな問題になる時代である．経済の動きにせよ，競輪・競馬などの予測の問題，あるいは気象の予測の問題にせよ，いずれも近代初頭の素朴な微分積分法を無用に近いものにしてしまう．まさに混沌 (chaos) が現代的な問題である．経済の予測も気象の予測も競馬の予測も複雑系の振る舞いの予測である．このような現代的問題に対し科学は無力であるのだろうか．

　このような現象の表現として線型でない，いわゆる非線型な微分方程式が有用であることが主に 20 世紀後半以降の研究でわかってきた．そのような非線型方程式が有用なのはそれらが内部に自己相似性 (self-similarity) を隠し持っているためである．すなわち最初の条件に適用する法則がそれ以降すべての段階で同じように適用されるという性質がそれらを有用なものにしているのである．たとえば典型的な非線型方程式，拡散型の非線型方

程式
$$\frac{\partial u}{\partial t}(x,t) = \frac{\partial^2 u}{\partial x^2}(x,t) + |u(x,t)|^2 u(x,t)$$
を見てみよう．ただし x,t はそれぞれ 1 次元の実数を動く変数で x は位置を t は時刻を表す．非線型項は最後の項

$$|u(x,t)|^2 u(x,t)$$

である．これは実際 $u \mapsto cu$ と置き換えると $c|c|^2|u(x,t)|^2 u(x,t)$ となり u に関して線型ではなく，そのため解は複雑な振る舞いをし u に関するある初期条件の場合にはある時点で無限大に発散する解をさえ与える．この原因はある時点の解の状態が線型方程式でいえば u の係数に相当する非線型係数 $|u|^2$ を通してそのあとの時点の解自身の状態に影響するためである．まさにこの「u 自身が後の u 自身に関与し影響する」ということがこのような非線型方程式の「自己相似性」である．

このような自己相似性は単に非線型方程式で記述される非線型現象にとどまらず多くの現象の基礎をなしている．たとえば 1 次元の線分

を考えよう．この線分を 3 等分すると分割により得られるおのおのの 3 分の 1 の長さの線分は元の線分とスケールは 3 分の 1 でも「形」は同じである．

それら 3 分の 1 の長さの線分をやはり 3 等分しても同じである．以下同様に相似性を保ったままいくらでも 3 等分割していくことができる．この場合第 k 段階 $(k=1,2,\ldots)$ での最小の長さの線分の個数 α は $\alpha = 3^k$ 個であり，スケーリングファクター (縮尺比) s は $s = \frac{1}{3^k}$ である．従って関係

$$\alpha = \frac{1}{s^D}$$

を満たす数 D は

$$D = 1$$

である．これを線分のフラクタル次元 (fractal dimension) と呼ぶ．これはちょうど我々の直観「線分は 1 次元の図形である」に一致している．

2次元の正方形のそれぞれの辺を3等分すると $9 = 3^2$ 個の同じ形の3分の1のスケールの小正方形が得られる．

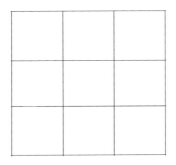

これについても線分の場合と同様に各小正方形の各辺を3分の1にいくらでも細分してゆける．すると第 k 段階 $(k = 1, 2, \ldots)$ での最小の正方形の個数は $\alpha = 3^{2k}$ 個であり，スケーリングファクターは $s = \frac{1}{3^k}$ である．従って関係

$$\alpha = \frac{1}{s^D}$$

を満たす数 D は

$$D = 2$$

である．これが正方形のフラクタル次元であり上と同様我々の直観「正方形は2次元の図形である」に一致している．

このことは3次元の立方体についても同様で細分の第 k 段階 $(k = 1, 2, \ldots)$ での最小の立方体の個数は $\alpha = 3^{3k}$ 個であり，スケーリングファクターは $s = \frac{1}{3^k}$ である．従って関係

$$\alpha = \frac{1}{s^D}$$

を満たす数 D は

$$D = 3$$

であり，立方体のフラクタル次元はやはり直観通り3である．

このような各スケールで同一の法則により生成される図形をフラクタル図形という．これはその生成の基礎を自己相似性においている図形である．上記のような線分，正方形等はごくふつうの図形であり多くの性質が通常

の幾何学や解析学ないし微分積分学により知りうるものでその自己相似な生成の仕組みがわかってもあまり有用とは思えない．しかし次のような例はどうであろうか．最初は上と同じ線分である．

これをやはり3等分する．しかし真ん中の3分の1の線分を同じ長さの辺を持った正三角形の上の二辺で置き換える．

この操作を新しくできた元の線分の3分の1の長さの4本の小線分に対し行う．

以下同様の操作を新しくできた各小線分に対し行う．このとき部品である最小線分の個数は第 k 段階で $\alpha = 4^k$ 個，スケーリングファクターは線分等の場合と同様 $s = \frac{1}{3^k}$ であるからフラクタル次元 D は関係

$$\alpha = \frac{1}{s^D}$$

すなわち

$$4^k = \frac{1}{\left(\frac{1}{3^k}\right)^D}$$

を解けば

$$D = -\frac{\log \alpha}{\log s} = \frac{\log 4^k}{\log 3^k} = \frac{\log 4}{\log 3} = 1.2619\ldots.$$

すなわち部品の個数が増すにつれこの図形の占有する複雑度の度合いは同じ個数の部品を持った1次元の図形の持つ複雑度よりも早く増大する．この意味でフラクタル次元は1より大きくなる．図形自身は1次元の部品で成り立ち1次元の図形であるが上の操作を無限に続けると元の1次元性が破れより大きな「次元」$D = 1.2619\ldots$ を持つ．これは自己相似による生成が実は非常に大きな「混沌状態」を生み出し，系は見かけより複雑になることを示している．

この図形はコッホ曲線 (Koch curve) と呼ばれているものである．コッホ (Helge von Koch) が1904年の論文で提出したものである．

さらにさかのぼって1890年にペアノ (Giuseppe Peano) は2次元の正方形を埋め尽くす1次元の曲線を提出している．ペアノ曲線 (Peano curve) と呼ばれているものである．このフラクタル次元は予想されるとおりちょうど $D = 2$ である．

ニュートン力学を支えた微分積分学では無限小の領域で現象を線型近似してそれを無限に足しあわせ直すことにより元の連続でなめらかな現象を再現するという数学的方法が有効であった．コッホ曲線の場合連続ではあるがこれは至る所微分不可能である[1]．つまりなめらかさを犠牲にすることにより新たな種類の図形が線型近似のフラクタルな「積分」つまり「足しあわせ」により得られたのである．この図形は少々変形すれば以下の図に見られるように「シダ」の葉っぱの形状を見事に再現することが知られている．シダの葉は見た目には全く規則性を持っていないように見えるが実はその背後に線型現象が奥深く隠されていたのである．微細な無限小の領域では「線型」であってもその「積分」法が Newton 的微分積分法ではなかったのである．

いずれの場合も線型現象は非常に基礎的な現象として研究に値するものであることが見て取れよう．

---

[1] コッホの論文は1904年であるがこれより一年前高木貞治が同様の自己相似性により構成される至る所微分不可能な曲線を構成している．Teiji Takagi, A simple example of the continuous function without derivative, Proc Phys.-Math. Soc. Japan, Ser. II 1, 1903, pp. 176-177; The Collected Papers of Teiji Takagi, 岩波書店, 1973, pp. 5-6. 2010年発行の『定本解析概論』の補遺に黒田成俊氏による詳しい解説が見られる．

8   第1章 自然現象と線型現象

図 1.1: バーンスレイのシダの葉 (Barnsley's fern)

フィボナッチ (Fibonacci) 数列

フィボナッチ (Fibonacci) 数列 $\{u_n\}_{n=0}^{\infty}$ は以下のように帰納的に定義される数列である．

$$u_0 = 0, \quad u_1 = 1, \quad u_2 = u_1 + u_0 = 1, \quad u_3 = u_2 + u_1 = 2,$$
$$u_4 = 3, \quad u_5 = 5, \quad u_6 = 8, \quad u_7 = 13, \quad u_8 = 21, \quad \ldots.$$

すなわち明確に述べれば初期条件

$$u_0 = 0, \quad u_1 = 1$$

の元に帰納的に以下の関係で定義されるものである．

$$u_{n+2} = u_{n+1} + u_n \quad (n = 0, 1, 2, \ldots).$$

この法則は各段階 n で同一である．すなわちこの数列は「自己相似」な規則で定義されるものである．以下その一般項を求めることを考えてみよう．

そのために 2 次元のベクトル

$$\boldsymbol{u}_n = \begin{pmatrix} u_n \\ u_{n+1} \end{pmatrix}$$

を導入する．すると上の自己相似な規則はこのベクトルを用いて書くと

$$\boldsymbol{u}_{n+1} = \begin{pmatrix} 0 & 1 \\ 1 & 1 \end{pmatrix} \boldsymbol{u}_n$$

となる．この係数行列を T とおく：

$$T = \begin{pmatrix} 0 & 1 \\ 1 & 1 \end{pmatrix}.$$

すると上の関係から

$$\boldsymbol{u}_n = T\boldsymbol{u}_{n-1} = T^2 \boldsymbol{u}_{n-2} = \cdots = T^n \boldsymbol{u}_0,$$
$$\boldsymbol{u}_0 = \begin{pmatrix} u_0 \\ u_1 \end{pmatrix} = \begin{pmatrix} 0 \\ 1 \end{pmatrix}$$

となる．従って $T^n \boldsymbol{u}_0$ $(n = 0, 1, 2, \ldots)$ を求めればよい．

この T は一般のベクトル $\boldsymbol{x} = \begin{pmatrix} x \\ y \end{pmatrix}$ に対しては

$$T\boldsymbol{x} = T\begin{pmatrix} x \\ y \end{pmatrix} = \begin{pmatrix} y \\ x+y \end{pmatrix}$$

と作用する．このような T を線型写像ないし線型変換という．つまり T は以下の性質を満たす．

任意の $\alpha, \beta \in \mathbb{R}$, $\boldsymbol{a}, \boldsymbol{b}$: 2 次ベクトルに対し

$$T(\alpha \boldsymbol{a} + \beta \boldsymbol{b}) = \alpha T(\boldsymbol{a}) + \beta T(\boldsymbol{b}).$$

ただし $\mathbb{R}$ は実数全体を表す．

いま次の問題を考える．

問題

$$T\boldsymbol{x} = \lambda \boldsymbol{x}, \quad \boldsymbol{x} \neq \boldsymbol{0} = \begin{pmatrix} 0 \\ 0 \end{pmatrix}$$

を満たすベクトル $\boldsymbol{x} = \begin{pmatrix} x \\ y \end{pmatrix}$ とスカラー $\lambda \in \mathbb{R}$ を求めよ．

このような問題を線型変換 T の固有値問題という．λ を固有値，$\boldsymbol{x}$ を λ に対応する T の固有ベクトルと呼ぶ．

この問題は
$$T\begin{pmatrix} x \\ y \end{pmatrix} = \lambda \begin{pmatrix} x \\ y \end{pmatrix}$$
であるから 1 次方程式系
$$\begin{cases} y = \lambda x \\ x + y = \lambda y \end{cases}$$
と同値である．書き換えれば
$$\lambda x - y = 0, \tag{1.1}$$
$$x + (1 - \lambda)y = 0. \tag{1.2}$$

式 (1.1) より式 (1.2) の λ 倍を引くことにより
$$(\lambda^2 - \lambda - 1)y = 0. \tag{1.3}$$

$y = 0$ ならば式 (1.2) より $x = 0$ となり今の要請 $\boldsymbol{x} = \begin{pmatrix} x \\ y \end{pmatrix} \neq \boldsymbol{0} = \begin{pmatrix} 0 \\ 0 \end{pmatrix}$ に反するから $y \neq 0$ である．従って (1.3) より
$$\lambda^2 - \lambda - 1 = 0. \tag{1.4}$$

これを解くと
$$\lambda = \lambda_+ \text{ or } \lambda_-,$$
$$\lambda_+ = \frac{1+\sqrt{5}}{2},$$
$$\lambda_- = \frac{1-\sqrt{5}}{2} = 1 - \lambda_+.$$

式 (1.1) より $y = \lambda x$ ゆえ
$$\boldsymbol{x} = \begin{pmatrix} x \\ y \end{pmatrix} = x \begin{pmatrix} 1 \\ \lambda \end{pmatrix} \neq \boldsymbol{0}.$$

これが λ に対応する T の固有ベクトルを与える．ただしここで x は 0 でない任意の実数である．特に $x = 1$ として

$$T \begin{pmatrix} 1 \\ \lambda \end{pmatrix} = \lambda \begin{pmatrix} 1 \\ \lambda \end{pmatrix} \quad \text{ただし } \lambda = \lambda_+ \text{ または } \lambda_-.$$

すなわち

$$\bm{x}_1 = \begin{pmatrix} 1 \\ \lambda_+ \end{pmatrix}, \quad \bm{x}_2 = \begin{pmatrix} 1 \\ \lambda_- \end{pmatrix},$$
$$T\bm{x}_1 = \lambda_+ \bm{x}_1, \quad T\bm{x}_2 = \lambda_- \bm{x}_2$$

という二つの固有ベクトルが得られた．

次に一般のベクトル $\bm{x} = \begin{pmatrix} x \\ y \end{pmatrix}$ がこの $\bm{x}_1, \bm{x}_2$ を使ってある実数 a, b に対し

$$\bm{x} = a\bm{x}_1 + b\bm{x}_2$$

と書けることを示す．これを書き換えれば

$$\begin{cases} x = a + b \\ y = a\lambda_+ + b\lambda_- \end{cases}$$

となる．これは未知数 a, b についての連立一次方程式であり，$\lambda_+ \neq \lambda_-$ ゆえ次のように解ける．

$$\begin{cases} a = \frac{\lambda_- x - y}{\lambda_- - \lambda_+} = -\frac{1}{\sqrt{5}}(\lambda_- x - y) \\ b = \frac{\lambda_+ x - y}{\lambda_+ - \lambda_-} = \frac{1}{\sqrt{5}}(\lambda_+ x - y). \end{cases}$$

従って任意の 2 次ベクトル $\bm{x} = \begin{pmatrix} x \\ y \end{pmatrix}$ は

$$\bm{x} = -\frac{1}{\sqrt{5}}(\lambda_- x - y)\bm{x}_1 + \frac{1}{\sqrt{5}}(\lambda_+ x - y)\bm{x}_2$$

と書ける．

従って一般のベクトル $\boldsymbol{x} = \begin{pmatrix} x \\ y \end{pmatrix}$ に対し $T^n\boldsymbol{x}$ は次のように計算される.

$$\begin{aligned} T^n\boldsymbol{x} &= -\frac{1}{\sqrt{5}}(\lambda_- x - y)T^n\boldsymbol{x}_1 + \frac{1}{\sqrt{5}}(\lambda_+ x - y)T^n\boldsymbol{x}_2 \\ &= -\frac{1}{\sqrt{5}}(\lambda_- x - y)(\lambda_+)^n\boldsymbol{x}_1 + \frac{1}{\sqrt{5}}(\lambda_+ x - y)(\lambda_-)^n\boldsymbol{x}_2 \\ &= -\frac{1}{\sqrt{5}}(\lambda_- x - y)(\lambda_+)^n \begin{pmatrix} 1 \\ \lambda_+ \end{pmatrix} + \frac{1}{\sqrt{5}}(\lambda_+ x - y)(\lambda_-)^n \begin{pmatrix} 1 \\ \lambda_- \end{pmatrix}. \end{aligned}$$

とくに

$$\boldsymbol{x} = \boldsymbol{u}_0 = \begin{pmatrix} 0 \\ 1 \end{pmatrix}$$

ととると $x = 0, y = 1$ ゆえフィボナッチ数列の第 n 項 u_n は

$$\begin{aligned} \boldsymbol{u}_n &= \begin{pmatrix} u_n \\ u_{n+1} \end{pmatrix} = T^n \boldsymbol{u}_0 \\ &= \frac{1}{\sqrt{5}}(\lambda_+)^n \begin{pmatrix} 1 \\ \lambda_+ \end{pmatrix} - \frac{1}{\sqrt{5}}(\lambda_-)^n \begin{pmatrix} 1 \\ \lambda_- \end{pmatrix} \\ &= \frac{1}{\sqrt{5}} \begin{pmatrix} \lambda_+^n - \lambda_-^n \\ \lambda_+^{n+1} - \lambda_-^{n+1} \end{pmatrix} \end{aligned}$$

と求まる. とくに u_n は $n = 0, 1, 2, \ldots$ に対し

$$u_n = \frac{\lambda_+^n - \lambda_-^n}{\sqrt{5}} = \frac{\sqrt{5}}{5}\left(\left(\frac{1+\sqrt{5}}{2}\right)^n - \left(\frac{1-\sqrt{5}}{2}\right)^n\right)$$

と求まった.

以上で解いたことは以下の二点である.
1) $T\boldsymbol{x} = \lambda\boldsymbol{x}$ なる $\lambda, \boldsymbol{x} \neq \boldsymbol{0}$ を求める. (固有値問題)
2) 1) で求めた固有ベクトル $\boldsymbol{x}_1, \boldsymbol{x}_2$ を用いて任意のベクトル $\boldsymbol{x}$ が

$$\boldsymbol{x} = a\boldsymbol{x}_1 + b\boldsymbol{x}_2 \quad (a, b \in \mathbb{R})$$

の形に書ける.

これらは線型代数に置いて基本的な問題である．一般に正整数 $n = 1, 2, \ldots$ を任意に固定するとき n 次元ベクトル $\boldsymbol{a} = \begin{pmatrix} a_1 \\ \vdots \\ a_n \end{pmatrix}$ に対しある n 次元ベクトル $\boldsymbol{b} = \begin{pmatrix} b_1 \\ \vdots \\ b_n \end{pmatrix}$ を対応させるものを $\mathbb{R}^n$ から $\mathbb{R}^n$ への写像あるいは $\mathbb{R}^n$ の変換という．これを T と表すときその $\boldsymbol{a}$ における値を

$$\boldsymbol{b} = T(\boldsymbol{a}) = T\boldsymbol{a}$$

などと書く．

このような写像で「線型性」

$$T(\alpha \boldsymbol{a} + \beta \boldsymbol{b}) = \alpha T\boldsymbol{a} + \beta T\boldsymbol{b} \quad (\alpha, \beta \in \mathbb{R}, \boldsymbol{a}, \boldsymbol{b} : n \text{ 次元ベクトル})$$

を満たすものを「線型写像」，「線型変換」，「線型作用素」等と呼ぶ．そして $\mathbb{R}^n$ の線型変換 T に対し

$$T\boldsymbol{x} = \lambda \boldsymbol{x}, \quad \boldsymbol{x} \neq \boldsymbol{0} = \begin{pmatrix} 0 \\ \vdots \\ 0 \end{pmatrix} \ (n \text{ 次零ベクトル})$$

を満たすベクトル $\boldsymbol{x}$ を T の固有ベクトル，λ を T の固有値と呼ぶ．これらに対してもフィボナッチ数列の場合考察した二問題：

1) $T\boldsymbol{x} = \lambda \boldsymbol{x}$ なる $\lambda, \boldsymbol{x} \neq \boldsymbol{0}$ を求める．(固有値問題)
2) 1) で求めた固有ベクトル $\boldsymbol{x}_1, \ldots, \boldsymbol{x}_k$ を用いて任意のベクトル $\boldsymbol{x}$ が

$$\boldsymbol{x} = a_1 \boldsymbol{x}_1 + \cdots + a_k \boldsymbol{x}_k$$

の形に書けるか否か？

は線型現象の理解のために有用かつ重要な問題である．以下第 I 部ではこのような問題を考察していく．

以上でフィボナッチ数列は自己相似な規則で定義されることから対応する固有値問題を解くことによりその一般項が求められた．この自己相似性

は先述のフラクタル的な自己相似性といかなる関係にあるのだろうか．読者諸賢自らご考察願いたいところであるが，ここでは一つのヒントとして次のことを述べておく．

フィボナッチ数列の相続く項の比の $n \to \infty$ での極限は先の一般項の形から

$$\lim_{n\to\infty} \frac{u_{n+1}}{u_n} = \frac{1+\sqrt{5}}{2}$$

である．この比は何を意味するのだろうか？

以下のような線分 AB の内点 C による分割を考える．

$$\frac{\text{AB}}{\text{AC}} = \frac{\text{AC}}{\text{BC}}.$$

ただし AB 等は線分 AB 等の長さを表す．この比を Φ と表すとそれは黄金比

$$\Phi = \frac{1+\sqrt{5}}{2}$$

を与える．これは上の極限値と一致する．

ともに自己相似な関係で定義されるがフィボナッチ数列の方は初期の u_n ではそれらの相続く比は正確には Φ にならない．しかし同じ自己相似性で定義されていることが利いて極限ではその比は Φ に収束する．

このように自己相似性は初期条件が異なっても最終結果は同じになるという性質を持つ．これを安定性 (stability) という．

従って自然界に存在する構造はある部分はこのような安定な自己相似性により自己生成するものである，と考えられる．神話の世界においてはすべてこの世のものそして宇宙は混沌から始まる．同様に我々の見る世界も自己相似な自己生成系たるフラクタル的混沌として生成されていることが科学の考察からも知られるのである．

第2章 行列と線型写像

この章では以降の章の準備として線型方程式を定義した後，行列の演算との関係からその解法を考察し，その解が存在する条件を論じる．これにより行列の正則性と逆行列の存在も調べられ，最後に線型方程式の解空間が定義される．

2.1 線型方程式と行列

正整数 $n = 1, 2, \ldots$ を一つ固定する．n 個の実数の組で表される集合

$$\mathbb{R}^n = \left\{ \begin{pmatrix} x_1 \\ \vdots \\ x_n \end{pmatrix} \middle| \, x_i \in \mathbb{R} \ (i = 1, 2, \ldots, n) \right\}$$

を n 次元ベクトル空間または n 次元ユークリッド (Euclid) 空間という．ここで n 次元という言葉を用いたが，これはのちに定義されこの空間がその定義の意味において n 次元であることものちにわかる．今の段階では常識的な意味にとっておいていただいて差支えない．

この空間 $\mathbb{R}^n$ の要素あるいは元を n 次縦ベクトルあるいは n 次列ベクトル (column vector) という．m を正整数とし m 次縦ベクトル

$$\boldsymbol{a}_j = \begin{pmatrix} a_{1j} \\ a_{2j} \\ \vdots \\ a_{mj} \end{pmatrix}$$

を横に n 個並べて得られる数の表を $m \times n$ 型行列 (matrix) あるいは m 行

第 2 章 行列と線型写像

n 列行列といい次のように表す.

$$A=(a_{ij})_{\substack{1\leq i\leq m\\ 1\leq j\leq n}}=(\boldsymbol{a}_1,\ldots,\boldsymbol{a}_n)=\begin{array}{r}\\ \text{第 1 行}\\ \\ \text{第 }i\text{ 行}\\ \\ \text{第 }m\text{ 行}\end{array}\begin{pmatrix}\overset{\text{第 1 列}}{a_{11}} & \cdots & \overset{\text{第 }j\text{ 列}}{a_{1j}} & \cdots & \overset{\text{第 }n\text{ 列}}{a_{1n}}\\ \vdots & \ddots & \vdots & & \vdots\\ a_{i1} & \cdots & a_{ij} & \cdots & a_{in}\\ \vdots & & \vdots & \ddots & \vdots\\ a_{m1} & \cdots & a_{mj} & \cdots & a_{mn}\end{pmatrix}.$$

第 i 行第 j 列にある数 a_{ij} を行列 A の第 (i,j) 成分という.また $\boldsymbol{a}_j$ を第 j 列ベクトル,第 i 行のなす横ベクトルを第 i 行ベクトル (row vector) とも呼ぶ.$m=n$ のとき A を n 次正方行列という.

2 つの行列 $A=(a_{ij})_{\substack{1\leq i\leq m\\ 1\leq j\leq n}},B=(b_{ij})_{\substack{1\leq i\leq m\\ 1\leq j\leq n}}$ の和およびスカラー $\lambda\in\mathbb{R}$ によるスカラー倍は以下のように定義される.

$$A+B=(a_{ij}+b_{ij})_{\substack{1\leq i\leq m\\ 1\leq j\leq n}},\quad \lambda A=(\lambda a_{ij})_{\substack{1\leq i\leq m\\ 1\leq j\leq n}}.$$

$m\times n$ 型行列 $A=(a_{ij})_{\substack{1\leq i\leq m\\ 1\leq j\leq n}}$ と $n\times\ell$ 型行列 $B=(b_{jk})_{\substack{1\leq j\leq n\\ 1\leq k\leq \ell}}$ との積 $C=(c_{ik})_{\substack{1\leq i\leq m\\ 1\leq k\leq \ell}}$ は

$$c_{ik}=\sum_{j=1}^{n}a_{ij}b_{jk}$$

を第 (i,k) 成分としてもつ $m\times\ell$ 型行列として定義される.

$\mathbb{R}^n$ から $\mathbb{R}^m$ への写像 T とは任意の $\mathbb{R}^n$ のベクトル $\boldsymbol{x}$ に対しただ 1 つの $\mathbb{R}^m$ のベクトル $\boldsymbol{y}$ を対応させる対応ないし関係で,これを

$$T:\mathbb{R}^n\longrightarrow\mathbb{R}^m$$

と書き,その値の対応を

$$\boldsymbol{y}=T(\boldsymbol{x})\quad\text{あるいは}\quad \boldsymbol{y}=T\boldsymbol{x}$$

と表す.$\mathbb{R}^n$ を T の定義される空間あるいは定義域,$\mathbb{R}^m$ を T の像 $T(\mathbb{R}^n)=\{\boldsymbol{y}|\boldsymbol{y}=T\boldsymbol{x}(\boldsymbol{x}\in\mathbb{R}^n)\}$ が入る空間等と呼ぶ.この T が線型写像であるとは

任意の $\boldsymbol{x}, \boldsymbol{y} \in \mathbb{R}^n$ と $a, b \in \mathbb{R}$ に対し

$$T(a\boldsymbol{x} + b\boldsymbol{y}) = aT(\boldsymbol{x}) + bT(\boldsymbol{y})$$

が成り立つことである．特に $m = n$ の場合 T を $\mathbb{R}^n$ の線型変換ともいう．

$T : \mathbb{R}^n \longrightarrow \mathbb{R}^m$ を線型写像とする．ベクトル

$$\boldsymbol{e}_1 = \begin{pmatrix} 1 \\ 0 \\ 0 \\ \vdots \\ 0 \\ 0 \end{pmatrix}, \boldsymbol{e}_2 = \begin{pmatrix} 0 \\ 1 \\ 0 \\ \vdots \\ 0 \\ 0 \end{pmatrix}, \cdots, \boldsymbol{e}_n = \begin{pmatrix} 0 \\ 0 \\ 0 \\ \vdots \\ 0 \\ 1 \end{pmatrix}$$

を $\mathbb{R}^n$ の標準基底と呼ぶ．任意の n 次元ベクトル $\boldsymbol{x} = \begin{pmatrix} x_1 \\ \vdots \\ x_n \end{pmatrix} \in \mathbb{R}^n$ はこれを用いて

$$\boldsymbol{x} = x_1 \boldsymbol{e}_1 + \cdots + x_n \boldsymbol{e}_n$$

と書ける．そしてこのような書き方は一意的である．

このとき T の線型性より

$$T\boldsymbol{x} = x_1 T\boldsymbol{e}_1 + \cdots + x_n T\boldsymbol{e}_n.$$

ここで $T\boldsymbol{e}_i \in \mathbb{R}^m$ ゆえ

$$T\boldsymbol{e}_i = \begin{pmatrix} t_{1i} \\ \vdots \\ t_{mi} \end{pmatrix} \in \mathbb{R}^m$$

と書ける．従って

$$T\boldsymbol{x} = \begin{pmatrix} t_{11} & \cdots & t_{1n} \\ \vdots & \ddots & \vdots \\ t_{m1} & \cdots & t_{mn} \end{pmatrix} \begin{pmatrix} x_1 \\ \vdots \\ x_n \end{pmatrix}$$

と書ける．これを標準基底に関する T の行列による表現という．逆に，行列

$$(t_{ij})_{\substack{1\leq i\leq m \\ 1\leq j\leq n}}$$

が与えられているとき写像 T を行列の掛け算

$$T\boldsymbol{x} = \begin{pmatrix} t_{11} & \cdots & t_{1n} \\ \vdots & \ddots & \vdots \\ t_{m1} & \cdots & t_{mn} \end{pmatrix} \begin{pmatrix} x_1 \\ \vdots \\ x_n \end{pmatrix}$$

で定義すれば T は線型写像になる．すなわち，つぎのことが言えた．

<u>まとめ</u>　$\mathbb{R}^n$ から $\mathbb{R}^m$ への線型写像 T は標準基底に関し $m\times n$ 型行列

$$T_e = \begin{pmatrix} t_{11} & \cdots & t_{1n} \\ \vdots & \ddots & \vdots \\ t_{m1} & \cdots & t_{mn} \end{pmatrix}$$

で表される．

　以上は標準基底に関する表現であった．以下 $m=n$ とし $T:\mathbb{R}^n\longrightarrow\mathbb{R}^n$ を $\mathbb{R}^n$ の線型変換として一般の基底に関する T の行列による表現を考える．そのために

$$\boldsymbol{a}_1,\ldots,\boldsymbol{a}_n \in \mathbb{R}^n$$

を線型独立な n 個の n 次実数ベクトルとする．つまり

$$\lambda_1,\ldots\lambda_n \in \mathbb{R},\ \lambda_1\boldsymbol{a}_1+\cdots+\lambda_n\boldsymbol{a}_n = \boldsymbol{0} = \begin{pmatrix} 0 \\ \vdots \\ 0 \end{pmatrix} \Rightarrow \lambda_1=\cdots=\lambda_n=0$$

が成り立つとする．ただし $\boldsymbol{0}$ はこの式で定義される n 次ベクトルでその成分がすべて 0 であるものである．これを n 次零ベクトルと呼ぶ．

定理 2.1 $a_1,\ldots,a_n$ が線型独立であれば $\mathbb{R}^n$ の任意のベクトル $b = {}^t(b_1,\ldots,b_n)$ に対し
$$b = x_1 a_1 + \cdots + x_n a_n$$
なる n 個の数 $x_1,\ldots,x_n \in \mathbb{R}$ が一意的に存在する．逆も真である．ただし ${}^t(b_1,\ldots,b_n)$ は横ベクトル $(b_1,\ldots,b_n)$ の転置縦ベクトル
$$\begin{pmatrix} b_1 \\ \vdots \\ b_n \end{pmatrix}$$
を表す．

後に明らかになるように，このような $a_1,\ldots,a_n$ は $\mathbb{R}^n$ の基底となっている．ここで $\mathbb{R}^n$ の基底とは次のように定義されるものである．

定義 2.1 $a_1,\ldots,a_N$ が $\mathbb{R}^n$ の基底とは

1. $a_1,\ldots,a_N$ は線型独立
2. $\forall b \in \mathbb{R}^n, \exists\, {}^t(x_1,\ldots,x_N) \in \mathbb{R}^N$ s.t.
$$b = x_1 a_1 + \cdots + x_N a_N = \sum_{i=1}^N x_i a_i$$

の2条件が成り立つことである．ただし「$\forall b \in \mathbb{R}^n$」とは「任意のベクトル $b \in \mathbb{R}^n$ に対し」という意味であり「$\exists\, {}^t(x_1,\ldots,x_N) \in \mathbb{R}^N$ s.t. 云々」とは「記号 s.t. 以降に書かれた条件を満たすベクトル ${}^t(x_1,\ldots,x_N) \in \mathbb{R}^N$ が存在する」という意味である．ちなみに s.t. は "such that" の略である．上記条件 2 の右辺 $x_1 a_1 + \cdots + x_N a_N = \sum_{i=1}^N x_i a_i$ の形に表されるベクトルを $a_1,\ldots,a_N$ の線形結合または一次結合と呼ぶ．

注 2.1 定理 2.1 は定義 2.1 の条件 1 が $N = n$ に対し成り立てば $a_1,\ldots,a_n$ は $\mathbb{R}^n$ の基底であることを示している．

注 **2.2** あとで述べるが $a_1,\ldots,a_N$ が $\mathbb{R}^n$ の基底であれば $N=n$ でなければならない．従って基底のベクトルの個数はその取り方によらず一定である．この一定数 (今の場合 n) を $\mathbb{R}^n$ の次元という．

定理 2.1 の証明

a) 一意性（「高々一つ存在する」の意）: もし

$$b = y_1 a_1 + \cdots + y_n a_n \quad (y_i \in \mathbb{R})$$

と書けたとすると与えられた表現との差をとれば

$$(x_1 - y_1)a_1 + \cdots + (x_n - y_n)a_n = \mathbf{0}.$$

従って線型独立性から

$$x_1 = y_1, \ldots, x_n = y_n.$$

よって $x_i\ (i=1,\ldots,n)$ は一意に定まる．

b) 係数 $x_i\ (i=1,\ldots,n)$ の存在:

$$a_j = \begin{pmatrix} a_{1j} \\ \vdots \\ a_{nj} \end{pmatrix} \in \mathbb{R}^n \quad (j=1,\ldots,n)$$

と書くと与えられた条件は

$$\begin{cases} a_{11}x_1 + \cdots + a_{1n}x_n = b_1 \\ \vdots \\ a_{n1}x_1 + \cdots + a_{nn}x_n = b_n \end{cases}$$

となる．行列

$$A = \begin{pmatrix} a_{11} & \cdots & a_{1n} \\ \vdots & \ddots & \vdots \\ a_{n1} & \cdots & a_{nn} \end{pmatrix}$$

を導入すれば上の条件は
$$A\boldsymbol{x} = \boldsymbol{b}$$
となる．これは n 元連立線型方程式である．この方程式が解 $\boldsymbol{x}$ を持つことがいえれば b) が言える．

これは n 個の未知数 $x_1, \ldots, x_n$ に関する n 本の方程式ないし制約式であるので答えはありそうな感じがする．この予想は当たっているのだろうか？

この問題を考えよう．それを考える際もっと一般化しても手間は変わらないので n 個の未知数に関する m 本の方程式を考えてみよう．つまり
$$\begin{cases} a_{11}x_1 + \cdots + a_{1n}x_n = b_1 \\ \vdots \\ a_{m1}x_1 + \cdots + a_{mn}x_n = b_m \end{cases}$$
を考える．係数行列は $m \times n$ 型行列
$$A = \begin{pmatrix} a_{11} & \cdots & a_{1n} \\ \vdots & \ddots & \vdots \\ a_{m1} & \cdots & a_{mn} \end{pmatrix}$$
であり $\boldsymbol{b}$ は m 次元縦ベクトル
$$\boldsymbol{b} = {}^t(b_1, \ldots, b_m)$$
である．

この場合係数行列 A には次の二つの場合がある．

Case 1) すべての $i = 1, \ldots, m, j = 1, \ldots, n$ に対し $a_{ij} = 0$ の場合．

この場合方程式の左辺はすべて 0 であるから，解がある必要十分条件は
$$b_1 = \cdots = b_m = 0$$

であり，そのとき解 $x_1, \ldots, x_n$ は任意の実数をとりうる．つまり自由度 n 次元の解が得られる．

ある i に対し $b_i \neq 0$ の時は従って解は存在しない．よって上の予想は誤りであってすべての場合に解は存在するとは限らないことがわかった．

Case 2) ある (i, j) に対し $a_{ij} \neq 0$ の場合．

この場合第 i 番目の方程式と第 1 番目の方程式を交換する．次に未知数 x_1 と x_j とを交換する．すると方程式系は次のようになる．

$$\begin{cases} a_{ij}x_j + \cdots + a_{i1}x_1 + \cdots + a_{in}x_n = b_i \\ a_{2j}x_j + \cdots + a_{21}x_1 + \cdots + a_{2n}x_n = b_2 \\ \vdots \\ a_{i-1,j}x_j + \cdots + a_{i-1,1}x_1 + \cdots + a_{i-1,n}x_n = b_{i-1} \\ a_{1j}x_j + \cdots + a_{11}x_1 + \cdots + a_{1n}x_n = b_1 \\ a_{i+1,j}x_j + \cdots + a_{i+1,1}x_1 + \cdots + a_{i+1,n}x_n = b_{i+1} \\ \vdots \\ a_{mj}x_j + \cdots + a_{m1}x_1 + \cdots + a_{mn}x_n = b_m. \end{cases}$$

対応する係数行列で書けば

$$\begin{array}{c} \\ \text{第 1 行} \\ \\ \\ \\ \text{第 i 行} \\ \\ \\ \\ \end{array} \begin{pmatrix} a_{ij} & \cdots & a_{i1} & \cdots & a_{in} \\ a_{2j} & \cdots & a_{21} & \cdots & a_{2n} \\ \vdots & & \vdots & & \vdots \\ a_{i-1,j} & \cdots & a_{i-1,1} & \cdots & a_{i-1,n} \\ a_{1j} & \cdots & a_{11} & \cdots & a_{1n} \\ a_{i+1,j} & \cdots & a_{i+1,1} & \cdots & a_{i+1,n} \\ \vdots & & \vdots & & \vdots \\ a_{mj} & \cdots & a_{m1} & \cdots & a_{mn} \end{pmatrix} \begin{pmatrix} x_j \\ x_2 \\ \vdots \\ x_{j-1} \\ x_1 \\ x_{j+1} \\ \vdots \\ x_n \end{pmatrix} = \begin{pmatrix} b_i \\ b_2 \\ \vdots \\ b_{i-1} \\ b_1 \\ b_{i+1} \\ \vdots \\ b_m \end{pmatrix}$$

(第 1 列，第 j 列)

となる．

$a_{ij} \neq 0$ なので第 1 行に a_{ij}^{-1} を掛けることができる．この変形をしても方程式系は同値である．このとき方程式系は右辺まで込めた拡大係数行列 $\widetilde{A}$ で書けば次のようになる．

$$\begin{pmatrix} 1 & a_{ij}^{-1}a_{i2} & \cdots & a_{ij}^{-1}a_{i1} & \cdots & a_{ij}^{-1}a_{in} & a_{ij}^{-1}b_i \\ a_{2j} & a_{22} & \cdots & a_{21} & \cdots & a_{2n} & b_2 \\ \vdots & \vdots & & \vdots & & \vdots & \vdots \\ a_{i-1,j} & a_{i-1,2} & \cdots & a_{i-1,1} & \cdots & a_{i-1,n} & b_{i-1} \\ a_{1j} & a_{12} & \cdots & a_{11} & \cdots & a_{1n} & b_1 \\ a_{i+1,j} & a_{i+1,2} & \cdots & a_{i+1,1} & \cdots & a_{i+1,n} & b_{i+1} \\ \vdots & \vdots & & \vdots & & \vdots & \vdots \\ a_{mj} & a_{m2} & \cdots & a_{m1} & \cdots & a_{mn} & b_m \end{pmatrix} \begin{pmatrix} x_j \\ x_2 \\ \vdots \\ x_{j-1} \\ x_1 \\ x_{j+1} \\ \vdots \\ x_n \\ -1 \end{pmatrix} = \mathbf{0}.$$

ただし右辺の $\mathbf{0}$ は m 次零ベクトルである．

次に第 2 行から第 1 行の a_{2j} 倍を引く．以下同様に第 3 行から第 1 行の a_{3j} 倍を引く．$\cdots$ と繰り返す．

こうしても方程式系は同値である．

結果は

$$\begin{pmatrix} 1 & a_{ij}^{-1}a_{i2} & \cdots & a_{ij}^{-1}a_{i1} & \cdots & a_{ij}^{-1}a_{in} & a_{ij}^{-1}b_i \\ 0 & & & & & & b_2' \\ & & & & & & \vdots \\ \vdots & & & \star_1 & & & b_1' \\ & & & & & & \vdots \\ 0 & & & & & & b_m' \end{pmatrix} \begin{pmatrix} x_j \\ \vdots \\ x_1 \\ \vdots \\ x_n \\ -1 \end{pmatrix} = \mathbf{0}.$$

ここで $\star_1$ は $(m-1) \times (n-1)$ 型行列である．上の $(m-1)$ 次縦ベク

トル

$$\begin{pmatrix} b'_2 \\ \vdots \\ b'_1 \\ \vdots \\ b'_m \end{pmatrix}$$

を $\sharp_1$ と書く．

Case 2) をさらに場合分けする．

Case 2.1) この $\star_1$ が零行列の場合．

この場合

$$\sharp_1 = 0$$

の時のみ解があり，それは

$$\begin{cases} x_j = -a_{ij}^{-1} a_{i2} x_2 - \cdots - a_{ij}^{-1} a_{i1} x_1 - \cdots - a_{ij}^{-1} a_{in} x_n + a_{ij}^{-1} b_i \\ 0 = b'_2 \\ \vdots \\ 0 = b'_1 \\ \vdots \\ 0 = b'_m \end{cases}$$

で与えられる．

従ってこの場合変形後の

$$b'_2 = \cdots = b'_1 = \cdots = b'_m = 0$$

の時のみ解があり，その解は

$$x_2, x_3, \ldots, x_{j-1}, x_1, x_{j+1}, \ldots, x_n$$

は任意であり x_j はそれらから上の式のように定まる．つまり自由度 $(n-1)$ 次元の解が得られる．

この場合以外つまり一つでも $b'_2, \ldots, b'_1, \ldots, b'_m$ の中に 0 でないものがあれば方程式系の解は存在しない．従ってやはり最初の予想ははずれである．

Case 2.2) $\star_1$ の中に 0 でない成分があるとき．

この場合 Case 2) と同様にしてその 0 でない成分を行と列の交換によって第 $(2,2)$ 成分に持ってくる．そして第 2 行をその第 $(2,2)$ 成分の値で割って第 $(2,2)$ 成分を 1 とする．そして第 2 行の $a_{ij}^{-1}a_{i2}$ 倍を第 1 行から引く．すると第 $(1,2)$ 成分は 0 になる．次に第 2 行に第 $(3,2)$ 成分を掛けて第 3 行から引くと第 $(3,2)$ 成分は 0 になる．以下同様の変形をしてもとの方程式と同値な次を得る．ただし以下で $*$ は必ずしも 0 とは限らない成分を表す．

$$\begin{pmatrix} 1 & 0 & * & \cdots & * & * \\ 0 & 1 & * & \cdots & * & * \\ 0 & 0 & & & & \\ \vdots & & & \star_2 & & \sharp_2 \\ 0 & 0 & & & & \end{pmatrix} \begin{pmatrix} x_j \\ \vdots \\ x_1 \\ \vdots \\ x_n \\ -1 \end{pmatrix} = \mathbf{0}.$$

ここで $\star_2$ は $(m-2) \times (n-2)$ 型行列であり，さらに場合分けできる．

Case 2.2.1) $\star_2 = 0$ の場合．

Case 2.2.2) $\star_2 \neq 0$ の場合．

以下同様に続けると最後にいずれかの回数 $r \leq r_0 := \min\{m, n\}$ の Case $\overbrace{2.2.2.\ldots.2}^{r\text{ 個}}.1)$ (Case $2^r.1$ と書く) で初めて

$$\star_r = 0$$

となる．ただし $\star_{r_0}$ は空の行列 (実際それは 0×0 行列である) なので $r = r_0$ ではじめて 0 となるということは最後の $\star_{r_0-1}$ まで零行列にならないということである．

このとき行列 A の階数は r であるといい

$$\mathrm{rank}(A) = r$$

と書く．上の行列の形からわかるように $\mathrm{rank}(A)$ とは $\star_r$ の左上の単位正方行列つまり

$$I_r = \begin{pmatrix} 1 & & & 0 \\ & 1 & & \\ & & \ddots & \\ 0 & & & 1 \end{pmatrix}$$

の形の行列の次数 r のことである．（ただしここで右上と左下の大きな 0 はそれぞれ対角成分を除いた右上半分と左下半分の成分がすべて 0 であることを表す．）$\mathrm{rank}(A) = r_0$ も上の意味で含まれている．つまり最後の $r = r_0 - 1$ まで $\star_r$ が 0 にならない場合である．

注 2.3 階数が上記のような途中の変形の仕方によらず一意に定まることは後の第 2.3 節で示す．

Case 2^r.1) では

$$b_{r+1}^{(r)} = \cdots = b_1^{(r)} = \cdots = b_m^{(r)} = 0$$

の場合のみ解があってその解は

$$x_{r+1}, \ldots, x_1, \ldots, x_n$$

は任意であり他の $x_j, x_2, \ldots, x_r$ はそれらより定まる．この場合解の自由度は $(n-r)$ 次元である．ただし $r \leq r_0 = \min\{m, n\}$ であった．解が自由度 0 とは解が一意的に定まることである．従って $n = r$ の場合解の一意性も得られる．$r \leq r_0 = \min\{m, n\} \leq n$ だからこの場合 $r = r_0 = n \leq m$ となる．まとめれば

命題 2.1 一般の連立線型方程式

$$A\boldsymbol{x} = \boldsymbol{b}$$

ただし

$$A = (a_{ij})_{\substack{1 \leq i \leq m \\ 1 \leq j \leq n}}, \quad \boldsymbol{x} = {}^t(x_1, \ldots, x_n), \quad \boldsymbol{b} = {}^t(b_1, \ldots, b_m)$$

の解が存在する必要十分条件は上記の手順を繰り返していったとき初めて

$$\star_r = 0$$

となる $r = \mathrm{rank}(A) \leq r_0 = \min\{m, n\}$ に対し

$$b_{r+1}^{(r)} = \cdots = b_1^{(r)} = \cdots = b_m^{(r)} = 0$$

であることである.

このとき解の自由度は

$$n - r$$

であり,$n = r = r_0 \leq m$ の場合解は一意に定まる.また,この解の具体型は上記の手順により与えられる.

この解法を「掃き出し法」という.ガウス (Gauss) の消去法のことである.

2.2 正則性と逆行列

前節で述べたガウスの消去法では $A = (\boldsymbol{a}_1, \ldots, \boldsymbol{a}_n) = (a_{ij})$ の成分縦ベクトル $\boldsymbol{a}_1, \ldots, \boldsymbol{a}_n$ が線型独立でない場合をも考察しており,定理 2.1 の条件とは関係なく方程式 $A\boldsymbol{x} = \boldsymbol{b}$ の一般的な解法を与えている.そこで,最初の定理 2.1 に戻って $m = n$ で

$$\boldsymbol{a}_1, \ldots, \boldsymbol{a}_n$$

が線型独立であるとき $A\boldsymbol{x} = \boldsymbol{b}$ の解があるか否かを考えよう.

28   第2章 行列と線型写像

前節の考察より $r \leq n-1 (= r_0 - 1)$ に対し第 r 回目に初めて $(n-r)$ 次正方行列 $\star_r$ が
$$\star_r = 0$$
となる場合は $b_{r+1}^{(r)} = \cdots = b_n^{(r)} = 0$ のときのみ解がある．この場合この $b_i^{(r)}$ に対する制約のため任意のベクトル $\boldsymbol{b}$ に対しては解は存在しない．また，最後の $r = n-1$ まで
$$\star_{n-1} \neq 0$$
の場合，つまり $r = n$ ではじめて $\star_n = 0$ となる場合は $\mathrm{rank}(A) = n$ でベクトル $\boldsymbol{b}$ の値にかかわらず解は存在する．しかも上記の考察により解は一意に定まる．すなわち，次が言えた．

命題 2.2 以下は互いに同値である．

1. $\forall \boldsymbol{b} \in \mathbb{R}^n, \exists_1 \boldsymbol{x} \in \mathbb{R}^n$ s.t. $A\boldsymbol{x} = \boldsymbol{b}$

2. $\forall \boldsymbol{b} \in \mathbb{R}^n, \exists \boldsymbol{x} \in \mathbb{R}^n$ s.t. $A\boldsymbol{x} = \boldsymbol{b}$

3. $\mathrm{rank}(A) = n$.

ただし $\forall \boldsymbol{b}$ は先述のように「任意の $\boldsymbol{b}$ に対し」という意味であり，$\exists_1 \boldsymbol{x}$ は「s.t. 以下の条件を満たすような $\boldsymbol{x}$ がただ一つ存在する」という意味である．つまりふつうの言葉でこの命題を表現すれば以下のようになる．

「任意の n 次ベクトル $\boldsymbol{b}$ に対し $A\boldsymbol{x} = \boldsymbol{b}$ なるただ一つの n 次ベクトル $\boldsymbol{x}$ が存在する必要十分条件は，$\mathrm{rank}(A) = n$ である．」

命題 2.2 には「ただ一つ」という条件をとり去っても同値となることも含意されている．

さて定理 2.1 での条件「$\boldsymbol{a}_1, \ldots, \boldsymbol{a}_n$ が線型独立である」ということは次のように表現できる．$\lambda_1, \ldots, \lambda_n$ を成分とする縦ベクトルを $\boldsymbol{x}$ と書くことにすると
$$A\boldsymbol{x} = \boldsymbol{0} \Rightarrow \boldsymbol{x} = \boldsymbol{0}.$$

これは言い換えれば「方程式 $A\boldsymbol{x}=\boldsymbol{0}$ はただ一つの解 $\boldsymbol{x}=\boldsymbol{0}$ を持つ」ということである．

この方程式に上述の掃き出し法を適用する．もし $r=\mathrm{rank}(A)\leq n-1$ で

$$\star_r = 0$$

となれば $\boldsymbol{b}=\boldsymbol{0}$ であることから $b_{r+1}^{(r)}=\cdots=b_n^{(r)}=0$ だから係数行列の形を思い起こせば解 $\boldsymbol{x}$ の成分のうち $\lambda_{r+1},\ldots,\lambda_n$ は任意の値を取る解が存在し $\boldsymbol{a}_1,\ldots,\boldsymbol{a}_n$ は線型独立でなくなる．$r=n$ のときは命題 2.1 より解は $\boldsymbol{x}=\boldsymbol{0}$ のみである．従って線型独立性が成り立つ必要十分条件は $\mathrm{rank}(A)=n$ である．つまり

命題 2.3 $\boldsymbol{a}_1,\ldots,\boldsymbol{a}_n$ が線型独立である $\Leftrightarrow \mathrm{rank}(A)=n$．

よって命題 2.2 と命題 2.3 より最初に述べた定理 2.1 のより正確な次の記述を得る．

定理 2.2 $\boldsymbol{a}_j\ (j=1,2,\ldots,n)$ を n 次縦ベクトル，$A=(\boldsymbol{a}_1,\ldots,\boldsymbol{a}_n)$ を n 次正方行列とする．このとき以下は互いに同値である．

1. $\forall \boldsymbol{b}\in\mathbb{R}^n, \exists_1 \boldsymbol{x}\in\mathbb{R}^n\ \mathrm{s.t.}\ A\boldsymbol{x}=\boldsymbol{b}$．

2. $\forall \boldsymbol{b}\in\mathbb{R}^n, \exists \boldsymbol{x}\in\mathbb{R}^n\ \mathrm{s.t.}\ A\boldsymbol{x}=\boldsymbol{b}$．

3. $\mathrm{rank}(A)=n$．

4. $\boldsymbol{a}_1,\ldots,\boldsymbol{a}_n$ は線型独立である．

今示した定理 2.2 を $\boldsymbol{b}=\boldsymbol{e}_1,\ldots,\boldsymbol{e}_n$ に適用すると $A=(\boldsymbol{a}_1,\ldots,\boldsymbol{a}_n),\boldsymbol{a}_1,\ldots,\boldsymbol{a}_n$ が線型独立のとき

$$A\boldsymbol{x}_j = \boldsymbol{e}_j \quad (j=1,\ldots,n)$$

は一意解 $\boldsymbol{x}_j\in\mathbb{R}^n$ を持つ．そこでこれらを並べて得られる行列を X とする．すなわち，

$$X = (\boldsymbol{x}_1,\ldots,\boldsymbol{x}_n).$$

すると
$$AX = (A\bm{x}_1, \ldots, A\bm{x}_n) = (\bm{e}_1, \ldots, \bm{e}_n) = I_n \quad (n\text{次単位行列}).$$
つまり次が言えた．

定理 2.3 n 次縦ベクトル $\bm{a}_1, \ldots, \bm{a}_n$ が線型独立のとき
$$AX = I$$
なる n 次正方行列 X が一意的に存在する．

系 2.1 $\bm{a}_1, \ldots, \bm{a}_n$ が線型独立の時上の定理 2.3 の X に対し
$$XA = I$$
が成り立つ．

証明 定理の等式に右から A を掛けると
$$AXA = A.$$
よって
$$A(XA - I) = 0.$$
いま
$$XA - I = (\bm{y}_1, \ldots, \bm{y}_n)$$
と書けば
$$A\bm{y}_j = \bm{0} \quad (j = 1, \ldots, n).$$
よって線型独立の仮定より
$$\bm{y}_j = \bm{0} \quad (j = 1, \ldots, n).$$
ゆえに
$$XA - I = 0.$$
□

2.2. 正則性と逆行列

定義 2.2 n 次正方行列 A に対し
$$AX = XA = I$$
となる n 次正方行列 X があるとき A を正則行列という.

系 2.2 定義 2.2 より定義中の X も正則である. さらに
$$AY = I$$
なる n 次行列があれば
$$Y = IY = (XA)Y = X(AY) = XI = X.$$
よって定義 2.2 の条件を満たす行列 X は一意に定まる. これを A の逆行列といい A^{-1} と書く.

定理 2.3 とその系 2.1 より $A = (\boldsymbol{a}_1, \ldots, \boldsymbol{a}_n)$ は $\boldsymbol{a}_1, \ldots, \boldsymbol{a}_n$ が線型独立のとき, 正則行列である. 逆に $A = (\boldsymbol{a}_1, \ldots, \boldsymbol{a}_n)$ が正則行列であれば
$$A\boldsymbol{x}_j = \boldsymbol{e}_j \quad (j = 1, \ldots, n)$$
は
$$AX = I \quad (X = (\boldsymbol{x}_1, \ldots, \boldsymbol{x}_n))$$
と同値ゆえ一意解
$$\boldsymbol{x}_j = A^{-1}\boldsymbol{e}_j \quad (j = 1, \ldots, n)$$
を持ち
$$A^{-1} = (\boldsymbol{x}_1, \ldots, \boldsymbol{x}_n)$$
である. とくに方程式
$$A\boldsymbol{x} = \boldsymbol{0}$$
も一意解
$$\boldsymbol{x} = A^{-1}\boldsymbol{0} = \boldsymbol{0}$$
を持つ. 従って $A = (\boldsymbol{a}_1, \ldots, \boldsymbol{a}_n)$ の成分ベクトル $\boldsymbol{a}_1, \ldots, \boldsymbol{a}_n$ は線型独立である. 従って次の結論が得られる.

第 2 章　行列と線型写像

定理 2.4 $a_1, \ldots, a_n$ を n 次ベクトル, $A = (a_1, \ldots, a_n)$ とする. このとき以下は互いに同値である.

1. A が正則行列である.
2. $a_1, \ldots, a_n$ が線型独立である.
3. $\mathrm{rank}(A) = n$.

問 2.1 $AX = I$ なる n 次正方行列 X があれば A は正則であることを示せ.

問 2.2 一般に $m \times n$ 型行列 $A = (a_{ij})$ に対し第 (i, j) 成分を a_{ji} とする $n \times m$ 型行列を A の転置行列といい ${}^t\!A$ と書く. A が正則の時 ${}^t\!A$ も正則であることを示せ.

問 2.3 一般の $m \times n$ 型行列 A に対し次は同値であることを示せ.

1. $\mathrm{rank}(A) = r$.
2. ちょうど r 個の A の列ベクトル (あるいは行ベクトル) が線型独立である.

2.3 階数

この節では, 定理 2.1 の証明の中で定義した階数が途中の変形の仕方によらないことを示す. そこで述べた変形は以下の行列 $F_1(i, j)$, $F_2(i; c)$, $F_3(i, j; d)$ を順次左ないし右から行列 $A = (a_{ij})_{\substack{1 \le i \le m \\ 1 \le j \le n}}$ に掛けることで実現される. ただし左から掛ける場合はこれらは m 次正方行列とし, 右から掛ける場合は n 次正方行列とする. これらの変形を左ないし右基本変形とい

う．ただし以下空白と点線の部分の成分は 0 であるとする．

$$
F_1(i,j) = \begin{pmatrix} 1 & & & & & & & & & \\ & \ddots & & \vdots & & & \vdots & & & \\ & & 1 & & & & & & & \\ \cdots & & & 0 & \cdots & & 1 & \cdots & & \\ & & & & 1 & & & & & \\ & & \vdots & & & \ddots & \vdots & & & \\ & & & & & & 1 & & & \\ \cdots & & & 1 & \cdots & & 0 & \cdots & & \\ & & & & & & & 1 & & \\ & & \vdots & & & & \vdots & & \ddots & \\ & & & & & & & & & 1 \end{pmatrix}
$$

（第 i 列，第 j 列，第 i 行，第 j 行）

これは左から掛ければ第 i 行と第 j 行を取り替える操作に対応する．右から掛ければ列の交換になる．また $F_1(i,j)F_1(i,j) = I$ を満たす．ただし I は左基本変形のときは m 次単位行列であり，右基本変形のときは n 次単位行列である．すなわち定義 2.2 により $F_1(i,j)$ は自身を逆行列とする正則行列である．

$$
F_2(i;c) = \begin{pmatrix} 1 & & & & & & \\ & \ddots & & \vdots & & & \\ & & 1 & & & & \\ \cdots & & & c & \cdots & & \\ & & & & 1 & & \\ & & \vdots & & & \ddots & \\ & & & & & & 1 \end{pmatrix} \quad (c \neq 0)
$$

（第 i 列，第 i 行）

これを左から掛ければ第 i 行を c 倍する操作になる．ただし $c \neq 0$ とする．従ってこれは $F_2(i;c^{-1})$ を逆行列とする正則行列である．右から掛ければ

第 i 列を c 倍する.

$$F_3(i,j;d) = \begin{array}{c} \\ \\ \text{第}\,i\,\text{行} \\ \\ \text{第}\,j\,\text{行} \\ \\ \end{array} \begin{pmatrix} 1 & & & & & & \\ & \ddots & & \vdots & & & \\ & \cdots & 1 & \cdots & d & \cdots & \\ & & & \ddots & \vdots & & \\ & & & & 1 & & \\ & & & & \vdots & \ddots & \\ & & & & & & 1 \end{pmatrix} \quad (i \neq j)$$

（第 i 列、第 j 列）

これは左から掛ければ第 j 行の d 倍を第 i 行に加えることになる．右から掛ければ第 i 列の d 倍を第 j 列に加える操作となる．やはり正則で逆行列は $F_3(i,j:-d)$ である．これら三種の行列を基本変形行列と呼ぶ．

従って第 2.1 節で方程式

$$Ax = b$$

を解く過程で行った変形はある m 次正則行列 P と列交換の操作の積で表される n 次正則行列 R をそれぞれ左および右から A に掛けることに相当する．すなわち r を定理 2.2 の証明中で定義した階数として

$$PAR = \begin{array}{c} \\ \text{第}\,r\,\text{行} \\ \\ \\ \end{array} \begin{pmatrix} 1 & & 0 & & & & \\ 0 & \ddots & \vdots & & \sharp & & \\ & \cdots & 1 & & & & \\ & & & 0 & \cdots & 0 & \\ & & & & \ddots & \vdots & \\ \mathbf{0} & & & & & 0 & \end{pmatrix}.$$

（第 r 列）

別の操作で同様の正則行列 P', R' により数 p に対し

$$P'AR' = \begin{array}{c} \\ \text{第}\,p\,\text{行} \end{array} \begin{pmatrix} 1 & & & \overset{\text{第}\,p\,\text{列}}{} & & & 0 \\ & 0 & \ddots & \vdots & & \sharp' & \\ & & \cdots & 1 & & & \\ & & & & 0 & \cdots & 0 \\ & & & & & \ddots & \vdots \\ 0 & & & & & & 0 \end{pmatrix}$$

となったとする．ここで列の操作 R, R' に一般のものを加えて $\sharp = 0, \sharp' = 0$ となると仮定してよい．$p = r$ を示したいので $p \neq r$ を仮定してみる．一般性を失うことなく $p > r$ と仮定してよい．すると上の式より次が得られる．

$$P'P^{-1}\begin{array}{c} \\ \text{第}\,r\,\text{行} \end{array}\begin{pmatrix} 1 & & & \overset{\text{第}\,r\,\text{列}}{} & & & 0 \\ & \ddots & & & & & \\ & & 1 & & & & \\ & & & 0 & & & \\ & & & & \ddots & & \\ 0 & & & & & 0 & \end{pmatrix}R^{-1}R'$$

$$= \begin{array}{c} \\ \text{第}\,p\,\text{行} \end{array}\begin{pmatrix} 1 & & & \overset{\text{第}\,p\,\text{列}}{} & & & 0 \\ & \ddots & & & & & \\ & & 1 & & & & \\ & & & 0 & & & \\ & & & & \ddots & & \\ 0 & & & & & 0 & \end{pmatrix}.$$

$P'P^{-1}, R^{-1}R'$ を区分けして次のように書く．

$$P'P^{-1} = \begin{pmatrix} A & B \\ C & D \end{pmatrix}, \quad R^{-1}R' = \begin{pmatrix} A' & B' \\ C' & D' \end{pmatrix}.$$

ただし A, A' は r 次正方行列であり他はそれにより決まる次数を持つ行列とする．

すると掛け算により上の左辺は

$$\begin{pmatrix} A & 0 \\ C & 0 \end{pmatrix} \begin{pmatrix} A' & B' \\ C' & D' \end{pmatrix} = \begin{pmatrix} AA' & AB' \\ CA' & CB' \end{pmatrix}$$

となる．これが $p > r$ なる右辺と等しいのだから $AA' = I_r$ であり A, A' は正則でかつ $CA' = 0$ となる．よって $C = 0$ が得られ従って $CB' = 0$ となる．ゆえに

$$p \leq r$$

でなければならない．矛盾が生じたので我々の前提 $p \neq r$ が誤りであり，$p = r$ が示された． □

ここで基本行列の応用として得られる具体的な逆行列のひとつの構成法をみておく．A を n 次正方行列とする．I を n 次単位行列とし，これらを横に並べた $n \times (2n)$ 型行列

$$(A \ I)$$

を考える．これに左基本変形のみを施して基本変形行列の積の形のある正則行列 X により

$$X(A \ I) = (I \ X)$$

となったとする．このとき明らかに

$$XA = I$$

である．従ってこの $n \times (2n)$ 型行列に左基本変形 X を施して上の形になれば A は正則であることがわかる．もしこうならなければ XA は列交換を

除いてある $r < n$ に対し

$$\text{第 } r \text{ 行}\begin{pmatrix} 1 & & \overset{\text{第 } r \text{ 列}}{0} & & & & \\ & \ddots & \vdots & & \sharp & & \\ 0 & \cdots & 1 & & & & \\ & & & 0 & \cdots & 0 & \\ & & & & \ddots & \vdots & \\ 0 & & & & & 0 & \end{pmatrix}.$$

のような n 次正方行列になっている．従ってこのときは A は正則ではあり得ない．これにより正則性が判定されかつ正則の時は逆行列 $X = A^{-1}$ が同時に計算され右側に現れる．系としてすべての正則行列は基本変形行列の積として表されることがわかる．

2.4　次元と基底

ここでユークリッド空間 $\mathbb{R}^n$ の次元 (dimension) が n であることを示すことができる．

定理 2.5 N 個の n 次ベクトル $\boldsymbol{a}_1, \ldots, \boldsymbol{a}_N$ が $\mathbb{R}^n$ の基底であれば

$$N = n$$

である．

このことを

$$\dim(\mathbb{R}^n) = n$$

と表す．これは定義 2.1 のあとに述べた注 2.2 の答えでもある．

定理 2.5 の証明　$\mathbb{R}^n$ の N 個のベクトル $\boldsymbol{a}_1, \ldots, \boldsymbol{a}_N$ をとる．$A = (\boldsymbol{a}_1, \ldots, \boldsymbol{a}_N)$ を $n \times N$ 型行列とする．

1) $N < n$ の場合.

   N 次未知ベクトル $\bm{x} = {}^t(x_1,\ldots,x_N)$ と与えられた n 次ベクトル $\bm{b} = {}^t(b_1,\ldots,b_n)$ に対する線型方程式
   $$A\bm{x} = \bm{b},$$
   すなわち基底の定義 2.1 の条件 2) の方程式
   $$x_1\bm{a}_1 + \cdots + x_N\bm{a}_N = \bm{b}$$
   を考える.

   これは命題 2.1 で $m = n, n = N$ の場合である.$N < n$ ゆえ命題 2.1 で $n(=N) < m(=n)$ の場合である.従って $\mathrm{rank}(A) \leq r_0 = \min\{m,n\} = n(=N) < m(=n)$.ゆえに命題 2.1 よりこの方程式はある n 次ベクトル $\bm{b}$ に対して解を持たない.つまり任意の $\bm{b}$ に対しては上記方程式の解は存在しない.従って基底の定義 2.1 から $\bm{a}_1,\ldots,\bm{a}_N$ は $N < n$ の時 $\mathbb{R}^n$ の基底ではない.

2) $N > n$ の場合.

   N 次ベクトル $\bm{x} = {}^t(\lambda_1,\ldots,\lambda_N)$ に対し条件
   $$A\bm{x} = \bm{0}$$
   を考える.ただし $\bm{0}$ は n 次零ベクトルである.

   これは命題 2.1 で $n(=N) > m(=n), \mathrm{rank}(A) \leq r_0 = \min\{m,n\} = m(=n) < n(=N), \bm{b} = \bm{0}$ の場合である.従ってこの方程式は解を持ち ($\bm{b} = \bm{0}$ ゆえ) その解の自由度として
   $$n - \mathrm{rank}(A) \geq n - r_0(= N - n) > 0$$
   を持つ.従って上記の条件すなわち
   $$\lambda_1\bm{a}_1 + \cdots + \lambda_N\bm{a}_N = \bm{0}$$
   からはその解が
   $$\bm{x} = \bm{0} \quad \text{すなわち} \quad \lambda_1 = \cdots = \lambda_N = 0$$

であることは導かれない．従って $N > n$ の時
$$a_1, \ldots, a_N$$
は線型独立でない．従って $N > n$ のとき $a_1, \ldots, a_N$ は $\mathbb{R}^n$ の基底ではない．

以上 1), 2) より対偶を取れば定理が言えた． □

n 個のベクトルよりなる標準基底 $\langle e_1, \ldots, e_n \rangle$ は定義 2.1 の基底の 2 条件を満たすから n 個のベクトルからなる $\mathbb{R}^n$ の基底は実際存在する．いま $a_1, \ldots, a_n$ を $\mathbb{R}^n$ のひとつの基底とし，$b_1, \ldots, b_n$ を別の基底とする．基底の定義 2.1 からある係数 p_{ij} $(i, j = 1, 2, \ldots, n)$ によって
$$\begin{cases} b_1 = p_{11} a_1 + \cdots + p_{n1} a_n \\ \vdots \\ b_n = p_{1n} a_1 + \cdots + p_{nn} a_n \end{cases}$$
と一意的に表される．$A = (a_1, \ldots, a_n)$ と書けば A は正則行列で
$$b_j = A \begin{pmatrix} p_{1j} \\ \vdots \\ p_{nj} \end{pmatrix}.$$
よって $B = (b_1, \ldots, b_n)$, $P = (p_{ij})_{\substack{1 \leq i \leq n \\ 1 \leq j \leq n}}$ と書けば
$$B = AP$$
が成り立つ．P を基底 A から B への基底の取り替えの行列という．

基底 $a_1, \ldots, a_n$ および $b_1, \ldots, b_n$ に関し $x \in \mathbb{R}^n$ は
$$x = x_1 a_1 + \cdots + x_n a_n = A \begin{pmatrix} x_1 \\ \vdots \\ x_n \end{pmatrix}$$
および
$$x = y_1 b_1 + \cdots + y_n b_n = B \begin{pmatrix} y_1 \\ \vdots \\ y_n \end{pmatrix}$$

と一意的に表される．従って上に得られた $B = AP$ より

$$\begin{pmatrix} x_1 \\ \vdots \\ x_n \end{pmatrix} = P \begin{pmatrix} y_1 \\ \vdots \\ y_n \end{pmatrix}$$

が得られる．

いま T を $\mathbb{R}^n$ の線型変換とする．$\mathbb{R}^n$ の任意のベクトル $\boldsymbol{x}$ は上記の通り一意的に

$$\boldsymbol{x} = x_1 \boldsymbol{a}_1 + \cdots + x_n \boldsymbol{a}_n \leftrightarrow \begin{pmatrix} x_1 \\ \vdots \\ x_n \end{pmatrix}$$

と書ける．ここで $\leftrightarrow$ はその両辺を同一視するという意味である．すなわち A は正則だから $\mathbb{R}^n$ から $\mathbb{R}^n$ 自身への 1 対 1 上への対応 A により $A^{-1}\boldsymbol{x} = {}^t(x_1, \ldots, x_n)$ と $\boldsymbol{x}$ とを同一視する．($T : \mathbb{R}^n \longrightarrow \mathbb{R}^m$ が 1 対 1 対応とは任意の相異なる二つのベクトル $\boldsymbol{x} \neq \boldsymbol{y}$ $(\boldsymbol{x}, \boldsymbol{y} \in \mathbb{R}^n)$ に対し $T\boldsymbol{x} \neq T\boldsymbol{y}$ のことであり，T が上への対応とは像の入る空間 $\mathbb{R}^m$ の任意のベクトル $\boldsymbol{w} \in \mathbb{R}^m$ に対し必ず定義域 $\mathbb{R}^n$ のベクトル $\boldsymbol{x} \in \mathbb{R}^n$ があって $\boldsymbol{w} = T\boldsymbol{x}$ となることである．) 同様に

$$T\boldsymbol{x} = x_1 T\boldsymbol{a}_1 + \cdots + x_n T\boldsymbol{a}_n$$

は

$$T\boldsymbol{x} = x'_1 \boldsymbol{a}_1 + \cdots + x'_n \boldsymbol{a}_n \leftrightarrow \begin{pmatrix} x'_1 \\ \vdots \\ x'_n \end{pmatrix}$$

と書ける．特に

$$T\boldsymbol{a}_i = t_{1i} \boldsymbol{a}_1 + \cdots + t_{ni} \boldsymbol{a}_n \leftrightarrow \begin{pmatrix} t_{1i} \\ \vdots \\ t_{ni} \end{pmatrix}$$

と一意的に書ける．

よって
$$\begin{pmatrix} x'_1 \\ \vdots \\ x'_n \end{pmatrix} \leftrightarrow T\boldsymbol{x} = x_1 T\boldsymbol{a}_1 + \cdots + x_n T\boldsymbol{a}_n$$

$$= x_1(t_{11}\boldsymbol{a}_1 + \cdots + t_{n1}\boldsymbol{a}_n)$$
$$+ \cdots$$
$$+ x_n(t_{1n}\boldsymbol{a}_1 + \cdots + t_{nn}\boldsymbol{a}_n)$$
$$= (t_{11}x_1 + \cdots + t_{1n}x_n)\boldsymbol{a}_1$$
$$+ \cdots$$
$$+ (t_{n1}x_1 + \cdots + t_{nn}x_n)\boldsymbol{a}_n \leftrightarrow \begin{pmatrix} t_{11} & \cdots & t_{1n} \\ \vdots & \ddots & \vdots \\ t_{n1} & \cdots & t_{nn} \end{pmatrix} \begin{pmatrix} x_1 \\ \vdots \\ x_n \end{pmatrix}.$$

ゆえに基底 $\boldsymbol{a}_1, \ldots, \boldsymbol{a}_n$ に関する T の行列による表現は
$$T = \begin{pmatrix} t_{11} & \cdots & t_{1n} \\ \vdots & \ddots & \vdots \\ t_{n1} & \cdots & t_{nn} \end{pmatrix} = (t_{ij})_{\substack{1 \leq i \leq n \\ 1 \leq j \leq n}}$$

で与えられる．これがこの章の目的であった一般の基底に関する線型変換 $T : \mathbb{R}^n \longrightarrow \mathbb{R}^n$ の行列による表現を与える．

同様に基底 $\boldsymbol{b}_1, \ldots, \boldsymbol{b}_n$ に関する T の行列による表現もたとえば
$$T = \begin{pmatrix} s_{11} & \cdots & s_{1n} \\ \vdots & \ddots & \vdots \\ s_{n1} & \cdots & s_{nn} \end{pmatrix} = (s_{ij})_{\substack{1 \leq i \leq n \\ 1 \leq j \leq n}}$$

で与えられる．ただし s_{ij} は
$$T\boldsymbol{b}_i = s_{1i}\boldsymbol{b}_1 + \cdots + s_{ni}\boldsymbol{b}_n$$

で定まる数である．すなわち
$$\boldsymbol{x} = y_1\boldsymbol{b}_1 + \cdots + y_n\boldsymbol{b}_n \leftrightarrow \begin{pmatrix} y_1 \\ \vdots \\ y_n \end{pmatrix}$$

および
$$Tx = y'_1 b_1 + \cdots + y'_n b_n \leftrightarrow \begin{pmatrix} y'_1 \\ \vdots \\ y'_n \end{pmatrix}$$

と書くと
$$\begin{pmatrix} y'_1 \\ \vdots \\ y'_n \end{pmatrix} = \begin{pmatrix} s_{11} & \cdots & s_{1n} \\ \vdots & \ddots & \vdots \\ s_{n1} & \cdots & s_{nn} \end{pmatrix} \begin{pmatrix} y_1 \\ \vdots \\ y_n \end{pmatrix}$$

と書ける. ここで先の関係
$$\begin{pmatrix} x_1 \\ \vdots \\ x_n \end{pmatrix} = P \begin{pmatrix} y_1 \\ \vdots \\ y_n \end{pmatrix}$$

および
$$\begin{pmatrix} x'_1 \\ \vdots \\ x'_n \end{pmatrix} = P \begin{pmatrix} y'_1 \\ \vdots \\ y'_n \end{pmatrix}$$

を用いると
$$P \begin{pmatrix} y'_1 \\ \vdots \\ y'_n \end{pmatrix} = \begin{pmatrix} x'_1 \\ \vdots \\ x'_n \end{pmatrix} = (t_{ij}) \begin{pmatrix} x_1 \\ \vdots \\ x_n \end{pmatrix} = (t_{ij}) P \begin{pmatrix} y_1 \\ \vdots \\ y_n \end{pmatrix}.$$

従って
$$\begin{pmatrix} y'_1 \\ \vdots \\ y'_n \end{pmatrix} = P^{-1} (t_{ij}) P \begin{pmatrix} y_1 \\ \vdots \\ y_n \end{pmatrix}.$$

他方これは
$$\begin{pmatrix} y'_1 \\ \vdots \\ y'_n \end{pmatrix} = (s_{ij}) \begin{pmatrix} y_1 \\ \vdots \\ y_n \end{pmatrix}$$

であった．よって
$$(s_{ij}) = P^{-1}(t_{ij})P$$
が成り立つ．このような 2 つの行列 (s_{ij}) と (t_{ij}) を互いに相似という．

今特に $\boldsymbol{a}_1, \ldots, \boldsymbol{a}_n$ が標準基底の場合つまり $\boldsymbol{a}_j = \boldsymbol{e}_j \ (j = 1, 2, \ldots, n)$ の時を考えると先述の行列 A は単位行列 $A = I_n$ となる．従って $B = AP$ より標準基底 $E = \langle \boldsymbol{e}_1, \ldots, \boldsymbol{e}_n \rangle$ から基底 $B = \langle \boldsymbol{b}_1, \ldots, \boldsymbol{b}_n \rangle$ への基底の取り替えの行列 P は
$$P = B = (\boldsymbol{b}_1, \ldots, \boldsymbol{b}_n)$$
となる．従って標準基底に関する線型変換 T を表現する行列 $T_e = (t_{ij})$ は上記の関係から基底 $\boldsymbol{b}_1, \ldots, \boldsymbol{b}_n$ に関して T を表現する行列 (s_{ij}) と
$$(s_{ij}) = P^{-1}(t_{ij})P = B^{-1}T_e B$$
という関係にある．

このときもし基底 $\boldsymbol{b}_j$ が T_e の固有ベクトルであり
$$T_e \boldsymbol{b}_j = \lambda_j \boldsymbol{b}_j \quad (\lambda_j \in \mathbb{R})$$
が成り立つとすると
$$(s_{ij}) = B^{-1}T_e B = \begin{pmatrix} \lambda_1 & & & 0 \\ & \lambda_2 & & \\ & & \ddots & \\ 0 & & & \lambda_n \end{pmatrix}$$
が成り立つ．すなわち線型変換 $T : \mathbb{R}^n \longrightarrow \mathbb{R}^n$ に対しその固有ベクトル $\boldsymbol{b}_1, \ldots, \boldsymbol{b}_n$ で基底をなすものが得られればそれを基底と取り相似変形の行列を $B = (\boldsymbol{b}_1, \ldots, \boldsymbol{b}_n)$ と取って線型変換を表現する行列を相似変形により対角形に表現することができる．これを行列の対角化という．ここでの議論は対角化可能性の一つの必要十分条件を与えている．すなわち

定理 2.6 線型変換 $T : \mathbb{R}^n \longrightarrow \mathbb{R}^n$ が対角化可能である必要十分条件は T の固有ベクトルよりなる $\mathbb{R}^n$ の基底が存在することである．

注 **2.4** 以上すべての議論は実数体 $\mathbb{R}$ を複素数体 $\mathbb{C}$ に置き換えても成立する．

問 **2.4** 上で T が $\mathbb{R}^n$ から $\mathbb{R}^m$（ないし $\mathbb{C}^n$ から $\mathbb{C}^m$）への線型写像であるとき定義空間と像の入る空間における基底の変換に対して T の表現行列がどう変換されるかを考察せよ．

2.5 解の自由度と解空間

先述のように $m \times n$ 型行列

$$A = \begin{pmatrix} a_{11} & \cdots & a_{1n} \\ \vdots & \ddots & \vdots \\ a_{m1} & \cdots & a_{mn} \end{pmatrix}$$

を係数行列とし m 次元縦ベクトル

$$\boldsymbol{b} = {}^t(b_1, \ldots, b_m)$$

を定数項とする連立線型方程式

$$A\boldsymbol{x} = \boldsymbol{b}$$

の解は次のようにして求められた．基本変形を施した後

$$\begin{pmatrix} 1 & 0 & \cdots & 0 & d_{1,r+1} & \cdots & d_{1,n} & b_1^{(r)} \\ & 1 & \ddots & \vdots & d_{2,r+1} & \cdots & d_{2,n} & b_2^{(r)} \\ & & \ddots & 0 & \vdots & \cdots & \vdots & \vdots \\ & & & 1 & d_{r,r+1} & \cdots & d_{r,n} & b_r^{(r)} \\ & & & & 0 & \cdots & 0 & b_{r+1}^{(r)} \\ & & & & & \ddots & \vdots & \vdots \\ \boldsymbol{0} & & & & & & 0 & b_m^{(r)} \end{pmatrix} \begin{pmatrix} x_1 \\ x_2 \\ \vdots \\ x_r \\ x_{r+1} \\ \vdots \\ x_n \\ -1 \end{pmatrix} = \boldsymbol{0}$$

2.5. 解の自由度と解空間　45

となったとき解の存在する必要十分条件は $b_{r+1}^{(r)} = \cdots = b_m^{(r)} = 0$ であり、そのとき解は

$$x_1 = b_1^{(r)} - d_{1,r+1}x_{r+1} - \cdots - d_{1,n}x_n$$
$$x_2 = b_2^{(r)} - d_{2,r+1}x_{r+1} - \cdots - d_{2,n}x_n$$
$$\vdots$$
$$x_r = b_r^{(r)} - d_{r,r+1}x_{r+1} - \cdots - d_{r,n}x_n$$

で与えられる．ただしここで変数 $x_{r+1}, \ldots, x_n$ は任意の値を取りうるパラメタで $\mathrm{rank}(A) = r$ であった．この意味で「解の自由度」は $(n-r)$ である，と呼んだ．

いま上記非斉次方程式

$$A\boldsymbol{x} = \boldsymbol{b}$$

に対応する斉次方程式

$$A\boldsymbol{x} = \boldsymbol{0}$$

を考える．非斉次方程式の解の全体を S と表し，斉次方程式の方の解の全体を S_0 と表すと，次が成り立つ．

命題 2.4

1. $\boldsymbol{w}$ を非斉次方程式の一つの解とする．すなわち $\boldsymbol{w} \in S$ とする．このとき
$$\boldsymbol{y} \in S \Leftrightarrow \exists \boldsymbol{x} \in S_0 \text{ s.t. } \boldsymbol{y} = \boldsymbol{x} + \boldsymbol{w}.$$

2. $\boldsymbol{x}, \boldsymbol{x}' \in S_0, \ a, b \in \mathbb{R} \Rightarrow \ a\boldsymbol{x} + b\boldsymbol{x}' \in S_0$.

ここで斉次方程式の解 $\boldsymbol{x} = {}^t(x_1, \ldots, x_r, x_{r+1}, \ldots, x_n) \in S_0$ は上の公式より $\mathrm{rank}(A) = r$ とするとき

$$x_1 = -d_{1,r+1}x_{r+1} - \cdots - d_{1,n}x_n$$
$$x_2 = -d_{2,r+1}x_{r+1} - \cdots - d_{2,n}x_n$$
$$\vdots$$
$$x_r = -d_{r,r+1}x_{r+1} - \cdots - d_{r,n}x_n$$

で与えられた．ただし変数 $x_{r+1}, \ldots, x_n$ は任意の値を取りうるパラメタであった．書き換えれば

$$\begin{pmatrix} x_1 \\ \vdots \\ x_r \end{pmatrix} = \begin{pmatrix} -d_{1,r+1} & \cdots & -d_{1,n} \\ \vdots & & \\ -d_{r,r+1} & \cdots & -d_{r,n} \end{pmatrix} \begin{pmatrix} x_{r+1} \\ \vdots \\ x_n \end{pmatrix}.$$

つまり $x_{r+1}, \ldots, x_n$ は全く自由に互いに独立に動ける変数であり他の $x_1, \ldots, x_r$ はこれらにより一意に定まる．そして非斉次方程式の解はその一つの解 $\boldsymbol{w}$ が知られればすべての解 $\boldsymbol{y}$ は斉次方程式の解 $\boldsymbol{x} = {}^t(x_1, \ldots, x_r, x_{r+1}, \ldots, x_n) \in S_0$ を用いて

$$\boldsymbol{y} = \boldsymbol{x} + \boldsymbol{w}$$

と書き表される．上の S_0 の元の表現と命題 2.4 の 2 から S_0 は次元 $(n-r)$ の何らかの意味での「空間」であることが推察されよう．このことより非斉次方程式系の「解の自由度」という言葉が対応する斉次方程式の解の空間 S_0 の次元を意味していることが想像されるであろう．

一般の集合 V で V の任意の元 (ベクトルと呼ぶ)$\boldsymbol{x}, \boldsymbol{y}$ とスカラー $\lambda, \mu \in \mathbb{C}$ に対しベクトル $\lambda \boldsymbol{x} + \mu \boldsymbol{y}$ が V の元として定義されていてふつうの和・スカラー倍の演算を満たすものを線型空間と呼ぶ．従って命題 2.4 の 2 より上記の斉次方程式の解の全体のなす集合 S_0 は線型空間をなしている．このような一般の線型空間での線型変換も $\mathbb{C}^n$ の場合と同様に定義される．従ってその基底，固有値・固有ベクトル等も同様に定義され議論される．以下しばらくはこのような空間で有限個の基底を持つもののみを考える．

第3章 行列式と内積

この章では前章までに導入した行列を変数にもつ関数として行列式を定義し,逆行列におけるクラメルの公式を導く.その後内積ないし計量を定義し,n 次元ベクトル空間 $\mathbb{R}^n$ におけるシュミットの直交化法について述べる.さらに計量を保存する線型写像であるユニタリ変換を導入し,正規変換およびエルミート行列を定義する.最後に固有値問題を定義し,行列を対角化する一つの十分条件を述べる.

3.1 行列式と逆行列

$A = (a_{ij})$ を n 次正方行列とする.A の行列式 (determinant) ないしディターミナント $\det(A)$ を以下のように $n = 1, 2, \ldots$ に関し帰納的に定義する.

1. $n = 1$ のとき,$\det(A) = a_{11}$.

2. $n \geq 2$ のとき.A よりその第 i 行,第 j 列を除いてできる $(n-1)$ 次小行列式は帰納法により定義されている.これを A の第 (i, j) 小行列式という.それに $(-1)^{i+j}$ を掛けて得られる数を A の第 (i, j) 余因子といい,$\tilde{a}_{ij}$ と表す.

以上の準備の元に以下のように $\det(A)$ を定義する.

$$\det(A) = a_{11}\tilde{a}_{11} + \cdots + a_{1n}\tilde{a}_{1n} = \sum_{j=1}^{n} a_{1j}\tilde{a}_{1j}.$$

以上より単位行列 I に対しては明らかに $\det(I) = 1$.また行列 $A = (a_{ij})$ に対しそのディターミナント $\det(A)$ を絶対値記号を流用して $|A|$ と表すこともある.成分で書く場合は内側の括弧 ( ) を省略して $\det(A) = |a_{ij}|$ 等と書く.たとえば

$$A = \begin{pmatrix} a_{11} & a_{12} \\ a_{21} & a_{22} \end{pmatrix}$$

ならば
$$\det(A) = \begin{vmatrix} a_{11} & a_{12} \\ a_{21} & a_{22} \end{vmatrix}$$
等と書く．

この定義より次は明らかであろう．

命題 3.1 $\bm{a}_i, \bm{a}_i'$ $(i=1,\ldots,n)$ をそれぞれ n 個の n 次縦ベクトルとする．このとき $A = (\bm{a}_1, \ldots, \bm{a}_n)$ 等は n 次正方行列である．次が成り立つ．

1.
$$\det(\bm{a}_1, \ldots, \bm{a}_i + \bm{a}_i', \ldots, \bm{a}_n)$$
$$= \det(\bm{a}_1, \ldots, \bm{a}_i, \ldots, \bm{a}_n) + \det(\bm{a}_1, \ldots, \bm{a}_i', \ldots, \bm{a}_n).$$

2. スカラー $\lambda \in \mathbb{R}$ (or $\in \mathbb{C}$) に対し
$$\det(\bm{a}_1, \ldots, \lambda \bm{a}_i, \ldots, \bm{a}_n) = \lambda \det(\bm{a}_1, \ldots, \bm{a}_i, \ldots, \bm{a}_n).$$

3. 任意の $i \neq j (= 1, 2, \ldots, n)$ に対し
$$\det \begin{pmatrix} \bm{a}_1, & \cdots, & \overset{\text{第 } i \text{ 列}}{\bm{a}_i}, & \cdots, & \overset{\text{第 } j \text{ 列}}{\bm{a}_j}, & \cdots, & \bm{a}_n \end{pmatrix}$$
$$= -\det \begin{pmatrix} \bm{a}_1, & \cdots, & \overset{\text{第 } i \text{ 列}}{\bm{a}_j}, & \cdots, & \overset{\text{第 } j \text{ 列}}{\bm{a}_i}, & \cdots, & \bm{a}_n \end{pmatrix}.$$

上記 1, 2 を多重線型性，3 を交代性という．

定理 3.1 $K = \mathbb{R}$ あるいは $K = \mathbb{C}$ として以下固定する．n 個の n 次縦ベクトル $\bm{x}_1, \ldots, \bm{x}_n$ の関数
$$F: (\bm{x}_1, \ldots, \bm{x}_n) \mapsto F(\bm{x}_1, \ldots, \bm{x}_n) \in K$$
が多重線型性と交代性および $F(I) = 1$ を満たすとする．このとき
$$F(\bm{x}_1, \ldots, \bm{x}_n) = \sum_{\sigma \in S_n} \mathrm{sgn}(\sigma) x_{1\sigma(1)} \cdots x_{n\sigma(n)}$$

が成り立つ．特にこれは $\det(\boldsymbol{x}_1,\ldots,\boldsymbol{x}_n)$ を与える．ただし S_n は n 文字の置き換え (permutation) 全体すなわち $S_n = \{\sigma | \sigma$ は $\{1,2,\ldots,n\}$ からそれ自身への 1 対 1 上への写像 $\}$ で $\mathrm{sgn}(\sigma)$ は $\sigma \in S_n$ の符号を表す．すなわち σ を互換の積で書きその互換の個数を k としたとき $\mathrm{sgn}(\sigma) = (-1)^k$ である．

証明　$\boldsymbol{e}_i = {}^t(0,\ldots,0,1,0,\ldots,0)$ を第 i 行のみ 1 で他の成分は 0 の n 次縦ベクトルを表すとする．すると

$$\boldsymbol{x}_i = {}^t(x_{1i},\ldots,x_{ni}) = \sum_{j=1}^n x_{ji}\boldsymbol{e}_j$$

と書ける．ゆえに多重線型性から

$$F(\boldsymbol{x}_1,\ldots,\boldsymbol{x}_n) = F\left(\sum_{j_1=1}^n x_{j_1 1}\boldsymbol{e}_{j_1},\ldots,\sum_{j_n=1}^n x_{j_n n}\boldsymbol{e}_{j_n}\right)$$
$$= \sum_{1 \leq j_1,\ldots,j_n \leq n} x_{j_1 1}\ldots x_{j_n n}F(\boldsymbol{e}_{j_1},\ldots,\boldsymbol{e}_{j_n})$$

が成り立つ．F の交代性から次が導かれる．

補題 3.1　ある $k \neq \ell(1,2,\ldots,n)$ に対し $j_k = j_\ell$ ならば

$$F(\boldsymbol{e}_{j_1},\ldots,\boldsymbol{e}_{j_n}) = 0.$$

従って上記の和の中で残るのは $\{j_1,\ldots,j_n\}$ がいずれかの置き換え $\sigma \in S_n$ である場合のみである．すなわち

$$F(\boldsymbol{x}_1,\ldots,\boldsymbol{x}_n) = \sum_{\sigma \in S_n} x_{\sigma(1)1}\ldots x_{\sigma(n)n}F(\boldsymbol{e}_{\sigma(1)},\ldots,\boldsymbol{e}_{\sigma(n)}).$$

ここで

$$F(\boldsymbol{e}_{\sigma(1)},\ldots,\boldsymbol{e}_{\sigma(n)}) = \mathrm{sgn}(\sigma)$$

である．実際，一般に $\sigma \in S_n$ は二文字の交換いわゆる互換の積の形に書ける．(以下の問 3.2 参照.) すなわちある整数 $k \geq 0$ に対し互換 $\tau_1,\ldots,\tau_k$ があって

$$\sigma = \tau_1 \circ \tau_2 \circ \cdots \circ \tau_k.$$

ただし一般に 2 つの置き換え τ_1, τ_2 に対しその積ないし合成 $\tau_1 \circ \tau_2$ は $(\tau_1 \circ \tau_2)(i) = \tau_1(\tau_2(i))$ $(i = 1, 2, \ldots, n)$ と定義される．ゆえに

$$F(\boldsymbol{e}_{\sigma(1)}, \ldots, \boldsymbol{e}_{\sigma(n)}) = (-1)^k F(\boldsymbol{e}_1, \ldots, \boldsymbol{e}_n) = (-1)^k F(I) = (-1)^k.$$

この値は $\sigma \in S_n$ の取り方により一意に定まり σ を積に書き表す互換 τ_ℓ の個数 k の偶奇は σ のみによって定まることがわかる．従って

$$F(\boldsymbol{e}_{\sigma(1)}, \ldots, \boldsymbol{e}_{\sigma(n)}) = \mathrm{sgn}(\sigma)$$

が示された．よって

$$\begin{aligned}
F(\boldsymbol{x}_1, \ldots, \boldsymbol{x}_n) &= \sum_{\sigma \in S_n} \mathrm{sgn}(\sigma) x_{\sigma(1)1} \cdots x_{\sigma(n)n} \\
&= \sum_{\sigma \in S_n} \mathrm{sgn}(\sigma^{-1}) x_{1\sigma^{-1}(1)} \cdots x_{n\sigma^{-1}(n)} \\
&= \sum_{\tau \in S_n} \mathrm{sgn}(\tau) x_{1\tau(1)} \cdots x_{n\tau(n)}.
\end{aligned}$$

ただし置き換え σ の逆変換 σ^{-1} は $\sigma^{-1} \circ \sigma(i) = \sigma \circ \sigma^{-1}(i) = i$ $(i = 1, 2, \ldots, n)$ を満たすものと定義される． □

系 3.1 n 次正方行列 A に対し

$$\det(A) = \det({}^t A).$$

従って上記多重線型性，交代性は列ベクトルを行ベクトルによる表現に置き換えても全く同様に成り立つ．

系 3.2

1)
$$\begin{aligned}
\det(A) &= \sum_{i=1}^n a_{ij} \tilde{a}_{ij} \quad (j = 1, 2, \ldots, n) \quad \text{(第 j 列に関する展開)} \\
&= \sum_{j=1}^n a_{ij} \tilde{a}_{ij} \quad (i = 1, 2, \ldots, n) \quad \text{(第 i 行に関する展開)}.
\end{aligned}$$

2)

$$\delta_{j\ell} \det(A) = \sum_{i=1}^{n} a_{ij}\tilde{a}_{i\ell} \quad (j, \ell = 1, 2, \ldots, n)$$

$$\delta_{ik} \det(A) = \sum_{j=1}^{n} a_{ij}\tilde{a}_{kj} \quad (i, k = 1, 2, \ldots, n).$$

ただし $\delta_{j\ell}$ はクロネッカーのデルタ (Kronecker's delta) と呼ばれるもので以下で定義される．

$$\delta_{j\ell} = \begin{cases} 1, & \text{for } j = \ell, \\ 0, & \text{for } j \neq \ell. \end{cases}$$

3) A の余因子行列 $\widetilde{A}$ とは第 (j,i) 余因子 $\tilde{a}_{ji}$ を第 (i,j) 成分とする行列のことである:

$$\widetilde{A} = (\tilde{a}_{ji})_{\substack{1 \leq i \leq n \\ 1 \leq j \leq n}}.$$

このとき

$$\widetilde{A}A = A\widetilde{A} = \det(A) I_n$$

が成り立つ．特に A が正則である必要十分条件は $\det(A) \neq 0$ であり，そのとき A の逆行列は

$$A^{-1} = (\det(A))^{-1} \widetilde{A}$$

で与えられる．

4) 3) より A が正則の時

$$A\boldsymbol{x} = \boldsymbol{b}$$

の解は一意に存在して

$$\boldsymbol{x} = (\det(A))^{-1} \widetilde{A}\boldsymbol{b} = (\det(A))^{-1} \left(\sum_{j=1}^{n} b_j \tilde{a}_{ji} \right)_{1 \leq i \leq n}.$$

そして $i = 1, 2, \ldots, n$ に対し

$$x_i = (\det(A))^{-1} \det \begin{pmatrix} a_{11} & \cdots & b_1 & \cdots & a_{1n} \\ \vdots & & \vdots & & \vdots \\ a_{n1} & \cdots & b_n & \cdots & a_{nn} \end{pmatrix}.$$

第 i 列

これをクラメルの公式 (Cramer's formula) という.

問 3.1 次を求めよ.

1. $\det \begin{pmatrix} a_{11} & a_{12} \\ a_{21} & a_{22} \end{pmatrix}$

2. $\det \begin{pmatrix} a_{11} & a_{12} & a_{13} \\ a_{21} & a_{22} & a_{23} \\ a_{31} & a_{32} & a_{33} \end{pmatrix}$

3. $\det \begin{pmatrix} 1 & 1 & \cdots & 1 \\ x_1 & x_2 & \cdots & x_n \\ x_1^2 & x_2^2 & \cdots & x_n^2 \\ \vdots & \vdots & \ddots & \vdots \\ x_1^{n-1} & x_2^{n-1} & \cdots & x_n^{n-1} \end{pmatrix}$

4. $\det \begin{pmatrix} x & -1 & 0 & \cdots & 0 \\ 0 & x & -1 & \cdots & 0 \\ \vdots & \vdots & \ddots & \vdots & \vdots \\ 0 & \cdots & 0 & x & -1 \\ a_n & a_{n-1} & \cdots & a_1 & a_0 \end{pmatrix}$.

問 3.2 1. n 文字の置き換え (permutation) 全体 S_n の元の個数を求めよ. 置き換え $\sigma \in S_n$ を具体的に

$$\sigma = \begin{pmatrix} 1 & 2 & \cdots & n \\ i_1 & i_2 & \cdots & i_n \end{pmatrix}$$

等と書き表すことがある. ただしここで $i_k = \sigma(k)$ $(k = 1, 2, \ldots, n)$ である.

2. $\tau \in S_n$ が巡換とは n 文字 $\{1, 2, \ldots, n\}$ の中のいくつか $\{j_1, j_2, \ldots, j_k\}$ のみ動かし他は動かさないもので, $j_1 \mapsto \tau(j_1) = j_2, j_2 \mapsto \tau(j_2) = j_3, \ldots, j_k \mapsto \tau(j_k) = j_1$ と巡回的に写す写像のことである. これを

$$\tau = \begin{pmatrix} j_1 & j_2 & \cdots & j_k \\ j_2 & j_3 & \cdots & j_1 \end{pmatrix} = (j_1, j_2, \ldots, j_k)$$

と書くことがある．τ が互換であるとは二文字の巡換であることである．すなわち $\tau = (j_1, j_2)$ と書けることである．このとき，すべての置き換えは巡換の積として書けることを示せ．そして巡換は互換の積として書けることを示せ．

3. $\sigma \in S_n$ に対しその逆変換を σ^{-1} と書く．このとき $\mathrm{sgn}(\sigma^{-1}) = \mathrm{sgn}(\sigma)$ を示せ．

4. 二つの置き換え $\sigma, \tau \in S_n$ に対し $\mathrm{sgn}(\sigma \circ \tau) = \mathrm{sgn}(\sigma)\mathrm{sgn}(\tau)$ を示せ．

5. どの要素も動かさない置き換えを恒等置き換えといい 1_n 等と書く．$\mathrm{sgn}(1_n) = 1$ を示せ．

問 3.3 n 次正方行列 A, B に対し $\det(AB) = \det(A)\det(B)$ を示せ．

問 3.4 正方行列 A が
$$A = \begin{pmatrix} A_{11} & A_{12} \\ 0 & A_{22} \end{pmatrix}$$
と区分けされているとする．ただし A_{11}, A_{22} は正方行列とする．このとき
$$\det(A) = \det(A_{11})\det(A_{22})$$
を示せ．

問 3.5 $m \times n$ 型行列 $A = (a_{ij})_{\substack{1 \leq i \leq m \\ 1 \leq j \leq n}}$ に対し A の階数 $\mathrm{rank}(A)$ は A の k 次小行列式が 0 でない最大の整数 k ($0 \leq k \leq \min\{m, n\}$) に等しいことを証明せよ．

3.2 内積と計量

$\mathbb{R}^n$ の (標準) 内積を以下のように定義する．$\mathbb{R}^n$ の二つのベクトル $\boldsymbol{x} = {}^t(x_1, \ldots, x_n)$ と $\boldsymbol{y} = {}^t(y_1, \ldots, y_n)$ に対しその内積 $(\boldsymbol{x}, \boldsymbol{y})$ を
$$(\boldsymbol{x}, \boldsymbol{y}) = \sum_{j=1}^n x_j y_j$$

と定義する．$\mathbb{C}^n$ のベクトル $\boldsymbol{x} = {}^t(x_1,\ldots,x_n)$ と $\boldsymbol{y} = {}^t(y_1,\ldots,y_n)$ に対しては

$$(\boldsymbol{x},\boldsymbol{y}) = \sum_{j=1}^{n} x_j \overline{y_j}$$

と定義する．ただし i は $i^2 = -1$ となるいわゆる虚数単位であり複素数 $w = a + ib$ に対し

$$\overline{w} = a - ib$$

は w の複素共役と呼ばれるものである．二つの複素数 $w = a+ib, u = c+id$ に対しその和と積は

$$w + u = (a+c) + i(b+d), \quad wu = (ac-bd) + i(ad+bc)$$

と定義される．明らかにこの演算は実数の和・積の演算と同様に結合法則，分配法則などを満たす．このとき，内積は次の性質を満たす．$\mathbb{R}^n$ と $\mathbb{C}^n$ とに共通の形に書けば $\lambda \in \mathbb{C}$（あるいは $\mathbb{R}^n$ の場合 $\lambda \in \mathbb{R}$），ベクトル $\boldsymbol{x},\boldsymbol{y},\boldsymbol{w}$ に対し

$$(\lambda\boldsymbol{x},\boldsymbol{y}) = \lambda(\boldsymbol{x},\boldsymbol{y})$$
$$(\boldsymbol{x},\boldsymbol{y}+\boldsymbol{w}) = (\boldsymbol{x},\boldsymbol{y}) + (\boldsymbol{x},\boldsymbol{w})$$
$$(\boldsymbol{x},\boldsymbol{y}) = \overline{(\boldsymbol{y},\boldsymbol{x})}$$
$$(\boldsymbol{x},\boldsymbol{x}) \geq 0 \text{ で等号は } \boldsymbol{x} = \boldsymbol{0} \text{ の場合のみ成り立つ．}$$

ベクトル $\boldsymbol{x},\boldsymbol{y}$ はその内積が 0 である時すなわち $(\boldsymbol{x},\boldsymbol{y}) = 0$ のとき互いに直交するという．このことを $\boldsymbol{x} \perp \boldsymbol{y}$ と表すことがある．

ベクトル $\boldsymbol{x} = {}^t(x_1,\ldots,x_n)$ に対しその長さないしノルムを

$$\|\boldsymbol{x}\| = \sqrt{(\boldsymbol{x},\boldsymbol{x})}$$

によって定義する．

命題 3.2 任意の $\mathbb{C}^n$ のベクトル $\boldsymbol{x},\boldsymbol{y}$ に対し次が成り立つ．

1) $|(\boldsymbol{x},\boldsymbol{y})| \leq \|\boldsymbol{x}\|\|\boldsymbol{y}\|$. （シュワルツの不等式 (Schwarz' inequality)）

2) $\|\boldsymbol{x}+\boldsymbol{y}\| \leq \|\boldsymbol{x}\| + \|\boldsymbol{y}\|$. （三角不等式 (triangle inequality)）

証明

1) $\boldsymbol{y} = \boldsymbol{0}$ の時は両辺とも 0 なので成り立つ．従って $\boldsymbol{y} \neq \boldsymbol{0}$ と仮定して一般性は失われない．このとき $t_0 \in \mathbb{C}$ を以下により定める．

$$(\boldsymbol{x} - t_0 \boldsymbol{y}, \boldsymbol{y}) = 0.$$

すると

$$(\boldsymbol{x}, \boldsymbol{y}) = t_0(\boldsymbol{y}, \boldsymbol{y}) = t_0 \|\boldsymbol{y}\|^2.$$

$\boldsymbol{y} \neq \boldsymbol{0}$ ゆえ t_0 が求められて

$$t_0 = \frac{(\boldsymbol{x}, \boldsymbol{y})}{\|\boldsymbol{y}\|^2}$$

となる．他方任意の複素数 $\lambda \in \mathbb{C}$ に対して

$$\|\boldsymbol{x} - \lambda \boldsymbol{y}\|^2 \geq 0.$$

左辺は展開すれば次に等しい．

$$\|\boldsymbol{x}\|^2 - \overline{\lambda}(\boldsymbol{x}, \boldsymbol{y}) - \lambda \overline{(\boldsymbol{x}, \boldsymbol{y})} + |\lambda|^2 \|\boldsymbol{y}\|^2.$$

ここで $\lambda = t_0$ とすればこれは次に等しい．

$$\|\boldsymbol{x}\|^2 - \frac{\overline{(\boldsymbol{x}, \boldsymbol{y})}}{\|\boldsymbol{y}\|^2}(\boldsymbol{x}, \boldsymbol{y}) - \frac{(\boldsymbol{x}, \boldsymbol{y})}{\|\boldsymbol{y}\|^2}\overline{(\boldsymbol{x}, \boldsymbol{y})} + \frac{|(\boldsymbol{x}, \boldsymbol{y})|^2}{\|\boldsymbol{y}\|^4}\|\boldsymbol{y}\|^2$$
$$= \|\boldsymbol{x}\|^2 - \frac{|(\boldsymbol{x}, \boldsymbol{y})|^2}{\|\boldsymbol{y}\|^2}.$$

上記からこれが非負であったから

$$\|\boldsymbol{x}\|^2 \|\boldsymbol{y}\|^2 \geq |(\boldsymbol{x}, \boldsymbol{y})|^2$$

が得られた．あとは両辺の正の平方根を取ればよい．

2) 両辺の二乗について不等式をいえばよいが，それらを展開すれば 1) に帰着する．

□

第3章 行列式と内積

定義 3.1 ベクトル $x_1, \ldots, x_k$ が互いに直交しかつおのおののノルムが 1 のときこれを正規直交系と呼ぶ．特にこのような性質を満たす $\mathbb{C}^n$(あるいは $\mathbb{R}^n$) の基底を正規直交基底という．

命題 3.3 $x_1, \ldots, x_k$ を線型独立な $\mathbb{C}^n$ のベクトルとする．このとき
$$w_1 = \frac{x_1}{\|x_1\|},$$
$$w_2' = x_2 - (x_2, w_1)w_1,$$
$$w_2 = \frac{w_2'}{\|w_2'\|},$$
$$\vdots$$
$$w_\ell' = x_\ell - (x_\ell, w_{\ell-1})w_{\ell-1} - \cdots - (x_\ell, w_1)w_1,$$
$$w_\ell = \frac{w_\ell'}{\|w_\ell'\|},$$
$$\vdots$$

という手順によって互いに直交する長さ 1 のベクトル $w_1, \ldots, w_k$ を作りすべての x_j を $w_1, \ldots, w_k$ の線型結合で表すことができる．逆に上の手順から $w_1, \ldots, w_k$ は $x_1, \ldots, x_k$ の線型結合で表される．

証明は明らかであろう．この命題中の手順をシュミット (Schmidt) の直交化法という．互いに直交するベクトル系 $w_1, \ldots, w_k$ は線型独立である．$\mathbb{C}^n$ の任意の基底からシュミットの直交化法により正規直交基底を作ることができる．

W が $\mathbb{C}^n$ の (線型) 部分空間であるとは W が $\mathbb{C}^n$ の部分集合でありかつ次を満たすことをいう．
$$x, y \in W, \quad \lambda, \mu \in \mathbb{C} \Longrightarrow \lambda x + \mu y \in W.$$

$\mathbb{C}^n$ のベクトル $a_1, \ldots, a_k$ に対しそれらが張る空間を
$$\langle a_1, \ldots, a_k \rangle = \{x | \exists \alpha_1, \ldots, \alpha_k \in \mathbb{C} \text{ s.t. } x = \alpha_1 a_1 + \cdots + \alpha_k a_k\}$$
と定義する．$\langle a_1, \ldots, a_k \rangle$ は明らかに $\mathbb{C}^n$ の部分空間である．$\mathbb{C}^n$ の部分空間 W に対しその直交補空間 $W^\perp$ を
$$W^\perp = \{w | \forall y \in W : (w, y) = 0\}$$

により定義する．明らかに $W^\perp$ は $\mathbb{C}^n$ の部分空間である．$\mathbb{C}^n$ の二つの部分空間 V_1, V_2 に対しその線型和あるいは和空間 $V_1 + V_2$ を

$$V_1 + V_2 = \{w | \exists x \in V_1, \exists y \in V_2 \text{ s.t. } w = x + y\}$$

と定義する．これは明らかに $\mathbb{C}^n$ の部分空間である．上記の W の直交補空間 $W^\perp$ について以下が成り立つ．

$$\mathbb{C}^n = W + W^\perp.$$

実際 $a_1, \ldots, a_k$ を W の一つの正規直交基底とする．すると任意の $x \in \mathbb{C}^n$ に対し

$$w_1 = (x, a_1)a_1 + \cdots + (x, a_k)a_k \in W$$

でかつ

$$w_2 = x - w_1 \in W^\perp$$

となる．これは任意の $\mathbb{C}^n$ のベクトル x が W のベクトル w_1 と $W^\perp$ のベクトル w_2 の和に書けることを示す．しかも $w \in \mathbb{C}^n$ を W の元と $W^\perp$ の元との和に表す仕方は一意に定まる．このことを $\mathbb{C}^n$ は W と $W^\perp$ の直交和であると呼び

$$\mathbb{C}^n = W \oplus W^\perp$$

と書く．以下が成り立つ．

命題 3.4 W, W_1, W_2 を $\mathbb{C}^n$ の部分空間とする．

1. $(W^\perp)^\perp = W$.
2. $(W_1 + W_2)^\perp = W_1^\perp \cap W_2^\perp$.
3. $(W_1 \cap W_2)^\perp = W_1^\perp + W_2^\perp$.

問 3.6 上の命題 3.4 を示せ．

定義 3.2 複素数の成分 $u_{ij} \in \mathbb{C}$ を持つ $n \times n$ 行列 $U = (u_{ij})$ がユニタリ行列であるとは任意のベクトル $\boldsymbol{x} \in \mathbb{C}^n$ に対し

$$\|U\boldsymbol{x}\| = \|\boldsymbol{x}\|$$

を満たすことである．U が実数行列でこの性質を $\mathbb{R}^n$ のノルムに対し満たすとき U を直交行列という．

ユニタリ行列ないし直交行列は $\mathbb{C}^n$ ないし $\mathbb{R}^n$ のノルムの大きさを変えない線型変換を定義する．このように $\mathbb{C}^n$ ないし $\mathbb{R}^n$ のノルムを変えない変換を $\mathbb{C}^n$ ないし $\mathbb{R}^n$ の計量同型写像という．

定義 3.3 　1. 線型変換 $T: \mathbb{C}^n \longrightarrow \mathbb{C}^n$ に対し

$$(T\boldsymbol{x}, \boldsymbol{y}) = (\boldsymbol{x}, T^*\boldsymbol{y}) \quad (\forall \boldsymbol{x}, \boldsymbol{y} \in \mathbb{C}^n)$$

を満たす線型変換 $T^* : \mathbb{C}^n \longrightarrow \mathbb{C}^n$ を T の随伴変換という．T が行列により $T = (t_{ij})_{\substack{1 \le i \le n \\ 1 \le j \le n}}$ と表されているとき T の随伴変換に対応する行列はその随伴行列 $(t_{ij})^*_{\substack{1 \le i \le n \\ 1 \le j \le n}}$ で表される．ただし一般に行列 $A = (a_{ij})_{\substack{1 \le i \le m \\ 1 \le j \le n}}$ に対しその随伴行列 $A^* = (b_{ji})_{\substack{1 \le j \le n \\ 1 \le i \le m}}$ は以下の関係で定義される．

$$b_{ji} = \overline{a_{ij}} \quad (i = 1, 2, \ldots, m, j = 1, 2, \ldots, n).$$

2. $TT^* = T^*T$ を満たす変換を正規変換という．ユニタリ行列で表されるユニタリ変換は正規変換である．$T^* = T$ を満たす変換をエルミート変換という．これも正規変換である．エルミート線型変換は次の性質を満たすエルミート (正方) 行列 $H = (h_{ij})$ で表される．

$$H^* = H.$$

命題 3.5 U が $\mathbb{C}^n$ (or $\mathbb{R}^n$) のユニタリ変換 (or 直交変換) である必要十分条件はそれが内積を不変に保つことである．すなわち任意のベクトル $\boldsymbol{x}, \boldsymbol{y} \in \mathbb{C}^n$ (or $\mathbb{R}^n$) に対し $(U\boldsymbol{x}, U\boldsymbol{y}) = (\boldsymbol{x}, \boldsymbol{y})$ であることである．これは $U^*U = I$ と同値である．

証明　まず次の一般的な関係が成立することに注意する．任意のベクトル $\boldsymbol{x}, \boldsymbol{y} \in \mathbb{C}^n$ に対し

$$(\boldsymbol{x}, \boldsymbol{y}) = \frac{1}{4}(\|\boldsymbol{x}+\boldsymbol{y}\|^2 - \|\boldsymbol{x}-\boldsymbol{y}\|^2) + \frac{i}{4}(\|\boldsymbol{x}+i\boldsymbol{y}\|^2 - \|\boldsymbol{x}-i\boldsymbol{y}\|^2).$$

$\mathbb{R}^n$ の任意のベクトル $\boldsymbol{x}, \boldsymbol{y} \in \mathbb{R}^n$ に対しては虚数部分がないので簡単になる．

$$(\boldsymbol{x}, \boldsymbol{y}) = \frac{1}{4}(\|\boldsymbol{x}+\boldsymbol{y}\|^2 - \|\boldsymbol{x}-\boldsymbol{y}\|^2).$$

これらは直接の計算により示される．

これより $\boldsymbol{x}, \boldsymbol{y} \in \mathbb{C}^n$ に対して

$$(U\boldsymbol{x}, U\boldsymbol{y}) = (\boldsymbol{x}, \boldsymbol{y})$$

であることと

$$\|U\boldsymbol{x}\| = \|\boldsymbol{x}\|$$

が同値であることが従う．前者の関係が

$$U^*U = I$$

と同値であることは随伴行列の定義から明らかである．　　　　　□

命題 3.6　$\boldsymbol{u}_j\ (j=1,2,\ldots,n)$ を n 次縦ベクトルとする．このとき n 次正方行列 $U = (\boldsymbol{u}_1, \ldots, \boldsymbol{u}_n)$ が $\mathbb{C}^n$ のユニタリ変換である必要十分条件は $\boldsymbol{u}_1, \ldots \boldsymbol{u}_n$ が $\mathbb{C}^n$ の正規直交基底をなす事である．

証明　$U = (\boldsymbol{u}_1, \ldots, \boldsymbol{u}_n)$ が命題 3.5 の条件

$$U^*U = I$$

を満たすことが U がユニタリ変換を定義することと同値である．これは随伴行列の定義と $U = (\boldsymbol{u}_1, \ldots, \boldsymbol{u}_n)$ の表現より

$$\overline{{}^t\boldsymbol{u}_i}\boldsymbol{u}_j = \delta_{ij} \quad (i,j = 1,2,\ldots,n)$$

に同値である．これは内積を用いて書き直せば

$$(\boldsymbol{u}_i, \boldsymbol{u}_j) = \delta_{ij} \quad (i, j = 1, 2, \ldots, n)$$

ということであるから $\boldsymbol{u}_i$ $(i = 1, 2, \ldots, n)$ が正規直交基底をなすことと同値である． □

定義 3.4 線型変換 $T : \mathbb{C}^n \longrightarrow \mathbb{C}^n$ に対し

$$T\boldsymbol{x} = \lambda \boldsymbol{x}$$

を満たす $\boldsymbol{0}$ でないベクトル $\boldsymbol{x}$ と複素数 λ を求める問題を変換 T の固有値問題という．

定理 3.2 $n \geq 1$ のとき任意の線型変換 $T : \mathbb{C}^n \longrightarrow \mathbb{C}^n$ に対し少なくとも一つの固有値と固有ベクトルが存在する．

証明 T は n 次正方行列 $T = (t_{ij})$ で表現されているとして一般性は失われない．このとき固有値問題は次の連立線型方程式を満たす自明でない解（すなわち $\boldsymbol{0}$ でない解）と対応する複素数 λ を求めることと同値である．すなわち

$$(T - \lambda I)\boldsymbol{x} = \boldsymbol{0}.$$

命題 2.1 によりこれがゼロでない解 $\boldsymbol{x} \neq \boldsymbol{0}$ を持つ必要十分条件は行列 $T - \lambda I$ が正則でないことつまり系 3.2 の 3) より

$$\det(T - \lambda I) = 0$$

である．これは $n \geq 1$ なる n 次代数方程式であるから代数学の基本定理[1]により少なくとも一つの解 $\lambda \in \mathbb{C}$ を持つ． □

---

[1] 代数学の基本定理は通常複素関数論を用いて証明されるが初等的な証明が齋藤正彦著「線型代数入門」の附録 230 頁に載っている．

3.2. 内積と計量

定義 3.5 線型変換 $T : \mathbb{C}^n \longrightarrow \mathbb{C}^n$ に対し $\mathbb{C}^n$ の線型部分空間 W が T-不変である (T-invariant) とは

$$T(W) = \{\boldsymbol{y} | \exists \boldsymbol{x} \in W \text{ s.t. } \boldsymbol{y} = T\boldsymbol{x}\} \subset W$$

が成り立つことである．

定理 3.3 $\mathbb{C}^n$ の正規変換 T は固有ベクトルよりなる基底を持つ．しかもそれは正規直交基底にとれる．従って T を表す行列はユニタリ行列により対角化可能である．逆も真である．

証明 前定理 3.2 より少なくとも一つの T の固有ベクトル $\boldsymbol{a}_1$ が存在する．その固有値を λ_1 とする．この固有値に対応するすべての固有ベクトルを含む最小の線型空間を W_1 とする．すなわち

$$W_1 = \{\boldsymbol{x} | T\boldsymbol{x} = \lambda_1 \boldsymbol{x}, \boldsymbol{x} \in \mathbb{C}^n\}.$$

このとき W_1 は T^*-不変である．すなわち $T^*(W_1) = \{T^*\boldsymbol{x} | \boldsymbol{x} \in W_1\} \subset W_1$. 実際 $\boldsymbol{x} \in W_1$ のとき

$$TT^*\boldsymbol{x} = T^*T\boldsymbol{x} = T^*(\lambda_1 \boldsymbol{x}) = \lambda_1 T^*\boldsymbol{x}$$

ゆえ $T^*\boldsymbol{x} \in W_1$ であり，T^*-不変性が言えた．よって前定理 3.2 より W_1 内に T^* の固有ベクトル $\boldsymbol{u}_1$ が存在する．その $\boldsymbol{u}_1$ は W_1 のベクトルだから T の固有ベクトルでもある．従って T, T^* に共通の固有ベクトル $\boldsymbol{u}_1$ の存在が言えた．後のためそのノルムは 1 としておく．$\boldsymbol{u}_1$ の T^* に関する固有値を μ_1 とする．$\boldsymbol{u}_1$ が張る空間を V_1 とする．すなわち

$$V_1 = \{\boldsymbol{y} | \boldsymbol{y} = \alpha \boldsymbol{u}_1, \alpha \in \mathbb{C}\}.$$

この直交補空間

$$V_1^\perp = \{\boldsymbol{w} | \forall \boldsymbol{y} \in V_1 : (\boldsymbol{w}, \boldsymbol{y}) = 0\}$$

は T かつ T^*-不変である．実際 $\boldsymbol{y} \in V_1, \boldsymbol{w} \in V_1^\perp$ に対し

$$(T\boldsymbol{w}, \boldsymbol{y}) = (\boldsymbol{w}, T^*\boldsymbol{y}) = (\boldsymbol{w}, \mu_1 \boldsymbol{y}) = \overline{\mu}_1(\boldsymbol{w}, \boldsymbol{y}) = 0,$$

$$(T^*\boldsymbol{w},\boldsymbol{y}) = (\boldsymbol{w},T\boldsymbol{y}) = (\boldsymbol{w},\lambda_1\boldsymbol{y}) = \overline{\lambda}_1(\boldsymbol{w},\boldsymbol{y}) = 0.$$

従って T, T^*-不変性

$$T(V_1^\perp) \subset V_1^\perp, \quad T^*(V_1^\perp) \subset V_1^\perp$$

が言えた．そこで $V_1^\perp$ 内で上と同じ議論をして T, T^* に共通なノルム 1 の固有ベクトル $\boldsymbol{u}_2$ (ただしその T に関する固有値を λ_2 とする) を取りそれの張る空間を V_2 とする．すると V_1 と V_2 の直交和 $V_1 \oplus V_2$ の直交補空間は命題 3.4 により $(V_1 + V_2)^\perp = V_1^\perp \cap V_2^\perp$ となるが，上記と同様の議論によりおのおのの $V_1^\perp$ と $V_2^\perp$ が T, T^*-不変なのでこの共通部分の定義する $\mathbb{C}^n$ の線型部分空間もやはり T, T^*-不変である．以下同様に続けて，最後はこれらすべての空間 $V_1, \ldots, V_k$ の直交和の直交補空間が $\{\boldsymbol{0}\}$ になる．このとき $k = n$ である．実際直交和 $V_1 \oplus \cdots \oplus V_k$ の次元は k であるから $k < n$ なら $(V_1 \oplus \cdots \oplus V_k)^\perp \neq \{\boldsymbol{0}\}$ となりこの手順をさらに続けることができる．従ってまとめれば次が言えた．

> T の固有ベクトル $\boldsymbol{u}_1, \ldots, \boldsymbol{u}_n$ (それぞれ T に関する固有値 $\lambda_1, \ldots, \lambda_n$ を持つとする) で正規直交系をなし，かつ $\mathbb{C}^n$ の任意のベクトルをその線型結合で表すことができるものが存在する．

すなわち T の固有ベクトルからなる $\mathbb{C}^n$ の正規直交基底 $\boldsymbol{u}_1, \ldots, \boldsymbol{u}_n$ の存在が言えた．$U = (\boldsymbol{u}_1, \ldots, \boldsymbol{u}_n)$ は命題 3.6 によりユニタリ行列でこれが T を対角化する行列である (定理 2.6 参照)．すなわち

$$U^{-1}TU = U^*TU = \begin{pmatrix} \lambda_1 & & 0 \\ & \ddots & \\ 0 & & \lambda_n \end{pmatrix} = D.$$

逆はユニタリ行列 $U = (\boldsymbol{u}_1, \ldots, \boldsymbol{u}_n)$ によりこの右辺のようなある対角行列 D に対し $U^{-1}TU = U^*TU = D$ となれば $TU = UD$ であることから明らかである． □

第4章 線型空間上の計量

本章では前章までに概観した線型空間の概念をきちんと定義する．基底や次元の概念，部分空間，線型写像の階数，一般の行列の三角化，正規行列の対角化など前章までに概略を見た事柄を復習する．一部繰り返しになる箇所もあるが線型空間をきちんと定義した上で議論をするとすればこうなるということを示すためである．以下証明が明らかな命題や定理には証明はつけていない．読者自ら証明を構成するようチャレンジしてほしい．

4.1 線型空間の定義

線型空間は次のように定義される集合である．

定義 4.1 $K = \mathbb{R}$ or $\mathbb{C}$ とする．集合 V が K 上の線型空間ないしベクトル空間であるとは V 上の演算 $+$ と K の元によるスカラー倍の演算が定義されていて次を満たすことである．V の元をベクトルという．

(I) 任意の $\boldsymbol{x}, \boldsymbol{y}, \boldsymbol{w} \in V$ に対し和 $\boldsymbol{x} + \boldsymbol{y} \in V$ が定義され次の性質を満たす．

1) $(\boldsymbol{x} + \boldsymbol{y}) + \boldsymbol{w} = \boldsymbol{x} + (\boldsymbol{y} + \boldsymbol{w})$.
2) $\boldsymbol{x} + \boldsymbol{y} = \boldsymbol{y} + \boldsymbol{x}$.
3) $\exists \boldsymbol{0} \in V$ such that $\forall \boldsymbol{x}$: $\boldsymbol{x} + \boldsymbol{0} = \boldsymbol{0} + \boldsymbol{x} = \boldsymbol{x}$.
4) $\forall \boldsymbol{x} \in V \ \exists \boldsymbol{x}' \in V$ such that $\boldsymbol{x} + \boldsymbol{x}' = 0$.

(II) 任意の $\boldsymbol{x}, \boldsymbol{y} \in V$, $a, b \in K$ に対しスカラー倍 $a\boldsymbol{x} \in V$ が定義され次を満たす．

1) $(a + b)\boldsymbol{x} = a\boldsymbol{x} + b\boldsymbol{x}$.
2) $a(\boldsymbol{x} + \boldsymbol{y}) = a\boldsymbol{x} + a\boldsymbol{y}$.
3) $(ab)\boldsymbol{x} = a(b\boldsymbol{x})$.

4) $1\boldsymbol{x} = \boldsymbol{x}$.

注

1) $\boldsymbol{0} \in V$ は一意に定まる.

2) 任意の $\boldsymbol{x} \in V$ に対し $\boldsymbol{x}' \in V$ は一意に定まる. そこで $\boldsymbol{x}'$ を $\boldsymbol{x}$ の逆元といい $-\boldsymbol{x}$ と書く.

3) $a\boldsymbol{0} = \boldsymbol{0}$.

4) $0\boldsymbol{x} = \boldsymbol{0}$.

定義 4.2

1) 線型空間 V から V 自身への写像 I で任意の $\boldsymbol{x} \in V$ に対し $I(\boldsymbol{x}) = \boldsymbol{x}$ を満たすものを恒等変換あるいは恒等写像という. 空間を明示し $I = I_V$ と書くこともある. $T : V \longrightarrow V'$ が線型空間 V から V' への写像で 1 対 1 かつ上への写像であるときその逆写像 $T^{-1} : V' \longrightarrow V$ は $T \circ T^{-1} = I_{V'}$ および $T^{-1} \circ T = I_V$ を満たすものである.

2) V, V' を K 上の線型空間とする. 写像 $T : V \longrightarrow V'$ が線型写像であるとは
$$\forall \boldsymbol{x}, \boldsymbol{y} \in V, \forall a, b \in K : T(a\boldsymbol{x} + b\boldsymbol{y}) = aT(\boldsymbol{x}) + bT(\boldsymbol{y})$$
が成り立つことである.

3) $T_1, T_2 : V \longrightarrow V', a, b \in K$ に対し
$$(aT_1 + bT_2)(\boldsymbol{x}) = aT_1(\boldsymbol{x}) + bT_2(\boldsymbol{x}) \quad (\forall \boldsymbol{x} \in V)$$
と定義する. V から V' への線型写像の全体はこの演算により K 上の線型空間を成す.

4) $T : V \longrightarrow V'$ が同型写像であるとは T が線型, 1 対 1, 上への写像であることである. このような写像があるとき V と V' は線型同型であるといい, $V \cong V'$ とかく.

5) V の部分集合 W が線型部分空間であるとは
$$\boldsymbol{x}, \boldsymbol{y} \in W, a, b \in K \Longrightarrow a\boldsymbol{x} + b\boldsymbol{y} \in W$$
が成り立つことである．

定義 4.3

1) V の有限個のベクトル $\boldsymbol{a}_1, \ldots, \boldsymbol{a}_k \in V$ が線型独立（一次独立）であるとは
$$\sum_{i=1}^{k} c_i \boldsymbol{a}_i = \boldsymbol{0} \Longrightarrow c_1 = \cdots = c_k = 0$$
が成り立つことである．

2) 線型独立でないとき $\boldsymbol{a}_1, \ldots, \boldsymbol{a}_k$ は線型従属（一次従属）であるという．

命題 4.1 $\boldsymbol{a}_1, \ldots, \boldsymbol{a}_k$ が線型従属ならそのうちのある一つが他のベクトルの一次結合として書ける．

定義 4.4 V の有限個のベクトルが存在して V の任意の元がそれらの一次結合として書けるとき V は有限次元であるという．そうでないとき V は無限次元であるという．

以下本章では線型空間は有限次元のものを扱う．

定義 4.5 V の有限個のベクトル $\boldsymbol{e}_1, \ldots, \boldsymbol{e}_n$ が V の基底であるとは以下の二条件が成り立つことである．

1) $\boldsymbol{e}_1, \ldots, \boldsymbol{e}_n$ は一次独立である．

2) 任意の V の元 $\boldsymbol{a}$ は $\boldsymbol{a} = \sum_{i=1}^{n} c_i \boldsymbol{e}_i$ ($\exists c_i \in K$) と表される．

66　第4章　線型空間上の計量

定理 4.1 $V \neq \{0\}$ のとき $e_1, \ldots, e_r$ $(r \geq 0)$ が一次独立ならばこれにいくつかのベクトル $e_{r+1}, \ldots, e_n$ を付け加えて V の基底が得られる．とくに $V \neq \{0\}$ なら基底が存在する．

証明 V は有限次元であるから有限個のベクトル $a_1, \ldots, a_k$ が存在して V の任意の元がその一次結合として表される．$a_1, \ldots, a_k$ のベクトルで $e_1, \ldots, e_r$ の一次結合の形に表されないものがあればそれを $e_1, \ldots, e_r$ に付け加えて $e_1, \ldots, e_{r+1}$ とする．すると作り方から $e_1, \ldots, e_{r+1}$ は一次独立である．以下同様に拡張していき $e_1, \ldots, e_n$ の一次結合ですべての $a_1, \ldots, a_k$ のベクトルが表されれば $e_1, \ldots, e_n$ が V の基底である．この操作は有限回で終わるから $V \neq \{0\}$ には基底が存在することが言えた． □

命題 4.2 V, V' を K 上の線型空間，$\varphi : V \longrightarrow V'$ を同型写像とする．このとき $a_1, \ldots, a_k \in V$ が一次独立である必要十分条件は $\varphi(a_1), \ldots, \varphi(a_k) \in V'$ が一次独立であることである．

命題 4.3 V が n 個のベクトルよりなる基底を持てば V は K^n に線型同型である．

命題 4.4

1) K^n において n 個より多くのベクトルは一次従属である．

2) $m \neq n \Longrightarrow K^n \not\cong K^m$.

証明

1) $m > n$ として $a_1, \ldots, a_m \in K^n$ をとる．このとき $n \times m$ 型行列 A を

$$A = (a_1, \ldots, a_m)$$

と定義する．すると $m > n$ だから第 2 章の定理 2.5 の証明の 2) で述べたように方程式

$$\lambda_1 \boldsymbol{a}_1 + \cdots + \lambda_m \boldsymbol{a}_m = \boldsymbol{0}$$

は自明でない解 $(\lambda_1, \ldots, \lambda_m) \neq \boldsymbol{0}$ を持つ．したがって $\boldsymbol{a}_1, \ldots, \boldsymbol{a}_m$ は一次従属である．

2) いま K^n と K^m が線型同型であるとすると K^n から K^m の上への 1 対 1 線型同型写像 $\varphi : K^n \longrightarrow K^m$ が存在する．また K^n の標準基底ベクトル

$$\boldsymbol{e}_j = {}^t(0, \ldots, 0, \overset{j \text{ 番目}}{1}, 0, \ldots, 0) \quad (j = 1, 2, \ldots, n)$$

をとるとこれは一次独立で K^n の任意のベクトルをその一次結合で表す．したがってこれの φ による像

$$\varphi(\boldsymbol{e}_1), \ldots, \varphi(\boldsymbol{e}_n)$$

も K^m で一次独立である．よって 1) より $n \leq m$ である．同様に φ の逆写像 φ^{-1} は K^m から K^n への線型同型写像であるから K^m の標準基底ベクトル

$$\boldsymbol{f}_j = {}^t(0, \ldots, 0, \overset{j \text{ 番目}}{1}, 0, \ldots, 0) \quad (j = 1, 2, \ldots, m)$$

を取るとこれは K^m で一次独立であり φ^{-1} によって K^n の一次独立なベクトルに写るからやはり 1) により $m \leq n$ である．以上より

$$m = n$$

が示された．

□

定理 4.2 V が n 個のベクトルからなる基底を持てば n 個より多くのベクトルは一次従属である．そして V の基底はすべて n 個のベクトルより成る．

証明 V が n 個のベクトルよりなる基底 $a_1, \ldots, a_n$ を持てば V から K^n への写像
$$\varphi\left(\sum_{j=1}^n x_j a_j\right) = \sum_{j=1}^n x_j e_j$$
は線型同型である．ただし e_j は前命題の証明中で定義した K^n の標準基底である．したがっていま $u_1, \ldots, u_k$ が $k > n$ で n 個より多くのベクトルであれば φ によりこれは $\varphi(u_1), \ldots, \varphi(u_k) \in K^n \ (k > n)$ に写るがこれは前命題から一次従属である．$u_1, \ldots, u_k$ は線型同型写像 φ^{-1} によるその逆像だから V において一次従属である．

したがって $b_1, \ldots, b_\ell$ が V の基底であれば今のことより $\ell \leq n$ である．同様に a_j と b_i の役割を入れ替えて $n \leq \ell$ がいえ $\ell = n$ が示された． □

定義 4.6 $V \neq \{0\}$ のとき V の基底が含むベクトルの個数 n を V の次元といい $n = \dim V$ と表す．$V = \{0\}$ のときは $\dim V = 0$ と定義する．

命題 4.5 線型空間 V, V' に対し
$$\dim V = \dim V' \iff V \cong V'.$$

$E = (e_1, \ldots, e_n), F = (f_1, \ldots, f_n)$ を V の基底とする．このとき V の元 x は
$$x = \sum_{i=1}^n c_i e_i = \sum_{i=1}^n d_i f_i$$
と書ける．これらは
$$\varphi(x) = \begin{pmatrix} c_1 \\ \vdots \\ c_n \end{pmatrix}, \quad \psi(x) = \begin{pmatrix} d_1 \\ \vdots \\ d_n \end{pmatrix}$$

により二つの同型写像 $\varphi, \psi : V \longrightarrow K^n$ を定義する．このとき線型同型写像 $T = \varphi \circ \psi^{-1} : K^n \longrightarrow K^n$ が定義されこれは

$$T \begin{pmatrix} d_1 \\ \vdots \\ d_n \end{pmatrix} = \varphi \circ \psi^{-1} \begin{pmatrix} d_1 \\ \vdots \\ d_n \end{pmatrix} = \begin{pmatrix} c_1 \\ \vdots \\ c_n \end{pmatrix}$$

を満たす．$T : K^n \longrightarrow K^n$ は線型写像だからある行列 (t_{ij}) で表され上の関係は

$$c_i = \sum_{j=1}^n t_{ij} d_j$$

と書ける．このとき

$$\sum_{i=1}^n d_i \boldsymbol{f}_i = \boldsymbol{x} = \sum_{i=1}^n c_i \boldsymbol{e}_i = \sum_{i=1}^n \left(\sum_{j=1}^n t_{ij} d_j \right) \boldsymbol{e}_i = \sum_{j=1}^n \left(\sum_{i=1}^n t_{ij} \boldsymbol{e}_i \right) d_j$$

だからとくに $d_i = \delta_{ik}$ $(k = 1, \ldots, n)$ ととるとこれより

$$\boldsymbol{f}_k = \sum_{i=1}^n t_{ik} \boldsymbol{e}_i \quad (k = 1, \ldots, n)$$

が得られる．これは行列のかけ算で書けば

$$(\boldsymbol{f}_1, \ldots, \boldsymbol{f}_n) = (\boldsymbol{e}_1, \ldots, \boldsymbol{e}_n) T$$

と書ける．このことから上に定義した行列 $\varphi \circ \psi^{-1} = T = (t_{ij})$ を基底 E から F への基底の取り替えの行列と呼ぶ．

いま V の線型変換 $S : V \longrightarrow V$ が与えられているとする．$E = (\boldsymbol{e}_1, \ldots, \boldsymbol{e}_n)$, $F = (\boldsymbol{f}_1, \ldots, \boldsymbol{f}_n)$ を V の基底としそれらに関する S の行列による表現を考える．つまり E に関する S の行列表現は

$$A = \varphi \circ S \circ \varphi^{-1}$$

であり F に関する表現は

$$B = \psi \circ S \circ \psi^{-1}$$

である．従って A, B の間の関係は

$$B = \psi \circ \varphi^{-1} A \varphi \circ \psi^{-1} = T^{-1} A T$$

である．これは基底の取り方により線型変換を行列で表す仕方の変わりかたを表している．このような関係にある行列 A, B を互いに相似であるという．つまり正則行列 T によりこのような関係にある行列 A, B は相似であるという．相似な行列で簡単な表現を持つものを探すことが当面の我々の問題である．

命題 4.6

1) W_1, W_2 が V の部分空間であれば $W_1 \cap W_2$ も V の部分空間である．

2) $\emptyset \neq S \subset V$ に対し

$$\langle S \rangle = \left\{ \sum_{i=1}^{k} c_i \boldsymbol{x}_i \ \middle| \ c_i \in K, \boldsymbol{x}_i \in S \ (i=1,\ldots,k) \right\}$$

は V の部分空間である．これを S の張る部分空間または線型包という．

3) W_1, W_2 が V の部分空間であれば

$$W_1 + W_2 = \{ \boldsymbol{x} + \boldsymbol{y} \mid \boldsymbol{x} \in W_1, \boldsymbol{y} \in W_2 \}$$

も V の部分空間である．これを W_1, W_2 の和空間という．これは $\langle W_1 \cup W_2 \rangle$ に等しい．

命題 4.7 $T: V \longrightarrow V'$ が線型写像の時 T の像 $T(V)$ は V' の部分空間である．またこのとき核空間 $T^{-1}(\boldsymbol{0}) = \mathrm{Ker}(T) = \{ \boldsymbol{x} \mid T(\boldsymbol{x}) = \boldsymbol{0}, \boldsymbol{x} \in V \}$ は V の部分空間である．そして

$$\dim V = \dim T^{-1}(\boldsymbol{0}) + \dim T(V)$$

が成り立つ．

証明 $e_1, \ldots, e_k$ を $T^{-1}(\mathbf{0})$ のひとつの基底とする．定理 4.1 によりこれを拡大して V の基底 $e_1, \ldots, e_n$ を作る．このとき $Te_{k+1}, \ldots, Te_n$ が $T(V)$ の基底であることを言えば証明が終わる．

まず $\sum_{i=1}^{n-k} c_i Te_{k+i} = \mathbf{0}$ と仮定すると

$$\sum_{i=1}^{n-k} c_i e_{k+i} \in \mathrm{Ker}\,(T) = T^{-1}(\mathbf{0}) = \langle e_1, \ldots, e_k \rangle.$$

ゆえに $e_1, \ldots, e_n$ の一次独立性から $c_i = 0\ (\forall i = 1, 2, \ldots, n-k)$．よって $Te_{k+1}, \ldots, Te_n$ は一次独立である．次に $T(V)$ の任意の元はある $\boldsymbol{x} = \sum_{i=1}^{n} d_i e_i$ によって

$$T\boldsymbol{x} = \sum_{i=1}^{k} d_i Te_i + \sum_{i=k+1}^{n} d_i Te_i = \sum_{i=k+1}^{n} d_i Te_i$$

と書けるから $Te_{k+1}, \ldots, Te_n$ は $T(V)$ を張る． $\square$

命題 4.8 W_1, W_2 を線型空間 V の部分空間とする．このとき次が成り立つ．

1) $W_1 \subset W_2 \Longrightarrow \dim W_1 \leq \dim W_2$.

2) $W_1 \subset W_2,\ \dim W_1 = \dim W_2 \Longrightarrow W_1 = W_2$.

定理 4.3 W_1, W_2 を線型空間 V の部分空間とする．このとき次が成り立つ．

$$\dim W_1 + \dim W_2 = \dim(W_1 + W_2) + \dim(W_1 \cap W_2).$$

定義 4.7 $V = W_1 \dotplus W_2$ とは $V = W_1 + W_2$ でかつ $\boldsymbol{x} \in V$ を $\boldsymbol{x} = \boldsymbol{y}_1 + \boldsymbol{y}_2$ ($\boldsymbol{y}_1 \in W_1, \boldsymbol{y}_2 \in W_2$) と表す仕方が一意的であることをいう．このとき V は W_1 と W_2 との直和であるという．

命題 4.9 $V = W_1 + W_2$ の時次は同値である．

1. $V = W_1 \dotplus W_2$.

第 4 章 線型空間上の計量

2. $W_1 \cap W_2 = \{\mathbf{0}\}$.

3. $\dim V = \dim W_1 + \dim W_2$.

定義 4.8 $W_1, \ldots, W_k \subset V$ を V の部分空間とする．

1. $V = W_1 + \cdots + W_k$ とは任意の $\boldsymbol{x} \in V$ に対しある $\boldsymbol{y}_i \in W_i$ があって $\boldsymbol{x} = \boldsymbol{y}_1 + \cdots + \boldsymbol{y}_k$ と書けることをいう．

2. $V = W_1 \dotplus \ldots \dotplus W_k$ とは $V = W_1 + \cdots + W_k$ であって上のような $\boldsymbol{x}$ の分解が一意的であることをいう．このとき V は $W_1, \ldots, W_k$ の直和であるという．

命題 4.10 $V = W_1 + \cdots + W_k$ のとき次は互いに同値である．

1. $V = W_1 \dotplus \ldots \dotplus W_k$.

2. $W_i \cap (W_1 + \cdots + W_{i-1} + W_{i+1} + \cdots + W_k) = \{\mathbf{0}\}$ $(i = 1, 2, \ldots, k)$.

3. $\dim V = \dim W_1 + \cdots + \dim W_k$.

4.2 線型写像の階数

V, V' をそれぞれ n 次元，m 次元の線型空間とする．$T: V \longrightarrow V'$ を線型写像とする．$e'_1, \ldots, e'_r$ を $T(V)(\subset V')$ の基底としこれを拡大して V' の基底 $e'_1, \ldots, e'_m$ を作る．$e_i \in V$ $(i = 1, \ldots, r)$ を

$$Te_i = e'_i \quad (i = 1, \ldots, r)$$

を満たすものとするとこれら $e_i \in V$ $(i = 1, \ldots, r)$ は一次独立である．実際

$$\sum_{i=1}^{r} c_i e_i = \mathbf{0}$$

とするとこれに T を施して
$$\sum_{i=1}^{r} c_i e_i' = \sum_{i=1}^{r} c_i T(e_i) = \mathbf{0}$$
となるから $e_1', \ldots, e_r'$ の一次独立性から $c_1 = \cdots = c_r = 0$.
 他方
$$n = \dim V = \dim T(V) + \dim T^{-1}(\mathbf{0}) = r + \dim T^{-1}(\mathbf{0})$$
であるから
$$\dim T^{-1}(\mathbf{0}) = n - r$$
である.よって $(n-r)$ 個の元より成る $T^{-1}(\mathbf{0})$ の基底 $e_{r+1}, \ldots, e_n$ がとれる.このとき $e_1, \ldots, e_n$ は一次独立である.実際
$$\sum_{i=1}^{n} d_i e_i = \mathbf{0}$$
と仮定するとこれに T を施して $T(e_{r+1}) = \cdots = T(e_n) = \mathbf{0}$ を用いると
$$\sum_{i=1}^{r} d_i e_i' = \sum_{i=1}^{r} d_i T(e_i) = \mathbf{0}$$
が得られる.上の $e_1', \ldots, e_r'$ の一次独立性からこれより
$$d_1 = \cdots = d_r = 0$$
となる.これを上の仮定の式に代入すると
$$\sum_{i=r+1}^{n} d_i e_i = \mathbf{0}$$
となるから $e_{r+1}, \ldots, e_n$ の一次独立性から
$$d_{r+1} = \cdots = d_n = 0$$
が得られまとめれば
$$d_1 = \cdots = d_n = 0$$

となり $e_1, \ldots, e_n$ が一次独立であることがいえる．従って $\dim V = n$ と併せて $e_1, \ldots, e_n$ は V の基底となる．

以上から V の基底 $E = (e_1, \ldots, e_n)$ と V' の基底 $F = (e'_1, \ldots, e'_m)$ が作られてこれに関する線型写像 T の行列表現は $\boldsymbol{x} = \sum_{i=1}^n x_i e_i$ に対し

$$T\boldsymbol{x} = \sum_{i=1}^n x_i T(e_i) = \sum_{i=1}^r x_i e'_i$$

であることから T に対応する基底 E, F に関する行列 A は

$$A \begin{pmatrix} x_1 \\ \vdots \\ x_r \\ x_{r+1} \\ \vdots \\ x_n \end{pmatrix} = \begin{pmatrix} x_1 \\ \vdots \\ x_r \\ 0 \\ \vdots \\ 0 \end{pmatrix} (\in K^m)$$

を満たすことがわかる．従って A は

$$A = \begin{array}{c} \\ \text{第 } r \text{ 行} \\ \\ \end{array} \overset{\text{第 } r \text{ 列}}{\begin{pmatrix} 1 & & \vdots & & & \boldsymbol{0} \\ & \ddots & \vdots & & & \\ & \cdots & 1 & & & \\ & & & 0 & & \\ & & & & \ddots & \\ \boldsymbol{0} & & & & & 0 \end{pmatrix}}.$$

の形をした $m \times n$ 型行列であることがわかる．このことより $\dim T(V) = r = \operatorname{rank}(A)$ であることがわかる．そこで

定義 4.9 線型写像 $T : V \longrightarrow V'$ に対し $\dim T(V)$ を T の rank といい rank T と書く．

以上より次がいえた．

4.2. 線型写像の階数

定理 4.4 線型写像の rank(階数) は対応する行列の rank に等しい．

命題 4.11 A を $m \times n$ 型行列とする．このとき

$$\operatorname{rank} A = \dim \mathcal{R}(A) = \text{A の一次独立な列 (行) ベクトルの最大個数}$$

が成り立つ．

定義 4.10 $T : V \longrightarrow V$ を線型変換，$W \subset V$ を部分空間とする．$T(W) \subset W$ のとき W を T-不変部分空間と呼ぶ．

$W \subset V$ が T-不変部分空間の時 $W = \langle e_1, \ldots, e_r \rangle$, $V = \langle e_1, \ldots, e_r, e_{r+1}, \ldots, e_n \rangle$ とする．するとこの基底に関する T の行列表現は

$$A = \begin{array}{c} \\ \text{第 r 行} \\ \\ \\ \\ \end{array} \begin{pmatrix} a_{11} & \cdots & a_{1r} & a_{1,r+1} & & a_{1n} \\ & \ddots & \vdots & \vdots & & \vdots \\ a_{r1} & \cdots & a_{rr} & a_{r,r+1} & \cdots & a_{rn} \\ & & & a_{r+1,r+1} & \cdots & a_{r+1,n} \\ & \mathbf{0} & & \vdots & & \vdots \\ & & & a_{n,r+1} & \cdots & a_{nn} \end{pmatrix}$$

（第 r 列）

となる．

いま $V = W_1 \dotplus W_2$ が直和で W_1, W_2 ともに T-不変であるときは T の行

列表現は

$$A = \begin{pmatrix} a_{11} & \cdots & a_{1r} & & & \\ & \ddots & \vdots & & \mathbf{0} & \\ a_{r1} & \cdots & a_{rr} & & & \\ & & & a_{r+1,r+1} & \cdots & a_{r+1,n} \\ & \mathbf{0} & & \vdots & & \vdots \\ & & & a_{n,r+1} & \cdots & a_{nn} \end{pmatrix}$$

（第 r 行，第 r 列）

となる．

定義 4.11 T を K 上の線型空間 V の線型変換とするとき

$$T\boldsymbol{x} = \alpha \boldsymbol{x}, \quad \boldsymbol{x} \neq \boldsymbol{0} \quad (\boldsymbol{x} \in V)$$

なる関係を満たす数 $\alpha \in K$ を T の K-固有値といい，$\boldsymbol{x} \neq \boldsymbol{0}$ を固有値 α を持つ T の固有ベクトルと呼ぶ．

T は K 内に固有値を持つとは限らない．たとえば 2 次の実行列

$$A = \begin{pmatrix} 0 & -1 \\ 1 & 0 \end{pmatrix}$$

の固有値，固有ベクトルは $\mathbb{C}$ まで考えれば $\alpha = \pm i$, $\boldsymbol{x} = {}^t(1, \mp i)$ を持つが $\mathbb{R}$ の範囲内には固有値，固有ベクトルを持たない．そこで一般に n 次行列 A に対し $A\boldsymbol{x} = \alpha \boldsymbol{x}$ $(\boldsymbol{x} \neq \boldsymbol{0})$ を満たす $\alpha \in \mathbb{C}$, $\boldsymbol{x} \in \mathbb{C}^n$ を A の固有値，固有ベクトルと呼ぶことにする．

以上よりすでに述べた定理 2.6 が $\mathbb{C}^n$ の場合に再現される．

定理 4.5 線型空間 V の線型変換 T が固有ベクトルより成る基底を持てばその基底に関し T を表す行列は対角形になる．逆も真である．

4.3 計量線型空間

線型空間に計量を定義したものを計量線型空間という．

定義 4.12 $K = \mathbb{R}$ or $\mathbb{C}$ とし，V を K 上の線型空間とする．任意の $\boldsymbol{x}, \boldsymbol{y} \in V$ に対し内積 $(\boldsymbol{x}, \boldsymbol{y}) \in K$ が定まり次を満たすとき V は $(\cdot, \cdot)$ を内積とする計量線型空間 (metric linear space) であるという．

$\boldsymbol{x}, \boldsymbol{y}, \boldsymbol{w} \in V, c \in K$ に対し

$$(\boldsymbol{x}, \boldsymbol{y} + \boldsymbol{w}) = (\boldsymbol{x}, \boldsymbol{y}) + (\boldsymbol{x}, \boldsymbol{w})$$
$$(c\boldsymbol{x}, \boldsymbol{y}) = c(\boldsymbol{x}, \boldsymbol{y})$$
$$(\boldsymbol{x}, \boldsymbol{y}) = \overline{(\boldsymbol{y}, \boldsymbol{x})}$$
$$(\boldsymbol{x}, \boldsymbol{x}) \geq 0$$
$$(\boldsymbol{x}, \boldsymbol{x}) = 0 \iff \boldsymbol{x} = \boldsymbol{0}$$

$\boldsymbol{x} \in V$ に対し $\|\boldsymbol{x}\| = \sqrt{(\boldsymbol{x}, \boldsymbol{x})}$ を $\boldsymbol{x}$ の長さあるいはノルムという．$(\boldsymbol{x}, \boldsymbol{y}) = 0$ のとき $\boldsymbol{x}$ と $\boldsymbol{y}$ は互いに直交するという．

命題 4.12

1. $|(\boldsymbol{x}, \boldsymbol{y})| \leq \|\boldsymbol{x}\|\|\boldsymbol{y}\|$.

2. $\|\boldsymbol{x} + \boldsymbol{y}\| \leq \|\boldsymbol{x}\| + \|\boldsymbol{y}\|$.

3. $\boldsymbol{x}_1, \ldots, \boldsymbol{x}_k (\in V), \boldsymbol{x}_j \neq \boldsymbol{0}$ $(j = 1, 2, \ldots, k)$ が互いに直交するならばそれらは一次独立である．

定義 4.13 ベクトル $\boldsymbol{e}_1, \ldots, \boldsymbol{e}_k \in V$ が互いに直交し長さが 1 のときこれらを正規直交系という．それらが V の基底を成すときこれを正規直交基底という．

$a_1, \ldots, a_n$ を V の基底とするときこれより正規直交基底 $e_1, \ldots, e_n$ を以下のようにして作ることができる．これをシュミットの直交化法という．

$$e_1 = \frac{a_1}{\|a_1\|},$$
$$e_2' = a_2 - (a_2, e_1)e_1, \quad e_2 = \frac{e_2'}{\|e_2'\|},$$
$$e_3' = a_3 - (a_3, e_1)e_1 - (a_3, e_2)e_2, \quad e_3 = \frac{e_3'}{\|e_3'\|},$$
$$\vdots$$

実際これらが直交することは明らかであろう．また作り方からこれらが V を張ることも明らかであるからこれは V の正規直交基底を成す．

定義 4.14 W を V の部分空間とするとき

$$W^\perp = \{x \in V \mid (x, y) = 0 \ (\forall y \in W)\}$$

を W の直交補空間という．明らかに $W \cap W^\perp = \{0\}$ が成り立つ．

命題 4.13 $V = W \dotplus W^\perp$．このとき V は互いに直交する空間 W と $W^\perp$ の和となる．このことを $V = W \oplus W^\perp$ と書くこともある．

命題 4.14 V を計量線型空間，W, W_1, W_2 を V の部分空間とする．

1. $(W^\perp)^\perp = W$．
2. $(W_1 + W_2)^\perp = W_1^\perp \cap W_2^\perp$．
3. $(W_1 \cap W_2)^\perp = W_1^\perp + W_2^\perp$．

定義 4.15 $\varphi : V \longrightarrow V'$ が計量同型写像であるとは φ は線型同型写像であって任意の $x, y \in V$ に対し

$$(\varphi(x), \varphi(y))_{V'} = (x, y)_V$$

4.3. 計量線型空間　79

を満たすことである．このとき V と V' は計量線型同型であるという．

いま V を計量線型空間とし $e_1,\ldots,e_n$ をその正規直交基底とする．このとき
$$\varphi\left(\sum_{j=1}^n c_j \boldsymbol{e}_j\right) = {}^t(c_1,\ldots,c_n)$$
は V から K^n への計量同型写像である．したがって次元の等しい K 上の計量線型空間はすべて互いに計量同型である．

つぎに V の正規直交基底 $E=(\boldsymbol{e}_1,\ldots,\boldsymbol{e}_n)$ と $F=(\boldsymbol{f}_1,\ldots,\boldsymbol{f}_n)$ をとる．E から自然な計量同型写像
$$\varphi\left(\sum_{j=1}^n c_j \boldsymbol{e}_j\right) = {}^t(c_1,\ldots,c_n)$$
が，F から
$$\psi\left(\sum_{j=1}^n d_j \boldsymbol{f}_j\right) = {}^t(d_1,\ldots,d_n)$$
が作られる．このとき E から F への基底の取り替えの行列は
$$P = \varphi \circ \psi^{-1}$$
であった．以上よりこの P は $n\times n$ 型ユニタリ行列である．つまり
$$PP^* = P^*P = I$$
が成り立つ．

定義 4.16 $T:V \longrightarrow V$ がユニタリ変換であるとは T が計量同型写像であることとする．つまり任意の $\boldsymbol{x},\boldsymbol{y}\in V$ に対し
$$\|T\boldsymbol{x}\| = \|\boldsymbol{x}\|$$
あるいは
$$(T\boldsymbol{x},T\boldsymbol{y}) = (\boldsymbol{x},\boldsymbol{y})$$

が成り立つことをいう．

命題 4.15 $T: V \longrightarrow V$ がユニタリ変換である必要十分条件は V の任意の正規直交基底に関する T の行列がユニタリ行列であることである．

第5章　ジョルダン標準形

本章では前章で明確な定義を得た有限次元線型空間の一般の線型変換に対し，線型空間の基底をうまく選ぶことによりその線型変換の形を簡単にして取り扱いやすい形に変形することを考える．固有値に対する特性方程式を導き，行列の対角化可能性を論じる．ケイレイ-ハミルトンの定理を証明した後，線型空間を広義固有空間に分解する．最終的な簡約化された一般的な標準形はジョルダン (Jordan) 標準形と呼ばれる．

5.1　特性方程式

集合
$$V_\alpha = \{\boldsymbol{x} \mid \boldsymbol{x} \in V,\ T\boldsymbol{x} = \alpha\boldsymbol{x}\}$$
は V の線型部分空間になる．これを固有値 α に対応する T の固有空間という．

命題 5.1 $\alpha_1, \ldots, \alpha_k$ を線型変換 $T : V \longrightarrow V$ の相異なる固有値とする．$\boldsymbol{x}_1, \ldots, \boldsymbol{x}_k$ を $\alpha_1, \ldots, \alpha_k$ に関する T の固有ベクトルとする．このとき $\boldsymbol{x}_1, \ldots, \boldsymbol{x}_k$ は一次独立であり，
$$V_{\alpha_1} + \cdots + V_{\alpha_k} = V_{\alpha_1} \dotplus \ldots \dotplus V_{\alpha_k}$$
が成り立つ．

$T : V \longrightarrow V$ を線型変換とする．V の基底 $E = (\boldsymbol{e}_1, \ldots, \boldsymbol{e}_n)$ をとると標準写像 $\varphi : V \longrightarrow K^n$ が
$$\varphi\left(\sum_{k=1}^n c_k \boldsymbol{e}_k\right) = {}^t(c_1, \ldots, c_n)$$
によって定まる．E に関する T の行列を A とすると
$$A = \varphi \circ T \circ \varphi^{-1}.$$

$T\boldsymbol{x} = \alpha\boldsymbol{x}$ とすると
$$A\varphi(\boldsymbol{x}) = \alpha\varphi(\boldsymbol{x})$$
で逆も真. よって

命題 5.2

1. α が T の K-固有値 $\iff \alpha$ は A の K-固有値.

2. $\boldsymbol{x} \in V$ が T の固有ベクトル $\iff \varphi(\boldsymbol{x}) \in K^n$ が A の固有ベクトル.

定義 5.1 一般に成分が $K = (\mathbb{C} \text{ or } \mathbb{R})$ に属する n 次の正方行列の全体を $M(n:K)$ と表すことにする. このとき $A \in M(n:K)$ に対し
$$\Phi_A(t) = \det(tI - A)$$
を A の特性多項式あるいは固有多項式と呼ぶ. 明らかに $\Phi_A(t)$ は K-係数 n 次多項式である.
$$\Phi_A(t) = 0$$
を A の特性方程式ないし固有方程式という.

命題 5.3 1. α が A の固有値 $\iff \Phi_A(\alpha) = 0$.

2. α が A の K-固有値 $\iff \Phi_A(\alpha) = 0$ かつ $\alpha \in K$.

n 次正方行列 $A = (a_{ij})$ に対し $\operatorname{tr} A = \sum_{j=1}^n a_{jj}$ を A の跡あるいはトレース (trace) という.

命題 5.4 $\alpha_1, \ldots, \alpha_n$ を重複も数えに入れた A の固有値とするとき
$$\operatorname{tr} A = \alpha_1 + \cdots + \alpha_n,$$
$$\det A = \alpha_1 \ldots \alpha_n.$$

5.1. 特性方程式

命題 5.5 1.
$$A = \begin{pmatrix} A_1 & * \\ 0 & A_2 \end{pmatrix}$$
に対し $\Phi_A(t) = \Phi_{A_1}(t)\Phi_{A_2}(t)$.

2.
$$A = \begin{pmatrix} \alpha_1 & * & \cdots & & * \\ & \alpha_2 & * & \cdots & * \\ & & \alpha_3 & \cdots & * \\ & & & \ddots & \vdots \\ \text{\huge 0} & & & & \alpha_n \end{pmatrix}$$
に対し $\Phi_A(t) = (t - \alpha_1)\ldots(t - \alpha_n)$.

3. $\Phi_{{}^tA}(t) = \Phi_A(t)$.

4. P が A と同じ次数の正則行列であるとき $\Phi_{P^{-1}AP}(t) = \Phi_A(t)$.

定義 5.2 線型空間 V の線型変換 T に対し A を V のひとつの基底に関する T の行列とするとき $\Phi_T(t) = \Phi_A(t)$.

命題 5.6 $W \subset V$ が T-不変の時 $\Phi_{T|_W}(t)$ は $\Phi_T(t)$ を割り切る.

問 5.1 次の二つの問題は同値であることを示せ.

1. 線型変換 $T: V \longrightarrow V$ に対し V の基底をうまく選んでそれに関して T を表現する行列をできるだけ簡単な形にするものを見つけよ.

2. $A \in M(n:K)$ に対し正則行列 P をうまく選んで $P^{-1}AP$ ができるだけ簡単な形になるようにせよ.

第5章 ジョルダン標準形

命題 5.7 $A \in M(n:K)$ の固有値がすべて K に属するときある正則行列 $P \in M(n:K)$ があって $P^{-1}AP$ は三角行列になる．逆も真．

証明 次数 n に関する帰納法による．$n=1$ の時は明らかである．$n \geq 2$ とし $n-1$ 次まで命題が成り立つとする．$\alpha \in K$ を A の固有値とし $\bm{x} \neq \bm{0}$ ($\bm{x} \in K^n$) をその固有ベクトルとする．

$$X = (\bm{x}, *) \quad (\in M(n:K))$$

を n 次 K-正則行列となるように第2列以降の成分を定める．このとき

$X^{-1}AX = X^{-1}(A\bm{x}, A*) = X^{-1}(\alpha\bm{x}, A*) = \alpha X^{-1}(\bm{x}, 0) + X^{-1}(\bm{0}, A*)$

$$= \alpha \begin{pmatrix} 1 & * & \cdots & * \\ 0 & * & \cdots & * \\ \vdots & \vdots & & \vdots \\ 0 & * & \cdots & * \end{pmatrix} + \begin{pmatrix} 0 & * & \cdots & * \\ 0 & & & \\ \vdots & & \sharp & \\ 0 & & & \end{pmatrix} = \begin{pmatrix} \alpha & * & \cdots & * \\ 0 & & & \\ \vdots & & A' & \\ 0 & & & \end{pmatrix}.$$

よって

$$\Phi_A(t) = \Phi_{X^{-1}AX}(t) = (t-\alpha)\Phi_{A'}(t)$$

より $\Phi_{A'}(t) = 0$ の解は K に属する．ゆえに帰納法の仮定より A' は三角化可能である．すなわちある $(n-1)$ 次正則行列 $P' \in M(n-1:K)$ があって

$$P'^{-1}A'P'$$

は三角行列になる．したがって

$$P = X \begin{pmatrix} 1 & 0 & \cdots & 0 \\ 0 & & & \\ \vdots & & P' & \\ 0 & & & \end{pmatrix}$$

5.1. 特性方程式　85

とおくと $P \in M(n:K)$ であって

$$P^{-1}AP = \begin{pmatrix} 1 & 0 & \cdots & 0 \\ 0 & & & \\ \vdots & & P' & \\ 0 & & & \end{pmatrix}^{-1} X^{-1}AX \begin{pmatrix} 1 & 0 & \cdots & 0 \\ 0 & & & \\ \vdots & & P' & \\ 0 & & & \end{pmatrix}$$

$$= \begin{pmatrix} 1 & 0 & \cdots & 0 \\ 0 & & & \\ \vdots & & P'^{-1} & \\ 0 & & & \end{pmatrix} \begin{pmatrix} \alpha & * & \cdots & * \\ 0 & & & \\ \vdots & & A' & \\ 0 & & & \end{pmatrix} \begin{pmatrix} 1 & 0 & \cdots & 0 \\ 0 & & & \\ \vdots & & P' & \\ 0 & & & \end{pmatrix}$$

は三角行列である．

逆は三角行列の対角成分がその行列の固有値の全体であることから明らかである． □

命題 5.8 $A, B \in M(n:K)$ が可換でともにその固有値がすべて K に属するとする．このときある正則行列 $P \in M(n:K)$ があって $P^{-1}AP, P^{-1}BP$ はともに三角行列となる．

証明 A, B が可換であることから A と B は共通の固有ベクトル $\boldsymbol{x} \neq \boldsymbol{0}$ ($\boldsymbol{x} \in K^n$) を持つ．実際 $V_\alpha = \{\boldsymbol{x} | \boldsymbol{x} \in K^n, A\boldsymbol{x} = \alpha \boldsymbol{x}\}$ を A の固有値 $\alpha \in K$ に対応する固有空間とすると $AB = BA$ より V_α は B により不変である．よって V_α 内の B の固有ベクトル $\boldsymbol{x} \neq \boldsymbol{0}$ が求めるものである．このときの固有値を $\beta \in K$ とする．前命題の証明中の $\boldsymbol{x}$ として今取った A と B に共通な固有ベクトルを取り

$$X = (\boldsymbol{x}, *) \quad (\in M(n:K))$$

を正則行列となるようにとれば

$$X^{-1}AX = \begin{pmatrix} \alpha & * & \cdots & * \\ 0 & & & \\ \vdots & & A' & \\ 0 & & & \end{pmatrix}, \quad X^{-1}BX = \begin{pmatrix} \beta & * & \cdots & * \\ 0 & & & \\ \vdots & & B' & \\ 0 & & & \end{pmatrix}$$

を満たす．この A' と B' は仮定 $AB = BA$ より可換である．ゆえに前命題と同様に帰納法により証明される． □

問 5.2 命題 5.8 を用いて以下を示せ．$A \in M(n : K)$ を正規行列とする．すなわち $A^*A = AA^*$ を満たすとする．いま A の固有値がすべて K に属するならばある正則行列 $P \in M(n : K)$ によって $P^{-1}AP$ は対角行列になる．さらにこの正則行列 P はユニタリ行列に取れる．逆も真である．($K = \mathbb{R}$ なら P は直交行列に取れる．$A \in M(n : \mathbb{R})$ でその固有値が必ずしも $\mathbb{R}$ に属さない場合についてはこの章の最後の実正規変換の項を参照せよ．)

命題 5.9 $\alpha_1, \ldots, \alpha_n$ を $A \in M(n : K)$ の固有値の全体とする．

1. $F(A)$ を A の多項式とする．このとき行列 $F(A)$ の固有値の全体は $F(\alpha_1), \ldots, F(\alpha_n)$ で与えられる．

2. A が正則 $\iff$ 任意の $\alpha_j \neq 0$．

3. A が正則の時 A^{-1} の固有値の全体は $\alpha_1^{-1}, \ldots, \alpha_n^{-1}$ である．

5.2 対角化可能性

定理 5.1 T を K 上の n 次元線型空間 V の線型変換とすると次は互いに同値である．

1) T は K 上対角化可能である．(つまり A を V のある基底に関する T の行列とするときある K 上の正則行列 $P \in M(n : K)$ により $P^{-1}AP$ が対角形になる．)

2) T の固有ベクトルからなる V の基底が存在する．

3) V は T の相異なる K-固有値 $\alpha_1, \ldots, \alpha_k$ に関する固有空間の直和として書ける．

4) ある相異なる数 $\alpha_1, \ldots, \alpha_k \in K$ に対し

$$F(t) = \prod_{j=1}^{k}(t - \alpha_j)$$

5.2. 対角化可能性

とおくとき
$$F(T) = 0$$
が成り立つ．

証明 V のある基底に関する T の行列 A を K^n の線型変換と考えることにより 1), 2), 3) の同値性は明らかである．したがって以下 1) から 4) および 4) から 3) を示す．

$1) \Rightarrow 4)$：1) よりある正則行列 $P \in M(n : K)$ があり A の固有値 $\lambda_1, \lambda_2, \ldots, \lambda_n$ に対し

$$B = P^{-1}AP = \begin{pmatrix} \lambda_1 & & & 0 \\ & \lambda_2 & & \\ & & \ddots & \\ 0 & & & \lambda_n \end{pmatrix}$$

となる．A の固有値 $\lambda_1, \lambda_2, \ldots, \lambda_n$ のうち相異なるものを $\alpha_1, \ldots, \alpha_k$ とすると明らかに

$$\prod_{j=1}^{k} (B - \alpha_j I) = 0$$

である．ゆえに

$$F(t) = \prod_{j=1}^{k} (t - \alpha_j)$$

が求める多項式である．

$4) \Rightarrow 3)$：この証明には以下の補題あるいはそれを一般化した以下の命題 5.10 を用いる．

補題 5.1 $f_1(t), \ldots, f_k(t)$ を変数 t の多項式で互いに素なものとする．つまりこれらの間の最大公約因子が定数倍の違いを除いて 1 のみとする．このときある多項式 $g_1(t), \ldots, g_k(t)$ で

$$f_1(t)g_1(t) + \cdots + f_k(t)g_k(t) \equiv 1$$

が恒等的に成り立つものが存在する．

第5章 ジョルダン標準形

命題 5.10 $f_1(t), \ldots, f_k(t)$ を変数 t の多項式で $d(t)$ をそれらの最大公約因子とするとある多項式 $g_1(t), \ldots, g_k(t)$ で

$$f_1(t)g_1(t) + \cdots + f_k(t)g_k(t) \equiv d(t)$$

が恒等的に成り立つものが存在する．

この命題はあとで示すことにして命題あるいは補題を仮定する．

4) $\Rightarrow$ 3) の証明の続き: 4) より

$$\prod_{j=1}^{k}(A - \alpha_j I) = 0 \tag{5.1}$$

である．いま $\ell = 1, 2, \ldots, k$ に対し

$$f_\ell(t) = \prod_{j \neq \ell, 1 \leq j \leq k}(t - \alpha_j)$$

とおくと多項式 $f_1, \ldots, f_k$ は互いに素である．したがって補題よりある多項式 $g_1, \ldots, g_k$ があって

$$f_1(t)g_1(t) + \cdots + f_k(t)g_k(t) \equiv 1$$

を満たす．そこで

$$P_j = f_j(A)g_j(A)$$

と K^n の線型変換を定義するとこれらは

$$P_1 + \cdots + P_k = I$$

を満たす．また f_i の定義と式 (5.1) より $i \neq j$ のとき

$$f_i(A)f_j(A) = 0.$$

よって $i \neq j$ のとき

$$P_i P_j = 0.$$

ゆえに
$$P_i = P_i(P_1 + \cdots + P_k) = P_i^2$$
より
$$P_i^2 = P_i \quad (i = 1, 2, \ldots, k).$$
特に
$$V = P_1(V) \dotplus \ldots \dotplus P_k(V) = \mathcal{R}(P_1) \dotplus \ldots \dotplus \mathcal{R}(P_k).$$
したがって
$$\mathcal{R}(P_j) = \mathrm{Ker}(A - \alpha_j I) = V_{\alpha_j}$$
を示せばよい．これはまず
$$(A - \alpha_j I)P_j = (A - \alpha_j I)f_j(A) \cdot g_j(A) = 0$$
だから $\mathcal{R}(P_j) \subset \mathrm{Ker}(A - \alpha_j I)$ が言える．逆は $\boldsymbol{x} \in \mathrm{Ker}(A - \alpha_j I)$ とする．このとき $i \neq j$ なら $P_i = f_i(A)g_i(A)$ は $(A - \alpha_j I)$ を因子に含む．よって
$$P_i \boldsymbol{x} = 0 \quad (i \neq j).$$
ゆえに
$$\boldsymbol{x} = (P_1 + \cdots + P_k)\boldsymbol{x} = P_j \boldsymbol{x}$$
より $\boldsymbol{x} \in \mathcal{R}(P_j)$ が言えた．以上で 4) $\Longrightarrow$ 3) が示された．あとは命題 5.10 を示せばよい．

命題 5.10 の証明 多項式の集合
$$A = \left\{ \psi(t) \,\middle|\, \text{ある多項式 } g_j(t)(j = 1, 2, \ldots, k) \text{ に対し } \psi(t) = \sum_{j=1}^{k} f_j(t)g_j(t) \right\}$$
の元である多項式で 0 でないもののうち次数が最小のものをひとつ取りそれを $\varphi(t)$ とおく．これはある多項式 $g_j(t)$ $(j = 1, \ldots, k)$ に対し
$$\varphi(t) = \sum_{j=1}^{k} f_j(t)g_j(t)$$

と書けている.いま $f_j(t)$ を $\varphi(t)$ で割ると

$$f_j(t) = \varphi(t)q_j(t) + r_j(t),$$

ただし $q_j(t), r_j(t)$ は多項式で $r_j(t)$ はその次数が

$$\deg r_j < \deg \varphi$$

を満たすかあるいは

$$r_j(t) \equiv 0$$

なるものである.ところが上の式から

$$r_j(t) = f_j(t) - \varphi(t)q_j(t) = f_j(t) - \sum_{\ell=1}^{k} f_\ell(t)g_\ell(t)q_j(t) \in A$$

でありかつ φ は A の中の次数最小の多項式であるから $\deg r_j < \deg \varphi$ かつ $r_j \not\equiv 0$ ということはあり得ず

$$r_j(t) \equiv 0$$

であるしかない.すなわち

$$f_j(t) = \varphi(t)q_j(t).$$

したがって $\varphi(t)$ は $f_1(t), \ldots, f_k(t)$ の公約因子である.よって $d(t)$ が $f_1(t), \ldots, f_k(t)$ の最大公約因子であるという仮定から

$$\deg \varphi \leq \deg d.$$

他方上の φ の定義式から φ は d で割り切れる.したがって以上よりある定数 c があって

$$\varphi(t) \equiv cd(t)$$

である.とくにある多項式 $g_1(t), \ldots, g_k(t)$ に対し

$$d(t) = \sum_{j=1}^{k} f_j(t)g_j(t)$$

と書ける. □

5.2. 対角化可能性

系 5.1 T が K で対角化可能で $W \subset V$ が T-不変ならば $T|_W$ も K-対角化可能である．

系 5.2 $F(t) = 0$ が重解を持たない多項式 $F(t)$ で $F(A) = 0$ なるものがあれば行列 A は $\mathbb{C}$-対角化可能である．

系 5.3 T, S を線型空間 V の線型変換としともに K-対角化可能でこれらが可換であるとする．このとき対応する行列 A_T, A_S はある K-正則行列 P により $P^{-1}A_T P, P^{-1}A_S P$ がともに対角形になる．

補題 5.1 の応用として次の定理を得る．この定理は後に定理 5.4 の証明で使われる．

定理 5.2 $T : V \longrightarrow V$ を線型空間 V の線型変換とする．多項式 $F(t)$ に対し $F(T) = 0$ が成り立つとし $F(t)$ は互いに素な多項式 $F_1(t), \ldots, F_k(t)$ の積

$$F(t) = F_1(t) \ldots F_k(t)$$

に書けるとする．このとき V は

$$V = \mathrm{Ker}\, F_1(T) \dotplus \ldots \dotplus \mathrm{Ker}\, F_k(T)$$

と直和に分解される．

証明 定理 5.1 の 4) $\Longrightarrow$ 3) の証明と同様に $\ell = 1, 2, \ldots, k$ に対し

$$f_\ell(t) = \prod_{j \neq \ell, 1 \leq j \leq k} F_j(t)$$

とおくと多項式 $f_1, \ldots, f_k$ は互いに素である．したがって補題 5.1 よりある多項式 $g_1, \ldots, g_k$ があって

$$f_1(t) g_1(t) + \cdots + f_k(t) g_k(t) \equiv 1$$

を満たす．そこで
$$P_j = f_j(T)g_j(T)$$
と V の線型変換を定義するとこれらは
$$P_1 + \cdots + P_k = I$$
を満たす．また f_i の定義と仮定の式
$$F(T) = 0$$
より $i \neq j$ のとき
$$f_i(T)f_j(T) = 0.$$
よって $i \neq j$ のとき
$$P_i P_j = 0.$$
ゆえに
$$P_i = P_i(P_1 + \cdots + P_k) = P_i^2$$
より
$$P_i^2 = P_i \quad (i = 1, 2, \ldots, k).$$
特に
$$V = P_1(V) \dotplus \ldots \dotplus P_k(V) = \mathcal{R}(P_1) \dotplus \ldots \dotplus \mathcal{R}(P_k).$$
したがって
$$\mathcal{R}(P_j) = \text{Ker } F_j(T)$$
を示せばよい．これは仮定 $F(T) = 0$ と P_j の定義から
$$F_j(T)P_j = 0$$
より
$$\mathcal{R}(P_j) \subset \text{Ker } F_j(T)$$
がでる．逆の包含関係は $\boldsymbol{x} \in \text{Ker } F_j(T)$ とすると $i \neq j$ に対し P_i の定義から
$$P_i \boldsymbol{x} = 0.$$

ゆえに
$$x = (P_1 + \cdots + P_k)x = P_j x$$
となることから $x \in \mathcal{R}(P_j)$ がでる. □

5.3 最小多項式

特性方程式に対し，次のケイレイ-ハミルトン (Cayley-Hamilton) の定理が成り立つ．

定理 5.3 $A \in M(n:\mathbb{C})$ はその特性多項式 $\Phi_A(t)$ に対し
$$\Phi_A(A) = 0$$
を満たす．

証明 命題 5.7 により今考えている行列 $A \in M(n:\mathbb{C})$ に対し正則行列 $P \in M(n:\mathbb{C})$ が存在して A の重複を許した固有値 $\alpha_1, \ldots, \alpha_n \in \mathbb{C}$ に対し

$$P^{-1}AP = \begin{pmatrix} \alpha_1 & * & \cdots & * \\ & \alpha_2 & \cdots & * \\ & & \ddots & \vdots \\ 0 & & & \alpha_n \end{pmatrix} = T$$

となる．すなわち
$$P = (\boldsymbol{p}_1, \boldsymbol{p}_2, \ldots, \boldsymbol{p}_n)$$
と書けば
$$AP = PT.$$
いま
$$V_j := \{c_1\boldsymbol{p}_1 + \cdots + c_j\boldsymbol{p}_j \mid c_i \in \mathbb{C} \quad (i = 1, 2, \ldots, j)\}, \quad V_0 = \{\boldsymbol{0}\}$$
とおけばこれは $\mathbb{C}^n$ の部分空間で A は
$$A\boldsymbol{p}_j = \alpha_j \boldsymbol{p}_j + \boldsymbol{v}_j, \quad \boldsymbol{v}_j \in V_{j-1} \quad (j = 1, 2, \ldots, n)$$

を満たす．よって
$$(A - \alpha_j I)\boldsymbol{p}_j \in V_{j-1}$$
ゆえ
$$(A - \alpha_j I)V_j \subset V_{j-1}.$$
したがって $V_n = \mathbb{C}^n$ と
$$(A - \alpha_1 I)\dots(A - \alpha_n I)V_n \subset V_0 = \{\boldsymbol{0}\}$$
より題意が言える． □

定義 5.3 行列 $A \in M(n:K)$ に対し $F(A) = 0$ を満たす K-係数多項式 $F(t)$ のうち次数が最小でその最高次係数が 1 のものを A の最小多項式という．それを $\varphi_A(t)$ と書く．

命題 5.11　1. $F(t)$ を K-係数多項式とするとき
$$F(A) = 0 \iff F(t) \text{ は } \varphi_A(t) \text{ で割り切れる}.$$

2. 特に特性多項式 $\Phi_A(t)$ は $\varphi_A(t)$ で割り切れる．

3. $\varphi_A(t)$ は一意に定まる．

命題 5.12 $A \in M(n:K)$ に対し次が成り立つ．

1. $\varphi_{{}^tA}(t) = \varphi_A(t)$.

2. 正則行列 P に対し
$$\varphi_{P^{-1}AP}(t) = \varphi_A(t).$$

3.
$$A = \begin{pmatrix} A_1 & * \\ 0 & A_2 \end{pmatrix}$$
に対し $\varphi_{A_j}(t)$ は $\varphi_A(t)$ を割り切る．

命題 5.13 $A \in M(n:K)$ に対し次は互いに同値である．

1. $\alpha \in \mathbb{C}$ は A の固有値である．

2. $\Phi_A(\alpha) = 0.$

3. $\varphi_A(\alpha) = 0.$

命題 5.14 $A \in M(n:K)$ の固有値がすべて K に属するとき次は互いに同値である．

1. A は K-対角化可能である．

2. $\varphi_A(t) = 0$ は K 内に重解を持たない．

5.4 広義固有空間

固有空間の概念を拡張して，広義固有空間を定義する．

定義 5.4 $A \in M(n:K)$ で $\lambda \in K$ を A の固有値とする．このとき
$$\widetilde{V}_\lambda = \{\boldsymbol{x} \in K^n \mid \text{ある整数 } k \geq 0 \text{ に対し } (A - \lambda I)^k \boldsymbol{x} = \boldsymbol{0}\}$$
を A の固有値 λ に対応する広義固有空間という．これは言い換えれば
$$\widetilde{V}_\lambda = \bigcup_{k=0}^{\infty} \operatorname{Ker}(A - \lambda I)^k$$
である．

命題 5.15

1. $V_\lambda \subset \widetilde{V}_\lambda.$

2. $A\widetilde{V}_\lambda \subset \widetilde{V}_\lambda.$

定理 5.4 $V = K^n$ の線型変換 $A \in M(n : K)$ の固有値がすべて K に属するとする．そのうち相異なるものの全体を $\alpha_1, \ldots, \alpha_k$ とし A の特性多項式を

$$\Phi_A(t) = (t - \alpha_1)^{n_1} \ldots (t - \alpha_k)^{n_k}, \quad \sum_{j=1}^{k} n_j = n$$

とおく．また A の最小多項式を

$$\varphi_A(t) = (t - \alpha_1)^{m_1} \ldots (t - \alpha_k)^{m_k} \quad (1 \leq m_j \leq n_j)$$

とおく．このとき次が成り立つ．

1) $A_j := A|_{\widetilde{V}_{\alpha_j}}$ の固有値は α_j のみである．逆に V の部分空間 $\widetilde{V}$ が A-不変で $A|_{\widetilde{V}}$ の固有値が α_j のみなら $\widetilde{V} \subset \widetilde{V}_{\alpha_j}$ が成り立つ．

2) $V = \mathrm{Ker}\,(A - \alpha_1)^{m_1} \dotplus \ldots \dotplus \mathrm{Ker}\,(A - \alpha_k)^{m_k}$．

3) $\widetilde{V}_{\alpha_j} = \mathrm{Ker}\,(A - \alpha_j I)^{m_j}$．特に $V = \widetilde{V}_{\alpha_1} \dotplus \ldots \dotplus \widetilde{V}_{\alpha_k}$．

4) $\dim \widetilde{V}_{\alpha_j} = n_j$．

証明

1) $A_j \boldsymbol{x} = \beta \boldsymbol{x}$ なる $\boldsymbol{x} \in \widetilde{V}_{\alpha_j}$, $\boldsymbol{x} \neq \boldsymbol{0}$, $\beta \in \mathbb{C}$ があるとする．$\boldsymbol{x} \in \widetilde{V}_{\alpha_j}$ よりある $k \geq 1$ に対し

$$(A - \alpha_j I)^k \boldsymbol{x} = \boldsymbol{0}.$$

他方仮定 $A \boldsymbol{x} = \beta \boldsymbol{x}$ より左辺は

$$(\beta - \alpha_j)^k \boldsymbol{x}$$

に等しい．これらと $\boldsymbol{x} \neq \boldsymbol{0}$ より

$$\beta = \alpha_j$$

でなければならない．

逆に V の部分空間 $\widetilde{V}$ が $A\widetilde{V} \subset \widetilde{V}$ を満たし $A|_{\widetilde{V}}$ の固有値が α_j のみであるとすると $A|_{\widetilde{V}}$ の最小多項式 $\varphi_{A|_{\widetilde{V}}}$ は α_j のみを零点に持つ．他方命題 5.12 の 3 により $\varphi_{A|_{\widetilde{V}}}$ は $\varphi_A(t)$ を割り切る．よって $\varphi_{A|_{\widetilde{V}}}$ は $(t-\alpha_j)^{m_j}$ を割り切る．したがってある整数 m'_j $(1 \leq m'_j \leq m_j)$ に対し
$$\varphi_{A|_{\widetilde{V}}}(t) = (t-\alpha_j)^{m'_j}.$$
ゆえに
$$\widetilde{V} \subset \mathrm{Ker}\,(A|_{\widetilde{V}} - \alpha_j)^{m'_j} \subset \left(\mathrm{Ker}\,(A - \alpha_j I)^{m'_j}\right) \cap \widetilde{V} \subset \widetilde{V}_{\alpha_j}.$$

2) 定理 5.2 より明らかである．

3) $\widetilde{V}_{\alpha_j} \supset \mathrm{Ker}\,(A-\alpha_j I)^{m_j}$ は定義から明らかである．したがって 2) より
$$V = \widetilde{V}_{\alpha_1} + \cdots + \widetilde{V}_{\alpha_k}.$$
ところが 2) において m_j を任意の $m''_j \geq m_j$ に置き換えても定理 5.2 の議論が成り立つことから $\widetilde{V}_{\alpha_j}$ は $j \neq \ell$ のとき
$$\widetilde{V}_{\alpha_j} \cap \widetilde{V}_{\alpha_\ell} = \{\mathbf{0}\}$$
を満たすことが言える．よって上の線型和は直和である．特に $\widetilde{V}_{\alpha_j} \supset \mathrm{Ker}(A-\alpha_j I)^{m_j}$ $(j = 1, 2, \ldots, k)$ と 2) より
$$\widetilde{V}_{\alpha_j} = \mathrm{Ker}\,(A-\alpha_j I)^{m_j}$$
となる．

4) $\dim \widetilde{V}_{\alpha_j} = d_j$ とすると $\Phi_{A|_{\widetilde{V}_{\alpha_j}}} = (t-\alpha_j)^{d_j}$．したがって命題 5.15 の 2 と上の 3) より A の特性多項式 $\Phi_A(t)$ は
$$\prod_{j=1}^{k}(t-\alpha_j)^{d_j}$$
で割り切れる．よって仮定の $\Phi_A(t)$ の式より
$$d_j \leq n_j \quad (j = 1, 2, \ldots, k).$$

他方 3) より
$$\sum_{j=1}^{k} d_j = n$$
であるから
$$d_j = n_j$$
でなければならない．

□

5.5　ジョルダン標準形

$K = \mathbb{R}$ または $K = \mathbb{C}$ とする．$V = K^n$ とし $A : V \longrightarrow V$ を V の線型変換とする．A の相異なるすべての固有値 $\alpha_1, \ldots, \alpha_k$ が K に属するとすると V は A の広義固有空間 $\widetilde{V}_{\alpha_j}$ の直和に分解された．すなわち

$$V = \widetilde{V}_{\alpha_1} \dotplus \ldots \dotplus \widetilde{V}_{\alpha_k}.$$

そして各広義固有空間 $\widetilde{V}_{\alpha_j}$ は A の特性多項式を

$$\Phi_A(t) = (t - \alpha_1)^{n_1} \ldots (t - \alpha_k)^{n_k}, \quad \sum_{j=1}^{k} n_j = n$$

とし，最小多項式を

$$\varphi_A(t) = (t - \alpha_1)^{m_1} \ldots (t - \alpha_k)^{m_k} \quad (1 \leq m_j \leq n_j)$$

とするとき

$$\widetilde{V}_{\alpha_j} = \mathrm{Ker}\,(A - \alpha_j I)^{m_j}, \quad \dim \widetilde{V}_{\alpha_j} = n_j$$

であった．各広義固有空間 $\widetilde{V}_{\alpha_j}$ は A-不変であるので A を $\widetilde{V}_{\alpha_j}$ に制限して考えれば十分である．そこで以下 $\widetilde{V}_{\alpha_j}$ を V，α_j を単に $\alpha \in K$ と書いて空間 V 内で線型写像 $A : V \longrightarrow V$ を考える．すると A の固有値は α のみである．また m_j を m，n_j を n と省略して書くと

$$V = \mathrm{Ker}\,(A - \alpha I)^m, \quad \dim V = \dim \widetilde{V}_\alpha = n$$

となる．ゆえに $B = A - \alpha I$ とおくと
$$V = \mathrm{Ker}\ B^m$$
となる．

いま

定義 5.5 $W_i = \mathrm{Ker}\ B^i \quad (i = 1, 2, \ldots, m)$.

と定義すると
$$\{\mathbf{0}\} = W_0 \subset W_1 \subset W_2 \subset \cdots \subset W_{m-1} \subset W_m = V(= \tilde{V}_\alpha)$$
となる．とくに $W_1 = \mathrm{Ker}\ (A - \alpha I) = V_\alpha$ は A の固有値 α に対する固有空間である．$W_1 = V_\alpha = V$ のときは A は V 上対角化可能であった．しかし一般にはそうなるとは限らず $W_i = \mathrm{Ker}\ B^i\ (i = 2, \ldots, m)$ は必ずしも $W_1 = \mathrm{Ker}\ B$ に一致しない．以下そのような場合行列 A がどのような表現を持つかを考える．

定義 5.6 $W \subset V$ を V の部分空間とする．このとき V の W による商空間 V/W を
$$V/W = \{[\boldsymbol{x}] \mid \boldsymbol{x} \in V\}$$
と定義する．ただし
$$[\boldsymbol{x}] = \boldsymbol{x} + W = \{\boldsymbol{y} \mid \exists \boldsymbol{w}(\in W)\ \mathrm{s.t.}\ \boldsymbol{y} = \boldsymbol{x} + \boldsymbol{w}\}$$
は $\boldsymbol{x} \in V$ を代表元とする W に関する同値類である．V/W の演算を $\boldsymbol{x}, \boldsymbol{y} \in V,\ \alpha, \beta \in K$ に対し
$$\alpha[\boldsymbol{x}] + \beta[\boldsymbol{y}] = [\alpha \boldsymbol{x} + \beta \boldsymbol{y}]$$
と定義する．すると零元と逆元を
$$\mathbf{0} = [\mathbf{0}] = W, \quad -[\boldsymbol{x}] = [-\boldsymbol{x}]$$
により定義すると商空間 V/W はこれらの演算により線型空間となることが容易にわかる．

さてもとの線型変換 $A: V \longrightarrow V$ に戻ると

$$\{0\} = W_0 \subset W_1 \subset W_2 \subset \cdots \subset W_{m-1} \subset W_m = V (= \widetilde{V}_\alpha)$$

であったので商空間 W_m/W_{m-1} が作れる．その一つの基底を

$$[e_m^1], \ldots, [e_m^{r_m}]$$

とする．すなわち $\dim W_m/W_{m-1} = r_m$ である．いま

$$e_{m-1}^i = Be_m^i \in W_{m-1} \quad (i = 1, \ldots, r_m)$$

とおく．すると

命題 5.16 $r_m \neq 0$ なら $[e_{m-1}^1], \ldots, [e_{m-1}^{r_m}] \in W_{m-1}/W_{m-2}$ は一次独立である．

が容易に言える．ゆえに

$$[e_{m-1}^1], \ldots, [e_{m-1}^{r_m}]$$

を拡大して W_{m-1}/W_{m-2} の基底

$$[e_{m-1}^1], \ldots, [e_{m-1}^{r_m}], [e_{m-1}^{r_m+1}], \ldots, [e_{m-1}^{r_{m-1}}]$$

を作れる．ただしここで

$$r_m \leq r_{m-1}$$

であり $i = 1, \ldots, r_m$ に対しては

$$e_{m-1}^i = Be_m^i$$

を満たす．

以下同様にして

$$W_{m-2}/W_{m-3}, \ldots, W_1/W_0$$

の基底を作ることができる．それらの代表元をすべて並べると

$$e_m^1, \ldots, e_m^{r_m}$$
$$e_{m-1}^1, \ldots, e_{m-1}^{r_m}, e_{m-1}^{r_m+1}, \ldots, e_{m-1}^{r_{m-1}}$$
$$\vdots$$
$$e_1^1, \ldots\ldots, e_1^{r_m}, e_1^{r_m+1}, \ldots, e_1^{r_{m-1}}, \ldots, e_1^{r_1}$$

となる．これらは上の関係式より

$$B e_j^i = e_{j-1}^i, \qquad B e_1^i = \mathbf{0} \qquad (j = 2, \ldots, m, \quad i = 1, \ldots, r_j)$$

を満たす．

このとき次が成り立つことが容易に確かめられる．

命題 5.17 これらのベクトル

$$e_m^1, \ldots, e_m^{r_m}$$
$$e_{m-1}^1, \ldots, e_{m-1}^{r_m}, e_{m-1}^{r_m+1}, \ldots, e_{m-1}^{r_{m-1}}$$
$$\vdots$$
$$e_1^1, \ldots, e_1^{r_m}, e_1^{r_m+1}, \ldots, e_1^{r_{m-1}}, \ldots, e_1^{r_1}$$

は V において一次独立でありかつ V の基底を為す．

これらの基底を次のように並べ替える．

$$e_1^1, e_2^1, \ldots\ldots\ldots, e_m^1$$
$$e_1^2, e_2^2, \ldots\ldots\ldots, e_m^2$$
$$\vdots$$
$$e_1^{r_m}, e_2^{r_m}, \ldots\ldots, e_m^{r_m}$$
$$e_1^{r_m+1}, \ldots, e_{m-1}^{r_m+1}$$
$$e_1^{r_m+2}, \ldots, e_{m-1}^{r_m+2}$$
$$\vdots$$
$$e_1^{r_{m-1}}, \ldots, e_{m-1}^{r_{m-1}}$$
$$\vdots$$
$$e_1^{r_1}, \ldots, e_{m(r_1)}^{r_1}$$

これらは
$$Be_j^i = e_{j-1}^i \quad (j=2,\ldots,m, \quad i=1,\ldots,r_j)$$
を満たす. 従って以下が成り立つ.

$$Be_1^1 = \mathbf{0}, Be_2^1 = e_1^1, \ldots, Be_{m-1}^1 = e_{m-2}^1, Be_m^1 = e_{m-1}^1$$
$$Be_1^2 = \mathbf{0}, Be_2^2 = e_1^2, \ldots, Be_{m-1}^2 = e_{m-2}^2, Be_m^2 = e_{m-1}^2$$
$$\vdots$$
$$Be_1^{r_1} = \mathbf{0}, Be_2^{r_1} = e_1^{r_1}, \ldots, Be_{m(r_1)}^{r_1} = e_{m(r_1)-1}^{r_1}$$

従ってこれら基底を並べて得られる行列
$$P = (e_1^1, e_2^1, \ldots, e_m^1, e_1^2, \ldots, e_m^2, \ldots, e_1^{r_1}, \ldots, e_{m(r_1)}^{r_1})$$

により B は

$$P^{-1}BP = \begin{pmatrix} 0 & 1 & & & & & & & & 0 \\ & \ddots & \ddots & \vdots & & & & & & \\ & & 0 & 1 & & & & & & \\ \cdots & & 0 & 0 & & & \vdots & & \\ & & & & 0 & 1 & & & & \\ & & & & & \ddots & \ddots & & & \\ & & & & & & 0 & 1 & & \\ & & & \cdots & & & 0 & & & \\ 0 & & & & & & & & \ddots & \end{pmatrix}$$

（第 m 列、第 $2m$ 列、第 m 行、第 $2m$ 行）

となる．したがって $A = B + \alpha I$ は

$$P^{-1}AP = \begin{pmatrix} \alpha & 1 & & & & & & & & 0 \\ & \ddots & \ddots & \vdots & & & & & & \\ & & \alpha & 1 & & & & & & \\ \cdots & & \alpha & 0 & & & \vdots & & \\ & & & & \alpha & 1 & & & & \\ & & & & & \ddots & \ddots & & & \\ & & & & & & \alpha & 1 & & \\ & & & \cdots & & & \alpha & & & \\ 0 & & & & & & & & \ddots & \end{pmatrix}$$

となる．この右辺をジョルダン標準形という．

5.6 実正規変換

いま V を $\mathbb{R}$ 上の計量線型空間とし $T : V \longrightarrow V$ を正規変換とする．すなわち

$$T^*T = TT^*$$

であるが V は $\mathbb{R}$ 上の線型空間だから V の一つの正規直交基底 E に関しベクトル x を

$$x = {}^t(x_1, \ldots, x_n)$$

と表すとき内積は

$$(x, y) = \sum_{j=1} x_j y_j$$

となる．従って T が正規変換であるとはこの基底に関する T の実行列を A と書くとき

$$ {}^tAA = A{}^tA$$

が成り立つことである．しかし A の固有値はその特性多項式 $\Phi_A(t)$ の零点として定まるから必ずしも実数とは限らず一般に複素数となりうる．

その場合も込めると A の最小多項式 $\varphi_A(t)$ は実数の範囲では互いに素な因子の積

$$\varphi_A(t) = \varphi_1(t) \ldots \varphi_k(t)$$

に分解され各因子は次の二つのうちの一つの形となる．

$$\varphi_j(t) = \begin{cases} t - a_j, & a_j \in \mathbb{R} \\ (t - a_j)^2 + d_j^2, & d_j > 0, a_j \in \mathbb{R} \end{cases}$$

従って定理 5.2 より V は

$$V = \text{Ker } \varphi_1(A) \dotplus \ldots \dotplus \text{Ker } \varphi_k(A)$$

と直和に分解される．(ここで上の基底に関する表現空間 $\mathbb{R}^n$ を V と同一視し V と書いた．)

従って A を各部分空間 $\text{Ker } \varphi_j(A)$ に制限して考えれば十分である．

場合1) $\varphi_j(t) = t - a_j$ のときは $\text{Ker } \varphi_j(A)$ 上 $A - a_j I = 0$ ゆえ A は対角形になっている：

$$A = \begin{pmatrix} a_j & & & \text{\Large 0} \\ & a_j & & \\ & & \ddots & \\ \text{\Large 0} & & & a_j \end{pmatrix}.$$

場合 2) $\varphi_j(t) = (t-a_j)^2 + d_j^2$ のとき簡単のため添え字 j をとって $\varphi(t) = (t-a)^2 + d^2$ $(a \in \mathbb{R}, d > 0)$ を Ker $\varphi(A)$ 上で考えればよい．
いま $\varphi(A) = 0$ ゆえ $(A-aI)^2 + d^2I = 0$ だから $S = A - aI$ とおくと

$$S^2 = -d^2 I$$

である．よって実線型空間 V を複素線型空間 $W = \mathbb{C}V$ と見なしてそこで S を考えれば

$$S = idI \quad (i = \sqrt{-1})$$

となる．すなわち W では S は

$$S^* = -S$$

を満たす．この条件を S は歪エルミート (skew Hermitian) であるという．
$\boldsymbol{x} \in V$ に対し $S\boldsymbol{x} = A\boldsymbol{x} - a\boldsymbol{x} \in V$ であるから

$$(S\boldsymbol{x}, \boldsymbol{x})_V \in \mathbb{R}$$

である．他方上述の基底 E に関し $\boldsymbol{x} = {}^t(x_1, \ldots, x_n)$ であるから

$$(S\boldsymbol{x}, \boldsymbol{x})_V = \sum_{j=1}^n (S\boldsymbol{x})_j x_j$$

である．$\boldsymbol{x} \in \mathbb{R}^n$ と同一視したので $\overline{x}_j = x_j$ であるからこの内積は

$$(S\boldsymbol{x}, \boldsymbol{x})_V = \sum_{j=1}^n (S\boldsymbol{x})_j x_j = \sum_{j=1}^n (S\boldsymbol{x})_j \overline{x}_j = (S\boldsymbol{x}, \boldsymbol{x})_W$$

となる．W では $S = -idI$ であったからこれは

$$(S\boldsymbol{x}, \boldsymbol{x})_V = (\boldsymbol{x}, S^*\boldsymbol{x})_W = (\boldsymbol{x}, -S\boldsymbol{x})_W = -(\boldsymbol{x}, S\boldsymbol{x})_W$$

となる．ところが $\boldsymbol{x} \in V$ ゆえ $S\boldsymbol{x} = A\boldsymbol{x} - a\boldsymbol{x} \in V$ であるから

$$S\boldsymbol{x} = {}^t(y_1, \ldots, y_n) \in \mathbb{R}^n$$

第5章 ジョルダン標準形

と書ける．よってまとめると
$$(Sx, x)_V = -(x, Sx)_W = -(x, Sx)_V = -(Sx, x)_V$$
となる．（なぜなら V ないし $\mathbb{R}^n$ 内の内積は実内積であるから．）
従ってこれより
$$(Sx, x)_V = 0$$
が得られる．
いま $\|u\| = 1$ なる $u \in V$ をとり
$$v = d^{-1}Su$$
とおく．
すると
$$(v, v)_V = d^{-2}(Su, Su)_V = d^{-2}(Su, Su)_W$$
$$= d^{-2}(idu, idu)_W = (u, u)_W = (u, u)_V = 1.$$
ゆえに
$$\|v\| = 1.$$
また上の $(Sx, x)_V = 0 \ (\forall x \in V)$ より
$$(u, v)_V = (u, d^{-1}Su)_V = 0.$$
従って
$$(u, v)_V = 0$$
でベクトル u と v は互いに直交し長さ1のベクトルである．これらは今考えている空間
$$V = \operatorname{Ker} \varphi(A) = \operatorname{Ker}((A - aI)^2 + d^2I)$$
の部分空間 V_1 を張りこの空間は
$$V_1 = \langle u \rangle \oplus \langle v \rangle$$

と直交和に分解される．この上で S は
$$Su = dv, \quad Sv = d^{-1}S^2(u) = d^{-1}(-d^2 u) = -du$$
と作用する．すなわち V_1 のベクトル
$$\alpha u + \beta v = {}^t(\alpha, \beta)$$
に対し
$$S\,{}^t(\alpha,\beta) = S(\alpha u + \beta v) = \alpha Su + \beta Sv = \alpha dv + \beta(-du) = \begin{pmatrix} 0 & -d \\ d & 0 \end{pmatrix}\begin{pmatrix} \alpha \\ \beta \end{pmatrix}$$
と作用する．すなわち S は V_1 の基底 u, v に関して行列
$$\begin{pmatrix} 0 & -d \\ d & 0 \end{pmatrix}$$
と表される．従って元の行列 $A = S + aI$ はこの基底に関し
$$A = \begin{pmatrix} a & -d \\ d & a \end{pmatrix}$$
と表される．以上を繰り返せば V では A は
$$A = \begin{pmatrix} a & -d & & & & & \text{\huge 0} \\ d & a & & & & & \\ & & a & -d & & & \\ & & d & a & & & \\ & & & & \ddots & & \\ & & & & & a & -d \\ \text{\huge 0} & & & & & d & a \end{pmatrix}$$
と表されることがわかる．

場合 1) と併せて実正規線型変換 T は実数の範囲内では一般的に以下の

形に表現される．

$$A = \begin{pmatrix} a_1 & & & & & & & & & & 0 \\ & \ddots & & & & & & & & & \\ & & a_\ell & & & & & & & & \\ & & & a_{\ell+1} & -d_{\ell+1} & & & & & & \\ & & & d_{\ell+1} & a_{\ell+1} & & & & & & \\ & & & & & \ddots & & & & & \\ & & & & & & a_k & -d_k & & & \\ & & & & & & d_k & a_k & & & \\ & & & & & & & & 0 & & \\ & & & & & & & & & \ddots & \\ 0 & & & & & & & & & & \end{pmatrix}$$

第 II 部

数理解析学概論

第6章　数学の論理

これまで線型現象から入って具体的な線型写像等の性質と表現を考察してきた．そこでは実数という概念が当たり前のものとして使われてきた．しかし実数とは何か，そして数とは何か，数学とはいったい何なのか．しばらくより基本的な事柄を考察しのちの展開の準備をしよう．

数学では論証が重要な役割を果たす．あるいは数学とは数を扱う学問であるがその本質はその論理的な考察，思考方法にあると言っても過言ではないであろう．そのような数学の論証に使われる論理は日常使われる論理とは少々異なる．この章ではそのような数学で使われる論理について考察してみよう[1]．

6.1　公理論的な記述と無矛盾性

物事を記述する方法には様々なものがある．日常生活では話者と聞き手の間にはすでにある暗黙の合意がなされている．たとえば日本で話をするときはたとえ相手が外国人であってもまず普通日本語で話すであろう．そのときにも相手が自分と同じ場所にいる場合は周囲の状況がすでに話者と聞き手の暗黙の合意となっていて話をしている当人にしかわからない会話がなされる場合もある．この場合同じ場所にいることからくる二人の間の暗黙の合意が二人の会話を成立させる条件となっている．

しかしたとえば電話で話す場合は相手の状況は見えないのでお互いの状況を提供し合わないと話が通じない．たとえば「今お時間はありますか？」とか「今どちらにいらっしゃいますか？」という問いかけは共通の話のできる基盤を提供し合う基礎的な会話となる．あるいは外国に電話をかける場合相手は友人であったり何かの品物の注文先であったりするかもしれないが，いずれにせよ話者と聞き手の関係には基本的なところでは両者が暗黙に合意している部分がある．しかしたとえばセールスマンが見も知らぬ相手の電話番号だけを頼りにセールスの電話をかける場合などは相手が何

---

[1] 本章の記述は S. C. Kleene [88] の記述を参考にしている．

者かすらわからずに掛ける場合もあるだろう．このような場合話者であるセールスマンは一応「今お時間はありますか？」と丁寧に始める場合もあろうが，突然売り込みの話をする場合もあるだろう．後者の場合はたまたま電話を受けた側がセールスマンの売りたいものを欲していた場合は話が通じる場合もあろうがたいていは会話自体が成立しないであろう．

　このように物事を伝達する場合は話者あるいは書き手と聞き手あるいは読者との間に何らかの合意が必要である．本書を読まれている方はこの本は数学についての情報を含んでいることを納得されて読まれていることであろう．その上で本書を読まれるとき，読者と著者との間の何らかの合意を形成するために各話題の冒頭に何らかの仮定が書かれていることにもお気づきであろう．このような暗黙の仮定を明示的にあらかじめ示し話者ないし書き手と聞き手ないし読者との間の暗黙の合意を得て物事を記述する方法はギリシア時代に書かれたユークリッドの『原論』(Elements) にまでさかのぼる．このような最初に明示的に示される話者と聞き手の間の合意を述べる仮定を「公理」と呼ぶ．ユークリッドの『原論』では明示的に述べられたこのような仮定つまり公理のみを用いそれらからの論理的推論を経て得られる命題ないし定理と言う形で読者と書き手がともに納得できる「真理」として幾何学の基本定理が記述されてゆく．

　19世紀半ばからこのような論理的推論を文字をもとにした記号で表す記号論理学というものが始められた．そこにおいては公理も命題や定理もすべて文字ないし記号で表され，それらの間の推論も記号の操作ととらえる方法が編み出された．このように記号で物事を表すと公理というものはもとは具体的内容のある事実等から抽出されたものである場合でも文字列ないし記号列に写してしまった後は単なる記号として扱われ，それらのあいだの推論も記号列の間の単なる機械的変形操作として扱われる．従って公理がもと持っていた意味内容とは独立な記号の操作として数学をとらえなおすことができる．

　さてこのように一方で記号論理学が形をなしつつあるちょうど同じ頃，正確には 1870 年頃から 1900 年頃においてワイエルシュトラス (K. Weierstraß), デデキント (R. Dedekind), カントール (G. Cantor) らによる集合の考えを用いた実数論の数学的に正確な定式化が成功を収めていた．しかし 19 世紀

6.1. 公理論的な記述と無矛盾性

末からその集合の扱いにおいて種々の困難が見いだされた．1897 年にブラリ-フォルティ(C. Burali-Forti) によって見いだされた順序数全体に関するパラドクス，1899 年にカントールによって見いだされた集合全体に関するパラドクス，1902-3 にラッセル (B. Russell) によって発見された自身を要素として持たない集合の全体の生み出すパラドクス等々の困難である．

このように集合論に基づく実数論が成功を収めていた 1880 年代にクロネッカー (L. Kronecker) は，実数論において扱われている定義は単に「言葉」に過ぎず，実際の対象が定義を満たすものかどうかを決定するものではない，という批判を展開した．その後上記のようなパラドクスが発見された後 1908 年にブラウワー (L. E. J. Brouwer) は「論理の原理の非信頼性」と題する論文においてアリストテレス (Aristotle, 384-322 B.C.) にさかのぼる古典論理は有限な対象に対する論理から抽象されたものであり，これをそのまま無限の対象には適用できないという批判を展開した．たとえばアリストテレスの影響を受けたと考えられるユークリッドの『原論』においては「全体は部分より大きい」とされたが，これは無限集合においては成り立たない．ブラウワーはこのような問題は「排中律 (the law of the excluded middle)」を無制限に無限集合に適用することから起こるものであると主張した．すなわち排中律とは任意の命題 A に対し A またはその否定 $\neg A$ が成り立つというものである．たとえばいま命題 A を「性質 P を満たす集合 M の要素 (元) が存在する」とすると，その否定 $\neg A$ は「任意の M の元は性質 P を持たない」となる．集合 M が有限集合であれば M の要素を一つ一つ調べることにより A か $\neg A$ のどちらかが成り立つことを確かめることができる．しかし M が無限集合であればこのような検査を M のすべての元に対し行うことは原理的に不可能である．したがってブラウワーによれば排中律は一般の無限集合を含む数学の議論の際は用いてはならない原理とされる．このようにブラウワーの考えは「有限の立場」にたつものであり，直観主義 (intuitionism) と呼ばれる．この立場では実無限の存在は仮想のものとされる．ブラウワーは数学は我々の思考の正確な部分と同一であり，哲学や論理学を含むいかなる科学も前提とはしない，と考えていたようである．

19 世紀末に見いだされた数学における困難はこのように既存の数学に

対する再吟味を要求した．この困難はヒルベルトおよび彼の協力者ベルネイ (P. Bernays), アッケルマン (W. Ackerman), フォン ノイマン (J. von Neumann) 等により深刻に受け止められた．ヒルベルトは直観主義のこのような批判に対し，次のような立場を提唱した．すなわち「これまでの無限を扱う古典数学は形式的公理論として定式化され，この形式化された理論の取り扱いは有限の (finitary) 立場に立つものとする．この形式的取り扱いにより形式的公理論が無矛盾であることを示すことができればその公理論は健全である」という立場であり，これは無限を扱う形式的公理論の取り扱いがブラウワーの直観主義と同等であることからこのことが実行できれば上述のような批判のもとになっている困難を回避できると考えた．これを形式主義 (formalism) と呼ぶ．このように理論の無矛盾性を考察すること自体を数学的に行うことができる．ヒルベルトはこのような数学を対象とする「数学理論」を総称して超数学 (metamathematics) ないし証明論 (proof theory) と呼んだ．日本語では数学基礎論という言葉で両者を表現している．

このように数学を形式的体系ととらえたとき，その数学の記号であらわされる文が

「この文は偽である．」

という文であったとしたらどうなるかを考えてみよう．この文中の「この文」というのはこの書かれた文章そのもののことを指し示しており，この文は自身の文自体を否定しているので，この文が真とすればこの文自体が偽であり，偽とすればこの文自体が真となり，無限循環が生ずる．あるいはいずれの仮定「この文は真である」あるいは「この文は偽である」からも上の文は矛盾を生むので，もし我々の言語体系が無矛盾であると仮定すればこの文は真偽を定められない文である．

これはギリシア時代から知られているクレタ人のパラドクスというものからその意味内容を抽象したものである．

上記の文が真偽を定められないことをより正確に述べることにより「言語体系が無矛盾であればその言語には真理であることを表す述語が存在しない」というタルスキー (Tarski) の定理が得られる．

後に述べる自然数論の公理系 S はこのような言語と同様に真偽をその体

系内で表すことはできない．しかし証明可能かどうかは具体的に述語として表すことができる．

このときこの述語を用いれば次のような文 G をこの公理系の中で表すことができる．
$$G = \text{「}G\text{ は証明できない」}.$$

この G が証明できると仮定してみると G の意味から「G は証明できない」ことになり矛盾である．もし G の否定 $\neg G$ が証明できると仮定すれば否定 $\neg G$ の意味から「G は証明できる」ことになり矛盾する．いずれの場合も理論 S は矛盾する．したがって前提として「理論 S は無矛盾である」をおけば，G かその否定 $\neg G$ のいずれかが証明できるとすると以上の推論からこの前提と矛盾するから G も $\neg G$ も証明できないことになる．上記の文をゲーデル文と呼ぶ．

しかし意味内容からこの文 G は真である．したがって形式的体系として表された自然数論の公理系 S においてはその中の真なる文はすべて証明可能であるとする完全性は否定される．これがゲーデルの第一不完全性定理の証明の本質的部分である．さらに第一不完全性定理の系として体系 S が無矛盾ならばそれ自体の無矛盾性をその体系内で証明することはできないことが導かれる．これをゲーデルの第二不完全性定理と呼ぶ．従って上記のヒルベルトの形式主義の立場「有限の立場に立つ形式的取り扱いにより形式的公理論が無矛盾であることを示すことができればその形式的公理論は健全である」は少なくとも表面上は否定される．

次節以降で自然数論の不完全性を証明するが，そこではゲーデル文ではなくより強力なロッサー文というものを考える．ロッサー文は，ゲーデル文による不完全性定理の証明が ω-無矛盾性という強い前提のもとに成り立つものであったのを改良して，普通の無矛盾性 (単純無矛盾性) を前提にして不完全性の証明を得るためにロッサー [107] によって導入されたものである．

6.2 形式的自然数論

前節で述べたように自然数論を形式的体系 (formal system) に書き出して見よう．

第6章 数学の論理

形式的体系の記述は理論の記述の基礎となる記号を導入することから始まる．ここでは自然数の理論を例に取り形式的体系とはどのようなものかを見てゆく．

自然数論の基礎となる原始記号は以下のものからなる．

1. 原始論理記号:

$$\Rightarrow \text{ (imply)}, \quad \wedge \text{ (and)}, \quad \vee \text{ (or)}, \quad \neg \text{ (not)},$$
$$\forall \text{ (for all)}, \quad \exists \text{ (there exists)}$$

2. 原始述語記号:

$$= (等しい)$$

3. 原始関数記号:

$$+ (和), \quad \cdot (積), \quad ' (後者(プライム))$$

4. 原始個体記号:

$$0 (ゼロ)$$

5. 変数記号:

$$a, b, c, \ldots, x, y, z, \ldots$$

6. 括弧:

$$(\ ), \quad \{\ \}, \quad [\ ], \quad \ldots$$

7. カンマ:

$$,$$

原始論理記号のうち∀は全称量化子，∃は存在量化子と呼ばれる．
これらの記号よりまず自然数論の対象を表す項 (term) というものを以下のように定義する．このような定義を再帰的 (recursive) な定義ないし帰納的 (inductive) な定義と呼ぶ．順々に積み上げて定義しているからである．

1. 0 は項である．

2. 変数は項である．

3. s が項であるなら，$(s)'$ は項である．

4. s, t が項であれば $(s) + (t)$ も項である．

5. s, t が項であれば $(s) \cdot (t)$ も項である．

6. 1-5 によって定義されるもののみがこの体系の項である．

とくに途中に変数を含まないで構成されるものを数値あるいは数値項という．

次に自然数論の命題を表す式 (well-formed formula, wff) を以下のように定義する．

1. s, t が項であれば $(s) = (t)$ は式である．このような式を原子式と呼ぶ．

2. A, B が式であれば
$$(A) \Rightarrow (B)$$
も式である．

3. A, B が式であれば
$$(A) \wedge (B)$$
も式である．

4. A, B が式であれば
$$(A) \vee (B)$$
も式である．

5. A が式であれば
$$\neg(A)$$
も式である．

6. x が変数で A が式であれば $\forall x(A)$ も式である．

7. x が変数で A が式であれば $\exists x(A)$ も式である．

8. 1-7 によって定義されるもののみがこの体系の式である．

このように定義した式あるいは命題式のうちいくつかを公理として採用し，それに推論規則を適用して得られるものを定理とし，この自然数論という形式的体系において証明されるものとして定義する．

推論規則は二つあれば十分であるが記述を容易にするため以下の三つを仮定する[2]．ただし以下では式 C は変数 x を含まないものとする．

I_1: 三段論法 (Modus ponens. Syllogism)：式 A が真であり，$A \Rightarrow B$ が真であるなら，式 B は真である．

$$\frac{A, \quad (A) \Rightarrow (B)}{B}$$

I_2: 一般化 (Generalization)：任意の変数 x において，式 F から全称量化子を入れて $\forall x(F)$ を帰結する．

$$\frac{(C) \Rightarrow (F)}{(C) \Rightarrow (\forall x(F))}$$

I_3: 特殊化 (Specialization)：任意の変数 x において，式 F に存在量化子を入れて $\exists x(F)$ を帰結する．

$$\frac{(F) \Rightarrow (C)}{(\exists x(F)) \Rightarrow (C)}$$

自然数論の公理には以下のものがある．以下自明な括弧で煩雑になるものは省くことにする．

まず論理公理のうち命題論理に関するものとして以下のものがある．

A1. 命題計算に関する公理 (A, B, C は任意の式．)

1. $A \Rightarrow (B \Rightarrow A)$

2. $(A \Rightarrow B) \Rightarrow ((A \Rightarrow (B \Rightarrow C)) \Rightarrow (A \Rightarrow C))$

---

[2]以下の推論規則および公理系は Kleene [88] §19 に従った．

3. $A \Rightarrow ((A \Rightarrow B) \Rightarrow B)$

   (推論規則)

4. $A \Rightarrow (B \Rightarrow A \wedge B)$

5. $A \wedge B \Rightarrow A$

6. $A \wedge B \Rightarrow B$

7. $A \Rightarrow A \vee B$

8. $B \Rightarrow A \vee B$

9. $(A \Rightarrow C) \Rightarrow ((B \Rightarrow C) \Rightarrow (A \vee B \Rightarrow C))$

10. $(A \Rightarrow B) \Rightarrow ((A \Rightarrow \neg B) \Rightarrow \neg A)$

11. $\neg\neg A \Rightarrow A$

次に述語論理に関するものとして以下のものがある．

ここで変数の束縛に関し以下の用語を導入する．すなわちある変数 x が式 A の中でいずれかの量化子の影響範囲に現れているものを束縛変数 (bounded variable) と呼び，そうでない変数 x の現れを自由変数 (free variable) と呼ぶ．また，x を自由変数に持つ式 $A(x)$ において変数 x が項 t の中のいかなる変数 y に対しても $A(x)$ 中の量化子 $\forall y$ あるいは $\exists y$ の影響範囲に現れないとき，「項 t は $A(x)$ の変数 x に対し自由である」という．

A2. 述語計算に関する公理 (A は任意の式，B は変数 x を自由変数として含まない式，$F(x)$ は自由変数 x をもつ式で，項 t は $F(x)$ の変数 x に対し自由なもの．)

1. $(B \Rightarrow A) \Rightarrow (B \Rightarrow (\forall x A))$

   (推論規則)

2. $\forall x F(x) \Rightarrow F(t)$

3. $F(t) \Rightarrow \exists x F(x)$

4. $(A \Rightarrow B) \Rightarrow ((\exists x A) \Rightarrow B)$

(推論規則)

　公理にもメタレベルの推論規則と同じ推論規則が現れているのは体系内でもメタレベルと同様の推論を可能とするためである．

　また「項 t は $F(x)$ の変数 x に対し自由なもの」という仮定をおいたのはたとえば
$$F(x) = \exists y (x = y)$$
とするとき項 t が
$$t = a + y$$
のように変数 x に対し $F(x)$ において自由でなければ，この項 t を $F(x)$ の x の位置に代入すると
$$F(t) = \exists y (a + y = y)$$
となり項 t の中の変数 y が束縛され，述語論理の公理 2 が成り立たなくなるのでそのような場合を排除するためである．

　自然数論に関する公理は以下のものである．

A3. 自然数の計算に関する公理 (a, b, c は任意の変数.)

1. $a' = b' \Rightarrow a = b$

2. $\neg (a' = 0)$

3. $a = b \Rightarrow (a = c \Rightarrow b = c)$

4. $a = b \Rightarrow a' = b'$

5. $a + 0 = a$

6. $a + b' = (a + b)'$

7. $a \cdot 0 = 0$

8. $a \cdot b' = a \cdot b + a$

A4. 数学的帰納法に関する公理 (F は任意の式.)

$$(F(0) \land \forall x(F(x) \Rightarrow F(x'))) \Rightarrow \forall x F(x)$$

このような形式化された自然数論における定理およびその証明を定義するためにまず以下の定義をする.

定義 6.1 ある式 C がある一つの式 A ないし二つの式 A, B の直接的帰結であるとは C が推論規則の横線の下に現れ他の式 A あるいは A, B がその横線の上に現れる時を言う.

その上で証明,証明可能および定理を以下のように定義する.

定義 6.2 一つ以上の式をカンマで区切って並べた有限列が形式的証明であるとはその形式的列のおのおのの式が公理であるかその式の前に現れる式の直接的帰結である時を言う. 形式的証明はその有限列の最後の式の「証明」であるといわれ, その最後に現れる式をこの体系で証明可能である, あるいはこの体系の定理であるという.

またあるいくつかの仮定を公理に付け加えて得られる結論をそれらの仮定から演繹可能という.

定義 6.3 式 $D_1, \ldots, D_\ell$ ($\ell \geq 0$) が与えられたとき一つ以上の有限個の式の列[3]が仮定 $D_1, \ldots, D_\ell$ からの演繹的推論であるとはその列のどの式もこれら ℓ 個の式の一つであるか公理であるかあるいはそれより前の式の直接的帰結である時を言う. 演繹的推論はその最後の式 E の演繹である, あるいは式 E は仮定 $D_1, \ldots, D_\ell$ から演繹可能であるという. このことを

$$D_1, \ldots, D_\ell \vdash E$$

と書く. E はこの推論の結論であるという. $\ell = 0$ すなわち何らの仮定を付け加えない場合これは

$$\vdash E$$

と書かれる. これは E が定理であるということと同値である.

---

[3] 上と同様にこれらの式はカンマで区切って並べられているとする.

6.3 自然数論の不完全性

前節で述べてきた自然数論の形式的体系を S と表すことにする．以下では S の不完全性を導く．すでに述べたところであるが，S の不完全性とは S に関する論証を S 内で行う限り不完全である，という意味である．体系外でさらに強い仮定をおけば S 内の真なる命題がすべて証明可能となることはあり得るのである．したがってここで言う不完全性を示すには，以下で定義するロッサー文を体系 S 内で表現しかつある式の列がその証明列であることおよびその否定の証明列であることを S 内に「写す」ことができることを示すと言うことである．こうした上で S 内においてはいかなる式の列もロッサー文およびロッサー文の否定の証明列でないことを示すことが不完全性の証明の数学的内容である．この目的のためゲーデルは S の任意の論理記号列に自然数を対応させることを思いついた．この対応付けには様々な方法があり得るが，ここではクワイン [103] による p 進数による対応づけを少し手直しし技術的にも有用である $p=2$ としたものを採用する．以下必要な全ての文を具体的に S 内の文として書き下せることを証明する．

はじめに，S の論理的展開を自然数の演算として表すために S の各原始記号に次のように自然数を対応させる．

′	0	(	)	{	}	[	]	+	·
2^0	2^1	2^2	2^3	2^4	2^5	2^6	2^7	2^8	2^9

=	⇒	∧	∨	¬	∀	∃	,
2^{10}	2^{11}	2^{12}	2^{13}	2^{14}	2^{15}	2^{16}	2^{17}

これらより構成される記号列に対して以下のように帰納的にゲーデル数を対応させる．まず空である記号列にはゲーデル数として 0 を対応させる．すなわちゲーデル数 $x=0$ の場合対応する記号列 E_x は空であり，この場合対応する記号列は存在しないと考える．このように約束した上で二つの自然数 n,m について，m の 2 進数表示における桁数を $\ell(m)$ とする[4]とき，次の結合積 $\star$ を定義する．

$$n \star m = 2^{\ell(m)} \cdot n + m$$

---
[4] $m=0$ に対しては $\ell(m)=0$ と約束する．

6.3. 自然数論の不完全性

このようにすれば原始記号の記号列 A_1, A_2 のゲーデル数が $g(A_1), g(A_2)$ であるとき，これらを結合した結合列 A_1A_2 のゲーデル数 $g(A_1A_2)$ を次のように定義することができる．

$$g(A_1A_2) = g(A_1) \star g(A_2)$$

この対応 g は1対1対応であるが上への対応ではない．

上の演算 $\star$ を用いて具体的にたとえば 0 の後者を表す記号列 $(0)'$ のゲーデル数を計算してみよう．まず (0 のゲーデル数を計算してみると (のゲーデル数は 2^2 で 0 のゲーデル数は 2^1 であるから $n = 2^2 = (100)_2$, $m = 2^1 = (10)_2$ となり $\ell(m) = 2$ となる[5]．したがって記号列 (0 のゲーデル数は

$$n \star m = 2^2 \cdot 2^2 + 2^1 = 2^4 + 2^1 = (10010)_2$$

である．すなわち 2 進数では (のゲーデル数は 100 となり，0 のゲーデル数は 10 でありこれを左から順に続けて並べれば (0 のゲーデル数 10010 が得られる．同様にして (0) のゲーデル数は 100101000 となり，$(0)'$ のゲーデル数は 1001010001 となる．

上の原始記号のゲーデル数の定義で変数記号 $a, b, c, \ldots, x, y, z, \ldots$ が入っていないが，これは

$$
\begin{aligned}
a &\quad \text{は} \quad (0'), \\
b &\quad \text{は} \quad (0''), \\
c &\quad \text{は} \quad (0'''), \\
&\quad \ldots
\end{aligned}
\tag{6.1}
$$

等々とすでに定義した項や式の記号と重複することのないように，原始記号を組み合わせて変数記号を表すことができるからである．以下この記法に従うことにする．

以下の補題が後に重要になるので証明しておく．

---

[5] $(10110)_2$ のような右下に 2 が付いた表示は 2 進表現であることを意味する．

第6章 数学の論理

補題 6.1 $a \geq 0$ を自然数とする．このとき w を $w' = 2^a$ となる自然数とすると

$$g(a) = 2^1 \star w \tag{6.2}$$

である．ただし w' は自然数 w の後者 (すなわち $w' = w + 1$) である．

証明 自然数 $a \geq 0$ に対応する数項は

$$0 \overbrace{''\ldots'}^{a \text{ factors}}$$

である．定義より

$$g(0) = 2^1, \quad g(') = 2^0 = (1)_2$$

なので

$$g(a) = g(0 \overbrace{''\ldots'}^{a \text{ factors}}) = 2^1 \star (\overbrace{11\ldots 1}^{a \text{ factors}})_2$$

である．ここで $w' = 2^a$ となる自然数 w は 2 進表現でプライム $'$ のゲーデル数 $2^0 = (1)_2$ が a 個並ぶ数である．たとえば $a = 2$ なら $w' = w + 1 = 2^a = 2^2 = (100)_2$ なので $w = (11)_2$ となる．したがって $w = (\overbrace{11\ldots 1}^{a \text{ factors}})_2$ であり (6.2) が示された．□

定義 6.4 ゲーデル数が x となる原始記号列を E_x と表す．とくに E が式 A である時は A_x と表すこともある．

以上よりゲーデル数を構成するプロセス自体を体系内の言葉で表すことができる．これは二つの自然数 x と y の接合演算 $\star$ が論理式で表されることが分かれば明らかである．具体的には，以下のように帰納的に構成できる．ただし以降で括弧は省略しても混乱しない場合は省略してある．

1. $\mathrm{Div}(x, y) : x$ は y の因数である．

$$(\exists z \leq y)(x \cdot z = y)$$

2. $2^\times(x) : x$ は 2 の冪である．

$$(\forall z \leq x)\bigl((\mathrm{Div}(z, x) \land (z \neq 1)) \Rightarrow \mathrm{Div}(2, z)\bigr)$$

3. $y = 2^{\ell(x)}$: y は x より大きい最小の 2 の冪である．
$$\left(2^{\times}(y) \land (y > x) \land (y > 1)\right) \land$$
$$(\forall z < y) \neg \left(2^{\times}(z) \land (z > x) \land (z > 1)\right)$$

4. $z = x \star y$: z は x と y を $\star$ 演算により結合した数値である．
$$(\exists w \le z)(z = (w \cdot x) + y \land w = 2^{\ell(y)})$$

次に 2 進数表示での数値を分解し，対応する原始記号列から部分列を取り出す過程を数論的に表す．

5. $\text{Begin}(x, y)$: x は y の 2 進表示において先頭部分の (対応する原始記号列をもつ) 数字列である．
$$x = y \lor (x \ne 0 \land (\exists z \le y)(x \star z = y))$$

6. $\text{End}(x, y)$: x は y の 2 進表示において後尾部分の (対応する原始記号列をもつ) 数字列である．
$$x = y \lor \left(x \ne 0 \land (\exists z \le y)(z \star x = y)\right)$$

7. $\text{Part}(x, y)$: x は y の 2 進表示において (対応する原始記号列をもつ) 数字部分列である．
$$x = y \lor \left(x \ne 0 \land (\exists z \le y)\left(\text{End}(z, y) \land \text{Begin}(x, z)\right)\right)$$

これを用いて，項の種類を判別する述語を構成することができる．

8. $\text{Succ}(x)$: E_x は ′ の列である．
$$(x \ne 0) \land (\forall y \le x)(\text{Part}(y, x) \Rightarrow \text{Part}(1, y))$$

9. $\text{Var}(x)$: E_x は変数である．
$$(\exists y \le x)\left(\text{Succ}(y) \land x = 2^2 \star 2^1 \star y \star 2^3\right)$$

これは上述の式 (6.1) の約束に従って変数 $a, b, c, \ldots$ を $(0')$, $(0'')$, $(0''')$, ... により表しているからである．

10. $\text{Num}(x) : E_x$ は数値である.

$$(x = 2^1) \vee (\exists y \leq x) \left(\text{Succ}(y) \wedge x = 2^1 \star y\right)$$

形式的記号列の列 $E_{x_1}, E_{x_2}, \ldots, E_{x_n}$ のゲーデル数は次のように書ける.

$$x_1 \star 2^{17} \star x_2 \star 2^{17} \star \ldots \star 2^{17} \star x_n$$

形式的な列であることやある記号列が形式的列に含まれることは以下のような命題式で表現される.

11. $\text{Seq}(x) : E_x$ は形式的な列である.

$$\text{Part}(2^{17}, x)$$

12. $x \in y : E_y$ は形式的な列で,E_x はその要素である.

$\text{Seq}(y) \wedge \neg \text{Part}(2^{17}, x) \wedge$
$\left(\text{Begin}(x \star 2^{17}, y) \vee \text{End}(2^{17} \star x, y) \vee \text{Part}(2^{17} \star x \star 2^{17}, y) \right)$

13. $x \prec_z y$: 形式的な列 E_z の要素 E_x と E_y について,E_x は E_y の前に現れる.

$$(x \in z) \wedge (y \in z) \wedge (\exists w \leq z) \text{Part}(x \star w \star y, z)$$

このような形式列を用いて与えられたゲーデル数 x を持つ記号列が論理式であることは以下のように体系内で記述される.

14. $\text{Term}(x) : E_x$ は項である.

$\exists y \Big((x \in y) \wedge (\forall z \in y) \{ \text{Var}(z) \vee \text{Num}(z) \vee$
$(\exists v \prec_y z)(\exists w \prec_y z) [(2^2 \star v \star 2^3 \star 2^8 \star 2^2 \star w \star 2^3 = z) \vee$
$(2^2 \star v \star 2^3 \star 2^9 \star 2^2 \star w \star 2^3 = z) \vee (2^2 \star v \star 2^3 \star 2^0 = z)] \} \Big)$

15. Atom(x) : E_x は原子式である．

$$(\exists y \leq x)(\exists z \leq x)\Big(\text{Term}(y) \wedge \text{Term}(z) \wedge$$

$$((x = y \star 2^{10} \star z) \vee (x = \text{leq}(y,z)))\Big)$$

ただし関数 leq は次のように帰納的に定義される．

1. neq(x,y) : $E_x \neq E_y$ のゲーデル数

$$2^{14} \star 2^2 \star x \star 2^{10} \star y \star 2^3$$

2. leq(x,y) : $E_x \leq E_y$ のゲーデル数

$$2^{14} \star 2^2 \star 2^{15} \star 2^2 \star 2^1 \star 2^0 \star 2^3 \star 2^2 \star$$
$$\text{neq}(x \star 2^8 \star 2^2 \star 2^1 \star 2^0 \star 2^3, y) \star 2^3 \star 2^3$$

16. Gen(x,y) : 変数 E_u について E_y は $\forall E_u(E_x)$ に等しい．

$$(\exists u \leq y)\left(\text{Var}(u) \wedge y = 2^{15} \star u \star 2^2 \star x \star 2^3\right)$$

17. Form(x) : E_x は論理式である．

$$\exists y\Big((x \in y) \wedge (\forall z \in y)\{\text{Atom}(z) \vee$$
$$(\exists v \prec_y z)(\exists w \prec_y z)[(z = v \star 2^{11} \star w) \vee$$
$$(z = 2^{14} \star 2^2 \star v \star 2^3) \vee \text{Gen}(w,z)]\}\Big)$$

ここで論理記号 $\wedge$ と $\vee$ は $\neg$ と $\Rightarrow$ によって

$$A \wedge B \quad \text{は} \quad \neg(A \Rightarrow \neg B),$$
$$A \vee B \quad \text{は} \quad \neg A \Rightarrow B$$

とそれぞれ表されることを用い，命題論理の論理記号は $\neg$ と $\Rightarrow$ のみにより論理式が構成されると見なしている．また存在量化子についても同様に

$$\exists x F(x) \quad \text{は} \quad \neg \forall x \neg F(x)$$

と表されていると見なす．

次に与えられたゲーデル数 x を持つ記号列が自然数論の公理であることが自然数論の体系内で記述されることを示そう．まず命題計算に関する公理であることを体系内で表す．

18. $\text{Pro}(x)$: E_x は命題計算に関する公理である．

$$\text{Prop}_1(x) \lor \text{Prop}_2(x) \lor \text{Prop}_3(x) \lor \text{Prop}_4(x) \lor$$
$$\text{Prop}_5(x) \lor \text{Prop}_6(x) \lor \text{Prop}_7(x) \lor \text{Prop}_8(x) \lor$$
$$\text{Prop}_9(x) \lor \text{Prop}_{10}(x) \lor \text{Prop}_{11}(x)$$

ただし，$\text{Prop}_1(x)$, $\text{Prop}_2(x)$, $\text{Prop}_3(x)$, $\text{Prop}_4(x)$, $\text{Prop}_5(x)$, $\text{Prop}_6(x)$, $\text{Prop}_7(x)$, $\text{Prop}_8(x)$, $\text{Prop}_9(x)$, $\text{Prop}_{10}(x)$, $\text{Prop}_{11}(x)$ は以下のように定義される．

1. $\text{Prop}_1(x)$: E_x は命題論理の公理 1 である．

$$(\exists a < x)(\exists b < x)(\text{Form}(a) \land \text{Form}(b) \land$$
$$x = a \star 2^{11} \star 2^2 \star b \star 2^{11} \star a \star 2^3)$$

2. $\text{Prop}_2(x)$: E_x は命題論理の公理 2 である．

$$(\exists a < x)(\exists b < x)(\exists c < x)(\text{Form}(a) \land \text{Form}(b) \land$$
$$\text{Form}(c) \land x = 2^2 \star a \star 2^{11} \star b \star 2^3 \star 2^{11} \star 2^2 \star 2^2 \star a \star 2^{11}$$
$$\star 2^2 \star b \star 2^{11} \star c \star 2^3 \star 2^3 \star 2^{11} \star 2^2 \star a \star 2^{11} \star c \star 2^3 \star 2^3)$$

3. $\text{Prop}_3(x)$: E_x は命題論理の公理 3 である．

$$(\exists a < x)(\exists b < x)(\text{Form}(a) \land \text{Form}(b) \land$$
$$x = a \star 2^{11} \star 2^2 \star 2^2 \star a \star 2^{11} \star b \star 2^3 \star 2^{11} \star b \star 2^3)$$

4. $\text{Prop}_4(x)$: E_x は命題論理の公理 4 である．

$$(\exists a < x)(\exists b < x)(\text{Form}(a) \land \text{Form}(b) \land$$
$$x = a \star 2^{11} \star 2^2 \star b \star 2^{11} \star a \star 2^{12} \star b \star 2^3)$$

5. $\mathrm{Prop}_5(x)$: E_x は命題論理の公理 5 である．

$$(\exists a < x)(\exists b < x)(\mathrm{Form}(a) \land \mathrm{Form}(b) \land$$
$$x = a \star 2^{12} \star b \star 2^{11} \star a)$$

6. $\mathrm{Prop}_6(x)$: E_x は命題論理の公理 6 である．

$$(\exists a < x)(\exists b < x)(\mathrm{Form}(a) \land \mathrm{Form}(b) \land$$
$$x = a \star 2^{12} \star b \star 2^{11} \star b)$$

7. $\mathrm{Prop}_7(x)$: E_x は命題論理の公理 7 である．

$$(\exists a < x)(\exists b < x)(\mathrm{Form}(a) \land \mathrm{Form}(b) \land$$
$$x = a \star 2^{11} \star a \star 2^{13} \star b)$$

8. $\mathrm{Prop}_8(x)$: E_x は命題論理の公理 8 である．

$$(\exists a < x)(\exists b < x)(\mathrm{Form}(a) \land \mathrm{Form}(b) \land$$
$$x = b \star 2^{11} \star a \star 2^{13} \star b)$$

9. $\mathrm{Prop}_9(x)$: E_x は命題論理の公理 9 である．

$$(\exists a < x)(\exists b < x)(\exists c < x)(\mathrm{Form}(a) \land \mathrm{Form}(b) \land$$
$$\mathrm{Form}(c) \land x = 2^2 \star a \star 2^{11} \star c \star 2^3 \star 2^{11}$$
$$\star\, 2^2 \star 2^2 \star b \star 2^{11} \star c \star 2^3 \star 2^{11} \star 2^2$$
$$\star\, a \star 2^{13} \star b \star 2^{11} \star c \star 2^3 \star 2^3)$$

10. $\mathrm{Prop}_{10}(x)$: E_x は命題論理の公理 10 である．

$$(\exists a < x)(\exists b < x)(\mathrm{Form}(a) \land \mathrm{Form}(b) \land$$
$$x = 2^2 \star a \star 2^{11} \star b \star 2^3 \star 2^{11} \star 2^2 \star$$
$$2^2 \star a \star 2^{11} \star 2^{14} \star b \star 2^3 \star 2^{11} \star 2^{14} \star a \star 2^3)$$

11. $\mathrm{Prop}_{11}(x)$: E_x は命題論理の公理 11 である．

$$(\exists a < x)(\mathrm{Form}(a) \land x = 2^{14} \star 2^{14} \star a \star 2^{11} \star a)$$

次に記号列 E_x が述語論理に関する公理であることを記述する．すぐわかるように公理 1 と 4 は同値であり，公理 2 と 3 は同値であるから，公理 1 と 2 のみ記述すればよい．公理 2 では式に含まれるある自由変数の現れのすべてを項に置き換える作業を考える必要がある．

19. $\mathrm{Free}(x,y)$：項 E_x に含まれる如何なる変数も文字列 E_y 内で束縛されない．

$$\mathrm{Term}(x) \wedge (\forall z < x)\Big([\mathrm{Var}(z) \wedge \mathrm{Part}(z,x)] \Rightarrow [\neg\mathrm{Part}(2^{15} \star z, y)]\Big)$$

20. $\mathrm{Pred}_1(x)$：E_x は述語論理の公理 1 である．

$(\exists a < x)(\exists b < x)(\exists c < x)(\mathrm{Form}(a) \wedge \mathrm{Form}(b) \wedge \mathrm{Var}(c) \wedge (\neg\mathrm{Part}(c,b)) \wedge$
$x = 2^2 \star b \star 2^{11} \star a \star 2^3 \star 2^{11} \star 2^2 \star b \star 2^{11} \star 2^2 \star 2^{15} \star c \star a \star 2^3 \star 2^3)$

21. $\mathrm{Seq}(x,y,u)$：記号列 u は形式列でない記号列 E_x と E_y の組 $\{E_x, E_y\}$ のこの順番で隣り合う要素よりなる．

$\neg\mathrm{Seq}(x) \wedge \neg\mathrm{Seq}(y) \wedge (x \neq 0) \wedge (y \neq 0) \wedge \mathrm{Part}(x \star 2^{17} \star y, u)$

22. $x = \mathrm{alt}_y(u,t)$：式 E_x は式 E_y の自由変数 E_u の位置に自由な項 E_t を代入したものである．

$\mathrm{Form}(x) \wedge \mathrm{Form}(y) \wedge \mathrm{Var}(u) \wedge \mathrm{Free}(u,y) \wedge \mathrm{Term}(t) \wedge \mathrm{Free}(t,y) \wedge$
$\mathrm{Part}(u,y) \wedge \neg\mathrm{Part}(u,x)$
$\wedge \exists w \bigg\{ \mathrm{Seq}(y,x,w) \wedge (\forall a < w)(\forall b < w)\bigg(\mathrm{Seq}(a,b,w)$
$\Rightarrow \Big\{(\neg\mathrm{Part}(u,a) \wedge a = b) \vee (\exists c_1 < a)(\exists c_2 < b)(\exists d_1 < a)(\exists d_2 < b)$
$[\mathrm{Seq}(c_1,c_2,w) \wedge \mathrm{Seq}(d_1,d_2,w) \wedge a = c_1 \star u \star d_1 \wedge b = c_2 \star t \star d_2]\Big\}\bigg)\bigg\}$

23. $\mathrm{Pred}_2(x)$：E_x は述語論理の公理 2 である．

$(\exists a < x)(\exists b < x)(\exists c < x)(\exists t < x)(\mathrm{Form}(a) \wedge$
$\mathrm{Var}(b) \wedge \mathrm{Term}(t) \wedge c = \mathrm{alt}_a(b,t) \wedge x = 2^{15} \star b \star a \star 2^{11} \star c)$

6.3. 自然数論の不完全性　131

最後に E_x が自然数論に関する公理であることを記述する．

24. Nat(x): E_x は自然数の計算に関する公理である．

$$\text{Nat}_1(x) \lor \text{Nat}_2(x) \lor \text{Nat}_3(x) \lor \text{Nat}_4(x) \lor \text{Nat}_5(x) \lor$$
$$\text{Nat}_6(x) \lor \text{Nat}_7(x) \lor \text{Nat}_8(x)$$

ただし，Nat$_1(x)$, Nat$_2(x)$, Nat$_3(x)$, Nat$_4(x)$, Nat$_5(x)$, Nat$_6(x)$, Nat$_7(x)$, Nat$_8(x)$ は以下のように定義される．

1. Nat$_1(x)$: E_x は自然数の公理1である．

   $(\exists a < x)(\exists b < x)(\text{Term}(a) \land \text{Term}(b) \land$
   $x = 2^2 \star a \star 2^0 \star 2^{10} \star b \star 2^0 \star 2^3 \star 2^{11} \star 2^2 \star a \star 2^{10} \star b \star 2^3)$

2. Nat$_2(x)$: E_x は自然数の公理2である．

   $(\exists a < x)(\text{Term}(a) \land x = 2^{14} \star 2^2 \star a \star 2^0 \star 2^{10} \star 2^1 \star 2^3)$

3. Nat$_3(x)$: E_x は自然数の公理3である．

   $(\exists a < x)(\exists b < x)(\exists c < x)(\text{Term}(a) \land \text{Term}(b) \land$
   $\text{Term}(c) \land x = a \star 2^{10} \star b \star 2^{11} \star 2^2 \star a \star 2^{10} \star c \star$
   $2^{11} \star b \star 2^{10} \star c \star 2^3)$

4. Nat$_4(x)$: E_x は自然数の公理4である．

   $(\exists a < x)(\exists b < x)(\text{Term}(a) \land \text{Term}(b) \land$
   $x = a \star 2^{10} \star b \star 2^{11} \star a \star 2^0 \star 2^{10} \star b \star 2^0)$

5. Nat$_5(x)$: E_x は自然数の公理5である．

   $(\exists a < x)(\text{Term}(a) \land x = a \star 2^8 \star 2^1 \star 2^{10} \star a)$

6. $\text{Nat}_6(x)$: E_x は自然数の公理 6 である．

$$(\exists a < x)(\exists b < x)(\text{Term}(a) \land \text{Term}(b) \land$$
$$x = a \star 2^8 \star b \star 2^0 \star 2^{10} \star 2^2 \star a \star 2^8 \star b \star 2^3 \star 2^0)$$

7. $\text{Nat}_7(x)$: E_x は自然数の公理 7 である．

$$(\exists a < x)(\text{Term}(a) \land x = a \star 2^9 \star 2^1 \star 2^{10} \star 2^1)$$

8. $\text{Nat}_8(x)$: E_x は自然数の公理 8 である．

$$(\exists a < x)(\exists b < x)(\text{Term}(a) \land \text{Term}(b) \land$$
$$x = a \star 2^9 \star b \star 2^0 \star 2^{10} \star a \star 2^9 \star b \star 2^8 \star a)$$

E_x が数学的帰納法に関する公理であることは以下のように記述される．

25. $\text{sub}_a(x,y)$: E_a の変数 E_x に E_y を形式的に代入するという式 $\forall E_x((E_x = E_y) \Rightarrow (E_a))$ のゲーデル数．

$$2^{15} \star x \star 2^2 \star 2^2 \star x \star 2^{10} \star y \star 2^3 \star 2^{11} \star 2^2 \star a \star 2^3 \star 2^3$$

26. $\text{MI}(x)$: E_x は数学的帰納法に関する公理である．

$$(\exists a < x)(\exists b < x)(\exists c < x)(\text{Form}(a) \land \text{Var}(b) \land$$
$$\text{Var}(c) \land x = 2^2 \star \text{sub}_a(b, 2^1) \star 2^{12} \star 2^{15} \star c$$
$$\star 2^2 \star \text{sub}_a(b, c) \star 2^{11} \star \text{sub}_a(b, c \star 2^0) \star 2^3 \star 2^3 \star 2^{11}$$
$$\star 2^{15} \star c \star \text{sub}_a(b, c))$$

以上により公理をすべて体系内で表すことができた．

これらのことから公理と推論規則により構成される証明列であるという事柄が以下のように体系内で記述可能であることが分かる．

27. $\text{Axiom}(x)$: E_x は公理である．

$$\text{Pro}(x) \lor \text{Pred}_1(x) \lor \text{Pred}_2(x) \lor \text{Nat}(x) \lor \text{MI}(x)$$

6.3. 自然数論の不完全性

28. $\text{Proof}(x)$: E_x は証明列である．

$$\text{Seq}(x) \land \forall y \Big(y \in x \Rightarrow \big(\text{Axiom}(y) \lor (\exists v \prec_x y)(\exists w \prec_x y)$$
$$\{(w = v \star 2^{11} \star y) \lor (\exists a < v)(\exists b < v)(\exists c < y) [v = b \star 2^{11} \star a \land$$
$$y = b \star 2^{11} \star c \land \text{Gen}(a,c) \land (\forall z \leq a)(\text{Var}(z) \Rightarrow \neg\text{Part}(z,b))]\}\big) \Big)$$

29. $\Pr(x)$: E_x は証明可能である．

$$\exists y \, (\text{Proof}(y) \land (x \in y))$$

30. $\text{Re}(x)$: E_x は反証可能である．

$$\exists y \, (\text{Proof}(y) \land (2^{14} \star 2^2 \star x \star 2^3 \in y))$$

さてロッサー文で用いられる述語は以下により定義される．

以下メタレベルの自然数 n に対し形式的体系内の対応する自然数を $\lceil n \rceil$ と表すことにする．

定義 6.5

1) $\mathbf{G}(a,b)$ は以下の意味の述語とする．

   「ゲーデル数 a を持つ式 A_a は丁度一つの自由変数 x を持ち，ゲーデル数 b を持つ記号列 E_b は $A_a = A_a(x)$ において $x = \lceil a \rceil$ とした式の証明列である[6]」

2) $\mathbf{H}(a,b)$ は以下の意味の述語とする．

   「ゲーデル数 a を持つ式 A_a は丁度一つの自由変数 x を持ち，ゲーデル数 b を持つ記号列 E_b は $\neg A_a = \neg A_a(x)$ において $x = \lceil a \rceil$ とした式の証明列である[7]」

---

[6]すなわち「記号列 E_b は $A_a(\lceil a \rceil)$ の証明列である．」
[7]すなわち「記号列 E_b は $A_a(\lceil a \rceil)$ の反証列である．」

この節の冒頭に述べた「ロッサー文を体系 S 内で表現しかつある式の列がその証明列であることおよびその否定の証明列であることを S 内に「写す」ことができることを示す」ということは一般のメタレベルの述語 $\mathbf{R}(x_1,\ldots,x_n)$ について述べれば以下のようになる.

定義 6.6 $\mathbf{R}(x_1,\ldots,x_n)$ を $n(\geq 0)$ 項の対象に関する述語ないし関係とする.この述語が自然数論の体系 S において数値的に表現可能であるとは丁度 n 個の自由変数 $u_1,\ldots,u_n$ を持つ S 内のある式 $r(u_1,\ldots,u_n)$ が存在して,任意に与えられた n 個の自然数の組 $x_1,\ldots,x_n$ に対し以下を満たすことをいう.

  i) $\mathbf{R}(x_1,\ldots,x_n)$ が真であれば $\vdash r(\lceil x_1 \rceil,\ldots,\lceil x_n \rceil)$ が成り立つ.

  ii) $\mathbf{R}(x_1,\ldots,x_n)$ が偽であれば $\vdash \neg r(\lceil x_1 \rceil,\ldots,\lceil x_n \rceil)$ が成り立つ.

ただし $\mathbf{R}(x_1,\ldots,x_n)$ が定まった自然数の組 $x_1,\ldots,x_n$ に対し真か偽かということはメタレベルでの直観的な意味で自然数の組 $x_1,\ldots,x_n$ に関する関係 $\mathbf{R}(x_1,\ldots,x_n)$ が真か偽かということである.$x_1,\ldots,x_n$ は定まった自然数の組であるから,述語 $\mathbf{R}(x_1,\ldots,x_n)$ が再帰的関係ないし述語であれば,$\mathbf{R}(x_1,\ldots,x_n)$ が証明されなければその否定 $\neg\mathbf{R}(x_1,\ldots,x_n)$ が証明される.

上に述べた **1** から **28** の手続きにより以下が従う.

定理 6.1 これまで述べたゲーデル数の対応付けにより定義 6.5 の述語 $\mathbf{G}(a,b)$,$\mathbf{H}(a,b)$ はある対応する命題式 $g(a,b)$,$h(a,b)$ により S において数値的に表現可能である.

証明 定義 6.5 よりこれらの述語 $\mathbf{G}(a,b)$,$\mathbf{H}(a,b)$ の中にはたとえば $\mathbf{G}(a,b)$ の場合についていえば「ゲーデル数 b を持つ記号列 E_b は $A_a = A_a(x)$ において $x = \lceil a \rceil$ とした式の証明列である」というように $A_a(\lceil a \rceil)$ のような自らをゲーデル数を通して自身の変数に代入するという対角式を含む.これらを扱う場合以下に見るように式 E_x と数 y について $y = 2^x$ が数論的であることを示す必要がある.このためには,$y = 2^x$ における自然数 x, y の組

(x,y) が具体的な計算列 $(0,1)$, $(1,2)$, $(2,4)$, $(3,8)$, $(4,16)$, ... に入っていることを言えば良い．しかし E_x が形式列を含む記号列となりうることから，この計算列の構成にはカンマ，による形式列を用いることはできない．したがって，体系内の項，式，列のいずれのゲーデル数でもないような数 s, t によって上記の計算列に対応する数を $s \star 0 \star t \star 2^0 \star s \star 2^0 \star t \star 2^1 \star s \star 2^1 \star t \star 2^2 \star s \star 2^1 + 2^0 \star t \star 2^3 \star s \star 2^2 \star t \star 2^4 \star \ldots$ のようにして考える必要がある．ここでは，$s = 2^{18}$，$t = 2^{19}$ として $y = 2^x$ を以下のように体系内で表すことにする．

31. $\mathrm{SEQ}(x, y, w)$: w は自然数の組 (n, m) の列で数の組 (x, y) を含むものである．

$$\mathrm{Part}(2^{18} \star x \star 2^{19} \star y \star 2^{18}, w) \wedge \neg\mathrm{Part}(2^{18}, x) \wedge \neg\mathrm{Part}(2^{18}, y) \wedge$$
$$\neg\mathrm{Part}(2^{19}, x) \wedge \neg\mathrm{Part}(2^{19}, y)$$

32. $y = 2^x$: 記号列 E_x と数 y について $y = 2^x$ が成り立つ．

$$\exists w \Big(\mathrm{SEQ}(x, y, w) \wedge (\forall a \le w)(\forall b \le w)$$
$$[\mathrm{SEQ}(a, b, w) \Rightarrow \{(a = 0 \wedge b = 1) \vee (\exists c \le a)(\exists d \le b)$$
$$[\mathrm{SEQ}(c, d, w) \wedge (a = c + 1) \wedge (b = d \cdot 2)]\}] \Big)$$

ここで上に述べた補題 6.1 により $w' = 2^a$ なる自然数 w に対し $2^1 \star w$ が数 a に対応する数項 $0''\cdots'$（プライムの個数は a 個）のゲーデル数 $g(a)$ を与えることがわかる．したがって問題の述語 $\mathbf{G}(a, b)$ および $\mathbf{H}(a, b)$ は自然数論の体系 S 内で以下のように命題式 $g(a, b)$ および $h(a, b)$ によりそれぞれ数値的に表現される．

33. $g(a, b)$: E_a は自由変数 E_x をもち，E_b は E_a の $E_x = a$ の場合の証明列である．

$$\exists x \big(\mathrm{Var}(x) \wedge \mathrm{Part}(x, a) \wedge \mathrm{Free}(x, a) \wedge \mathrm{Proof}(b) \wedge$$
$$\exists w [w' = 2^a \wedge (\mathrm{sub}_a(x, 2^1 \star w) \in b)]\big)$$

34. $h(a,b)$: E_a は自由変数 E_x をもち，E_b は E_a の $E_x = a$ の場合の反証列である．

$$\exists x \big(\mathrm{Var}(x) \wedge \mathrm{Part}(x,a) \wedge \mathrm{Free}(x,a) \wedge \mathrm{Proof}(b) \wedge$$
$$\exists w [w' = 2^a \wedge (2^{14} \star 2^2 \star \mathrm{sub}_a(x, 2^1 \star w) \star 2^3 \in b)] \big)$$

□

上述の述語を用いてロッサー文 $A_q(\ulcorner q \urcorner)$ は以下のように定義される．

定義 6.7 以下の式のゲーデル数を q とする．

$$\forall b \left(g(a,b) \Rightarrow \exists c (c \leq b \wedge h(a,c)) \right).$$

すなわち

$$A_q(a) = \forall b \left(g(a,b) \Rightarrow \exists c (c \leq b \wedge h(a,c)) \right).$$

このとき以下の式をロッサー文と呼ぶ．

$$A_q(\ulcorner q \urcorner) = \forall b \left(g(\ulcorner q \urcorner, b) \Rightarrow \exists c (c \leq b \wedge h(\ulcorner q \urcorner, c)) \right).$$

ただし

$$g(\ulcorner q \urcorner, b) = \forall a \left(a = q \Rightarrow g(a,b) \right),$$
$$h(\ulcorner q \urcorner, c) = \forall a \left(a = q \Rightarrow h(a,c) \right).$$

これらの準備のもとにロッサー文およびその否定がともに体系 S が無矛盾である限り体系 S 内の推論ないし「計算」によっては証明されないことを見る．

定理 6.2 (Rosser による拡張された Gödel の不完全性定理) S が整合的と仮定する．このとき $A_q(\ulcorner q \urcorner)$ もその否定 $\neg A_q(\ulcorner q \urcorner)$ もともに S において証明可能でない．

6.3. 自然数論の不完全性

証明 いま S が整合的すなわち無矛盾 (証明可能かつ反証可能な論理式が存在しない) と仮定する.

このとき
$$\vdash A_q(\lceil q \rceil) \text{ in } S \tag{6.3}$$
とし e を $A_q(\lceil q \rceil)$ の証明列のゲーデル数とする. すると $\mathbf{G}(a,b)$ の数値的表現可能性により
$$\vdash g(\lceil q \rceil, \lceil e \rceil) \tag{6.4}$$
である. S が無矛盾であるという我々の仮定により
$$\vdash A_q(\lceil q \rceil) \text{ in } S$$
から
$$\lceil \vdash \neg A_q(\lceil q \rceil) \text{ in } S \quad \text{ではない} \rfloor$$
が従う. ゆえに任意の非負整数 d に対し $\mathbf{H}(q,d)$ は偽である. 特に $\mathbf{H}(q,0)$, ..., $\mathbf{H}(q,e)$ は偽である. よって $\mathbf{H}(a,c)$ の数値的表現可能性により
$$\vdash \neg h(\lceil q \rceil, \lceil 0 \rceil), \vdash \neg h(\lceil q \rceil, \lceil 1 \rceil), \ldots, \vdash \neg h(\lceil q \rceil, \lceil e \rceil)$$
が得られる. したがって
$$\vdash \forall c(c \leq \lceil e \rceil \Rightarrow \neg h(\lceil q \rceil, c))$$
である. これと (6.4) の $\vdash g(\lceil q \rceil, \lceil e \rceil)$ により
$$\vdash \exists b(g(\lceil q \rceil, b) \land \forall c(c \leq b \Rightarrow \neg h(\lceil q \rceil, c)))$$
である. これは
$$\vdash \neg A_q(\lceil q \rceil) \text{ in } S.$$
と同値となるから仮定 (6.3) と矛盾し S が無矛盾であるという大前提に反する. 従って
$$\lceil \vdash A_q(\lceil q \rceil) \text{ in } S \quad \text{ではない} \rfloor$$

でなければならない．

他方で

$$\vdash \neg A_q(\lceil q \rceil) \text{ in } S \tag{6.5}$$

と仮定する．すると $\neg A_q(\lceil q \rceil)$ の S における証明のゲーデル数 k が存在し $\mathbf{H}(q,k)$ は真である．従って $\mathbf{H}(a,c)$ の数値的表現可能性により

$$\vdash h(\lceil q \rceil, \lceil k \rceil).$$

これより

$$\vdash \forall b\, (b \geq \lceil k \rceil \Rightarrow \exists c (c \leq b \wedge h(\lceil q \rceil, c))) \tag{6.6}$$

が言える．$\neg A_q(\lceil q \rceil)$ は S において証明可能と仮定したから我々の大前提「S は無矛盾である」ことから $A_q(\lceil q \rceil)$ の証明は S においては存在しない．よって

$$\vdash \neg g(\lceil q \rceil, \lceil 0 \rceil),\ \vdash \neg g(\lceil q \rceil, \lceil 1 \rceil),\ \ldots,\ \vdash \neg g(\lceil q \rceil, \lceil k \rceil - \lceil 1 \rceil)$$

が成り立つ．ゆえに

$$\vdash \forall b\, (b < \lceil k \rceil \Rightarrow \neg g(\lceil q \rceil, b)).$$

これと (6.6) を併せて

$$\vdash \forall b\, (\neg g(\lceil q \rceil, b) \vee \exists c (c \leq b \wedge h(\lceil q \rceil, c)))$$

となるが，これは次と同値である．

$$\vdash A_q(\lceil q \rceil).$$

これは (6.5) に矛盾し S が無矛盾であるという大前提に反する．従って

「$\vdash \neg A_q(\lceil q \rceil)$ in S　ではない」

である． □

以上によりロッサー (Rosser) 型のゲーデルの「不完全性定理」が証明された.

この定理は自然数論 S においてはそれが無矛盾である限りその肯定も否定も証明できない命題が存在することを示している. つまり自然数論においてはすべての命題の真偽を証明という方法によっては判定し得ない, ということを意味する定理である. このことを「形式的体系 S は不完全である」と呼ぶ.

ここで前提として「S は無矛盾である」をおいていることを思い起こすとこの定理は以下のように言い換えることができる.

定理 6.3 S は矛盾しているか不完全であるかのどちらかである.

注 6.1 ゲーデル自身が示した不完全性定理は「S が ω-整合的なら S の命題 $A_p(\lceil p \rceil)$ でその肯定も否定も証明できないものが存在する」というものであった. ω-整合的 (ω-consistent) とは, 自由変数 x をもつ論理式 $F(x)$ で $\exists x F(x)$ が証明可能であると同時に各論理式 $F(\lceil 0 \rceil), F(\lceil 1 \rceil), \ldots$ が反証可能であるようなものが存在しないことを意味する. このとき整合的なことも従うが逆は真でないのでゲーデルの元の形の定理はロッサー型の定理より弱い結果である. しかしそこでの命題 $A_p(\lceil p \rceil)$ はその意味がより直観的に理解できる形である. 実際命題 $A_p(a)$ は以下のように定義される.

$$A_p(a) \stackrel{def}{=} \forall b \neg g(a, b).$$

すなわち右辺の命題のゲーデル数を p とするのである. すると肯定も否定も証明できない命題

$$A_p(\lceil p \rceil) \stackrel{def}{=} \forall b \neg g(\lceil p \rceil, b)$$

の意味は, 定義 6.5 の述語 $\mathbf{G}(a, b)$ の意味

> 「ゲーデル数 a を持つ式 A_a は丁度一つの自由変数 x を持ち, ゲーデル数 b を持つ記号列 E_b は $A_a = A_a(x)$ において $x = \lceil a \rceil$ とした式の証明列である」

から言えば

「$A_p(\lceil p \rceil)$ の証明は存在しない」

となる．従って $A_p(\lceil p \rceil)$ が証明可能であればその意味から $A_p(\lceil p \rceil)$ は証明可能でないし，その否定 $\neg A_p(\lceil p \rceil)$ が証明可能であれば $A_p(\lceil p \rceil)$ は証明可能となり，どちらの場合も矛盾が導かれ，従って S が無矛盾である限りどちらも証明可能ではない．従ってこの命題 $A_p(\lceil p \rceil)$ はメタレベルの議論から見れば正しい命題である．すなわち真な命題で形式的体系内では証明できないものが存在することが言えた．実際には無限個の命題を同時には扱えないため ω-整合性の仮定を用いるが，本質的にはこういう事情がゲーデルの不完全性定理の意味である．これを見れば命題 $A_p(\lceil p \rceil)$ は自分自身に言及していることがわかる．すなわち実数の個数が自然数の個数より大きいことを示した集合論の始祖カントール (Georg Cantor) に由来するいわゆる「対角線論法」が使われているのである．

第7章　公理論的集合論

現代の数学はそのおおかたが集合論 (set theory) の上に基礎づけられる．実数も集合 (set) の一部と見なして構成される．すなわち自然数を集合論の中で集合として構成しそれに基づき集合論の議論を用いて実数論が展開される．この章ではそれらの基礎を与える集合という概念を見ていこう．

7.1　集合とパラドクス

集合は素朴に「ものの集まり」と考えることができる．最初に集合の概念の重要性に気づき定式化したのはカントール (Georg Cantor) であった．19 世紀末の話である．すなわち集合とはある与えられた性質 $P(x)$ に対し，$P(x)$ を成立させる x の全体として定義されるものをいう．このような集合を

$$\{x|P(x)\}$$

という記号で表す．この集合を A と書くとき A を定義する条件 $P(x)$ を満たすもの x をこの集合の元である，要素であるあるいは x は A に属するといい $x \in A$ と書き表す．しかしいまたとえば条件 $P(x)$ を $x \notin x$ すなわち「x は x に属さない」として以下のような集合 A を考えてみよう．

$$A = \{x|x \notin x\}.$$

このとき「A は A 自身の要素であるか？」を考えてみると，もし $A \in A$ と仮定してみると A は A を定義する条件

$$A \notin A$$

を満たすはずであるが，これは仮定「$A \in A$」自身に反し矛盾である．それならば反対に $A \notin A$ と仮定してみるとこれは A が A の要素である条件を満たすという意味だから

$$A \in A$$

となりやはり仮定「$A \notin A$」に矛盾する．どちらの場合も矛盾が生ずるのだから集合という概念ないしは素朴な集合論は矛盾を呈する．これがバートランド ラッセル (Bertrand Russell) が 1902 年 6 月 16 日付けでフレーゲ (Gottlob Frege) に書き送った手紙で提出したいわゆるラッセルのパラドクスである．(発見は 1901 年 6 月とも 5 月ともあるいは春とも言われている．) その数年前にも素朴集合論には順序数の全体に関してブラリ-フォルティ (Cesare Burali-Forti) により矛盾が見つかっていたが，ラッセルのパラドクスはその簡明さのため深刻に受け止められた．事実フレーゲは手紙を受け取った後彼の本 Grundgesetze der Arithmetik (The Basic Laws of Arithmetic, 1893, 1903) の第二巻にラッセルの発見を論ずる附録を急遽加え，またラッセル自身出版間近の The Principles of Mathematics という当時の数学を論理的な基礎の上にまとめる試みをした本の附録に，解決法の案としてタイプ理論 (type theory) の考えを急いで付け加えた．

　ラッセルのパラドクスの原因のひとつは集合の概念がその素朴な提示のもとでは自身の存在ないし真理性の主張を含みうることにあると思われる．命題 $P(x)$ を真とするような x の集まりとして定義される集合 A は $P(x)$ を真とする真理集合であるがこのような真理概念を表す対象で自身の真理性に言及するものは矛盾を含意する場合があり他の集合の元となりうる対象としての資格を失う場合があり得る．ラッセルの集合 A はこの実例であり，このような自身の真理性に言及する概念を含みうる対象は集合論の体系の対象としては除外されなくてはならない．とくに集合の素朴な概念を自身の存在ないし整合性に言及しないものとして形式的に定義するものに改め，その真理性や存在性は公理論的な構成によって暗々裏に表現されるものとするべきであろう[1]．

　このような事情から形式的公理論の体系に集合論を書き出す形でこれらパラドクスが現れないようにする公理論的集合論が提出され，当面数学は露わには矛盾を含まない形式的集合論の上に基礎づけられるようになった．これは 1908 年に最初にツェルメロ (Ernest Zermelo) により定式化されたのちフレンケル (Adolf Fraenkel) により整備され，今日ツェルメロ-フレンケル (Zermelo-Fraenkel) の公理論的集合論 ZF と呼ばれているもので，後

---

[1] この点の詳しい議論については [82], [136] が参考になるであろう．

に追加された選択公理 (axiom of choice) を含めたかたちのものを ZFC とよぶ．また後にゲーデルにより多少異なる定式化が与えられた今日ゲーデル-ベルネイ (Gödel-Bernays) の公理論的集合論 GB と呼ばれているものも存在する．後者では上述のパラドクスを生ずる A のような「ものの集まり」すなわち他の集合の要素にならないものを類 (class) と呼び，形式的集合やその要素を表す x のような対象と区別して理論内での取り扱いを可能にしている．これにより A が自分自身を要素にもつようなことはなくなる．GB は ZFC に類に関する公理を付け加えたものに等しく，類に対する変数を含まない命題について ZFC と GB は互いに同値な定式化を与える．

7.2 集合論の公理系

ZFC 公理論的集合論とその拡張としての GB での原始記号は以下の通りである．

まず論理記号は第 6.2 節と同様に

$\Rightarrow$ (implies), $\wedge$ (and), $\vee$ (or), $\neg$ (not), $\forall$ (for all), $\exists$ (there exists)

であり，対象としての集合を表す変数記号

$$a, b, c, \ldots, x, y, z, \ldots, A, B, C, \ldots, X, Y, Z, \ldots$$

が用いられる．ほかに補助記号として括弧

$$(\ ),\ \{\ \},\ [\ ],\ \ldots$$

とカンマ

$$,$$

が用いられる．述語記号は「x は y の要素ないし元である」ことを意味する

$$x \in y$$

に使われる「$\in$」と「x は y に等しい」ことを表す

$$x = y$$

に用いられる等号「$=$」のみであり，関数記号や他の述語記号 (包含関係 $\subset$ 等) は後にメタ的にすなわち体系より高いレベルから定義されるもの以外は使われない．以下では命題 A, B に対し命題「$A \Leftrightarrow B$」は命題「$(A \Rightarrow B) \wedge (B \Rightarrow A)$」を意味するものとする．

第 6.2 節にも述べたように原始論理記号のうち $\forall$ は全称量化子, $\exists$ は存在量化子と呼ばれる．

これらの記号より集合論の命題を表す式 (well-formed formula, wff) を以下のように定義する．

1. x, y が変数であれば $(x) = (y)$ および $(x) \in (y)$ (あるいはこのことを $(y) \ni (x)$ とも書く) は式である．このような式を原子式と呼ぶ．

2. A, B が式であれば
$$(A) \Rightarrow (B)$$
も式である．

3. A, B が式であれば
$$(A) \wedge (B)$$
も式である．

4. A, B が式であれば
$$(A) \vee (B)$$
も式である．

5. A が式であれば
$$\neg(A)$$
も式である．

6. x が変数で A が式であれば $\forall x(A)$ も式である．

7. x が変数で A が式であれば $\exists x(A)$ も式である．

8. 1-7 によって定義されるもののみがこの体系の式である．

7.2. 集合論の公理系

以上で定義した式あるいは命題式のうちいくつかを公理として採用し，それらに推論規則を適用して得られるものを定理とし，集合論という形式的体系において証明されるものとして定義する．

推論規則は第 6.2 節と同様に以下の三つを仮定する．ただし以下では式 C は変数 x を含まないものとする．

I_1: 三段論法 (Modus ponens. Syllogism)：式 A が真であり，$A \Rightarrow B$ が真であるなら，式 B は真である．

$$\frac{A, \quad (A) \Rightarrow (B)}{B}$$

I_2: 一般化 (Generalization)：任意の変数 x において，式 F から全称量化子を入れて $\forall x(F)$ を帰結する．

$$\frac{(C) \Rightarrow (F)}{(C) \Rightarrow (\forall x(F))}$$

I_3: 特殊化 (Specialization)：任意の変数 x において，式 F に存在量化子を入れて $\exists x(F)$ を帰結する．

$$\frac{(F) \Rightarrow (C)}{(\exists x(F)) \Rightarrow (C)}$$

集合論の公理には以下のものがある．以下自明な括弧で煩雑になるものは省くことにする．

まず論理公理のうち命題論理に関するものとして以下のものがある．

A1. 命題計算に関する公理 (A, B, C は任意の式.)

1. $A \Rightarrow (B \Rightarrow A)$

2. $(A \Rightarrow B) \Rightarrow ((A \Rightarrow (B \Rightarrow C)) \Rightarrow (A \Rightarrow C))$

3. $A \Rightarrow ((A \Rightarrow B) \Rightarrow B)$

    (推論規則)

4. $A \Rightarrow (B \Rightarrow A \wedge B)$

5. $A \wedge B \Rightarrow A$

6. $A \wedge B \Rightarrow B$

7. $A \Rightarrow A \vee B$

8. $B \Rightarrow A \vee B$

9. $(A \Rightarrow C) \Rightarrow ((B \Rightarrow C) \Rightarrow (A \vee B \Rightarrow C))$

10. $(A \Rightarrow B) \Rightarrow ((A \Rightarrow \neg B) \Rightarrow \neg A)$

11. $\neg\neg A \Rightarrow A$

次に述語論理に関するものとして以下のものがある．

ここで第6.2節に述べた変数の束縛に関し以下の用語を復習しておく．すなわちある変数 x が式 A の中でいずれかの量化子の影響範囲に現れているものを束縛変数 (bounded variable) と呼び，そうでない変数 x の現れを自由変数 (free variable) と呼ぶ．また x を自由変数に持つ式 $A(x)$ において変数 x が項 t の中のいかなる変数 y に対しても $A(x)$ 中の量化子 $\forall y$ あるいは $\exists y$ の影響範囲に現れないとき「項 t は $A(x)$ の変数 x に対し自由である」という．

A2. 述語計算に関する公理 (A は任意の式，B は変数 x を自由変数として含まない式，$F(x)$ は自由変数 x をもつ式で，項 t は $F(x)$ の変数 x に対し自由なもの．)

1. $(B \Rightarrow A) \Rightarrow (B \Rightarrow (\forall x A))$

    (推論規則)

2. $\forall x F(x) \Rightarrow F(t)$

3. $F(t) \Rightarrow \exists x F(x)$

4. $(A \Rightarrow B) \Rightarrow ((\exists x A) \Rightarrow B)$

    (推論規則)

公理にもメタレベルの推論規則と同じ推論規則が現れているのは体系内でもメタレベルと同様の推論を可能とするためである．

その他の集合論の公理は以下の通りである．まず GB にしたがい $A(x)$ を集合 x を変数にもつ集合論的論理式 (類に関する束縛変数を含まない論理式) とするとき，$A(x)$ を満たす集合の全体を表す類の存在を次の公理によって保証する．

公理 0 類の公理 (Axiom of class)

$$\exists X \forall x (x \in X \Leftrightarrow A(x)).$$

この理論に現れる類以外のすべての変数と公理 0 以外の以下の公理を満たす類は集合を表すものと解釈される．ただし以下選択公理に現れる f は関数であり関数の概念はそれ以前の公理を用いて定義される．また公理 5 と公理 6 は自然数で番号づけられた命題 $F(x,y)$ に対する無限個の公理である．

公理 1 外延性の公理 (Axiom of extensionality)

$$\forall x \forall y (\forall z (z \in x \Leftrightarrow z \in y) \Rightarrow x = y).$$

公理 2 空集合の公理 (Axiom of null set)

$$\exists x \forall y (\neg (y \in x)).$$

公理 3 非順序対の公理 (Axiom of unordered pair)

$$\forall x \forall y \exists z \forall w (w \in z \Leftrightarrow (w = x \vee w = y)).$$

公理 4 和集合の公理 (Axiom of sum set)

$$\forall x \exists y \forall z (z \in y \Leftrightarrow \exists t (z \in t \wedge t \in x)).$$

公理 5 置換公理 (Axiom of substitution)

$$(\forall x \exists_1 y F(x,y)) \Rightarrow \forall u \exists v \forall r (r \in v \Leftrightarrow \exists s (s \in u \wedge F(s,r))).$$

148　第7章　公理論的集合論

公理 6 選択公理 (Axiom of choice)

$$\forall x \exists y (x \in a \Rightarrow F(x,y)) \Rightarrow \exists f \forall x (x \in a \Rightarrow F(x, f(x))).$$

公理 7 正則公理 (Axiom of regularity)

$$\forall x \exists y (x = \emptyset \vee (y \in x \wedge \forall z (z \in x \Rightarrow \neg (z \in y)))).$$

公理 8 無限公理 (Axiom of infinity)

$$\exists x (\emptyset \in x \wedge \forall y (y \in x \Rightarrow y \cup \{y\} \in x)).$$

公理 9 冪 (べき) 集合の公理 (Axiom of power set)

$$\forall x \exists y \forall z (z \in y \Leftrightarrow z \subset x).$$

本章の以下の節では諸公理の意味と導入の理由について順に述べていく．

7.3　集合の構成

　集合とはこれもまた集合である元の集まりとして考えられる．したがって二つの集合が同じあるいは等しいということはその内容つまり要素がすべて同じであるということを意味する．これを次の公理で定める．

公理 1 外延性の公理 (Axiom of extensionality)

$$\forall x \forall y (\forall z (z \in x \Leftrightarrow z \in y) \Rightarrow x = y).$$

これに関連し集合の包含関係を以下のように定義する．

定義 7.1　$x \subset y := \forall z (z \in x \Rightarrow z \in y)$.

　このとき x は y の部分集合 (subset) であるという．あるいは y は x を含む，x は y に含まれるともいう．定義から我々の記号 $\subset$ は等号を含む包含関係であることを注意する．ときに $x \subset y$ を $y \supset x$ と書き表すこともある．
　また空集合の存在を保証するのが次の公理である．

7.3. 集合の構成　149

公理 2 空集合の公理 (Axiom of the null set)

$$\exists x \forall y (\neg (y \in x)).$$

このような集合 x は公理 1 により一意に定まる．それを $\emptyset$ と書く．

さらに次の公理は任意の二つの要素を持った集合が存在することを保証する．

公理 3 非順序対の公理 (Axiom of unordered pair)

$$\forall x \forall y \exists z \forall w (w \in z \Leftrightarrow (w = x \lor w = y)).$$

この z を $z = \{x, y\}$ と表す．そして x のみを要素として持つ単元集合 (ただひとつの要素からなる集合) を $\{x\} := \{x, x\}$ と定義する．この公理で保証するのは非順序対 (unordered pair) つまり二つの順序のついていない要素を持つ集合あるいは組の存在であるが，これを用いて順序のついた組つまり順序対 $\langle x, y \rangle$ が以下のように定義される．

$$\langle x, y \rangle = \{\{x\}, \{x, y\}\}.$$

問 7.1 $(\langle x, y \rangle = \langle u, v \rangle) \Leftrightarrow (x = u \land y = v)$ を示せ．

これを用いて写像の概念を次のように導入する．

定義 7.2 集合 f が関数ないし写像であるとは f が順序対の集合であり任意の x について $\langle x, y \rangle, \langle x, z \rangle$ がともに f の元であれば $y = z$ が導かれるものをいう．つまり

$$\forall x \left((\langle x, y \rangle \in f \land \langle x, z \rangle \in f) \Rightarrow y = z \right).$$

このとき

$$y = f(x)$$

と書きこの y を f の x における値という．

写像に関する諸定義を以下列挙していく．以下で $\exists y (P(y))$ 等を $\exists y$ s.t. $P(y)$ 等と書くことがある．s.t. は 'such that' の省略形である．

1. 次の集合を関数 f の定義域 (domain) とよぶ．

$$\mathcal{D}(f) := \{x | \exists y \text{ s.t. } \langle x, y \rangle \in f\}$$

また次の集合を関数 f の値域 (range) または像 (image) とよぶ．

$$\mathcal{R}(f) := \{y | \exists x \text{ s.t. } \langle x, y \rangle \in f\}$$

とくに $\mathcal{D}(f) = A$ かつ $\mathcal{R}(f) \subset B$ のとき $f : A \to B$ とかく．

2. 次がなりたつとき関数 f は集合 B の中への関数ないし写像 (into mapping) であるという．

$$\mathcal{R}(f) \subset B.$$

また

$$\mathcal{R}(f) = B$$

のとき f は B の上への写像 (onto mapping) あるいは全射 (surjection) であるという．

3. $x, y \in \mathcal{D}(f)$ について

$$x \neq y \Rightarrow f(x) \neq f(y)$$

であれば f は 1 対 1 対応 (one-to-one mapping) あるいは単射 (injection) であるという．

4. 上への 1 対 1 写像を全単射 (bijection) という．この写像をその値に着目して

$$\{f(x)\}_{x \in \mathcal{D}(f)}$$

の形に表すことがある．このときこれを集合族 (family) ともよぶ．たとえば各パラメタ $\lambda \in \Lambda$ に対し集合 A_λ が対応しているときなど $\{A_\lambda\}_{\lambda \in \Lambda}$ のように書く．

5. f が関数のとき $A \subset \mathcal{D}(f)$ に対し $f|_A = \{\langle x, y \rangle | x \in A, \langle x, y \rangle \in f\}$ は f の A への制限と呼ばれる．g も関数である時 g が集合として f を含む場合 g は f の拡張であるといい $f \subset g$ と表す．

6. 関数 f が 1 対 1 のときその逆関数ないし逆写像とは

$$f^{-1} = \{\langle x, y\rangle | \langle y, x\rangle \in f\}$$

のことである．

集合の和集合の存在を保証する公理がつぎのものである．

公理 4 和集合の公理 (Axiom of sum set (or union))

$$\forall x \exists y \forall z (z \in y \Leftrightarrow \exists t (z \in t \wedge t \in x)).$$

このような集合 y を

$$y = \bigcup x = \bigcup_{t \in x} t$$

等と表す．たとえば与えられた二つの集合 x, y に対し集合 $\{x, y\}$ が公理 3 により存在するから公理 4 により x と y の和ないし和集合 (sum set)

$$z = \bigcup \{x, y\} = \bigcup_{t \in \{x, y\}} t = x \cup y$$

が存在する．

フレンケルはツェルメロが唱えた公理系では数学を構成するには十分でないことを見いだし置換公理を追加した．形式的論理の命題ないし命題式の全体はそれらが有限個の原始記号から構成される有限列であるため自然数によって番号づけられる．この番号付けで第 n 番目の式を A_n と表すことにする．そのうち最低 2 個の自由変数 x, y を持つ式 $A_n(x, y)$ を考える．ただし $A_n(x, y)$ は x と y 以外に n によって決まる k 個の自由変数 $t_1, \ldots, t_k$ をもっていて $A_n(x, y) = A_n(x, y; t_1, \ldots, t_k)$ と書けるような場合を含む．このとき次の公理は「置き換え」によって集合を作る強力な公理である．

公理 5 置換公理 (Axiom of substitution)

$$(\forall x \exists_1 y A_n(x, y)) \Rightarrow \forall u \exists v \forall y (y \in v \Leftrightarrow \exists x (x \in u \wedge A_n(x, y))).$$

つまり任意の x について論理式 $A_n(x,y)$ を満たす y がただひとつ存在する[2]ときそのような y のなす集合の存在を保証している．この公理は実際には各 n に対し要請される可算個の公理群である．これはこの前までの公理が構成的に集合を作るのに対し非構成的な集合の生成を保証する公理である．この置換公理を写像を用いて表すとその意味は以下の通りである．

$A_n(x,y)$ を満たす y が各 x に対し一意的に定まるとしたとき関数 $y = \varphi(x)$ が定義されるがこのとき任意の集合 u に対し φ による u の像 (range)

$$\mathcal{R}(\varphi) = \varphi(u) := \{\varphi(s) | s \in u\}$$

は集合である．

たとえばある命題 $F(y)$ が与えられているときこの公理で $A_n(x,y)$ を

$$F(y) \land x = y$$

という命題と取れば公理5より与えられた集合 u の元の中で性質 $F(y)$ を満たすものの全体の集合が存在することが従う．この集合を

$$\{x | F(x), x \in u\}$$

と書く．つまり本書で採用したかたちの置換公理はツェルメロがラッセルのパラドクスの回避の為に導入した次の分出公理 (Axiom of subset (or comprehension)) を含んでいることがわかる．

$$\exists a \forall x (F(x) \Rightarrow x \in a) \Rightarrow \exists b \forall x (x \in b \Leftrightarrow F(x)).$$

これは既に集合と認められたもの a に含まれる要素 x がある命題 $F(x)$ を満たすような部分集合 b が存在することを保証する．この公理があれば次のようななんらかの集合の部分集合であることが前提にされないものは集合とは認められなくなる．

$$\{x | x \notin x\}.$$

---

[2]記号 $\exists_1 y(P(y))$ は $P(y)$ を満たす y がただ一つ存在することを意味する．

その一方である集合 a の部分集合となっている次のような集合は認められる．

$$\{x|x \notin x \wedge x \in a\} \subset a.$$

また u を任意の集合とし分出公理で $F(y) \Leftrightarrow \forall t(t \in u \Rightarrow y \in t)$ とするとき $a = \bigcup u$ とおけば

$$\forall y(F(y) \Rightarrow y \in a)$$

が成り立つから分出公理より

$$\exists v \forall y(y \in v \Leftrightarrow \forall t(t \in u \Rightarrow y \in t)).$$

すなわち任意の集合 (の族) u に対しその要素 (集合) の共通部分

$$\bigcap u = \bigcap_{t \in u} t := \{z| \forall t(t \in u \Rightarrow z \in t)\}$$

が存在することもわかる．しかし和集合の存在はこの公理では定義できない．これは分出公理がすでに存在する集合の部分集合であることを前提にしているためでこれが和集合の公理 4 が別途必要となった理由である．共通部分に関連して二つの集合 A, B の差集合 $A - B$ を

$$A - B = \{x|x \in A \wedge x \notin B\}$$

と定義する．特に一連の議論の中で全体集合 X が定まっていてその部分集合 B を考察する場合差集合 $X - B$ を B の (X に対する) 補集合といい B^c と表す．後に考察する位相空間や σ-代数等の場合によく使われる．また集合 A と B との対称差 $A \ominus B$ というものもあり以下のように定義される．

$$A \ominus B = A \cup B - A \cap B = (A - B) \cup (B - A).$$

一方非順序対の公理 3，置換公理 5 および後述のべき集合の公理 9 を前提にすると任意の二つの集合 A, B に対しその直積集合 (direct product)

$$A \times B = \{\langle x, y \rangle | x \in A \wedge y \in B\}$$

の存在が保証される．

問 7.2 一般に集合族 $\{A_\lambda\}_{\lambda \in \Lambda}$ に対しその直積集合
$$\prod_{\lambda \in \Lambda} A_\lambda = \{\{a_\lambda\}_{\lambda \in \Lambda} | a_\lambda \in A_\lambda (\lambda \in \Lambda)\}$$
が存在することを示せ.

　つぎにいわゆる選択公理ないし選出公理と呼ばれるものは次のように表される.

公理 6 (選択公理 (Axiom of choice)) 集合 x, y を変数にもつ式 $F(x, y)$ について次がなりたつ.
$$\forall x \exists y (x \in a \Rightarrow F(x, y)) \Rightarrow \exists f \forall x (x \in a \Rightarrow F(x, f(x))).$$

とくに $x \mapsto A_x (\neq \emptyset)$ が集合 a 上で定義された関数で $F(x, y) \Leftrightarrow (y \in A_x)$ とすると a 上で定義された別の関数 f で任意の $x \in a$ に対し $f(x) \in A_x$ であるものが存在する.

この公理は特定の性質が与えられなくとも集合族 $\{A_x\}_{x \in a}$ の各集合 $A_x (\neq \emptyset)$ からいっぺんに無限個の元を選び出すことができることを保証する. したがって公理 5 と併せて適用すれば多くの集合をつくることができる.

　選択公理がなければ無限個の元をもつ集合 Λ に対して集合族 $\{A_\lambda\}_{\lambda \in \Lambda}$ の直積集合 $\prod_{\lambda \in \Lambda} A_\lambda$ を考えるとき任意の $\lambda \in \Lambda$ に対し $A_\lambda \neq \emptyset$ となってもその直積 $\prod_{\lambda \in \Lambda} A_\lambda$ が空にならないとは限らない. 選択公理を措くことにより各 $A_\lambda \neq \emptyset$ から元 $a_\lambda \in A_\lambda$ を一斉に一つずつ選ぶことができるようになってはじめて
$$\forall \lambda (\lambda \in \Lambda \Rightarrow A_\lambda \neq \emptyset) \quad \Longrightarrow \quad \prod_{\lambda \in \Lambda} A_\lambda \neq \emptyset$$
がいえるようになる. 一方これが成り立てば選択公理が成り立つことからこれは選択公理の別の表現である. また次章で選択公理の他の表現 (整列可能定理) もみる.

　次の公理はなくてもよいが付け加えておくと便利である.

公理 7 正則公理 (Axiom of regularity)
$$\forall x \exists y (x = \emptyset \lor (y \in x \land \forall z (z \in x \Rightarrow \neg (z \in y)))).$$

この公理は「任意の空でない集合 x は関係 $\in$ に関し極小元を持つ」つまり「ある元 $y \in x$ があって任意の $z \in x$ に対し $z \in y$ となることはない」という意味である．この公理で任意の集合 x に対し集合 $\{x\}$ を考えるとそれは空でないから公理よりある集合 y が $\{x\}$ の中にあり $\{x\}$ のいかなる元 z も y の元でない．このとき明らかに $y = x$, $z = x$ であるから結局 $x \notin x$ が任意の集合 x に対していえる．もっと一般に以下が示される．

問 7.3 いかなる有限個の集合 $x_1, \ldots, x_k$ に対しても

$$x_1 \in x_2 \in x_3 \in \cdots \in x_k \in x_1$$

とはならないことを示せ．

しかしラッセルのパラドクス自体はすでに置換公理 5 の一部である分出公理から回避されておりこの意味で $x \notin x$ を導く公理 7 は必ずしも必要な訳ではない．

問 7.4
$$\cdots \in x_{n+1} \in x_n \in x_{n-1} \in \cdots \in x_2 \in x_1$$

となる集合列 $\{x_n\}_{n=1}^{\infty}$ は存在しないことを示せ．

自然数や実数はすべて公理 2 で存在が保証されている空集合 $\emptyset$ から構成され問 7.4 のような $\in$ に関する無限下降列はふつうの数学では現れない．しかしこの公理 7 を否定する公理に置き換えても集合論は矛盾しないことが知られている (もちろん他の公理群が矛盾しない場合の話である)．このとき公理 7 を有基礎の公理 (axiom of well-foundation) といい，無基礎の公理 (axiom of non-well-foundation) という公理 7 で保証される集合の有基礎の性質 (well-foundation property) を否定し，無限下降列の存在を保証する公理のもとに集合論を展開する研究も行われている．

7.4 自然数と無限公理

本節では自然数を集合論的に定義する．自然数の全体に相当する無限集合の存在は次の公理で保証される．

公理 8 無限公理 (Axiom of infinity)

$$\exists x(\emptyset \in x \ \wedge \ \forall y(y \in x \Rightarrow y \cup \{y\} \in x)).$$

この集合 x は以下の集合を元として持つ.

$$\emptyset, \quad \emptyset \cup \{\emptyset\}, \quad \emptyset \cup \{\emptyset\} \cup \{\emptyset \cup \{\emptyset\}\}, \quad \ldots.$$

これらをこの順序でそれぞれ自然数に対応させ

$0 = \emptyset, \quad 0' = 1 = \emptyset \cup \{\emptyset\} = \{\emptyset\} = \{0\},$
$0'' = 1' = 2 = \emptyset \cup \{\emptyset\} \cup \{\emptyset \cup \{\emptyset\}\} = \{\emptyset, \{\emptyset\}\} = \{0, 1\}, 3 = \{0, 1, 2\}, \ldots$

とし ZF 体系内で自然数を自然に構成することができる[3]. それらの演算は後者 (successor) の作用素 $'$ を $y' = y \cup \{y\}$ と定義し帰納的に

$$a + 0^{(k+1)} = (a + 0^{(k)})'$$

と定義すれば自然に定められる.

一般に集合 x に対し集合 $x \cup \{x\}$ を x の後者 (successor) といい x' と書く. 集合 z が次を満たすとき z は後者集合 (successor-set) であるという.

1. $\emptyset \in z$.

2. $n \in z$ ならば $n' \in z$.

無限公理 8 より後者集合は少なくとも一つ存在する. したがってそれらの全体を s とすると $s \neq \emptyset$. そこで

$$\omega = \bigcap s$$

とおき ω を自然数の集合, ω の元を自然数 (natural number) という. 先述のようにそれら自然数を直観的な 10 進法の記号 $0, 1, 2, 3, \ldots$ で表す. このとき次が成り立つことは明らかであろう.

---

[3]自然数の正確な定義は後に順序数の一部として定義 8.10 によって与えられる.

定理 7.1

1) $0 \in \omega$.

2) $n \in \omega$ ならば $n' \in \omega$.

3) 任意の $n, m \in \omega$ に対し $n' = m'$ ならば $n = m$.

4) 任意の $n \in \omega$ に対し $0 \neq n'$.

5) $M \subset \omega$ が $0 \in M$ を満たしかつ $n \in M$ なら必ず $n' \in M$ を満たすなら $M = \omega$.

$A(n)$ を式つまり変数 n に関する命題であるとすると最後の条件 5) は以下のように言い換えられる.

5)′ $A(0)$ が正しくかつ $A(n)$ が成り立つとき必ず $A(n')$ が成り立つならばすべての $n \in \omega$ に対し $A(n)$ が成り立つ.

これと 5) との同値性は 5) における集合 M をつぎのようにおけばわかる.

$$M = \{x | x \in \omega, A(x)\}$$

これを数学的帰納法の原理 (principle of mathematical induction) とよぶ.

ω の元すなわち自然数の演算は以下の条件を満たす ω 上の関係としてつぎのように帰納的に定義される.

1. $m + 0 = m, \quad m + n' = (m + n)'$.

2. $m \cdot 0 = 0, \quad m \cdot n' = m \cdot n + m$.

以下 $m \cdot n$ 等を mn と書く. このとき次がやはり数学的帰納法により証明される.

定理 7.2

1) $(m + n) + p = m + (n + p), \quad (mn)p = m(np)$.

2) $m + n = n + m, \quad mn = nm.$

3) $m(n + p) = mn + mp.$

4) $m + 0 = m, \quad m \cdot 1 = m.$

以下では以上の和および積を定義した組 $(\omega, +, \cdot)$ を $\mathbb{N}$ と書き，ω と同一視する．また $\omega = \mathbb{N}$ の 2 元の大小関係ないし順序関係は以下のように定義される．

定義 7.3 $m, n \in \mathbb{N}$ に対し $m \leq n$ とは

$$\exists p \in \mathbb{N} \text{ s.t. } m + p = n.$$

のことである．また $m < n$ とは $m \leq n$ かつ $m \neq n$ のことである．すなわち

$$\exists p \neq 0 \in \mathbb{N} \text{ s.t. } m + p = n.$$

のことである．

このとき次が成り立つことは容易に示される．任意の $\mathbb{N}$ の元 x, y, z に対し

1) $x \leq x.$

2) $(x \leq y \wedge y \leq x) \Rightarrow x = y.$

3) $(x \leq y \wedge y \leq z) \Rightarrow x \leq z.$

4) $x \leq y \vee y \leq x.$

すなわち $\omega = \mathbb{N}$ は上で定義した大小関係ないし順序関係 $\leq$ に関し全順序集合をなす．

定義 7.4 $m \leq n$ のとき $p \in \mathbb{N}$ で $m + p = n$ を満たすものを n と m の差といい $n - m$ と表す．

さらに $\omega = \mathbb{N}$ は次の性質を満たす．

命題 7.1 任意の空でない ω の部分集合 $A \subset \omega, A \neq \emptyset$ に対し

$$\exists m \in A \text{ s.t. } \forall n \in A: \ m \leq n.$$

この m を集合 A の最小元という.

証明 A のすべての元より小なる自然数の全体を B とおくと A は空でないからある $p \in A \subset \omega$ について $\forall k \in B$ $(k < p)$ である. すなわち B は有限集合である. いま $r \in B$ かつ $\ell < r$ なら $\ell \in B$ である. 実際 $\ell \notin B$ とするとある $s \in A$ に対し $s \leq \ell$ となり, したがって $r \in B$ は $r < s \leq \ell$ を満たし $\ell < r$ と矛盾する. したがって B の元の個数を m $(m \geq 0)$ とおくと $m \geq 1$ のときは $B = \{0, 1, 2, \ldots, m-1\}$ であり, $m = 0$ のときは $B = \emptyset$ である. いずれの場合も m は $m \in A$ を満たし A の最小元となる. □

命題 7.1 の性質を満たす集合を整列集合という. すなわち関係 $\leq$ に関する全順序集合 W が整列集合 (well-ordered set) であるとは W の任意の空でない部分集合 A が A 内に最小元を持つことをいう. 次章で自然数の集合 ω を順序数の一つとして定義することによりこの命題 7.1 はより明確に示される. また次章で一般に選択公理 6 を用いて任意の与えられた集合にある順序を入れて整列集合とすることができることを見る (Zermelo の整列可能定理). 逆にこのことが成り立てば選択公理 6 がいえるのでこれらは同値な事柄である.

本節では n に対し n' は自然数 n の後者を表したが次節以降はふつうの記号法の通り a に対し a' 等は単に a とは異なったものを表す. また f' はときには関数 f の微分を表すこともある. プライム $'$ はいろいろな意味に使われる便利な記号である.

7.5 冪集合と集合の同値

与えられた集合 A について集合 A の要素の間に関係 (relation) を定義することができる.

1. 集合 A 上の関係 R とは直積集合 $A \times A$ の部分集合のことをいう. $\langle u, v \rangle \in R$ のことを uRv とも書く.

2. 集合 $x_1, x_2, \ldots, x_n$ の n 組 (n-tuple) は以下のように帰納的に定義される。$n = 2$ のときはすでに定義したから一般の n に対し以下のように定義する。

$$\langle x_1, x_2, \ldots, x_n \rangle = \langle x_1, \langle x_2, \ldots, x_n \rangle \rangle.$$

関係の中でもっとも基本的なものは同値関係であろう。

3. 集合 A 上の関係 $\sim$ が同値関係であるとは以下が成り立つことである。

(a) $x \sim x$.
(b) $x \sim y \Rightarrow y \sim x$ (反射律).
(c) $x \sim y, y \sim z \Rightarrow x \sim z$ (推移律).

集合 A 上に同値関係 $\sim$ が定義されるとき、任意の $a \in A$ に対して A の部分集合

$$[a] = \{x | x \sim a \wedge x \in A\}$$

を集合 $a \in A$ の同値類とよぶ。$[a]$ の元 x を同値類 $[a]$ の代表元と呼ぶ。同値類全体の集合を

$$A/\sim\ =\ \{[x] | x \in A\}.$$

と書き A の同値関係 $\sim$ による商集合とよぶ。このとき A は以下の意味で互いに共通部分を持たない同値類によって分割される。

$$A = \bigcup_{x \in A} [x],$$
$$\neg(x \sim y) \Rightarrow [x] \cap [y] = \emptyset.$$

集合 A と B の間に上への 1 対 1 写像 $\varphi : A \to B$ が存在するならばこれらの集合はこの意味において等しいとみなすことができる。そこで A, B を含む族、たとえば対 $\{A, B\}$ について、集合としての同値関係 $\cong$ をつぎのように定める。

定義 7.5 二つの集合 A から B への上への 1 対 1 写像があるとき A と B は集合として同値であるといい

$$A \cong B$$

と表す．

これと前節で導入した自然数により，無限集合と有限集合の違いを規定することができる．

定義 7.6 自然数 $n \in \omega$ と集合 z について，$z \cong n$ であるとき集合 z は有限集合 (finite set) であるという．それ以外のとき z は無限集合 (infinite set) であるという．また集合 z が有限集合 (finite set) であり $z \cong n$ であるとき z の元の個数は n であるという．

さらに無限集合を自然数の全体 ω と同値である集合とそうでないものとに分けることができる．ω と同値である集合はその要素すべてに自然数で番号がつけられるので可付番集合または可算集合と呼ばれる．

定義 7.7 集合 z が無限集合 (infinite set) であるとき自然数の全体 ω から z への 1 対 1 上への写像があるならば z は可算無限 (countably infinite) であるといい，ないとき z は非可算 (uncountable) であるという．z が有限であるか可算無限であるとき z は (高々) 可算 (countable) であるという．

ここで自然数の集合 $\mathbb{N} \cong \omega$，整数の集合 $\mathbb{Z}$，有理数の集合 $\mathbb{Q}$ についてつぎの同値関係が成り立つことがわかる．

命題 7.2
$$\mathbb{N} \cong \mathbb{Z} \cong \mathbb{Q}$$

たとえば上への 1 対 1 写像 $\mathbb{N} \to \mathbb{Z}$ として

$0 \to 0, \quad 1 \to 1, \quad 2 \to -1, \quad 3 \to 2, \quad 4 \to -2, \quad 5 \to 3, \quad 5 \to -3, \ldots$

と正負を交互に選ぶことができる．したがって $\mathbb{N} \cong \mathbb{Z}$ が成り立つ．これを拡張して $\mathbb{N} \cong \mathbb{Z} \times \mathbb{Z}$ も成り立つ．この場合には

$0 \to (0,0), \quad 1 \to (1,0), \quad 2 \to (0,1), \quad 3 \to (-1,0), \quad 4 \to (0,-1),$
$5 \to (2,0), \quad 6 \to (0,2), \quad 7 \to (-2,0), \quad 8 \to (0,-2), \quad 9 \to (0,3), \ldots$

と x-y 面内の格子点を渦巻き状に数え上げる．これと $\mathbb{N} \subset \mathbb{Q} \subset \mathbb{Z} \times \mathbb{Z}$ より $\mathbb{N} \cong \mathbb{Q}$ も成り立つ．とくに無限集合の場合にはこのようにある集合がその部分集合と同値になる場合がある．また無限集合であればこのような可算集合を部分集合にかならずもつ．

命題 7.3 すべての無限集合は可算集合を部分集合にもつ．

これは無限集合には無限個の要素があるため常にその中から順番に要素を取りだして自然数と対応づけることができることによる．

次の公理は任意の集合の部分集合の全体がやはり集合をなす事を保証する．

公理 9 冪集合の公理 (Axiom of power set)

$$\forall x \exists y \forall z (z \in y \Leftrightarrow z \subset x).$$

この y を x のべき集合 (power set) と呼び $\mathcal{P}(x)$ または 2^x と書く．

定理 7.3 A を集合とする．各 $a \in A$ に集合 $\{a\} \in \mathcal{P}(A)$ を対応させる写像 $A \longrightarrow \mathcal{P}(A)$ は 1 対 1 対応である．しかしいかなる写像 $\varphi: A \longrightarrow \mathcal{P}(A)$ も上への写像とはならない．すなわち

$$A \not\cong \mathcal{P}(A).$$

証明 ある写像 $\varphi: A \longrightarrow \mathcal{P}(A)$ が上への写像であるとする．いま

$$z = \{x | x \in A, \neg(x \in \varphi(x))\}$$

とおくと $z \subset A$. すなわち $z \in \mathcal{P}(A)$. ゆえに φ が上への写像と仮定したからある $y \in A$ に対し $z = \varphi(y)$ となるはずである．

1) $y \in z = \varphi(y)$ のとき．z の定義より $\neg(y \in \varphi(y) = z)$. すなわち $y \notin z$. これは矛盾である．

2) $y \notin \varphi(y) = z$ のとき．z の定義より $y \in z$. これも矛盾である．

したがってすべての場合で矛盾が生ずるから我々の大前提「$\varphi: A \longrightarrow \mathcal{P}(A)$ が上への写像である」は誤りでありいかなる写像 $\varphi: A \longrightarrow \mathcal{P}(A)$ も上への

写像ではない. □

この定理はべき集合 $\mathcal{P}(A)$ の元の個数が A の元の個数より大きいことを示す. この証明の論法は前出ラッセルのパラドクスの構成法と同様である. これがいわゆるカントールの対角線論法である.

とくに自然数の集合 $\mathbb{N}$ の冪集合 $\mathcal{P}(\mathbb{N})$ は後述の実数全体の集合 $\mathbb{R}$ と集合として同値であることがいえこのことから $\mathbb{R}$ は非可算無限集合であることが示される. 証明は小数表示を用いれば容易である.

一般的に集合の大きさを不等号で比較することができる.

定義 7.8 $A \cong B$ のとき集合 A, B は同じ濃度 (cardinality) をもつといい, 記号で $\overline{A} = \overline{B}$ と書く. また $\exists C$ s.t. $(A \cong C \subset B)$ のとき, $\overline{A} \leq \overline{B}$ と書く. $\overline{A} = \overline{B}$ ではなく $\overline{A} \leq \overline{B}$ ならば $\overline{A} < \overline{B}$ とかく.

したがって $\overline{\mathbb{N}} < \overline{\mathbb{R}}$ である. 次の定理はカントール-ベルンシュタイン (Cantor-Bernstein) の定理と呼ばれているものである.

定理 7.4 A, B を集合とする. このとき $\overline{A} \leq \overline{B}$ かつ $\overline{B} \leq \overline{A}$ ならば $\overline{A} = \overline{B}$ である.

証明

1) まず A の任意の元 a に対し $\langle 0, a \rangle$ を対応させる写像は A から $A' := \{\langle 0, a \rangle | a \in A\}$ の上への1対1写像である. 同様に B と $B' := \{\langle 1, b \rangle | b \in B\}$ も1対1上への対応を持つ. よって $\overline{A} = \overline{A'}, \overline{B} = \overline{B'}$ でありかつ $A' \cap B' = \emptyset$ である. したがって定理をいうにはもとの A と B が共通部分を持たないと仮定して示せばよい.

2) このとき f を A から B の中への1対1写像, g を B から A の中への1対1写像とする. 任意の $x_0 \in A$ に対し $y_0 = f(x_0)$, $x_1 = g(y_0)$, $y_1 = f(x_1), \ldots$ と列 $\{x_0, y_0, x_1, y_1, x_2, \ldots\}$ をつくる. また $x_0 \in \mathcal{R}(g)$ のときは $g(y_{-1}) = x_0$ によって y_{-1} をつくる. さらにこの y_{-1} が $y_{-1} \in \mathcal{R}(f)$ を満たすときは $f(x_{-1}) = y_{-1}$ によって x_{-1} を定義する. 以下同様に続けるとある負の番号 $m < 0$ で止まる場合とすべての負

の番号 $m < 0$ に対し定義できる場合があるが，どちらの場合もできた列を $s = \{\ldots, x_n, y_n, \ldots\}$ と表す．同様に任意の $y_0 \in B$ からはじめて列 $s = \{\ldots, x_n, y_n, \ldots\}$ を同じように定義できる．

3) このような2つの列 $\{\ldots, x_n, y_n, \ldots\}, \{\ldots, x'_n, y'_n, \ldots\}$ がある番号 n と m に対し $x_n = x'_m$ あるいは $y_n = y'_m$ となれば，列 s の定義よりこれらの列はすべての整数 ℓ に対し $x_{n+\ell} = x'_{m+\ell}, y_{n+\ell} = y'_{m+\ell}$ を満たし，2つの列は値の集合として一致する．このような集合として一致する列は同じと見なす．集合として同じでないときは，したがって，どのような番号 n, m をとっても $x_n \neq x'_m$ かつ $y_n \neq y'_m$ となるから，2つの列が同じでなければそれらは共通部分を持たない集合である．

4) このような列がすべての $x_0 \in A$ および $y_0 \in B$ に対し定義されるから，これらの互いに共通部分を持たない集合 s すべての和集合は $A \cup B$ に等しい．よってこのような列の全体を S と表すと

$$A \cup B = \bigcup_{s \in S}[(s \cap A) \cup (s \cap B)] = \bigcup_{s \in S}(s \cap A) \cup \bigcup_{s \in S}(s \cap B)$$

となり，和集合で結ばれる任意の2つの集合は共通部分を持たない．(このような和集合を直和という．)

5) いま各 $s \in S$ に対し $s \cap A$ から $s \cap B$ の上への写像 φ を以下のように定義する．$x_n \in s \cap A$ に対しては $\varphi(x_n) = y_n = f(x_n) \in \mathcal{R}(f)$ と定義する．$y'_{n-1} \in s \cap B - \mathcal{R}(f)$ に対しては $x'_n = g(y'_{n-1})$ と定義したが，このような $x'_n \in s \cap A$ に対しては $\varphi(x'_n) = y'_{n-1} = g^{-1}(x'_n)$ と定義する．このとき $x_n \neq x'_n$ である．実際仮に $x_n = x'_n$ とすると，φ の定義より $y_n = \varphi(x_n) = \varphi(x'_n) = y'_{n-1}$ となり，$y_n \in \mathcal{R}(f)$, $y'_{n-1} \notin \mathcal{R}(f)$ したがって $y_n \neq y'_{n-1}$ であることに反する．したがってこの写像 φ の定義は整合的である．この定義より φ が各 $s \in S$ に対し $s \cap A$ から $s \cap B$ の上への1対1写像であることは明らかである．よって 4) の式によりこの写像 φ は A から B の上への1対1写像である． □

第8章 順序数と濃度

集合論は「無限」に関する考察から生まれたといってよい．事実集合論の創始者カントール (Georg Cantor) の問題は関数の三角級数展開が一意的か？つまり三角級数が可算個の点を除いてゼロに収束するときその級数は恒等的にゼロか？というものであった．この問題をカントールは「実数から可算個の点を取り除くという操作をいかなる超限無限回数繰り返せば実数を全部取り尽くせるか？」という問題に帰着させ考察した．これがいわゆる連続体仮説の起こりであり後にコーヘン (Paul J. Cohen) によってこの問題は集合論の公理からは決定不可能であることが示されたものである．しかしながらこの考察からカントールは順序数の概念を得，集合論を作り上げた．この順序数は自然数の無限大への自然な拡張であり，無限を考察する集合論の構造を理解する上で重要な役割を果たす．直観的には順序数は先述の整列集合の同値類として理解される．しかし先にふれたブラリ-フォルティによる順序数全体に関する矛盾により実際は同値類としては表現し得ない．フォンノイマン (John von Neumann) は代わりにその同値類に相当するものの代表元として順序数を特徴づける方法を考案した．現今順序数を分類する方法はこのフォンノイマンによるもののみであろう[1]．そして選択公理を採用すると任意の集合が整列集合になることから集合の大きさにもとづくこの分類法はあらゆる集合の分類へと一般化される．

8.1 整列集合の分類

一般的に数学の特徴はその名にあるように自然数や実数など順序をもった数を用いることにある．したがって公理論的集合論にもとづいてこのような性質をもった集合をすべて分類することが問題となる．とくにすべての

---

[1] このような順序数の構成については Cohen [12], Gödel [30], Takeuti and Zaring [123] 等の集合論に関する講義録，論文や教科書に載っているが日本語の本で公理論的集合論に沿った紹介は極めて少ないので以下これらの文献を参考にして解説する．これら文献で最初の Cohen のものはツェルメロ-フレンケルの公理論的集合論に沿って述べてあるが後者の二つの文献はゲーデル-ベルネイの公理論的集合論を述べている．

第8章　順序数と濃度

元の間に順序関係がありかつ最小元が存在するような集合を整列集合という．そこでこの整列集合をその大きさに応じて分類することからはじめる．

順序とは集合上の関係で次のように定義されるものである．

定義 8.1 集合 A 上の関係 R が順序関係であるとは以下が成り立つことである．

a) xRx.

b) $[(xRy) \land (yRx)] \Rightarrow x = y$.

c) $[(xRy) \land (yRz)] \Rightarrow xRz$.

この関係 xRy を $x \leq y$ と書く．また順序関係 $x \leq y$ が全順序関係であるとはさらに次が成り立つときをいう．

d) $x \leq y \lor y \leq x$.

$x < y$ とは $x \leq y$ かつ $x \neq y$ のことである．また $x \leq y$ のことを $y \geq x$，$x < y$ のことを $y > x$ とも書く．$<$ を強い意味の順序関係とよぶ．

たとえば集合間の包含 $\subset$ は冪集合 $\mathcal{P}(S)$ 上の順序関係である[2]．これは集合 S に対して冪集合 $\mathcal{P}(S)$ の要素 x, y, z について次がなりたつことから明らかである．

1. $x \subset x$.

2. $[(x \subset y) \land (y \subset x)] \Rightarrow x = y$.

3. $[(x \subset y) \land (y \subset z)] \Rightarrow x \subset z$.

しかし $(x \subset y) \lor (y \subset x)$ は成り立たないので全順序ではない．

さらに最小元が存在するとき，全順序関係は整列順序であるという．

定義 8.2 集合 S 上の全順序関係 $\leq$ が S の整列順序であるとは S の空でない任意の部分集合が最小元を持つことである．すなわち次が成り立つことである．

$$B \subset S \land B \neq \emptyset \Rightarrow \exists x (x \in B \land \forall y (y \in B \Rightarrow x \leq y)).$$

---

[2]本書では記号 $\subset$ は等号を含む．

このとき S は順序 $\leq$ に関し整列集合であるという.

整列集合については上界および上限を定義することができる.

定義 8.3 S を整列集合とする.

1. $B \subset S$ のとき $x \in S$ が B の上界とは $y \in B \Rightarrow y < x$ が成り立つときをいう.

2. S は整列集合としたから部分集合 $B \subset S$ に対し少なくとも一つ上界が存在するときは B の上界全体の集合の最小元が存在する. それを B の上限といい $\sup B$ と書く.

S が整列集合であることと上限の定義より $\sup B$ はやはり B の上界であり任意の $y \in B$ に対し $y < \sup B$ を満たす[3].

整列集合の先頭部分, すなわちある元より小さいすべての元のなす部分集合は切片とよばれる.

定義 8.4 集合 S が整列集合のとき, $B \subset S$ が S の切片であるとは

$$(x \in B \land y < x \land y \in S) \Rightarrow y \in B$$

が成り立つことである.

例 8.1 S を整列集合とするとき, 任意の $x \in S$ に対し $\{y | y < x \land y \in S\}$ および $\{y | y \leq x \land y \in S\}$ は S の切片である.

ここでつぎのことを確かめる.

命題 8.1 整列集合 S の部分集合 B が S の切片であれば $B = S$ であるか, あるいはある $x \in S$ に対し $B = \{y | y \in S \land y < x\}$ である.

---

[3]これは整列集合の部分集合の上限の定義である. 後に見るように実数の順序体 $\mathbb{R}$ における集合 B の上界は $y \in B \Rightarrow y \leq x$ なる $x \in \mathbb{R}$ として定義されそのとき定義される上限 $\sup B$ はこの性質「任意の $y \in B$ に対し $y < \sup B$」は満たさないが, 代わりに「任意の $y \in B$ に対し $y \leq \sup B$」を満たす. ただし整列集合の部分集合の上限を後者の実数の場合と同義に定義する流儀もある. たとえば先の脚注で述べた Takeuti and Zaring [123] は後者の定義を採用している.

証明 $B \neq S$ であれば，差集合 $S - B := \{z | z \in S \land z \notin B\}$ は空でないから，その最小元 x が存在する．よって $y \in S$ かつ $y < x$ ならば $y \in B$ である．逆に $y \in B$ とする．このとき $x \leq y$ とすると切片の定義から $x \in B$ であるが，これは x が $S - B$ の最小元であることに反し矛盾であるから $y < x$ でなければならない． □

順序集合の間の比較をするために，順序を維持する写像である順序同型写像を定義する．

定義 8.5 順序集合 S から順序集合 T への写像 f が順序を保つ写像であるないし (順序) 準同型写像であるとは，$x < y$ なら $f(x) < f(y)$ が成り立つことをいう．集合 S, T が全順序集合で f が上への写像であるときそのような写像 f を (順序) 同型写像であるという．

とくに切片への順序同型写像を切片写像という．すなわち，切片写像とは，元の順序を小さい方から維持する，一方の集合から他方の集合への 1 対 1 写像をいう．

定義 8.6 S, T を整列集合とする．このとき S から T のある切片の上への同型写像を S から T への切片写像という．

以下の定理 8.1 はのちに順序数および濃度に関し基本的な役割を果たす．

定理 8.1 集合 S, T が整列集合のとき次のいずれかが成り立つ．

1. S から T への切片写像が一意的に存在する．

2. T から S への切片写像が一意的に存在する．

証明

1. f が S から T への切片写像であれば任意の $x \in S$ に対し

$$f(x) = \sup\{f(y) | y < x\}$$

である．

実際 f は同型写像ゆえ $y < x$ なら $f(y) < f(x)$ である．したがって $t = \sup\{f(y)|y < x\}$ とすると $f(x) \geq t$ である．もし $t < f(x)$ であれば $\mathcal{R}(f)$ は切片であるから $t \in \mathcal{R}(f)$ でなければならない．したがって f は順序を保つゆえ，ある $y < x$ に対し $t = f(y)$ でなければならない．よってこの $y(< x)$ に対し $t = f(y) < f(x)$ となる．他方 t の定義 $t = \sup\{f(y)|y < x\}$ より t は集合 $\{f(y)|y < x\}$ の上界となるから任意の $y < x$ に対し $f(y) < t$ である．これは矛盾である．ゆえに $f(x) \leq t$ でなければならない．最初の $f(x) \geq t$ と併せて $f(x) = t$ を得る．

2. 任意の二つの整列集合 S と T に対し S から T への切片写像は高々一つしかない．

もし f と g がともに S から T への切片写像で異なるものであれば $f(x) \neq g(x)$ なる $x \in S$ が存在する．そのような最小の x をとると $f(x) = \sup\{f(y)|y < x\} = \sup\{g(y)|y < x\} = g(x)$ となり矛盾する．よってそのような x は存在しない．

3. S から T への切片写像 f の切片 $B \subset S$ への制限 $f|_B$ も切片写像である．

もし $x \in B$ で $z < f(x)$ $(z \in T)$ なら，ある $y \in S$ に対し $z = f(y)$ であるが，f したがって f^{-1} は順序を保つ．よって $y = f^{-1}(z) < f^{-1}(f(x)) = x$ である．したがって $y \in B$ であり $z = f(y) \in \mathcal{R}(f|_B)$ である．以上で $w \in \mathcal{R}(f|_B)$ かつ $z < w$ なら $z \in \mathcal{R}(f|_B)$ がいえたから，$\mathcal{R}(f|_B)$ は切片であり，証明が終わる．

4. いま
$$C = \{x | x \in S \land \exists \text{切片写像} : \{y|y \leq x\} \longrightarrow T\}$$
とおく．

(a) $x \in C$ で，$y < x$ かつ f が $\{z|z \leq x\}$ から T への切片写像であれば，$f|_{\{z|z \leq y\}}$ も 3 より切片写像である．したがって $y \in C$ である．よって C は切片である．

(b) $x \in C$ に対し, f_x を $\{z|z \leq x\}$ から T の中への切片写像とする. すると 2 と 3 により $z \leq x \leq y$ なら $f_x(z) = f_y(z)$ である. 任意の $x \in C$ に対し $f(x) := f_x(x)$ とおくと, もし $x, y \in C$ で $x < y$ なら $f(x) = f_x(x) = f_y(x) < f_y(y) = f(y)$ で, f は順序を保つ.

(c) もし $x \in C, t < f(x)$ なら $t < f_x(x)$ だから, ある y があって $y < x$ かつ $t = f_x(y) = f_y(y) = f(y)$ である. よって f は C から T の中への切片写像である.

(d) もし $C = S$ なら証明は終わる.

(e) そうでなく $C \neq S$ なら $t = \sup C$ かつ $C' = \mathcal{R}(f)$ とおく. もし $C' = T$ なら f^{-1} は順序を保ち, T から S のある切片の上への切片写像であり, 証明が終わる. 仮に $C' \neq T$ とする. このとき $u = \sup C'$ とおき $f(t) = u$ と f を拡張すると f は $\{z|z \leq t\}$ から T のある切片の上への切片写像となるから $t \in C$ である. しかしこれは $\forall x \in C : x < t = \sup C$ に矛盾する. よって仮定 $C' \neq T$ は誤りであり, $C' = T$ でなければならない. □

この証明より以下が成り立つことが示される.

定理 8.2 S, T を整列集合とする. f を S から T の中への切片写像, g を T から S の中への切片写像とすると f, g はともに上への写像で互いに逆写像となる.

証明 $\mathcal{R}(f) = B$ とすると B は T の切片であり, f^{-1} は B から S の上への切片写像である. このとき $g|_B$ も B から S の中への切片写像である. したがって定理 8.1 の証明中の 2 より $f^{-1} = g|_B$ である. f^{-1} は B から S の上への切片写像だからこれより g も B から S の上への切片写像である. したがって g は 1 対 1 であることから $B = T$ かつ $f^{-1} = g$ となる. □

とくに切片写像が上への写像であれば二つの集合は整列集合として等しいといえる. これらの事実により整列集合の間の一種の順序関係が以下のように定義される.

8.1. 整列集合の分類

定義 8.7 整列集合 S, T に対し S から T への切片写像があるとき $\widetilde{S} \leq \widetilde{T}$ と書く．この写像が上へのでないとき $\widetilde{S} < \widetilde{T}$ と書く．上への写像であるとき $\widetilde{S} = \widetilde{T}$ と書く．

この関係 $=$ から整列集合 S, T 間の新たな関係 $\sim$ を

$$S \sim T \Leftrightarrow \widetilde{S} = \widetilde{T}$$

により定義すると $\sim$ は同値関係となる．もし整列集合の全体が集合たとえば V を成していれば $T \in V$ の同値類を

$$[T] = \{S | S \in V, S \sim T\}$$

によって導入し

$$\bigcup_{T \in V} [T] = V,$$

かつ

$$\neg (S \sim T) \Rightarrow [S] \cap [T] = \emptyset$$

と V を分類できる．

しかし置換公理 5 の一部となっている分出公理からは何らかの集合の部分集合であることが前提となっていない V は集合としては定義できない．もしほかの手段によって仮に V が集合となったとすると V 自身整列集合となって $V \in V$ が成り立ち整列集合として $\widetilde{V} < \widetilde{V}$ となり矛盾である (ブラリ-フォルティのパラドクス)．つまり上記の定義 8.7 の $\leq$ は定義 8.1 の性質 a)-d) を満たすという意味で類 V の全順序関係になっているが集合内で定義されたものではない．仮に V が集合をなすとすると自らを含む集合となることから正則公理のもとに矛盾する．あるいはこの公理を措定しなくともベキ集合 $\mathcal{P}(V)$ もまた整列集合の族となっている．すなわち $\mathcal{P}(V) \subset V$ とならなくてはならないが，これは $\overline{V} < \overline{\mathcal{P}(V)}$ と明らかに矛盾である (定理 7.3 と定義 7.8 を参照)．したがって順序数の全体 V は集合とはなり得ない．

とはいうものの類 (class) としての V の同値関係にはなっている．すべての整列集合の類 V が集合でなくても，各同値類を代表するような大きさの

基準となる集合があればそれによって分類は達成されると考えて良いだろう．一般には t が集合になり同値類 $[t]$ 等が作れるときその任意の元 $t_0 \in [t]$ をその同値類の代表元といい，そのような基準となる代表元が次節で導入する順序数である．

整列集合の演算に関しては 2 つの共通部分が空な整列集合 S, T が与えられたとき新たな整列集合 $S+T$ を和集合 $S \cup T$ で順序関係 $<$ が

$$x < y \Leftrightarrow [x \in S \ \& \ y \in T] \vee [x, y \in S \ \& \ x < y] \vee [x, y \in T \ \& \ x < y]$$

で与えられているものとして定義できる．共通部分を持つ場合は $\tilde{S} = \tilde{S'}$, $\tilde{T} = \tilde{T'}$ なる S', T' で共通部分を持たないものの和として $S+T$ を定義できる．また 2 つの一般の整列集合 S, T に対しその積 $S \times T$ を集合としては直積で順序は

$$\langle x, y \rangle < \langle t, u \rangle \Leftrightarrow y < u \vee [y = u \ \& \ x < t]$$

として定義できる．これにより整列集合の四則が定義される．この演算はふつうの四則とは異なる[4]．たとえば

$$2 + \omega = \omega, \quad \omega + 2 \neq \omega, \quad 2 \times \omega = \omega, \quad \omega \times 2 = \omega + \omega.$$

8.2　順序数と濃度

すべての整列集合の類 V を同値関係で分類する際，その同値類の代表元となるようなものが順序数である．この順序数は自然数を定義する無限公理の自然な拡張によって定義されるもので，自然数もまたこのような順序数の一つとして再定義されることとなる．前章の第 7.4 節での自然数の集合論的構成において自然数は次の推移性を満たすものとして構成されていた．

定義 8.8 集合 x が推移的 (transitive) とは $y \in x, z \in y \Rightarrow z \in x$ が成り立つことである．

---

[4]これらの整列集合の算法は以下の定理により順序数の算法に帰着するがこの順序数の算法については前出 Takeuti and Zaring [123] の第 8 章が詳しい．興味のある方はそちらを参照されたい．

ここで集合の要素関係 $\in$ は x の上の全順序関係になることが判る。とくに整列集合でもあるとき，この x を順序数とよぶ。

定義 8.9 集合 α が順序数 (ordinal number) であるとは α が関係 $\in$ を強い意味の順序関係として整列集合でありかつ $\in$ が α において推移的なときをいう。α が順序数 (ordinal number) であることを $\mathrm{Odn}(\alpha)$ と書く。

たとえば前章で述べた ω, 自然数 $0, 1, 2, 3, \ldots, n, \ldots$ はすべて順序数である。

命題 8.2 以下が成り立つ。

1. $\mathrm{Odn}(\alpha)$ で I が α の切片であれば $\mathrm{Odn}(I)$ である。

2. $\mathrm{Odn}(\alpha)$ かつ $x \in \alpha$ なら $x = \{y | y \in \alpha \wedge y < x\}$ である。

3. $\mathrm{Odn}(\alpha)$ で $x \in \alpha$ ならば $\mathrm{Odn}(x)$ である。

4. $\mathrm{Odn}(\alpha)$ ならば $\beta = \alpha \cup \{\alpha\}$ も順序数である。これを α の後者 (successor) といい，$\alpha + 1$ と書く。

証明

1. $y \in I$ かつ $z \in y$ であれば $y \in \alpha$ であるから $z \in \alpha$ である。よって切片の定義から $z \in I$ である。すなわち I は推移的である。また整列集合 α の部分集合として I も整列集合である。ゆえに $\mathrm{Odn}(I)$ である。

2. $x \in \alpha$ とする。$y \in \alpha$ が $y < x$ を満たせば $y \in x$ であることは順序 $<$ が $\in$ であることによる。逆に $y \in x$ ならば α の推移性より $y \in \alpha$ となり $x = \{y | y \in \alpha \wedge y < x\}$ が言える。

3. $x \in \alpha$ ならば 2 より $x = \{y | y \in \alpha \wedge y < x\}$ であるから，例 8.1 より x は α の切片である。よって 1 より $\mathrm{Odn}(x)$ である。

4. β が順序 $\in$ に関し整列集合であることは明らかである。また $x \in \beta = \alpha \cup \{\alpha\}$ かつ $y \in x$ とする。$x \in \alpha$ の場合は α は推移的だから $y \in \alpha \subset \beta$ となる。$x = \alpha$ のときは $y \in x$ と合わせて $y \in x = \alpha \subset \beta$ となるから $y \in \beta$ となり，β は推移的である。よって $\beta = \alpha \cup \{\alpha\}$ も順序数である。

□

このように順序数は整列集合である．そして一般の整列集合は実はいずれかの順序数かつただひとつの順序数と順序同型である．

定理 8.3 S が整列集合であればただ一つの f と α があって $\mathrm{Odn}(\alpha)$ で f は S から α の上への順序を保つ同型写像である．すなわち S はただ一つの順序数 α と順序同型である．

証明 S が空であれば明らかであるから空でないとする．

1) $\{\emptyset\}$ はただ 1 つの元を持つ順序数であるがこのような順序数はこれのみである．

    実際 $x = \{a\}$ がそのような順序数であれば，$b \in a$ ならば $b \in x$ であるが，x は単元集合だから $b = a$ であり，したがって $a \in a$ である．ところが $\in$ は強い意味の順序関係 $<$ であるからこれより $\neg(a < a)$ すなわち $\neg(a \in a)$ である．よって $b \notin a$ であり，これらをまとめれば $a = \emptyset$ となる．

2) $\mathrm{Odn}(\alpha)$ ならば α は整列集合だから定理 8.1 の証明中の 2 により集合 S から α の上への同型写像は存在しても高々一つである．そこで A を S の元 x で，任意の $t \leq x$ に対し $I_t := \{y | y \leq t\}$ から順序数 $\alpha(t)$ の上への順序同型写像 f_t があるような順序数 $\alpha(t)$ が一意に定まるものの全体とすると A は S の切片である．

    A は空集合ではない．実際 x を $S \neq \emptyset$ の最小元とすれば $I_x = \{y | y \leq x\} = \{x\}$ は $\{\emptyset\}$ と同型であり，$\{\emptyset\}$ はそのようなただ一つの順序数である．

    関数 $f(x)$ $(x \in A)$ を $f(x) = f_x(x)$ と定義する．置換公理 5 より $\alpha = \mathcal{R}(f) = \{f_x(x) | x \in A\} = \bigcup_{x \in A} \alpha(x)$ は集合である．この α の表現と A の定義からこの α は順序数であることは明らかである．さらに $\alpha = \mathcal{R}(f)$ ゆえ f は A から α の上への写像であり A と f の定義から f は順序同型写像である．

    いま $g : A \longrightarrow \beta$ を順序数 β の上への順序同型写像とする．すると $x \in A$ に対し g の I_x への制限 $g|_{I_x}$ は I_x から β のある切片 J の上へ

の順序同型写像であり，Odn(J) である．ゆえに f, g はともに A から順序数 $\alpha \cup J$ への切片写像である．よって定理 8.1 の証明中の 2 により $g(x) = f(x)$ ($x \in A$) でありしたがって $\beta = \alpha$, $g = f$ で，f, α が一意に定まることがわかった．

あとは $A = S$ を示せば証明が終わる．$A \neq S$ と仮定する．このとき $z = \sup A \in S - A$ とおき $A \cup \{z\}$ 上の関数 g を $g(x) = f(x)$ ($x \in A$) かつ $g(z) = \alpha$ と定義する．すると g は I_z から順序数 $\alpha \cup \{\alpha\} = \alpha + 1$ の上への同型写像となる．よって $z \in A \cup \{z\}$ に対し「任意の $t \leq z$ に対し $I_t := \{y | y \leq t\}$ から順序数 $\alpha(t)$ の上への順序同型写像 f_t があるような順序数 $\alpha(t)$ が一意に定まる」ことが言えれば $A \cup \{z\}$ は A の定義の条件を満たすことが示され $z \in A$ かつ $z = \sup A \notin A$ と矛盾が導かれ証明が終わる．

このかぎ括弧「 」内のことは $t < z$ なら $t \in A$ だから正しい．よって $t = z$ に対し $\alpha(t) = \alpha(z) = \alpha + 1$ でなければならないことを言えばよい．ところが $A \cup \{z\}$ からある順序数 β の上への順序同型写像 h があれば前々節と同様に $h(x) = g(x)$ ($x \in A \cup \{z\}$) が言えるから $\beta = \alpha + 1$ となる．

□

命題 8.3 Odn(α) かつ Odn(β) とする．このとき

1. α から β の上への同型写像が存在するならば $\alpha = \beta$ である．

2. α から β の中への同型写像が存在するならば $\alpha \in \beta$ である．

証明 1 は定理 8.3 の一意性の結果による．α から β の中への同型写像が存在するならば α から β の真部分切片 I の上への同型写像が存在する．I は順序数 β の切片だから命題 8.2 の 1 より順序数でありかつある $\gamma \in \beta$ に対し $I = \{x | x \in \beta \wedge x < \gamma\}$ と書ける．ゆえに等号に関する結果より $\alpha = I$ である．他方命題 8.2 の 2 より $\gamma = I$ である．よって $\alpha = I = \gamma \in \beta$ である．

□

特に順序数は自身より小さい順序数の全体に等しい．また順序数の大小関係 < は定義 8.7 で定義されるがそれは順序数内の大小関係 $\in$ と同値である．

問 8.1 α が順序数のとき $\alpha \cup \{\alpha\} = \alpha + 1$ は α より大きい最小の順序数であることを示せ．

ここで順序数にはかならず最小元が存在することを確認しておく．

定理 8.4 S が順序数の空でない集合であれば S には最小元が存在する．

証明 $\beta \in S$ とすると $\beta + 1 = \beta \cup \{\beta\}$ は順序数であるから整列集合である．よってその部分集合 $(\beta + 1) \cap S$ は空でないから最小元 α をもつ．この α は S の最小元でもある． □

定理 8.5 S が順序数の集合であれば $\beta \in S \Rightarrow \beta \in \alpha$ となる最小の順序数 α が存在する．この α を $\sup S$ と書く[5]．

証明 $\gamma = \bigcup S$ とおく．$x, y, z \in \gamma$ ならばある順序数 $\alpha_1, \alpha_2, \alpha_3 \in S$ に対し $x \in \alpha_1, y \in \alpha_2, z \in \alpha_3$ である．一般性を失うことなく $\alpha_1 < \alpha_2 < \alpha_3$ と仮定してよい．すると $x, y, z \in \alpha_3$ である．したがって $\in$ は γ における強い意味の順序関係を定義することが γ の定義より容易に示される．

$x \in \gamma$ かつ $y \in x$ ならばある $\tau \in S$ に対し $x \in \tau$ で τ は順序数ゆえ $y \in \tau \subset \gamma$ であり，したがって γ は推移的である．

$\emptyset \neq T \subset \gamma$ とする．$\tau \in S$ を $\tau \cap T \neq \emptyset$ ととれる．$\tau \cap T$ は整列集合 τ の部分集合だから整列集合であり，したがって最小元 δ を持つ．$\beta \in T$ が $\beta < \delta$ を満たすと仮定すると $\beta \in \delta \in \tau$ であるから $\beta \in \tau \cap T$ である．ところが δ は $\tau \cap T$ の最小元だから $\delta \leq \beta$ であり仮定 $\beta < \delta$ と矛盾する．よって $\beta \in T$ ならば $\delta \leq \beta$ であり T は最小元 δ を持つ．ゆえに γ は順序関係 $\in$ に関し整列集合である．したがって γ は順序数である．

$\beta \in S$ ならば γ の定義から $\beta \subset \gamma$ すなわち $\beta \leq \gamma$ である．α' が順序数で $\beta \in S \Rightarrow \beta < \alpha' (\Rightarrow \beta \subset \alpha')$ を満たせば，$\tau \in \gamma = \bigcup S$ はある $\beta \in S$ に対

---

[5] S は整列集合とは仮定していないが，上限という意味としては同様であることは明らかであろう．したがって同じ記号を用いる．

し $\tau \in \beta \subset \alpha'$ を満たす．したがって $\gamma \subset \alpha'$ すなわち $\gamma \leq \alpha'$ となる．よって任意の $\beta \in S$ に対し $\beta < \gamma$ となる場合は $\alpha = \gamma$ が求める $\sup S$ である．そうでない場合，すなわち任意の $\beta \in S$ に対し $\beta \leq \gamma$ でかつある $\beta' \in S$ に対し $\gamma = \beta'$ となる場合は $\alpha = \gamma + 1$ ととれば問 14.1 よりこの α が $\sup S$ である． □

この証明における場合分けは順序数には以下に定義する極限数である場合とそうでない場合があることを示している．

定義 8.10

1. 順序数 α が後者 (successor) であるとはある順序数 β に対し $\alpha = \beta + 1$ となることをいう．α が極限数 (limit ordinal) であるとは $\alpha \neq 0$ かつ α が後者でないことをいう．

2. 順序数 α が自然数ないし非負整数 (nonnegative integer) であるとは $\beta \leq \alpha$ ならば β は後者であるか 0 であることをいう．

定理 8.6 極限数が存在する．

証明　x を無限公理 8 のものとする．$\alpha = \sup\{\beta \mid \mathrm{Odn}(\beta) \wedge \beta \in x\}$ を x に含まれる順序数の上限とする．すると公理 8 よりまず $0 \in \alpha$ である．よって $\alpha \neq 0$．また順序数 $\beta \in x$ に対し公理 8 より $\beta + 1 \in x$ であるから $\beta < \beta + 1 < \alpha$ である．いまある順序数 γ に対し $\alpha = \gamma + 1$ と書けたと仮定すると $\gamma < \alpha$．ゆえにある順序数 $\beta \in x$ で $\gamma \leq \beta$ なるものがある．この $\beta \in x$ は今述べたことより $\beta + 1 \in x$ を満たすから $\gamma + 1 \leq \beta + 1 < \alpha$ となり $\alpha = \gamma + 1$ という仮定に反する．よってこの仮定は誤りでありいかなる順序数 γ に対しても $\alpha = \gamma + 1$ とは書けない．したがって α は極限数である． □

定義 8.11　α を定理 8.6 で存在を保証された極限数のひとつとし α 以下の極限数のうち最小のものを ω と書く．

定理 8.7　最小の極限数 ω は自然数の全体である．

証明 n が自然数であれば $n \in \omega$ である．実際 ω は極限数だから $\omega \neq 0$ ゆえ $\tilde{0} < \tilde{\omega}$ である．よって $0 \in \omega$ である．またある自然数 $n \neq 0$ に対し $\omega \leq n$ となったとすると，ω 自身後者となり ω が極限数であることに矛盾する．よって $n < \omega$ である．したがって任意の自然数 n に対し $n \in \omega$ である．逆に $n \in \omega$ とすると，ω が最小の極限数であることから，$m \leq n$ ならば m は 0 か後者でなければならないから n は自然数である．よってこの最小の極限数 ω は自然数の全体である． □

以下は数学的帰納法の原理である．

定理 8.8 $x \subset \omega$ かつ $0 \in x$ かつ $[n \in x \Rightarrow n+1 \in x]$ ならば $x = \omega$ である．

証明 $x \neq \omega$ と仮定する．すると $\omega - x \neq \emptyset$ で，$\omega - x$ は整列集合 ω の空でない部分集合であるから，その最小元である自然数 $n \in \omega - x$ が存在する．仮定から $0 \in x$ であるから $n \neq 0$ である．n は自然数であるから，$k \leq n$ なる k はすべて後者か 0 である．特に $n \neq 0$ はある自然数 $m \in \omega$ により $n = m + 1$ と書ける．この m は $m < n$ であるから，n の定義より $m \in x$ を満たす．したがって定理の仮定より $n = m + 1 \in x$ であるが，これは $n \in \omega - x$ に矛盾する．ゆえに $x = \omega$ である． □

数学的帰納法の原理の拡張である超限帰納法の原理を述べるため，V を順序数全体のなす類とする．第 7 章に述べたように類 (class) は我々の考察している ZFC(Zermelo-Fraenkel) の公理論的集合論では定義されない．GB(Gödel-Bernays) にもとづいて V を類として規定すると，第 7.4 節および上で述べた数学的帰納法の原理の拡張である以下の超限帰納法の原理が成り立つ．

定理 8.9 V を順序数全体のなす類とする．いま類 U が $U \subset V$ および $\forall \gamma \, [\text{Odn}(\gamma) \wedge \gamma \subset U \Rightarrow \gamma \in U]$ を満たすとすると $U = V$ である．

証明 $V \subset U$ を言えばよい．もしそうでないとすると $V - U \neq \emptyset$．よって定理 8.4 の類への拡張により，$V - U$ には最小元 $\gamma \in V - U$ が存在する．ここで $\gamma \cap (V - U) = \emptyset$ である．実際ある $\delta \in \gamma \cap (V - U)$ が存在すると仮定すれば $\delta \in V - U$ だから，γ が $V - U$ の最小元であることから $\gamma \leq \delta$．ところがこれは仮定の $\delta \in \gamma$ すなわち $\delta < \gamma$ に矛盾する．ゆえに

$\gamma \cap (V - U) = \emptyset$. $\gamma \subset V$ であるからこれより $\gamma \subset U$ となる．よって定理の仮定より $\gamma \in U$. ところがこれは γ が $V - U$ の最小元であり，したがって $\gamma \in V - U$ であったことに矛盾する． □

ここで数学的帰納法的構成の拡張である超限帰納法的構成法を述べる．そのため以下 $A_n(x, y; t_1, \ldots, t_k)$ は公理 5 と同様に n を自然数として動かすとき集合論の式つまり命題で二つの自由変数 x, y を持つものすべてを動くものとする．

定理 8.10 t_i ($i = 1, 2, \ldots, k$) が与えられているとして

$$\forall x \exists_1 y A_n(x, y; t_1, \ldots, t_k)$$

を仮定し，したがってこれにより関数 $y = \varphi(x)$ が定義されているとする．このとき任意の順序数 α と集合 z に対し $\alpha + 1 = \{\beta | \beta \leq \alpha\}$ 上で定義された関数 f で，$f(0) = z$ かつ任意の $\beta \leq \alpha$ に対し $f(\beta) = \varphi(f|_\beta)$ を満たすものが一意的に存在する．

証明 α と z が与えられているとする．S を定理において α の代わりに $\gamma \in \alpha + 1 = \{\gamma | \gamma \leq \alpha\}$ としたものが成立する γ の全体とする．そして f_γ を f に対応する関数とする．定理における f に関する一意性の条件より，$\gamma_1 \in S$ かつ $\gamma_2 < \gamma_1$ ならば $\gamma_2 \in S$ かつ $f_{\gamma_2} = f_{\gamma_1}|_{\gamma_2+1}$ である．したがって $S (\subset \alpha + 1)$ は順序数 $\alpha + 1 = \{\gamma | \gamma \leq \alpha\}$ の切片でそれ自身順序数である．

$\alpha \in S$ なら証明は終わりである．そうでないと仮定すると $\{\gamma | \gamma \leq \alpha\} - S \neq \emptyset$ ゆえその最小元 $\gamma_0 \in \{\gamma | \gamma \leq \alpha\} - S$ が存在する．S 上の関数 g を $\gamma < \gamma_0$ に対し $g(\gamma) = f_\gamma(\gamma)$ と定義する．$w = \varphi(g)$ とおき $f(\gamma) = g(\gamma)$ ($\gamma < \gamma_0$) かつ $f(\gamma_0) = w$ とおく．するとこの関数 f は定理で α を γ_0 としたものを満たす一意的な関数である．したがって $\gamma_0 \in S$ となり，$\gamma_0 \notin S$ と矛盾する．よって $\alpha \in S$ でなければならない． □

この定理は，任意の順序数 α に対し，整列順序に従ったある規則（上述の定理では φ で与えられる規則）によって，$\beta < \alpha$ まで定義された関数 $f(\beta)$ から $f(\alpha)$ を定義する方法を与えている．要点はその拡張が一意的にできることであり，それは整列集合の上で定義された関数であるため可能であることを示している．このような構成法を超限帰納法という．

例 8.2 以下は定理 8.10 で述べた超限帰納法による構成の例である．

1) 固定された順序数 α に対し $\alpha+\beta$ を $\alpha+0=\alpha$, $\alpha+\beta = \sup\{\alpha+\gamma | \gamma < \beta\}$ と定義する．

2) 固定された順序数 α に対し $\alpha \cdot \beta$ を $\alpha \cdot 0 = 0$, $\alpha \cdot (\beta+1) = \alpha \cdot \beta + \alpha$, $\alpha \cdot \beta = \sup\{\alpha \cdot \gamma | \gamma < \beta\}$ (β が極限数の場合) と定義する．

3) 固定された順序数 α に対し α^β を $\alpha^0 = 1$, $\alpha^{\beta+1} = \alpha^\beta \cdot \alpha$, $\alpha^\beta = \sup\{\alpha^\gamma | \gamma < \beta\}$ (β が極限数の場合) と定義する．

問 8.2 第 7 章 定義 7.7 で見たように ω から集合 A の上への 1 対 1 写像があるとき A を可算無限集合といった．順序数の可算無限性も同様に集合と見て定義される．

順序数 α, β が可算無限であれば $\alpha+\beta, \alpha \cdot \beta, \alpha^\beta$ も可算無限であることを示せ．

定理 8.3 により任意の整列集合に対し対応する順序数によって集合の大きさの比較をすることができるようになる．この尺度を濃度とよぶ．

定義 8.12 濃度 (cardinal) とは順序数 α で次の性質を満たすものをいう．

$$\forall \beta \, [\, \mathrm{Odn}(\beta) \,\land\, \beta < \alpha \Rightarrow \overline{\beta} < \overline{\alpha} \,].$$

すなわち濃度 (cardinal) α とはその濃度 (cardinality) を持つ順序数のうち最小のもののことである．

濃度の代数は A, B が共通部分を持たない集合のとき

$$\overline{A} + \overline{B} = \overline{A \cup B}, \quad \overline{A} \cdot \overline{B} = \overline{A \times B}$$

によって定義される．

問 8.3 A, B が無限集合のとき

$$\overline{A} + \overline{B} = \overline{A} \cdot \overline{B} = \max(\overline{A}, \overline{B})$$

を示せ．

8.3 選択公理と連続体仮説

集合のうちどのようなものが適当な順序関係を導入することによって整列集合とみなすことができるだろうか．もしこれができればその集合の大きさを対応する順序数によって測ることができるようになる．ツェルメロは ZFC の構成をはじめる前に任意の集合が整列可能であることを証明したという内容の論文を 1904 年に発表した．この内容は任意の集合が整列することができることと，その集合の空でない無限個の部分集合から識別された要素をただ一つずつ選び出すこと (選択公理) が同値であることを示すものであった．これを整列可能定理という．当時後者すなわち選択公理はなかなか容認されず，1908 年の論文でツェルメロはその別証明を与えるとともに，最初の論文への反論に対して言及している．しかし数学のあまりに多くの局面で暗々裏に用いられていることが認識されるにしたがって選択公理は必要なものとして公理のひとつに付け加えられるようになった．

ツェルメロの整列定理では集合間の包含関係を利用して集合の要素を整列させ，任意の集合が整列順序関係をもつことを示す．選択公理から，S のべき集合 $\mathcal{P}(S)$ について選択関数 $f : \mathcal{P}(S) \to S$ が存在する．つまり $x \neq \emptyset$ となる $x \in \mathcal{P}(S)$ について $f(x) \in x \subset S$ である．これは $f(\{y\}) = y$ となるので上への写像である．そこで補集合 x^c を

$$x^c = S - x$$

とするとき，以下にみるように任意の元 $z \in x^c$ に対して $z < f(x)$ と定義できる．このような関係 $\leq$ が順序関係になっていることがわかれば，全順序でもあることは f が全射であることからわかる．とくに $f(S) \in S$ は最小元となるので S は関係 $<$ について整列順序である．したがって次の整列可能定理が成り立ち，選択関数 f に対し集合は一意に整列する．

定理 8.11 任意の集合 S は整列集合にできる．

証明

1) S のべき集合 $\mathcal{P}(S)$ に選択公理 6 を適用して，$\{x | x \subset S, x \neq \emptyset\}$ 上で定義された選択関数 f で $f(x) \in x$ なるものがとれる．S の部分集合

T で定義された整列順序関係 $<$ が (この選択関数 f に関し) 整合的であるということを

$$\forall x \in T \ : \ x = f(S - \{y|y \in T \ \wedge \ y < x\})$$

が成り立つことと定義する.

2) S の二つの部分集合 T_1, T_2 が整合的な整列順序 $<_1, <_2$ を持つとすると一方は他方に含まれかつ切片になる. 特に集合 $T \subset S$ 上の整合的な整列順序は高々一つである.

実際 T_1, T_2 は整列集合だから, 定理 8.1 により, T_1 から T_2 のある切片の上への順序同型写像 φ が存在する. (T_2 から T_1 への場合でも同様である.) ある $x \in T_1$ に対し $\varphi(x) \neq x$ となるとし矛盾を導く. こう仮定すると T_1 は整列集合だから $\varphi(x) \neq x$ なる最小の $x \in T_1$ がある. 定理 8.1 の証明中の 1 より $\varphi(x) = \sup\{\varphi(y)|y <_1 x\}$ である. ただしここの sup は T_2 の順序 $<_2$ に関するものである. $<_2$ は整合的であるから $\varphi(x) = f(S - \{z|z \in T_2 \ \wedge \ z <_2 \varphi(x)\}) = f(S - \{\varphi(y)|y <_1 x\}) = f(S - \{y|y <_1 x\})$ である (二番目の等号は φ が順序同型写像であることから従い最後の等号は上の x の定義による). $<_1$ も整合的だから $x = f(S - \{y|y <_1 x\})$ である. よってまとめて $\varphi(x) = x$ となり, これは仮定に矛盾する. 従って任意の $x \in T_1$ に対し $\varphi(x) = x$ であり, 整列順序集合として $T_1 \subset T_2$ がいえた.

3) T を S の部分集合 T_α で整合的な整列順序 $<_\alpha$ を持つもの全部の和集合とする. すると 2) より T にはすべての T_α の整列順序をその部分とする整列順序 $<$ が自然に導入される. さらにこの整列順序は整合的である. 実際 $x \in T_\alpha$ ならば $\{y|y < x\} = \{y|y \in T_\alpha \ \wedge \ y <_\alpha x\}$ であり, $<_\alpha$ が整合的であるから $x = f(S - \{y|y \in T_\alpha \ \wedge \ y <_\alpha x\}) = f(S - \{y|y < x\})$ となり, $<$ も整合的な整列順序である.

4) あとは $T = S$ を言えばよい. もし $T \neq S$ とすると $S - T \neq \emptyset$ ゆえ $x_0 = f(S - T) \in S - T$ がある. $T_0 = T \cup \{x_0\}$ とおき T_0 の順序を T では $<$ により定義し, $x \in T$ と x_0 に対しては $x < x_0$ と定義すれ

ば，これは明らかに T_0 の整合的な整列順序になる．よって T_0 はある α に対し $T_0 = T_\alpha$ でなければならず，$x_0 \in T_0 = T_\alpha \subset T$ で矛盾する．

□

注 **8.1** この定理 8.11 より任意の集合 A, B は整列集合にできる．すると定理 8.1 より $\overline{A} \leq \overline{B}$ か $\overline{B} \leq \overline{A}$ が成り立つ．すなわち濃度の関係 $\leq$ はすべての集合の類上の全順序関係になっている．

またこの結果より選択公理 6 が従う．実際 $A_\lambda \neq \emptyset$ をそこの集合族とし $\bigcup_\lambda A_\lambda$ に対し上の定理 8.11 を適用しそれを整列集合とする．するとその部分集合 A_λ は空でないから最小元を持つ．その最小元を選択公理 6 の関数 f の値 $f(\lambda)$ とすればよい．したがって選択公理 6 とツェルメロの整列可能定理は集合論の他の公理のもとに互いに同値である．

選択公理を認めるとすべての集合にたいして濃度が定義されその大きさを評価することができるようになる．とくに実数の濃度が自然数の濃度より大きいことは冪集合の公理を導入するところで述べたように明らかである．一般に前章の定理 7.3 で任意の集合 A からその部分集合の全体 $\mathcal{P}(A)$ の上への写像は存在しないことを見た．したがって定義 7.8 より $\overline{A} < \overline{\mathcal{P}(A)}$ である．このことはいくらでも大きな濃度したがって順序数が存在することを示している．

定理 8.10 の超限帰納法により任意の順序数 α に無限濃度 $\aleph_\alpha$ を対応させる写像：$\alpha \mapsto \aleph_\alpha$ を $\aleph_\alpha$ が任意の $\beta < \alpha$ に対する $\aleph_\beta$ より大きな無限濃度のうち最小のものとして定義できる．超限帰納法により $\aleph_\alpha \geq \alpha$ が導かれるから $\aleph_\alpha$ は任意に大きい濃度を取りうる．さらに $\aleph_\alpha$ は α の選び方によりすべての無限濃度をとる．この最後の事実は整列可能定理 8.11 を用いて任意の集合は定理 8.3 によりある順序数と同型になることから従う．$\aleph_0 = \omega$ である．

$\mathcal{C} = \mathcal{P}(\omega)$ とおく．定理 7.3 より

$$\overline{\mathcal{C}} > \aleph_0$$

である．この $\overline{\mathcal{C}}$ がどの程度の大きさであるかつまり超限列 $\{\aleph_\alpha\}_{\alpha \geq 0}$ の中のどの位置を占めるかがカントールの時代からの疑問であった．カントール

自身，自然数の濃度より大きく実数の濃度より小さい濃度が存在しないという仮説をおいた．

$$\text{カントールの連続体仮説：} \overline{C} = \aleph_1.$$

もっと一般に次の予想が立てられていた．

$$\text{一般連続体仮説：} \overline{\mathcal{P}(\aleph_\alpha)} = \aleph_{\alpha+1}.$$

元の個数が n の有限集合 A の場合その部分集合全体の個数は 2^n となる．これと同様に一般の集合 A に対し $\mathcal{P}(A)$ あるいはその濃度を 2^A と書くことがある．すると一般連続体仮説は $2^{\aleph_\alpha} = \aleph_{\alpha+1}$ と書ける．この予想は選択公理6とともに ZFC の他の公理と独立であることがコーヘン (Paul J. Cohen) によって証明されている (1963)．これらが ZFC の諸公理と整合的であることはそれより以前にゲーデル (Kurt Gödel) により示されている (1940)．

本章の最後に Zorn の補題として知られている次の定理を証明しておく[6]．A を順序 $\leq$ に関する順序集合とするとき $a \in A$ が A の極大元であるとは $b \in A$ が $a \leq b$ を満たせば $a = b$ となることである．

定理 8.12 順序集合 A の空でない任意の全順序部分集合が上界を持てば集合 A には極大元が存在する．

証明 A に極大元が存在しないと仮定して A の全順序部分集合 F で上界を持たないものが存在することを示せばよい．A は空でないから元を持つが，仮定から A の任意の元 a は A の極大元でないから集合 $B_a = \{x | x \in A, x > a\} \subset A$ は空でない．従って選択公理から写像 $f : A \to A$ で $f(a) \in B_a \subset A$ なるものが存在する．特に任意の $a \in A$ に対し $f(a) > a$ となる．いま $F_\omega = \{f^n(a) | n = 0, 1, 2, \ldots\}$ とおくとこれは A の全順序部分集合となる．この集合に上界がなければ証明が終わる．上界 a_ω が存在すれば $F_{\omega \times 2} = \{f^n(a_\omega) | n \in \omega\} \cup F_\omega$ とおくとこれは A の全順序部分集合となる．この集合に上界がなければ証明が終わる．以下同様に超限帰納法により続けてゆきすべての段階で上界が存在する場合に得られる集合を F とするとこれには上界がない．実際 F に上界があればさらに超限帰納法により F を拡大できるがこれは F の作り方に反する． $\square$

---

[6] この定理の条件は集合論の他の公理のもとで選択公理と同値であることが知られている．

第9章　実数

以上で数学の展開の基礎となる集合論を概観し，その上で自然数がどのように構成されるかを見てきた．それらをもとにこの章では実数がどのように構成され，どのような性質が実数を特徴づけているのかを見ていこう．

9.1 有理数の構成

ここまでで定義した自然数から整数，そして有理数をつくることを考える．前章まででは自然数の全体は ω で表したがふつうの数学では自然数の全体は $\mathbb{N}$ で表される．自然数から整数をつくるには以下のようにすればよい．

まず 0 および正の整数は自然数そのものと考えてよいがここでの問題はそのようには表せない負の整数を表すものをつくりたいのである．負の整数は自然数 $m, n \in \mathbb{N}$ で $m < n$ を満たすものが与えられたときその差

$$m - n$$

に対応するものである．しかし自然数の範囲ではこのような差は存在しない．そこでこのような自然数の組ないし順序対 $\langle m, n \rangle$ を整数とみなす．正確に言えばそのような組 $\langle m, n \rangle, \langle m', n' \rangle$ が互いに同値と言うことを一般的に $m, n \in \mathbb{N}$ 等の大小関係にはよらず

$$\langle m, n \rangle \sim \langle m', n' \rangle \Leftrightarrow m + n' = m' + n$$

という関係によって定義し組 $\langle m, n \rangle$ に対しそのような関係にあるもの全体として整数を定義する．すなわち整数とは自然数の組のなす同値類

$$[\langle m, n \rangle] = \{\langle m', n' \rangle | \langle m', n' \rangle \sim \langle m, n \rangle\}$$

のことと定義するのである．明らかに

$$[\langle m, 0 \rangle]$$

は自然数 $m \in \mathbb{N}$ に対応する整数と見なすことができる．

このような同値類の間の和の演算を

$$[\langle m, n \rangle] + [\langle k, \ell \rangle] = [\langle m+k, n+\ell \rangle]$$

と定義すると

$\langle m', n' \rangle \sim \langle m, n \rangle, \langle k', \ell' \rangle \sim \langle k, \ell \rangle \Rightarrow [\langle m', n' \rangle] + [\langle k', \ell' \rangle] = [\langle m, n \rangle] + [\langle k, \ell \rangle]$

となり，この演算は同値類の代表元の取り方によらず定まり整合的に定義されている．また同様に積は

$$[\langle m, n \rangle] \cdot [\langle k, \ell \rangle] = [\langle mk+n\ell, m\ell+nk \rangle]$$

として整合的に定義される．

整数の大小関係ないし順序関係は

$$[\langle m, n \rangle] < [\langle k, \ell \rangle] \Leftrightarrow m+\ell < k+n$$

により定義される．この関係も代表元の取り方によらず整合的に定義されている．このような整数の全体を $\mathbb{Z}$ と表す．

問 9.1 これら和と積および順序関係の整合性を示せ．

整数をこのように定義したうえで有理数を以下のように構成する．

整数 q, p の組 $\langle q, p \rangle$ を分数

$$\frac{q}{p}$$

と考えそのような二つの組 $\langle q, p \rangle, \langle q', p' \rangle$ ($p \neq 0, p' \neq 0$) に対し同値関係 $\sim$ を

$$\langle q, p \rangle \sim \langle q', p' \rangle \Leftrightarrow qp' = pq'$$

によって定義し，その同値類

$$[\langle q, p \rangle] = \{\langle q', p' \rangle | \langle q', p' \rangle \sim \langle q, p \rangle\}$$

を有理数と定義するのである．和と積は以下のようにすれば整合的に定義され，かつ通常の分数の間の演算の性質を満たす．ただし $p \neq 0, s \neq 0$ とする．

$$[\langle q,p \rangle] + [\langle r,s \rangle] = [\langle qs+pr, ps \rangle],$$
$$[\langle q,p \rangle] \cdot [\langle r,s \rangle] = [\langle qr, ps \rangle]$$

また大小関係は $q,p,r,s > 0$ のとき

$$[\langle q,p \rangle] < [\langle r,s \rangle] \Leftrightarrow qs < pr$$

により定義される．他の場合，つまり $q,p.r.s$ のいずれかが負の整数になる場合は，それぞれ符号を考慮した通常の定義をすればよい．このような有理数の全体を $\mathbb{Q}$ と表す．

問 9.2 これら有理数の間の和と積および順序関係の整合性を示せ．またこれらの演算が結合法則，交換法則，分配法則を満たすことを示し $[\langle 0,1 \rangle]$, $[\langle 1,1 \rangle]$ がそれぞれ零元 0 および単位元 1 の性質を満たすことを示せ．すなわち任意の有理数 $[\langle q,p \rangle]$ に対し

$$[\langle q,p \rangle] + [\langle 0,1 \rangle] = [\langle q,p \rangle],$$
$$[\langle q,p \rangle] \cdot [\langle 1,1 \rangle] = [\langle q,p \rangle]$$

を示せ．

9.2 実数の構成

以上で整数の全体 $\mathbb{Z}$ および有理数の全体 $\mathbb{Q}$ が定義された．これらはすべて集合論の上に構成されており公理論的集合論の一部として記述される．それでは $\sqrt{2}$ のような無理数はどう構成されるのだろうか．有理数の範囲では $\sqrt{2}$ は表されていないが有理数の集合

$$\{r | r \leq 0 \vee (r > 0 \wedge r^2 < 2)\}$$

を考えると $\sqrt{2}$ はちょうどこの集合の上方の境界として考えることができることは明らかであろう．このように実数を有理数のある集合として定義する．そのような集合は一般的に以下の条件によって規定される．

定義 9.1 有理数の集合 α が $\mathbb{Q}$ の切断 (cut) であるとは α が次の条件を満たすことを言う．

1. $\alpha \neq \emptyset, \quad \alpha^c := \mathbb{Q} - \alpha = \{s | s \in \mathbb{Q} \land s \notin \alpha\} \neq \emptyset$.

2. $r \in \alpha, s < r, s \in \mathbb{Q} \Rightarrow s \in \alpha$.

3. α は最大元を持たない．

この定義の条件 2 は定義 8.4 における整列集合の切片を定義する条件と同じであることに注意されたい．この定義のもとに以下が容易に示される．

問 9.3 α を有理数の切断とする．このとき以下が成り立つ．

1. $r \in \alpha, s \in \alpha^c \Rightarrow r < s$.

2. $s \in \alpha^c, t > s \Rightarrow t \in \alpha^c$.

順序数の定義から類推されるように有理数は以下で定義される主切断として得られると考えることもできる．

定義 9.2 任意の $r \in \mathbb{Q}$ に対し

$$r^* = \{p | p \in \mathbb{Q}, p < r\}$$

と定義すると r^* は明らかに $\mathbb{Q}$ の切断となる．このような切断を主切断 (principal cut) という．これは有理数 $r \in \mathbb{Q}$ そのものに対応する切断である．明らかに $r \notin r^*$ である．

このような類推を切断全体に拡げると実数は有理数の集合 $\mathbb{Q}$ の切断全体のなす集合として定義できる．

定義 9.3 $\mathbb{Q}$ の切断全体のなす集合を実数の集合といい $\mathbb{R}$ と書く．この $\mathbb{R}$ の元である $\mathbb{Q}$ の切断を実数と呼ぶ．$\mathbb{Q}$ の元は上の主切断と同一視し $\mathbb{R}$ の一部と見なす．

問 9.4 $\alpha, \beta \in \mathbb{R}$ のとき

$$\alpha \subset \beta \quad \text{または} \quad \beta \subset \alpha$$

である．

9.2. 実数の構成

ここで以下のように実数の順序関係を定義する．

定義 9.4 $\alpha, \beta \in \mathbb{R}$ とする．このときこれらの間の順序関係ないし大小関係を以下のように定義する．

1. $\alpha < \beta \Leftrightarrow \exists b \in \beta$ s.t. $b \notin \alpha$．
2. $\alpha \leq \beta \Leftrightarrow \alpha < \beta \vee \alpha = \beta$．

これは以下のように確かに順序関係となっている．

命題 9.1 実数の間の大小関係 $\leq$ は順序関係である．

証明 まず順序関係の性質すなわち定義 8.1 の a)-c) を満たすことを見る．以下 $\alpha, \beta, \gamma \in \mathbb{R}$ とする．

a) $\alpha \leq \alpha$ は明らかである．

条件 b) の前に c) を示す．

c) $\alpha < \beta, \beta < \gamma$ とすると
$$\exists c \in \gamma \text{ s.t. } c \notin \beta, \quad \exists b \in \beta \text{ s.t. } b \notin \alpha.$$
問 15.3 により $c > b$ となるから $b \notin \alpha$ と併せて $c \notin \alpha$ である．従って
$$c \in \gamma \text{ かつ } c \notin \alpha$$
となる．これは定義より $\alpha < \gamma$ を意味する．

b) $\alpha \leq \beta, \beta \leq \alpha$ と仮定する．仮に $\alpha \neq \beta$ とすると順序関係の定義 9.4 より $\alpha < \beta$ かつ $\beta < \alpha$ が成り立たねばならない．これより今示した c) を用いて $\alpha < \alpha$ が導かれ矛盾する．従って仮定 $\alpha \neq \beta$ は誤りであり $\alpha = \beta$ が言えた． □

とくに包含関係は順序関係に正確に対応している．

補題 9.1 任意の $\alpha, \beta \in \mathbb{R}$ をとるとき

$$\alpha \leq \beta \Leftrightarrow \alpha \subset \beta$$

証明 $\alpha \leq \beta$ と仮定する．このときある $r \in \alpha$ があって $r \notin \beta$ であるとして矛盾を導く．この仮定の下に順序関係の定義により $\beta < \alpha$ となるが，$\alpha \leq \beta$ であるから $\alpha < \alpha$ となり，矛盾が言えた．

逆は $\alpha = \beta$ なら明らかだから α が β の真部分集合と仮定してよい．するとある $s \notin \alpha$ s.t. $s \in \beta$ ゆえ順序関係の定義 9.4 より $\alpha < \beta$ となり補題の証明が完結した． □

この補題の帰結として順序 $\leq$ について実数の全順序性が示される．

補題 9.2 実数の集合 $\mathbb{R}$ は全順序集合である．

証明 いま $\alpha \leq \beta$ でないと仮定すると補題より $\alpha \subset \beta$ ではないから

$$\exists s \in \alpha \text{ s.t. } s \notin \beta.$$

ところがこれは順序の定義 9.4 より $\beta < \alpha$ を意味し関係 $\leq$ は全順序関係であることが言えた． □

切断による実数の構成により有理数の四則演算を実数に拡張することができる．

定義 9.5 $\alpha, \beta \in \mathbb{R}$ に対し

$$\alpha + \beta = \{r | r \in \mathbb{Q} \wedge \exists p \in \alpha, \exists q \in \beta \text{ s.t. } r = p + q\}$$

と和を定義する．

命題 9.2 上の $\alpha + \beta$ は実数である．すなわち $\mathbb{Q}$ の切断である．

証明 $\gamma = \alpha + \beta$ とおく．$\gamma \neq \emptyset$ は明らかである．いま $p' \notin \alpha, q' \notin \beta$ とし $r' = p' + q'$ とおく．すると $r' \notin \gamma$ である．実際 $r' \in \gamma$ と仮定するとある $p \in \alpha, q \in \beta$ に対し $r' = p + q$ と書ける．これが $p' + q'$ ($p' \notin \alpha, q' \notin \beta$) に等しいのだが，$p \in \alpha$ と $p' \notin \alpha$ より $p < p'$ が導かれ，同様に $q < q'$ とな

る．従って有理数の大小関係の定義から $r = p+q < p'+q' = r$ となり矛盾である．よって元 $r' \in \gamma^c$ が存在し $\gamma^c \neq \emptyset$ が言えた．

また $r = p+q \in \gamma$ $(p \in \alpha, q \in \beta)$, $s < r$ $(s \in \mathbb{Q})$ とすると $s = r+(s-r) = p+(q+s-r)$ で $s < r$ より $q+s-r < q$ だから $p \in \alpha$, $q+r-s \in \beta$ が言え，定義より $s \in \gamma$ が示された．

いま γ 内に最大元 $r = p+q$, $p \in \alpha, q \in \beta$ があると仮定する．このとき $p' \in \alpha$ ならば $r' = p'+q \in \gamma$ だから，r が γ の最大元であることから $r' = p'+q \leq r = p+q$ である．ゆえに $p' \leq p$ となり，これは p が α の最大元であることを意味する．しかし α は切断であったから最大元は持たず矛盾が生ずる．よって γ には最大元はない．

以上より γ は $\mathbb{Q}$ の切断であり従って $\mathbb{R}$ の元である． □

以下実数の零元 0 を $0 = 0^*$ と定義する．また $\alpha, \beta, \gamma \in \mathbb{R}$ とする．

問 9.5 以下を示せ．

1. $(\alpha + \beta) + \gamma = \alpha + (\beta + \gamma)$.

2. $\alpha + \beta = \beta + \alpha$.

3. $\alpha + 0 = 0 + \alpha = \alpha$.

命題 9.3 $\alpha < \beta \Rightarrow \alpha + \gamma < \beta + \gamma$.

証明 $\alpha < \beta$ より $\exists p \in \beta$ s.t. $p \notin \alpha$ である．β は最大元を持たないから $\exists q \in \beta - \alpha$ s.t. $p < q$. いま $r \in \gamma, s \in \gamma^c$ を
$$(0<)q-p = s-r$$
ととる．すると
$$p+s = q+r \in \beta + \gamma$$
となる．他方 $p \notin \alpha, s \notin \gamma$ ゆえ $p+s \notin \alpha + \gamma$ であり従って
$$\alpha + \gamma < \beta + \gamma$$
となる． □

この定理の簡単な帰結としていくつか系を挙げる．

系 9.1 $\alpha + \gamma = \beta + \gamma \Rightarrow \alpha = \beta$.

証明 命題より $\alpha < \beta \Rightarrow \alpha + \gamma < \beta + \gamma$ および $\alpha > \beta \Rightarrow \alpha + \gamma > \beta + \gamma$ であるから $\alpha + \gamma = \beta + \gamma$ ならば $\alpha = \beta$ でなければならない. □

系 9.2 $\alpha + \gamma = \alpha \Rightarrow \gamma = 0$.

証明 $\alpha + 0 = \alpha = \alpha + \gamma$ だから上の系による. □

逆元の存在は次の定理による.

定理 9.1 任意の $\alpha \in \mathbb{R}$ に対しただ一つ $\beta \in \mathbb{R}$ が存在して $\alpha + \beta = 0$ が成り立つ. この β を $-\alpha$ と書き α の加法に関する逆元という.

証明 $\alpha + \beta' = 0$ と仮定すると上の系 9.1 より $\beta' = \beta$ となり一意性が言える.

存在を言うには以下により定義される β が定理の性質を満たすことを言えばよい.

$$\beta = \{p | p \in \mathbb{Q} \ \wedge \ -p \in \alpha^c \ \wedge \ -p \text{ は } \alpha^c \text{ の最小元でない }\}.$$

まずこれが切断を定義することを見る. $\beta \neq \emptyset, \beta^c \neq \emptyset$ はそれぞれ $\alpha^c \neq \emptyset$, $\alpha \neq \emptyset$ より得られる.

いま $p \in \beta, q < p$ とする. すると $-p \in \alpha^c, -q > -p$ ゆえ $-q \in \alpha^c$ で $-q$ は α^c の最小元ではない. ゆえに $q \in \beta$ である. また $p \in \beta$ が β の最大元とすると $-p \in \alpha^c$ は α^c の最小元となり, β の定義に反する. 以上で β が切断であることが言えた.

次に $\alpha + \beta = 0$ を示す. $u \in \alpha + \beta$ とするとある $p \in \alpha, q \in \beta$ に対し $u = p + q$ と書ける. 従って $-q \in \alpha^c$ であるから $p < -q$. よって $u = p + q < 0$ であり $u \in 0^* = 0$ が言えた.

逆に $u \in 0 = 0^*$ とすると $u < 0$ だから $-u > 0$. α の元はすべて α^c の元より小さいからある $p \in \alpha, q \in \alpha^c$ がとれて $-u = q - p$ となる. そしてこの q は α^c の最小元ではないようにとれるから

$$u = p - q, \quad p \in \alpha, -q \in \beta$$

となり, $u \in \alpha + \beta$ が言えた. 以上まとめれば $0 = \alpha + \beta$ が示された. □

9.2. 実数の構成

問 9.6 以下を示せ．

1. $(-\alpha) + \alpha = 0$.

2. $\alpha + \gamma = 0 \Rightarrow \gamma = -\alpha$.

3. $-(-\alpha) = \alpha$.

4. $\alpha > 0 \Leftrightarrow -\alpha < 0$,
   $\alpha = 0 \Leftrightarrow -\alpha = 0$,
   $\alpha < 0 \Leftrightarrow -\alpha > 0$.

二つの実数 α, β の差を $\alpha - \beta = \alpha + (-\beta)$ と定義する．

定理 9.2 $\alpha, \beta \in \mathbb{R}, \alpha \geq 0, \beta \geq 0$ に対し

$$\alpha\beta = (-\infty, 0) \cup \{r | r \in \mathbb{Q} \ \wedge \ \exists p \in \alpha, \exists q \in \beta \text{ s.t. } [p \geq 0, q \geq 0, r = pq]\}$$

は $\mathbb{Q}$ の切断になる．これを α と β の積という．ただしここで $(-\infty, 0) = \{r | r \in \mathbb{Q}, r < 0\}$ は $\mathbb{Q}$ の区間である．

証明 $\gamma = \alpha\beta$ とおく．

a) $\gamma \neq \emptyset$ は明らかである．$\gamma^c \neq \emptyset$ は以下のようにして示される．$s \in \alpha^c$, $t \in \beta^c$, $s > 0, t > 0$ と s, t をとると $st > 0$ で $st \notin \gamma$ となる．実際 $st \in \gamma$ と仮定すると γ の定義からある $p, q > 0$, $p \in \alpha, q \in \beta$ に対し $st = pq$ となるが，$s \notin \alpha, t \notin \beta$ より $pq < st$ となり矛盾が導かれる．従って $st \notin \gamma$ が言え $\gamma^c \neq \emptyset$ が示された．

b) $r \in \gamma, t < r$ とすると γ の定義より $r < 0$．またはある $p \in \alpha, q \in \beta$, $p, q \geq 0$ に対し $r = pq$ と書ける．$r < 0$ のときは $t < r$ なら $t < 0$ となるから $t \in \gamma$ が言える．$r = pq, p \in \alpha, q \in \beta, p, q \geq 0$ のときは $t < 0$ なら今と同じく $t \in \gamma$ だから，$t \geq 0$ として $t \in \gamma$ を示せばよい．このとき $0 \leq t < r = pq$ であるが $s = t/p$ とおくと $t = ps$, $0 \leq s < q, q \in \beta$．従って $s \in \beta$ である．よって $p \in \alpha, p \geq 0$ とあわせて $t \in \gamma$ となる．

c) $r \in \gamma$ とする. $r < 0$ のときは $r < r/2 < 0$ だから r は γ の最大元ではない. $r = pq, p, q \geq 0, p \in \alpha, q \in \beta$ のとき p, q はそれぞれ α, β の最大元ではないからある $p' \in \alpha$ と $q' \in \beta$ に対し $p < p', q < q'$ となる. よって $r = pq < p'q' \in \gamma$ となりこのときも r は γ の最大元ではない.

□

問 9.7 以下を示せ.

1. $\alpha \geq 0, \beta \geq 0 \Rightarrow \alpha\beta \geq 0$.

2. $\alpha > 0, \beta > 0 \Rightarrow \alpha\beta > 0$.

定義 9.6　1. $|\alpha| = \alpha$ if $\alpha \geq 0$, $= -\alpha$ if $\alpha < 0$.

2.
$$\alpha\beta = \begin{cases} \gamma \text{ (定理 9.2 と同じ)} & \text{if } \alpha \geq 0, \beta \geq 0, \\ -|\alpha||\beta| & \text{if } \alpha \geq 0, \beta < 0 \text{ or } \alpha < 0, \beta \geq 0, \\ |\alpha||\beta| & \text{if } \alpha < 0, \beta < 0. \end{cases}$$

問 9.8 以下を示せ.

1. $\alpha\beta = \beta\alpha$.

2. $\alpha 0 = 0\alpha = 0$.

3. $\alpha(-\beta) = (-\beta)\alpha = -\alpha\beta$.

4. $(\alpha\beta)\gamma = \alpha(\beta\gamma)$.

5. $\alpha(\beta + \gamma) = \alpha\beta + \alpha\gamma$.

以下 $\mathbb{R}$ の単位元 1 を $1 = 1^*$ と定義する.

命題 9.4 $\alpha 1 = 1\alpha = \alpha$.

9.2. 実数の構成

証明 $\alpha > 0$ の時を示せば十分である．このとき定義から $\alpha 1 \leq \alpha$ は明らかである．逆に $r \in \alpha, r > 0$ とすると α には最大元がないからある $s \in \alpha$ に対し $r < s$ となる．従って $r/s < 1$ であり，$r = s(r/s)$ かつ $s \in \alpha, r/s \in 1^* = 1$ となる．よって $r \in \alpha 1$ となる．すなわち $\alpha \subset \alpha 1$ つまり $\alpha \leq \alpha 1$ が言えた．
□

定理 9.3 $\alpha > 0$ とするとき

$$\alpha^{-1} = (-\infty, 0] \cup \{r \mid r \in \mathbb{Q}, r > 0, 1/r \in \alpha^c \text{ かつ } 1/r \text{ は } \alpha^c \text{ の最小元ではない}\}$$

は $\mathbb{Q}$ の切断であり $\alpha^{-1} > 0$ である．このとき $\alpha \alpha^{-1} = 1$ でありかつ $\alpha\beta = 1$ ならば $\beta = \alpha^{-1}$ である．この α^{-1} を α の積に関する逆元という．$\alpha < 0$ に対しては $\alpha^{-1} = -(|\alpha|)^{-1}$ と定義する．

証明 $\gamma = \alpha^{-1}$ とおく．

a) $\gamma \neq \emptyset$ は明らかである．$\alpha > 0$ からある $r \in \alpha$ で $r > 0$ なるものが存在する．$1/r \in \gamma$ とすると $r \in \alpha^c$ となって矛盾するから $1/r \in \gamma^c$ であり，従って $\gamma^c \neq \emptyset$ である．

b) $r \in \gamma, q < r$ とする．$q \leq 0$ なら明らかに $q \in \gamma$ である．$q > 0$ なら $1/q > 1/r > 0$ でかつ $r \in \gamma$ より $1/r \in \alpha^c$ だから $1/q \in \alpha^c$ である．従って $q \in \gamma$ である．

c) $r \in \gamma$ とする．$r < 0$ なら $r < r/2 < 0$ ゆえ r は γ の最大元ではない．$r = 0$ なら α が切断であることより，ある $s > 0$ で $1/s \in \alpha^c$ かつ $1/s$ が α^c の最小元ではないものが存在する．ゆえに $r = 0 < s$ で $s \in \alpha^{-1}$ である．よって $r = 0$ は $\gamma = \alpha^{-1}$ の最大元ではない．

d) $r > 0$ のとき，$1/r \in \alpha^c$ で $1/r$ は α^c の最小元ではない．よって $0 < 1/s < 1/r$ かつ $1/s \in \alpha^c$ なる $s \in \mathbb{Q}$ で，やはり $1/s$ は α^c の最小元でないものがある．従って $s \in \gamma = \alpha^{-1}$ でかつ $0 < r < s$ であるから r は γ の最大元ではない．

以上より $\gamma = \alpha^{-1}$ は切断である.

α は切断だからある $r > 0$ で $1/r \in \alpha^c$ かつ $1/r$ は α^c の最小元でないものが存在する. よって α^{-1} はこの $r > 0$ を元に持ち従って $\alpha^{-1} > 0$ である.

次に $\alpha\alpha^{-1} = 1$ を示す. いま $r \in \alpha, s \in \alpha^{-1}$ とする. 積の定義から $r \geq 0, s \geq 0$ の時を考えれば十分である. $s = 0$ のときは $rs = 0 \in 1^* = 1$ は明らかである. $s > 0$ のとき $u = 1/s \in \alpha^c$ である. $rs = r/u$ であるが $r \in \alpha$, $u \in \alpha^c$ ゆえ $rs = r/u < 1$ つまり $rs \in 1^*$ となる. 以上より $\alpha\alpha^{-1} \subset 1^*$ が言えた.

逆に $u \in 1^*$ すなわち $u < 1$ とする. $u \leq 0$ なら $u \in \alpha\alpha^{-1}$ は明らかである. $u > 0$ のとき $u < 1$ ゆえ $1/u > 1$ である. よってある $p \in \alpha$ と $q \in \alpha^c$ で $p, q > 0$ なるものがあって, q は α^c の最小元ではなくかつ $1/u = q/p$ すなわち $u = p(1/q)$ なるものがある. ここで $p \in \alpha, 1/q \in \alpha^{-1}$ ゆえ $u \in \alpha\alpha^{-1}$ が言えた. 以上まとめて $1 = \alpha\alpha^{-1}$ が示された.

逆元の一意性は $\alpha\beta' = 1 = \alpha\beta$ と仮定すると $\beta' = \alpha^{-1}(\alpha\beta') = \alpha^{-1}(\alpha\beta) = \beta$ より明らかである. □

問 **9.9** 以下を示せ.

1. $\forall \alpha \neq 0 : (\alpha^{-1})^{-1} = \alpha$.

2. $\forall \alpha \neq 0, \forall \beta, \exists_1 \gamma$ s.t. $\alpha\gamma = \beta$.

3. $\alpha < \beta, \gamma > 0 \Rightarrow \alpha\gamma < \beta\gamma$.

$\alpha \neq 0, \beta \in \mathbb{R}$ に対し分数ないし割り算を

$$\frac{\beta}{\alpha} = \beta/\alpha = \beta\alpha^{-1}$$

と定義する.

定義 9.3 で述べたように有理数 $r \in \mathbb{Q}$ は主切断 $r^* = \{q|q \in \mathbb{Q}, q < r\}$ と同一視して $\mathbb{R}$ の一部と見なした. 以上の実数の演算の定義から, この同一視によって $\mathbb{Q}$ における演算はそのまま $\mathbb{R}$ の中の演算に写されること (つまり $(rs)^* = r^*s^*$) がわかる. このような四則演算が定義され, 結合法則, 交換法則, 分配法則等が成り立つものを体という. 有理数体 $\mathbb{Q}$ はこの同一視によって実数体 $\mathbb{R}$ にその演算を不変にして「埋め込まれた」のである. こ

の同一視を埋め込み写像という．この意味で実数体 $\mathbb{R}$ は有理数体 $\mathbb{Q}$ の拡大になっている．

定理 9.4 $\alpha < \beta$ ならばある有理数 $r \in \mathbb{Q}$ があって $\alpha < r < \beta$ を満たす．

証明 $\alpha < \beta$ ならある $p \in \beta$ に対し $p \notin \alpha$ である．p は β の最大元ではないからある $r \in \beta$ に対し $p < r$ である．従って $p \in r^*$ であり，$p \notin \alpha$ とあわせて $\alpha < r^* = r$ が言える．また $r \in \beta$ で $r \notin r^*$ ゆえ $r^* < \beta$ である．よって $\alpha < r = r^* < \beta$ が言えた． $\square$

このように $\mathbb{Q}$ の元は $\mathbb{R}$ の至るところに存在している．このことを $\mathbb{Q}$ は $\mathbb{R}$ で稠密であるという．

系 9.3 $\mathbb{R}$ はアルキメデス的 (archimedean) である．すなわち任意の正の実数 $\alpha, \beta > 0$ に対しある自然数 n がとれて $n\alpha > \beta$ とできる．同様に $\mathbb{Q}$ もアルキメデス的である．

証明 まず $\mathbb{Q}$ について示す．$a, b \in \mathbb{Q}, a, b > 0$ とすると $a = q/p, b = t/s$ なる自然数 $q, p, t, s > 0$ がとれる．$nqs > pt$ なる自然数 n がとれることを言えばよいが，qs, pt は $qs, pt \geq 1$ なる自然数なので $n = pt + 1$ ととれば $nqs \geq pt + 1 > pt$ となり示された．

実数の場合定理 9.4 より $\alpha, \beta > 0, \alpha, \beta \in \mathbb{R}$ に対し $\alpha^{-1}\beta + 1 > r^* > \alpha^{-1}\beta$ なる有理数 $r \in \mathbb{Q}$ がある．この r に対し $\mathbb{Q}$ がアルキメデス的であることより自然数 n で $n > r$ なるものがとれるから $n > \alpha^{-1}\beta$ すなわち $n\alpha > \beta$ がいえる． $\square$

問 9.10 任意の $\alpha \in \mathbb{R}$ と $p \in \mathbb{Q}$ に対し

$$p \in \alpha \Leftrightarrow p^* < \alpha$$

である．

定理 9.5 $\alpha \in \mathbb{R}$ とする．このとき次が成り立つ．

$$\alpha^c \text{ が最小元を持つ } \Leftrightarrow \exists r \in \mathbb{Q} \text{ s.t. } \alpha = r^*.$$

証明 α^c が最小元 r を持つとすると $p \in r^* \Leftrightarrow p < r \Leftrightarrow p \in \alpha$ より $\alpha = r^*$ が言える．逆に $\alpha = r^*$ なら $r \notin r^* = \alpha$．よって $r \in \alpha^c$ である．また $s < r$ なら $s \in r^* = \alpha$ ゆえ $s \notin \alpha^c$ である．ゆえに r は α^c の最小元である． □

問 9.11 $\sqrt{2}$ と同様に $\sqrt{3}$ は二乗して 3 となる正の実数として定義される．それは切断としては $\sqrt{3} = (-\infty, 0] \cup \{r | r \in \mathbb{Q}, r > 0, r^2 < 3\}$ となることを示せ．

第10章　実数の連続性

この章では実数を特徴づけるいわゆる「実数の連続性」について述べその八つの同値な記述を述べる．

1. 部分集合による表現

    (a) デデキントの公理

    (b) 上界公理

    (c) ボルツァーノ-ワイエルシュトラスの公理

2. 数列による表現

    (a) 有界数列公理

    (b) 単調数列公理

    (c) コーシーの公理

3. 閉区間列による表現

    (a) 二等分割公理

    (b) カントールの公理

これらの記述は我々が遭遇する場面によって連続性を様々な形で適用し問題を解決することができるように発見されたものであるが同時に実数の連続性が如何に多様な形で我々の物事の認識に関わっているかを示すものとも言える．これらの公理を順に紹介したのち，その同等性を最後に証明する．

10.1　部分集合による表現

まず有理数 $\mathbb{Q}$ の切断に対応する実数 $\mathbb{R}$ の切断を定義する．

定義 10.1　$\mathbb{R}$ の部分集合 A が $\mathbb{R}$ の切断であるとは以下の条件が成り立つことを言う．

1. $A \neq \emptyset, \quad A^c := \mathbb{R} - A = \{\alpha | \alpha \in \mathbb{R} \wedge \alpha \notin A\} \neq \emptyset.$

2. $\alpha \in A, \beta < \alpha, \beta \in \mathbb{R} \Rightarrow \beta \in A.$

3. A は最大元を持たない.

以下の定理はデデキント (Richard Dedekind) によって証明されたものでこの条件が実数の連続性の一つの表現である.

定理 10.1 実数の切断 A の補集合 A^c は必ず最小元を持つ.

証明 A より $\mathbb{Q}$ の部分集合 β を以下のようにして作る.

$$\beta = \bigcup A = \bigcup_{\alpha \in A} \alpha = \{s | s \in \mathbb{Q} \wedge \exists \alpha \in A \text{ s.t. } s \in \alpha\}.$$

これが $\mathbb{Q}$ の切断であることを示す.

a) $A \neq \emptyset$ ゆえ $\exists \alpha \in A$ で, この α は空でなく β の部分集合だから $\beta \neq \emptyset$ である. また $A^c \neq \emptyset$ だから $\exists \gamma \in A^c$ で, この γ は任意の $\alpha \in A$ に対し $\alpha < \gamma$ を満たす. この γ に対し $\delta \in \mathbb{R}$ を $\gamma < \delta$ ととれる. 実際 $r, s \in \mathbb{Q}$ を $r \notin \gamma, r < s$ ととれるから, $\delta = s^*$ とおけば $\gamma < \delta$ となる. そこで $t \in \delta, t \notin \gamma$ と $t \in \mathbb{Q}$ をとる. いま $\exists \alpha \in A$ s.t. $t \in \alpha$ とすると, $\alpha < \gamma$ より $t \in \gamma$ となり $t \notin \gamma$ に反する. 従って, $\forall \alpha \in A : t \notin \alpha$ でなければならない. これは β の定義より $t \notin \beta$ を意味し, 従って $\beta^c \neq \emptyset$ である.

b) $r \in \beta, s < r$ とする. $r \in \beta$ ゆえ $\exists \alpha \in A$ s.t. $r \in \alpha$. よって, $s < r$ よりこの α に対し $s \in \alpha$ であるが, $\alpha \in A$ より $\alpha \subset \beta$ であるから, $s \in \beta$ である.

c) $r \in \beta$ とする. すると $\exists \alpha \in A$ s.t. $r \in \alpha$. よって $\alpha \in \mathbb{R}$ ゆえ α は最大元を持たないから $\exists t \in \alpha$ s.t. $r < t$. ゆえに $t \in \alpha \subset \beta$ かつ $r < t$ なる $t \in \mathbb{Q}$ が存在することが言えたから β は最大元を持たない.

以上で β は切断であり従って $\beta \in \mathbb{R}$ が言えた．次にこの β が A^c の最小元であることを言う．それには以下に注意すればよい．

$$\begin{aligned}
\gamma < \beta &\Leftrightarrow \exists s \in \beta \text{ s.t. } s \in \gamma^c = \mathbb{Q} - \gamma \\
&\Leftrightarrow \exists \alpha \in A, \exists s \in \mathbb{Q} \text{ s.t. } s \in \alpha \land s \in \gamma^c \\
&\quad (s \in \beta \Leftrightarrow [\exists \alpha \in A \text{ s.t. } s \in \alpha] \text{ による}) \\
&\Leftrightarrow \exists \alpha \in A \text{ s.t. } \gamma < \alpha \\
&\Leftrightarrow \gamma \in A \;(\Rightarrow \text{は定義 10.1 の 2) により} \Leftarrow \text{は定義 10.1 の 3) による．}).
\end{aligned}$$

すなわち
$$\forall \gamma \in \mathbb{R}[\gamma < \beta \Leftrightarrow \gamma \in A].$$

言い換えれば
$$\forall \gamma \in \mathbb{R}[\beta \leq \gamma \Leftrightarrow \gamma \in A^c].$$

特に $\beta \in A^c$ で β は A^c の最小元であることが言えた． □

定理 9.5 と比べてみると，有理数の切断 α の補集合 $\alpha^c = \mathbb{Q} - \alpha$ は必ずしも最小元を持たないのに対し，この定理 10.1 で言っていることは，実数の切断 A の補集合 $A^c = \mathbb{R} - A$ は必ず最小元を持ち，したがって A の上方の境界は A^c の最小元として必ず $\mathbb{R}$ 自体の中に存在することとなっている．すなわち $\mathbb{Q}$ の切断はその上方の境界を意味するものとして導入され，それは実際に $\mathbb{Q}$ の真の拡大である実数体 $\mathbb{R}$ を生み出し拡張されたが，$\mathbb{R}$ は切断をさらに行ってももはや拡大されないと言うことを述べているのである．この意味で実数体 $\mathbb{R}$ は完全ないし完備 (complete) であるといい，この定理 10.1 の条件の性質を「$\mathbb{R}$ の完全性 (completeness)」ないし「$\mathbb{R}$ の完備性」という．これが実数の連続性といわれているものである．この実数の完全性ないし連続性は後章で述べる距離空間の完全性ないし完備性という性質の特別の場合である．

定理 10.1 に述べた条件をデデキントの公理と呼ぶことにする．

公理 1 (デデキントの公理) $\mathbb{R}$ の任意の切断 A の補集合 A^c が必ず最小元を持つ．

この公理によって前章で構成された実数の理論を公理論的に定式化できる．すなわち完備な全順序体は同型を除いて一意に定まり，従ってデデキント

の示した条件を公理の一つとして実数体を公理論的に構成できる．以下の定理 10.4 はしたがって「$\mathbb{R}$ に関する」という部分を「全順序を持つ体に関する」[1]と読み替えて成り立つことを意味している．便宜のため「$\mathbb{R}$ に関する」と述べたが読者はその証明を読まれる際はこのように解釈していただきたい．

ここで実数 $\mathbb{R}$ の部分集合について上界と下界という言葉を導入する．

定義 10.2 任意の部分集合 $A \subset \mathbb{R}$ について実数 $a^+ \in \mathbb{R}$ がその上界であるとは
$$\forall x \in A: \ x \leq a^+$$
が成り立つこととする．同様に実数 a^- が A の下界であるとは
$$\forall x \in A: \ x \geq a^-$$
が成り立つことである．これらが存在するときそれぞれ A は上に有界または下に有界であるという．上に有界かつ下に有界のとき単に有界という．さらに A の上界の中に最小のものがあるときそれを A の上限 (supremum) といい $\sup A$ と書く．同様に A の下界の最大元がある場合それを A の下限 (infimum) といい $\inf A$ と書く．

$$\sup A = \min\{s \,|\, \forall x \in A, \ x \leq s\}, \quad \inf A = \max\{s \,|\, \forall x \in A, \ x \geq s\}$$

また集合 X の関数 $f: X \to \mathbb{R}$ について次のような表記も用いる．
$$\sup_{x \in X} f(x) = \sup\{f(x)\}_{x \in X}, \quad \inf_{x \in X} f(x) = \inf\{f(x)\}_{x \in X}.$$
とくに空集合の上限下限は $\sup \emptyset = -\infty, \ \inf \emptyset = +\infty$ と約束する．

後に示されるように，このような上限と下限が存在することはデデキントの公理と同等である．この公理をワイエルシュトラス (Weierstrass) の公理 (または他を前提にしたときの定理) または上界公理とよぶ．

公理 2 (上界公理) $\mathbb{R}$ の空でない上に (または下に) 有界な部分集合 K は上限 (または下限) をもつ．

集合 $A \subset \mathbb{R}$ の上限や下限は次の意味で A の集積点となる．

---
[1] 正確には二等分割区間列に関する議論を含む箇所では「アルキメデス的全順序体に関する」と読み替える．

定義 10.3 $\mathbb{R}$ の元 p が $\mathbb{R}$ の部分集合 E の集積点であるとは任意の正の数 $\epsilon > 0$ に対し $|q - p| < \epsilon$ かつ $q \neq p$ なる E の点 $q \in E$ が存在することを言う．

この集積点を用いると実数の連続性は次のボルツァーノ-ワイエルシュトラスの公理 (Bolzano-Weierstrass axiom) により表される．

公理 3 (ボルツァーノ-ワイエルシュトラスの公理)　実数 $\mathbb{R}$ の任意の有界な無限部分集合 K は $\mathbb{R}$ 内に集積点を持つ．

これはデデキントの公理や上界公理に比べ一般的な表現となっているように見えるが，実際にはこれらすべては互いに同値であることが最後の節で示される．

10.2　収束列による表現

以下，実数の無限個の点による数列 $\{q_1, q_2, q_3, ...\}$ を $\{q_j\}_{j=1}^{\infty}$ と表す．このとき部分列は次のように定義される．

定義 10.4 列 $\{q_j\}_{j=1}^{\infty}$ が $\{p_n\}_{n=1}^{\infty}$ の部分列であるとは 1 以上の自然数全体からそれ自身の中へのある写像：$j \mapsto n_j$ $(j = 1, 2, \ldots)$ で

$$i < j \Rightarrow n_i < n_j$$

なるものに対し $q_j = p_{n_j}$ $(j = 1, 2, \ldots)$ となることである．

またある実数列 $\{x_n\}_{n=1}^{\infty} = \{x_1, x_2, ...\}$ が収束することは次のように表される．

定義 10.5 実数の集合 $\mathbb{R}$ について，次の条件を満たす数列 $\{x_n\}_{n=1}^{\infty}$ は点 $x \in \mathbb{R}$ に収束するという．

$$\forall \epsilon > 0, \ \exists N \in \mathbb{N} \ \text{s.t.} \ \forall n \geq N, \ |x_n - x| < \epsilon.$$

このことを

$$x = \lim_{n \to \infty} x_n.$$

あるいは $x_n \to x$ (as $n \to \infty$) と書き，x は数列 $\{x_n\}_{n=1}^{\infty}$ の $n \to \infty$ のときの極限であるという．

すなわち数列 $\{x_n\}_{n=1}^{\infty}$ が点 $x \in \mathbb{R}$ に収束するとは，正の実数 ϵ を如何にとっても自然数 n がある十分大きな自然数 N 以上になれば開区間

$$(x-\epsilon, x+\epsilon) = \{\, y \mid x-\epsilon < y < x+\epsilon \,\}$$

に対し $x_n \in (x-\epsilon, x+\epsilon)$ となることを意味する．このような極限が存在しないとき，数列は発散するという．

定義 10.6 次の条件を満たす数列 $\{x_n\}_{n=1}^{\infty} \subset \mathbb{R}$ は発散するという．

$$\lim_{n\to\infty} x_n = \infty \quad \Leftrightarrow \quad \forall M \in \mathbb{R},\ \exists N \in \mathbb{N},\ \forall n \geq N:\ x_n > M.$$
$$\lim_{n\to\infty} x_n = -\infty \quad \Leftrightarrow \quad \forall M \in \mathbb{R},\ \exists N \in \mathbb{N},\ \forall n \geq N:\ x_n < M.$$

このような数列に関する以下の条件を有界数列公理 (the bounded-sequence axiom) と呼ぶ．

公理 4 (有界数列公理)　$\mathbb{R}$ の任意の有界な数列は収束する部分列を持つ．

単調増大な数列を用いて実数の連続性を表すこともできる．

定義 10.7 数列 $\{p_n\}_{n=1}^{\infty}$ が単調増大とは任意の $n = 1, 2, \ldots$ に対し

$$p_n \leq p_{n+1}$$

が成り立つことである．特に

$$p_n < p_{n+1}$$

が成り立つとき強い意味で単調増大であるという．不等号を逆にした条件が成り立つ場合単調減少という．

次の条件を単調数列公理 (the monotonic-sequence axiom) という．

公理 5 (単調数列公理)　$\mathbb{R}$ の有界な単調数列は $\mathbb{R}$ のある元に収束する．

この公理を認めれば，最初から極限が知られていないような実数列が収束するかどうか判定するのに用いることができる．たとえば，自然対数の底

$$e = \lim_{n\to\infty} \left(1 + \frac{1}{n}\right)^n$$

の存在はこの方法で確かめることができる．二項定理により $e_n = \left(1+\frac{1}{n}\right)^n$ および $e_{n+1} = \left(1+\frac{1}{n+1}\right)^{n+1}$ を展開すると

$$e_n = \sum_{k=0}^{n} {}_nC_k \left(\frac{1}{n}\right)^k$$
$$= \sum_{k=0}^{n} \frac{1}{k!} 1 \cdot \left(1 - \frac{1}{n}\right) \cdots \left(1 - \frac{k-1}{n}\right)$$
$$< e_{n+1} = \sum_{k=0}^{n+1} \frac{1}{k!} 1 \cdot \left(1 - \frac{1}{n+1}\right) \cdots \left(1 - \frac{k-1}{n+1}\right)$$
$$< 1 + \sum_{k=1}^{\infty} \frac{1}{k!}$$
$$< 1 + \sum_{k=0}^{\infty} \frac{1}{2^k} = 3$$

が成り立つから，数列 $\{e_n\}_{n=1}^{\infty}$ は単調増加で有界である．すなわち，単調数列公理から $\{e_n\}_{n=1}^{\infty}$ の極限である e の存在が示されたことになる．

また，収束の別の判定法として，数列がつぎのような基本列またはコーシー列と呼ばれるものになっているか否かを見る方法がある．

定義 10.8 実数列 $\{x_n\}$ は以下の条件を満たすときコーシー列または基本列であるとよばれる．

$$\forall \epsilon > 0, \ \exists N \in \mathbb{N} \ \ s.t. \ \forall n,m \geq N, \ |x_n - x_m| < \epsilon.$$

極限の定義から数列に極限が存在すればコーシー列の条件を満たすことが容易に示される．

定理 10.2 点列 $\{x_n\}_{n=1}^{\infty}$ は点 $x \in \mathbb{R}$ に収束するならば基本列である．

証明 もし，$\mathbb{R}$ 上の点列 $\{x_n\}_{n=1}^{\infty}$ が点 $x \in \mathbb{R}$ に収束するならば，

$$\forall \epsilon > 0, \ \exists N \in \mathbb{N} \ \ s.t. \ \forall n,m \geq N, \ |x_n - x| < \epsilon/2 \ \text{ and } \ |x_m - x| < \epsilon/2.$$

従って，
$$|x_n - x_m| \leq |x_n - x| + |x_m - x| < \epsilon.$$

$\square$

実数列についてはこの逆も成り立ち実数の連続性を表す公理として採用される．これをコーシー (Cauchy) の公理と呼ぶ．

公理 6 (コーシーの公理)　$\mathbb{R}$ の任意のコーシー列が $\mathbb{R}$ のある点に収束する．すなわち収束する実数列であることとコーシー列であることは同値である．

10.3　閉区間列による表現

実数の集合 $\mathbb{R}$ において二つの実数 a, b ($a \leq b$) に対して閉区間 $[a,b] = \{x | a \leq x \leq b\}$ を定義する．このとき閉区間の二等分割を考える．

定義 10.9　与えられた実数の閉区間 $[a_1, b_1]$ ($-\infty < a_1 < b_1 < \infty$) をはじめの区間 I_1 とし第二の閉区間 I_2 は I_1 の二等分割区間 I_2 すなわち

$$I_2 = [a_2, b_2] \quad \text{ただし } a_2 = a_1, b_2 = \frac{a_1 + b_1}{2} \text{ または } a_2 = \frac{a_1 + b_1}{2}, b_2 = b_1$$

なるものとし以下同様に各 I_n ($n = 1, 2, \ldots$) の二等分割閉区間 I_{n+1} を作れば閉区間列 $\{I_n\}_{n=1}^{\infty}$ が得られる．このようにして得られる区間列を二等分割区間列と呼ぶ．

このとき以下の条件を二等分割公理 (bisection axiom) と呼ぶ．

公理 7 (二等分割公理)　$\mathbb{R}$ の任意の二等分割区間列 $\{I_n\}_{n=1}^{\infty}$ に対し

$$\bigcap_{n=1}^{\infty} I_n \neq \emptyset.$$

が成り立つ．

より一般に任意の減少する閉区間の列 $\{[x_n^-, x_n^+]\}_{n=1}^{\infty}$ を考える．

定義 10.10　$\mathbb{R}$ の閉区間列 $\{[x_n^-, x_n^+]\}_{n=1}^{\infty}$ がカントール (Cantor) 列であるとはこれが次を満たすことである．

a) すべての $n = 1, 2, \ldots$ に対し $[x_n^-, x_n^+] \neq \emptyset$.

b) $x_n^- \leq x_{n+1}^-$ かつ $x_n^+ \geq x_{n+1}^+$ ($n = 1, 2, \ldots$).

c) $\lim_{n \to \infty} |x_n^+ - x_n^-| = 0$.

このような集合列に対して，より緩やかな条件にみえる次のカントールの公理も二等分割公理と同等な実数の連続性を表している．

公理 8 (カントールの公理)　$\mathbb{R}$ の任意のカントール列 $\{[x_n^-, x_n^+]\}_{n=1}^{\infty}$ は
$$\bigcap_{n=1}^{\infty}[x_n^-, x_n^+] \neq \emptyset$$
を満たす．

問 10.1 カントールの公理が成り立つときその集合列 $\{[x_n^-, x_n^+]\}_{n=1}^{\infty}$ に対し
$$\exists x \in \mathbb{R} \quad \text{s.t.} \quad \{x\} = \bigcap_{n=1}^{\infty}[x_n^-, x_n^+].$$
であることを示せ．

実際実数体 $\mathbb{R}$ の中ではカントールの公理が二等分割公理と同値なことが示される．

定理 10.3 $\mathbb{R}$ において以下が成り立つ．

$$\text{カントールの公理} \quad \Longleftrightarrow \quad \text{二等分割公理}.$$

証明　二等分割列はカントール列であるから $\Rightarrow$ は明らかである．よって二等分割公理を仮定してカントールの公理を示す．

$\{[x_n^-, x_n^+]\}_{n=1}^{\infty}$ を $\mathbb{R}$ のカントール列とする．このとき
$$\bigcap_{n=1}^{\infty}[x_n^-, x_n^+] \neq \emptyset$$
を示す．定義より
$$\forall \epsilon > 0, \ \exists N > 0, \ \forall n \geq N : |x_n^+ - x_n^-| < \epsilon.$$
ゆえに
$$x, y \in [x_N^-, x_N^+] \Rightarrow |x - y| < \epsilon \Rightarrow y - \epsilon < x < y + \epsilon.$$

従って y を $[x_N^-, x_N^+]$ から任意にとって固定するとき

$$[x_N^-, x_N^+] \subset [y-\epsilon, y+\epsilon] = I_1$$

となる．いま記号を変えて

$$F_n = [x_{N+n}^-, x_{N+n}^+] \quad (n=1,2,\ldots)$$

と書くと

$$F_{n+1} \subset F_n, \quad F_n \subset I_1 \quad (n=1,2,\ldots).$$

上記の区間 $I_1 = [y-\epsilon, y+\epsilon]$ を二等分割して一方の二等分割区間 I_2 が

$$\forall n \geq 1: I_2 \cap F_n \neq \emptyset$$

となるようにできる．実際 I_1 の二等分割区間の両方がある $m \geq 1$ に対し F_m の点を全く含まないとするとその和集合である I_1 自身が F_m と共通部分を持たなくなるがこれは $F_m \subset I_1$ に反する．以下同様に二等分割区間列 $\{I_n\}_{n=1}^\infty$ を作り

$$\forall n \geq 1, \forall \ell \geq 1: I_\ell \cap F_n \neq \emptyset$$

とできる．仮定の二等分割公理よりある点 $p \in \mathbb{R}$ に対し

$$\bigcap_{\ell=1}^\infty I_\ell = \{p\}$$

である．ゆえに任意の $\delta > 0$ に対しある番号 $\ell_\delta \geq 1$ があって

$$I_{\ell_\delta} \subset (p-\delta, p+\delta).$$

他方 I_ℓ の作り方より

$$\forall n \geq 1, \forall \delta > 0: F_n \cap I_{\ell_\delta} \neq \emptyset.$$

以上より

$$\emptyset \neq F_n \cap I_{\ell_\delta} \subset F_n \cap (p-\delta, p+\delta).$$

従って

$$\forall n \geq 1, \forall \delta > 0: F_n \cap (p-\delta, p+\delta) \neq \emptyset.$$

$\delta = 1/n$ ととって
$$\forall n \geq 1 : F_n \cap (p - 1/n, p + 1/n) \neq \emptyset.$$
各 $n = 1, 2, \ldots$ に対しこの集合より一点 p_n を取ると
$$\lim_{n \to \infty} p_n = p.$$
ある番号より先の p_n が一点 p に等しい場合は明らかにその点 p が F_n ($n = 1, 2, \ldots$) の共通部分にはいる．そうでない場合は p は F_n の集積点となるから F_n が閉区間であることから $p \in F_n$ ($n = 1, 2, \ldots$) となる．いずれの場合も
$$\forall n \geq 1 : p \in F_n.$$
$F_n = [x_{N+n}^-, x_{N+n}^+] \subset [x_\ell^-, x_\ell^+]$ ($\ell = 1, 2, \ldots, N$) だから以上より
$$p \in \bigcap_{n=1}^{\infty} [x_n^-, x_n^+]$$
が言えカントールの公理が示された． □

カントール列に関連して上限と下限を用いて上極限と下極限という概念を次のように導入する．

定義 10.11 実数列 $\{x_n\}_{n=1}^{\infty}$ の上極限を
$$\limsup_{n \to \infty} x_n = \inf_n \left(\sup\{x_m | m \geq n\} \right)$$
下極限を
$$\liminf_{n \to \infty} x_n = \sup_n \left(\inf\{x_m | m \geq n\} \right)$$
と定義する．

このとき
$$\inf\{x_m | m \geq n\} \leq x_n \leq \sup\{x_m | m \geq n\}$$
であるから極限 $\lim_{n \to \infty} x_n$ の存在は条件
$$\limsup_{n \to \infty} x_n = \liminf_{n \to \infty} x_n$$
と同値である．

10.4 諸表現の同値性

すでに前節において二等分割公理とカントールの公理の同値性は示された．これより，コーシーの公理を除くすべての公理が同値であることは次の定理により明らかになる．

定理 10.4 $\mathbb{R}$ に関する以下の六つの条件は互いに同値である．

1) デデキントの公理

2) 上界公理

3) 二等分割公理

4) ボルツァーノ-ワイエルシュトラスの公理

5) 有界数列公理

6) 単調数列公理

証明 次の含意関係を示せばよい．

$\quad$ 1) $\Rightarrow$ 2) $\Rightarrow$ 3) $\Rightarrow$ 4) $\Rightarrow$ 5) $\Rightarrow$ 6) $\Rightarrow$ 1).[2]

1. デデキントの公理 $\Rightarrow$ 上界公理の証明：
   K を上界公理で存在を仮定された空でない上に有界な $\mathbb{R}$ の部分集合とする．$U = \{b | b \in \mathbb{R}, b\text{ は }K\text{ の上界である }\}(\subset \mathbb{R})$ とおく．K は上に有界であるから $U \neq \emptyset$ である．$L = U^c = \mathbb{R} - U$ とおく．このとき L が $\mathbb{R}$ の切断であることが言えれば，デデキントの公理より $L^c = U$ は最小元を持ち，したがって最小上界すなわち $\sup K$ の存在が言える．以下 L が $\mathbb{R}$ の切断であることを示す．

   (a) $L^c = U \neq \emptyset$ は上に示したから $L \neq \emptyset$ を言えばよいが，K は空でないから K の元 $k \in K$ がとれる．すると任意の $\ell < k$ なる $\ell \in \mathbb{R}$ は上界でないから $\ell \in U^c = L$．よって，$L \neq \emptyset$ が言えた．

---

[2] 3)$\Rightarrow$4) および 6)$\Rightarrow$1) においては先の脚注で述べたように全順序体がアルキメデス的であることを仮定する．

(b) $k \in L, \ell < k$ とする.このとき仮に $\ell \notin L$ とすると,$\ell \in L^c = U$.ゆえに,ℓ は K の上界となる.よって,$\ell < k$ と仮定したから k も K の上界となり,$k \in U = L^c$ だがこれは仮定 $k \in L$ に矛盾する.よって,仮定 $\ell \notin L$ は誤りであり $\ell \in L$ でなければならない.

(c) L に最大元 ℓ があるとして矛盾を導く.すなわち $\forall p \in L : p \leq \ell$ と仮定する.

このとき $\forall k \in K : k \leq \ell$ である.

実際逆に $\exists k \in K$ s.t. $\ell < k$ と仮定すると ℓ は L の最大元だから $\ell < m < k$ なる任意の m は $m \notin L$ を満たす.ゆえに $m \in L^c = U$ であるから $k \leq m$ となるがこれは $m < k$ に反する.ゆえに $\forall k \in K : k \leq \ell$ が言えた.

以上より ℓ は K の一つの上界であり従って $\ell \in U = L^c$ となるがこれは我々の仮定すなわち ℓ は L の最大元であること従って $\ell \in L$ であることに反する.ゆえに背理法により L には最大元はないことがわかった.

以上で L は $\mathbb{R}$ の切断であることがわかり 1)⇒2) が示された.

2. 上界公理 ⇒ 二等分割公理: $I_n = [a_n, b_n]$ を二等分割公理で仮定された二等分割列とする.すると区間の左右の端点はそれぞれ

$$a_1 \leq a_2 \leq \cdots \leq a_n < b_n \leq \cdots \leq b_2 \leq b_1$$

を満たす.いま自然数 k, n に対し

$$k \leq n \text{ のとき} \quad a_n \leq b_n \leq b_k,$$
$$k \geq n \text{ のとき} \quad a_n \leq a_k \leq b_k$$

であるから

(*) $\forall k, \forall n : a_n \leq b_k$.

従って集合 $\{a_n | n = 1, 2, \ldots\}$ は上界 b_k ($k = 1, 2, \ldots$) を持つ.ゆえに上界公理より最小上界

$$s = \sup\{a_n | n = 1, 2, \ldots\}$$

が存在する．これは任意の自然数 $n = 1, 2, \ldots$ に対し

$$a_n \leq s$$

を満たす．また (*) により b_n は $\{a_n | n = 1, 2, \ldots\}$ の上界だから

$$s \leq b_n$$

となり従って任意の $n = 1, 2, \ldots$ に対し

$$s \in [a_n, b_n]$$

となる．すなわち

$$s \in \bigcap_{n=1}^{\infty} I_n.$$

特に

$$\bigcap_{n=1}^{\infty} I_n \neq \emptyset.$$

以上で二等分割公理が導かれた．

3. 二等分割公理 $\Rightarrow$ ボルツァーノ-ワイエルシュトラスの公理:

K をボルツァーノ-ワイエルシュトラスの公理で仮定された有界な無限集合とする．有界だからある実数 a_1, b_1 で $a_1 < b_1$ なるものに対し

$$K \subset I_1 = [a_1, b_1]$$

となる．I_2 を I_1 の二等分割区間の一方で $I_2 \cap K$ が無限集合になるものとする．このような取り方は K が無限集合だから可能である．以下同様に区間 I_n を I_{n-1} $(n = 2, 3, \ldots)$ の二等分割区間で $I_n \cap K$ が無限集合になるようにとれる．すると二等分割公理より

$$\bigcap_{n=1}^{\infty} I_n \neq \emptyset$$

となる．ところが各区間 I_n の幅は $(b_1 - a_1) 2^{-(n-1)} \to 0$ (as $n \to \infty$) であるからもしこの共通部分に二点 p, q が元として含まれているとすると

$$|p - q| \leq (b_1 - a_1) 2^{-(n-1)} \to 0 \quad (\text{as } n \to \infty)$$

となる．右辺は $n \to \infty$ のとき 0 に限りなく近づき左辺は n に関し定数であるからこの不等式がすべての $n = 2, 3, \ldots$ に対し成り立つためには $p = q$ でなければならず結局上の共通部分はただ一点 $p \in \mathbb{R}$ のみからなることがわかる．各 $n = 1, 2, \ldots$ に対し $I_n \cap K$ は無限集合だから $I_n \cap K$ から p とは異なる一点 p_n がとれるがそれのなす数列 $\{p_n\}$ は $p_n, p \in I_n$ を満たすから

$$|p_n - p| \leq (b_1 - a_1) 2^{-(n-1)} \to 0 \quad (\text{as } n \to \infty)$$

が成り立つ．従って

$$\lim_{n \to \infty} p_n = p, \quad p_n \neq p, \quad p_n \in K$$

が言えた．これは p が K の集積点であることを意味しボルツァーノ-ワイエルシュトラスの公理が示された．

4. ボルツァーノ-ワイエルシュトラスの公理 $\Rightarrow$ 有界数列公理:

$\{p_n\}_{n=1}^{\infty}$ を有界数列公理で仮定された有界数列とする．ある番号 $N \geq 1$ より先の $n \geq N$ に対し $p_n = p_N$ であれば明らかにこの数列 $\{p_n\}$ は $n \to \infty$ のとき p_N に収束するから

$$\forall N \geq 1, \ \exists n \geq N \ \text{s.t.} \ p_n \neq p_N$$

と仮定して一般性は失われない．この場合 $K = \{p_n\}$ という集合は無限集合になるからボルツァーノ-ワイエルシュトラスの公理より K は $\mathbb{R}$ のある点 p に集積する．すなわちある点 $p \in \mathbb{R}$ が存在して次を満たす．

$$\forall \epsilon > 0, \exists n(\epsilon) \geq 1 \ \text{s.t.} \ |p_{n(\epsilon)} - p| < \epsilon \ \wedge \ p_{n(\epsilon)} \neq p.$$

$\epsilon = 1/k \ (k = 1, 2, \ldots)$ と取り $n_k = n(1/k)$ を必要なら番号を付け替えて $n_{k+1} > n_k \ (k = 1, 2, \ldots)$ とできる．このとき上より

$$\lim_{k \to \infty} p_{n_k} = p$$

で $\{p_{n_k}\}_{k=1}^{\infty}$ は $\{p_n\}_{n=1}^{\infty}$ の部分列であるから有界数列公理が示された．

5. 有界数列公理 ⇒ 単調数列公理:

$\{p_n\}_{n=1}^{\infty}$ を単調数列公理で仮定された有界な単調増大数列とする．(単調減少数列の場合も同様に示される．) すなわちある $b \in \mathbb{R}$ に対し

$$p_1 \leq p_2 \leq \cdots \leq p_n \leq p_{n+1} \leq \cdots \leq b$$

を満たす数列とする．このとき $\{p_n\}_{n=1}^{\infty}$ は有界な数列だから有界数列公理よりある部分列 $\{p_{n_k}\}_{k=1}^{\infty}$ は収束する．すなわちある $p \in \mathbb{R}$ に対し

$$\lim_{k \to \infty} p_{n_k} = p.$$

これと上の不等式よりもとの数列 $\{p_n\}_{n=1}^{\infty}$ も $n \to \infty$ のとき同じ極限 p に収束し単調数列公理が示される．

6. 単調数列公理 ⇒ デデキントの公理:

$L \subset \mathbb{R}$ をデデキントの公理で仮定された $\mathbb{R}$ の切断とする．この補集合 $L^c = \mathbb{R} - L$ が最小元を持つことを示せば十分である．いま L は切断であるから $L \neq \emptyset, L^c \neq \emptyset$ ゆえある点 $a_1 \in L, b_1 \in L^c$ がとれる．取り方より $a_1 < b_1$ である．a_1, b_1 の二等分点 $(a_1+b_1)/2$ が $\in L^c$ の場合 $a_2 = a_1, b_2 = (a_1+b_1)/2$ と a_2, b_2 を取る．そうでない場合すなわち $(a_1+b_1)/2 \in L$ の場合 $a_2 = (a_1+b_1)/2, b_2 = b_1$ と取る．するといずれの場合も $a_2 \in L, b_2 \in L^c$ となる．以下同様に a_n, b_n の二等分点を取り $a_{n+1} \in L, b_{n+1} \in L^c$ ($n = 0, 1, 2, \ldots$) となるように数列 $\{a_n\}_{n=1}^{\infty}, \{b_n\}_{n=1}^{\infty}$ を作ることができる．このとき作り方よりこれらの数は

$$a_1 \leq a_2 \leq \cdots \leq a_n \leq a_{n+1} < b_{n+1} \leq b_n \leq \cdots \leq b_2 \leq b_1$$

を満たしかつ各 $n = 1, 2, \ldots$ に対し

$$(b_n - a_n) = (b_1 - a_1) 2^{-(n-1)}, \quad a_n \in L, \quad b_n \in L^c$$

を満たす．従って数列 $\{a_n\}_{n=1}^{\infty}, \{b_n\}_{n=1}^{\infty}$ はそれぞれ有界な単調増大数列，単調減少数列であり従って単調数列公理よりそれぞれ極限 $a \in \mathbb{R}, b \in \mathbb{R}$ を持ちかつ

$$a_n \leq a \leq b \leq b_n \quad (n = 1, 2, \ldots)$$

を満たす．従って上の $(b_n - a_n)$ の式から 3) と同様の論法により

$$a = b$$

であることがわかる．

この数 $a = b$ は L の上界である．実際上界でないとしある $\ell \in L$ に対し $b < \ell$ と仮定すると $\lim_{n\to\infty} b_n = b$ よりある番号 $N \geq 1$ に対し $n \geq N$ なら $b \leq b_n < \ell$ となる．すると $\ell \in L$ で L は切断だから $b_n \in L$ $(n \geq N)$ となり $b_n \in L^c$ に反し矛盾である．従って $a = b$ は L の上界である．

さらにこの $a = b$ は L の最小上界である．実際最小の上界でないと仮定し他の L の上界 c で $c < b$ となるものがあると仮定する．c は L の上界であるから任意の $\ell \in L$ に対し $\ell \leq c < b \leq b_n$ $(n = 1, 2, \ldots)$ である．特に $a_n \in L$ $(n = 1, 2, \ldots)$ だから $a_n \leq c < b \leq b_n$ $(n = 1, 2, \ldots)$ である．よって

$$0 < b - c \leq b_n - a_n = (b_1 - a_1) 2^{-(n-1)} \quad (n = 1, 2, \ldots).$$

右辺は $n \to \infty$ のとき 0 に収束するが左辺は n によらない正の定数であるから矛盾である．従って $a = b$ は L の最小上界である．

この数 $a = b$ は $a = b \notin L$ を満たす．実際 $b \in L$ とすると b は L の最小上界であることから b は L の最大元となり L が切断であることに矛盾する．よって $a = b \in L^c$ である．L は切断だから $\ell \in L^c$ は任意の $k \in L$ に対し $k < \ell$ を満たす．従って L^c の元はすべて L の上界である．よって $a = b \in L^c$ は L の最小上界であることから L^c の最小元である．

以上でデデキントの公理が単調数列公理から導かれた．

□

さらにコーシーの公理が上の諸公理と同値であることは，コーシーの公理がカントールの公理と同値であることを示す次の定理から明らかとなる．

定理 10.5 実数 $\mathbb{R}$ において

$$\text{コーシーの公理} \iff \text{カントールの公理.}$$

証明 $\Rightarrow$: $\{[x_n^-, x_n^+]\}_{n=1}^{\infty}$ をカントール列であるとする．各 $[x_n^-, x_n^+]$ は空でないから $x_n \in [x_n^-, x_n^+]$ がとれる．$m > n$ なら $x_n, x_m \in [x_n^-, x_n^+]$ ゆえ $|x_n - x_m| \leq |x_n^- - x_n^+|$ である．しかも $|x_n^- - x_n^+| \to 0$ (as $n \to \infty$) すなわち

$$\forall \epsilon > 0, \ \exists N \in \mathbb{N}, \ \forall n, m \ [m > n \geq N \Rightarrow |x_n - x_m| \leq |x_n^- - x_n^+| < \epsilon]$$

だから $\{x_n\}_{n=1}^{\infty}$ はコーシー列である．よって仮定のコーシーの公理から x_n は $\mathbb{R}$ のある点 x に収束する．すなわち

$$\lim_{n \to \infty} x_n = x.$$

$m \geq n \geq 1$ なら $x_m \in [x_m^-, x_m^+] \subset [x_n^-, x_n^+]$ だから，ある番号 N 以上の m に対し $x_m = x$ となる自明な場合以外は x は $[x_n^-, x_n^+]$ の集積点である．ゆえに $x \in [x_n^-, x_n^+]$ $(n = 1, 2, \dots)$．すなわち

$$x \in \bigcap_{n=1}^{\infty} [x_n^-, x_n^+].$$

よって

$$\bigcap_{n=1}^{\infty} [x_n^-, x_n^+] \neq \emptyset.$$

$\Leftarrow$: $\{x_n\}_{n=1}^{\infty}$ をコーシー列とする．すなわち

$$\forall \epsilon > 0, \ \exists N > 0, \ \forall m, n \geq N : \ |x_n - x_m| < \epsilon$$

とする．いま

$$x_n^+ = \sup\{x_m | m \geq n\}, \quad x_n^- = \inf\{x_m | m \geq n\}$$

とおくと

$$[x_{n+1}^-, x_{n+1}^+] \subset [x_n^-, x_n^+] \quad (n = 1, 2, \dots).$$

$n \geq N$ のとき
$$|x_n^+ - x_n^-| = \sup\{|x_p - x_q||p, q \geq n\} \leq \epsilon.$$
これは
$$\lim_{n\to\infty} |x_n^+ - x_n^-| = 0$$
を意味する．従って $\{[x_n^-, x_n^+]\}_{n=1}^{\infty}$ はカントール列である．よって仮定のカントールの公理より
$$\exists x \in \bigcap_{n=1}^{\infty} [x_n^-, x_n^+].$$
ここで $x_n \in [x_n^-, x_n^+]$, $x \in [x_n^-, x_n^+]$ ゆえ $|x_n - x| \leq |x_n^+ - x_n^-| \to 0$ (as $n \to \infty$). これは
$$\lim_{n\to\infty} x_n = x$$
を示し，コーシーの公理が言えた． □

以上により八つのすべての公理の同値性が示された．

第11章 位相と距離

2つの集合の要素間に上への1対1写像が一つ見つかれば二つの集合はそのような意味で同等であると考えることができた．さらに選択公理を仮定するとその違いは対応する順序数により濃度で表すことができた．

これらは集合が要素の集まりという以上の構造を持たないという仮定の下での集合の分類として最良のものであろう．しかし数学的対象には単に集合であるという以上により豊富な構造を持った対象が存在する．これから述べる位相 (topology) という概念は我々が目の当たりにする空間という，ある意味であらゆるものの「容器」と見なしうるものの構造を抽出したものである．位相の概念を定義した後，より具体的な空間の特徴の表現である距離という概念を導入する．これらは容器としての空間でありかつまた我々が日頃ものの近さ遠さという物差しをあてがう行為の基礎となる空間の性質の抽象である．

具体的には実数の集合においては位相はその順序関係により定められる．距離空間はこの実数の性質を利用して位相を定義することができるものである．この概念をもとにすれば実数は距離空間の一種として再解釈される．

11.1 位相

集合 X が与えられたとき X の位相は以下のように定義される．

定義 11.1 集合 X の位相 $\mathcal{O} = \{O_\lambda\}_{\lambda \in \Lambda}$ とはその要素が次のような性質を満たすような X の部分集合の族をいう．

1. Λ の任意の部分集合 Λ_1 に対し

$$\bigcup_{\lambda \in \Lambda_1} O_\lambda \in \mathcal{O}.$$

2. Λ の任意の有限部分集合 $\{\lambda_1, \ldots, \lambda_k\}$ に対し

$$\bigcap_{j=1}^{k} O_{\lambda_j} \in \mathcal{O}.$$

すなわち
$$O_1, O_2 \in \mathcal{O} \quad \Rightarrow \quad O_1 \cap O_2 \in \mathcal{O}.$$

3. 全集合も空集合も $\mathcal{O}$ に属する．すなわち
$$X \in \mathcal{O}, \quad \emptyset \in \mathcal{O}.$$

族 $\mathcal{O}$ の要素を X の開集合 (open set) と呼び，このような開集合の族を持った空間 X または組 $(X, \mathcal{O})$ を位相空間 (topological space) と呼ぶ．

定義 11.2 位相空間 $(X, \mathcal{O})$ において開集合の補集合として表される集合を閉集合という．

集合 X に位相 $\mathcal{O}$ を与えることは $\mathcal{O}$ に属する各開集合 O の補集合 $C = O^c$ である閉集合の全体 $\mathcal{C}$ を与えることと同値である．すなわち X に位相を与えることは X に以下のような閉集合族を与えることと同値である．

定義 11.3 次の性質をもつ集合 X の部分集合の族 $\mathcal{C} = \{C_\lambda\}_{\lambda \in \Lambda}$ を閉集合族と呼ぶ．

1. Λ の任意の部分集合 Λ_1 に対し
$$\bigcap_{\lambda \in \Lambda_1} C_\lambda \in \mathcal{C}.$$

2. Λ の任意の有限部分集合 $\{\lambda_1, \ldots, \lambda_k\}$ に対し
$$\bigcup_{j=1}^{k} C_{\lambda_j} \in \mathcal{C}.$$

すなわち
$$C_1, C_2 \in \mathcal{C} \quad \Rightarrow \quad C_1 \cup C_2 \in \mathcal{C}.$$

3. 全集合も空集合も閉集合族 $\mathcal{C}$ に属する．すなわち
$$X \in \mathcal{C}, \quad \emptyset \in \mathcal{C}.$$

11.1. 位相

位相および閉集合族の定義において全体 X とその補集合 $\emptyset$ は閉集合でありかつ開集合でもあるという意味で特別な地位にある．トポロジー（位相）とは場所を表すトポスというギリシア語に起源をもち，集合が位相を持つということはその集合が空間としての性質を獲得することを意味する．今後位相空間の要素を単に点と呼ぶ．様々な位相が定義可能である．以下はそのもっとも単純な例である．

問 11.1 以下はそれぞれの集合上の位相を与えることを示せ．

1. 任意の集合 X のべき集合 2^X．これを離散位相といいこの空間を離散空間という．このとき全ての集合は開かつ閉である．

2. 任意の集合 X について $\{\emptyset, X\}$．これを密着位相といいこの空間を密着空間という．

3. 2点からなる集合 $X = \{a, b\}$ について $\{\emptyset, \{b\}, X\}$．これを二点空間という．

ここで一つの集合 X に対して様々な位相の入れ方があることに注意しておく．この場合位相に強弱の関係をつけることができる．

定義 11.4 2つの位相空間 $(X, \mathcal{O}_1)$ と $(X, \mathcal{O}_2)$ について $\mathcal{O}_1 \subset \mathcal{O}_2$ のとき $\mathcal{O}_1$ は $\mathcal{O}_2$ より弱い（あるいは $\mathcal{O}_2$ は $\mathcal{O}_1$ より強い）という．

実数の集合 $\mathbb{R}$ にはアルキメデスの順序により位相を導入することができる．すなわち順序関係により定まる開区間 (a, b) $(a \leq b)$ を含み上記定義 11.1 の条件を満たす最小の族 $\mathcal{O}$ により以下のように $\mathbb{R}$ の位相が定義される．

例 11.1 以下はそれぞれの集合上の位相を与える．

1. 実数の集合 $\mathbb{R}$ に相当する数直線上の有限個ないし無限個の開区間の任意の和集合および任意の有限個数の共通部分のなす集合族を作りまたこれらの集合の任意個数の和集合および任意有限個数の共通部分のなす集合族を作り，以降同様にいくらでも同じ構成を行って最後に得られる集合族．（このように与えられた集合族 $\{A_\gamma\}_{\gamma \in \Gamma}$ からその任意個数の集合の和集合および任意有限個数の共通部分を作ることを繰り

返してえられる位相を $\{A_\gamma\}_{\gamma\in\Gamma}$ より生成される位相と呼ぶ．これは $\{A_\gamma\}_{\gamma\in\Gamma}$ を含む最小の位相となる．)

2. n 次元ユークリッド空間 $\mathbb{R}^n$ において開区間 $(a_1,b_1)\times\cdots\times(a_n,b_n)$ の族より生成される位相．

3. n 次元ユークリッド空間 $\mathbb{R}^n$ において円の内部（円周を除いた部分）$B_r(p)=\{x|x\in\mathbb{R}^n,|x-p|<r\}$ $(p\in\mathbb{R}^n,r>0)$ の族より生成される位相．

以下の例は位相の定義の中で開集合の無限和を開集合とするのになぜ無限個の集合の共通部分を開集合としなかったのかを具体的に示している．つまり開区間の無限個の共通部分が閉区間になることがあるからである．

例 11.2 実数の集合 $\mathbb{R}$ の自然数 $n\in\mathbb{N}$ について次の集合は開集合である．
$$O_n=\left(-1-\frac{1}{n},1+\frac{1}{n}\right).$$
このときこの無限個の共通部分は閉集合となる．
$$\bigcap_{n\in\mathbb{N}}O_n=[-1,1]\notin\mathcal{O}.$$

定義 11.5 位相空間 $(X,\mathcal{O})$ において集合 $N\subset X$ が点 $x\in X$ の近傍であるとは $x\in O$ なるある開集合 $O\in\mathcal{O}$ が存在して $O\subset N$ となることである．

定義 11.6 $(X,\mathcal{O})$ を位相空間とし M を X の部分集合とする．

1. 点 $x\in X$ が M の内点であるとは点 x のある近傍 N が存在して $N\subset M$ となることをいう．集合 M の内点の全体を M の開核と呼び M° と表す．

2. 点 $x\in X$ が M の集積点であるとは x の任意の近傍の中に x 以外の M の点が含まれることをいう．M の集積点全体のなす集合を M の導集合といい M^d と表す．

3. 点 $x\in X$ が M の外点であるとは x が M の補集合 $M^c:=X-M$ の内点であることをいう．M の外点の全体を M の外部といい M^e と表す．

4. 点 $x \in X$ が M の境界点であるとは x が M の内点でも外点でもないことを言う．境界点の全体を ∂M と表す

問 11.2 位相空間 $(X, \mathcal{O})$ の集合 M の開核 M° は M に含まれるすべての開集合の和集合に等しい．特に M° は M に含まれる最大の開集合となる．

定義 11.7 集合 X に対し X の各点 $x \in X$ に対し X の部分集合の族 $\mathcal{U}(x)$ で以下の性質を満たすものが対応しているとき $\mathcal{U}(x)$ $(x \in X)$ を X における基本近傍系という．

1) $V \in \mathcal{U}(x) \Rightarrow x \in V$．

2) $V_j \in \mathcal{U}(x)$ $(j = 1, 2) \Rightarrow \exists V \in \mathcal{U}(x)$ s.t. $V \subset V_1 \cap V_2$．

3) $\forall V \in \mathcal{U}(x), \exists W \in \mathcal{U}(x), \forall y \in W, \exists V_y \in \mathcal{U}(y)$ s.t. $V_y \subset V$．

位相空間 $(X, \mathcal{O})$ が与えられているとき各点 $x \in X$ に対し $\mathcal{U}(x) = \{O | O \in \mathcal{O}, x \in O\}$ とおくと $\mathcal{U}(x)$ は X における基本近傍系になる．逆に X における基本近傍系 $\mathcal{U}(x)$ $(x \in X)$ が与えられているとき $\mathcal{O} = \{O | O \subset X, \forall x \in O, \exists V \in \mathcal{U}(x)$ s.t. $V \subset O\}$ とおくと $\mathcal{O}$ は X における位相を定義する．この位相を基本近傍系 $\mathcal{U}(x)$ によって生成される位相という．二つの異なる基本近傍系が同じ位相を生成するときそれらは互いに同値な基本近傍系という．

定義 11.8 位相空間 $(X_1, \mathcal{O}_1)$ から他の位相空間 $(X_2, \mathcal{O}_2)$ への写像 $f: X_1 \longrightarrow X_2$ が点 $x \in X_1$ において連続であるとは $y = f(x) \in X_2$ とおくとき y の任意の近傍 $U \subset X_2$ に対し点 x のある近傍 $V \subset X_1$ が存在して

$$f(V) \subset U$$

が成り立つことである．X_1 から X_2 への写像 $f: X_1 \longrightarrow X_2$ が連続であるとは f が任意の点 $x \in X_1$ において連続であることである．

問 11.3 二つの位相空間 $(X_1, \mathcal{O}_1)$ と $(X_2, \mathcal{O}_2)$ およびおのおのの閉集合系 $\mathcal{C}_1, \mathcal{C}_2$ と基本近傍系 $\mathcal{U}_1(x)$ $(x \in X_1), \mathcal{U}_2(y)$ $(y \in X_2)$ が与えられているとする．このとき X_1 から X_2 への写像 $f: X_1 \longrightarrow X_2$ が連続であることは以下のいずれの条件とも同値であることを示せ．

1) X_2 の任意の開集合 $O_2 \in \mathcal{O}_2$ に対しその逆像

$$f^{-1}(O_2) = \{x | x \in X_1, f(x) \in O_2\}$$

が X_1 の開集合になる．

2) X_2 の任意の閉集合 $C_2 \in \mathcal{C}_2$ に対しその逆像

$$f^{-1}(C_2) = \{x | x \in X_1, f(x) \in C_2\}$$

が X_1 の閉集合になる．

3) X_1 の任意の点 $x \in X_1$ に対し $y = f(x) \in X_2$ とおくとき任意の $U \in \mathcal{U}_2(y)$ に対しある $V \in \mathcal{U}_1(x)$ が存在して

$$f(V) \subset U$$

が成り立つ．

このとき位相空間としての同等性は以下のように定義される．

定義 11.9 $(X_1, \mathcal{O}_1)$ および $(X_2, \mathcal{O}_2)$ を位相空間とするとき X_1 から X_2 の上への 1 対 1 写像 $f : X_1 \to X_2$ が連続でかつ逆写像 f^{-1} も連続であるとき f は同相写像であるという．このような同相写像が存在するとき X_1 と X_2 は同相であるといい次のように表す．

$$X_1 \simeq X_2.$$

位相空間 $(X, \mathcal{O})$ に同値関係 $\sim$ が定義されているとき商位相空間 $Y = X/\sim$ の位相は以下のように定義される．

定義 11.10 $(X, \mathcal{O})$ を位相空間とする．$\sim$ を X における同値関係とし，元 $x \in X$ を代表元とする同値類を $[x] = \{y | y \in X, y \sim x\}$ とあらわす．$\phi : X \ni x \mapsto [x] \in X/\sim$ を標準写像とするとき

$$\mathcal{O}/\sim \,= \{O | O \subset X/\sim, \phi^{-1}(O) \in \mathcal{O}\}$$

は ϕ を連続にする $X/\sim$ の最も強い位相を定義する．この位相を $X/\sim$ の商位相という．この位相を持った空間 $(X/\sim, \mathcal{O}/\sim)$ を X の同値関係 $\sim$ による商位相空間といい，単に $X/\sim$ と書くときもある．

11.1. 位相

位相の可算性に関し以下のような用語を導入する．

定義 11.11 位相空間 $(X, \mathcal{O})$ の各点 $x \in X$ が高々可算な基本近傍系 $\mathcal{U}(x)$ を持つとき $(X, \mathcal{O})$ は第一可算公理を満たすという．

定義 11.12 位相空間 $(X, \mathcal{O})$ が与えられているとき $\mathcal{O}$ の部分集合 $\mathcal{O}_b$ で任意の $O \in \mathcal{O}$ に対しある $S \subset \mathcal{O}_b$ が存在して

$$O = \bigcup S = \bigcup_{A \in S} A$$

が成り立つとき $\mathcal{O}_b$ を位相空間 $(X, \mathcal{O})$ の基底 (basis) という．

定義 11.13 位相空間 $(X, \mathcal{O})$ が高々可算な基底を持つとき $(X, \mathcal{O})$ は第二可算公理を満たすという．

問 11.4 位相空間が第二可算公理を満たせば第一可算公理を満たすことを示せ．

以前定義した集合の開核に対し集合の閉包という概念は以下のように定義される．

定義 11.14 位相空間 $(X, \mathcal{O})$ の部分集合 $M \subset X$ に対し M を含む閉集合すべての共通部分を M の閉包といい $\overline{M}$ と表す．

問 11.5 位相空間 $(X, \mathcal{O})$ の部分集合 $M \subset X$ の閉包 $\overline{M}$ は M の補集合 M^c の開核の補集合に等しい．

問 11.6 位相空間 $(X, \mathcal{O})$ の部分集合 $M \subset X$ の閉包 $\overline{M}$ は M と M の導集合 M^d の和集合に等しい．すなわち $\overline{M} = M \cup M^d$．

閉包は閉集合になる．

問 11.7 M を位相空間 $(X, \mathcal{O})$ の部分集合とするとき以下を示せ．

1. M が閉集合である $\iff$ $\overline{M} = M$.
2. $p \in \overline{M} \iff p$ の任意の近傍が M の点を含む $\iff p \in M \cup \partial M$.

定義 11.15 位相空間 $(X, \mathcal{O})$ の部分集合 $M \subset X$ が X において稠密であるとは $\overline{M} = X$ となることである．

問 11.8 位相空間 $(X, \mathcal{O})$ の部分集合 $M \subset X$ が X において稠密であることは任意の点 $x \in X$ の任意の近傍 V が M と共通部分を持つことと同値である．

定義 11.16 位相空間 X の部分集合 M が全疎集合であるとは閉包 $\overline{M}$ が内点を持たないことをいう．すなわち M が全疎とは $\overline{M}$ の補集合が X において稠密であることである．

以下の定義は後に定理 11.4 を述べる際に必要になる．

定義 11.17 位相空間 X が全疎集合の可算和で表されるとき X は第一類の集合という．X が全疎集合の可算和で表すことができないとき X は第二類の集合という．

11.2 距離空間と完備性

位相空間のうちその位相が距離という概念によって定義されるものを距離空間という．文字通り距離とは日常使う「距離」という概念を数学的に抽象した概念である．

定義 11.18 集合 S が関数 $d: S \times S \longrightarrow \mathbb{R}$ を距離関数として距離空間を成すとは任意の $x, y, z \in S$ に対し以下の条件が成り立つことを言う．

1) $d(x, y) \geq 0$ かつ 等号 $=$ は $x = y$ の時かつそのときのみ成り立つ．

2) $d(x, y) = d(y, x)$.

3) $d(x, z) \leq d(x, y) + d(y, z)$. （三角不等式）

このときこの距離空間を距離関数 d を明示して (S, d) と書くときもある．

実数の集合 $\mathbb{R}$ および n 次元ユークリッド空間 $\mathbb{R}^n$ はそれぞれ以下の距離により距離空間である．

例 11.3

1. $\mathbb{R}$ は $d(x,y) = |x-y|$ を距離関数として距離空間を成す．

2. $n = 1, 2, \ldots$ を一つ固定するとき

$$\mathbb{R}^n = \left\{ \begin{pmatrix} x_1 \\ \vdots \\ x_n \end{pmatrix} \middle| x_i \in \mathbb{R} \ (i = 1, 2, \ldots, n) \right\}$$

は $x = {}^t(x_1, \ldots, x_n), y = {}^t(y_1, \ldots, y_n)$ に対し

$$d(x,y) = \sqrt{\sum_{j=1}^n (x_j - y_j)^2}$$

を距離関数として距離空間を成す．(以降混乱の起きない限り縦ベクトル $x = {}^t(x_1, \ldots, x_n)$ を横ベクトルの記号 $x = (x_1, \ldots, x_n)$ 等で表す．)

3. $(S_1, d_1), (S_2, d_2)$ を二つの距離空間とするとき直積集合 $S_1 \times S_2$ の二元 $x = (x_1, x_2), y = (y_1, y_2) \in S_1 \times S_2$ の間に

$$d((x_1, x_2), (y_1, y_2)) = \{d_1(x_1, y_1)^2 + d_2(x_2, y_2)^2\}^{1/2}$$

によって関数 $d(x,y)$ を定義するとこれは定義 11.18 の三条件を満たし距離関数になる．$S_1 \times S_2$ にこの距離を入れた距離空間 $(S_1 \times S_2, d)$ を (S_1, d_1) と (S_2, d_2) の直積距離空間という．

距離が定義されると球を定義することができる．

定義 11.19 $p \in S, \epsilon \in \mathbb{R}, \epsilon > 0$ に対し次を中心 p, 半径 ϵ の開球 (または単に球) または ϵ-近傍 (ϵ-neighborhood) という．

$$O_\epsilon(p) = \{x | x \in S, d(x, p) < \epsilon\}.$$

さらに S の集合 $V(\subset S)$ がある $\epsilon > 0, p \in S$ に対し

$$O_\epsilon(p) \subset V$$

をみたすとき V を p の近傍 (neighborhood) と呼ぶ．

距離空間 S はこの近傍の概念により位相空間をなす．すなわち各点 $p \in S$ に対し近傍系を
$$\mathcal{U}(p) = \{O_\epsilon(p) | \epsilon > 0\}$$
と定義すると集合族 $\mathcal{U}(p)$ $(p \in S)$ は前節定義 11.7 の基本近傍系の条件を満たすことがいえる．したがって距離空間 S はこの基本近傍系により生成される位相に関し位相空間となる．実際開集合の概念を以下のように定義する．

定義 11.20 距離空間 (S, d) の集合 O が開集合であるとは
$$\forall p \in O,\ \exists V \in \mathcal{U}(p) \text{ s.t. } V \subset O$$
が成り立つことである．

このとき S の開集合の全体すなわち開集合の族を $\mathcal{O} = \{O | O \subset S \land [\forall p \in O, \exists V \in \mathcal{U}(p) \text{ s.t. } V \subset O]\}$ と定義すると $\mathcal{O}$ は S における位相を定義する．

定理 11.1 距離空間 (S, d) は上述の開集合の族 $\mathcal{O} = \{O_\lambda\}_{\lambda \in \Lambda}$ に関し位相空間となる．すなわち以下が成り立つ．

1. Λ の任意の部分集合 Λ_1 に対し
$$\bigcup_{\lambda \in \Lambda_1} O_\lambda \in \mathcal{O}.$$

2. $O_1, O_2 \in \mathcal{O}\ \Rightarrow\ O_1 \cap O_2 \in \mathcal{O}.$

3. $X \in \mathcal{O},\quad \emptyset \in \mathcal{O}.$

証明

1. $p \in \bigcup_{\lambda \in \Lambda_1} O_\lambda$ であればある $\lambda \in \Lambda_1$ に対し $p \in O_\lambda$ であるから
$$\exists \delta > 0 : O_\delta(p) \subset O_\lambda.$$
従って
$$\forall p \in \bigcup_{\lambda \in \Lambda_1} O_\lambda,\ \exists \delta > 0 :\ O_\delta(p) \subset \bigcup_{\lambda \in \Lambda_1} O_\lambda.$$
つまり $\bigcup_{\lambda \in \Lambda_1} O_\lambda \in \mathcal{O}.$

2. $p \in O_1 \cap O_2$ に対し

$$[\exists \delta_1 > 0: O_{\delta_1}(p) \subset O_1] \wedge [\exists \delta_2 > 0: O_{\delta_2}(p) \subset O_2].$$

従って，$\delta = \min\{\delta_1, \delta_2\} > 0$ とすると，$O_\delta(p) \subset O_1 \cap O_2$ となる．よって $O_1 \cap O_2 \in \mathcal{O}$.

3. 定義より明らか．

□

二つの距離空間は従って位相空間として同相となりうる．さらに距離空間として同型という概念が定義される．すなわち

定義 11.21 二つの距離空間 $(S_1, d_1), (S_2, d_2)$ が同型とは S_1 から S_2 の上への1対1写像 f で距離を保つものが存在するときを言う．すなわち任意の二点 $s_1, s_2 \in S_1$ に対し $d_2(f(s_1), f(s_2)) = d_1(s_1, s_2)$ が成り立つ時を言う．

問 11.9 二つの距離空間 $(S_1, d_1), (S_2, d_2)$ が同型であれば位相空間として同相であることを示せ．

距離空間の任意の部分集合に対しその大きさのひとつの指標として直径を定義することができる．

定義 11.22 $K \subset S, K \neq \emptyset$ のとき K の直径 $d(K)$ を

$$d(K) = \sup\{d(x,y) | x, y \in K\} (\geq 0)$$

と定義する．$d(K) < \infty$ のとき K は有界という．

直径の例を挙げる．

例 11.4

- $\mathbb{R}$ の区間 $I = [a, b] = \{x | a \leq x \leq b\}$ の直径は

$$d(I) = b - a$$

である．

- $\mathbb{R}^2$ の円周 $C = \{(x,y)|x^2+y^2=r^2\}$ $(r \geq 0)$ の直径は

$$d(C) = 2r$$

である.

距離空間において実数の場合と同様に点列の収束を定義する.

定義 11.23 距離空間 (S,d) について,次の条件を満たす点列 $\{p_n\}_{n=1}^{\infty}$ は点 $p \in S$ に収束するという.

$$\forall \epsilon > 0, \quad \exists N \in \mathbb{N}, \quad \forall n \geq N: \quad d(p_n, p) < \epsilon.$$

点列 $\{p_n\}_{n=1}^{\infty}$ が点 $p \in S$ に収束することを $p_n \to p$ $(n \to \infty)$ または次のように表す.

$$p = \lim_{n \to \infty} p_n.$$

さらに実数および位相空間の場合と同様に集積点を以下のように定義する.また距離空間特有の概念として点列の極限としての極限点が以下のように定義される[1].

定義 11.24

1. $E \subset S$ とする.$p \in S$ が E の集積点であるとは p の任意の近傍の中に p 以外の E の点が含まれることを言う.

2. $E \subset S$ とする.$p \in S$ が E の極限点であるとは

$$\exists \{s_n\}_{n=1}^{\infty} \subset E \text{ s.t. } \lim_{n \to \infty} s_n = p \wedge [s_n \neq s_m \text{ if } n \neq m]$$

を満たすことである.

距離空間においては集積点と極限点は同値な概念である.

補題 11.1 $E \subset S, p \in S$ とする.このとき p が E の集積点であることは p が E の極限点であることと同値である.

---

[1] 一般の位相空間においても有向点族の極限として極限点が定義されるが有向点族はもはや可算列とは限らない.

証明 p が E の極限点であるとするとある点列 $\{s_n\} \subset E$ で $\lim_{n\to\infty} s_n = p$, $s_n \neq s_m$ $(n \neq m)$ なるものがある．このとき

$$\forall \epsilon > 0, \exists N > 0, \forall n \geq N : s_n \in O_\epsilon(p)$$

である．$s_n \neq s_m$ $(n \neq m)$ だからある番号 $M > 0$ に対し $n > M$ ならば $s_n \neq p$ である．よって p は E の集積点である．

逆に p が E の集積点であるとする．すると集合

$$R_k = O_{1/k}(p) - O_{1/(k+1)}(p) \quad (k = 1, 2, \ldots)$$

は互いに共通部分を持たずかつ集積点の定義から R_k が E の点を含むような番号 k は無限個ある．それらの列を

$$R_{k_1}, R_{k_2}, \ldots \quad (k_1 < k_2 < \ldots)$$

とおく．いま各 $j = 1, 2, \ldots$ に対し

$$q_j \in R_{k_j}$$

なる点 q_j をとると明らかに

$$q_j \neq q_i \text{ if } i \neq j$$

でかつ

$$\lim_{j\to\infty} q_j = p$$

となる．すなわち p は E の極限点である． □

点列の収束に関連してコーシー列を定義する．

定義 11.25 距離空間 (S, d) 上の点列 $\{p_n\}$ は，以下の条件を満たすときコーシー列または基本列であると呼ばれる．

$$\forall \epsilon > 0, \quad \exists N \in \mathbb{N} \;\; s.t. \; \forall n, m \geq N : \;\; d(p_n, p_m) < \epsilon.$$

極限の定義から点列に極限が存在すればコーシー列の条件を満たすことが容易にわかる．この逆が常に成り立つときそのような空間を完備であると呼ぶ．

定義 11.26 任意のコーシー列 $\{p_n\}_{n\in\mathbb{N}}$ が距離空間 (S,d) 内で収束するとき距離空間 S は完備 (complete) であるという．さらに，距離空間 (S,d) に任意のコーシー列 $\{x_n\}_{n\in\mathbb{N}}$ が収束する点を全て付け加えて完備距離空間をつくることを完備化という．

たとえば有理数体 $\mathbb{Q}$ を完備化すると実数体 $\mathbb{R}$ が得られる．完備距離空間においてコーシー列がすべて収束することをコーシーの公理と名づけ，実数の場合と同じ公理番号で表す．

公理 6 (コーシーの公理) 完備距離空間 S 内の任意のコーシー列 $\{p_n\}_{n\in\mathbb{N}}$ は S 内で収束する．

完備距離空間上の基本列は唯一つの点に収束することは明らかである．

問 11.6 および上記補題 11.1 より以下が成り立つ．

命題 11.1 $E(\subset S)$ の閉包 $\overline{E}$ は E の点と E の極限点全体との和集合に等しい．

補題 11.2 $E \subset S$ とする．このとき $\overline{E}$ の直径は E の直径に等しい．すなわち
$$d(\overline{E}) = d(E).$$

証明 $E \subset \overline{E}$ ゆえ $d(E) \leq d(\overline{E})$ は明らかである．そこで $d(E) < d(\overline{E})$ を仮定して矛盾を導く．

こう仮定すると直径の定義から
$$\exists p, \exists q \in \overline{E} \text{ s.t. } d(E) < d(p,q).$$

従って
$$d(p,q) = d(E) + a, \quad a > 0$$
と書ける．特に p または q は E に含まれない．一般性を失うことなく
$$p \notin E$$
と仮定してよい．このとき
$$p \in \overline{E}$$

であったから p は E の極限点である．従って

$$\forall r > 0,\ \exists x_r \in E \text{ s.t. } x_r \in O_r(p).$$

つまり

$$\forall r > 0,\ \exists x_r \in E \text{ s.t. } d(x_r, p) < r.$$

ここで三角不等式

$$d(p, q) \leq d(p, x_r) + d(x_r, q)$$

より

$$d(x_r, q) \geq d(p, q) - d(p, x_r).$$

ここで

$$d(p, q) = d(E) + a, \quad d(x_r, p) < r$$

を使うと

$$d(x_r, q) \geq d(E) + a - r.$$

$r = a/2$ ととって

$$d(x_{a/2}, q) \geq d(E) + a/2 > d(E).$$

$x_{a/2} \in E$ ゆえ q も E の元ではない．他方で $q \in \overline{E}$ であったから q は E の極限点である．ゆえに

$$\forall s > 0,\ \exists y_s \in E \text{ s.t. } y_s \in O_s(q).$$

$s = a/4$ ととると

$$d(q, y_{a/4}) < a/4$$

を得る．三角不等式より

$$d(q, x_{a/2}) \leq d(q, y_{a/4}) + d(y_{a/4}, x_{a/2})$$

だから

$$\begin{aligned} d(y_{a/4}, x_{a/2}) &\geq d(q, x_{a/2}) - d(q, y_{a/4}) \\ &\geq d(E) + a/2 - a/4 = d(E) + a/4 > d(E). \end{aligned}$$

ところが $y_{a/4}, x_{a/2} \in E$ だったからこれは矛盾であり，背理法により $d(E) = d(\overline{E})$ が得られた． □

実数の場合と同様に距離空間内の減少閉集合列であるカントール列を考えることができる．

定義 11.27 S の集合列 $\{E_n\}_{n=1}^{\infty}$ がカントール列であるとはこれが次を満たすことである．

1. すべての $n = 1, 2, \dots$ に対し E_n は閉集合でありかつ $E_n \neq \emptyset$.

2. $E_{n+1} \subset E_n \ (n = 1, 2, \dots)$.

3. $\lim_{n \to \infty} d(E_n) = 0$.

このとき実数の完備性の条件に対応する距離空間上のカントールの公理を次のように表すことができる．

公理 8 (カントールの公理) 完備距離空間 S 上の任意のカントール列 $\{E_n\}$ が

$$\bigcap_{n=1}^{\infty} E_n \neq \emptyset$$

を満たす．

問 11.10 カントールの公理が成り立つときその集合列 $\{E_n\}_{n=1}^{\infty}$ に対しある点 $p \in S$ があって

$$\bigcap_{n=1}^{\infty} E_n = \{p\}$$

であることを示せ．

コーシーの公理とカントールの公理の同値性が以下のように示される．

定理 11.2

$$\text{コーシーの公理} \iff \text{カントールの公理}.$$

証明 ⇒: $\{E_n\}_{n=1}^{\infty}$ をカントール列であるとする．各 E_n は空でないから $p_n \in E_n$ がとれる．$m > n$ なら $p_n, p_m \in E_n$ ゆえ $d(p_n, p_m) \leq d(E_n)$ である．しかも $d(E_n) \to 0$ (as $n \to \infty$) だから $\{p_n\}_{n=1}^{\infty}$ はコーシー列である．よって仮定のコーシーの公理から p_n は S のある点 p に収束する．すなわち

$$\lim_{n \to \infty} p_n = p.$$

$m \geq n \geq 1$ なら $p_m \in E_m \subset E_n$ だから p は E_n の集積点である．（E_n がある番号より先有限集合になる場合は集積点ではないがこの場合は自明である．）ゆえに $\overline{E_n} = E_n$ より $p \in E_n$ $(n = 1, 2, \dots)$. すなわち

$$p \in \bigcap_{n=1}^{\infty} E_n.$$

よって

$$\bigcap_{n=1}^{\infty} E_n \neq \emptyset.$$

⇐: $\{p_n\}_{n=1}^{\infty}$ をコーシー列とする．すなわち

$$\forall \epsilon > 0, \exists N > 0, \forall m, n \geq N : d(p_n, p_m) < \epsilon$$

とする．いま

$$F_n = \{p_m | m \geq n\} \quad (n = 1, 2, \dots)$$

とおくと

$$F_{n+1} \subset F_n \quad (n = 1, 2, \dots).$$

従って

$$\overline{F_{n+1}} \subset \overline{F_n} \quad (n = 1, 2, \dots).$$

$n \geq N$ のとき補題 11.2 より

$$d(\overline{F_n}) = d(F_n) = \sup\{d(p_p, p_q) | p, q \geq n\} \leq \epsilon.$$

これは

$$\lim_{n \to \infty} d(\overline{F_n}) = 0$$

を意味する．従って $\{\overline{F_n}\}_{n=1}^{\infty}$ はカントール列である．よって仮定のカントールの公理より

$$\exists p \in \bigcap_{n=1}^{\infty} \overline{F_n}.$$

ここで $p_n \in F_n, p \in \overline{F_n}$ ゆえ $d(p_n, p) \leq d(\overline{F_n}) \to 0$ (as $n \to \infty$). これは

$$\lim_{n \to \infty} p_n = p$$

を示しコーシーの公理が言えた． □

すでに述べたように一般の距離空間 S においてその完備化 (completion) が必ずできることが次の定理からわかる．この定理の証明は少々難しいがここまで学んでこられた読者ならばできるであろう．従ってその証明は問としておく．

定理 11.3 距離空間 S においてそのコーシー列 $\{s_n\}_{n=1}^{\infty}, \{t_n\}_{n=1}^{\infty}$ の間に同値関係

$$\{s_n\}_{n=1}^{\infty} \sim \{t_n\}_{n=1}^{\infty} \Leftrightarrow \lim_{n \to \infty} d(s_n, t_n) = 0$$

を導入する．この同値関係による同値類

$$[\{s_n\}_{n=1}^{\infty}]$$

の全体を $\overline{S}$ とおく．このとき $\overline{S}$ に距離

$$d([\{s_n\}_{n=1}^{\infty}], [\{t_n\}_{n=1}^{\infty}]) = \lim_{n \to \infty} d(s_n, t_n)$$

を導入すると $\overline{S}$ は以下の埋め込み写像により S の拡張となりかつ完備である．

$$S \ni s \mapsto [\{s\}] \in \overline{S}.$$

ただし $\{s\}$ は $s_n = s$ $(n = 1, 2, \dots)$ なる定数点列を表す．またこのような完備化は同型を除いて一意的に定まる．

問 11.11 定理 11.3 を示せ．

以下の定理はベールのカテゴリー定理と呼ばれるものである．

定理 11.4 S を空でない完備な距離空間とすると S は第二類の集合である．すなわち S は全疎集合の可算和で表すことができない．

証明 結論を否定して S が可算個の全疎集合 M_k $(k = 1, 2, \ldots)$ によって $S = \bigcup_{k=1}^{\infty} \overline{M}_k$ と表されたとし矛盾を導く．閉集合 $\overline{M}_k$ の補集合 $\overline{M}_k^c$ は開集合であり，M_k は全疎だから $\overline{M}_1^c$ は S において稠密である．特に $\overline{M}_1^c$ は中心 p_1，半径 $\epsilon_1 > 0$ のある閉球 $B_1 = \overline{O_{\epsilon_1}(p_1)}$ を含む．開集合 $\overline{M}_2^c$ は S において稠密であるから中心 $p_2 \in B_1$ で半径 $0 < \epsilon_2 < 2^{-1}\epsilon_1$ の閉球 $B_2 = \overline{O_{\epsilon_2}(p_2)}$ で $B_2 \subset B_1$ なるものを含む．以下同様に閉球の列

$$B_k = \overline{O_{\epsilon_k}(p_k)} \quad (k = 1, 2, \ldots)$$

で

$$0 < \epsilon_{k+1} < 2^{-1}\epsilon_k, \quad B_{k+1} \subset B_k, \quad B_k \cap \overline{M}_k = \emptyset$$

を満たすものがとれる．作り方から $\ell > k$ に対し $d(p_\ell, p_k) < \epsilon_k$ でありしたがって点列 p_k はコーシー列である．ゆえに S の完備性から p_k は $k \to \infty$ のときある点 $p \in S$ に収束する．特に $d(p_k, p) \leq d(p_k, p_\ell) + d(p_\ell, p) < \epsilon_k + d(p_\ell, p) \to \epsilon_k$ $(\ell \to \infty)$ であるから任意の k に対し $p \in B_k$ である．ゆえに上の性質 $B_k \cap \overline{M}_k = \emptyset$ より $p \notin \overline{M}_k$ $(k = 1, 2, \ldots)$ でありしたがって $p \notin S = \bigcup_{k=1}^{\infty} \overline{M}_k$ となり矛盾である． $\square$

11.3 コンパクト性

集合がある意味で小さいものであり扱いやすいものであるということを表す概念としてコンパクト (compact) という言葉を導入する．この概念は一般の位相空間において以下のように定義される．

定義 11.28 位相空間 $(X, \mathcal{O})$ において，部分集合 $K \subset X$ がコンパクト集合であるとは任意の K の開被覆 $\{U_\alpha\}_{\alpha \in A}$，つまりこの族の任意の U_α が開集合でありかつ

$$K \subset \bigcup_{\alpha \in A} U_\alpha$$

が成り立つとき，必ずこれらのうちから有限個の $\{U_{\alpha_j}\}_{j=1}^{k}$ を取り出してそれらが K を被覆するようにできるとき，すなわち

$$K \subset \bigcup_{j=1}^{k} U_{\alpha_j}$$

が成り立つときをいう．

つまりある部分集合 K がコンパクトであるとは，K が開集合の無限個の和で覆われたとしても，実際にはそのうちのある有限個の開集合の和のみを残しても覆われたままであるという意味である．とくに距離空間の場合はコンパクト性を点列の収束によって表すことができる．これを一般の位相空間におけるコンパクトと区別して点列コンパクト (sequentially compact) と呼ぶ．

定義 11.29 距離空間 (S, d) において，部分集合 $K \subset S$ が点列コンパクトであるとは K の任意の点列 $\{a_k\}_{k=1}^{\infty}$ が K の点に収束する部分列を持つことを言う．

距離空間においては，コンパクトであることと点列コンパクトであることは同じであることが後に述べる定理でわかる．さらに部分集合が次の意味で全有界かつ完備であることとも同値になる．

定義 11.30 距離空間 (S, d) において部分集合 $B \subset S$ が有界とは，ある $x \in S, r > 0$ が存在して

$$B \subset O_r(x)$$

となることである[2]．B が全有界とは，任意の $\epsilon > 0$ に対し有限個の点 $x_1, \ldots, x_n \in S$ が存在して

$$B \subset \bigcup_{j=1}^{n} O_\epsilon(x_j)$$

となることである．

---

[2] この定義は先述の定義 11.22 の有界性と同値である．

以上の同等性を定理にまとめると，次のようになる．

定理 11.5 距離空間 S において K を S の部分集合とする時次の 3 条件は互いに同値である．

1. K はコンパクトである．
2. K は全有界かつ完備である．
3. K は点列コンパクトである．

証明

1. K は点列コンパクトである．$\Longrightarrow$ K は全有界かつ完備である．

    まず K が点列コンパクトなら K は全有界なことを示す．全有界でないと仮定すると，ある $\eta > 0$ があって K は有限個の $O_\eta(p_i)$ で被覆できない．任意の $q_1 \in K$ を取り，固定する．いまある整数 $n \geq 2$ まで点 $q_1, \ldots, q_{n-1} \in K$ がとれていて，$1 \leq i, j \leq n-1, i \neq j$ で $d(q_i, q_j) \geq \eta$ となっているとする．K は $\bigcup_{i=1}^{n-1} O_\eta(q_i)$ では覆われない．従って，ある点 $q_n \in K$ があって $q_n \in K - \bigcup_{i=1}^{n-1} O_\eta(q_i)$ となる．ゆえに，この q_n は $1 \leq i \leq n-1$ に対し $d(q_i, q_n) \geq \eta$ を満たしている．従って，帰納的に点列 $\{q_i\}_{i=1}^{\infty}$ がとれて，任意の $i, j \geq 1, i \neq j$ に対し $d(q_i, q_j) \geq \eta$ となる．この点列 $\{q_i\}$ は従ってそのいかなる部分列も収束しない．これは K が点列コンパクトであることに反し，矛盾である．従って K は全有界である．

    次に K が完備であることを示す．$\{a_k\}_{k=1}^{\infty}$ が K のコーシー列であるとする．仮定の K の点列コンパクト性により，$\{a_k\}_{k=1}^{\infty}$ のある部分列 $\{a_{k_j}\}_{j=1}^{\infty}$ が K のある点 a に収束する．ところが元の点列 $\{a_k\}_{k=1}^{\infty}$ はコーシー列であったから，その部分列が a に収束すれば元の点列 $\{a_k\}_{k=1}^{\infty}$ も $a \in K$ に収束し，K は完備であることがわかる．

2. K は全有界かつ完備である．$\Longrightarrow$ K はコンパクトである．

    K がコンパクトを示すには，K の任意の開被覆が有限部分被覆を持つことを言えばよい．背理法によって証明する．そのため，ある開被

覆 $\{U_\alpha\}_{\alpha\in A}$ でそのいかなる有限部分も K の被覆とならないものがあると仮定する.

いま $B_0 = S$ とすると，今の仮定から $B_0 \cap K = K$ は $\{U_\alpha\}$ の有限部分による被覆を持たない．いま $n \geq 1$ を整数とし，$n-1$ までこのような集合 $B_{n-1} = \overline{O_{1/2^{n-1}}(p_{n-1})}$ $(p_{n-1} \in K)$ で $B_{n-1} \cap B_{n-2} \neq \emptyset$ なるものを構成できたとする．ただし，B_0 は S とする．すなわち，B_{n-1} は $B_{n-1} \cap K$ が $\{U_\alpha\}$ の有限部分による被覆を持たないものとする． K は全有界なので有限個の $K_j = \overline{O_{1/2^n}(q_j)}$ $(q_j \in K, j = 1, \ldots, J)$ により被覆される．もしすべての K_j $(j = 1, \ldots, J)$ に対し $K_j \cap K$ が $\{U_\alpha\}$ の有限部分で被覆されれば，$B_{n-1} \cap K$ も $\{U_\alpha\}$ の有限部分による被覆を持ち仮定に反するから，K_{j_0} $(1 \leq j_0 \leq J)$ で B_{n-1} と共通部分を持つもののうちのいずれかは $K_{j_0} \cap K$ が $\{U_\alpha\}$ の有限部分で被覆されない．従って，この $K_{j_0} = \overline{O_{1/2^n}(p_n)}$ $(p_n := q_{j_0})$ を B_n と定義すると，$B_n \cap K$ は $\{U_\alpha\}$ の有限部分による被覆を持たない．しかも $B_n \cap B_{n-1} \neq \emptyset$ を満たす．以上より，帰納的に集合列 B_n $(n = 0, 1, 2, \ldots)$ で $B_n \cap K$ が $\{U_\alpha\}$ のいかなる有限部分による被覆を持たずかつ $B_n \cap B_{n-1} \neq \emptyset$, $B_n = \overline{O_{1/2^n}(p_n)}$ $(n \geq 1)$ を満たすものを構成できた．従って $n = 2, 3, \ldots$ に対して

$$d(p_n, p_{n-1}) \leq \frac{1}{2^{n-1}} + \frac{1}{2^n} \leq \frac{1}{2^{n-2}}.$$

ゆえに $N = 2, 3, \ldots$ に対し $m > n \geq N$ とすると

$$\begin{aligned} d(p_n, p_m) &\leq d(p_n, p_{n+1}) + \cdots + d(p_{m-1}, p_m) \\ &\leq \frac{1}{2^{n-1}} + \cdots + \frac{1}{2^{m-2}} \leq \frac{1}{2^{N-2}}. \end{aligned}$$

従って，$\{p_n\}_{n=1}^\infty$ は K のコーシー列をなし，仮定 2 の K の完備性からこれはある点 $p \in K$ に収束する．いま $\{U_\alpha\}_{\alpha \in A}$ が K の開被覆なので，ある α_0 に対し $p \in U_{\alpha_0}$ である．U_{α_0} は開集合なので，ある $\epsilon > 0$ に対し $O_\epsilon(p) \subset U_{\alpha_0}$ である．$p_n \to p$ (as $n \to \infty$) なので，ある番号 N に対し $d(p_N, p) < \epsilon/2$ かつ $1/2^N < \epsilon/2$. ゆえに

$$B_N = \overline{O_{1/2^N}(p_N)} \subset O_\epsilon(p) \subset U_{\alpha_0}.$$

これは上の「$B_N \cap K$ は有限個の U_α によっては被覆されない」という仮定に反する．よって矛盾が導かれ，K のコンパクト性が示された．

3. K はコンパクトである．$\implies K$ は点列コンパクトである．

   K が点列コンパクトでないとすると，K のある点列 $\{a_k\}_{k=1}^\infty$ があって，そのいかなる部分列もいずれの K の点にも収束しない．従って，各点 $p \in K$ に対しある正数 $\epsilon(p) > 0$ があって，$O_{\epsilon(p)}(p)$ には $\{a_k\}_{k=1}^\infty$ の点は有限個しか存在しない．開集合の族 $\{O_{\epsilon(p)}(p)\}_{p \in K}$ は K の開被覆だから，K はそのうちの有限個の $\{O_{\epsilon(p_j)}(p_j)\}_{j=1}^J$ $(1 \leq J < \infty)$ で被覆される．これらの有限個の各開集合 $O_{\epsilon(p_j)}(p_j)$ には，$\{a_k\}_{k=1}^\infty$ のうちの有限個の点 $\{a_{k_{j\ell(j)}}\}_{\ell(j)=1}^{L(j)}$ $(1 \leq L(j) < \infty)$ しか含まれない．ところが，それら有限個の点の有限和 $\bigcup_{j=1}^J \{a_{k_{j\ell(j)}}\}$ は $\{a_k\}_{k=1}^\infty$ に等しい．従って，$\{a_k\}_{k=1}^\infty$ は有限個の相異なる点からなる点列であり，従って収束する．これは最初の仮定に矛盾する．従って，背理法により K が点列コンパクトであることが言えた．

   □

一般の距離空間 S において次が成り立つ[3]．

定理 11.6 距離空間 S において次の三条件は互いに同値である．

1. ボルツァーノ-ワイエルシュトラスの条件：
   S の有界な無限部分集合 K は S 内に集積点を持つ．

2. 有界点列の収束性の条件：
   S の有界な点列は収束する部分列を持つ．

3. S の有界閉集合 K はコンパクトである．

問 11.12 定理 11.6 を示せ．

---

[3] これらは有限次元空間 $\mathbb{R}$ または $\mathbb{R}^d$ では成り立ち公理として採用されたが一般の距離空間は無限次元であり得るため成り立つとは限らない．この定理の意味はこれらの条件は互いに同値と言うことだけである．しかし条件 3 は $\mathbb{R}$ においては先述の 8 個の完備性の条件と同値であり 9 番目の $\mathbb{R}$ の完備性の条件を与える．この意味で条件 3 をハイネ-ボレル (Heine-Borel) の公理と呼ぶことがある．

問 11.13 コンパクト集合 K の任意の閉部分集合 B はコンパクトであることを示せ．

問 11.14 K を $\mathbb{R}^n$ の部分集合とする．次を示せ．

K は $\mathbb{R}^n$ のコンパクト集合である $\iff$ K は $\mathbb{R}^n$ の有界閉集合である．

のちに必要となるので位相空間の可分性を定義する．

定義 11.31 位相空間 X が可分 (separable) であるとは高々可算な X の部分集合 M で X で稠密なものが存在することである．

問 11.15 全有界な距離空間は可分であることを示せ．

第12章　連続写像

　位相空間および距離空間において互いに近い2つの元を他の互いに近い2つの元にそれぞれ写すような写像として連続写像が定義された (定義 11.8). 連続写像は連結な領域を連結な領域に写す．これにより実数体から実数体への連続写像について中間値の定理が導かれる．また連続写像の特別な場合として縮小写像があるが，この縮小写像がもつ性質として不動点定理についても述べる．

12.1　連続性

　位相空間において写像が一点で連続であることは定義 11.8 によって定義された．すなわち位相空間 X_1 から X_2 への写像 f が $a \in X_1$ において連続であるとは $f(a)$ の任意の近傍 $U \subset X_2$ に対し点 a のある近傍 $V \subset X_1$ があって

$$f(V) \subset U$$

が成り立つことであった．これを距離空間の間における写像についての極限操作によって表現しよう．

定義 12.1 距離空間 (S_1, d_1) から距離空間 (S_2, d_2) への写像 $f : S_1 \longrightarrow S_2$ が

$$\lim_{x \to p} f(x) = y$$

を満たすということを $\lim_{n \to \infty} x_n = p$ なる任意の点列 $\{x_n\}_{n \in \mathbb{N}} \subset \mathbb{R}$ に対し

$$\lim_{n \to \infty} f(x_n) = y$$

であることと定義する．

　この概念を用いてある点で写像 f が連続であることを次のように表すことができる．

定理 12.1 距離空間 S_1 から S_2 への写像 $f: S_1 \longrightarrow S_2$ が点 $p \in S_1$ で連続であることは
$$\lim_{x \to p} f(x) = f(p)$$
であることと同値である．写像 $f: S_1 \longrightarrow S_2$ が S_1 上連続とは f が S_1 の任意の点で連続であることである．

証明 条件の必要性：次を仮定する．

$$\forall \epsilon > 0, \ \exists \delta > 0: \ d_1(x,p) < \delta \Rightarrow d_2\left(f(x), f(p)\right) < \epsilon. \tag{12.1}$$

もし $\{x_n\}_{n \in \mathbb{N}} \subset S_1$ が $\lim_{n \to \infty} x_n = p$ を満たす点列ならば

$$\forall \delta > 0, \ \exists N(\in \mathbb{N}) > 0, \ \forall n \geq N: \ d_1(x_n, p) < \delta.$$

これと関係 (12.1) より

$$\forall \epsilon > 0, \ \exists N(\in \mathbb{N}) > 0, \ \forall n \geq N: d_2\left(f(x_n), f(p)\right) < \epsilon$$

が得られる．これは $\lim_{n \to \infty} f(x_n) = f(p)$ に同値だから定義より $\lim_{x \to p} f(x) = f(p)$ が成り立つ．

十分性：背理法によるため関係 (12.1) が点 $p \in S$ で成立しないと仮定して矛盾を導く．すると

$$\exists \epsilon > 0, \ \forall \delta > 0, \ \exists x \in S_1 \ \text{s.t.} \ d_1(x, p) < \delta \ \wedge \ d_2\left(f(x), f(p)\right) \geq \epsilon.$$

ここで $\delta = 1/n \ (n = 1, 2, \dots)$ ととると点列 $\{x_n\}_{n=1}^{\infty}$ で

$$\forall n = 1, 2, \cdots : \ d_1(x_n, p) < 1/n$$

を満たし，かつ $d_2\left(f(x_n), f(p)\right) \geq \epsilon$ となるものが存在するから $\lim_{x \to p} f(x) \neq f(p)$ となる． □

実数値連続関数の各点での和や積によってつくられる関数も連続である．

12.1. 連続性

例 12.1 S を距離空間, $f, g : S \longrightarrow \mathbb{R}$ を連続写像とする. このとき各 $x \in S$ に対し以下で定義される関数 $f + g$, $f \cdot g$, $\max\{f, g\}$, $\min\{f, g\}$ は S から $\mathbb{R}$ への連続関数である.

$$(f+g)(x) = f(x) + g(x), \quad (f \cdot g)(x) = f(x)g(x),$$
$$\max\{f, g\}(x) = \max\{f(x), g(x)\}, \quad \min\{f, g\}(x) = \min\{f(x), g(x)\}.$$

また $g(x) \neq 0$ $(\forall x \in S)$ のとき

$$(f/g)(x) = f(x)/g(x) \quad (x \in S)$$

で定義される関数も $S \longrightarrow \mathbb{R}$ なる連続関数である.

命題 12.1 S_1, S_2, S_3 を距離空間, $f : S_1 \longrightarrow S_2$, $g : S_2 \longrightarrow S_3$ を写像とし f は点 $a \in S_1$ で連続, g は点 $f(a) \in S_2$ で連続とするとき $(g \circ f)(x) = g(f(x))$ により定義される合成写像 $g \circ f : S_1 \longrightarrow S_3$ は点 a で連続である.

問 12.1 命題 12.1 を示せ.

連続写像はコンパクト集合をコンパクト集合に写す.

定理 12.2 K を位相空間 $(X_1, \mathcal{O}_1)$ のコンパクト集合とする. K は X_1 の部分集合として相対位相 $\mathcal{O}_K = \{O \cap K | O \in \mathcal{O}_1\}$ の入った部分位相空間と見なす. いま $f : K \longrightarrow X_2$ を $(K, \mathcal{O}_K)$ から位相空間 $(X_2, \mathcal{O}_2)$ への連続写像とするとその像 $f(K)$ は X_2 でコンパクト集合をなす.

証明 $\{V_\lambda\}_{\lambda \in \Lambda}$ を $f(K)$ の開被覆とし, そのうちの有限個で $f(K)$ が被覆されることを言えばよい. f は連続なので問 11.3 より $f^{-1}(V_\lambda)$ は K の開集合である. $\{V_\lambda\}_{\lambda \in \Lambda}$ は $f(K)$ の開被覆ゆえ $\{f^{-1}(V_\lambda)\}_{\lambda \in \Lambda}$ は K の開被覆である. 従って K のコンパクト性からそのうちの有限族 $\{f^{-1}(V_{\lambda_j})\}_{j=1}^J$ で K は被覆され

$$K \subset \bigcup_{j=1}^J f^{-1}(V_{\lambda_j})$$

が成り立つ．ゆえに

$$f(K) \subset f\left(\bigcup_{j=1}^{J} f^{-1}(V_{\lambda_j})\right) \subset \bigcup_{j=1}^{J} f\left(f^{-1}(V_{\lambda_j})\right) \subset \bigcup_{j=1}^{J} V_{\lambda_j}.$$

すなわち $f(K)$ は $\{V_\lambda\}_{\lambda \in \Lambda}$ のうちの有限個で被覆される． □

一般に実数に値をもつ連続関数については上の定理は次のように表すことができる．

定理 12.3 K を距離空間 S のコンパクト集合で $f: K \longrightarrow \mathbb{R}$ を K から実数全体 $\mathbb{R}$ への連続写像とする．このとき f は K 上最大値と最小値を取る．

証明 前定理 12.2 より $f(K)$ は $\mathbb{R}$ のコンパクト集合であるから $\mathbb{R}$ の有界閉集合である．従って $f(K)$ の上限 $\sup f(K)$ と下限 $\inf f(K)$ が存在しそれぞれ $f(K)$ の元である．従ってある $k_{\min}, k_{\max} \in K$ に対し

$$\sup f(K) = f(k_{\max}), \quad \inf f(K) = f(k_{\min})$$

が成り立ち証明が終わる． □

連続写像より制限の強い概念として次のようなコンパクト写像の概念がある．

定義 12.2 S_1, S_2 を距離空間とする．S_1 から S_2 への写像 f による S_1 の任意の有界集合 B の像 $f(B)$ の閉包 $\overline{f(B)}$ がコンパクト集合のとき f をコンパクト写像という．すなわち f は S_1 の任意の有界列 $\{x_n\}_{n=1}^{\infty}$ に対し $\{f(x_n)\}_{n=1}^{\infty} \subset S_2$ が収束する部分列を持つ時コンパクト写像という．

例 12.2 n, m を正の整数とする時 $\mathbb{R}^n$ から $\mathbb{R}^m$ への連続写像 f はすべてコンパクト写像である．しかし無限次元空間のあいだの連続写像はコンパクトになるとは限らない．

距離空間では通常より強い意味での連続性を表す一様連続性を定義することができる．

12.1. 連続性

定義 12.3 写像 $f: S_1 \longrightarrow S_2$ が S_1 上一様連続とは

$$\forall \epsilon > 0, \exists \delta > 0, \forall x, y \in S_1 \ [\ d_1(x,y) < \delta \Longrightarrow d_2(f(x), f(y)) < \epsilon\ ]$$

が成り立つことを言う．

連続性の定義において ϵ と δ は位置 $x, y \in S_1$ に依存してとることが許されていた．しかし一様連続性においてはこれら ϵ と δ は位置 $x, y \in S_1$ とは関係ない値をとる．すなわち一様とは連続の性質が場所によらない均一性を意味している．

例 12.3

1. 距離関数 $d(\cdot, \cdot)$ の入った距離空間 S において $a \in S$ を固定するとき $x \in S$ の $\mathbb{R}$-値関数
$$f(x) = d(x, a)$$
は S 上一様連続である．

2. $\mathbb{R} - \{0\}$ 上の $\mathbb{R}$-値関数 $f(x) = \sin \dfrac{1}{x}$ は $x = 0$ まで連続に拡張できない．

3. $\mathbb{R}^2$ 上の $\mathbb{R}$-値関数
$$f(x, y) = \begin{cases} \dfrac{x^2 y}{x^4 + y^2} & (x, y) \neq (0, 0) \\ 0 & (x, y) = (0, 0) \end{cases}$$
は $(x, y) = (0, 0)$ で連続でない．

コンパクト集合上では一様連続性は連続性に同値である．

定理 12.4 K を距離空間 S_1 のコンパクト集合で $f: K \longrightarrow S_2$ を K から距離空間 S_2 への写像とする．このとき f が連続写像であることと f が一様連続写像であることは同値である．

248　第12章　連続写像

証明 一様連続なら連続であることは定義から自明である．いま $f: K \longrightarrow S_2$ が連続として一様連続であることを示す．連続性から

$$\forall a \in K, \forall \epsilon > 0, \exists \delta(a) > 0, \forall y \in K :$$
$$[d_1(a,y) < \delta(a) \Longrightarrow d_2(f(a), f(y)) < \epsilon/2]$$

が成り立つ．いま $\mu(a) = \frac{1}{2}\delta(a) > 0$ とおくと

$$\{O_{\mu(a)}(a)\}_{a \in K}$$

は K の開被覆であるからそのうちのある有限族

$$\{O_{\mu(a_j)}(a_j)\}_{j=1}^{J}$$

によって K は被覆される．すなわち

$$K \subset \bigcup_{j=1}^{J} O_{\mu(a_j)}(a_j)$$

となる．そこで $\mu = \min\{\mu(a_1), \ldots, \mu(a_J)\} > 0$ とおく．このとき $x, y \in K$, $d_1(x,y) < \mu$ とするとある番号 j $(1 \leq j \leq J)$ に対し $x \in O_{\mu(a_j)}(a_j)$ である．この j に対し

$$d_1(y, a_j) \leq d_1(y, x) + d_1(x, a_j) < \mu + \mu(a_j) \leq 2\mu(a_j) = \delta(a_j)$$

であるから

$$d_2(f(y), f(a_j)) < \epsilon/2$$

である．また $x \in O_{\mu(a_j)}(a_j)$ より

$$d_1(x, a_j) < \mu(a_j) < \delta(a_j)$$

であるから

$$d_2(f(x), f(a_j)) < \epsilon/2$$

となる．これら二つの評価より

$$d_2(f(x), f(y)) < \epsilon$$

が得られる．まとめると

$$\forall \epsilon > 0, \forall x, y \in K, \quad [\ d_1(x,y) < \mu \Longrightarrow d_2(f(x), f(y)) < \epsilon \ ].$$

すなわち f は K 上一様連続である． $\square$

一様連続の特別な場合として次のリプシッツ条件 (Lipschitz condition) を満たすリプシッツ連続関数がある．

定義 12.4 距離空間 (S_1, d_1) から (S_2, d_2) への写像 $f : S_1 \to S_2$ がリプシッツ連続であるとはある定数 $L > 0$ に対し以下が成り立つことをいう．

$$\forall x, y \in S_1 : \quad d_2(f(x), f(y)) \leq L d_1(x, y).$$

この一般化として次のヘルダー条件 (Hölder condition) と呼ばれるものもある．

定義 12.5 距離空間 (S_1, d_1) から (S_2, d_2) への写像 $f : S_1 \to S_2$ が α-ヘルダー連続であるとはある定数 $L > 0$ に対し以下が成り立つことをいう．

$$\forall x, y \in S_1 : \quad d_2(f(x), f(y)) \leq L d_1(x, y)^\alpha.$$

12.2　中間値の定理

実数に値をもつ連続関数の重要な性質として中間値の定理がある．この定理は連結な実数の区間上で定義された $\mathbb{R}$-値連続写像がもつ性質である．ここで位相空間において連結および不連結を次のように定義する．

定義 12.6 位相空間 S の集合 E が不連結 (disconnected) であるとは S のある開集合 G_1, G_2 があって次を満たすことである．

1. $G_1 \cap E \neq \emptyset,\ G_2 \cap E \neq \emptyset,$
2. $(G_1 \cap E) \cap (G_2 \cap E) = \emptyset,$
3. $E = (G_1 \cap E) \cup (G_2 \cap E).$

E が連結 (connected) であるとは E が不連結でないことである．

250   第12章 連続写像

すなわち位相空間 $(S, \mathcal{O})$ の部分集合 A が連結であることは

$$\forall O_1, O_2 \in \mathcal{O} - \{\emptyset\}[A \subset O_1 \cup O_2 \wedge A \cap O_1 \neq \emptyset \wedge A \cap O_2 \neq \emptyset \Longrightarrow O_1 \cap O_2 \neq \emptyset]$$

と表せる．そして連続写像はこのような連結な部分集合をやはり連結な部分集合に写す．

定理 12.5 S_1, S_2 を位相空間，E を S_1 の連結な部分集合，$f : E \longrightarrow S_2$ を連続写像とする．このとき像 $f(E)$ は S_2 で連結である．

証明 $f(E)$ が連結でないとして矛盾を導く．連結でないなら S_2 のある開集合 G_1, G_2 に対し次が成り立つ．

1. $G_1 \cap f(E) \neq \emptyset, G_2 \cap f(E) \neq \emptyset,$

2. $(G_1 \cap f(E)) \cap (G_2 \cap f(E)) = \emptyset,$

3. $f(E) = (G_1 \cap f(E)) \cup (G_2 \cap f(E))$.

f は連続で G_1, G_2 は S_2 の開集合だから $f^{-1}(G_1), f^{-1}(G_2)$ は E の開集合である．すなわち S_1 のある開集合 V_1, V_2 があり

$$f^{-1}(G_j) = V_j \cap E \quad (j = 1, 2)$$

が成り立つ．この S_1 の開集合 V_1, V_2 は E に対し上の3条件に対応する条件を満たす．実際もし $V_1 \cap E = \emptyset$ とすると $f^{-1}(G_1) = V_1 \cap E = \emptyset$. 従って $f(x) \in G_1$ となる $x \in E$ は存在しない．つまり $f(E) \cap G_1 = \emptyset$ となり1に矛盾するから $V_1 \cap E \neq \emptyset$ となり1に対応する V_j に関する性質がいえる．また $f((V_1 \cap E) \cap (V_2 \cap E)) \subset f(V_1 \cap E) \cap f(V_2 \cap E) \subset (G_1 \cap f(E)) \cap (G_2 \cap f(E)) = \emptyset$ だから2に対応する性質: $(V_1 \cap E) \cap (V_2 \cap E) = \emptyset$ がいえる．さらに $f^{-1}(f(E)) = \{x \mid x \in E, f(x) \in f(E)\} = \{x \mid x \in E\} = E$ ゆえ上の3より

$$E = f^{-1}(f(E)) = f^{-1}((G_1 \cap f(E)) \cup (G_2 \cap f(E)))$$
$$= \{x \mid x \in E, (f(x) \in G_1 \cap f(E)) \vee (f(x) \in G_2 \cap f(E))\}.$$

ここで $x \in E$ のとき

$$f(x) \in G_1 \cap f(E) \iff f(x) \in G_1 \iff x \in f^{-1}(G_1) \cap E = V_1 \cap E.$$

よって
$$E = (V_1 \cap E) \cup (V_2 \cap E).$$
以上より E が不連結であることがいえ仮定に矛盾するから $f(E)$ は連結でなければならない． $\Box$

とくに実数体 $\mathbb{R}$ の部分集合 E が連結であるとすると次の補題が成り立つ．

補題 12.1 実数 $x, y \in \mathbb{R}$ が $x < y$ を満たし $E \subset \mathbb{R}$ が $x, y \in E$ を満たす連結集合であれば $[x, y] \subset E$ である．

証明 もしある $z \in [x, y]$ が E に属さないとすると $x, y \in E$ ゆえ $z \neq x, y$. よって $z \in (x, y)$ である．いま $G_1 = (-\infty, z), G_2 = (z, \infty)$ とおくと $z \notin E$ ゆえ $G_1 \cap E \neq \emptyset, G_2 \cap E \neq \emptyset, (G_1 \cap E) \cup (G_2 \cap E) = E$ かつ $(G_1 \cap E) \cap (G_2 \cap E) = \emptyset$ が成り立つ．従って E は不連結であり仮定に反する．ゆえに $[x, y] \subset E$ でなければならない． $\Box$

この補題より連結集合 E は単調に増大する閉区間の和集合として書ける．したがって E 自体が区間である．すなわち $\mathbb{R}$ 上の連結な部分集合は区間である．

定理 12.6 $\mathbb{R}$ の区間 $[a, b], (a, b), (a, b], [a, b)$(有界，非有界を問わない．また一点よりなる区間も含む) は連結である．これらのほかに $\mathbb{R}$ の連結集合はない．

証明 任意の区間は単調増大する閉区間の和集合として書ける．したがって一般性を失うことなく有界閉区間 $I = [a, b]$ を考えれば十分である．この区間 $[a, b]$ が連結でないとすると $\mathbb{R}$ のある開集合 G_1, G_2 が存在して次を満たす．

1. $G_1 \cap I \neq \emptyset, G_2 \cap I \neq \emptyset,$

2. $(G_1 \cap I) \cap (G_2 \cap I) = \emptyset,$

3. $I = (G_1 \cap I) \cup (G_2 \cap I).$

3 より $b \in G_1$ または $b \in G_2$ で,2 よりこれらのうちの一方しか成り立たない.$b \in G_2$ と仮定してよい.いま $G_1 \cap I$ は有界であることと I が閉集合であることより $c = \sup(G_1 \cap I)$ が存在して I に属する.$c \neq b$ である.実際 $c = b$ と仮定すると $c = b \in G_2$ であり,G_2 は開集合だから $c = b$ のある近傍 $(b - \delta, b + \delta)$ $(\delta > 0)$ が G_2 に含まれる.すると仮定 2 より $(b - \delta, b + \delta) \cap I = (b - \delta, b] \subset G_2 \cap I$ は $G_1 \cap I$ とは共通部分を持たない.$b - \delta < b$ だからこれは $b = c = \sup(G_1 \cap I)$ に矛盾する.よって $c < b$ がいえた.また $c = a$ とすると $a = c = \sup(G_1 \cap I)$ ゆえ $x \in G_1 \cap I$ ならば $x \leq c = a$ を満たすが,$x \in I = [a, b]$ であるから $x = a$ でなければならない.したがって $G_1 \cap I \subset \{x\} = \{a\}$ となるが,仮定 1 より $G_1 \cap I \neq \emptyset$ だから $G_1 \cap I = \{x\} = \{a\}$.ゆえに $a = c = \sup(G_1 \cap I)$ が G_1 の内点となり矛盾である.従って $a < c < b$ である.この点 c が G_1 に属するとすると G_1 は開集合であるから,c のある近傍 $(c - \epsilon, c + \epsilon)$ $(\epsilon > 0)$ が $G_1 \cap I$ に含まれる.すると $G_1 \cap I$ には $c = \sup(G_1 \cap I)$ より大きい数が含まれることになり矛盾する.従って点 c は $G_2 \cap I$ に属する.G_2 は開集合だから c のある近傍 $(c - \eta, c + \eta)$ $(\min\{c - a, b - c\} > \eta > 0)$ に対し $(c - \eta, c + \eta) \cap I = (c - \eta, c + \eta)$ が $G_2 \cap I$ に含まれ $G_1 \cap I$ と共通部分を持たないが,$c - \eta < c = \sup(G_1 \cap I)$ だからこれは矛盾である.いずれにしても矛盾だから前提の「区間 $[a, b]$ が連結でない」が誤りであり前半の証明が終わる.

$\mathbb{R}$ の部分集合 E が連結であれば区間であることはこの定理の直前に述べたとおりである. □

以上の準備の上で中間値の定理を述べる.

定理 12.7 $[a, b]$ を $\mathbb{R}$ の区間,$f : [a, b] \longrightarrow \mathbb{R}$ を連続関数で $f(a) < f(b)$ を満たすものとすると任意の $\alpha \in (f(a), f(b))$ に対しある $\xi \in (a, b)$ が存在して $f(\xi) = \alpha$ を満たす.

証明 定理 12.5, 12.6 より $[a, b]$ の f による像 $f([a, b])$ は連結である.そして $f(a), f(b) \in f([a, b])$ である.この $f(a), f(b)$ に補題 12.1 を適用すれば

$$[f(a), f(b)] \subset f([a, b])$$

が得られる.ゆえに任意の $\alpha \in (f(a), f(b))$ に対しある $\xi \in [a,b]$ で $f(\xi) = \alpha$ となるものがある.いま $\xi = a$ と仮定すると $\alpha = f(\xi) = f(a)$ となり $\alpha \in (f(a), f(b))$ に反するから $\xi \neq a$.同様に $\xi \neq b$.よって $\xi \in (a,b)$ で $f(\xi) = \alpha$ なるものの存在がいえた. □

この中間値の定理をやや一般化したものとして次の定理が成り立つ.

定理 12.8 I を $\mathbb{R}$ の区間,$f : I \longrightarrow \mathbb{R}$ を連続関数とするときその像 $f(I)$ は $\mathbb{R}$ の区間である.

証明 I が有界閉区間のとき I は $\mathbb{R}$ のコンパクト集合である.よって f は I 上最小値 $\alpha = f(a)$,最大値 $\beta = f(b)$ をある $a, b \in I$ に対し取る.中間値の定理 12.7 より任意の $\gamma \in (\alpha, \beta)$ に対しある $\xi \in I^{\circ}$ で $f(\xi) = \gamma$ となる.ゆえに $f(I) = [\alpha, \beta]$ である.

I が一般の区間であれば I はある有界閉区間の単調増加列 $\{I_k\}$ により

$$I = \bigcup_{k=1}^{\infty} I_k$$

と書ける.ゆえに

$$f(I) = \bigcup_{k=1}^{\infty} f(I_k)$$

となり上述のことから各 $f(I_k)$ は有界閉区間でこれは単調増加列だからその和の $f(I)$ は区間である. □

12.3 べき関数と指数関数

この節では具体的な連続関数の例としてべき関数と指数関数およびそれらの逆関数を定義する.これらの関数は以降で見るようにつぎのような単調増加という性質をもつ.

定義 12.7 $G \subset \mathbb{R}, f : G \longrightarrow \mathbb{R}$ を写像とする.f が単調増大(単調減少)であるとは

$$x < y, \quad x, y \in G \Longrightarrow f(x) < f(y) \quad (f(x) > f(y))$$

が成り立つことである.

このような関数については単調で連続な逆関数が存在する．

定理 12.9 I を $\mathbb{R}$ の区間，$f: I \longrightarrow \mathbb{R}$ を単調増大で連続な関数とする．このとき f の逆関数 $f^{-1}: f(I) \longrightarrow I$ が存在して単調増大かつ連続である．

証明 単調増大の定義から f は 1 対 1 であり $f: I \longrightarrow f(I)$ は上への 1 対 1 写像である．従って逆写像 $f^{-1}: f(I) \longrightarrow I$ が存在する．f の単調増大性の対偶より

$$f(x) < f(y) \Longrightarrow f^{-1}(f(x)) < f^{-1}(f(y))$$

だから f^{-1} も単調増大である．あとは f^{-1} の連続性を言えばよい．仮にある $b \in f(I)$ で f^{-1} が連続でないと仮定して矛盾を導けばよい．こう仮定すると

$$\exists \epsilon > 0, \forall \delta > 0, \exists y \in f(I): |y - b| < \delta \ \wedge \ |f^{-1}(y) - f^{-1}(b)| \geq \epsilon.$$

δ は任意ゆえ $\delta = \frac{1}{k}$ $(k = 1, 2, \dots)$ ととると各 k に対し

$$\exists y_k \in f(I): |y_k - b| < \frac{1}{k} \ \wedge \ |f^{-1}(y_k) - f^{-1}(b)| \geq \epsilon.$$

$x_k = f^{-1}(y_k), a = f^{-1}(b)$ とおくとこれより

$$|x_k - a| \geq \epsilon.$$

すなわち

$$x_k \leq a - \epsilon \ \text{or} \ x_k \geq a + \epsilon.$$

f は単調増大ゆえこのとき

$$f(x_k) \leq f(a - \epsilon) \ \text{or} \ f(x_k) \geq f(a + \epsilon).$$

すなわち

$$y_k = f(x_k) \leq f(a - \epsilon) < f(a) = b \ \text{or} \ y_k = f(x_k) \geq f(a + \epsilon) > f(a) = b.$$

ところが $|y_k - b| < \frac{1}{k}$ より $\lim_{k \to \infty} y_k = b$ でこれは矛盾である． □

ここでもっとも基本的な連続関数として

$$\mathbb{R}^+ = (0, \infty)$$

と書いて $\mathbb{R}^+$ 上で定義された x^n のようなべき関数を考える．するとその逆関数として自然数乗根を考えることができる．

命題 12.2 $n \geq 1$ を自然数とし $x > 0$ に対し $f(x) = x^n$ とする[1]．このとき以下が成り立つ．

1. $f : \mathbb{R}^+ \longrightarrow \mathbb{R}^+$ は連続かつ単調増大で $f(\mathbb{R}^+) = \mathbb{R}^+$．

2. 1 より f の逆関数 $f^{-1} : \mathbb{R}^+ \longrightarrow \mathbb{R}^+$ が存在して連続かつ単調増大である．これを
$$f^{-1}(x) = x^{\frac{1}{n}}$$
と書く．

問 12.2 命題 12.2 を証明せよ．

実数の自然数乗とその自然数乗根が定義されるとそこから有理数乗が定義される．

定義 12.8

1. $x^{\frac{m}{n}} = (x^m)^{\frac{1}{n}}$．
2. $x^{-\frac{m}{n}} = \frac{1}{x^{\frac{m}{n}}}$．
3. $x \neq 0$ のとき $x^0 = 1$．

このように有理数によるべきが定義されると次のような指数法則が成り立つ．

問 12.3 $x, y > 0, r, s \in \mathbb{Q}$ のとき次を示せ．

1. $(xy)^r = x^r y^r$．
2. $x^{r+s} = x^r x^s$．

---

[1] x^n はまず $x^1 = x$ と定義し x^n が $n \geq 1$ まで定義されているとき $x^{n+1} = x^n \cdot x$ と帰納的に定義される．

3. $(x^r)^s = x^{rs}$.

問 12.4 $x > 1, r, s \in \mathbb{Q}, r < s$ であれば $x^r < x^s$ であることを示せ.

ここまでくると切断を用いて実数によるべきが定義できる.

定義 12.9

1. $x > 1, y \in \mathbb{R}$ に対し
$$x^y = \sup\{x^r \mid r \in \mathbb{Q}, r < y\}.$$

2. $0 < x < 1, y \in \mathbb{R}$ に対し
$$x^y = \left(\frac{1}{x}\right)^{-y}.$$

3. $y \in \mathbb{R}$ に対し $1^y = 1$.

以上から 1 より大きい実数定数 a について指数関数 a^x を定義するとこれが単調かつ連続であることがわかる.

定理 12.10 $a > 1$ のとき $x \in \mathbb{R}$ の関数
$$a^x : \mathbb{R} \ni x \mapsto a^x \in \mathbb{R}$$
は単調増大かつ連続である.

証明 $x_1 < x_2$ とすると $x_1 < r < x_2$ なる $r \in \mathbb{Q}$ がある. $r < x_2$ より $r < s < x_2$ なる $s \in \mathbb{Q}$ がある. 従って問 12.4, 定義 12.9 より
$$a^r < a^s \leq a^{x_2}.$$

また $x_1 < r$ より $x_1 < q < r$ なる $q \in \mathbb{Q}$ がある. 従って上と同様に
$$a^{x_1} \leq a^q < a^r.$$

従って
$$a^{x_1} < a^r < a^{x_2}.$$

次に連続性を示す. そのため次の補題を証明する.

補題 12.2 $x > 1$ のとき $\lim_{n \to \infty} x^{\frac{1}{n}} = 1$.

証明 $x > 1$, $n = 1, 2, \ldots$ に対し $x^{\frac{1}{n}} > 1$. また上の議論より $\{x^{\frac{1}{n}}\}_{n=1}^{\infty}$ は単調減少数列である．従って単調数列公理より

$$\exists \lim_{n \to \infty} x^{\frac{1}{n}} = \alpha \in \mathbb{R}.$$

$x^{\frac{1}{n}} > 1$ より $\alpha \geq 1$ である．いま $\alpha > 1$ と仮定してみる．すると α が単調減少数列 $\{x^{\frac{1}{n}}\}_{n=1}^{\infty}$ の極限であることから

$$x^{\frac{1}{n}} > \alpha \quad (n = 1, 2, 3, \ldots).$$

従って

$$x > \alpha^n \to \infty \quad \text{as} \quad n \to \infty$$

となり矛盾である．ゆえに仮定が誤りであり $\alpha = 1$ でなければならない．
□

定理の連続性の証明に戻る．任意に $\epsilon > 0$ を取り固定する．$x \in \mathbb{R}$ とし a^{x_1} が $x_1 < x_2 < x$ なる x_1 および x_2 について連続なことを言えば十分である．

いま $s, r \in \mathbb{Q}$ を $s < r < x$ と取ると

$$a^r - a^s = a^s(a^{r-s} - 1) < a^x(a^{r-s} - 1).$$

補題 12.2 より

$$\forall \epsilon > 0, \exists n \geq 1 : a^x(a^{\frac{1}{n}} - 1) < \epsilon.$$

よって $s < r < x$, $r - s < \frac{1}{n}$ なら

$$a^r - a^s < a^x(a^{r-s} - 1) < a^x(a^{\frac{1}{n}} - 1) < \epsilon.$$

従って $x_1 < x_2 < x$, $x_2 - x_1 < \frac{1}{n}$ なら $r, s \in \mathbb{Q}$ を

$$s < x_1 < x_2 < r < x \ \land \ r - s < \frac{1}{n}$$

と取れるから

$$a^{x_2} - a^{x_1} < a^r - a^s < \epsilon.$$

これは a^{x_2} が左から連続かつ a^{x_1} が右から連続なことを示す．x_1, x_2 は $x_1 < x_2 < x$ を満たすなら以上が成り立つからこれらは a^x が $x \in \mathbb{R}$ について連続なことを示す．
□

このように定義されるべきについても指数法則はそのまま拡張される．

問 **12.5** $x, w > 1$, $y, z \in \mathbb{R}$ とする．このとき以下を示せ．

1. $(x^y)^z = x^{yz} = (x^z)^y$.

2. $x^{y+z} = x^y x^z$.

3. $(xw)^y = x^y w^y$.

4. $\left(\dfrac{x}{w}\right)^y = \dfrac{x^y}{w^y}$.

定理 **12.11** $\alpha > 0$ とする．このとき以下が成り立つ．

1. 関数 $\mathbb{R}^+ \ni x \mapsto x^\alpha \in \mathbb{R}^+$ は連続で単調増大である．

2. $\lim_{x \to \infty} x^\alpha = \infty$, $\lim_{x \to 0} x^\alpha = 0$.

証明

1) まず連続性を示す．$r < \alpha < s$ と $r, s \in \mathbb{Q}$ を取る．$x > 1$ のとき $x^r < x^\alpha < x^s$，$0 < x < 1$ のとき $x^r > x^\alpha > x^s$．x^r, x^s は $x^{\frac{m}{n}} = (x^m)^{\frac{1}{n}}$ の形だから命題 12.2 より x についての連続関数である．従って
$$\lim_{x \to 1} x^r = \lim_{x \to 1} x^s = 1.$$
これらより
$$\lim_{x \to 1} x^\alpha = 1.$$
ゆえに一般の $a > 0$ においては
$$\lim_{x \to a} x^\alpha = a^\alpha \lim_{x \to a} \left(\frac{x}{a}\right)^\alpha = a^\alpha.$$

2) 次に単調性を示す．$x > 1$ のときは x^α は α について単調増大である（定理 12.10）から $\alpha > 0$ より $x^\alpha > x^0 = 1$．ゆえに $y > x$ なら
$$\frac{y^\alpha}{x^\alpha} = \left(\frac{y}{x}\right)^\alpha > 1.$$
ゆえに $y^\alpha > x^\alpha$ となり単調性が言えた．

3) 任意に $\xi > 0$ を固定し $x = \xi^{\frac{1}{\alpha}}$ とおくと $x^\alpha = \xi$. よって関数 x^α の像は
$$\mathcal{R}(x^\alpha) = (0, \infty).$$
x^α は x について単調増大だからこれより
$$\lim_{x \to \infty} x^\alpha = \infty, \quad \lim_{x \to 0} x^\alpha = 0$$
が従う.

□

同様にして以下が示される.

定理 12.12 $\alpha < 0$ とする. このとき以下が成り立つ.

1. 関数 $\mathbb{R}^+ \ni x \mapsto x^\alpha \in \mathbb{R}^+$ は連続で単調減少である.

2. $\lim_{x \to \infty} x^\alpha = 0$, $\lim_{x \to 0} x^\alpha = \infty$.

定理 12.10, 定義 12.9 より $a > 0, a \neq 1$ とするとき関数
$$f(x) = a^x : \mathbb{R} \longrightarrow \mathbb{R}$$
は連続かつ単調である. そして $f(\mathbb{R}) = \mathbb{R}^+ = (0, \infty)$ である. ゆえに定理 12.9 より逆関数
$$f^{-1} : \mathbb{R}^+ \longrightarrow \mathbb{R}$$
が存在して単調かつ連続である. これを
$$f^{-1}(x) = \log_a x$$
と書き a を底とする対数関数という. 特に $a = e$ のとき $\log_e$ を単に $\log$ あるいは $\ln$ と書きこれを自然対数関数という.

問 12.6 $a > 0, a \neq 1, \lambda \in \mathbb{R}, x, y > 0$ とする. このとき次を示せ.

1. $\log_a(xy) = \log_a x + \log_a y$.
2. $\log_a \left(\frac{x}{y} \right) = \log_a x - \log_a y$.

3. $\log_a(x^\lambda) = \lambda \log_a x$.

4. $b \neq 1, b > 0$ とすると

$$\log_b x = \log_b a \log_a x.$$

問 12.7 $a > 1, b > 0$ とするとき以下を示せ.

$$\lim_{x \to \infty} \frac{a^x}{x^b} = \infty.$$

問 12.8 $\lim_{x \to \infty} \frac{x}{\log x} = \infty$ を示せ.

12.4 不動点定理

ところで一様連続な写像の内さらに強いものとして縮小写像がある.

定義 12.10 完備距離空間 (S, d) についてある正定値 $\lambda < 1$ について次を満たす写像 $f : S \to S$ を縮小写像 (contraction) という.

$$\forall x, y \in S : \quad d(f(x), f(y)) \leq \lambda d(x, y). \tag{12.2}$$

縮小写像はリプシッツ連続写像の特別な場合に相当するため明らかに連続である. この縮小写像によって動かない点があることは解析学において重要であり, そのような不動点の存在は実数に関するカントールの公理の一般化に相当する. これは不動点定理 (fixed point theorem) ないし縮小写像の原理 (principle of contraction mapping) と呼ばれる定理である. それを証明するため一様収束の概念を述べそれに関する命題を示しておく.

定義 12.11 S_1, S_2 を距離空間とする. $\{f_n\}_{n=1}^\infty$ および f を S_1 から S_2 への関数列および関数とする. このとき $\{f_n\}_{n=1}^\infty$ が関数 f に各点収束するとは S_1 の任意の点 x において

$$\lim_{n \to \infty} f_n(x) = f(x)$$

が成り立つことである．$\{f_n\}_{n=1}^\infty$ が f に S_1 上一様収束するとは

$$\forall \epsilon > 0, \exists N \geq 1, \forall n \geq N, \forall x \in S_1, d_2(f_n(x), f(x)) < \epsilon$$

が成り立つことを言う．すなわち

$$\lim_{n \to \infty} \sup_{x \in S_1} d_2(f_n(x), f(x)) = 0$$

が成り立つことを言う．

このとき次が成り立つ．

命題 12.3 S_1, S_2 を距離空間とする．$\{f_n\}_{n=1}^\infty$ および f を S_1 から S_2 への関数列および関数とする．各 f_n が連続で $\{f_n\}_{n=1}^\infty$ が S_1 上 f に一様収束すれば f も連続である．

証明 f が任意の点 $y \in S_1$ で連続なことを示せばよい．任意の $\epsilon > 0$ をとるとき一様収束性からある番号 $k \geq 1$ があり

$$\forall x \in S_1 : d_2(f_k(x), f(x)) < \frac{\epsilon}{3}$$

である．f_k は連続なのである正の数 $\delta > 0$ が存在して

$$d_1(x, y) < \delta \Longrightarrow d_2(f_k(x), f_k(y)) < \frac{\epsilon}{3}$$

が成り立つ．以上より $d_1(x, y) < \delta$ なら

$$d_2(f(x), f(y)) \leq d_2(f(x), f_k(x)) + d_2(f_k(x), f_k(y)) + d_2(f_k(y), f(y))$$
$$< \frac{\epsilon}{3} + \frac{\epsilon}{3} + \frac{\epsilon}{3} = \epsilon$$

が言え証明が終わる． □

以上の準備のもとに次が証明される．

定理 12.13 S を完備な距離空間，A を S の閉部分集合，U をある距離空間，$f_u : A \longrightarrow S$ を $u \in U$ に依存し $f_u(A) \subset A$ を満たす写像の族でありかつある $\lambda \in [0, 1)$ に対し $u \in U$ に関し一様に

$$\forall x, y \in A : d(f_u(x), f_u(y)) \leq \lambda d(x, y)$$

を満たすものとする.このとき f_u はただひとつの不動点を持つ.すなわち各 $u \in U$ に対し
$$f_u(p(u)) = p(u)$$
を満たすただひとつの点 $p(u) \in A$ が存在する.さらに各 $x \in A$ に対し $f_u(x)$ が $u \in U$ について連続であれば $p: U \longrightarrow A$ は連続である.

証明 A の任意の点 x_0 を取り固定する.そして
$$x_n(u) = f_u(x_{n-1}(u)) \quad (n = 1, 2, \ldots, \ x_0(u) := x_0)$$
と A の点列 $\{x_n(u)\}_{n=0}^\infty$ を定義する.すると $n \geq 1$ に対し
$$d(x_n(u), x_{n-1}(u)) \leq \lambda d(x_{n-1}(u), x_{n-2}(u)) \leq \cdots \leq \lambda^{n-1} d(x_1(u), x_0).$$
よって $\ell > k \geq 1$ に対し
$$d(x_\ell(u), x_k(u)) \leq \sum_{j=k}^{\ell-1} d(x_{j+1}(u), x_j(u))$$
$$\leq \sum_{j=k}^{\ell-1} \lambda^j d(x_1(u), x_0)$$
$$\leq \lambda^k \frac{1}{1-\lambda} d(x_1(u), x_0).$$
ゆえに $\{x_n(u)\}_{n=0}^\infty$ は S のコーシー列であるから S の完備性よりある点 $p(u) \in S$ に収束する.A は閉集合で $\{x_n(u)\}_{n=0}^\infty \subset A$ だからこの点 $p(u)$ も A に属する.仮定より f_u は連続写像だから
$$f_u(p(u)) = f_u\left(\lim_{n\to\infty} x_n(u)\right) = \lim_{n\to\infty} f_u(x_n(u)) = \lim_{n\to\infty} x_{n+1}(u) = p(u)$$
となり $p(u)$ は f_u の不動点である.もしほかに不動点 $q(u)$ があるとすると
$$d(p(u), q(u)) = d(f_u(p(u)), f_u(q(u))) \leq \lambda d(p(u), q(u))$$
で $0 \leq \lambda < 1$ だから $d(p(u), q(u)) = 0$ すなわち $p(u) = q(u)$ でなければならない.

もし $f_u(x_0)$ が $u \in U$ に関し連続なら上の $d(x_1(u), x_0) = d(f_u(x_0), x_0)$ は $u \in U$ の連続関数であり従って各 $u_0 \in U$ のある近傍 $O_r(u_0)$ $(r > 0)$ で有界である．従って上の評価で $d(x_1(u), x_0)$ は $O_r(u_0)$ 上同一の定数たとえば $M_r > 0$ で押さえられる．よって $\ell > k \geq 1, u \in O_r(u_0)$ に対し

$$d(x_\ell(u), x_k(u)) \leq \lambda^k \frac{1}{1-\lambda} d(x_1(u), x_0) \leq \lambda^k \frac{1}{1-\lambda} M_r$$

が成り立ち点列 $\{x_\ell(u)\}_{\ell=1}^\infty$ は $O_r(u_0)$ 上一様に収束する．そして $x_\ell(u) = f_u(x_{\ell-1}(u)) = \cdots = (f_u)^\ell(x_0)$ であるから各 $\ell = 0, 1, 2, \ldots$ に対し $x_\ell(u)$ は $u \in U$ の連続関数である．よって命題 12.3 により連続関数列の一様収束極限として $p(u)$ は $u \in O_r(u_0)$ について連続に依存する．u_0 は U の任意の点であったから $p: U \longrightarrow A \subset S$ は連続写像である．　　□

第13章 級数

複素数ないし実数のなす数列 $\{a_n\}_{n=1}^{\infty}$ についてその第 n 部分和による数列 $\{\sum_{k=1}^{n} a_k\}_{n=1}^{\infty}$ を級数といい

$$\sum_{n=1}^{\infty} a_n$$

と表す．この章ではこの級数の収束する条件について考察する．

13.1 級数の収束

数列 $\{\sum_{k=1}^{n} a_k\}_{n=1}^{\infty}$ すなわち級数 $\sum_{n=1}^{\infty} a_n$ がある数 s に収束するときそれをこの級数の和といい

$$\sum_{n=1}^{\infty} a_n = s$$

と書く．

定理 13.1 級数 $\sum_{n=1}^{\infty} a_n$ が収束する必要十分条件は

$$\forall \epsilon > 0, \exists n_0 \in \mathbb{N}, \forall m \geq \forall n > n_0 : \left|\sum_{k=n}^{m} a_k\right| < \epsilon$$

となることである．特に $\sum_{n=1}^{\infty} a_n$ が収束すれば $\lim_{n \to \infty} a_n = 0$ が成り立つ．

問 13.1 定理 13.1 をコーシーの判定条件に基づき証明せよ．

ところで級数

$$\sum_{n=1}^{\infty} \frac{1}{n}$$

は発散する（確かめてみよ）が

$$\sum_{n=1}^{\infty} \frac{(-1)^n}{n}$$

はどうであろうか？解答は以下によって与えられる．一般に以下の定理が成り立つ．

定理 13.2 $\{a_n\}_{n=1}^\infty$ を $a_n \geq 0$ $(\forall n \geq 1)$ なる単調減少数列で $\lim_{n\to\infty} a_n = 0$ を満たすとき交代級数

$$\sum_{n=1}^\infty (-1)^{n+1} a_n = a_1 - a_2 + a_3 - a_4 + \ldots$$

は収束する．

証明 級数の第 $2N$ 部分和および第 $(2N+1)$ 部分和はそれぞれ

$$s_{2N} = \sum_{n=1}^{2N} (-1)^{n+1} a_n = \sum_{k=1}^N (a_{2k-1} - a_{2k})$$

$$s_{2N+1} = \sum_{n=1}^{2N+1} (-1)^{n+1} a_n = a_1 - \sum_{k=1}^N (a_{2k} - a_{2k+1})$$

となる．a_n が単調減少であるから右辺の級数の各項は ≥ 0 であり s_{2N} は N について単調増大列を定義し，s_{2N-1} は N について単調減少列を定義する．さらにこれらの差は

$$s_{2N+1} - s_{2N} = a_{2N+1} \geq 0 \quad \text{かつ} \quad \to 0 \; (N \to \infty)$$

を満たす．したがって $k \geq 2N+1$ であれば

$$s_{2N} \leq s_k \leq s_{2N+1}$$

が成り立ち，したがってカントールの公理より極限

$$\lim_{k \to \infty} s_k = \sum_{n=1}^\infty (-1)^{n+1} a_n$$

が存在する． □

このような級数は足し合わせる順番を変えると収束しない場合がある．たとえば $\sum_{n=1}^\infty \frac{(-1)^n}{n}$ について考えると $\sum_{k=1}^\infty \frac{1}{2k}$ と $\sum_{k=0}^\infty \frac{-1}{2k+1}$ はそれぞれ発散するため

$$\sum_{n=1}^\infty \frac{(-1)^n}{n} = \sum_{k=1}^\infty \frac{1}{2k} + \sum_{k=0}^\infty \frac{-1}{2k+1}$$

という足し算は意味をなさない．

和の順番を変えても同じ値に級数が収束すること (無条件性) を絶対収束 (absolutely convergent) するという．次のディリクレ (Dirichlet) の定理により絶対収束の必要十分条件は級数

$$\sum_{n=0}^{\infty} |a_n|$$

が収束することと同値であることがわかる．

定理 13.3 $\{a_n\}_{n\in\mathbb{N}} \subset \mathbb{R}$ を実数列とする．級数

$$\sum_{n=0}^{\infty} |a_n|$$

が収束することは級数

$$\sum_{n=0}^{\infty} a_n$$

が和の順序に依らず収束することと同値である．

証明 $\sum_{k=0}^{\infty} |a_k|$ が収束すると仮定する．「和の順序に依らず収束する」ということには非常に多くの場合があるがたとえば包含集合列 $\{A_n\}_{n\in\mathbb{N}}$:

$$A_n \subset \mathbb{N}, \quad \bigcup_{n\in\mathbb{N}} A_n = \mathbb{N}, \quad n < m \Rightarrow A_n \subset A_m$$

で各 A_n が有限集合の場合に対し数列 $\{\sum_{k \in A_n} a_k\}_{n\in\mathbb{N}}$ の収束を証明してみる．他の場合も同様である．仮定より

$$\forall \epsilon > 0, \ \exists N \in \mathbb{N}, \ \forall m > \forall n > N : \left|\sum_{k=n}^{m} |a_k|\right| < \epsilon.$$

上の包含集合列 $\{A_n\}_{n\in\mathbb{N}}$ に対し

$$\forall N, \ \exists N', \ \forall m > \forall n > N' : \ N \leq \min(A_m - A_n)$$

だから

$$\forall \epsilon > 0, \exists N \in \mathbb{N}, \forall m > n > N : \left| \sum_{k \in A_m - A_n} a_k \right| \leq \left| \sum_{k=\min(A_m - A_n)}^{\infty} |a_k| \right| < \epsilon.$$

従って数列 $\{\sum_{k \in A_n} a_k\}_{n \in \mathbb{N}} \subset \mathbb{R}$ は収束する.

逆に任意の単調増大集合列 $\{A_n\}_{n \in \mathbb{N}}$ で各 A_n が有限集合の場合 について数列 $\{\sum_{k \in A_n} a_k\}_{n \in \mathbb{N}}$ が収束すると仮定する. このとき次を満たす単調増大集合列 $\{A_n^{\pm}\}_{n \in \mathbb{N}}$ を考える.

1. $A_0^+ = A_0^- = \emptyset$.
2. $\forall k \in \mathbb{N} \, [\, a_k \geq 0 \Rightarrow A_{k+1}^+ = A_k^+ \cup \{k\}, \quad A_{k+1}^- = A_k^-\,]$.
3. $\forall k \in \mathbb{N} \, [\, a_k < 0 \Rightarrow A_{k+1}^+ = A_k^+, \quad A_{k+1}^- = A_k^- \cup \{k\}\,]$.

このとき各々の単調増大集合列 $\{A_n^{\pm}\}_{n \in \mathbb{N}}$ について数列 $\{\sum_{k \in A_n^{\pm}} a_k\}_{n \in \mathbb{N}}$ が収束するから級数

$$\sum_{n=0}^{\infty} |a_k| = \{\sum_{k \in A_n^+} a_k - \sum_{k \in A_n^-} a_k\}_{n \in \mathbb{N}}$$

も収束する. □

絶対収束に対し通常の収束を条件収束 (conditionary convergent) と呼ぶ. 条件収束するが絶対収束しない級数の場合その収束は和の順番に依存する.

定理 13.4 $\sum_{n=1}^{\infty} |a_n|$ が収束すれば $\sum_{n=1}^{\infty} a_n$ も収束する.

問 13.2 ある正の数 $R > 0$ が存在して任意の番号 $M \geq 1$ に対し $\sum_{n=1}^{M} |a_n| \leq R$ であれば $\sum_{n=1}^{\infty} a_n$ は絶対収束することを示せ.

定理 13.5 任意の自然数 $n \geq 1$ に対し $r_n \geq 0$ で $\sum_{n=1}^{\infty} r_n$ が収束し $|a_n| \leq r_n$ ($\forall n \geq 1$) が成り立てば $\sum_{n=1}^{\infty} a_n$ は絶対収束する.

ある変数 x のべきの和の形に書ける級数つまり

$$\sum_{n=0}^{\infty} a_n x^n$$

のような級数をべき級数という．このとき次のような級数は絶対収束の例を与える．

例 13.1 べき級数
$$\sum_{n=0}^{\infty} \frac{x^n}{n!}$$
は任意の $x \in \mathbb{C}$ に対し収束する．実際 $x \in \mathbb{C}$ を固定して
$$\sum_{n=0}^{\infty} \frac{|x|^n}{n!}$$
が収束することを言えばよい．自然数 m を
$$|x| \leq \frac{1}{2}m, \quad \text{i.e.} \quad \frac{|x|}{m} \leq \frac{1}{2}$$
ととる．すると $n \geq m$ のとき
$$\frac{|x|^n}{n!} = \frac{|x|^m}{m!} \frac{|x|}{m+1} \cdots \frac{|x|}{n} \leq \frac{|x|^m}{m!} \left(\frac{1}{2}\right)^{n-m}.$$
ゆえに
$$\sum_{n=m}^{\infty} \frac{|x|^n}{n!} \leq \frac{|x|^m}{m!} \sum_{n=m}^{\infty} \left(\frac{1}{2}\right)^{n-m} = \frac{2|x|^m}{m!} < \infty.$$
よって絶対収束が言えた．

とくに $x = 1$ のときこの級数の和
$$e = \sum_{n=0}^{\infty} \frac{1}{n!}$$
を自然対数の底 e の定義とする．以下の定理はこの定義が第 10.2 節で与えた e の定義と一致することを示す．

定理 13.6
$$e = \lim_{n \to \infty} \left(1 + \frac{1}{n}\right)^n.$$

証明 $e_n = (1+1/n)^n$ とおく．二項定理により

$$e_n = 1 + \frac{n}{1!}\frac{1}{n} + \frac{n(n-1)}{2!}\frac{1}{n^2} + \cdots + \frac{1}{n^n}.$$

いま

$$a_{n,k} = \frac{n(n-1)\ldots(n-k+1)}{k!}\frac{1}{n^k}$$

とおくと

$$e_n = 1 + \sum_{k=1}^{n} a_{n,k}.$$

ところが

$$a_{n,k} = \frac{1}{k!} \cdot 1 \cdot (1-1/n)\ldots(1-(k-1)/n) < a_{n+1,k} < \frac{1}{k!}.$$

従って

$$e_n < e_{n+1} < 1 + \sum_{k=1}^{\infty} \frac{1}{k!} = e.$$

よって e_n は有界な単調増大数列ゆえ極限 $\lim_{n\to\infty} e_n$ が存在して $\leq e$ である．
あとは逆向きの不等号を言えばよい．任意の $m \geq 1$ に対し $n \geq m$ のとき

$$1 + \sum_{k=1}^{m} a_{n,k} \leq e_n$$

である．この両辺で $n \to \infty$ とすれば

$$1 + \sum_{k=1}^{m} \frac{1}{k!} = \lim_{n\to\infty}\left(1 + \sum_{k=1}^{m} a_{n,k}\right) \leq \lim_{n\to\infty} e_n.$$

ここで m は右辺には現れないから左辺で $m \to \infty$ とできて逆向きの不等式

$$e \leq \lim_{n\to\infty} e_n$$

が言える． □

問 13.3 e は無理数であることを示せ．

一般に絶対収束性を調べるには各項の絶対値を項に持つ級数を考えればよいから，結局各項が正の級数を考えることに帰着する．そこで

$$\sum_{n=0}^{\infty} a_n, \quad a_n \geq 0 \ (\forall n = 0, 1, 2, \dots)$$

なる級数を正項級数と呼んでその収束を調べよう．

定理 13.7 $\sum_{n=0}^{\infty} a_n, \sum_{n=0}^{\infty} b_n, \sum_{n=0}^{\infty} c_n$ を正項級数とし $\sum_{n=0}^{\infty} b_n$ は収束し，$\sum_{n=0}^{\infty} c_n$ は発散するとする．このとき次が成り立つ．

1. $\exists n_0, \forall n \geq n_0 : a_n \leq b_n$ であれば $\sum_{n=0}^{\infty} a_n$ も収束する．

2. $\exists n_0, \forall n \geq n_0 : a_n \geq c_n$ であれば $\sum_{n=0}^{\infty} a_n$ も発散する．

3. $\exists n_0, \forall n \geq n_0 : \frac{a_{n+1}}{a_n} \leq \frac{b_{n+1}}{b_n}$ であれば $\sum_{n=0}^{\infty} a_n$ も収束する．

4. $\exists n_0, \forall n \geq n_0 : \frac{a_{n+1}}{a_n} \geq \frac{c_{n+1}}{c_n}$ であれば $\sum_{n=0}^{\infty} a_n$ も発散する．

証明 1, 2 は明らかである．3 は仮定より

$$\frac{a_{n+1}}{b_{n+1}} \leq \frac{a_n}{b_n} \leq \cdots \leq \frac{a_{n_0}}{b_{n_0}}$$

となる．ゆえに $n \geq n_0$ ならば

$$a_n \leq \frac{a_{n_0}}{b_{n_0}} b_n$$

となるから

$$\sum_{n=n_0}^{\infty} a_n \leq \frac{a_{n_0}}{b_{n_0}} \sum_{n=n_0}^{\infty} b_n < \infty$$

だから証明が終わる．4 もこれと同様の考察を行えばよい． □

定理 13.8 $\sum_{n=0}^{\infty} a_n$ を正項級数とする．このとき以下が成り立つ．

1. $\exists n_0, \exists k \in [0,1), \forall n \geq n_0 : \sqrt[n]{a_n} \leq k$ ならば $\sum_{n=0}^{\infty} a_n$ は収束する．

2. $\exists n_0, \exists k \in [0,1), \forall n \geq n_0 : \frac{a_{n+1}}{a_n} \leq k$ ならば $\sum_{n=0}^{\infty} a_n$ は収束する．

3. $\exists n_0, \exists k' > 1, \forall n \geq n_0 : \sqrt[n]{a_n} \geq k'$ ならば $\sum_{n=0}^{\infty} a_n$ は発散する．

4. $\exists n_0, \exists k' > 1, \forall n \geq n_0 : \frac{a_{n+1}}{a_n} \geq k'$ ならば $\sum_{n=0}^{\infty} a_n$ は発散する.

証明 1 は $a_n \leq k^n$ なので等比級数の収束に帰着され明らかである. 3 も同様である. 2 は $m > n$ なら $a_m \leq k a_{m-1} \leq k^2 a_{m-2} \leq \cdots \leq k^{m-n} a_n$ となりやはり等比級数の収束に帰着される. 4 の発散についても同様である. □

定理 13.9 正項級数 $\sum_{n=0}^{\infty} a_n$ に対し極限

$$\lim_{n \to \infty} \frac{a_{n+1}}{a_n} = \ell (\in \mathbb{R} \cup \{\infty\})$$

が存在するとする. このとき

1. $\ell < 1$ なら $\sum_{n=0}^{\infty} a_n$ は収束する.

2. $\ell > 1$ なら $\sum_{n=0}^{\infty} a_n$ は発散する.

証明 1. $\ell < 1$ ならある数 $k \in (\ell, 1)$ とある番号 n_0 があって $n \geq n_0$ ならば

$$\frac{a_{n+1}}{a_n} < k$$

となるから前定理 13.8 による.

2 も同様にある数 $k' \in (1, \ell)$ とある番号 n_0 があって $n \geq n_0$ なら

$$\frac{a_{n+1}}{a_n} > k'$$

となるから前定理 13.8 による. □

定理 13.10 絶対収束する級数 $a = \sum_{n=0}^{\infty} a_n$, $b = \sum_{n=0}^{\infty} b_n$ に対し $c_n = \sum_{k=0}^{n} a_k b_{n-k}$ とおくと $\sum_{n=0}^{\infty} c_n$ も絶対収束しその値は ab に等しい.

証明 仮定よりまず $\sum_{n=0}^{\infty} c_n$ が絶対収束することを言う.

$$\sum_{n=0}^{m} |c_n| \leq \sum_{n=0}^{m} \sum_{p+q=n} |a_p||b_q| \leq \sum_{p=0}^{m} |a_p| \sum_{q=0}^{m} |b_q|$$

だから $\sum_{n=0}^{\infty} |c_n|$ は確かに収束する.

$$\left| \sum_{n=0}^{2m} c_n - \sum_{p=0}^{m} a_p \sum_{q=0}^{m} b_q \right| = \left| \sum_{p+q=0}^{2m} a_p b_q - \sum_{p=0}^{m} a_p \sum_{q=0}^{m} b_q \right|$$

$$\leq \sum_{q=m+1}^{2m} \sum_{p=0}^{2m-q} |a_p||b_q| + \sum_{p=m+1}^{2m} \sum_{q=0}^{2m-p} |a_p||b_q|$$

$$\leq \left(\sum_{p=0}^{m} |a_p| \right) \left(\sum_{q=m+1}^{\infty} |b_q| \right) + \left(\sum_{p=m+1}^{\infty} |a_p| \right) \left(\sum_{q=0}^{m} |b_q| \right)$$

で右辺は $m \to \infty$ のとき 0 に収束するから値についての等式も成り立つ.

$\square$

13.2 べき級数展開

ここでは関数列とその級数について考察する．関数列が各点で収束することと一様に収束することの区別はすでに定義 12.11 で述べた．

数列 $\{(1 + \frac{x}{n})^n\}_{n=0}^{\infty}$ は e^x に各点収束する.

定理 13.11 $x \in \mathbb{R}$ に対し $e^x = \lim_{n \to \infty} \left(1 + \frac{x}{n} \right)^n$.

証明 定理 13.6 より

$$e = \lim_{n \to \infty} \left(1 + \frac{1}{n} \right)^n.$$

$t > 0$ に対し $n \leq t < n+1$ なる n を取ると

$$\left(1 + \frac{1}{n+1} \right)^n < \left(1 + \frac{1}{t} \right)^t < \left(1 + \frac{1}{n} \right)^{n+1}.$$

左辺右辺とも上の定理 13.6 の式から $n \to \infty$ のとき e に収束するから中辺も $t \to \infty$ のとき e に収束する．従って

$$e = \lim_{t \to \infty} \left(1 + \frac{1}{t} \right)^t.$$

また $t > 0$ に対し $s = t - 1$ と s を取ると $t \to \infty$ のとき $s \to \infty$ でかつ

$$\left(1 - \frac{1}{t} \right)^{-1} = 1 + \frac{1}{s}$$

となる．よって $t \to \infty$ のとき $s \to \infty$ であるから

$$\left(1 - \frac{1}{t}\right)^{-t} = \left(1 + \frac{1}{s}\right)^{t} = \left(1 + \frac{1}{s}\right)^{s+1} \to e.$$

以上より

$$\lim_{t \to \pm\infty} \left(1 + \frac{1}{t}\right)^{t} = e.$$

$x > 0$ のとき $s = tx$ とおくと

$$e^x = \left\{\lim_{t \to \infty}\left(1 + \frac{1}{t}\right)^t\right\}^x = \lim_{t \to \infty}\left(1 + \frac{1}{t}\right)^{tx}$$
$$= \lim_{s \to \infty}\left(1 + \frac{x}{s}\right)^s = \lim_{n \to \infty}\left(1 + \frac{x}{n}\right)^n.$$

$x < 0$ のときは $y = -x > 0,\ s = ty\ (t, s > 0)$ とおき

$$e^x = \left\{\lim_{t \to \infty}\left(1 - \frac{1}{t}\right)^{-t}\right\}^x$$

より同様に議論すればよい．$x = 0$ の時は明らかである． □

一方級数 $\sum_{n=0}^{\infty} \frac{x^n}{n!}$ すなわち関数列 $\{\sum_{k=0}^{n}\frac{x^k}{k!}\}_{n=0}^{\infty}$ は関数 e^x に任意の有界区間上一様収束する．

定理 13.12 $x \in \mathbb{R}$ に対し $e^x = \sum_{n=0}^{\infty} \frac{x^n}{n!}$.

証明 $p_n = (1 + x/n)^n$ とおくと二項定理より

$$p_n = 1 + \sum_{k=1}^{n} a_{n,k} x^k.$$

ただし

$$a_{n,k} = \frac{n!}{k!(n-k)!}\frac{1}{n^k} = \frac{1}{k!}\left(1 - \frac{1}{n}\right)\cdots\left(1 - \frac{k-1}{n}\right).$$

よって

$$0 < a_{n,k} < \frac{1}{k!}, \quad \lim_{n \to \infty} a_{n,k} = \frac{1}{k!}.$$

13.2. べき級数展開

固定した x に対し自然数 ℓ を
$$2|x| \leq \ell, \quad \text{i.e.} \quad |x| \leq \frac{\ell}{2}$$
ととると $n > \ell$ のとき
$$\frac{|x|^n}{n!} = \frac{|x|^\ell}{\ell!} \frac{|x|}{\ell+1} \cdots \frac{|x|}{n} < \frac{|x|^\ell}{\ell!} \left(\frac{1}{2}\right)^{n-\ell} \leq \frac{\ell^\ell}{\ell!} \frac{1}{2^n}.$$
よって $n > m > \ell$ のとき
$$\left|\sum_{k=m+1}^n a_{n,k} x^k\right| < \sum_{k=m+1}^n \frac{|x|^k}{k!} < \frac{\ell^\ell}{\ell!} \sum_{k=m+1}^n \frac{1}{2^k} < \frac{\ell^\ell}{\ell!} \frac{1}{2^m}.$$
ゆえにいま $n \geq m > \ell$ に対し
$$p_{n,m} = 1 + \sum_{k=1}^m a_{n,k} x^k$$
とおくと $p_n = p_{n,n}$ ゆえ
$$|p_n - p_{n,m}| = \left|\sum_{k=m+1}^n a_{n,k} x^k\right| < \frac{\ell^\ell}{\ell!} \frac{1}{2^m}.$$
また $\lim_{n\to\infty} a_{n,k} = \frac{1}{k!}$ だから固定した m に対し
$$\lim_{n\to\infty} p_{n,m} = \sum_{k=0}^m \frac{x^k}{k!}.$$
この右辺を w_m とおく．$n > m > \ell$ のとき
$$|p_n - w_m| \leq |p_n - p_{n,m}| + |p_{n,m} - w_m| < \frac{\ell^\ell}{\ell!} \frac{1}{2^m} + |p_{n,m} - w_m|.$$
よって $m(>\ell)$ を固定して $n \to \infty$ とすると $\lim_{n\to\infty} p_{n,m} = w_m$ より
$$\lim_{n\to\infty} |p_n - w_m| \leq \frac{\ell^\ell}{\ell!} \frac{1}{2^m} \tag{13.1}$$
を得る．定理 13.11 より $p_n = (1 + x/n)^n$ は
$$\lim_{n\to\infty} p_n = e^x$$

を満たす．ゆえに (13.1) より $m > \ell$ のとき

$$|e^x - w_m| \leq \frac{\ell^\ell}{\ell!}\frac{1}{2^m}$$

が得られる．$w_m = \sum_{k=0}^m \frac{x^k}{k!}$ であったからこの式は

$$\sum_{k=0}^\infty \frac{x^k}{k!} = e^x$$

を意味する． □

したがって命題 12.3 よりべき関数の連続性から指数関数の連続性も保証される[1]．

このような関数列の極限として定義される指数関数は複素数上の指数関数に拡張することができる．

定義 13.1 $z \in \mathbb{C}$ に対し

$$e^z = \exp(z) = \sum_{n=0}^\infty \frac{z^n}{n!}$$

と定義する．すると

$$e^z = \lim_{n \to \infty}\left(1 + \frac{z}{n}\right)^n$$

となる．

これからオイラーによる三角関数および双曲関数の定義を得る．

定義 13.2 $\theta \in \mathbb{R}$ に対し

1. $\cos\theta = \mathrm{Re}(e^{i\theta}) = \dfrac{e^{i\theta} + e^{-i\theta}}{2}, \quad \sin\theta = \mathrm{Im}(e^{i\theta}) = \dfrac{e^{i\theta} - e^{-i\theta}}{2i}.$
2. $\cosh\theta = \dfrac{e^\theta + e^{-\theta}}{2}, \quad \sinh\theta = \dfrac{e^\theta - e^{-\theta}}{2}.$

このように定義される関数は $x = \cos\theta, y = \sin\theta$ あるいは $x = \cosh\theta, y = \sinh\theta$ とおけばそれぞれ単位円 $x^2 + y^2 = 1$ や単位双曲線 $x^2 - y^2 = 1$ の座標を与える．

---

[1] これは定理 12.10 においてすでに示されたことではある．

問 13.4 以下を示せ．任意の複素数 $z, w \in \mathbb{C}$ に対し

$$e^z e^w = e^{z+w}.$$

問 13.5 以下を示せ．

1. $\cos\theta = \sum_{n=0}^{\infty} \frac{(-1)^n}{(2n)!} \theta^{2n}$.

2. $\sin\theta = \sum_{n=0}^{\infty} \frac{(-1)^n}{(2n+1)!} \theta^{2n+1}$.

3. $\cos^2\theta + \sin^2\theta = 1$.

4. $\cos(\theta + \varphi) = \cos\theta\cos\varphi - \sin\theta\sin\varphi$,
   $\sin(\theta + \varphi) = \sin\theta\cos\varphi + \cos\theta\sin\varphi$.

5. $\cos(-\theta) = \cos\theta$, $\sin(-\theta) = -\sin\theta$.

定義 13.3 $\cos\theta = 0$ となる最小の正の数 $\theta > 0$ を $\pi/2$ と定義する．π を円周率と呼ぶ．

とくに

$$e^{i\pi} = -1.$$

である．上の問 13.5 の 1 の表式より $\cos\theta > 0.07 > 0$ ($\theta \in [0, 3/2]$)，$\cos 2 < 0$ がわかりかつ後述のべき級数の微分から $(\cos\theta)' = -\sin\theta$ が存在するので $\cos\theta$ は連続関数である．したがって中間値の定理 12.7 より $\cos\xi = 0$, $3/2 < \xi < 2$ なる実数 ξ が存在する．このような ξ の集合を X とするとこれは今述べたことより $X \subset (3/2, 2)$ だから $\inf X$ が存在し $2 > \inf X > 3/2$ である．このとき $\pi/2 = \inf X$ とおけばこれが $\cos\theta = 0$ を満たす最小の正の数となる．このことから特に $3 < \pi < 4$ がわかる．

問題を一般化してべき関数の無限和により定義される関数いわゆるべき級数を考える．べき級数とは

$$\sum_{n=0}^{\infty} a_n (z-a)^n \quad (z \in \mathbb{C})$$

の形の級数である．これを a を中心とするべき級数という．

定理 13.13 べき級数

$$\sum_{n=0}^{\infty} a_n(z-a)^n \quad (z \in \mathbb{C})$$

に対し次を満たすただひとつの無限大を含む非負の実数 $R \in [0, \infty) \cup \{\infty\}$ が存在する．この R を上のべき級数の収束半径という．

1) $|z-a| < R$ ならば上の級数は絶対収束する．
2) $|z-a| > R$ ならば上の級数は収束しない．

証明 実数の集合 A を

$$A = \{|z-a| \mid z \text{ において級数は収束する }\}$$

と定義し

$$R = \sup A$$

とする．このとき $|z-a| < R$ とすると R と A の定義によりある点 $z_0 \in \mathbb{C}$ で z_0 において級数は収束しかつ

$$|z-a| < |z_0-a| < R$$

となるものがある．z_0 において級数が収束することより

$$\lim_{n \to \infty} a_n(z_0-a)^n = 0.$$

従って数列 $\{a_n(z_0-a)^n\}_{n=0}^{\infty}$ は有界数列である．ゆえにある $M > 0$ があって任意の番号 $n \geq 0$ に対し

$$|a_n(z_0-a)^n| \leq M$$

である．ゆえに上の z は

$$|a_n(z-a)^n| = |a_n(z_0-a)^n| \frac{|(z-a)^n|}{|(z_0-a)^n|} \leq M \frac{|(z-a)^n|}{|(z_0-a)^n|}$$

を満たす．上の関係 $|z-a| < |z_0-a| < R$ より $r = \frac{|z-a|}{|z_0-a|} < 1$ であるから

$$|a_n(z-a)^n| = |a_n(z_0-a)^n| \frac{|(z-a)^n|}{|(z_0-a)^n|} \leq Mr^n.$$

従って
$$\sum_{n=0}^{\infty} |a_n(z-a)^n| \leq M \sum_{n=0}^{\infty} r^n < \infty$$
となり級数は $|z-a| < R$ なる任意の点 $z \in \mathbb{C}$ において絶対収束する．

$|z-a| > R$ であれば R と A の定義により級数は収束しない．

以上より R は収束半径の条件を満たす．後は一意性を見ればよいがもし $R' \in [0,\infty) \cup \{\infty\}$ も収束半径の条件を満たすとしかつ $R' \neq R$ としてみる．一般性を失うことなく $R < R'$ と仮定してよい．すると $R < |z-a| < R'$ なる点 $z \in \mathbb{C}$ が存在する．$R < |z-a|$ より級数は収束しないが他方 $|z-a| < R'$ より級数は絶対収束し矛盾であるから $R = R'$ である． □

定理 13.14 べき級数
$$\sum_{n=0}^{\infty} a_n(z-a)^n \quad (z \in \mathbb{C})$$
に対し
$$\lim_{n \to \infty} \left| \frac{a_n}{a_{n+1}} \right| = R \in [0,\infty) \cup \{\infty\}$$
が存在すればこの R は上のべき級数の収束半径を与える．

証明
$$\lim_{n \to \infty} \left| \frac{a_{n+1}(z-a)^{n+1}}{a_n(z-a)^n} \right| = \frac{|z-a|}{R}$$
だから定理 13.9 より

a) $|z-a| < R$ ならべき級数は絶対収束する．

b) $|z-a| > R$ ならべき級数は絶対収束しない．(収束する可能性はある．)

と場合分けされる．ゆえに R' を与えられたべき級数の収束半径とすると
$$R \leq R'$$
が成り立つ．実際 $|z-a| > R'$ とすると級数は収束しないから特に絶対収束しない．従って $|z-a| \geq R$ である．$|z-a| > R'$ なる $z \in \mathbb{C}$ は $|z-a|$

がいくらでも R' に近くなるように選べるから $\alpha > R'$ なら $\alpha \geq R$ が言えたので $R' \geq R$ である．もし $R < R'$ であると仮定すると $R < |z-a| < R'$ なる $z \in \mathbb{C}$ が取れるが，その z においてはべき級数は $|z-a| < R'$ より絶対収束し，$R < |z-a|$ より絶対収束しないことになり矛盾である．よって $R = R'$ でなければならない． □

以下は明らかであろう．

定理 13.15 べき級数
$$f(z) = \sum_{n=0}^{\infty} a_n(z-a)^n, \quad g(z) = \sum_{n=0}^{\infty} b_n(z-a)^n$$
の収束半径のうち小さい方を R とおくと $|z-a| < R$ でこれらの和・差および積
$$f(z) \pm g(z) = \sum_{n=0}^{\infty} (a_n \pm b_n)(z-a)^n,$$
$$f(z)g(z) = \sum_{n=0}^{\infty} c_n(z-a)^n \quad (\text{ただし } c_n = \sum_{k=0}^{n} a_k b_{n-k})$$
は絶対収束する．

定理 13.16 べき級数
$$\sum_{n=0}^{\infty} a_n(z-a)^n$$
および
$$\sum_{n=1}^{\infty} na_n(z-a)^{n-1}$$
は同じ収束半径を持つ．

証明 上のべき級数の収束半径を R，下のそれを R' とする．$n \geq 1$ のとき
$$|a_n(z-a)^n| \leq |na_n(z-a)^{n-1}||z-a|$$

より $R' \leq R$ は明らかである．$R = 0$ のときはこれより $R' = 0$ となり $R' = R$ が言える．$R > 0$ のとき $|z - a| < R$ として $|z - a| < r < R$ なる $r > 0$ をひとつ固定する．このとき R の定義より

$$\sum_{n=0}^{\infty} |a_n| r^n$$

は収束する．とくにある定数 $M \geq 0$ に対し

$$|a_n r^n| \leq M \quad (n = 0, 1, 2, \dots).$$

よって上の $|z - a| < r < R$ なる z に対し $k = |z - a|/r < 1$ とおけば

$$|na_n(z-a)^{n-1}| = n|a_n|r^n \cdot r^{-n}|z-a|^{n-1} = \frac{|a_n r^n|}{r} \cdot n \left|\frac{z-a}{r}\right|^{n-1} \leq n\frac{M}{r}k^{n-1}.$$

ゆえに

$$\sum_{n=1}^{\infty} |na_n(z-a)^{n-1}| \leq \frac{M}{r} \sum_{n=1}^{\infty} nk^{n-1} < \infty.$$

従って下のべき級数も $|z - a| < R$ なる任意の $z \in \mathbb{C}$ において絶対収束する．よって $R \leq R'$ となり $R = R'$ が言えた． □

さらに以下が成り立つ．以下においては後に定義 14.3 で定義する関数の微分の概念を用いている．

定理 13.17 収束半径 $R > 0$ を持つべき級数

$$f(z) = \sum_{n=0}^{\infty} a_n (z-a)^n$$

に対しその微分は同じ収束半径を持つ

$$f'(z) = \sum_{n=1}^{\infty} na_n (z-a)^{n-1}$$

で与えられる．高階の微分も同様であり f は C^∞ である．特に $f^{(n)}(z)$ の式で $z = a$ とおくことにより

$$a_n = \frac{f^{(n)}(a)}{n!}$$

の関係が成り立つ．

証明 収束半径が同じなことは前定理による．微分可能で微分が実際二番目の級数で与えられることを見ればよい．$|z-a|<R$ とし $|z-a|<r<R$ なる $r>0$ をとる．$h\in\mathbb{C}$ を $|h|<R-r$ と取ると

$$|z+h-a|\leq|z-a|+|h|<r+R-r=R.$$

従ってこのような $h\in\mathbb{C}$ に対し $f(z+h)$ は存在する．このとき

$$f(z+h)-f(z)=\sum_{n=1}^{\infty}a_n\{(z+h-a)^n-(z-a)^n\}$$

$$=h\sum_{n=1}^{\infty}a_n\sum_{k=0}^{n-1}(z+h-a)^{n-1-k}(z-a)^k.$$

よって

$$\frac{1}{h}\{f(z+h)-f(z)\}-\sum_{n=1}^{\infty}na_n(z-a)^{n-1}$$

$$=\sum_{n=2}^{\infty}a_n\sum_{k=0}^{n-2}\{(z+h-a)^{n-1-k}-(z-a)^{n-1-k}\}(z-a)^k.$$

右辺の各項の絶対値は

$$\frac{1}{2}|h|n(n-1)|a_n|\{|z-a|+|h|\}^{n-2}$$

で押さえられる．上より $|z-a|+|h|<R$ だから $|z-a|+|h|<\rho<R$ と ρ を取ればこの各項は

$$|h|n^2|a_n|\rho^{n-2}$$

と押さえられ

$$\left|\frac{1}{h}\{f(z+h)-f(z)\}-\sum_{n=1}^{\infty}na_n(z-a)^{n-1}\right|\leq|h|\sum_{n=2}^{\infty}n^2|a_n|\rho^{n-2}$$

の右辺の級数は収束し従って $|h|\to 0$ のとき左辺は 0 に収束する．従って f の微分 $f'(z)$ は定理の式で与えられる． □

これより以下の系が従う．

系 13.1 収束半径 $R > 0$ のべき級数

$$f(z) = \sum_{n=0}^{\infty} a_n (z-a)^n$$

に対し $C \in \mathbb{C}$ を任意の定数として

$$F(z) = \sum_{n=0}^{\infty} \frac{a_n}{n+1} (z-a)^{n+1} + C$$

とおくと F の収束半径は R で

$$F'(z) = f(z)$$

が成り立つ.

第14章　バナッハ空間における微分

本章ではノルムで定義される距離の入った線型空間を考察する．とくに完備なノルム線型空間はバナッハ空間と呼ばれる．このような空間上の関数に関しては微分を定義することができる．これは実数直線上の関数の微分に加え，高次元ユークリッド空間上の多変数関数の微分である偏微分の定義を含む．さらに陰関数定理により逆関数およびその導関数が存在する条件も明らかにする．

14.1　微分と偏微分

線型空間とは集合 V でその元の間に和および ($K = \mathbb{C}$ ないし $K = \mathbb{R}$ の元による) スカラー倍が定義されていて

$$x, y \in V, \ \lambda, \mu \in K \Rightarrow \lambda x + \mu y \in V$$

の条件を満たすものである．すなわち V の任意の元 x, y とスカラー $\lambda, \mu \in K$ に対しベクトル $\lambda x + \mu y$ が V の元として定義されていてふつうの和・スカラー倍の演算に関する法則を満たすものを線型空間と呼ぶ．正確な定義は第4章定義 4.1 に与えられている．第I部では主に有限次元の線型空間を考えたがここでは有限次元とは限らず無限次元の場合を考察し必要に応じ有限次元の場合を考える．まずノルムの定義を述べる．

定義 14.1　V を $K(=\mathbb{C}\ \text{or}\ \mathbb{R})$ 上の線型空間とする．V から $\mathbb{R}$ への関数 $x \mapsto \|x\|$ がノルムであるとはそれが次の3条件を満たす時を言う．

1. 任意の $x \in V$ に対し $\|x\| \geq 0$ で等号が成り立つのは $x = 0$ の場合に限る．

2. $\lambda \in K, x \in V$ に対し $\|\lambda x\| = |\lambda|\|x\|$．

3. $x, y \in V$ に対し $\|x + y\| \leq \|x\| + \|y\|$．

ノルムの入った線型空間をノルム線型空間 (normed linear space) ないしノルム空間という．ノルム $\|\cdot\|$ の入ったノルム空間は

$$d(x,y) = \|x-y\|$$

を距離関数として自然な距離が入り距離空間となる．この距離に関し完備なノルム空間をバナッハ空間 (Banach space) と呼ぶ．

具体的なノルム空間の例を以下に与える．

例 14.1

1. $\mathbb{R}^n$ ないし $\mathbb{C}^n$ はそれらの内積 $(\cdot, \cdot)$ より $x \in \mathbb{R}^n$ ないし $x \in \mathbb{C}^n$ に対し

$$\|x\| = \sqrt{(x,x)} \quad \text{ただし} \quad (x,y) = \sum_{j=1}^n x_j \overline{y}_j$$

とノルムを定義することによりノルム空間となる．ここで複素数 $\alpha = \alpha_1 + i\alpha_2 \in \mathbb{C}$ $(\alpha_j \in \mathbb{R}\ (j=1,2),\ i = \sqrt{-1})$ に対し $\overline{\alpha} = \alpha_1 - i\alpha_2$ は $\alpha \in \mathbb{C}$ の複素共役を表す．

2. $\mathbb{R}^n$ (または $\mathbb{C}^n$) の標準基底 $e_1, \ldots, e_n$ をとり $x \in \mathbb{R}^n$ を

$$x = \sum_{k=1}^n x_k e_k \quad (x_k \in \mathbb{R})$$

と表すとき，$1 \leq p < \infty$ を満たす $p \in \mathbb{R}$ についてノルム

$$\|x\|_p = \left(\sum_{k=1}^n |x_k|^p \right)^{\frac{1}{p}}$$

または

$$\|x\|_\infty = \max_{k=1,2,\ldots,n} |x_k|$$

により $\mathbb{R}^n$ (または $\mathbb{C}^n$) はノルム空間となる．さらにこれらは完備であり従って有限次元のバナッハ空間である．

3. G を $\mathbb{R}^n$ の開または閉領域 (連結な開または閉集合) として
$$C(G) = C^0(G) = \{f \mid f : G \longrightarrow \mathbb{C} \text{ は有界な連続関数である }\}$$
としそのノルムを
$$\|f\|_\infty = \sup_{x \in G} |f(x)| \ (<\infty)$$
と定義するとこの空間はノルム空間となる．このノルムによる収束は定義 12.11 の意味で一様収束であり $\mathbb{C}$ の完備性と命題 12.3 よりこの空間は完備となる（確かめよ）からバナッハ空間を定義する．この空間のノルムは上の 1 の例のような内積では定義できないことに注意されたい．さらにこの空間 $C^0(G)$ は無限次元線型空間である．(実際可算無限個の多項式 $1, x, x^2, x^3, \ldots, x^k, \ldots$ は一次独立である．)

4. $f \in C^0(G)$ に対し閉集合
$$\operatorname{supp} f = \overline{\{x \mid x \in G, \ f(x) \neq 0\}}$$
を関数 f の台あるいはサポートと呼ぶ．いま
$$C_0(G) = C_0^0(G) = \{f \mid f \in C^0(G), f(x) = 0 \ (x \in \partial G),$$
$$\operatorname{supp}(f) \text{ はコンパクトで} \subset \overline{G}\}$$
と定義するとこの空間 $C_0(G)$ も 3 のノルムに関し完備となりバナッハ空間となる．

5. $V_j \ (j = 1, 2, \ldots, d)$ をバナッハ空間とする．このとき直積 $V = V_1 \times \cdots \times V_d$ をこれに例 11.3 の 3 の直積距離を入れた距離空間と考える．これは V にノルム $\|(x_1, \ldots, x_d)\| = \{\|x_1\|^2 + \cdots + \|x_d\|^2\}^{1/2}$ を入れたバナッハ空間と考えられる．

問 14.1 $\mathbb{R}^n$ の任意の 2 つのノルム $\|\cdot\|_0$ と $\|\cdot\|_1$ は互いに同値であることを以下の順で示せ．ただしこれらが同値とはある正の数 $\alpha, \beta > 0$ があって
$$\forall x \in \mathbb{R}^n : \ \alpha \|x\|_0 \geq \|x\|_1 \geq \beta \|x\|_0$$
が成り立つことである．

1. $\mathbb{R}^n$ の標準基底 $e_1,\ldots,e_n$ をとり $x \in \mathbb{R}^n$ を
$$x = \sum_{k=1}^{n} x_k e_k \quad (x_k \in \mathbb{R})$$
と表すとき，x の標準ノルム
$$\|x\|_2 = \sqrt{\sum_{k=1}^{n} x_k^2}$$
による距離を $\mathbb{R}^n$ に入れる．このときこの距離に関し集合
$$\{y \in \mathbb{R}^n \mid \|y\|_2 = 1\}$$
はコンパクトである．

2. 1で入れた距離に関し関数 $\mathbb{R}^n \ni x \mapsto \|x\|_1 \in \mathbb{R}$ は連続である．

3. 以上より関数 $\mathbb{R}^n \ni x \mapsto \|x\|_1 \in \mathbb{R}$ は集合 $\{y \in \mathbb{R}^n \mid \|y\|_2 = 1\}$ 上最大値 $\alpha > 0$ および最小値 $\beta > 0$ をとる．このとき
$$\forall x \in \mathbb{R}^n: \ \alpha\|x\|_2 \geq \|x\|_1 \geq \beta\|x\|_2$$
が成り立つ．

ノルム線型空間からノルム線型空間への有界線型作用素の全体もベクトル空間となるが，これは次のノルムについてノルム線型空間となる．

定義 14.2 V, W を $K(= \mathbb{C} \text{ or } \mathbb{R})$ 上のノルム線型空間とする．V から W への線型写像ないし線型作用素 T が連続である時 T を連続な線型作用素ないし有界な線型写像あるいは有界線型作用素等と呼ぶ．このときかつこのときに限り
$$\|T\| = \sup_{\|x\|\leq 1} \|Tx\| = \sup_{\|x\|=1} \|Tx\| = \sup_{x\neq 0} \frac{\|Tx\|}{\|x\|}$$
は有限になりこの値を T の作用素ノルムと呼ぶ．V から W への線型作用素の全体を $L(V,W)$，V から W への有界線型作用素の全体を $B(V,W)$ と書く．$L(V,W)$ は演算
$$(\lambda T + \mu S)(x) := \lambda T(x) + \mu S(x) \quad (\lambda, \mu \in K, \ x \in V)$$

により線型空間となり $B(V,W)$ はその部分空間となる．とくに $W = K(=\mathbb{C} \text{ or } \mathbb{R})$ のとき $B(V,W) = B(V,K)$ を V' と書き V の双対空間 (dual space) と呼ぶ．$V = W$ のとき $B(V,V)$ を $B(V)$ と略記する．

W がバナッハ空間であれば $B(V,W)$ もバナッハ空間となる．

問 14.2 定義 14.2 において W がバナッハ空間であれば $B(V,W)$ は作用素ノルムをノルムとしてバナッハ空間となることを示せ．

例 14.2 $x \in [0,1]$ を固定するとき例 14.1 で導入されたノルムを持つ線型空間 $C^0([0,1])$ から $\mathbb{R}$ への線型写像 δ_x を

$$\delta_x(f) := f(x)$$

によって定義すると δ_x は有界線型写像である．

命題 14.1 有限次元ノルム線型空間 $\mathbb{R}^n$ から $\mathbb{R}^k$ ($1 \le n, k < \infty$) への線型写像は有界である．

問 14.3 命題 14.1 を示せ．

いよいよ微分の定義を述べる．

定義 14.3 V, W をバナッハ空間，$G \subset V$ を開集合，$f : G \longrightarrow W$ を写像，$x_0 \in G$ とする．いま有界な線型写像 $Df(x_0) : V \longrightarrow W$ で

$$\lim_{x \to x_0,\, x \ne x_0} \frac{\|f(x) - f(x_0) - Df(x_0)(x - x_0)\|}{\|x - x_0\|} = 0$$

を満たすものが存在するとき写像 f は $x_0 \in G$ で微分可能という．このとき線型写像 $Df(x_0) \in B(V,W)$ を f の x_0 における微分という．G の任意の点 x_0 で微分可能のとき f は G で微分可能という．$Df(x_0)$ は線型写像として連続であるが x_0 に連続に依存するとは限らない．G 上微分可能で $Df(x_0) \in B(V,W)$ が $x_0 \in G$ に連続に依存するとき f は G で連続微分可能という．このように $Df(x)$ を $x \in G$ の関数と見なすとき $Df(x)$ を導関数と呼ぶことがある．$Df(x)$ が $x \in G$ から $B(V,W)$ への写像としてさらに微分可能なときその微分を $D^2 f(x) \in B(V, B(V,W))$ などと表し 2

階微分という. この $D^2 f(x) \in B(V, B(V, W))$ は $V \times V$ から W への有界双線型写像と見なすことができる. このとき $D^2 f(x)(u,v) = D^2 f(x)(v,u)$ ($\forall u, v \in V$) が成り立つ (下記命題 14.4). 高階微分も同様に定義される.

定義 14.4 特に $V = \mathbb{R}$ または $V = \mathbb{C}$ のとき整数 $j \geq 0$ に対し $D^j f(x)$ を $f^{(j)}(x), \dfrac{d^j}{dx^j} f(x), \dfrac{d^j f}{dx^j}(x)$ 等と表すこともある. また $W = \mathbb{C}$ のとき k 回連続的微分可能な関数を C^k-級関数と呼びその全体を $C^k(G)$ ($k = \infty$ の場合も含む) と表す. この空間には様々な距離ないし位相の入れ方がある. たとえば例 14.1 の 3 のような入れ方もあるがその時は $C^k(G)$ ($k \geq 1$) は完備にならない. G からバナッハ空間 W への k 回連続的微分可能な関数の全体も同様に $C^k(G, W)$ と表す.

定義 14.5 V_j ($j = 1, 2, \ldots, d$), W をバナッハ空間とする. このとき直積 $V = V_1 \times \cdots \times V_d$ を例 14.1 の 5 の意味での直積距離を入れたバナッハ空間と考える. $G \subset V$ を開集合, $a = (a_1, \ldots, a_d) \in G$ とする. 写像 $f : G \longrightarrow W$ が点 a において第 i 番目の変数に関し偏微分可能とは写像 $V_i \ni x_i \mapsto f(a_1, \ldots, a_{i-1}, a_i + x_i, a_{i+1}, \ldots, a_d) \in W$ が $x_i = 0 \in V_i$ において微分可能なことである. このときの微分を $D_i f(a)$ と表し, f の a における i 方向の偏微分という. 特に $V_j = \mathbb{R}$ ($j = 1, 2, \ldots, d$) のとき $D_i f(a) = D_{x_i} f(a) = \dfrac{\partial}{\partial x_i} f(a) = \dfrac{\partial f}{\partial x_i}(a)$ 等と表す. 高階微分についても同様である.

問 14.4 定義 14.3 の微分線型写像 $Df(x_0)$ は存在すれば一意的であることを示せ.

問 14.5 V, W を $\mathbb{C}$ 上のバナッハ空間, $G \subset V$ を開集合, $f : G \longrightarrow W$ を微分可能写像とし, $\varphi \in W' = B(W, \mathbb{C})$ とする. このとき $\varphi \circ f : G \longrightarrow \mathbb{C}$ も微分可能であり任意の $x \in G$ において

$$D(\varphi \circ f)(x) = \varphi \circ (Df)(x)$$

が成り立つことを示せ.

14.1. 微分と偏微分

命題 14.2 定義 14.3 の写像 f が x_0 で微分可能ならば f は点 $x_0 \in G$ で連続である．

証明 定義 14.3 の式より任意の $\epsilon > 0$ に対しある $\delta > 0$ が存在して $\|x - x_0\| < \delta, x \neq x_0$ ならば

$$\|f(x) - f(x_0) - Df(x_0)(x - x_0)\| \leq \epsilon \|x - x_0\|$$

が成り立つ．これはこの表現から $x = x_0$ に対しても成り立つ．特に $\epsilon = 1$ として

$$\|f(x) - f(x_0)\| \leq (1 + \|Df(x_0)\|)\|x - x_0\|$$

が成り立つ．ゆえに $x \to x_0$ のとき $f(x) \to f(x_0)$ が言えた． □

微分の定義から合成関数の微分に関する一般規則が得られる．

命題 14.3 V, W, X をバナッハ空間，$G \subset V$ を開集合，$x_0 \in G$ とし $f : G \longrightarrow W$ が点 x_0 で微分可能とする．さらに $E \subset W$ を $f(G) \subset E$ となる W の開集合とし $g : E \longrightarrow X$ が点 $f(x_0) \in f(G) \subset E$ で微分可能とする．このとき $(g \circ f)(x) = g(f(x))$ により合成関数 $g \circ f : G \longrightarrow X$ が定義されるがこの合成関数 $g \circ f$ は点 x_0 で微分可能であり

$$D(g \circ f)(x_0) = Dg(f(x_0)) \circ Df(x_0)$$

が成り立つ．

問 14.6 命題 14.3 を証明せよ．

問 14.7 以下を示せ．

1. $f(t) = t^n$ $(n = 0, 1, 2, 3, \dots)$ を $\mathbb{R}$ から $\mathbb{R}$ へのべき関数とする．このとき $k = 1, 2, \dots$ に対し

$$f^{(k)}(t) := \frac{d^k f}{dt^k}(t) = \begin{cases} n(n-1)\dots(n-k+1)t^{n-k}, & (n \geq k), \\ 0, & (n < k). \end{cases}$$

2. 任意の $x \in \mathbb{R}$ について
$$\frac{d}{dx}e^x = e^x.$$

3. $a > 0, a \neq 1, g(t) = a^t$ を $\mathbb{R}$ から $\mathbb{R}$ への指数関数とするとき $k = 1, 2, \ldots$ に対し
$$g^{(k)}(t) = (\log a)^k g(t).$$

4. $a > 0, a \neq 1$ のとき $(\log_a x)' = (\log_a e)x^{-1}$ $(x > 0)$.

5. 任意の $\alpha \in \mathbb{R}$ について
$$\frac{d}{dx}x^\alpha = \alpha x^{\alpha-1} \quad (x > 0).$$

6. $x \in \mathbb{R}$ のとき $(\cos x)' = -\sin x, (\sin x)' = \cos x$.

問 14.8 以下の問いに答えよ．

1. $\mathbb{R}$ から $\mathbb{R}$ への連続関数 $f(x)$ がある点 $a \in \mathbb{R}$ の近傍において点 a を除き微分可能で極限
$$b = \lim_{x \to a,\ x \neq a} f'(x)$$
が存在すれば f は点 a において微分可能であり
$$f'(a) = b$$
となることを示せ．

2. $k \geq 1$ を整数とするとき以下によって定義される $\mathbb{R}$ から $\mathbb{R}$ への関数 $f(x)$ は $C^\infty(\mathbb{R})$ に属することを示せ．
$$f(x) = \begin{cases} e^{-1/x^k} & (x > 0), \\ 0 & (x \leq 0). \end{cases}$$

3. 以下によって定義される $\mathbb{R}$ から $\mathbb{R}$ への関数 $f(x)$ は $\mathbb{R}$ 上で連続である．この関数は原点以外では連続的微分可能であるが原点 $x = 0$ ではどうか？
$$f(x) = \begin{cases} x \sin \frac{1}{x} & (x \neq 0), \\ 0 & (x = 0). \end{cases}$$

4. 以下で定義する関数 $f: \mathbb{R}^2 \longrightarrow \mathbb{R}$ は領域 $G = \{(x,y) \mid (x,y) \neq (0,0)\}$ においては連続的微分可能であるが点 $(x,y) = (0,0)$ においては微分可能でないことを示せ．

$$f(x,y) = \begin{cases} \dfrac{x^4 + y^2}{x^2 + y^2} & ((x,y) \neq (0,0)), \\ 0 & ((x,y) = (0,0)). \end{cases}$$

値を一般のベクトル空間であるバナッハ空間に取る関数の場合次の平均値の定理 (微分形) が成り立つ．

定理 14.1 $I = [a,b]$ を $\mathbb{R}$ の有界閉区間，W をバナッハ空間，$f: I \longrightarrow W$ を連続写像で I の開核 $I^\circ = (a,b)$ で微分可能で正定数 $M > 0$ に対し

$$\|Df(x)\| \leq M \quad (x \in I^\circ)$$

を満たすとする．このとき

$$\|f(b) - f(a)\| \leq M(b-a)$$

が成り立つ．

特に V, W をバナッハ空間とし，$u, v \in V, U \subset V$ を線分 $S = \{u + t(v-u) \mid 0 \leq t \leq 1\}$ の開近傍とし f を U から W への写像で S の各点で微分可能で

$$\|Df(w)\| \leq M \quad (\forall w \in S)$$

と仮定すると

$$\|f(v) - f(u)\| \leq M\|v - u\|$$

が成り立つ．

証明 任意の $\alpha > 0$ を固定し集合 $A \subset I$ を

$$A = \{w \in I \mid \forall z \in [a,w] : \|f(z) - f(a)\| \leq M(z-a) + \alpha(z-a)\}$$

と定義する．$a \in A$ ゆえ $A \neq \emptyset$. 従って $a \leq d = \sup A < \infty$. f は連続なので $d \in A$. 従って $A = [a, d]$ である．このとき $d = b$ を示す．もしそうでな

くて $d < b$ であるとすると十分小なる正数 $\delta > 0$ に対し $d + \delta < b$ であり f の $I°$ における微分可能性により

$$\forall z \in [d, d+\delta] : \|f(z) - f(d) - Df(d)(z-d)\| \leq \alpha(z-d)$$

が成り立つ．ゆえに $z \in [d, d+\delta)$ に対し

$$\begin{aligned}\|f(z) - f(a)\| &\leq \|f(z) - f(d)\| + \|f(d) - f(a)\| \\ &\leq M(z-d) + \alpha(z-d) + M(d-a) + \alpha(d-a) \\ &= M(z-a) + \alpha(z-a)\end{aligned}$$

が成り立つ．従って A の定義より $[d, d+\delta) \subset A$ となり $d = \sup A$ に矛盾する．以上より背理法により $d = b$ が言えた．よって $A = [a,b] = I$ でありとくに $b \in A$ より任意の正の数 $\alpha > 0$ に対し

$$\|f(b) - f(a)\| \leq M(b-a) + \alpha(b-a)$$

が言える．$\alpha > 0$ は任意でほかの項は α によらないからこれより

$$\|f(b) - f(a)\| \leq M(b-a)$$

が示された． □

また 2 階微分が存在する場合異なる変数による偏微分を繰り返してもその値は偏微分の順番によらない．

命題 14.4 $V = V_1 \times \cdots \times V_d, W$ をバナッハ空間，$G \subset V$ を開集合，$f : G \longrightarrow W$ を写像とする．f が $x_0 \in G$ で 2 回微分可能とする．このとき任意の $u, v \in V$ に対し

$$D^2 f(x_0)(u, v) = D^2 f(x_0)(v, u)$$

が成り立つ．

証明 2 回微分可能の定義より $\|v\|$ が十分小なる $v \in V$ に対し 1 階微分 $Df(x_0 + v)$ が存在する．以下 $v \in V$ をそのようなものとし，$\varphi(u)$ $(u \in V)$ を

$$\varphi(u) = f(x_0 + u + v) - f(x_0 + u)$$

と定義する．すると
$$f(x_0+u+v)-f(x_0+u)-f(x_0+v)+f(x_0)=\varphi(u)-\varphi(0).$$
$\varphi(u)$ は u について $u=0$ において微分可能だから
$$g(u)=\varphi(u)-D\varphi(0)u$$
に定理 14.1 の後半を適用して
$$\|\varphi(u)-\varphi(0)-D\varphi(0)u\|\leq\|u\|\sup_{\theta\in[0,1]}\|D\varphi(\theta u)-D\varphi(0)\|. \quad (14.1)$$
また
$$\begin{aligned}D\varphi(w)&=(Df(x_0+w+v)-Df(x_0+w))\\&=(Df(x_0+w+v)-Df(x_0)-D^2f(x_0)w)\\&\quad-(Df(x_0+w)-Df(x_0)-D^2f(x_0)w).\end{aligned}$$
仮定から
$$\|Df(x_0+w+v)-Df(x_0)-D^2f(x_0)(w+v)\|=o(\|w+v\|),$$
$$\|Df(x_0+w)-Df(x_0)-D^2f(x_0)w\|=o(\|w\|).$$
ただし $o(\rho)$ 等は $\lim_{\rho\to 0,\ \rho\neq 0}\dfrac{|o(\rho)|}{|\rho|}=0$ なる量を表す．これらより
$$\|D\varphi(w)-D^2f(x_0)v\|=o(\|w\|+\|v\|). \quad (14.2)$$
これを (14.1) の右辺に $w=\theta u$ および $w=0$ として適用して
$$\|\varphi(u)-\varphi(0)-D\varphi(0)u\|\leq\|u\|o(\|u\|+\|v\|)$$
を得る．これと (14.2) より
$$\begin{aligned}&\|\varphi(u)-\varphi(0)-D^2f(x_0)vu\|\\&\leq\|\varphi(u)-\varphi(0)-D\varphi(0)u\|+\|D\varphi(0)u-D^2f(x_0)vu\|\\&\leq 2o(\{\|u\|+\|v\|\}^2).\end{aligned}$$

以上の議論は $\|u\| + \|v\| \to 0$ で成り立つ.

この議論は u と v について対称なのでそれらを交換しても成り立つ. それらより

$$\|D^2 f(x_0)vu - D^2 f(x_0)uv\| \leq 4o(\{\|u\| + \|v\|\}^2)$$

が言え証明が終わる. □

また 1 回連続的微分可能であることは各成分についての連続的偏微分可能性と同等である.

命題 14.5 バナッハ空間 $V = V_1 \times \cdots \times V_d, W$, 開集合 $G \subset V$, 写像 $f : G \longrightarrow W$ について次の 2 条件は互いに同値である.

1. f が G 上微分可能でその微分 $Df(x)$ が $x \in G$ について連続である.

2. f が G 上各 $i = 1, 2, \ldots, d$ につき第 i 番目の変数に関し偏微分可能でその偏微分 $D_i f(x)$ がすべての i について G 上連続である.

また 1 あるいは 2 が成立するとき任意の $v_i \in V_i$ $(1 \leq i \leq d)$ に対し式

$$Df(x)(v_1, \ldots, v_d) = \sum_{i=1}^{d} D_i f(x) v_i$$

が成り立つ.

証明 条件 1 から 2 は自明である. 2 から 1 を示す. $x \in G$ を固定し正数 $\delta > 0$ を $\overline{O_\delta(x)} \subset G$ ととる. $h = (h_1, \ldots, h_d) \in V, h_i \in V_i$ を $x + h \in O_\delta(x) \subset G$ を満たすものとする. このとき $h(i) = (\underbrace{0, \ldots, 0}_{(i-1) \text{個}}, h_i, \ldots, h_d)$ $(i = 1, 2, \ldots, d)$ とおくと

$$f(x+h) - f(x) - \sum_{i=1}^{d} D_i f(x) h_i$$
$$= \sum_{i=1}^{d} \{f(x + h(i)) - f(x + h(i+1)) - D_i f(x + h(i+1)) h_i\}$$
$$+ \sum_{i=1}^{d} \{D_i f(x + h(i+1)) - D_i f(x)\} h_i.$$

写像 $g: G \longrightarrow W$ を $z \in G$ に対し
$$g(u) = f(u) - D_i f(z) u_i$$
と定義すると定理 14.1 の後半より $z = x + h(i+1) \in G$ に対し

$\|f(x + h(i)) - f(x + h(i+1)) - D_i f(x + h(i+1)) h_i\|$
$\leq \|h_i\| \sup_{0 \leq \theta \leq 1} \|D_i f(x + h(i+1) + \theta(h(i) - h(i+1))) - D_i f(x + h(i+1))\|.$

$D_i f$ が G で連続だから右辺の sup は $\delta \to 0$ のとき 0 に収束する．同様に $\delta \to 0$ のとき
$$\|D_i f(x + h(i+1)) - D_i f(x)\| \to 0$$
である．以上より $\|h\| \to 0$ のとき
$$\frac{\|f(x+h) - f(x) - \sum_{i=1}^{d} D_i f(x) h_i\|}{\|h\|} \to 0$$
となり命題が言えた． □

さらに f の 2 階微分についてもこれと同じようなことが言える．

命題 14.6 バナッハ空間 $V = V_1 \times \cdots \times V_d, W$, 開集合 $G \subset V$, 写像 $f: G \longrightarrow W$ について，次の 2 条件は同値である．

1. f が G 上 2 回微分可能でその二階微分 $D^2 f(x)$ が $x \in G$ について連続である．

2. f が G 上各変数に関し 2 回偏微分可能でその二階偏微分 $D_i D_j f(x)$ がすべての $1 \leq i, j \leq d$ について G 上連続である．

条件 1 あるいは 2 が成立するとき任意の $v_i, u_j \in V_i$ $(1 \leq i, j \leq d)$ に対し式
$$D^2 f(x)(u_1, \ldots, u_d)(v_1, \ldots, v_d) = \sum_{i,j=1}^{d} D_i D_j f(x) u_i v_j$$
が成り立つ．特に任意の $1 \leq i, j \leq d$ に対し G 上
$$D_i D_j f(x) = D_j D_i f(x)$$
が成り立つ．高階微分についても同様である．

これは命題 14.4 と命題 14.5 から明らかに成り立つ．証明は読者に任せる．

14.2 平均値の定理

この節では平均値の定理を証明し，無限回微分可能な関数をべき関数の和で近似するテイラーの定理を示す．はじめにもっとも基本的な定理の証明からはじめる．バナッハ空間 V の集合 E から実数 $\mathbb{R}$ への写像 f が点 $x \in E$ において極大ないし極小であるとは点 x の近傍 $U \subset E$ が存在して f は U 内で点 $x \in U$ において最大ないし最小となることをいう．このとき f は x において極大値ないし極小値を取るあるいは両方の場合を込めて極値をとるといい x を f の極大点ないし極小点あるいは極値点という．

定理 14.2 (a,b) を $\mathbb{R}$ の開区間とし f を (a,b) から $\mathbb{R}$ への関数で点 $x_0 \in (a,b)$ で極大値あるいは極小値をとるとする．このとき f が x_0 で微分可能なら $f'(x_0) = 0$ となる．

証明 $-f$ を考えることにより極大値の場合は極小値の場合に帰着されるから極小値の場合を示せばよい．このときある正数 $\delta > 0$ に対し $(x_0-\delta, x_0+\delta) \subset (a,b)$ となり f はこの区間 $(x_0 - \delta, x_0 + \delta)$ 内で x_0 において最小値をとる．ゆえに $y \in (x_0 - \delta, x_0 + \delta)$ なら

$$f(y) \geq f(x_0)$$

である．よって $y < x_0$ なら

$$\frac{f(y) - f(x_0)}{y - x_0} \leq 0$$

であり $y > x_0$ なら

$$\frac{f(y) - f(x_0)}{y - x_0} \geq 0$$

である．f は x_0 で微分可能だからこれらの商は $y \to x_0$ のときともに $f'(x_0)$ に収束する．よって

$$f'(x_0) = 0$$

である． □

次は導関数に関する中間値の定理である．導関数が連続とは仮定していないことに注意されたい．

14.2. 平均値の定理

命題 14.7 $[a,b]$ を $\mathbb{R}$ の閉区間とし f を $[a,b]$ から $\mathbb{R}$ への微分可能な関数とする．$f'(a) < f'(b)$ とし任意の $\gamma \in (f'(a), f'(b))$ をとるとある $x_0 \in (a,b)$ が存在し $f'(x_0) = \gamma$ を満たす．$f'(a) > f'(b)$ の場合も同様である．

証明 $\varphi(x) = f(x) - \gamma x$ とおくと $\varphi'(a) = f'(a) - \gamma < 0$, $\varphi'(b) = f'(b) - \gamma > 0$ である．他方 φ はコンパクト集合 $[a,b]$ 上のある点 x_0 で最小値をとる．この x_0 は a にも b にも等しくない．実際 $\varphi'(a)$ が存在して $\varphi'(a) < 0$ なることより十分小なる $\delta > 0$ で $a + \delta < b$ を満たすものを

$$a < x < a + \delta \Longrightarrow \left| \frac{\varphi(x) - \varphi(a)}{x - a} - \varphi'(a) \right| < \frac{-\varphi'(a)}{2}$$

となるようにとれる．このとき

$$\frac{\varphi(x) - \varphi(a)}{x - a} < \frac{\varphi'(a)}{2} < 0$$

となるから $x > a$ より

$$\varphi(x) < \varphi(a)$$

となる．$\varphi(x_0)$ は最小値であるから $a < x < a + \delta$ なる x に対し

$$\varphi(x_0) \leq \varphi(x) < \varphi(a)$$

となり $x_0 \neq a$ が言える．右の端点 b においても同様に議論して $x_0 \neq b$ が言える．従って φ は $x = x_0 \in (a,b)$ において極小値をとるから前定理 14.2 より $f'(x_0) - \gamma = \varphi'(x_0) = 0$ となる． □

極値の条件の定理 14.2 から平均値の定理の最も素朴なかたちであるロルの定理が成り立つ．

定理 14.3 (ロル (Rolle) の定理) f が閉区間 $[a,b]$ ($a < b$) から $\mathbb{R}$ への連続写像で開区間 (a,b) 上微分可能とする．このとき $f(a) = f(b)$ ならある $x_0 \in (a,b)$ で $f'(x_0) = 0$ となる．

証明 f が閉区間 $[a,b]$ で定数であればこの区間のすべての点 x で $f'(x) = 0$ だから f は $[a,b]$ で定数でないとしてよい．このときある点 $y \in [a,b]$ において $f(y) \neq f(a) = f(b)$ であるから $y \neq a, b$ である．一般性を失うことな

く $f(y) > f(a) = f(b)$ としてよい．f はコンパクト集合 $[a,b]$ 上連続な実数値関数だから定理 12.3 より f は区間 $[a,b]$ のある点 x_0 で最大値をとる．これは最大値であるから上の y に対し

$$f(x_0) \geq f(y) > f(a) = f(b)$$

を満たす．特に $x_0 \in (a,b)$ である．$f(x_0)$ は最大値であるから x_0 の近傍では極大値である．よって前定理 14.2 より $f'(x_0) = 0$ となる． □

さらに平均値の定理の最も一般的なかたちのものは次のように表される．

系 14.1 $f, g : [a,b] \longrightarrow \mathbb{R}$ が連続で (a,b) で微分可能とする．$g(b) \neq g(a)$ かつ任意の $x \in (a,b)$ で $g'(x) \neq 0$ とするときある点 $x_0 \in (a,b)$ で

$$\frac{f(b) - f(a)}{g(b) - g(a)} = \frac{f'(x_0)}{g'(x_0)}$$

が成り立つ．特に $g(x) = x$ として

$$f(b) - f(a) = f'(x_0)(b - a)$$

なる点 $x_0 \in (a,b)$ の存在が言える．

証明 $x \in [a,b]$ に対し

$$F(x) = f(x) - f(a) - \frac{f(b) - f(a)}{g(b) - g(a)}(g(x) - g(a))$$

とおくと $F(a) = F(b) = 0$ でありかつ F は $[a,b]$ で連続，(a,b) で微分可能なので Rolle の定理 14.3 によりある点 $x_0 \in (a,b)$ で $F'(x_0) = 0$ を満たし，これより系が従う． □

この系の応用としてロピタル (l'Hôpital) の定理が導かれる．

定理 14.4 連続関数 $f, g : [a,b] \to \mathbb{R}$ がともに開区間 (a,b) で微分可能で

$$f(b) = 0, \quad g(b) = 0, \quad g'(x) \neq 0 \ (\forall x \in (a,b))$$

となるとき $\lim_{x \to b, x < b}\{f'(x)/g'(x)\}$ が存在するならば

$$\lim_{x \to b, x < b} \frac{f(x)}{g(x)} = \lim_{x \to b, x < b} \frac{f'(x)}{g'(x)}.$$

14.2. 平均値の定理

証明 $g'(x) > 0$ の場合を考える．このとき連続関数 $g : (a,b) \to (g(a), g(b))$ は単調増加で微分可能な逆関数をもつ (後述定理 14.9)．従って平均値の定理より次のような $\xi \in (x, b)$ が存在する．

$$\frac{f(b) - f(x)}{g(b) - g(x)} = \frac{f\left(g^{-1}(g(b))\right) - f\left(g^{-1}(g(x))\right)}{g(b) - g(x)}$$
$$= \{f \circ g^{-1}\}'(g(\xi)) = \frac{f'(\xi)}{g'(\xi)}.$$

よって $x < b$ かつ $x \to b$ のとき題意が成り立つ．$g'(x) < 0$ の場合も同様である． □

問 14.9 ロピタルの定理を用いて以下を証明せよ．

1.
$$\lim_{x \to 0} \frac{x - \ln(1+x)}{x^2} = \frac{1}{2}.$$

2.
$$\lim_{x \to \infty} \frac{x^n}{e^x} = \lim_{x \to \infty} \frac{nx^{n-1}}{e^x} = \cdots = \lim_{x \to \infty} \frac{n!}{e^x} = 0.$$

平均値の定理を用いると微分可能な関数をべき関数の和で近似することができることを示す次のテイラーの定理が得られる．

定理 14.5 (テイラーの公式 (Taylor's formula)) $k \geq 0$ を整数とし f を $\mathbb{R}$ の区間 $[x_0, x]$ から $\mathbb{R}$ への k 回連続的微分可能な関数とする．またこの f は開区間 (x_0, x) で $(k+1)$ 回微分可能とする．このときある $\xi \in (x_0, x)$ に対し

$$f(x) = \sum_{j=0}^{k} \frac{1}{j!} f^{(j)}(x_0)(x - x_0)^j + \frac{1}{(k+1)!} f^{(k+1)}(\xi)(x - x_0)^{k+1}$$

が成り立つ．

証明 $z \in \mathbb{R}$ を

$$f(x) = \sum_{j=0}^{k} \frac{1}{j!} f^{(j)}(x_0)(x-x_0)^j + \frac{1}{(k+1)!} z(x-x_0)^{k+1}$$

ととれる．$y \in [x_0, x]$ に対し

$$\varphi(y) = f(x) - \left\{ \sum_{j=0}^{k} \frac{1}{j!} f^{(j)}(y)(x-y)^j + \frac{1}{(k+1)!} z(x-y)^{k+1} \right\}$$

とおくと仮定よりこれは $y \in [x_0, x]$ について連続で $y \in (x_0, x)$ について微分可能である．このとき

$$\varphi(x) = \varphi(x_0) = 0$$

が成り立つからロルの定理 14.3 よりある $\xi \in (x_0, x)$ において

$$\varphi'(\xi) = 0$$

が成り立つ．これより $z = f^{(k+1)}(\xi)$ が従い定理が言える． □

この定理の展開式の最後の項

$$R_{k+1}(x, \xi) = \frac{1}{(k+1)!} f^{(k+1)}(\xi)(x-x_0)^{k+1} \quad (\xi \in (x_0, x))$$

をラグランジュ(Lagrange) の剰余項という．従って $R_{k+1}(x, \xi) \to 0 \, (k \to \infty)$ なる x においては無限回微分可能な実関数 $f : \mathbb{R} \to \mathbb{R}$ は次のように展開される．

$$f(x) = \sum_{j=0}^{\infty} \frac{1}{j!} f^{(j)}(x_0)(x-x_0)^j.$$

これをテイラー展開 (Taylor's expansion) と呼び，このうちとくに $x_0 = 0$ としたものをマクローリン展開 (MacLaurin's expansion) と呼ぶ．

例 14.3 すでに述べたものも含めテイラー-マクローリン展開の例を以下に挙げる．

1. 任意の $x \in \mathbb{R}$ について
$$e^x = \sum_{j=0}^{\infty} \frac{1}{j!} x^j.$$

2. 任意の $x \in \mathbb{R}$ について
$$\sin x = \sum_{j=0}^{\infty} \frac{(-1)^j}{(2j+1)!} x^{2j+1}, \quad \cos x = \sum_{j=0}^{\infty} \frac{(-1)^j}{(2j)!} x^{2j}.$$

3. 任意の $n \in \mathbb{N}$, $x \in \mathbb{R}$ について 2 項定理が成り立つ.
$$(1+x)^n = \sum_{k=0}^{n} {}_n\mathrm{C}_k x^k, \quad \text{ただし } {}_n\mathrm{C}_k = \binom{n}{k} = \frac{n!}{k!(n-k)!}.$$

以上の例はラグランジュの剰余項が $R_{k+1}(x,\xi) \to 0 \ (k \to \infty)$ を満たすためべき級数に展開されたが, 無限回微分可能な関数が必ずこのようにべき級数に展開されるとは限らないことに注意されたい. たとえば先述の問 14.8 の 2 で定義される関数 $f(x)$ は $x = 0$ において無限回微分可能であるがこれより上のようなべき級数を作っても点 $x = 0$ の近傍においては $f(x)$ に収束しない (確かめよ). 従って点 $z(\in \mathbb{C})$ の近傍においてこのようなべき級数展開が可能な C^∞ 関数をその点 z において解析的あるいは解析関数と呼んで一般の関数と区別する. 問 14.8 の 2 の関数 $f(x)$ は点 $x = 0$ においては解析的でないがその点以外では解析的である.

次の問いは後述の連続関数のリーマン (Riemann) 積分の概念 (定義 15.1 および定義 15.4 を参照) および定理 15.15 を必要とする.

問 14.10 W をバナッハ空間とするとき定理 14.5 において $f \in C^{k+1}([x_0, x], W)$ であれば
$$f(x) = \sum_{j=0}^{k} \frac{1}{j!} f^{(j)}(x_0)(x - x_0)^j + \int_{x_0}^{x} \frac{1}{k!} f^{(k+1)}(t)(x - t)^k dt$$

が成り立つことを示せ.

テイラー展開によって $\mathbb{R}$ 上の解析関数 f がべき級数に展開されると，バナッハ空間 V 上の有界線型写像 $T: V \longrightarrow V$ に対して新たな有界線型写像 $f(T)$ を定義できる．

$$f(T) = \sum_{j=0}^{\infty} \frac{1}{j!} f^{(j)}(0) T^j.$$

指数関数 e^x のテイラー展開は重要で，これにより $N \times N$ 正方行列 $A (N \in \mathbb{N})$ についても指数関数を次のように定義できる．

$$e^A = \sum_{j=0}^{\infty} \frac{1}{j!} A^j.$$

同様にテイラーの定理はバナッハ空間上の関数に対しても一般化できる．

定理 **14.6** V をバナッハ空間，$G \subset V$ を開集合，$f \in C^{k+1}(G, \mathbb{R})$ $(k \geq 0)$, $x_0 \in G$, $v \in V$, $\{x_0 + \tau v \mid 0 \leq \tau \leq 1\} \subset G$ と仮定する．このときある $\theta \in (0,1)$ が存在して

$$f(x_0 + v) = f(x_0) + Df(x_0)v + \frac{1}{2!} D^2 f(x_0)(v,v) + \ldots$$
$$+ \frac{1}{k!} D^k f(x_0) \underbrace{(v, \ldots, v)}_{k \text{ elements}} + \frac{1}{(k+1)!} D^{k+1} f(x_0 + \theta v) \underbrace{(v, \ldots, v)}_{(k+1) \text{elements}}$$

が成り立つ．

証明 $[0,1]$ から $\mathbb{R}$ への関数 g を

$$g(\tau) = f(x_0 + \tau v)$$

と定義すると命題 14.3 により $1 \leq j \leq k+1$ に対し

$$D^j g(\tau) = D^j f(x_0 + \tau v) \underbrace{(v, \ldots, v)}_{j \text{ elements}}$$

となるから通常の一実変数実数値関数に関するテイラーの公式 (定理 14.5) より明らかである． □

14.2. 平均値の定理

定理 14.7 V をバナッハ空間，$G \subset V$ を開集合，$x_0 \in G$, $f \in C^k(G, \mathbb{R})$, 正数 $\delta > 0$ を $O_\delta(x_0) \subset G$ なるものとする．このとき $\|v\| < \delta$ を満たす任意の $v \in V$ に対し

$$f(x_0 + v) = \sum_{j=0}^{k} \frac{1}{j!} D^j f(x_0) \underbrace{(v, \ldots, v)}_{j \text{ elements}} + R_{k+1}(v)$$

と書くとき

$$\lim_{v \to 0,\ v \neq 0} \frac{R_{k+1}(v)}{\|v\|^k} = 0$$

が成り立つ．

証明 定理 14.6 より (v に依存する) ある $\theta \in (0,1)$ に対し

$$f(x_0 + v) = \sum_{j=0}^{k-1} \frac{1}{j!} D^j f(x_0) \underbrace{(v, \ldots, v)}_{j \text{ elements}} + \frac{1}{k!} D^k f(x_0 + \theta v) \underbrace{(v, \ldots, v)}_{k \text{ elements}}$$

が成り立つから

$$R_{k+1}(v) = \frac{1}{k!} (D^k f(x_0 + \theta v) - D^k f(x_0)) \underbrace{(v, \ldots, v)}_{k \text{ elements}}$$

とおくとき

$$f(x_0 + v) = \sum_{j=0}^{k} \frac{1}{j!} D^j f(x_0) \underbrace{(v, \ldots, v)}_{j \text{ elements}} + R_{k+1}(v)$$

が成り立つ．仮定より $D^k f(x) \in B(\underbrace{V, (V, \ldots, B(V}_{k \text{ 回}}, \mathbb{R})) \ldots)$ は $\underbrace{V \times \cdots \times V}_{k \text{ factors}}$ 上の $\mathbb{R}$-値多重線型写像で $x \in G$ について連続なので

$$\lim_{v \to 0} \sup_{\theta \in (0,1)} \|D^k f(x_0 + \theta v) - D^k f(x_0)\| = 0.$$

これより定理が言える． □

14.3 陰関数定理

この節では陰関数定理および逆関数定理を示す．これらは互いに同値であるがここでは陰関数定理を不動点定理を用いて示しそれより逆関数定理を示す．これらは解析学において後に幾度も顔を出す極めて重要なものである．

定理 14.8 (陰関数定理 (implicit function theorem)) V_1, V_2, W をバナッハ空間，$G \subset V_1 \times V_2$ を開集合，$(x_0, y_0) \in G$, $F : G \longrightarrow W$ を連続微分可能な写像とする．いま

$$F(x_0, y_0) = 0$$

が成り立ち有界線型写像

$$(D_y F)(x_0, y_0) : V_2 \longrightarrow W$$

が可逆で逆写像も W から V_2 への有界線型写像であるとする．このとき V_1 における x_0 の開近傍 G_1 と V_2 における y_0 の開近傍 G_2 で $G_1 \times G_2 \subset G$ を満たすものが存在して任意の $(x, y) \in G_1 \times G_2$ において $(D_y F)(x, y) : V_2 \longrightarrow W$ は可逆で逆写像は W から V_2 への有界線型写像である．さらに微分可能写像 $g : G_1 \longrightarrow G_2$ が存在して，任意の $x \in G_1$ に対し

$$F(x, g(x)) = 0$$

を満たす．このような点 $g(x)$ は各 $x \in G_1$ に対し一意的に定まる．そして g の微分は

$$Dg(x) = -(D_y F)(x, g(x))^{-1}(D_x F)(x, g(x))$$

で与えられる．特に $F : G \longrightarrow W$ が連続微分可能な写像であるという仮定によりこの微分 $Dg(x)$ も $x \in G_1$ について連続に依存する．

証明 有界線型で可逆な $(D_y F)(x_0, y_0) : V_2 \longrightarrow W$ が存在し逆も有界線型であり，$(D_y F)(x, y) \in B(V_2, W)$ は $(x, y) \in G$ に関し連続的に依存するから $(x, y) \in G$ が (x_0, y_0) に十分近いとき $J(x, y) := (D_y F)(x, y) -$

$(D_yF)(x_0,y_0)$ に対し $\|(D_yF)(x_0,y_0)^{-1}J(x,y)\| \leq 1/2$ となる. このような (x,y) においては $(D_yF)(x,y)$ は可逆でその逆は

$$(D_yF)(x,y)^{-1} = \left(I + (D_yF)(x_0,y_0)^{-1}J(x,y)\right)^{-1} (D_yF)(x_0,y_0)^{-1}$$
$$= \sum_{k=0}^{\infty} \left\{-(D_yF)(x_0,y_0)^{-1}J(x,y)\right\}^k (D_yF)(x_0,y_0)^{-1}$$

で与えられ $W \longrightarrow V_2$ なる有界線型写像となる.

いま
$$T_0 = (D_yF)(x_0,y_0) : V_2 \longrightarrow W$$
とおく. $x \in V_1$ を固定するとき写像
$$\Phi(x,y) = y - T_0^{-1}F(x,y) : V_2 \longrightarrow V_2$$
の不動点 $y_1 \in V_2$ がもし存在すればそれは
$$F(x,y_1) = 0$$
をみたす. そこで第 12 章の不動点定理 12.13 を Φ に適用することを考える. 仮定より T_0 は可逆なので $y_1, y_2 \in V_2$ に対し

$$\Phi(x,y_1) - \Phi(x,y_2) = T_0^{-1}\{(D_yF)(x_0,y_0)(y_1-y_2) - (F(x,y_1) - F(x,y_2))\}$$

が成り立つ. F は G において連続的微分可能であるから T_0^{-1} の有界性からある正の数 $\delta_1, \delta_2 > 0$ が存在して $\|x-x_0\| \leq \delta_1, \|y_j - y_0\| \leq \delta_2$ $(j=1,2)$ のとき

$$\begin{aligned}
&\|\Phi(x,y_1) - \Phi(x,y_2)\| \\
&\quad \leq \|T_0^{-1}\|\{\|(D_yF)(x_0,y_0) - (D_yF)(x,y_2)\|\|y_1 - y_2\| \\
&\qquad + \|(D_yF)(x,y_2)(y_1-y_2) - (F(x,y_1) - F(x,y_2))\|\} \\
&\quad \leq \frac{1}{2}\|y_1 - y_2\|
\end{aligned} \tag{14.3}$$

が成り立つ. また F の連続性からある $\delta_3 > 0$ が存在して
$$\|x - x_0\| \leq \delta_3 \Longrightarrow \|\Phi(x,y_0) - \Phi(x_0,y_0)\| < \frac{\delta_2}{2}$$

が成り立つ．ゆえにこれらより $\|y-y_0\| \leq \delta_2$, $\|x-x_0\| \leq \delta := \min\{\delta_1, \delta_3\}$ ならば

$$\begin{aligned}\|\Phi(x,y) - y_0\| &= \|\Phi(x,y) - \Phi(x_0, y_0)\| \\ &\leq \|\Phi(x,y) - \Phi(x, y_0)\| + \|\Phi(x, y_0) - \Phi(x_0, y_0)\| \\ &< \frac{1}{2}\|y - y_0\| + \frac{\delta_2}{2} \leq \delta_2\end{aligned}$$

となる．ゆえに $\|x - x_0\| \leq \delta$ のとき写像 $\Phi(x,y)$ は閉球体 $B_{\delta_2}(y_0) := \{y \mid \|y - y_0\| \leq \delta_2\}$ をそれ自身に写す．(正確にはこの不等式より閉球体 $B_{\delta_2}(y_0)$ を開球体 $O_{\delta_2}(y_0) = \{y \mid \|y - y_0\| < \delta_2\}$ に写す．) さらに式 (14.3) によりこれは縮小写像であるから定理 12.13 より $\|x-x_0\| \leq \delta$ を満たす各 x に対し

$$\Phi(x,y) = y$$

なる点 $y \in B_{\delta_2}(y_0)$ がただひとつ定まる．その y を用いて $y = g(x)$ により $\{x \mid \|x - x_0\| \leq \delta\}$ から $O_{\delta_2}(y_0) \subset B_{\delta_2}(y_0)$ への写像 g を定義すれば Φ の定義から g は

$$F(x, g(x)) = 0$$

を満たす．写像の族 $F(x,y)$ は固定された各 $y \in B_{\delta_2}(y_0)$ に対し $\|x-x_0\| \leq \delta$ なる x について連続であるので $g(x)(\in B_{\delta_2}(y_0))$ は $\|x-x_0\| \leq \delta$ なる x について連続である．上述のことより g は $\{x \mid \|x - x_0\| < \delta\}$ から開球体 $O_{\delta_2}(y_0)$ への写像となる．よって

$$G_1 = \{x \mid \|x - x_0\| < \delta\}, \quad G_2 = \{y \mid \|y - y_0\| < \delta_2\}$$

とおけば $\delta_2, \delta > 0$ を十分小にとるとき

$$G_1 \times G_2 \subset G$$

で g は G_1 から G_2 への連続写像になる．

最後に g の微分可能性を示す．F の微分可能性から $(x_1, g(x_1)) = (x_1, y_1)$ において $T = D_x F(x_1, y_1)$, $S = D_y F(x_1, y_1)$ とおけば $F(x_1, y_1) = 0$ であるから

$$F(x,y) = T(x - x_1) + S(y - y_1) + o(\|(x - x_1, y - y_1)\|)$$

となる．ただし $o(\|(x-x_1,y-y_1)\|)$ は
$$\lim_{(x,y)\to(x_1,y_1)} \frac{o(\|(x-x_1,y-y_1)\|)}{\|(x-x_1,y-y_1)\|} = 0$$
なる W のベクトルを表す．$x \in G_1$ に対し $F(x,g(x))=0$ だからこれより
$$g(x) = g(x_1) - S^{-1}T(x-x_1) - S^{-1}o(\|(x-x_1, g(x)-g(x_1))\|)$$
となる．これより x が x_1 に十分近いときある定数 $a>0$ に対し
$$\|g(x) - g(x_1)\| \leq a\|x-x_1\|$$
が得られる．よってある定数 $b>0$ に対し x が x_1 に十分近いとき
$$\frac{\|(x-x_1, g(x)-g(x_1))\|}{\|x-x_1\|} < b$$
が成り立つ．ゆえに $g(x) \neq g(x_1)$ なる $x \in G_1$ に対し $x \to x_1$ $(x \neq x_1)$ のとき
$$\frac{-S^{-1}o(\|(x-x_1, g(x)-g(x_1))\|)}{\|x-x_1\|}$$
$$= \frac{-S^{-1}o(\|(x-x_1, g(x)-g(x_1))\|)}{\|(x-x_1, g(x)-g(x_1))\|} \frac{\|(x-x_1, g(x)-g(x_1))\|}{\|x-x_1\|} \to 0$$
となる．$g(x) = g(x_1)$ なる点では $x \neq x_1$ より $x \to x_1$ のとき左辺は 0 に収束する．よって
$$g(x) = g(x_1) - S^{-1}T(x-x_1) - o(\|x-x_1\|)$$
が言えて g の $x_1 \in G_1$ における微分可能性が言えた．微分係数はこれより
$$Dg(x_1) = -S^{-1}T \quad (T = D_x F(x_1,y_1), \quad S = D_y F(x_1,y_1))$$
で先に示した $y_1 = g(x_1)$ の $x_1 \in G_1$ についての連続性からこれは x_1 について連続である． □

この定理において例えば $V_1 = \mathbb{R}$, $V_2 = \mathbb{R}$ かつ $W = \mathbb{R}$ とする．このとき連続写像 $U : \mathbb{R}^2 \longrightarrow \mathbb{R}$ は $\mathbb{R}^2$ 上のポテンシャル (高さ) を与える．この関数 U が一定値 $c \in \mathbb{R}$ となる等高線は $(x,y) \in \mathbb{R}^2$ について次のように表される．
$$U(x,y) = c.$$

ここで $F(x,y) = U(x,y) - c$ とすると

$$D_y F(x,y) = \frac{\partial U(x,y)}{\partial y}.$$

いま点 $x_0 \in \mathbb{R}$ の近傍 $G_1 \subset \mathbb{R}$ を任意の点 $x \in G_1$ においてこの微分が有限で 0 でないように選ぶ．このとき陰関数の定理より $F(x_0, y_0) = 0$ となる y_0 のある近傍 G_2 について $y = \varphi(x) \in G_2$ ($\forall x_1 \in G_1$) となるように $F(x,y) = 0$ を y について解くことができる．例えば $U(x,y) = x^2 + y^2$ とすると $F(x,y) \equiv x^2 + y^2 - r^2 = 0$ は半径 $r > 0$ の円を表す．$r = 1$ の単位円の場合，G_1 が開区間 $(-1, 1)$ のとき G_2 を $G_2 \supset (0, 1]$ あるいは $G_2 \supset [-1, 0)$ を満たすように選ぶことができる．

さらに陰関数定理より逆関数定理が得られる．

定理 14.9 (逆関数定理 (inverse function theorem)) V, W をバナッハ空間とする．G を V の開集合とし写像 $f: G \longrightarrow W$ が連続的微分可能とする．$y_0 \in G$ で微分 $Df(y_0)$ が可逆で逆写像が有界とする．このとき y_0 の開近傍 $L \subset G$ が存在して写像 f は L から $x_0 = f(y_0)$ のある開近傍 E への 1 対 1 上への写像（全単射）となる．逆写像 $g = f^{-1}: E \longrightarrow L$ は微分可能でその微分は

$$Dg(x) = (Df(g(x)))^{-1} \quad (x \in E)$$

で与えられる．

証明 $F(x,y) = f(y) - x = 0$ に陰関数定理 14.8 を適用して x_0 の W におけるある開近傍 E と微分可能な写像 $g: E \longrightarrow V$ が存在して

$$F(x, g(x)) = f(g(x)) - x = 0$$

を満たす．従って $f(g(x)) = x$ ($x \in E$) と $y_0 = g(x_0)$ が成り立つ．以下 f を $g(E)$ に制限する．$f(g(x)) = x$ ($x \in E$) なので g は単射である．ゆえに $g: E \longrightarrow g(E)$ は全単射である．f は連続だから $g(E) = f^{-1}(E)$ は開集合である．$L = g(E)$ とおくと $f: L \longrightarrow E$ は全単射である．微分の形は

$$f(g(x)) = x$$

から
$$Df(g(x))Dg(x) = I$$
より得られる. □

問 **14.11** 以下を証明せよ.

1. 任意の $x \in \mathbb{R}$ について
$$\frac{d}{dx}\sin^{-1} x = \frac{1}{\sqrt{1-x^2}}, \qquad \frac{d}{dx}\cos^{-1} x = \frac{-1}{\sqrt{1-x^2}} \quad (\,-1 < x < 1\,).$$

2. 任意の $x \in \mathbb{R}$ について
$$\frac{d}{dx}\tan^{-1} x = \frac{1}{1+x^2} \quad (\,-\infty < x < \infty\,).$$

ここで円について再び考える. $r > 0$ に対し直交座標 (x, y) での方程式
$$F(x, y) = x^2 + y^2 - r^2 = 0$$
は半径 $r > 0$ の円を表す. いま $\theta \in \mathbb{R}$ に対し $\cos^2 \theta + \sin^2 \theta = 1$ に着目し
$$\begin{cases} x = h_1(r, \theta) = r\cos\theta \\ y = h_2(r, \theta) = r\sin\theta \end{cases}$$
と関数
$$h(r, \theta) = (h_1(r, \theta), h_2(r, \theta))$$
を定義する. すると h は $[0, \infty) \times \mathbb{R} \longrightarrow \mathbb{R}^2$ なる写像になる. このとき
$$Dh(r, \theta) = \begin{pmatrix} \frac{\partial h_1}{\partial r} & \frac{\partial h_1}{\partial \theta} \\ \frac{\partial h_2}{\partial r} & \frac{\partial h_2}{\partial \theta} \end{pmatrix} = \begin{pmatrix} \cos\theta & -r\sin\theta \\ \sin\theta & r\cos\theta \end{pmatrix}$$
ゆえ $r > 0, \theta \in \mathbb{R}$ において
$$\det Dh(r, \theta) \neq 0$$

となり逆関数定理の条件を満たす．逆関数を $(r, \theta) = (g_1(x, y), g_2(x, y)) = g(x, y)$ と書くとそれは陽に

$$r = g_1(x, y) = \sqrt{x^2 + y^2}, \quad \theta = g_2(x, y) = \arctan \frac{y}{x}$$

と書ける．これと逆関数定理の公式を使うと g の微分は

$$Dg(x, y) = (Dh)(r, \theta)^{-1} = \begin{pmatrix} \frac{x}{\sqrt{x^2+y^2}} & \frac{y}{\sqrt{x^2+y^2}} \\ -\frac{y}{x^2+y^2} & \frac{x}{x^2+y^2} \end{pmatrix}$$

となる．$h(r, \theta)$ はすべての $r \geq 0, \theta \in \mathbb{R}$ に対し定義されているが h の θ に関する周期性

$$h(r, \theta + 2n\pi) = h(r, \theta) \quad (\forall n \in \mathbb{Z})$$

より逆関数は局所的にしか存在しない．また $(x, y) = (0, 0)$ のとき h は可逆でなく (r, θ) のうち θ が定まらない．このような (r, θ) を極座標という．極座標は指数関数を使えば

$$x + iy = re^{i\theta}$$

の関係で直交座標と結ばれる．これを極座標の複素表示という．

14.4　極値の条件

バナッハ空間 V 上の連続微分可能な実数値関数 f について，その1階微分 Df がゼロとなる点を臨界点 (critical point) という．ある点が臨界点であることはそれが f の極値を与える点であることの必要条件である．

定理 14.10 V をバナッハ空間，$E \subset V$ を開集合，$F : E \longrightarrow \mathbb{R}$ を連続的微分可能な写像とする．F が E の一点 $u \in E$ で極値をとれば $DF(u) = 0$ である．

証明 任意の固定した $e \in V, e \neq 0$ に対し $\mathbb{R}$ における $h = 0$ の近傍 U を $U = \{h \mid h \in \mathbb{R}, u + he \in E\}$ と定義し関数 $f : U \longrightarrow \mathbb{R}$ を

$$f(h) = F(u + he)$$

と定義すれば f は $U \subset \mathbb{R}$ に含まれる 0 のある近傍内の h に関し連続的微分可能な $\mathbb{R}$ への関数を定義する．そして仮定から f は $h = 0$ で極値をとる．従って一変数実数値関数の極値の必要条件 (定理 14.2) から

$$\frac{df}{dh}(0) = 0$$

が成り立つ．これと

$$\frac{df}{dh}(h) = (DF)(u + he)e$$

より e が $e \neq 0$ なる V の任意のベクトルであることから

$$DF(u) = 0$$

が従う． □

例 14.4 G を $\mathbb{R}^n$ の開または閉領域とする．例 14.1 の 4 で考えたバナッハ空間 $C_0^0(G)$ と同様一般の整数 $k \geq 0$ に対し

$$C_0^k(G) = \{f \mid f \in C^k(G), f(x) = 0 \ (x \in \partial G),$$
$$\text{supp}\,(f) \text{ はコンパクトで} \subset \overline{G}\}$$

と定義する．$\alpha_j \geq 0 \ (j = 1, 2, \ldots, n)$ を整数とするとき $\alpha = (\alpha_1, \ldots, \alpha_n)$ を多重指数 (multi-index) といい $|\alpha| = \alpha_1 + \cdots + \alpha_n$ を α の長さという．このような α に対し一般に関数 $f(x) \ (x \in \mathbb{R}^n)$ の微分を

$$\partial^\alpha f(x) = \frac{\partial^{\alpha_1}}{\partial x_1^{\alpha_1}} \cdots \frac{\partial^{\alpha_n}}{\partial x_n^{\alpha_n}} f(x)$$

と書く．このとき $C^k(G)$ および $C_0^k(G)$ のノルムを

$$\|f\|_k = \max_{0 \leq |\alpha| \leq k} \sup_{x \in G} |\partial^\alpha f(x)|$$

と定義すると $C^k(G)$ と $C_0^k(G)$ はともにバナッハ空間となる．いま $G = [0, 1] \subset \mathbb{R}$ を区間とし $C^2([0, 1])$ から $\mathbb{R}$ への関数

$$J(f) = \int_0^1 \sqrt{1 + f'(x)^2} dx$$

を考える.この J のように関数に数値を対応させる関数を一般に汎関数 (functional) という.上の J は後に見るように関数 $y = f(x)$ で表される 2 次元平面上の曲線のグラフ $\{(x, f(x)) \mid x \in [0,1]\}$ の長さを表す (系 15.1 の 1) 参照).

このような関数 f で端点条件 $f(0) = a$, $f(1) = b$ $(a, b \in \mathbb{R})$ を満たす関数 $f \in C^2([0,1])$ のうち曲線の長さを最小にするものを求めてみよう.そのような曲線においてはこの汎関数 J は極値をとるが,上の定理 14.10 で見たように J が $f \in C^2([0,1])$ において極値をとるということはその微分が

$$DJ(f) = 0$$

を満たすことである.この問題は実際には極値を与える f に対し小さな振れを関数 $\varphi \in C_0^2([0,1])$ で与え微分

$$\left. \frac{d}{dt} \right|_{t=0} \int_0^1 \sqrt{1 + (f+t\varphi)'(x)^2} \, dx = 0$$

なる条件を調べることにより解かれる.これは

$$\int_0^1 \frac{f'(x)}{\sqrt{1 + f'(x)^2}} \varphi'(x) \, dx = 0$$

となり後述の部分積分の公式 (定理 15.20) を用いて

$$\int_0^1 \frac{d}{dx} \frac{f'(x)}{\sqrt{1 + f'(x)^2}} \varphi(x) \, dx = 0$$

が得られる.これが任意の $\varphi \in C_0^2([0,1])$ に対し成り立つことから

$$\frac{d}{dx} \frac{f'(x)}{\sqrt{1 + f'(x)^2}} = 0$$

が従う.この事実を変分学の基本補題[1]という.これより

$$f''(x) = 0$$

となり,結局 2 次元平面上の点 $(0, a)$ と $(1, b)$ を結ぶ直線と求まる.

---

[1] 後述の定理 17.15 の式 (17.24) はこれを一般化したものである.

14.4. 極値の条件

バナッハ空間上の連続微分可能な関数についてある束縛条件のもとで極値を与える点についても，その束縛条件を与える関数を用いて新たな関数をつくるとその関数についての臨界点となる．この方法はラグランジュ (Lagrange) の未定乗数法と呼ばれ，ハミルトン力学や熱力学および統計力学などで重要な役割を果たしている．

定理 14.11 $1 \leq n < d$ を整数とする．$E \subset \mathbb{R}^d$ を開集合とし $F = (F_1, \ldots, F_n) : E \longrightarrow \mathbb{R}^n$, $g : E \longrightarrow \mathbb{R}$ を連続微分可能とする．いま g が条件 $F(x) = 0$ のもとに点 $x_0 \in E$ で極値をとるとする．さらに $DF(x_0)$ の階数が n であるとする．このとき n 個の実数 $\lambda_1, \ldots, \lambda_n$ が存在し方程式

$$Dg(x_0) = \sum_{j=1}^{n} \lambda_j DF_j(x_0)$$

を満たす．すなわち $\Lambda = (\lambda_1, \ldots, \lambda_n) \in \mathbb{R}^n$ とするとき

$$\Phi(x, \Lambda) = g(x) - \Lambda F(x) : E \times \mathbb{R}^n \longrightarrow \mathbb{R}$$

とおくとある $\Lambda_0 \in \mathbb{R}^n$ に対し

$$D_{x,\Lambda} \Phi(x_0, \Lambda_0) = 0$$

が成り立つ．

証明 必要な場合は番号を付け替えて

$$\det \left(\frac{\partial F_i}{\partial x_j} \right)_{1 \leq i \leq n,\ d-n+1 \leq j \leq d} \neq 0$$

と仮定してよい．$u = (x_1, \ldots, x_{d-n})$, $w = (x_{d-n+1}, \ldots, x_d)$ とおき定理の x_0 をこの変数の分け方に応じ (u_0, w_0) と書く．陰関数定理より (u_0, w_0) の近傍で条件 $F(u, w) = 0$ は $w = f(u)$ の形に解ける．そこで $G(u) = g(u, f(u))$ とおくとこれは $u = u_0$ で極値をとる．極値の必要条件（前定理 14.10）から $DG(u_0) = 0$ が成り立つ．すなわち

$$\frac{\partial G}{\partial u_i}(u_0) = 0 \quad (i = 1, \ldots, d-n)$$

あるいは

$$(D_u g)(u_0, f(u_0)) + (D_w g)(u_0, f(u_0))(D_u f)(u_0) = 0$$

が成り立つ．他方陰関数定理より

$$(D_u f)(u_0) = -(D_w F)(u_0, f(u_0))^{-1}(D_u F)(u_0, f(u_0)).$$

これらより

$$(D_u g)(u_0, f(u_0))$$
$$-(D_w g)(u_0, f(u_0))(D_w F)(u_0, f(u_0))^{-1}(D_u F)(u_0, f(u_0)) = 0.$$

そこで

$$\Lambda = (\lambda_1, \ldots, \lambda_n) = (D_w g)(u_0, f(u_0))(D_w F)(u_0, f(u_0))^{-1}$$

とおくとこれらより

$$\begin{cases} (D_u g)(u_0, f(u_0)) = \Lambda (D_u F)(u_0, f(u_0)), \\ (D_w g)(u_0, f(u_0)) = \Lambda (D_w F)(u_0, f(u_0)) \end{cases}$$

が成り立ち定理が言えた． □

問 14.12 条件 $F(x) = x_1^2 + x_2^2 + x_3^2 - 1 = 0$ のもとに関数 $g(x) = x_1 + x_2 + x_3 : \mathbb{R}^3 \longrightarrow \mathbb{R}$ の最大値，最小値とそれをとる座標 $x = (x_1, x_2, x_3)$ を求めよ．

定義 14.6 G を $\mathbb{R}^n$ の開集合とし関数 $f : G \longrightarrow \mathbb{R}$ が C^2-級であるとする．いま f が点 $x_0 (\in G)$ において $Df(x_0) = 0$ を満たすとする．n 次実行列 $\mathrm{Hess}_f(x_0) = \{D_i D_j f(x_0)\}_{1 \leq i, j \leq n}$ をヘッセ (Hesse) 行列という．

$$\mathrm{Hess}_f(x_0)$$

$$= \begin{array}{c} \\ \text{第 1 行} \\ \text{第 }i\text{ 行} \\ \\ \text{第 }n\text{ 行} \end{array} \begin{pmatrix} \overset{\text{第 1 列}}{D_1 D_1 f(x_0)} & \ldots & \overset{\text{第 }j\text{ 列}}{D_1 D_j f(x_0)} & \ldots & \overset{\text{第 }n\text{ 列}}{D_1 D_n f(x_0)} \\ \vdots & \ddots & \vdots & & \vdots \\ D_i D_1 f(x_0) & \ldots & D_i D_j f(x_0) & \ldots & D_i D_n f(x_0) \\ \vdots & & \vdots & \ddots & \vdots \\ D_n D_1 f(x_0) & \ldots & D_n D_j f(x_0) & \ldots & D_n D_n f(x_0) \end{pmatrix}.$$

この逆行列が存在するとき，臨界点 $x_0 \in G$ は非退化 (non-degenerate) であるという．またヘッセ行列の負の固有値の数をモース指数 (Morse index) と呼ぶ．

定理 14.12 $\mathbb{R}^n$ の開集合 G に対し，関数 $f: G \longrightarrow \mathbb{R}$ が C^2-級であるとする．いま f が点 $x_0 (\in G)$ において $Df(x_0) = 0$ を満たすとする．このときヘッセ行列 $\mathrm{Hess}_f(x_0)$ の固有値がすべて正であれば (すなわちモース指数がゼロであれば) 関数 $f: G \longrightarrow \mathbb{R}$ は点 $x = x_0 \in G$ において極小値をとる．また固有値がすべて負であれば関数 f は点 $x = x_0$ において極大値をとる．

証明 仮定 $Df(x_0) = 0$ と定理 14.7 および命題 14.6 よりある正の数 $\delta > 0$ が存在して $|v| < \delta$ なる任意の $v \in \mathbb{R}^n$ に対し

$$f(x_0 + v) = f(x_0) + \sum_{1 \le i,j \le n} \frac{1}{2} D_i D_j f(x_0) v_i v_j + R_3(v) \tag{14.4}$$

と書くとき

$$\lim_{v \to 0, v \ne 0} \frac{R_3(v)}{|v|^2} = 0 \tag{14.5}$$

が成り立つ．命題 14.6 より行列 $A = \{D_i D_j f(x_0)\}_{1 \le i,j \le n}$ は n 次実対称行列である．したがって実正規行列でありかつ対称性からその固有値 $a_1, \ldots, a_n$ はすべて実数である．よって A はある正則行列 P により

$$P^{-1} A P = \begin{pmatrix} a_1 & & \mathbf{0} \\ & \ddots & \\ \mathbf{0} & & a_n \end{pmatrix}$$

と対角行列に変形される．実際は P は直交行列にとれるから ${}^t P = P^{-1}$ となる．ゆえに関係 (14.4) において変数変換

$$v = Pw$$

を行うと (14.4) の右辺第二項は

$$\sum_{1 \le i,j \le n} \frac{1}{2} D_i D_j f(x_0) v_i v_j = \frac{1}{2} \sum_{1 \le j \le n} a_j^2 w_j^2$$

となる．そして (14.5) と P が直交行列であることより

$$\lim_{w\to 0, w\neq 0} \frac{R_3(Pw)}{|w|^2} = 0$$

が成り立つ．よって $a_j > 0$ $(j=1,2,\ldots,n)$ のとき $a = \min_{1\leq j\leq n} a_j > 0$ とおけば w が十分小なら $|R_3(Pw)| < a^2|w|^2/4$ となる．このような w に対して (14.4) の右辺の第二項と第三項の和は

$$\frac{1}{2}\sum_{1\leq j\leq n}(a_j^2 - a^2/2)w_j^2 \geq \frac{a^2}{4}|w|^2$$

により下から押さえられる．ゆえに $|v| = |Pw|$ が十分小のとき

$$f(x_0 + v) - f(x_0) \geq \frac{a^2}{4}|w|^2 = \frac{a^2}{4}|v|^2$$

が成り立つ．固有値がすべて負の場合も同様である． □

注 14.1 n 次実対称行列 A の固有値がすべて正であることを A は正定値対称行列であるという．固有値がすべて負のとき負定値対称行列という．これらの条件は $\mathbb{R}^n$ の内積を $(\cdot,\cdot)$ で表すとき前者は $(Ax,x) > 0$ $(\forall x \neq \lceil 0\rceil)$, 後者は $(Ax,x) < 0$ $(\forall x \neq \lceil 0\rceil)$ であることと同値である．ヘッセ (Hesse) 行列 $\mathrm{Hess}_f(x_0)$ が正定値でも負定値でもない場合は点 x_0 において f は極値をとるとは限らない．これはたとえば原点の周りで $f(x,y) = x^2 - y^2$ $((x,y)\in\mathbb{R}^2)$ などを考えれば明らかである．

第15章 リーマン積分

この章では有界領域上の関数のリーマン (Riemann) 積分可能性を定義した後，上積分と下積分に関するダルブーの定理を証明し，リーマン積分可能の必要十分条件を調べる．その後 1 次元区間上の積分において微分積分学の基本定理を証明し，これがバナッハ空間に値をとる関数の積分にまで拡張できることをみる．さらに多重積分についてフビニの定理を証明し，無限区間上の広義積分を導入したあと一般次元の積分の変数変換公式を示す．これらを用いる具体例として後にフーリエ変換を考察するとき重要となるガウス積分の値を求める．最後に線積分を定義し曲線の長さを求める方法を与え，解析学の前提から円周率の幾何学的意味が導かれるのを見る．

15.1 積分可能性

$\mathbb{R}^n$ の n 次元有界閉区間 I 上でのリーマン積分を定義するにはこの領域を小さな区間で分割する必要がある．ここで I が $\mathbb{R}^n$ の有界閉区間とは I が

$$I = [a_1, b_1] \times \cdots \times [a_n, b_n] = \{(x_1, \ldots, x_n) \mid a_i \leq x_i \leq b_i\}$$

の形をしていることである．このとき

$$v(I) = \prod_{i=1}^{n}(b_i - a_i)$$

を I の n 次元体積という．I の直径は定義より

$$d(I) = \sup_{x,y \in I} |x - y| = |b - a|$$

で与えられる．ただし

$$b = (b_1, \ldots, b_n), \quad a = (a_1, \ldots, a_n).$$

$I = [a, b] \subset \mathbb{R}$ の分割 Δ とは

$$\Delta: \quad a = x_0 < x_1 < \cdots < x_m = b$$

のことである．

さらに n 次元区間 $I = [a_1, b_1] \times \cdots \times [a_n, b_n]$ の分割 Δ とは各辺 $[a_i, b_i]$ の分割 $\Delta_i : a_i = x_0 < x_1 < \cdots < x_{m_i} = b$ より得られる

$$m = \prod_{i=1}^{n} m_i$$

個の小閉区間 I_k の全体のことである．このときこれら小区間に番号を付けて並べることができる．そのような番号付けの一つを $K(\Delta)$ と表す．明らかに

$$v(I) = \sum_{k \in K(\Delta)} v(I_k)$$

が成り立つ．分割 Δ の直径 $d(\Delta)$ は

$$d(\Delta) = \max_{k \in K(\Delta)} d(I_k)$$

と定義される．$\mathcal{D} = \mathcal{D}(I)$ を I の分割の全体とする．

各 $I_k \in \Delta$ から任意に一つの点 $\xi_k \in I_k$ を取るとき写像 $f : I = [a_1, b_1] \times \cdots \times [a_n, b_n] \longrightarrow \mathbb{R}$ について

$$s(f; \Delta; \xi) = \sum_{k \in K(\Delta)} f(\xi_k) v(I_k)$$

を f の Δ に関するリーマン和という．このリーマン和を用いてリーマン積分は次のように定義される．

定義 15.1　条件

$$\exists J \in \mathbb{R}, \forall \epsilon > 0, \exists \delta > 0, \forall \Delta \in \mathcal{D}(I) :$$
$$[d(\Delta) < \delta, \xi_k \in I_k \Longrightarrow |s(f; \Delta; \xi) - J| < \epsilon]$$

が成り立つとき，言い換えれば

$$\lim_{d(\Delta) \to 0} s(f; \Delta; \xi) = J$$

が成り立つとき f は区間 I 上リーマン積分可能 といい，その値を

$$J = \int_I f(x)dx = \int_I dx f(x) = \int \cdots \int_I f(x_1,\ldots,x_n)dx_1\ldots dx_n$$

等と表す．このとき積分の値 J はただひとつに定まる．I 上リーマン積分可能な関数の全体を $\mathcal{R}(I)$ と表す．$\mathcal{R}(I)$ は無限次元の実ベクトル空間をなす．

例 15.1　　1. 区間 I 上で $f(x)$ が定数 c を取る定数関数の時 f は I 上積分可能で
$$\int_I f(x)dx = cv(I).$$

2. 区間 I の一辺の長さが 0 ならば任意の関数 $f : I \longrightarrow \mathbb{R}$ は積分可能で
$$\int_I f(x)dx = 0$$

である．

ここでリーマン積分可能であることは分割 Δ の仕方やその分割の各閉区間内の関数に値を与える点 ξ の選び方に関わりなく $d(\Delta) \to 0$ の極限が存在するというかなり厳しい条件であることに注意したい．このために次の例にあるような無限に変動するような関数の中にはリーマン積分可能でないものもある．

例 15.2
$$f(x) = \begin{cases} 1 & x \in \mathbb{Q} \\ 0 & x \in \mathbb{R} - \mathbb{Q} \end{cases}$$

は $I = [0,1]$ 上リーマン積分可能でない．

このような関数でも後にリーマン積分とは異なるルベーグ積分によって積分することができるようになる．この場合にはもはや区間の選び方はリーマン積分のように任意にとることは許されず，関数に依存して決められる．その際リーマン和のように有限分割の一様な極限というかたちに表すこともできなくなる．詳しくはルベーグ積分の章で論じる．

さてリーマン積分の定義から次の定理は明らかであろう．

定理 15.1 $f, g \in \mathcal{R}(I)$, $f(x) \geq g(x)$ $(\forall x \in I)$ ならば
$$\int_I f(x)dx \geq \int_I g(x)dx.$$

このとき中間値の定理の応用として次の平均値の定理 (積分形) が成り立つ．

定理 15.2 I を $\mathbb{R}^n$ の有界閉区間とし，$f \in \mathcal{R}(I)$ を有界関数，$M = \sup_{x \in I} f(x)$, $m = \inf_{x \in I} f(x)$ とするときある $\mu \in [m, M]$ があって
$$\int_I f(x)dx = \mu v(I)$$
が成り立つ．とくに f が連続ならある $\xi \in I$ に対し $\mu = f(\xi)$ となる．

証明 $m \leq f(x) \leq M$ ゆえ定理 15.1 より
$$mv(I) \leq \int_I f(x)dx \leq Mv(I).$$
ゆえに $v(I) = 0$ の時は明らかである．$v(I) \neq 0$ のとき $\mu = v(I)^{-1} \int_I f(x)dx$ とおけばよい．

f が連続ならある点 $x, y \in I$ において $M = f(x)$, $m = f(y)$ となる．
$$\varphi(t) = f(y + t(x - y)) \quad (0 \leq t \leq 1)$$
とおけば φ は区間 $[0, 1]$ 上連続で $\varphi(0) = m \leq \mu \leq M = \varphi(1)$ ゆえ中間値の定理よりある $\theta \in [0, 1]$ において $\mu = \varphi(\theta) = f(\xi)$ $(\xi = y + \theta(x - y) \in I)$ となる． □

また区間を平行移動させた場合の積分は関数を変換 (push-forward) することで区間を変えずに実行できる．

定理 15.3 I を $\mathbb{R}^n$ の区間，$c \in \mathbb{R}^n$ とし $I + c = \{x + c \mid x \in I\}$ とおく．このとき $v(I + c) = v(I)$ である．さらに T_c を $\mathbb{R}^n$ から $\mathbb{R}^n$ への変換で $T_c(x) = x + c$ なるものとする．このとき $f \in \mathcal{R}(I + c)$ ならば合成関数 $f \circ T_c(x) = f(x + c)$ は $\mathcal{R}(I)$ に属し
$$\int_{I+c} f(x)dx = \int_I (f \circ T_c)(x)dx$$
が成り立つ．

証明は読者に任せる．

$f: I \longrightarrow \mathbb{R}$ を関数とするとき，以降以下のような記号を断りなしに使う．

$$m = \inf_{x \in I} f(x), \quad M = \sup_{x \in I} f(x), \quad a(f, I) = M - m = \sup_{x, y \in I} |f(x) - f(y)|.$$

このときリーマン積分において関数に値を与える点 ξ への依存性を考えるために，不足和と過剰和，そしてそれらの上限と下限として下積分と上積分を以下のように定義する．

定義 15.2 Δ を I の分割とするとき $I_k \in \Delta$ に対し $m_k = \inf_{x \in I_k} f(x)$, $M_k = \sup_{x \in I_k} f(x)$ とする．このとき

$$s_\Delta = \sum_{k \in K(\Delta)} m_k v(I_k), \quad S_\Delta = \sum_{k \in K(\Delta)} M_k v(I_k)$$

と書きそれぞれ Δ の f に関する不足和，過剰和という．明らかに

$$s_\Delta \leq s(f; \Delta; \xi) \leq S_\Delta$$

である．このときさらに

$$s = s(f) = \sup_{\Delta \in \mathcal{D}} s_\Delta = \underline{\int_I} f(x) dx$$

$$S = S(f) = \inf_{\Delta \in \mathcal{D}} S_\Delta = \overline{\int_I} f(x) dx$$

をそれぞれ f の I における下積分，上積分という．

またリーマン積分において分割の違いの影響を考えるために区間の細分を次のように定義する．

定義 15.3 I の二つの分割 Δ, Δ' に対し Δ' が Δ の細分であるとは Δ の分割点の集合が Δ' の分割点の集合の部分集合となっている時を言う．これを $\Delta \leq \Delta'$ と書く．

これらの記号のもとに以下が成り立つ．

命題 15.1　1. $mv(I) \leq s_\Delta \leq S_\Delta \leq Mv(I)$.

2. $\Delta \leq \Delta' \implies s_\Delta \leq s_{\Delta'} \leq S_{\Delta'} \leq S_\Delta$.

3. $s \leq S$.

4. 関数 g, f について $g \leq f$ であれば $s(g) \leq s(f)$ および $S(g) \leq S(f)$ が成り立つ.

証明

1. 明らか.

2. I のある辺のひとつの分割点を Δ に追加して Δ' が得られる場合を示せば十分である. すなわちひとつの $I_k \in \Delta$ が $I'_k, I''_k \in \Delta'$ により $I_k = I'_k \cup I''_k$ と分割される場合を考えればよい. このとき

$$M'_k = \sup_{I'_k} f, \quad m'_k = \inf_{I'_k} f, \quad M''_k = \sup_{I''_k} f, \quad m''_k = \inf_{I''_k} f$$

とすると
$$m_k \leq m'_k, m''_k$$
かつ
$$M'_k, M''_k \leq M_k$$
である. ゆえに
$$m_k v(I_k) = m_k v(I'_k) + m_k v(I''_k) \leq m'_k v(I'_k) + m''_k v(I''_k)$$
であるから
$$s_\Delta \leq s_{\Delta'}$$
が得られる. $S_{\Delta'} \leq S_\Delta$ も同様に示される.

3. $\Delta'' = \Delta \cup \Delta'$ つまり Δ'' は Δ と Δ' の分割点を合わせて得られる分割とする. このとき
$$\Delta \leq \Delta'', \quad \Delta' \leq \Delta''$$

であるから 1, 2 より
$$s_\Delta \leq s_{\Delta''} \leq S_{\Delta''} \leq S_{\Delta'}.$$
よって任意の分割 Δ' に対し
$$s = \sup_{\Delta \in \mathcal{D}} s_\Delta \leq S_{\Delta'}$$
だから
$$s \leq \inf_{\Delta' \in \mathcal{D}} S_{\Delta'} = S.$$

4. 任意の $k \in K(\Delta)$ に対し仮定より $m_k(g) \leq m_k(f)$ だから明らかに $s(g) \leq s(f)$. $S(g) \leq S(f)$ も同様である．

□

次のダルブー (Darboux) の定理により, 上積分と下積分はそれぞれ過剰和と不足和の極限として得られる．

定理 15.4 $I = [a_1, b_1] \times \ldots [a_n, b_n]$ を $\mathbb{R}^n$ の有界閉区間とする．有界関数 $f : I \longrightarrow \mathbb{R}$ に対し
$$\lim_{d(\Delta) \to 0} S_\Delta = S, \quad \lim_{d(\Delta) \to 0} s_\Delta = s$$
が成り立つ．

証明 s についても同様ゆえ S について示す．$S = \inf_{\Delta \in \mathcal{D}} S_\Delta$ ゆえ
$$\forall \epsilon > 0, \exists \Delta_0 \in \mathcal{D} = \mathcal{D}(I) \quad \text{s.t} \quad 0 \leq S_{\Delta_0} - S < \frac{\epsilon}{2}. \tag{15.1}$$
以下この Δ_0 を固定する．

$\forall \Delta = \{I_k\}_{k \in K(\Delta)} \in \mathcal{D}(I)$ に対し $\Delta' = \Delta \cup \Delta_0$ とおくと $\Delta \leq \Delta'$ かつ $\Delta_0 \leq \Delta'$. よって前命題により
$$0 \leq S_\Delta - S_{\Delta'}, \quad 0 \leq S_{\Delta_0} - S_{\Delta'}. \tag{15.2}$$
従って
$$0 \leq S_\Delta - S = (S_\Delta - S_{\Delta'}) - (S_{\Delta_0} - S_{\Delta'}) + (S_{\Delta_0} - S).$$

第二項は (15.2) より負か 0 だから落とせる．さらに (15.1) を使えば
$$0 \leq S_\Delta - S \leq (S_\Delta - S_{\Delta'}) + (S_{\Delta_0} - S) < (S_\Delta - S_{\Delta'}) + \frac{\epsilon}{2}$$
が得られる．故に $d(\Delta)$ が十分小さいとき
$$S_\Delta - S_{\Delta'} < \frac{\epsilon}{2} \tag{15.3}$$
をいえば
$$0 \leq S_\Delta - S < \epsilon$$
がいえ証明が終わる．そこで以下
$$a = \min_{J_j = [a_1^j, b_1^j] \times \cdots \times [a_n^j, b_n^j] \in \Delta_0} \min_{i=1,2,\ldots,n} |b_i^j - a_i^j| > 0$$
とおき $d(\Delta) < a$ なる Δ のみ考えれば十分である．

$d(\Delta) < a$ のとき図を描いて考えれば明らかなように小区間 $I_k = L_1^k \times L_2^k \times \cdots \times L_n^k \in \Delta$ (L_j^k は $\mathbb{R}$ の有界閉区間) とすると，どの i に対しても L_i^k の内部 (開核) は Δ_0 の 1 次元分点を「高々 1 つしか」含まない．

そして差 $S_\Delta - S_{\Delta'}$ はそれらのいずれかの辺の内部が Δ_0 の 1 次元分点を含む小区間 $I_k = L_1^k \times L_2^k \times \cdots \times L_n^k \in \Delta$ の体積の総和 V_Δ と $f(x)$ の上限 $M = \sup_I f$ と下限 $m = \inf_I f$ の差 $M - m$ の積によって上から押さえられる．すなわち
$$0 \leq S_\Delta - S_{\Delta'} \leq (M - m) V_\Delta. \tag{15.4}$$

ここで小区間 $I_k = L_1^k \times L_2^k \times \cdots \times L_n^k \in \Delta$ のうちそのいずれかの辺，たとえば L_1^k が Δ_0 の一次元分点 P を含んだとする．すると I_k と同じ第一辺 L_1^k を持つ他の小区間 $I_\ell = L_1^k \times L_2^\ell \times \cdots \times L_n^\ell$ の第一辺はすべて P を含むから V_Δ に寄与する．第一辺が P を含むこのような小区間 $I_\ell = L_1^k \times L_2^\ell \times \cdots \times L_n^\ell$ による体積 V_Δ への寄与の総和 V_P^1 は第一辺 L_1^k の長さが
$$d(L_1^k) < d(\Delta)$$
を満たすから
$$V_P^1 \leq d(\Delta) \prod_{j \neq 1} (b_j - a_j) \tag{15.5}$$

と評価される．$I = [a_1,b_1] \times \cdots \times [a_n,b_n]$ の各辺 $[a_i,b_i]$ の内部 (a_i,b_i) にある Δ_0 の一次元分点の個数を

$$r_i$$

とするとこれは Δ_0 と I のみによって定まる．したがって I の第一辺 $[a_1,b_1]$ にある Δ_0 の一次元分点からの V_Δ への寄与 (15.5) の総和は

$$r_1 d(\Delta) \prod_{j \neq 1}(b_j - a_j)$$

で押さえられる．このような辺は空間次元 n と同じだけあるから V_Δ は

$$V_\Delta \leq d(\Delta) \sum_{i=1}^{n} r_i \prod_{j \neq i}(b_j - a_j)$$

と評価される．これと (15.4) より結局

$$0 \leq S_\Delta - S_{\Delta'} \leq (M-m)V_\Delta \leq d(\Delta)(M-m) \sum_{i=1}^{n} r_i \prod_{j \neq i}(b_j - a_j)$$

が得られる．上述のように r_i は Δ_0 と I のみによって定まるからこの右辺は $d(\Delta)$ が十分小の時 $\epsilon/2$ で押さえられる． □

このダルブーの定理によりリーマン積分可能を表す幾つかの同値な表現が得られる．

定理 15.5 I を $\mathbb{R}^n$ の有界閉区間，$f : I \longrightarrow \mathbb{R}$ を有界関数とするとき以下の条件 1–5 は互いに同値である．

1. $f \in \mathcal{R}(I)$.

2. $\lim_{d(\Delta) \to 0}(S_\Delta - s_\Delta) = 0$.

3. 小区間 $I_k \in \Delta$ 上の関数 f の振幅 $a(f,I_k) = M_k - m_k$ に対し

$$\lim_{d(\Delta) \to 0} \sum_{k \in K(\Delta)} a(f,I_k) v(I_k) = 0.$$

4. $s = \underline{\int_I} f(x)d = \overline{\int_I} f(x)dx = S$.

5. $\forall \epsilon > 0, \exists \Delta \in \mathcal{D}(I)$ s.t. $S_\Delta - s_\Delta < \epsilon$.

証明

$1 \Rightarrow 2$: $J = \int_I f(x)dx$ とおく．積分の定義より任意の $\epsilon > 0$ に対しある $\delta > 0$ があって $d(\Delta) < \delta$ かつ $\xi_k \in I_k$ ならば

$$-\frac{\epsilon}{2} < s(f; \Delta; \xi) - J < \frac{\epsilon}{2}.$$

リーマン和における $\xi_k \in I_k$ は各 $I_k \in \Delta$ において $f(\xi_k)$ が M_k にいくらでも近くなるように取れるからこれより

$$-\frac{\epsilon}{2} \leq S_\Delta - J \leq \frac{\epsilon}{2}.$$

が言える．同様に

$$-\frac{\epsilon}{2} \leq s_\Delta - J \leq \frac{\epsilon}{2}.$$

ゆえに $d(\Delta) < \delta$ ならば

$$0 \leq S_\Delta - s_\Delta \leq \epsilon$$

となるから示された．

$2 \Rightarrow 3$: これは

$$S_\Delta - s_\Delta = \sum_{k \in K(\Delta)} a(f, I_k) v(I_k)$$

より明らかである．

$2 \Rightarrow 4$: これはダルブーの定理 15.4 により明らかである．

$4 \Rightarrow 1$: 任意の分割 Δ および $\xi_k \in I_k(\in \Delta)$ に対し

$$s_\Delta \leq s(f; \Delta; \xi) \leq S_\Delta$$

である．4 より $S = s$ であるからこの不等式で $d(\Delta) \to 0$ とすれば Darboux の定理 15.4 により

$$S = s \leq \exists \lim_{d(\Delta) \to 0} s(f; \Delta; \xi) \leq S = s$$

ゆえ $f \in \mathcal{R}(I)$ となる．

$2 \Rightarrow 5$: これは単なる言い換えにすぎない．

$5 \Rightarrow 4$: 5の条件の下で
$$\forall \epsilon > 0, \exists \Delta \in \mathcal{D}(I) \text{ s.t. } S - s \leq S_\Delta - s_\Delta < \epsilon$$
が成り立つから $S = s$ となり4が言える．

$\square$

$\mathbb{R}$ の有界閉区間上の単調な関数はリーマン積分可能となる．

定理 15.6 $I = [a, b]$ を $\mathbb{R}$ の有界閉区間，$f : I \longrightarrow \mathbb{R}$ を単調関数とするとき $f \in \mathcal{R}(I)$ である．

証明 f は単調増大としてよい．Δ を以下のような I の分割とする．
$$\Delta : a = x_0 < x_1 < \cdots < x_n = b.$$
$I_k = [x_{k-1}, x_k]$ $(k = 1, 2, \ldots, n)$ とおくと
$$M_k = \sup_{I_k} f(x) = f(x_k), \quad m_k = \inf_{I_k} f(x) = f(x_{k-1}).$$
ゆえに
$$0 \leq \sum_{k=1}^n a(f, I_k) v(I_k) \leq d(\Delta) \sum_{k=1}^n (f(x_k) - f(x_{k-1}))$$
$$= d(\Delta)(f(b) - f(a)) \to 0 \quad \text{as} \quad d(\Delta) \to 0.$$

$\square$

また有界閉区間上の関数がリーマン積分可能であればあきらかにその積分は下積分および上積分として求められる．

定理 15.7 I を $\mathbb{R}^n$ の有界閉区間とし $f \in \mathcal{R}(I)$ とする．I の分割の列 Δ_n が $d(\Delta_n) \to 0$ を満たすとするとき ξ^n を $\xi_k^n \in I_k^n \in \Delta_n$ なる代表点の取り方とすれば
$$\int_I f(x) dx = \lim_{n \to \infty} s(f; \Delta_n; \xi^n)$$
が成り立つ．

この定理は以下のような実際の積分の値を計算する際に有用である．

問 15.1 $a > 0$ とするとき以下を示せ．

1. $\displaystyle\int_0^a x\,dx = \frac{1}{2}a^2$.

2. $\displaystyle\int_0^a x^2\,dx = \frac{1}{3}a^3$.

3. $\displaystyle\int_0^a e^x\,dx = e^a - 1$.

定理 15.8 I を $\mathbb{R}^n$ の有界閉区間とし $f \in \mathcal{R}(I)$ を有界関数とする．このとき $|f| \in \mathcal{R}(I)$ かつ
$$\left|\int_I f(x)\,dx\right| \leq \int_I |f(x)|\,dx$$
が成り立つ．

証明 一般に
$$\bigl||f(x)| - |f(y)|\bigr| \leq |f(x) - f(y)|$$
が成り立つから $I_k \in \Delta \in \mathcal{D}(I)$ に対し
$$0 \leq a(|f|, I_k) \leq a(f, I_k)$$
が成り立つ．ゆえに定理 15.5 可積分条件 3) より $f \in \mathcal{R}(I)$ から $|f| \in \mathcal{R}(I)$ が言える．また
$$|s(f; \Delta, \xi)| \leq s(|f|, \Delta, \xi)$$
より不等式が言える． □

定理 15.9 I を $\mathbb{R}^n$ の有界閉区間とする．

1. $f, g \in \mathcal{R}(I)$ が有界関数ならば積 $fg \in \mathcal{R}(I)$ である．

2. $f \in \mathcal{R}(I)$ で $f(x) \neq 0 \ (\forall x \in I)$ かつある定数 $C > 0$ に対し $\left|\dfrac{1}{f(x)}\right| \leq C$ $(\forall x \in I)$ ならば
$$\frac{1}{f} \in \mathcal{R}(I)$$
である．

証明

1. 仮定よりある定数 $C > 0$ に対し

$$|f(x)| \leq C, \quad |g(x)| \leq C \quad (\forall x \in I).$$

よって任意の $x, y \in I$ に対し

$$|f(x)g(x) - f(y)g(y)| \leq |f(x) - f(y)||g(x)| + |g(x) - g(y)||f(y)|$$
$$\leq C(|f(x) - f(y)| + |g(x) - g(y)|).$$

ゆえに
$$a(f \cdot g, I_k) \leq C\{a(f, I_k) + a(g, I_k)\}$$

より 1 が従う．

2. $|1/f(x)| \leq C$ ゆえ

$$\left|\frac{1}{f(x)} - \frac{1}{f(y)}\right| \leq C^2 |f(x) - f(y)|.$$

よって
$$a(1/f, I_k) \leq C^2 a(f, I_k).$$

$\square$

この定理 15.9 の重要な応用として次のシュワルツ (Schwarz) の不等式 が得られる．

定理 15.10 I を $\mathbb{R}^n$ の有界閉区間とし $f, g, h \in \mathcal{R}(I)$ を有界関数とし，$h(x) \geq 0$ $(\forall x \in I)$ とする．このとき次の不等式が成り立つ．

$$\left\{\int_I h(x)f(x)g(x)dx\right\}^2 \leq \left\{\int_I h(x)f(x)^2\, dx\right\} \cdot \left\{\int_I h(x)g(x)^2\, dx\right\}.$$

証明 定理 15.9 より次の実数 $A, B, C \in \mathbb{R}$ が存在する．

$$A = \int_I h(x)f(x)^2 dx, \quad B = \int_I h(x)f(x)g(x)dx, \quad C = \int_I h(x)g(x)^2 dx.$$

このとき $u, v \in \mathbb{R}$ に対し次の積分を考える.

$$\int_I h(x)\left(u \cdot f(x) + v \cdot g(x)\right)^2 \, dx = Au^2 + 2Buv + Cv^2 \geq 0.$$

この判別式 $B^2 - AC \leq 0$ が与式となる. □

定理 15.11 I を $\mathbb{R}^n$ の有界閉区間, Δ を I の分割, $f \in \mathcal{R}(I)$ を有界関数とする. このとき $f \in \mathcal{R}(I_k)$ $(\forall k \in K(\Delta))$ かつ

$$\int_I f(x)dx = \sum_{k \in K(\Delta)} \int_{I_k} f(x)dx$$

が成り立つ. 逆に $f \in \mathcal{R}(I_k)$ $(\forall k \in K(\Delta))$ ならば $f \in \mathcal{R}(I)$ で上の等式が成立する.

証明 I の分割 D を Δ の細分とする: $\Delta \leq D$. すると D によって各 $I_k \in \Delta$ が $I_k = \bigcup_j D_{kj}$ とさらに分割される. このとき不足和 s_D, s_{D_k} について明らかに

$$s_D = \sum_{k \in K(\Delta)} s_{D_k}$$

が成り立つ. ここで $d(D) \to 0$ とすればダルブーの定理 15.4 により

$$\int_{-I} f(x)dx = \sum_{k \in K(\Delta)} \int_{-I_k} f(x)dx$$

が成り立つ. 上積分についても同様である. ゆえに $f \in \mathcal{R}(I)$ ならば

$$\int_{-I} f(x)dx = \overline{\int_I} f(x)dx$$

であることとおのおのの $k \in K(\Delta)$ に対し f の I_k 上の下積分が上積分以下であること:

$$\int_{-I_k} f(x)dx \leq \overline{\int_{I_k}} f(x)dx$$

からこれら上積分下積分はすべての $k \in K(\Delta)$ に対し等しい．ゆえに $f \in \mathcal{R}(I_k)$ であり定理の等式が成り立つ．

逆に $f \in \mathcal{R}(I_k)$ $(\forall k \in K(\Delta))$ であれば各 $k \in K(\Delta)$ に対し f の I_k 上の上積分と下積分は等しい．よってこれより

$$\int_{-I} f(x)dx = \overline{\int_I} f(x)dx.$$

ゆえに $f \in \mathcal{R}(I)$ で定理の等式が成り立つ． □

問 15.2 I を $\mathbb{R}^n$ の有界閉区間，$f: I \longrightarrow \mathbb{R}$ を有界関数，$f(x)$ は I の開核 $I°$ (つまり I の内部) でゼロ：$f(x) = 0$ $(\forall x \in I°)$ であれば

$$\int_I f(x)dx = 0$$

を示せ．

定義 15.4 I を $\mathbb{R}^n$ の有界閉区間とし $f: I \longrightarrow \mathbb{R}^m$ がベクトル値 $f(x) = (f_1(x), \ldots, f_m(x))$ を取るときその積分はベクトル

$$\int_I f(x)dx = \left(\int_I f_1(x)dx, \ldots, \int_I f_m(x)dx\right)$$

としその積分可能性はすべての成分が積分可能なことと定義する．特に複素数値関数 $f(x) = f_1(x) + if_2(x)$ は 2 次元ベクトル値関数 $f(x) = (f_1(x), f_2(x))$ と見なして積分可能性とその積分を定義する．すなわち

$$\int_I f(x)dx = \int_I f_1(x)dx + i\int_I f_2(x)dx$$

である．さらに値をバナッハ空間に取る場合も定義 15.1 のリーマン積分の定義は有効である．

定理 15.12 I を $\mathbb{R}^n$ の有界閉区間，$f: I \longrightarrow \mathbb{R}$ を連続関数とするとき $f \in \mathcal{R}(I)$ である．(f がバナッハ空間に値をとる場合も成り立つ．)

証明 f はコンパクト集合 I 上連続であるから第 12 章の定理 12.4 より f は一様連続関数である．従って

$$\forall \epsilon > 0, \exists \delta > 0, \forall x, y \in I : |x - y| < \delta \Longrightarrow |f(x) - f(y)| < \epsilon.$$

ゆえに $\Delta \in \mathcal{D}(I)$ が $d(\Delta) < \delta$ を満たせば任意の $I_k \in \Delta$ に対し

$$a(f, I_k) < \epsilon.$$

ゆえに

$$\sum_{k \in K(\Delta)} a(f, I_k) v(I_k) < \epsilon v(I).$$

よって

$$\lim_{d(\Delta) \to 0} \sum_{k \in K(\Delta)} a(f, I_k) v(I_k) = 0.$$

□

定理 15.13 I を $\mathbb{R}^n$ の有界閉区間で $v(I) > 0$ とし $f, g : I \longrightarrow \mathbb{R}$ を連続関数とする．I 上 $f \geq g$ であり，ある一点 $x_0 \in I$ で $f(x_0) > g(x_0)$ とすれば

$$\int_I f(x) dx > \int_I g(x) dx$$

が成り立つ．

証明 $h(x) = f(x) - g(x)$ とおけば $h(x) \geq 0$ ($\forall x \in I$) かつ h は連続だから $x_0 \in I$ のある近傍 $O_\epsilon(x_0)$ ($\epsilon > 0$) においてある正の定数 $\delta > 0$ に対し

$$\forall x \in O_\epsilon(x_0) \cap I : h(x) \geq \delta (> 0)$$

を満たす．よって x_0 を含むある閉区間 $J \subset I$ が存在して

$$h(x) \geq \delta \ (\forall x \in J), \quad v(J) > 0$$

である．よって

$$\int_I (f - g)(x) dx \geq \int_J h(x) dx \geq \delta v(J) > 0.$$

□

15.2　1次元区間上の積分

ここでは前節で定義した積分を1次元区間上の積分に限定して論じる．

定義 15.5 I を $\mathbb{R}$ の有界閉区間とし $f: I \longrightarrow \mathbb{R}$ を関数とする．このとき区間 $I = [a,b]$ あるいは $I = [b,a]$ における積分を以下のように表記することがある．

$$\int_a^b f(x)dx = \begin{cases} \displaystyle\int_{[a,b]} f(x)dx & (a \leq b), \\ -\displaystyle\int_{[b,a]} f(x)dx & (b \leq a). \end{cases}$$

とくに
$$\int_a^b f(x)dx = -\int_b^a f(x)dx, \quad \int_a^a f(x)dx = 0.$$

従って
$$f \geq g, \ a > b \Longrightarrow \int_a^b f(x)dx \leq \int_a^b g(x)dx$$

などが成り立つ．一般に

$$\left| \int_a^b f(x)dx \right| \leq \left| \int_a^b |f(x)|dx \right|$$

が成り立つ．

区間に関する加法性の定理 15.11 より明らかに以下が成り立つ．

命題 15.2 I を $\mathbb{R}$ の区間，$a,b,c \in I, f \in \mathcal{R}(I)$ ならば

$$\int_a^c f(x)dx = \int_a^b f(x)dx + \int_b^c f(x)dx.$$

1次元区間上の積分に限り次のような不定積分を定義することができる．

定義 15.6 I を $\mathbb{R}$ の区間，$f \in \mathcal{R}(I), a, x \in I$ に対し

$$F(x) = F_a(x) = \int_a^x f(t)dt$$

により定義される関数 $F: I \longrightarrow \mathbb{R}$ を f の不定積分という．

不定積分というのは $a \in I$ の不定性からこのように言われる．言うまでもなく
$$F_a(x) = \int_a^b f(t)dt + F_b(x)$$
が成り立つ．

命題 15.3 I を $\mathbb{R}$ の区間，$a, x \in I$, $f \in \mathcal{R}(I)$ を有界とするとき，次の不定積分 $F: I \longrightarrow \mathbb{R}$ はリプシッツ (Lipschitz) 連続である．
$$F(x) = F_a(x) = \int_a^x f(t)dt$$
すなわち $x, y \in I$ に対し
$$|F_a(x) - F_a(y)| \leq \sup_{x \in I} |f(x)||x - y|.$$

この証明は明らかであろう．不定積分より広い不定性をもつものとして原始関数を定義する．

定義 15.7 I を $\mathbb{R}$ の区間，$f, F: I \longrightarrow \mathbb{R}$ を関数で F は I 上微分可能で $F'(x) = f(x)$ とする．このとき F を f の原始関数という．

以下は微分積分学の基本定理と呼ばれるものである．

定理 15.14 I を $\mathbb{R}$ の区間，$f: I \longrightarrow \mathbb{R}$ とする．このとき以下が成り立つ．

1. f が I 上微分可能で $f' \in \mathcal{R}(I)$ であれば任意の $a, b \in I$ に対し
$$\int_a^b f'(x)dx = f(b) - f(a)$$
が成り立つ．

2. f が点 $x \in I$ で連続でかつ $f \in \mathcal{R}(I)$ であれば $a \in I$ のとき以下の関数 $F: I \longrightarrow \mathbb{R}$ は $x \in I$ において微分可能で，$F'(x) = f(x)$ が成り立つ．
$$F(x) = \int_a^x f(t)dt$$

証明

1. $I = [a,b]$, $a < b$ としてよい．$\Delta : a = x_0 < x_1 < \cdots < x_n = b$ を I の分割とすると平均値の定理 (系 14.1 あるいは定理 14.5 の $k = 0$ の場合) よりある $\xi_k \in (x_{k-1}, x_k)$ $(k = 1, 2, \ldots, n)$ に対し

$$f(x_k) - f(x_{k-1}) = f'(\xi_k)(x_k - x_{k-1}).$$

よってこの ξ_k を各小区間の代表点と取るとリーマン和は

$$s(f'; \Delta; \xi) = \sum_{k=1}^{n} f'(\xi_k)(x_k - x_{k-1})$$
$$= \sum_{k=1}^{n} (f(x_k) - f(x_{k-1})) = f(b) - f(a).$$

2. $h \neq 0$, $x + h \in I$ のとき

$$\left| \frac{1}{h}(F(x+h) - F(x)) - f(x) \right| = \left| \frac{1}{h} \int_{x}^{x+h} (f(t) - f(x)) dt \right|$$
$$\leq \left| \frac{1}{h} \int_{x}^{x+h} |f(t) - f(x)| dt \right|$$
$$\leq \sup_{x \leq t \leq x+h} |f(t) - f(x)|$$

となるが右辺は f の点 x における連続性から $h \to 0$ の時 0 に収束する．

□

注 15.1 $f : I \longrightarrow \mathbb{R}$ が I 上微分可能なことからはその微分 $f'(x)$ が I 上リーマン積分可能なことは導かれない．実際区間 $[0,1]$ 上微分可能な関数 f でその微分 f' が $A \subset [0,1]$ かつそのルベーグ測度 $m(A) > 0$ なる集合 A において不連続な関数の存在が知られている[1]．したがってこの微分 f' は後のルベーグ積分の章で述べる定理 16.13 によりリーマン積分可能でない．

---

[1] たとえば [150] の付録参照

338   第15章 リーマン積分

以下は上述の定理をバナッハ空間に値を持つ関数に拡張したものである．一般にバナッハ空間の点のようなベクトルを値に持つ関数に対しては $\mathbb{R}$-値関数の場合の平均値の定理 系 14.1 は成り立たず代替の定理 14.1 を用いる．その原因は系 14.1 における点 x_0 がベクトルの各成分に依存し全成分を通して同一の点 x_0 を選ぶことができないことによる．しかし積分の場合は各小区間の幅は極限において 0 に向かうため各小区間内の点 x_0 は成分によらない一点に収束し従って以下の微分積分学の基本定理が成り立つ．

定理 15.15 I を $\mathbb{R}$ の区間, W をバナッハ空間, $f: I \longrightarrow W$ を C^1-級写像とする．このとき任意の $a, b \in I$ に対し

$$\int_a^b f'(t)\, dt = f(b) - f(a)$$

が成り立つ．

証明 $\varphi \in W' = B(W, \mathbb{C})$ を任意にとり固定する．このとき問 14.5 から $\varphi \circ f \in C^1(I, \mathbb{C})$ であるから実数部分と虚数部分とに分けて前定理 15.14 を適用すれば

$$\int_a^b (\varphi \circ f)'(t)\, dt = \varphi(f(b)) - \varphi(f(a))$$

が得られる．問 14.5 より $(\varphi \circ f)'(t) = (\varphi \circ f')(t)$ であるから上式は

$$\varphi\left(\int_a^b f'(t)\, dt - (f(b) - f(a))\right) = 0$$

となる．これは任意の $\varphi \in W'$ に対し成り立つから後述のハーン-バナッハの定理の系 17.6 より

$$\int_a^b f'(t)\, dt - (f(b) - f(a)) = 0$$

が得られる．   □

ところである写像 $f: \mathbb{R} \longrightarrow W$ が連続的微分可能な写像を各項に持つ級数 $\sum_{k=0}^\infty h_k$ で表されるとする．

$$f(x) = \sum_{k=0}^\infty h_k(x)\,.$$

このとき次のように項別微分できる条件は何であろうか．

$$f'(x) = \sum_{k=0}^{\infty} h'_k(x) \ .$$

この問題は $f_n = \sum_{k=0}^{n} h_k$ とおくと連続的微分可能な写像列 $\{f_n\}_{n=0}^{\infty}$ について

$$f'(x) = \lim_{n\to\infty} f'_n(x) \ .$$

が成り立つ一般的な条件を調べることに帰着される．次の定理 15.16 はこれが可能となる写像列 $\{f_n\}_{n=0}^{\infty}$ の十分条件を与える．

定理 15.16 $I = [a,b] \subset \mathbb{R}$, W をバナッハ空間とし $f_n : I \longrightarrow W$ を連続的微分可能な写像とする．さらに各 $t \in I$ において $\lim_{n\to\infty} f_n(t) = f(t)$ (in W) でかつ $f'_n(t)$ は $n \to \infty$ のとき I 上一様に W において $g(t)$ に収束するとする．このとき $f \in C^1(I,W)$ で

$$f'(t) = g(t) \quad (\forall t \in I)$$

が成り立つ．

証明 仮定とバナッハ空間に値をとる関数についての微分積分学の基本定理 15.15 より

$$f_n(t) - f_n(a) = \int_a^t f'_n(\tau)d\tau.$$

連続写像 $f'_n(t)$ が I 上一様に $g(t)$ に収束するから g は I から W への連続写像である．よって積分

$$\int_a^t g(\tau)d\tau$$

が定義される．これと上式右辺との差をとると

$$\left\| \int_a^t (f'_n(\tau) - g(\tau))d\tau \right\| \leq \int_a^t \|f'_n(\tau) - g(\tau)\| \, d\tau$$

と評価され $f'_n(\tau)$ は $\tau \in I$ について一様に $g(\tau)$ に収束するから右辺は $n \to \infty$ のとき 0 に収束する．従って以上より

$$f(t) - f(a) = \lim_{n\to\infty} (f_n(t) - f_n(a)) = \int_a^t g(\tau) \, d\tau$$

が言える．g は連続だからこれは t について微分可能で

$$f'(t) = g(t) \quad (t \in I)$$

が言えた． □

さらにこのような写像の級数に対して項別積分可能となる十分条件は次から得られる．

定理 15.17 $I = [a,b] \subset \mathbb{R}$, W をバナッハ空間とし $f_n : I \longrightarrow W$ を連続写像とする．I 上一様に f_n が写像 $f : I \longrightarrow W$ に収束するとすると f は I 上連続で

$$\lim_{n \to \infty} \int_I f_n(t) dt = \int_I f(t)\, dt$$

が成り立つ．

問 15.3 定理 15.17 を証明せよ．

定理 15.18 $I = [a,b]$ を $\mathbb{R}$ の区間，$f : I \longrightarrow \mathbb{R}$ を連続とする．このとき以下が成り立つ．

1. $F(x) = \int_a^x f(t) dt$ は I における f の原始関数である．

2. G を f のひとつの原始関数とすると 1 の F によりある定数 C に対し

$$G(x) = F(x) + C$$

と書ける．そして

$$\int_a^b f(y) dy = G(b) - G(a) = [G(x)]_a^b.$$

証明

1. f は連続だから定理 15.12 と定理 15.14 の 2 による．

2. 仮定より $G'(x) = f(x) = F'(x)$. よって $(G-F)'(x) = 0$ よりある定数 C に対し $G(x) = F(x) + C$. $F(a) = 0$ より $G(a) = C$ ゆえ

$$\int_a^b f(x)dx = F(b) = (F(b) + C) - C = G(b) - G(a).$$

□

以下連続関数 f のひとつの原始関数 F を

$$F(x) = \int f(x)dx$$

と表す．他の原始関数はこれと定数の差しか違わない．以下にいくつかの関数の原始関数の例を記す．$a > 0$ とする．

例 15.3 ある定数 $C \in \mathbb{R}$ (積分定数) について以下が成り立つ．

1. $\dfrac{x^{s+1}}{s+1} + C = \displaystyle\int x^s dx \ (s \neq -1)$.

2. $\log|x| + C = \displaystyle\int \dfrac{1}{x} dx$.

3. $\dfrac{1}{a}\operatorname{Arctan}\dfrac{x}{a} + C = \displaystyle\int \dfrac{1}{x^2 + a^2} dx$.

4. $\dfrac{1}{2a}\log\left|\dfrac{x-a}{x+a}\right| + C = \displaystyle\int \dfrac{1}{x^2 - a^2} dx$.

5. $\operatorname{Arcsin}\dfrac{x}{a} + C = \displaystyle\int \dfrac{1}{\sqrt{a^2 - x^2}} dx$.

6. $\log|x + \sqrt{x^2 \pm a^2}| + C = \displaystyle\int \dfrac{1}{\sqrt{x^2 \pm a^2}} dx$.

7. $\dfrac{1}{2}\left(x\sqrt{a^2 - x^2} + a^2 \operatorname{Arcsin}\dfrac{x}{a}\right) + C = \displaystyle\int \sqrt{a^2 - x^2} dx$.

8. $\dfrac{1}{2}(x\sqrt{x^2 \pm a^2} \pm a^2 \log|x + \sqrt{x^2 \pm a^2}|) + C = \displaystyle\int \sqrt{x^2 \pm a^2} dx$.

9. $-\cos x + C = \int \sin x dx$.

10. $\sin x + C = \int \cos x dx$.

11. $-\log|\cos x| + C = \int \tan x dx$.

12. $\log|\sin x| + C = \int \cot x dx$.

13. $\tan x + C = \int \sec^2 x dx$.

14. $-\cot x + C = \int \mathrm{cosec}^2 x dx$.

15. $\log|\sec x + \tan x| + C = \int \sec x dx$.

16. $\log\left|\tan\dfrac{x}{2}\right| + C = \displaystyle\int \mathrm{cosec}\, x dx$.

17. $\sinh x + C = \int \cosh x dx$.

18. $e^x + C = \int e^x dx$.

19. $\dfrac{a^x}{\log a} + C = \displaystyle\int a^x dx$.

20. $x\log x - x + C = \int \log x dx$.

変数変換による置換積分は次のように実行される．

定理 15.19 $I = [a, b]$, $J = [\alpha, \beta]$ を $\mathbb{R}$ の区間とする．$f : I \longrightarrow \mathbb{R}$ を連続関数とし，$\varphi : J \longrightarrow I$ を微分可能とする．$\varphi'(t)$ は有界で J 上リーマン積分可能とする．さらに $\varphi(J) \subset I$ かつ $\varphi(\alpha) = a, \varphi(\beta) = b$ とするとき

$$\int_a^b f(x)dx = \int_\alpha^\beta f(\varphi(t))\varphi'(t)dt$$

が成り立つ．

証明 仮定より

$$F(x) = \int_a^x f(t)dt$$

は x について微分可能で任意の $x \in I$ において

$$F'(x) = f(x)$$

である．ゆえに
$$(F \circ \varphi)'(t) = F'(\varphi(t))\varphi'(t) = f(\varphi(t))\varphi'(t).$$
$f(\varphi(t))$ は $t \in J$ について連続だから J 上リーマン積分可能である．さらに $\varphi' \in \mathcal{R}(J)$ ゆえ $f(\varphi(t))\varphi'(t) \in \mathcal{R}(J)$ である．ゆえに定理 15.14 の 1 より
$$\int_\alpha^\beta f(\varphi(t))\varphi'(t)dt = \int_\alpha^\beta (F \circ \varphi)'(t)dt$$
$$= F \circ \varphi(\beta) - F \circ \varphi(\alpha) = F(b) - F(a) = \int_a^b f(x)dx.$$
□

また部分積分は次の定理で保証される．

定理 15.20 $I = [a,b] \subset \mathbb{R}$ とし $f, g, f'g' : I \longrightarrow \mathbb{R}$ を I 上リーマン積分可能とする．このとき
$$\int_a^b g'(x)f(x)\ dx = [g(x)f(x)]_a^b - \int_a^b g(x)f'(x)\ dx$$
が成り立つ．特に
$$\int_a^b f(x)\ dx = [xf(x)]_a^b - \int_a^b xf'(x)\ dx$$
が成り立つ．

証明 仮定より
$$(fg)' = f'g + fg'$$
は I 上リーマン積分可能であるから
$$\int_a^b f'(x)g(x)\ dx + \int_a^b f(x)g'(x)\ dx = \int_a^b (fg)'(x)\ dx = [f(x)g(x)]_a^b$$
である． □

15.3 多重積分

変数が複数あるような高次元区間上の積分を各変数ごとの積分として計算することができるか，またその積分値は積分順序によって違いが生じるか否かが問題となる．このとき，事実上積分順序によらないことを保証するのが次のフビニ (Fubini) の定理である．

定理 15.21 (フビニ (Fubini) の定理) $f : I = [a_1, b_1] \times \cdots \times [a_n, b_n] \longrightarrow \mathbb{R}$ を有界な積分可能関数とする．このとき以下が成り立つ．

1. $I' = [a_1, b_1] \times \cdots \times [a_{n-1}, b_{n-1}]$ とする．いま任意の $x' \in I'$ に対し $f(x', x_n) \in \mathcal{R}([a_n, b_n])$ であれば

$$\int_{a_n}^{b_n} f(x', x_n) dx_n \in \mathcal{R}(I')$$

であって

$$\int_I f(x) dx = \int_{I'} \left(\int_{a_n}^{b_n} f(x', x_n) dx_n \right) dx_1 \ldots dx_{n-1}$$

が成り立つ．

2. 任意の $x_n \in [a_n, b_n]$ に対し $f(x', x_n) \in \mathcal{R}(I')$ であれば

$$\int_{I'} f(x', x_n) dx' \in \mathcal{R}([a_n, b_n])$$

であって

$$\int_I f(x) dx = \int_{a_n}^{b_n} \left(\int_{I'} f(x', x_n) dx' \right) dx_n$$

が成り立つ．

証明 2 も 1 と同様なので 1 のみ示す．任意の I の分割 $\Delta \in \mathcal{D}(I)$ はある I' の分割 $\Delta' \in \mathcal{D}(I')$ および $[a_n, b_n]$ の分割 $\Delta'' \in \mathcal{D}([a_n, b_n])$ によって

$$\Delta = \Delta' \times \Delta''$$

と書ける．各 $I_k \in \Delta$ は従って

$$I_k = J_\ell \times K_m \quad (\exists J_\ell \in \Delta', \; \exists K_m \in \Delta'')$$

と書ける．いま

$$M_k = \sup_{x' \in J_\ell, x_n \in K_m} f(x', x_n), \quad m_k = \inf_{x' \in J_\ell, x_n \in K_m} f(x', x_n)$$

とおくと任意の $x' \in J_\ell$ および $x_n \in K_m$ に対し

$$m_k \leq f(x', x_n) \leq M_k$$

である．これを x_n について K_m 上積分して

$$m_k v(K_m) \leq \int_{K_m} f(x', x_n) dx_n \leq M_k v(K_m) \quad (x' \in J_\ell)$$

を得る．ここで $k = (\ell, m)$ であるので ℓ を固定して m についてこの不等式の和を取ると

$$\sum_m m_{(\ell, m)} v(K_m) \leq \sum_m \int_{K_m} f(x', x_n) dx_n \leq \sum_m M_{(\ell, m)} v(K_m)$$

となる．中間の和は

$$\sum_m \int_{K_m} f(x', x_n) dx_n = \int_{a_n}^{b_n} f(x', x_n) dx_n$$

である．上の不等式で $x' = \xi_\ell \in J_\ell$ とし各辺に $v(J_\ell)$ を掛けて ℓ についての和を取ると

$$\sum_\ell \sum_m m_{(\ell, m)} v(K_m) v(J_\ell) \leq \sum_\ell \int_{a_n}^{b_n} f(\xi_\ell, x_n) dx_n v(J_\ell)$$
$$\leq \sum_\ell \sum_m M_{(\ell, m)} v(K_m) v(J_\ell)$$

となるが $v(K_m) v(J_\ell) = v(K_m \times J_\ell) = v(I_k)$ であったからこれは

$$\sum_k m_k v(I_k) \leq \sum_\ell \int_{a_n}^{b_n} f(\xi_\ell, x_n) dx_n v(J_\ell) \leq \sum_k M_k v(I_k)$$

となる．仮定 $f \in \mathcal{R}(I)$ により左辺および右辺とも $d(\Delta) \to 0$ のとき

$$\int_I f(x)dx$$

に収束するから上の不等式の中間の式も $d(\Delta) \to 0$ のとき同じ極限に収束する．これは

$$\int_{a_n}^{b_n} f(x', x_n)dx_n$$

が $x' \in I'$ についてリーマン積分可能であることおよびその積分の値が

$$\int_I f(x)dx$$

に等しいことを意味する． □

15.4 1次元の広義積分

ここまでは有限区間上でのリーマン積分に限って論じてきた．この節では1次元の積分領域を無限に大きくとった場合にまで積分の定義を拡張する．

定義 15.8 $I = [a,b) \subset \mathbb{R}$ とする．ただし $b = \infty$ でもよいとする．I 上定義された $\mathbb{R}$-値関数 f が

1. 任意の $u \in I$ に対し $f \in \mathcal{R}([a,u])$ である．

2. 極限

$$J = \lim_{u \to b, u < b} \int_a^u f(x)dx \in \mathbb{R}$$

が存在する．

の 2 条件を満たすとき f は $I = [a,b)$ 上広義積分可能であるといいその積分の値を上の J により定義する．すなわち

$$\int_a^b f(x)dx = J$$

と書く．このような有限の $J \in \mathbb{R}$ が存在するときこの広義積分が収束するとも言う．左が開いた区間 $(a,b]$ に対しても同様に定義する．

例 15.4

1.
$$\int_1^\infty \frac{1}{x^2}dx = \lim_{u\to\infty}\left[-\frac{1}{x}\right]_1^u = 1.$$

2.
$$\int_0^1 \frac{1}{\sqrt{1-x^2}}dx = \lim_{u\to 1, u<1}[\text{Arcsin}(x)]_0^u = \frac{\pi}{2}.$$

広義積分が可能となる十分条件として次のようなものがある．

定理 15.22 $I = [a,b) \subset \mathbb{R}$ とする．$f : I \longrightarrow \mathbb{R}$ が任意の $t \in I$ に対し $f \in \mathcal{R}([a,t])$ を満たすとする．このとき以下のいずれかが成り立てば f は I 上広義積分可能である．

1. $b = \infty$ である $\alpha < -1$ に対し次を満たす $C > 0$ が存在する．
$$\forall x \geq a : \ |f(x)| \leq C|x|^\alpha.$$

2. $b \in \mathbb{R}$ である $\beta > -1$ に対し次を満たす $C > 0$ が存在する．
$$\forall x \in [a,b) : \ |f(x)| \leq C|b-x|^\beta.$$

証明 $a > 0$ と仮定してよい．

1. 仮定より
$$\forall x \geq a : \ |f(x)| \leq Cx^\alpha.$$
よって $a < v < u$ かつ $v \to \infty$ のとき $\alpha < -1$ より
$$\left|\int_a^u f(x)dx - \int_a^v f(x)dx\right| \leq \int_v^u |f(x)|dx \leq C\int_v^u x^\alpha dx$$
$$= \frac{C}{\alpha+1}u^{\alpha+1} - \frac{C}{\alpha+1}v^{\alpha+1} \to 0$$

ゆえコーシーの公理より極限
$$\lim_{u\to\infty}\int_a^u f(x)dx$$
が存在する．

2. 仮定より
$$\forall x\in[a,b):\ |f(x)|\leq C(b-x)^\beta.$$
ゆえに $a<v<u<b$ かつ $v\to b$ のとき $\beta>-1$ より
$$\left|\int_a^u f(x)dx-\int_a^v f(x)dx\right|$$
$$\leq \int_v^u |f(x)|dx \leq C\int_v^u (b-x)^\beta dx = C\int_{b-v}^{b-u} x^\beta dx$$
$$= C\left[\frac{1}{\beta+1}x^{\beta+1}\right]_{b-v}^{b-u}$$
$$= \frac{C}{\beta+1}(b-u)^{\beta+1} - \frac{C}{\beta+1}(b-v)^{\beta+1} \to 0.$$
よってコーシーの公理より極限
$$\lim_{u\to b, u<b}\int_a^u f(x)dx$$
が存在する．

□

15.5　一般の集合上の積分

まず積分の定義を一般の有界な閉集合上での積分にまで拡張する．

定義 15.9 A を $\mathbb{R}^n$ の有界集合，$f:A\longrightarrow \mathbb{R}$ を関数とする．このとき $A\subset I$ なる有界閉区間 I をひとつ取って I 上の関数 f^* を
$$f^*(x)=\begin{cases} f(x) & x\in A \\ 0 & x\notin A \end{cases}$$

と定義する．f^* が I 上積分可能であるとき f は A 上積分可能と定義しその積分の値を
$$\int_A f(x)dx = \int_I f^*(x)dx$$
と定義する．f が A 上積分可能なことを $f \in \mathcal{R}(A)$ とも書く．この定義は $A \subset I$ なる有界閉区間 I のとり方によらない．

ここで A を $\mathbb{R}^n$ の有界集合として A の特性関数 $\chi_A : \mathbb{R}^n \longrightarrow \mathbb{R}$ を次のように定義する．
$$\chi_A(x) = \begin{cases} 1 & x \in A \\ 0 & x \notin A \end{cases}$$
このとき次のように領域 A の体積が定義される．

定義 15.10 A を $\mathbb{R}^n$ の有界集合とし，特性関数 χ_A が A 上積分可能なときつまり A を含むある有界閉区間 I 上積分可能なとき A を体積確定あるいはジョルダン可測といいその体積を
$$v(A) = \int_A 1\, dx = \int_I \chi_A(x)dx$$
により定義する．

このとき次の事項を確認しておく．

命題 15.4 A を $\mathbb{R}^n$ の集合とし I を A を含む有界閉区間とする．

1. $f \in \mathcal{R}(A) \Rightarrow f^* \chi_A \in \mathcal{R}(I)$．

2. $f \in \mathcal{R}(A)$, $B \subset A$ かつ B がジョルダン可測ならば f の B への制限 $f|_B$ は B 上積分可能である．

3. $B \subset A$ かつ $f|_B = 0$ とすると
$$f \in \mathcal{R}(A) \iff f \in \mathcal{R}(A - B).$$
このとき
$$\int_A f(x)dx = \int_{A-B} f(x)dx$$
が成り立つ．

証明は難しくないので読者に任せる．同様に以下の二つの命題は有界閉区間に対し成り立つことの一般の集合 A への一般化であり容易に確かめられる．

命題 15.5 A を $\mathbb{R}^n$ の集合とし I を A を含む有界閉区間とする．

1. $\mathcal{R}(A)$ は実ベクトル空間であり積分作用素
$$\mathcal{R}(A) \ni f \mapsto \int_A f(x)dx \in \mathbb{R}$$
は線型である．

2. $f \leq g \implies \int_A f \leq \int_A g$. とくに $B \subset A$ で A, B ともに体積確定ならば $v(B) \leq v(A)$.

3. $c \in \mathbb{R}^n$ のとき $f \in \mathcal{R}(A+c) \implies f \circ T_c \in \mathcal{R}(A)$. ただし $T_c(x) = x+c$ は定理 15.3 で定義されたものと同じである．さらに
$$\int_{A+c} f(x)dx = \int_A f \circ T_c(x)dx.$$
また A が体積確定なら $A+c$ も体積確定で $v(A+c) = v(A)$.

4. $f \in \mathcal{R}(A)$ が有界なら $|f| \in \mathcal{R}(A)$ で
$$\left|\int_A f(x)dx\right| \leq \int_A |f(x)|dx.$$

5. $f, g \in \mathcal{R}(A)$ が有界なら $fg \in \mathcal{R}(A)$.

6. A がジョルダン可測で $m \leq f \leq M$ ならある $\mu \in [m, M]$ に対し $\int_A f(x)dx = \mu v(A)$.

7. f が $\mathbb{R}^n$ 上の有界関数で A がジョルダン可測かつ体積 $v(A) = 0$ ならば $f \in \mathcal{R}(A)$ で
$$\int_A f(x)dx = 0.$$

命題 15.6 $A, B \subset \mathbb{R}^n$ を有界集合で $v(A \cap B) = 0$ なるものとし $f : A \cup B \longrightarrow \mathbb{R}$ を有界関数とする．このとき以下が成り立つ．

1. $f \in \mathcal{R}(A) \cap \mathcal{R}(B)$ ならば $f \in \mathcal{R}(A \cup B)$ であり
$$\int_{A \cup B} f(x)dx = \int_A f(x)dx + \int_B f(x)dx.$$

2. $f \in \mathcal{R}(A \cup B)$ で A, B ともに体積確定ならば $f \in \mathcal{R}(A) \cap \mathcal{R}(B)$ で
$$\int_{A \cup B} f(x)dx = \int_A f(x)dx + \int_B f(x)dx.$$

定理 15.23 $A \subset \mathbb{R}^n$ を有界集合とする．このとき以下が成り立つ．

1. $v(A) = 0$ である必要十分条件は
$$\forall \epsilon > 0, \exists I_1, \ldots, I_k : \text{区間 s.t. } A \subset \bigcup_{i=1}^k I_i \wedge \sum_{i=1}^k v(I_i) < \epsilon.$$

2. A が体積確定である必要十分条件はその境界 ∂A の体積がゼロであることである．

証明

1. $v(A) = 0$ とする．I を A の閉包 $\overline{A}$ を内部 I° に含む区間とし $\Delta \in \mathcal{D}(I)$ を I の分割とする．$v(A) = 0$ より
$$\int_I \chi_A(x)dx = 0$$
だから
$$\lim_{d(\Delta) \to 0} S_\Delta = \lim_{d(\Delta) \to 0} \sum_{I_i \cap A \neq \emptyset} v(I_i) = 0.$$
これより条件が必要であることがわかる．
逆の十分性は仮定 $A \subset \bigcup_{i=1}^k I_i$ より
$$\chi_A(x) \leq \sum_{i=1}^k \chi_{I_i}(x)$$
だから
$$v(A) \leq \sum_{i=1}^k v(I_i) < \epsilon$$
であることからわかる．

2. 必要性：$A \subset I$ なる有界閉区間 I を取り $\Delta \in \mathcal{D}(I)$ とする．χ_A に対し過剰和 S_Δ, 不足和 s_Δ を取ると

$$S_\Delta = \sum_{I_i \cap A \neq \emptyset} v(I_i), \quad s_\Delta = \sum_{I_i \subset A} v(I_i).$$

仮定の A が体積確定であることから $d(\Delta) \to 0$ のとき

$$S_\Delta - s_\Delta \to 0.$$

この分割 $\Delta \in \mathcal{D}(I)$ において A の境界 ∂A と共通部分を持つ小区間 $I_i \in \Delta$ は以下のように場合分けされる．

$[I_i \cap A \neq \emptyset \wedge I_i \cap A^c \neq \emptyset] \vee [I_i \subset A \wedge I_i \cap \partial A \neq \emptyset] \vee [I_i \subset A^c \wedge I_i \cap \partial A \neq \emptyset]$.

しかし最後の二つの場合は分割 $\Delta \in \mathcal{D}(I)$ をうまく取ると起こらないのでそのような Δ のみを考えればよい (定理 15.5 の 5 による). 従って

$$S_\Delta - s_\Delta = \sum_{I_i \cap A \neq \emptyset \wedge I_i \cap A^c \neq \emptyset} v(I_i) = \sum_{I_i \cap \partial A \neq \emptyset} v(I_i)$$

であるから以上と 1 より $v(\partial A) = 0$.

十分性：$v(\partial A) = 0$ とすると 1 より I の任意の分割 $\Delta \in \mathcal{D}(I)$ に対し上と同じ記号 S_Δ, s_Δ に対し

$$0 = \lim_{d(\Delta) \to 0} \sum_{I_i \cap \partial A \neq \emptyset} v(I_i) \geq \lim_{d(\Delta) \to 0} (S_\Delta - s_\Delta)$$

であるから χ_A は積分可能となり従って A は体積確定である．

□

定理 15.24 $A \subset \mathbb{R}^n$ を有界なジョルダン可測集合とする．$f : A \longrightarrow \mathbb{R}$ を有界関数とする．いま

$$E = \{x \mid x \in A,\ f \text{ は点 } x \text{ において不連続である}\}$$

が体積確定であるとする．このとき $v(E) = 0$ であれば $f \in \mathcal{R}(A)$ である．

15.5. 一般の集合上の積分　353

証明　$A \subset I$ なる有界閉区間 $I \subset \mathbb{R}^n$ を取り $\Delta = \{I_i\}_{i \in K(\Delta)} \in \mathcal{D}(I)$ とする．このとき過剰和 S_Δ，不足和 s_Δ について

$$0 \leq S_\Delta - s_\Delta = \sum_{I_i \cap A \neq \emptyset} (M_i - m_i) v(I_i)$$
$$= \sum_{I_i \cap \partial A \neq \emptyset, I_i \cap \overline{E} = \emptyset} (M_i - m_i) v(I_i) + \sum_{I_i \cap \overline{E} \neq \emptyset} (M_i - m_i) v(I_i)$$
$$+ \sum_{I_i \cap \partial A = \emptyset, I_i \cap \overline{E} = \emptyset, I_i \subset A} (M_i - m_i) v(I_i). \quad (15.6)$$

右辺の第1, 2, 3項をそれぞれ $T_1(\Delta), T_2(\Delta), T_3(\Delta)$ とおく．すると仮定より $v(\partial A) = 0$ かつ $v(E) = 0$ 従って $v(\overline{E}) = 0$ であるから

$$\lim_{d(\Delta) \to 0} T_1(\Delta) = \lim_{d(\Delta) \to 0} T_2(\Delta) = 0.$$

そこで与えられた正の数 $\epsilon > 0$ に対し $\Delta_0 \in \mathcal{D}(I)$ を

$$0 \leq T_1(\Delta_0) < \epsilon/4, \quad 0 \leq T_2(\Delta_0) < \epsilon/4 \quad (15.7)$$

と取っておく．そして上の式 (15.6) において $\Delta = \Delta_0$ と取る．いま集合 $D \subset I$ を (15.6) の右辺第3項の条件

$$I_i \cap \partial A = \emptyset, \quad I_i \cap \overline{E} = \emptyset, \quad I_i \subset A$$

を満たす小閉区間 $I_i \in \Delta_0$ の和集合とする．すると D は有界閉集合であり従って $\mathbb{R}^n$ のコンパクト集合である．f は D 上連続であるから一様連続である．すなわち

$$\lim_{\delta \to 0} \sup_{|x-y| < \delta, x,y \in D} |f(x) - f(y)| = 0 \quad (15.8)$$

を満たす．いま分割 $\Delta \in \mathcal{D}(I)$ を

$$d(\Delta) < \delta$$

と取り $\widetilde{\Delta} = \Delta \cup \Delta_0$ とおく．すると $\Delta_0 \leq \widetilde{\Delta}, \Delta \leq \widetilde{\Delta}$ となり

$$0 \leq S_\Delta - s_\Delta = \{(S_\Delta - s_\Delta) - (S_{\widetilde{\Delta}} - s_{\widetilde{\Delta}})\} + (S_{\widetilde{\Delta}} - s_{\widetilde{\Delta}}) \quad (15.9)$$

と分解されるがこの第一項はダルブーの定理 15.4 と同様にして $d(\Delta)$ を十分小に取れば

$$0 \leq (S_\Delta - s_\Delta) - (S_{\widetilde{\Delta}} - s_{\widetilde{\Delta}}) < \epsilon/4 \qquad (15.10)$$

と押さえられる．上の等式 (15.6) において $S_\Delta - s_\Delta$ は分割 Δ についての細分の順序関係に関し単調減少である．ゆえに (15.6) の左辺の Δ を $\widetilde{\Delta}$ に置き換え等号を不等号 $\leq$ に置き換えても右辺は同じ Δ_0 のままで成り立つ．ただし左辺の $S_{\widetilde{\Delta}} - s_{\widetilde{\Delta}}$ においては実際に細分が行われているのだから右辺の第 3 項 $T_3(\Delta_0)$ の和は細分 $\widetilde{\Delta}$ に応じたものに取り替えて (15.6) が成り立つ．すなわち

$$0 \leq S_{\widetilde{\Delta}} - s_{\widetilde{\Delta}}$$
$$\leq T_1(\Delta_0) + T_2(\Delta_0) + \sum_{\widetilde{I}_i \in \widetilde{\Delta}, \widetilde{I}_i \subset D, \widetilde{I}_i \cap \partial A = \emptyset, \widetilde{I}_i \cap \overline{E} = \emptyset, \widetilde{I}_i \subset A} (\widetilde{M_i} - \widetilde{m}_i) v(\widetilde{I}_i).$$

この第 3 項は小区間 $\widetilde{I}_i \in \widetilde{\Delta}$ の幅が小さくなれば (15.8) により $\widetilde{M_i} - \widetilde{m}_i$ はいくらでも小さくなるから $d(\widetilde{\Delta})$ が十分小の時

$$\text{第 3 項} < \epsilon/4$$

である．よって (15.7), (15.9) と (15.10) より $d(\Delta) \to 0$ のとき

$$S_\Delta - s_\Delta \to 0$$

が言える． □

定理 15.25 A を $\mathbb{R}^n$ の有界な体積確定の部分集合，$f_n : A \longrightarrow \mathbb{R}$ を A 上積分可能な関数列で $n \to \infty$ のとき A において関数 $f : A \longrightarrow \mathbb{R}$ に一様収束するものとする．このとき

$$\lim_{n \to \infty} \int_A f_n(x) dx = \int_A f(x) dx = \int_A \lim_{n \to \infty} f_n(x) dx$$

が成り立つ．

証明 f_n は A 上 f に一様収束するから
$$\sup_{x \in A} |f_n(x) - f(x)| \to 0 \quad (\text{as } n \to \infty).$$
ゆえに
$$\left| \int_A (f_n(x) - f(x))dx \right| \le \int_A |f_n(x) - f(x)|dx \le \sup_{x \in A} |f_n(x) - f(x)| v(A) \to 0.$$
□

定義 15.11

1. Ω を $\mathbb{R}^n$ の集合とするとき $\mathbb{R}^n$ の集合の列 $\{K_m\}_{m=1}^\infty$ が Ω のコンパクト近似列あるいは単に近似列であるとは以下の3条件が成り立つこととする.

    (a) K_m は有界で体積確定な Ω のコンパクト集合である (すなわち $\mathbb{R}^n$ のあるコンパクト集合 L_m に対し $K_m = \Omega \cap L_m$ と書ける).

    (b) K_m は増加列である. すなわち $K_1 \subset K_2 \subset K_3 \subset \dots$.

    (c) 任意の Ω のコンパクト集合 K に対し, ある番号 $m \ge 1$ が存在して $K \subset K_m$ である.

    このとき明らかに $\Omega = \bigcup_{m=1}^\infty K_m$ が成り立つ.

2. Ω を $\mathbb{R}^n$ の集合, $f : \Omega \longrightarrow \mathbb{R}$ を関数とする. $\{K_m\}_{m=1}^\infty$ を Ω の任意の近似列とする. $f \in \mathcal{R}(K_m)$ ($\forall m \ge 1$) かつ極限
$$\lim_{m \to \infty} \int_{K_m} f(x)dx$$
が存在して近似列 $\{K_m\}$ の取り方によらないとき f は Ω 上広義積分可能という. そして近似列の取り方によらないこの極限の値を f の Ω 上の積分といい
$$\int_\Omega f(x)dx = \lim_{m \to \infty} \int_{K_m} f(x)dx$$
と書く.

3. Ω の任意の近似列 K_m に対し $f \in \mathcal{R}(K_m)$ で f の絶対値関数 $|f|$ が Ω で広義積分可能の時 f の広義積分は Ω で絶対収束するという．

問 15.4 f の広義積分が Ω で絶対収束するとき f は Ω で広義積分可能なことを示せ．

定理 15.19 で一変数の場合の変数変換公式を示したが一般の n 次元の場合は以下の公式が成り立つ．

定理 15.26 G を $\mathbb{R}^n$ の有界な体積確定集合とする．$\varphi = (\varphi_1, \ldots, \varphi_n)$ を G の閉包 $\overline{G}$ を含む $\mathbb{R}^n$ の開集合 U から $\mathbb{R}^n$ への C^1-級の 1 対 1 写像で φ の $u \in U$ におけるヤコビ行列式 (Jacobian) $J(u) = J_\varphi(u)$ が

$$J(u) := \det D\varphi(u) = \frac{\partial(\varphi_1, \ldots, \varphi_n)}{\partial(u_1, \ldots, u_n)}(u) \neq 0 \quad (\forall u \in U)$$

を満たすものとする．このとき以下が成り立つ．

1. $E = \varphi(G)$ は $\mathbb{R}^n$ の体積確定な有界集合である．

2. $f : \overline{E} \longrightarrow \mathbb{R}$ を連続関数とするとき以下が成り立つ．

$$\int_E f(x) dx = \int_G f(\varphi(u)) |J(u)| du.$$

ただし $|J(u)|$ は行列式 $J(u) \in \mathbb{R}$ の絶対値である．

証明 φ は連続写像だからコンパクト集合 $\overline{G}$ をコンパクト集合 $\varphi(\overline{G}) \supset \varphi(G) = E$ に写す．特に E は有界である．以下 $\overline{G} \subset U_0$, $\overline{U_0} \subset U$ なる有界開集合 U_0 をひとつ取り固定する．

1. E が体積確定なことを言う．$V_0 = \varphi(U_0)$ とおくと逆関数定理 14.9 により V_0 は開集合である．また $\varphi^{-1} : V_0 \longrightarrow U_0$ は C^1-級である．したがって $\varphi : U_0 \longrightarrow V_0$ は C^1-同相写像である．すなわち位相構造を保存する位相同型写像である．ゆえに

$$\varphi(G^\circ) = E^\circ, \quad \varphi(U_0 - \overline{G}) = V_0 - \overline{E}, \quad \varphi(\partial G) = \partial E$$

である．したがって E が体積確定であることを言うには $v(\partial E) = v(\varphi(\partial G)) = 0$ を示せばよい．仮定より G は体積確定であるから $v(\partial G) = 0$ である．$\overline{G} \subset I^\circ$ なる有界閉区間 I をひとつ取りその分割 $\Delta \in \mathcal{D}(I)$ を考える．$d(\Delta)$ が十分小なら U_0 の取り方より

$$\forall i \in K(\Delta) \ [\ \overline{G} \cap I_i \neq \emptyset \Longrightarrow I_i \subset U_0\ ] \tag{15.11}$$

である．いま $i \in K(\Delta)$ に対し $I_i = [a_1^i, b_1^i] \times \cdots \times [a_n^i, b_n^i]$ と書いて

$$d = \min_{i \in K(\Delta), 1 \leq j \leq n} |b_j^i - a_j^i| > 0$$

とおく．したがって $v(I_i) \geq d^n$ である．以降

$$\max_{i \in K(\Delta), 1 \leq j \leq n} |b_j^i - a_j^i| < 2d \tag{15.12}$$

なる分割 Δ のみを考える．つまり分割の各小区間 I_i がある方向につぶれていない，n 次元立方体に近い分割 $\Delta \in \mathcal{D}(I)$ を考えるのである．$v(\partial G) = 0$ ゆえ

$$\forall \epsilon > 0, \exists \delta > 0, \forall \Delta \in \mathcal{D}(I)\ :\ \left[d(\Delta) < \delta \Longrightarrow \sum_{I_i \cap \partial G \neq \emptyset} v(I_i) < \epsilon \right].$$

いまこのような分割 Δ をひとつ固定し ∂G と共通部分を持つ $I_i \in \Delta$ の全体を

$$\{I_1, I_2, \ldots, I_k\} = \{I_i \in \Delta \mid I_i \cap \partial G \neq \emptyset\}$$

とおく．このとき (15.11) より $I_i \subset U_0$ $(i = 1, 2, \ldots, k)$ かつ

$$\partial G \subset \bigcup_{I_i \cap \partial G \neq \emptyset} I_i = \bigcup_{i=1}^k I_i$$

である．φ は $\overline{U_0}$ 上 C^1 ゆえ $L = \sup_{u \in \overline{U_0}} |D\varphi(u)|$ とおくとき $i = 1, 2, \ldots, k$ に対し

$$u, v \in I_i \Longrightarrow |\varphi(u) - \varphi(v)| \leq L|u - v| \leq L d(\Delta).$$

したがって $\xi_i \in I_i$ $(i = 1, 2, \ldots, k)$ を任意に固定するとき中心 $\varphi(\xi_i)$, 一辺の長さが $2Ld(\Delta)$ の n 次元立方体を B_i とすると

$$u \in I_i \Longrightarrow |\varphi(u) - \varphi(\xi_i)| \leq L|u - \xi_i| \leq Ld(\Delta) \Longrightarrow \varphi(u) \in B_i.$$

よって

$$\varphi(\partial G) \subset \bigcup_{I_i \cap \partial G \neq \emptyset} \varphi(I_i) = \bigcup_{i=1}^{k} \varphi(I_i) \subset \bigcup_{i=1}^{k} B_i.$$

このとき上述の条件 (15.12) より $d(\Delta) \leq 2\sqrt{n}d$ であるから $v(I_i) \geq d^n$ と合わせて

$$\sum_{i=1}^{k} v(B_i) = \sum_{i=1}^{k} (2Ld(\Delta))^n \leq 4^n L^n n^{n/2} \sum_{i=1}^{k} d^n$$

$$\leq 4^n L^n n^{n/2} \sum_{i=1}^{k} v(I_i) = 4^n L^n n^{n/2} \sum_{I_i \cap \partial G \neq \emptyset} v(I_i)$$

$$< 4^n L^n n^{n/2} \epsilon.$$

ゆえに $v(\partial E) = v(\varphi(\partial G)) = 0$ が言え, E が体積確定であることが言えた.

2. I を $\overline{G}$ をその内部 I° に含む n 次元立方体とする. $\Delta \in \mathcal{D}(I)$ を一辺の長さが $\ell > 0$ の小立方体 I_i $(i \in K(\Delta))$ への I の分割とする. したがって $v(I_i) = \ell^n$ である. 以下関数 f は $\varphi(G) = E$ の外では値 0 を取るように拡張されているとする. すると

$$\int_G f(\varphi(u))|J(u)|du = \sum_{I_i \cap G \neq \emptyset} \int_{I_i} f \circ \varphi(u)|J(u)|du$$

$$= \sum_{I_i \subset G^\circ} \int_{I_i} f \circ \varphi(u)|J(u)|du$$

$$+ \sum_{I_i \cap \partial G \neq \emptyset} \int_{I_i} f \circ \varphi(u)|J(u)|du$$

であるが最後の項は G が体積確定であるため $v(\partial G) = 0$ だから $d(\Delta) \to 0$ のとき 0 に収束する. 第 1 項は任意の固定された $\eta_i \in I_i$

$(i \in K(\Delta))$ に対し以下に等しい．

$$\sum_{I_i \subset G^\circ} \int_{I_i} f \circ \varphi(u) |J(u)| du$$

$$= \sum_{I_i \subset G^\circ} \int_{I_i} \{f(\varphi(u))|J(u)| - f(\varphi(\eta_i))|J(\eta_i)|\} du$$

$$+ \sum_{I_i \subset G^\circ} f(\varphi(\eta_i)) \left\{ \int_{I_i} |J(\eta_i)| du - \int_{\varphi(I_i)} 1\, dx \right\} \quad (15.13)$$

$$+ \sum_{I_i \subset G^\circ} \int_{\varphi(I_i)} \{f(\varphi(\eta_i)) - f(x)\} dx$$

$$+ \sum_{I_i \subset G^\circ} \int_{\varphi(I_i)} f(x) dx.$$

$f(\varphi(u))|J(u)|$ はコンパクト集合 $\overline{G}$ 上連続ゆえ一様連続であるから $d(\Delta) \to 0$ のとき右辺第一項は 0 に収束する．1 の証明中のことから $d(\Delta) \to 0$ のとき $d(\varphi(I_i))$ も $i \in K(\Delta)$ について一様に 0 に収束する．ゆえに f の $\overline{E}$ 上の一様連続性と

$$\left| \sum_{I_i \subset G^\circ} \int_{\varphi(I_i)} 1 dx \right| = \left| \int_{\varphi(\bigcup_{I_i \subset G^\circ} I_i)} 1 dx \right| \le v(\varphi(G)) = v(E) < \infty$$

から第三項も $d(\Delta) \to 0$ のとき 0 に収束する．第四項は次に等しい．

$$\sum_{I_i \subset G^\circ} \int_{\varphi(I_i)} f(x) dx = \int_E f(x) dx - \sum_{\varphi(I_i) \cap \partial E \neq \emptyset} \int_{\varphi(I_i)} f(x) dx.$$

1 より E は体積確定であるからこれの右辺第二項は $d(\Delta) \to 0$ のとき 0 に収束する．よって上の式の右辺第二項 (15.13) が $d(\Delta) \to 0$ のとき 0 に収束することを見ればよい．この第二項は

$$\sum_{I_i \subset G^\circ} f(\varphi(\eta_i))\{|J(\eta_i)|v(I_i) - v(\varphi(I_i))\}$$

に等しい．したがって

$$\forall \epsilon > 0, \exists \delta > 0 [d(\Delta) < \delta \Longrightarrow |v(\varphi(I_i)) - |J(\eta_i)|v(I_i)| < \epsilon v(I_i)] \quad (15.14)$$

が言えれば定理が言える.ここで $D\varphi(\eta_i)$ は正則行列であるから三種の基本変形行列 $F_1(i,j)$, $F_2(i;c)$, $F_3(i,j;d)$(第 2.3 節参照) のいくつかの積の形に書ける.直接の計算から容易にわかるようにこれら三種の行列の積による線型変換 T に対しては任意の体積確定集合 A について

$$v(TA) = |\det T|v(A)$$

が成り立つ.したがって上の場合

$$|J(\eta_i)|v(I_i) = v(D\varphi(\eta_i)I_i)$$

が成り立つ.

$\varphi : U \longrightarrow \mathbb{R}^n$ が連続的微分可能という仮定から $k=0$ の場合の問 14.10 に $k=1$ の場合の定理 14.7 の論法を用いて

$$\varphi(u) - \varphi(\eta) = D\varphi(\eta)(u-\eta) + o(|u-\eta|), \quad u, \eta \in I_i$$

が言える.ただし

$$\frac{|o(|u-\eta|)|}{|u-\eta|} \leq \rho \to 0 \text{ as } |u-\eta| \to 0 \quad (\text{一様 in } u, \eta \in U_0). \quad (15.15)$$

$D\varphi(\eta)$ ($\eta \in U_0$) は正則ゆえ $u \in U_0$ に対し

$$u - \eta = D\varphi(\eta)^{-1}(\varphi(u) - \varphi(\eta)) + D\varphi(\eta)^{-1}o(|u-\eta|). \quad (15.16)$$

いま

$$M = \sup_{\eta \in U_0} |D\varphi(\eta)^{-1}|$$

とおき

$$I_i = [a_1^i, b_1^i] \times \cdots \times [a_n^i, b_n^i], \quad \eta_i = (\eta_1^i, \ldots, \eta_n^i) \in I_i$$

と書く.そして

$$\begin{aligned}\widetilde{I_i} &= [a_1^i - \eta_1^i - M\sqrt{n}\ell\rho, b_1^i - \eta_1^i + M\sqrt{n}\ell\rho] \times \ldots \\ &\quad \cdots \times [a_n^i - \eta_n^i - M\sqrt{n}\ell\rho, b_n^i - \eta_n^i + M\sqrt{n}\ell\rho]\end{aligned}$$

15.5. 一般の集合上の積分

および

$$\widehat{I}_i = [a_1^i - \eta_1^i + M\sqrt{n}\ell\rho, b_1^i - \eta_1^i - M\sqrt{n}\ell\rho] \times \ldots$$
$$\cdots \times [a_n^i - \eta_n^i + M\sqrt{n}\ell\rho, b_n^i - \eta_n^i - M\sqrt{n}\ell\rho]$$

とおく．すなわち $\widetilde{I}_i$ は区間 $I_i - \eta_i$ の各辺の幅を $2M\sqrt{n}\ell\rho$ だけ大きくした区間，$\widehat{I}_i$ は $I_i - \eta_i$ の各辺の幅を $2M\sqrt{n}\ell\rho$ だけ小さくした区間とする．すると上の評価 (15.15), (15.16) より

$$u \in I_i \Longrightarrow D\varphi(\eta_i)^{-1}(\varphi(u) - \varphi(\eta_i)) \in \widetilde{I}_i$$

であるから

$$\varphi(I_i) - \varphi(\eta_i) \subset D\varphi(\eta_i)\widetilde{I}_i.$$

またやはり (15.16) より

$$u \in \widehat{I}_i \Longrightarrow D\varphi(\eta_i)u \in \varphi(I_i) - \varphi(\eta_i)$$

だから

$$D\varphi(\eta_i)\widehat{I}_i \subset \varphi(I_i) - \varphi(\eta_i).$$

仮定より I_i の各辺の長さは $\ell > 0$ でありまた $d(\Delta) > 0$ が十分小の時を考えればよいから (15.15) より $\rho > 0$ も十分小としてよい．よって $2M\sqrt{n}\rho < 1$ と仮定してよいから

$$|v(\varphi(I_i)) - v(D\varphi(\eta_i)I_i)|$$
$$= |v(\varphi(I_i) - \varphi(\eta_i)) - v(D\varphi(\eta_i)(I_i - \eta_i))|$$
$$\leq \max\{|v(D\varphi(\eta_i)\widetilde{I}_i) - v(D\varphi(\eta_i)(I_i - \eta_i))|,$$
$$|v(D\varphi(\eta_i)\widehat{I}_i) - v(D\varphi(\eta_i)(I_i - \eta_i))|\}$$
$$= |J(\eta_i)|\max\{|v(\widetilde{I}_i) - v(I_i)|, |v(I_i) - v(\widehat{I}_i)|\}$$
$$= |J(\eta_i)|\max\{((1 + 2M\sqrt{n}\rho)^n - 1)\ell^n, (1 - (1 - 2M\sqrt{n}\rho)^n)\ell^n\}$$
$$\leq \sup_{\eta \in U_0}|J(\eta)|\,(2M\sqrt{n})(2^n - 1)\rho\ell^n.$$

これと $v(I_i) = \ell^n$ より正定数 $C > 0$ に対し

$$|v(\varphi(I_i)) - |J(\eta_i)|v(I_i)| = |v(\varphi(I_i)) - v(D\varphi(\eta_i)I_i)| \leq C\rho v(I_i)$$

でかつ上の ρ の性質 (15.15) より

$$\rho \to 0 \text{ as } d(\Delta) \to 0$$

であるから (15.14) の評価が示された.

□

以下のガウス積分の値は後に必要となる.

命題 15.7

$$\int_0^\infty e^{-t^2}\, dt = \frac{\sqrt{\pi}}{2}.$$

証明 $\mathbb{R}^2$ 上の関数 $e^{-|x|^2} : \mathbb{R}^2 \longrightarrow \mathbb{R}$ について，フビニの定理より

$$\int_{[0,a]\times[0,a]} e^{-|x|^2}\, dx = \int_0^a e^{-t^2}\, dt \int_0^a e^{-u^2}\, du.$$

$e^{-t^2} < 1/(1+t^2)$ より $e^{-t^2} : \mathbb{R} \longrightarrow \mathbb{R}$ は広義積分可能で，$a \to \infty$ で上の値は次のよう表される．

$$\lim_{a\to\infty} \int_{[0,a]\times[0,a]} e^{-|x|^2}\, dx = \left(\int_0^\infty e^{-t^2}\, dt\right)^2.$$

これから $e^{-|x|^2} : \mathbb{R}^2 \to \mathbb{R}$ は絶対収束することも分かるから，近似列の選び方によらずに広義積分ができる．したがって原点を中心とする半径 R の扇型 $B_R = \{x = (t,u) \mid |x| \leq R,\ t \geq 0,\ u \geq 0\}$ について，極座標に変数変換することにより

$$\left(\int_0^\infty e^{-t^2}dt\right)^2 = \lim_{R\to\infty}\int_{B_R} e^{-|x|^2}dx = \lim_{R\to\infty}\int_0^{\pi/2}\int_0^R e^{-r^2} r\, dr\, d\theta$$

$$= \frac{1}{2}\lim_{R\to\infty}\left(1 - e^{-R^2}\right)\int_0^{\pi/2} d\theta = \frac{\pi}{4}.$$

ここでヤコビ行列式が $J(x) = r$ となることを用いた．

□

15.5. 一般の集合上の積分

この節の最後にここまで学んだことの応用として以下のような問題を考える．これは後章で関数解析学的手法で関数を扱う場合の基本的な事実である．いま $\mathbb{R}^n$ 上定義された関数

$$\varphi(x) = \begin{cases} \exp\left(\frac{1}{|x|^2-1}\right) & (|x| < 1), \\ 0 & (|x| \geq 1) \end{cases} \tag{15.17}$$

を考えるとこれは C^∞-級でありその台は単位球 $\{x \mid |x| \leq 1\}$ に等しい．いま

$$\alpha = \int_{\mathbb{R}^n} \varphi(x)dx \ \ (>0)$$

とおき $\psi(x) = \alpha^{-1}\varphi(x)$ とおくと

$$\int_{\mathbb{R}^n} \psi(x)dx = 1$$

である．任意の $\epsilon > 0$ に対し

$$\psi_\epsilon(x) = \epsilon^{-n}\psi(x/\epsilon)$$

とおくとやはり

$$\int_{\mathbb{R}^n} \psi_\epsilon(x)dx = 1$$

が成り立つ．任意の有界な体積確定集合 A をとりその特性関数を

$$\chi_A(x) = \begin{cases} 1 & (x \in A), \\ 0 & (x \notin A) \end{cases}$$

とおく．このとき畳み込み (convolution) を

$$(\chi_A * \psi_\epsilon)(x) = \int_{\mathbb{R}^n} \chi_A(x-y)\psi_\epsilon(y)dy$$

と定義すると以下が成り立つ．

問 15.5 畳み込みは

$$(\chi_A * \psi_\epsilon)(x) = \int_{\mathbb{R}^n} \chi_A(y)\psi_\epsilon(x-y)dy$$

に等しく $x \in \mathbb{R}^n$ について C^∞-級であり

$$\mathrm{supp}\,(\chi_A * \psi_\epsilon) \subset \{x \mid \mathrm{dist}(x, \mathrm{supp}\,\chi_A) \leq 2\epsilon\}$$

が成り立つ．さらに A 内の点 x で $\mathrm{dist}(x, A^c) \geq \epsilon$ なる点においては

$$(\chi_A * \psi_\epsilon)(x) = 1$$

が成り立つ．ただし集合 $A \subset \mathbb{R}^n$ に対し $\mathrm{dist}(x, A) = \inf_{a \in A} d(x, a)$ である．

この結果より $\mathbb{R}^n$ の任意の開集合 G 内にサポートを持つ自明でない (すなわち恒等的に 0 でない) $C_0^\infty(G)$-関数が作れることがわかる．この事実は例 14.4 で触れた変分学の基本補題の基礎となるものである．

15.6　線積分

ここでは連続な曲線の長さについて考察する．

定義 15.12 $I = [a, b]$ を $\mathbb{R}$ の有界閉区間とする．連続関数 $f : I \longrightarrow \mathbb{R}^n$ を $\mathbb{R}^n$ における連続曲線と呼ぶ．二つの連続曲線 $f : I \longrightarrow \mathbb{R}^n$, $g : J \longrightarrow \mathbb{R}^n$ に対しこれらが同値 ($f \sim g$) であるとは I から J への狭義単調増加な連続関数 φ が存在して $f = g \circ \varphi$ が成り立つ時を言う．

連続曲線は折れ線で近似される．

定義 15.13 $f : I = [a, b] \longrightarrow \mathbb{R}^n$ を連続曲線とする．I の分割 $\Delta : a = t_0 < t_1 < \cdots < t_m = b$ に対し点 $f(t_0), f(t_1), \ldots, f(t_m)$ を線分で順につないで得られる曲線を f の近似折線という．この近似折線の長さ $\ell(\Delta)$ を

$$\ell(\Delta) = \sum_{i=1}^{m} |f(t_i) - f(t_{i-1})|$$

と定義し，もとの曲線 f の長さ ℓ を

$$\ell = \sup_{\Delta \in \mathcal{D}(I)} \ell(\Delta)$$

と定義する．この ℓ が有限の時この曲線は長さが有限である (rectifiable curve) と呼ぶ．このとき同値な曲線は長さが同じである．

一般には連続曲線で長さが無限のものがある．たとえばコッホ曲線 [89] やペアノ曲線 [101] がそうである．

明らかに

命題 15.8 $\Delta \leq \Delta'$ ならば $\ell(\Delta) \leq \ell(\Delta')$.

連続曲線の長さが有限であれば折れ線の長さは曲線の長さをその極限で与える．

命題 15.9 $\ell < \infty$ のとき

$$\ell = \lim_{d(\Delta) \to 0} \ell(\Delta).$$

証明 ダルブーの定理 15.4 と同様であるが念のため証明を与える．

任意の $\epsilon > 0$ を固定する．この $\epsilon > 0$ に対し分割 $\Delta_0 \in \mathcal{D}(I)$ を

$$0 \leq \ell - \ell(\Delta_0) < \epsilon/2$$

と取れる．任意の分割 $\Delta \in \mathcal{D}(I)$ に対し $\Delta' = \Delta \cup \Delta_0$ とすると

$$\Delta_0 \leq \Delta', \quad \Delta \leq \Delta'.$$

ゆえに命題 15.8 より

$$0 \leq \ell(\Delta') - \ell(\Delta), \quad 0 \leq \ell(\Delta') - \ell(\Delta_0).$$

a を Δ_0 の小区間の長さの最小値とし $d(\Delta) < a$ なるもののみ考えればよい．このとき Δ の各小区間は Δ_0 の分割点を高々ひとつしか含まない．

いま I の内部の Δ_0 の分割点の総数を k 個とする．I はコンパクトで f は I 上連続だから一様連続である．従って最初に与えられた $\epsilon > 0$ に対しある $\delta > 0$ があって

$$|t - s| < \delta \implies |f(t) - f(s)| < \frac{\epsilon}{6k}.$$

$\Delta \in \mathcal{D}(I)$ を $d(\Delta) < \min\{a, \delta\}$ と取ると Δ' の分割点であって Δ の分割点でないものは上述の「Δ の各小区間は Δ_0 の分割点を高々ひとつしか含ま

ない」ことより高々 k 個である．よってそれら k 個の分割点を含む各小区間における Δ' と Δ による線分の長さの差を三角不等式で評価することより

$$0 \leq \ell(\Delta') - \ell(\Delta) \leq k\frac{3\epsilon}{6k} = \frac{\epsilon}{2}.$$

よって $d(\Delta) < \min\{a, \delta\}$ のとき

$$0 \leq \ell - \ell(\Delta) = (\ell - \ell(\Delta_0)) - (\ell(\Delta') - \ell(\Delta_0)) + (\ell(\Delta') - \ell(\Delta))$$
$$\leq (\ell - \ell(\Delta_0)) + (\ell(\Delta') - \ell(\Delta)) < \epsilon/2 + \epsilon/2 = \epsilon.$$

□

定理 15.27 C^1-級の曲線 $f : I = [a, b] \longrightarrow \mathbb{R}^n$ を考える．このとき曲線の長さ ℓ は有限で

$$\ell = \int_a^b |f'(t)| dt$$

で与えられる．

証明 f は $I = [a, b]$ 上 C^1 であるから任意の $t, s \in [a, b]$ に対し

$$|f(t) - f(s)| \leq M|t - s| \quad (M = \sup_{t \in I} |f'(t)| < \infty).$$

よって任意の I の分割 $\Delta : a = t_0 < t_1 < \cdots < t_m = b$ に対し

$$\ell(\Delta) = \sum_{i=1}^m |f(t_i) - f(t_{i-1})| \leq M(b - a) < \infty.$$

ゆえにこの曲線は長さが有限である．

次に長さを与える式を考える．I の任意の分割 $\Delta : a = t_0 < t_1 < \cdots < t_m = b$ に対し各折れ線の長さは

$$|f(t_i) - f(t_{i-1})| = \left| \int_0^1 \frac{d}{d\theta}(f(t_{i-1} + \theta(t_i - t_{i-1}))) d\theta \right|$$
$$= \left| \int_0^1 f'(t_{i-1} + \theta(t_i - t_{i-1})) d\theta \right| (t_i - t_{i-1}).$$

ただし $f'(t) = (f_1'(t), \ldots, f_n'(t)) \in \mathbb{R}^n$ $(a \leq t \leq b)$. ゆえに

$$\left| \ell(\Delta) - \int_a^b |f'(t)| dt \right|$$
$$= \left| \sum_{i=1}^m \left\{ \left| \int_0^1 f'(t_{i-1} + \theta(t_i - t_{i-1})) d\theta \right| (t_i - t_{i-1}) - \int_{t_{i-1}}^{t_i} |f'(t)| dt \right\} \right|.$$

右辺の和の中の各項は

$$\int_{t_{i-1}}^{t_i} \left\{ \left| \int_0^1 f'(t_{i-1} + \theta(t_i - t_{i-1})) d\theta \right| - |f'(t)| \right\} dt$$

に等しい．よって三角不等式により

$$\left| \ell(\Delta) - \int_a^b |f'(t)| dt \right|$$
$$\leq \left| \sum_{i=1}^m \int_{t_{i-1}}^{t_i} \left| \int_0^1 f'(t_{i-1} + \theta(t_i - t_{i-1})) d\theta - f'(t) \right| dt \right|$$
$$= \left| \sum_{i=1}^m \int_{t_{i-1}}^{t_i} \left| \int_0^1 \{f'(t_{i-1} + \theta(t_i - t_{i-1})) - f'(t)\} d\theta \right| dt \right|$$
$$\leq \sum_{i=1}^m \int_{t_{i-1}}^{t_i} \int_0^1 |f'(t_{i-1} + \theta(t_i - t_{i-1})) - f'(t)| d\theta dt$$
$$\leq \sum_{i=1}^m \sup_{t,s \in [t_{i-1}, t_i]} |f'(t) - f'(s)| (t_i - t_{i-1})$$
$$\leq (b-a) \sup_{1 \leq i \leq m} \sup_{t,s \in [t_{i-1}, t_i]} |f'(t) - f'(s)|.$$

$f \in C^1([a,b])$ なので右辺は $d(\Delta) = \max_{1 \leq i \leq m} |t_i - t_{i-1}| \to 0$ のとき 0 に収束する． □

系 15.1 1) $f : I = [a, b] \longrightarrow \mathbb{R}^n$ が C^1-級なら f のグラフ

$$\Gamma = \{(t, f(t)) \in \mathbb{R}^{n+1} \mid t \in I\}$$

の長さ ℓ は

$$\ell = \int_a^b \sqrt{1 + |f'(t)|^2} dt$$

で与えられる．

2) $\mathbb{R}^2$ 上の極座標表示

$$r = f(\theta) \quad (\alpha \leq \theta \leq \beta)$$

で与えられた曲線の長さ ℓ は

$$\ell = \int_\alpha^\beta \sqrt{f(\theta)^2 + f'(\theta)^2} d\theta$$

で与えられる．

証明　1) $\mathbb{R}^{n+1}$ に値を持つ C^1 曲線 $g(t) = (t, f(t))$ の長さを求めればよいのだから $g'(t) = (1, f'(t))$ と上の定理より明らかである．

2) 極座標表示 (r, θ) と直角座標表示 (x, y) との関係は

$$\begin{cases} x = r\cos\theta \\ y = r\sin\theta \end{cases}$$

である．与えられた曲線は従って

$$\begin{cases} x = f(\theta)\cos\theta \\ y = f(\theta)\sin\theta \end{cases}$$

となる．よってその長さ ℓ は

$$\begin{aligned}
\ell &= \int_\alpha^\beta |(x'(\theta), y'(\theta))| d\theta \\
&= \int_\alpha^\beta \sqrt{|x'(\theta)|^2 + |y'(\theta))|^2} d\theta = \int_\alpha^\beta \sqrt{|f(\theta)|^2 + |f'(\theta))|^2} d\theta
\end{aligned}$$

で与えられる． □

この系の応用として以下で定義される円周を考えよう．$\mathbb{R}^2$ における単位円周は

$$r = 1$$

15.6. 線積分

で定義される．従ってその $\alpha \in \mathbb{R}$ から $\beta \in \mathbb{R}$ までの長さは系 15.1 の 2) により

$$\ell(\alpha, \beta) = \int_\alpha^\beta 1 \, d\theta = \beta - \alpha$$

で与えられる．この曲線は直交座標で書けば

$$\begin{cases} x = \cos\theta \\ y = \sin\theta \end{cases}$$

であるから $\alpha = 0$ は関数 $\cos\theta$ および $\sin\theta$ の定義式 (問 13.5)

$$\cos\theta = \sum_{n=0}^\infty \frac{(-1)^n}{(2n)!}\theta^{2n}, \quad \sin\theta = \sum_{n=0}^\infty \frac{(-1)^n}{(2n+1)!}\theta^{2n+1}$$

より $x=1, y=0$ に対応する．π が $\cos(\theta/2)=0$ なる最小の正の数 θ として定義されていたことから $\cos(\pi/2)=0, \sin(\pi/2)=1$ が得られこれらより加法定理により $\cos\pi = -1, \sin\pi = 0, \cos(2\pi)=1, \sin(2\pi)=0$ などが得られ 2π がこれら三角関数の周期であることがわかる．従って円周は $0 \le \theta \le 2\pi$ で一周し閉じた曲線となる．その長さは上の式より

$$\ell(0, 2\pi) = 2\pi$$

となる．これは今解析的に定義した半径 1 の単位円周という曲線の一周の長さがふつう言われている円周率 π から得られる 2π に一致することを示している．従ってここにいたって初めて円周率の幾何学的意味が集合論から構成した実数のみを基礎におく解析学的な立場から説明されたのである．

第16章 ルベーグ積分

本章ではルベーグ (Lebesgue) 積分を考察する．はじめにリーマン積分が前提にしていた有限加法性を可算加法性にまで拡張し，σ-代数をともなう可測空間を定義する．さらに体積概念の一般化に相当する測度を導入し，積分の舞台となる測度空間を定義する．その後測度空間における積分を定義し，$\mathbb{R}^n$ 上の実数値関数のルベーグ積分を概観する．リーマン積分にはなかった極限の順序交換に関する性質として積分列に関するいくつかの収束定理を証明し，最後に狭義にリーマン積分可能な関数がルベーグの意味でも積分可能であることを見る．

16.1 可算加法性と可測空間

$\mathbb{R}^n$ の n 次元有界閉区間 I 上でのリーマン積分を定義するために I の有限分割の全体 $\mathcal{D}(I)$ を考えた．そして有界区間 I 上での積分の定義をもとに，有界閉集合 S の部分集合の族として体積確定またはジョルダン可測な部分集合族 $\mathcal{R}$ を定義することができた．この $\mathcal{R}$ は次の性質をもつ．

1. $S \in \mathcal{R}$.
2. $B \in \mathcal{R}$ ならば $B^c = S - B \in \mathcal{R}$.
3. $B_j \in \mathcal{R}$ $(j = 1, 2, \ldots, k \in \mathbb{N})$ ならば $\bigcup_{j=1}^{k} B_j \in \mathcal{R}$.

このような集合族 $\mathcal{R}$ は有限加法族といわれる．有限分割 $\Delta \in \mathcal{D}(I)$ はこのような有限加法族の部分集合族で構成される．そしてこのような有限分割 Δ についてのリーマン和の $d(\Delta) \to 0$ の一様な極限としてリーマン積分は定義された．

以上を踏まえた上で積分小区間の一様でない極限にまで積分の可能性を拡げるために，有限分割ではなく可算無限な分割を許すことを考える．この拡張は有界集合上の無限に複雑な有界関数の積分を考える前提となる．

定義 16.1 S を集合とする．S の σ-代数[1](σ-algebra あるいは σ-ring) $\mathcal{B}$ とは $\mathcal{B}$ が S の部分集合の族であり次を満たすことを言う．

1. $S \in \mathcal{B}$.
2. $B \in \mathcal{B}$ ならば $B^c = S - B \in \mathcal{B}$.
3. $B_j \in \mathcal{B}$ $(j=1,2,\ldots)$ ならば $\bigcup_{j=1}^{\infty} B_j \in \mathcal{B}$.

族 $\mathcal{B}$ の要素を S の可測集合 (measurable set) ないしボレル (Borel) 集合と呼び，組 $(S,\mathcal{B})$ を可測空間 (measurable space) またはボレル空間と呼ぶ．

もっとも簡単な σ-代数の例は自然数の集合上に定義される．

問 16.1 自然数の集合 $\mathbb{N}$ のべき集合 $2^{\mathbb{N}}$ は σ-代数となることを示せ．

また σ-代数は和，差，共通部分をとる演算に関し閉じていることを確認しておく．

命題 16.1 可測空間 $(S,\mathcal{B})$ について，$\mathcal{B}$ の要素の和，差，共通部分をつくる操作を高々可算回行って得られる集合も $\mathcal{B}$ に含まれる．

証明 σ-代数の定義より $B_j \in \mathcal{B}$ $(j=1,2,\ldots)$ についてその和は

$$\bigcup_{j=1}^{\infty} B_j \in \mathcal{B}$$

を満たす．また

$$A = \bigcap_{j=1}^{\infty} B_j = S - \bigcup_{j=1}^{\infty} B_j^c.$$

σ-代数の定義より，$B_j^c \in \mathcal{B}$ $(j=1,2,\ldots)$ で，かつ

$$C = \bigcup_{j=1}^{\infty} B_j^c \in \mathcal{B}.$$

---

[1] ここではギリシア文字 σ は可算無限の意味で用いられている．σ-代数と同じ意味で，σ-加法族，可算加法族，完全加法族，ボレル (Borel) 集合族などの名称も使われる．

従って B_j の共通部分 A は $A = S - C \in \mathcal{B}$ を満たす．また集合 A から $B_j \in \mathcal{B}$ ($j=1,2,\dots$) を順番に引いたものは以上から

$$A \cap \bigcap_{j=1}^{\infty} B_j^c \in \mathcal{B}$$

となり題意が示された． □

σ-代数の定義は位相の定義に類似している．とくに σ-代数に入る集合の補集合も σ-代数に入るという点がこれらの顕著な違いとなっている．事実集合 S の部分集合を要素にもつ集合族 $\mathcal{B}$ が位相の条件を可算個の集合和に制限した上で次の条件を満たすことと，σ-代数となることとは同値である．

$$B \in \mathcal{B} \quad \Rightarrow \quad S - B \in \mathcal{B}.$$

これより位相空間はその位相を含む最小の σ-代数について可測空間となる．すなわち一般にあらかじめ位相が与えられているような位相空間については，位相から生成される最小の σ-代数をつくることができる．

命題 16.2 $(X, \mathcal{O})$ を位相空間とする．このとき $\mathcal{O} \subset \mathcal{B}$ となる最小の σ-代数 $\mathcal{B}$ によって $(X, \mathcal{B})$ は可測空間となる．

以下は Euclid 空間 $\mathbb{R}^n$ の位相から生成される最小の σ-代数の例である．

例 16.1

1. $a, b \in \mathbb{R}$ が $a \leq b$ となる任意の実数を動くとき，$\mathbb{R}$ の閉区間 $[a,b]$，半開区間 $[a,b)$, $(a,b]$, 開区間 (a,b) を含む最小の σ-代数 $\mathcal{B}(\mathbb{R})$.

2. 任意の $A_1, A_2, \dots, A_n \in \mathcal{B}(\mathbb{R})$ について，$\mathbb{R}^n$ の直積部分集合 $A_1 \times A_2 \times \dots \times A_n$ を含む最小の σ-代数 $\mathcal{B}(\mathbb{R}^n)$.

3. $\mathbb{R}^n$ の中の任意の開球を含む最小の σ-代数．

ここで S を局所コンパクト空間とする．すなわち S の任意の点がコンパクトな近傍を持つハウスドルフ空間[2]とする．たとえば S が $\mathbb{R}^n$ や $\mathbb{R}^n$ の閉集合などの時で，無限次元空間ではこのような局所コンパクト性はない．

---

[2]位相空間 S がハウスドルフ空間であるとは S の相異なる二点 x, y ($x \neq y$) に対し各々の開近傍 V_x, V_y で $V_x \cap V_y = \emptyset$ となるものが存在することである．

定義 16.2　S を局所コンパクト空間とする．このとき $B \subset S$ が S のコンパクトな G_δ-集合をすべて含む最小の σ-代数に属するとき B を S のベール (Baire) 集合という．ただし S の G_δ-集合とは S の可算個の開集合の共通部分として書ける集合のことである．また $B \subset S$ が S のコンパクト集合をすべて含む最小の σ-代数に属するとき B を S のボレル (Borel) 集合という．

S が $\mathbb{R}^n$ の閉集合の時 S のコンパクト集合はすべて S の G_δ-集合である．従ってこの場合はベール集合とボレル集合は一致する．とくに S が $\mathbb{R}$ の閉区間 ($\mathbb{R}$ も含む) の場合 S のベール集合すなわちボレル集合は S の半開区間 $(a, b]$ を含む最小の σ-代数の元である．

16.2　測度と測度空間

リーマンによる積分論ではある有界閉集合 S の体積を求める場合，はじめ有限個の矩形領域の体積和で近似し，それぞれの領域の大きさを小さくしていきながら各段階で有限個だけ矩形領域の数を増やすときの一様な極限を通して体積を計算した．この結果 $\mathcal{R}$ の各集合 B の体積 $v(B)$ は次の有限加法性を満たす．

1. $\forall B \in \mathcal{R},\ v(B) \geq 0$.

2. $B_j \in \mathcal{R}\ (j = 1, 2, \ldots, k \in \mathbb{N})$ を互いに共通部分を持たない集合とするときその和集合を $\sum_{j=1}^k B_j$ と書くと

$$v\left(\sum_{j=1}^k B_j\right) = \sum_{j=1}^k v(B_j)$$

が成り立つ．このとき v は有限加法的であるという．

3. S は体積確定で，有限個の集合 $B_j \in \mathcal{R}\ (j = 1, 2, \ldots, k)$ が存在して $v(B_j) < \infty$ かつ $S = \bigcup_{j=1}^k B_j$ が成り立つ．

しかしリーマン積分における極限操作は境界が無限に入り組んだ構造を持っているような集合の体積を求めるのには相応しくない．ルベーグによる積分論でははじめから体積の分かっている無限に小さい可算無限個の矩

形領域を用意しておき，その和で全体の体積を近似する．このため無限に複雑に入り組んだ領域についても，その体積計算の可能性が広がる．このため以上の有限加法性を可算加法性ないし σ-加法性にまで拡張し，この体積概念の一般化として測度を定義する．

定義 16.3 $(S, \mathcal{B})$ を可測空間とする．3 組 $(S, \mathcal{B}, m)$ が測度空間 (measure space) であるとは m が $\mathcal{B}$ 上で定義された非負な σ-加法的 (あるいは可算加法的) な $\mathcal{B}$ 上の測度であることである．すなわち m が次を満たすことを言う．

1. $\forall B \in \mathcal{B}, m(B) \geq 0$.

2. $B_j \in \mathcal{B}$ $(j = 1, 2, \dots)$ を互いに共通部分を持たない集合とするときその和集合を $\sum_{j=1}^{\infty} B_j$ と書くと

$$m\left(\sum_{j=1}^{\infty} B_j\right) = \sum_{j=1}^{\infty} m(B_j)$$

が成り立つ．このとき m は σ-加法的あるいは可算加法的であるという．

3. S は σ-有限である．すなわち高々可算個の集合 $B_j \in \mathcal{B}$ $(j = 1, 2, \dots)$ が存在して $m(B_j) < \infty$ かつ $S = \bigcup_{j=1}^{\infty} B_j$ が成り立つ．

例 16.2

1. $S = \mathbb{R}^n$ または有界閉区間 $S \subset \mathbb{R}^n$ について，$\mathcal{B}$ をその任意の開区間と閉区間を含む最小の σ-代数とする．m を有界な半開区間 $B = (a_1, b_1] \times \cdots \times (a_n, b_n] \subset S$ に対し

$$m(B) = \prod_{k=1}^{n} |b_k - a_k|$$

と定義する．有界でない区間 I にたいしては

$$m(I) = \sup\{m(J) \mid J(\subset I) \text{ は有界区間}\}$$

とする．この m はルベーグ測度と呼ばれる．

2. 有限集合 $S \subset \mathbb{N}$ について $\mathcal{B}$ をその任意の部分集合からなる σ 代数とする．m を任意の $k \in S$ に対し $m(\{k\}) = 1$ と定義すると m は測度である．

測度空間 $(S, \mathcal{B}, m)$ が完備であることを次のように定義する．

定義 16.4 測度空間 $(S, \mathcal{B}, m)$ について 次がなりたつとき $(S, \mathcal{B}, m)$ は完備であるという．

$$A \in \mathcal{B},\ m(A) = 0,\ B \subset A \quad \Longrightarrow \quad B \in \mathcal{B}.$$

これは σ-代数の任意の元 B に対して測度ゼロの集合の分だけ異なる任意の集合 B' もまた σ-代数の元であることと同値である．たとえば $\mathbb{R}^n$ の閉区間 S のルベーグ測度 m について，$(S, \mathcal{B}, m)$ は完備ではない．この場合任意の集合 $A \subset S$ の測度を求めようとするときに，その集合 A と測度ゼロの集合だけ異なる $\mathcal{B}$ の元があるにも関わらず，A 自身は $\mathcal{B}$ の元ではない．このような部分集合 A を含むように σ-代数とその上の測度を拡張することを完備化という．

定義 16.5 $(S, \mathcal{B}, m)$ を測度空間とする．$\overline{\mathcal{B}}$ を

$$\overline{\mathcal{B}} = \{D \mid D \subset S, \exists B \in \mathcal{B}, \exists N \in \mathcal{B}$$
$$\text{s.t.}\ D \ominus B := D \cup B - D \cap B \subset N \ \wedge\ m(N) = 0\}$$

とおく．このとき $\overline{m}$ を $D \in \overline{\mathcal{B}}$ に対し上の $\overline{\mathcal{B}}$ の定義におけるような $B \in \mathcal{B}$ をとって

$$\overline{m}(D) = m(B)$$

と定義する．すると $\overline{m}(D)$ はこのような B の取り方によらず一意に定まる．したがって $(S, \overline{\mathcal{B}}, \overline{m})$ は測度空間をなす．そして完備である．すなわち $\overline{m}(B) = 0$ なる $B \in \overline{\mathcal{B}}$ に対し $D \subset B$ なる部分集合 D はすべて $\overline{\mathcal{B}}$ に属する．この $(S, \overline{\mathcal{B}}, \overline{m})$ を $(S, \mathcal{B}, m)$ の完備化という．

ふつう $S = \mathbb{R}^n$ または有界閉区間 $S \subset \mathbb{R}^n$ 上のルベーグ測度というときは例 16.2 の 1 におけるルベーグ測度を完備化した測度のことを言う．

ある測度空間が与えられたとき，その測度空間の完備化を具体的に実行するには次のような外測度を導入する．

16.2. 測度と測度空間

定義 16.6 $(S, \mathcal{B}, m)$ を測度空間とする．$A \subset S$ を S の任意の部分集合とするとき，$A \subset \bigcup_{k=1}^{\infty} B_k$ となる $B_1, B_2, \ldots \in \mathcal{B}$ に対して

$$m^*(A) = \inf_{A \subset \bigcup_{k=1}^{\infty} B_k} \sum_{k=1}^{\infty} m(B_k)$$

となる m^* を 測度 m から誘導された A の外測度 (outer measure) という．

外測度が以下の性質を満たすことは明らかであろう．
1) 任意の集合 $A \subset S$ に対し $0 \leq m^*(A) \leq \infty$.
2) $A \subset B \subset S$ ならば $m^*(A) \leq m^*(B)$.
3) $A_k \subset S$ $(k = 1, 2, \ldots)$ なら $m^*(\bigcup_{k=1}^{\infty} A_k) \leq \sum_{k=1}^{\infty} m^*(A_k)$. (劣加法性)

とくに $\mathbb{R}^n$ におけるルベーグ外測度は次のように定められる．

定義 16.7 $S = \mathbb{R}^n$ のルベーグ測度 m による測度空間 $(S, \mathcal{B}, m)$ について，$A \subset \bigcup_{k=1}^{\infty} I_k$ となる半開区間列 $I_k = (a_{1k}, b_{1k}] \times \cdots \times (a_{nk}, b_{nk}]$ $(k = 1, 2, \ldots)$ に対して

$$m^*(A) = \inf_{A \subset \bigcup_{k=1}^{\infty} I_k} \sum_{k=1}^{\infty} \prod_{\ell=1}^{n} |b_{\ell k} - a_{\ell k}|.$$

となる m^* を A のルベーグ外測度という．

このような外測度をもとに A の可測性を次のように定義できる．

定義 16.8 測度空間 $(S, \mathcal{B}, m)$ について，$A \subset S$ がカラテオドリ (Carathé-odory) の意味で可測あるいは m^*-可測あるいは可測であるとは次を満たすことをいう．

$$\forall C \subset S: \quad m^*(C) = m^*(C \cap A) + m^*(C \cap A^c).$$

このとき $m^*(A)$ を * を省略して $m(A)$ と表す．

この可測性は次のように表すこともできる．

問 **16.2** 測度空間 $(S, \mathcal{B}, m)$ において外測度 m^* が定義されているとき $A \subset S$ が m^*-可測であることは次と同値であることを示せ．

$$\forall C_1 \subset A, \ \forall C_2 \subset A^c: \quad m^*(C_1 \cup C_2) = m^*(C_1) + m^*(C_2).$$

べき集合 $\mathcal{P}(S)$ 上で定義された外測度は必ずしも σ-加法的ではないし，また有限加法的でもない場合がある．測度空間 $(S, \mathcal{B}, m)$ の測度 m から誘導された外測度 m^* は m^*-可測な集合の全体の上で σ-加法的となる．従って m^*-可測な集合の全体が σ-ring であれば m^* はこの σ-ring 上の測度となる．

定理 **16.1** $(S, \mathcal{B}, m)$ を測度空間とする．m^* を定義 16.6 で定義された S の任意の部分集合の全体 $\mathcal{P}(S)$ 上の外測度とする．$\mathcal{P}(S)$ の元で m^*-可測な集合の全体を $\mathcal{B}^*$ と表すとこれは σ-ring となる．さらに m^* はこの σ-ring $\mathcal{B}^*$ 上の測度となる．したがって $(S, \mathcal{B}^*, m^*)$ は測度空間となる．作り方からこれは完備な測度空間となっている．さらに $(S, \mathcal{B}^*, m^*)$ はこの方法で得られる完備化として最大のものである．

証明 いま $C \in \mathcal{P}(S)$, $E_1, E_2 \in \mathcal{B}^*$ とすると

$$m^*(C) = m^*(C \cap E_1) + m^*(C \cap E_1^c). \tag{16.1}$$

$$m^*(C \cap E_1) = m^*(C \cap E_1 \cap E_2) + m^*(C \cap E_1 \cap E_2^c). \tag{16.2}$$

$$m^*(C \cap E_1^c) = m^*(C \cap E_1^c \cap E_2) + m^*(C \cap E_1^c \cap E_2^c). \tag{16.3}$$

式 (16.2), (16.3) を式 (16.1) に代入して次を得る．

$$m^*(C) = m^*(C \cap E_1 \cap E_2) + m^*(C \cap E_1 \cap E_2^c)$$
$$+ m^*(C \cap E_1^c \cap E_2) + m^*(C \cap E_1^c \cap E_2^c). \tag{16.4}$$

ここで C を $C \cap (E_1 \cup E_2)$ で置き換えれば最後の項は空集合の測度になるから

$$m^*(C \cap (E_1 \cup E_2)) = m^*(C \cap E_1 \cap E_2)$$
$$+ m^*(C \cap E_1 \cap E_2^c) + m^*(C \cap E_1^c \cap E_2) \tag{16.5}$$

を得る．$E_1^c \cap E_2^c = (E_1 \cup E_2)^c$ だから (16.5) を (16.4) に代入すれば

$$m^*(C) = m^*(C \cap (E_1 \cup E_2)) + m^*(C \cap (E_1 \cup E_2)^c) \tag{16.6}$$

が得られる．これは $E_1 \cup E_2 \in \mathcal{B}^*$ を意味する．

同様に (16.4) において C を $C \cap (E_1 - E_2)^c = C \cap (E_1^c \cup E_2)$ で置き換えれば

$$m^*(C \cap (E_1 - E_2)^c)$$
$$= m^*(C \cap E_1 \cap E_2) + m^*(C \cap E_1^c \cap E_2) + m^*(C \cap E_1^c \cap E_2^c) \quad (16.7)$$

を得る．$E_1 \cap E_2^c = E_1 - E_2$ だから式 (16.7) を (16.4) に代入すれば

$$m^*(C) = m^*(C \cap (E_1 - E_2)) + m^*(C \cap (E_1 - E_2)^c) \quad (16.8)$$

が得られ $E_1 - E_2 \in \mathcal{B}^*$ が言えた．

また $E_1 \cap E_2 = \emptyset$ のとき式 (16.5) より

$$m^*(C \cap (E_1 \cup E_2)) = m^*(C \cap E_1) + m^*(C \cap E_2) \quad (16.9)$$

を得る．$\{E_k\}_{k=1}^\infty$ が互いに共通部分を持たない $\mathcal{B}^*$ の集合の族であれば帰納法により任意の $n = 1, 2, \ldots$ に対し

$$m^*\left(C \cap \bigcup_{k=1}^n E_k\right) = \sum_{k=1}^n m^*(C \cap E_k)$$

となる．いま

$$F_n = \bigcup_{k=1}^n E_k, \quad F_\infty = \bigcup_{k=1}^\infty E_k$$

とおけば

$$m^*(C) = m^*(C \cap F_n) + m^*(C \cap F_n^c)$$
$$\geq \sum_{k=1}^n m^*(C \cap E_k) + m^*(C \cap F_\infty^c)$$

を得る．これは任意の $n \geq 1$ に対し正しいから外測度の劣加法性と併せて

$$m^*(C) \geq \sum_{k=1}^\infty m^*(C \cap E_k) + m^*(C \cap F_\infty^c)$$
$$\geq m^*(C \cap F_\infty) + m^*(C \cap F_\infty^c) \quad (16.10)$$

が得られる. 再度 m^* の劣加法性を用いて

$$m^*(C) = m^*(C \cap F_\infty) + m^*(C \cap F_\infty^c) \tag{16.11}$$

が得られ, これより $F_\infty = \bigcup_{k=1}^\infty E_k \in \mathcal{B}^*$ が言える. 従って $\mathcal{B}^*$ は σ-ring であることが示された.

式 (16.10), (16.11) から

$$\sum_{k=1}^\infty m^*(C \cap E_k) + m^*(C \cap F_\infty^c) = m^*(C \cap F_\infty) + m^*(C \cap F_\infty^c)$$

がいえる. ここで C を $C \cap F_\infty$ で置き換えれば互いに共通部分を持たない任意の $E_k \in \mathcal{B}^*$ に対し

$$\sum_{k=1}^\infty m^*(C \cap E_k) = m^*(C \cap F_\infty)$$

が成り立ち, m^* が σ-ring $\mathcal{B}^*$ 上の σ-加法的測度であることが示された.

測度空間 $(S, \mathcal{B}^*, m^*)$ の完備性は以下のようにして示される. $E \subset S$ かつ $m^*(E) = 0$ とすると任意の S の部分集合 C に対し

$$m^*(C) = m^*(E) + m^*(C) \geq m^*(C \cap E) + m^*(C \cap E^c)$$

が成り立つから m^* の劣加法性と併せて

$$m^*(C) = m^*(C \cap E) + m^*(C \cap E^c)$$

が得られる. 従って特に $E \subset S$ かつ $m^*(E) = 0$ なら $E \in \mathcal{B}^*$ である. 故に $E, F \subset S$, $F \in \mathcal{B}^*$, $m^*(F) = 0$ かつ $E \subset F$ なら外測度の性質より $m^*(E) = 0$ となりしたがって $E \in \mathcal{B}^*$ が得られ, $(S, \mathcal{B}^*, m^*)$ は完備であることが示された.

この $(S, \mathcal{B}^*, m^*)$ は $(S, \mathcal{B}, m)$ の拡大である. 実際 $E \in \mathcal{B}$, $C \subset S$ とすると任意の $\epsilon > 0$ に対し m^* の定義により $C \subset \bigcup_{k=1}^\infty B_k$ となる $B_1, B_2, \cdots \in \mathcal{B}$

が存在して

$$m^*(C) + \epsilon \geq \sum_{k=1}^{\infty} m(B_k)$$
$$= \sum_{k=1}^{\infty} (m(B_k \cap E) + m(B_k \cap E^c))$$
$$\geq m^*(C \cap E) + m^*(C \cap E^c). \quad (16.12)$$

が成り立つ．これは任意の正数 $\epsilon > 0$ に対し正しいから m^* の劣加法性と併せてこれより

$$m^*(C) = m^*(C \cap E) + m^*(C \cap E^c)$$

が得られ $E \in \mathcal{B}^*$ が言えた．すなわち $\mathcal{B} \subset \mathcal{B}^*$ である．$E \in \mathcal{B}$ であれば m^* の定義より $m^*(E) = m(E)$ であるから $(S, \mathcal{B}^*, m^*)$ は $(S, \mathcal{B}, m)$ の完備拡大である．

$(S, \mathcal{B}^*, m^*)$ から同様の方法で完備拡大 $(S, (\mathcal{B}^*)^*, (m^*)^*)$ を作るとこれは $(S, \mathcal{B}^*, m^*)$ に一致する．すなわち $(S, \mathcal{B}^*, m^*)$ は測度 m から誘導される外測度から作られる測度空間として最大のものである．実際 $B \in \mathcal{B}$ に対し $m(B) = m^*(B)$ であるから任意の $E \subset S$ に対し

$$\begin{aligned}
m^*(E) &= \inf_{E \subset \bigcup_{k=1}^{\infty} B_k, B_k \in \mathcal{B}} \sum_{k=1}^{\infty} m(B_k) \\
&\geq \inf_{E \subset \bigcup_{k=1}^{\infty} B_k, B_k \in \mathcal{B}^*} \sum_{k=1}^{\infty} m^*(B_k) = (m^*)^*(E) \\
&\geq m^*(E).
\end{aligned}$$

すなわち任意の $E \subset S$ に対し $(m^*)^*(E) = m^*(E)$.

$\mathcal{B}^* \subset (\mathcal{B}^*)^*$ であり，$E \in (\mathcal{B}^*)^*$ なら任意の $C \subset S$ に対し

$$(m^*)^*(C) = (m^*)^*(C \cap E) + (m^*)^*(C \cap E^c)$$

である．上に得た結果よりこれから

$$m^*(C) = m^*(C \cap E) + m^*(C \cap E^c)$$

となり $E \in \mathcal{B}^*$ であり,従って $(\mathcal{B}^*)^* = \mathcal{B}^*$ がいえ

$$(S, (\mathcal{B}^*)^*, (m^*)^*) = (S, \mathcal{B}^*, m^*)$$

が示された.

これは $(S, \mathcal{B}^*, m^*)$ の完備拡大 $(S, (\mathcal{B}^*)^*, (m^*)^*)$ が $(S, \mathcal{B}^*, m^*)$ に一致することを示している. □

定理 16.2 m が σ-ring $\mathcal{B}$ 上の σ-有限な測度であるとする.m^* を m から誘導される外測度とするとこれは m^* 可測な集合の全体のなす σ-ring $\mathcal{B}^*$ 上の測度であった.これらのなす測度空間 $(S, \mathcal{B}^*, m^*)$ は定義 16.5 で述べた測度空間 $(S, \mathcal{B}, m)$ の完備化 $(S, \overline{\mathcal{B}}, \overline{m})$ と一致する.

証明 $(S, \overline{\mathcal{B}}, \overline{m})$ は測度空間 $(S, \mathcal{B}, m)$ の最小の完備化であり,$\overline{\mathcal{B}} \subset \mathcal{B}^*$ および $\overline{m}$ は $\overline{\mathcal{B}}$ 上 m^* に一致することは明らかであるから逆の包含関係 $\mathcal{B}^* \subset \overline{\mathcal{B}}$ を示せばよい.さらに σ-有限の仮定をおいているから $E \in \mathcal{B}^*$ かつ $m^*(E) < \infty$ の仮定の下に $E \in \overline{\mathcal{B}}$ を示せば十分である.

このような $E \in \mathcal{B}^*, m^*(E) < \infty$ に対し式 (16.12) から任意の $n = 1, 2, \ldots$ に対し集合族 $\{B_{nk}\}_{k=1}^\infty \subset \mathcal{B}$ が存在して

$$E \subset F_n = \bigcup_{k=1}^\infty B_{nk} \in \mathcal{B},$$
$$m(F_n) \leq \sum_{k=1}^\infty m(B_{nk}) \leq m^*(E) + \frac{1}{n}.$$

そこで

$$F = \bigcap_{n=1}^\infty F_n \in \mathcal{B}$$

とおけば

$$E \subset F = \bigcap_{n=1}^\infty F_n \subset F_n,$$
$$m^*(E) \leq m(F) \leq m^*(E) + \frac{1}{n}.$$

したがって
$$m^*(E) = m(F).$$
故に $G \subset F - E, G \in \mathcal{B}$ なら $E \subset F - G \in \mathcal{B}$ かつ
$$m(F) = m^*(E) \leq m(F - G) = m(F) - m(G) \leq m(F).$$
特に $m(G) = 0$ である.

すなわち $E \in \mathcal{B}^*, m^*(E) < \infty$ に対しある集合 $F \in \mathcal{B}, E \subset F$ が存在して $m^*(E) = m(F)$ かつ $G \in \mathcal{B}$ が $G \subset F - E$ を満たせば $m(G) = 0$ であることがいえた. とくに $F \in \mathcal{B} \subset \mathcal{B}^*$ ゆえ $F - E \in \mathcal{B}^*$ だから $m^*(F - E) = 0 < \infty$ である.

したがって今と同じ議論によりある集合 $N \in \mathcal{B}, F - E \subset N$ が存在して $m^*(F - E) = m(N) = 0$ かつ $m^*(N - (F - E)) = 0$ がいえる. 集合 E は
$$E = (F - N) \cup (E \cap N),$$
$$F - N \in \mathcal{B},$$
$$E \cap N \subset N \in \mathcal{B}$$
と分解され $m(N) = 0$ であったから E は定義 16.5 で定義した集合族 $\overline{\mathcal{B}}$ に属する. □

とくに位相空間に定義される測度には次のような用語が使われる.

定義 16.9 S を局所コンパクト空間とする. S 上の非負ベール (ボレル) 測度とは S のすべてのベール (ボレル) 集合に対し定義された σ-加法的な測度ですべてのコンパクト集合の測度が有限なもののことである. ボレルあるいはベール測度 m が正則とは任意のボレル集合 B に対し
$$m(B) = \inf_{B \subset U,\ U:\text{ open set}} m(U)$$
が成り立つことを言う. ベール測度はこの意味で常に正則である. またベール測度は正則なボレル測度に一意的に拡張される. したがって一般にベール測度を考えておけば十分である.

例 16.3 $S = \mathbb{R}$ または S を $\mathbb{R}$ の有界閉区間とする．$F(x) : S \longrightarrow \mathbb{R}$ を右連続な単調増大関数とする．すなわち任意の $x \in S$ に対し $\lim_{y \to x, y > x} F(y) = F(x)$ とする．m を半開区間 $(a, b]$ に対し $m((a, b]) = F(b) - F(a)$ と定義する．この m は S 上の非負ベール測度に一意的に拡張される．$m(S) < \infty$ となる必要十分条件は F が S 上有界なことである．とくに m が $F(s) = s$ なる関数より得られる測度であるときがルベーグ測度である．

16.3 ルベーグ非可測集合

ユークリッド空間 $\mathbb{R}^n$ におけるルベーグ測度 m より得られる外測度 m^* をルベーグ外測度と呼び，m^* に関し可測な集合をルベーグ可測集合と呼ぶ．その全体を $\mathcal{B}^*$ と書けばルベーグ測度空間は $(\mathbb{R}^n, \mathcal{B}^*, m^*)$ となる．これを通常 $*$ を省略して単に $(\mathbb{R}^n, \mathcal{B}, m)$ と書く．

以下は読者の演習問題としておく．

問 16.3 $\mathbb{R}^n$ のルベーグ可測集合 E および $a \in \mathbb{R}^n$ に対し

$$E + a = \{x \mid x = y + a, y \in E\}$$

と置くと $E + a$ はルベーグ可測であり

$$m(E + a) = m(E)$$

が成り立つ．また

$$-E = \{x \mid x = -y, y \in E\}$$

もルベーグ可測であり

$$m(-E) = m(E)$$

が成り立つ．

定理 16.3 任意の実数 $a, b \in \mathbb{R}$ に対し同値関係 $x \equiv y$ を

$$x - y \in \mathbb{Q}$$

と定義する．ただし以前と同様 $\mathbb{Q}$ は有理数の全体とする．この同値関係による同値類で実数 $a \in \mathbb{R}$ を代表元にするものを

$$\mathbb{R}_a = \{x | x \equiv a\}$$

と書く．従って $\mathbb{R}$ は $\mathbb{R}$ のある部分集合 Λ に対し互いに共通部分を持たない類 $\mathbb{R}_a \ (a \in \Lambda)$ の直和集合

$$\mathbb{R} = \bigcup_{a \in \Lambda} \mathbb{R}_a \tag{16.13}$$

に分解される．(Λ は非可算集合であることに注意せよ[3]．) ツェルメロの選択公理[4]によりある関数

$$f : \{\mathbb{R}_a\}_{a \in \Lambda} \longrightarrow \mathbb{R}$$

で $f(\mathbb{R}_a) \in \mathbb{R}_a \ (a \in \Lambda)$ なるものが存在する．必要なら $a(\in \Lambda)$ 毎に有理数を加えることにより $f(\mathbb{R}_a) \in (0, 1]$ とできる．このとき

$$E = \{f(\mathbb{R}_a) | a \in \Lambda\} \subset (0, 1]$$

とおくとこれはルベーグ可測でない集合である．

証明 集合 E がルベーグ可測であり，したがって $m(E)$ が定義されていると仮定して矛盾を導く．

任意の $x \in (0, 1]$ に対し式 (16.13) よりある $a_x = f(\mathbb{R}_a) \in E \subset (0, 1]$ が存在して

$$x - a_x \in \mathbb{Q}$$

となる．ここで $x, a_x \in (0, 1]$ だから

$$|x - a_x| \leq 1$$

である．特に $\mathbb{Q}_1 = \{r | r \in \mathbb{Q}, |r| \leq 1\}$ とおけば任意の $x \in (0, 1]$ はある $r \in \mathbb{Q}_1$ に対し $x = a_x + r \ (a_x \in E)$ と書けるから

$$(0, 1] \subset \bigcup_{r \in \mathbb{Q}_1} (E + r) \tag{16.14}$$

---

[3] Λ が可算集合であれば定義から $\mathbb{R}_a$ は可算集合であるから式 (16.13) より $\mathbb{R}$ は可算集合になってしまう．
[4] ここで非可算集合に対する選択公理を用いている．

が得られる．この集合和は直和である．すなわち $E+r_1 \cap E+r_2 \neq \emptyset$, $r_1, r_2 \in \mathbb{Q}_1$ ならばある $f(\mathbb{R}_a), f(\mathbb{R}_b) \in E$ に対し $f(\mathbb{R}_a) + r_1 = f(\mathbb{R}_b) + r_2$ となり，従って $f(\mathbb{R}_a) - f(\mathbb{R}_b) = r_2 - r_1 \in \mathbb{Q}$ であるから $f(\mathbb{R}_a) \equiv f(\mathbb{R}_b)$. ゆえに $\mathbb{R}_a = \mathbb{R}_b$. 特に $f(\mathbb{R}_a) = f(\mathbb{R}_b)$ ゆえ $r_1 = r_2$ となり $E + r_1 = E + r_2$. よって式 (16.14) の集合和は直和である．したがって

$$(0,1] \subset \sum_{r \in \mathbb{Q}_1} (E+r).$$

$E \subset (0,1]$ であるから

$$(0,1] \subset \sum_{r \in \mathbb{Q}_1} (E+r) \subset (-1,2]$$

これより上記問 16.3 により

$$m((0,1]) \leq \sum_{r \in \mathbb{Q}_1} m(E+r) = \sum_{r \in \mathbb{Q}_1} m(E) \leq m((-1,2])$$

となる．仮に $m(E) > 0$ とするとこの式の和は可算無限和であるから右辺が有限であることに矛盾する．したがって $m(E) = 0$ でなければならない．するとこの式の中辺の和は 0 となり左辺が $m((0,1]) = 1 > 0$ に矛盾する．

□

16.4 可測関数

可測空間 $(S, \mathcal{B})$ が与えられているとする．このとき S から拡張された実数全体 $\mathbb{R}_\infty = \mathbb{R} \cup \{\pm\infty\}$ への関数 $f: S \longrightarrow \mathbb{R}_\infty$ が可測であるないし可測関数であることを以下のように定義する．

定義 16.10 可測空間 $(S, \mathcal{B})$ 上の実数値関数 $f: S \longrightarrow \mathbb{R}_\infty$ が $\mathcal{B}$-可測 ($\mathcal{B}$-measurable) あるいは可測であるとは任意の実数 $a \in \mathbb{R}_\infty$ に対し区間 $(-\infty, a)$ の逆像 $f^{-1}((-\infty, a))$ について

$$f^{-1}((-\infty, a)) = \{s | s \in S, f(s) < a\} \in \mathcal{B} \tag{16.15}$$

が成り立つことである．可測集合 $D \in \mathcal{B}$ 上定義された関数 $f : D \longrightarrow \mathbb{R}_\infty$ が D 上可測であるとは任意の実数 $a \in \mathbb{R}_\infty$ に対し

$$f^{-1}((-\infty, a)) = \{s | s \in D, f(s) < a\} \in \mathcal{B} \qquad (16.16)$$

が成り立つことである．

一般に関数 $f : S \longrightarrow \mathbb{R}_\infty$ による集合 $M \subset \mathbb{R}_\infty$ の逆像は

$$f^{-1}(M) = \{s | s \in S, f(s) \in M\}$$

と定義される．集合 M_k ($k = 1, 2, \ldots$) および M, N に対し以下が成り立つ．

$$f^{-1}(M - N) = f^{-1}(M) - f^{-1}(N),$$
$$f^{-1}(\bigcup_{k=1}^{\infty} M_k) = \bigcup_{k=1}^{\infty} f^{-1}(M_k).$$

証明は容易である．読者は確かめてみられたい．

これより関数 $f : S \longrightarrow \mathbb{R}_\infty$ が可測であれば実数 $a, b \in \mathbb{R}_\infty$ に対し集合

$$\{s | a \leq f(s) < b\} = f^{-1}((-\infty, b)) - f^{-1}((-\infty, a))$$

も可測集合となる．また任意の実数 $a \in \mathbb{R}_\infty$ に対し集合 $f^{-1}((-\infty, a])$ は

$$f^{-1}((-\infty, a]) = \bigcap_{k=1}^{\infty} f^{-1}((-\infty, a + k^{-1}))$$

と書けるからやはり可測集合を定義する．従って任意の開区間 (a, b)，半開区間 $(a, b]$, $[a, b)$．閉区間 $[a, b]$ のいずれの逆像

$$f^{-1}((a,b)),\ f^{-1}((a,b]),\ f^{-1}([a,b)),\ f^{-1}([a,b])$$

も可測集合となる．特に任意の実数 $a \in \mathbb{R}_\infty$ に対し

$$f^{-1}(\{a\}) = f^{-1}([a, a]) = \{s | s \in S, f(s) = a\}$$

は可測集合となる．

複素数値関数 $f(s) = f_1(s) + if_2(s) : S \longrightarrow \mathbb{C}$ が可測関数であることを その実部の関数 $f_1(s) \in \mathbb{R}$ および虚部の関数 $f_2(s) \in \mathbb{R}$ が可測であること と定義する．

以上のことから可測空間 $(S, \mathcal{B})$ 上の $\mathbb{R}$ ないし $\mathbb{C}$-値関数 f が $\mathcal{B}$-可測であることは任意の $\mathbb{R}$ ないし $\mathbb{C}$ の開集合 G の逆像 $f^{-1}(G)$ が $\mathcal{B}$ に属することと同値である．

二つの可測関数 f, g については以下が成り立つ．

定理 16.4 $f, g : S \longrightarrow \mathbb{R}_\infty$ が可測であれば関数 $f - g$ は可測である．従って集合

$$\{s | s \in S, f(s) < g(s)\},$$
$$\{s | s \in S, f(s) \leq g(s)\},$$
$$\{s | s \in S, f(s) = g(s)\}$$

はすべて可測集合である．

証明 他も同様であるのでたとえば最初の集合について示す．この集合は $\mathbb{Q}$ を有理数の全体とするとき

$$\{s | s \in S, f(s) < g(s)\} = \bigcup_{q \in \mathbb{Q}} (\{s | s \in S, f(s) > q\} \cap \{s | s \in S, q > g(s)\})$$

と書けるが，右辺は $\mathcal{B}$ に属する． □

定理 16.5 $f : S \longrightarrow \mathbb{R}$ が可測であり，$a > 0$ が実数であれば関数 $|f(s)|^a$ は可測である．

証明 c を任意の実数とし集合

$$\{s | s \in S, |f(s)|^a < c\} \tag{16.17}$$

が可測集合であることを言えばよい．この集合は $c > 0$ のとき

$$\{s | s \in S, |f(s)| < c^{1/a}\} = \{s | s \in S, -c^{1/a} < f(s) < c^{1/a}\}$$

であるから可測である．$c \leq 0$ の時は $|f(s)|^a \geq 0$ であるから式 (16.17) の集合は空集合であり従って可測である． □

16.4. 可測関数

定理 16.6 関数 $f, g : S \longrightarrow \mathbb{R}_\infty$ が可測であり，$a, b \in \mathbb{R}_\infty$ であれば線型結合 $af(s) + bg(s)$ も可測である．また積 $f(s)g(s)$ も可測である．

証明 $a = 0$ または $b = 0$ のときは明らかである．$a, b > 0$ のときは実数 c に対し

$$\{s | s \in S, af(s) + bg(s) < c\} = \{s | s \in S, f(s) < a^{-1}(c - bg(s))\}$$

であるが関数 $a^{-1}(c - bg(s))$ が可測なことは明らかだから定理 16.4 より証明が終わる．a, b の符号が他の場合も同様である．

積 $f(s)g(s)$ は

$$f(s)g(s) = ((f(s) + g(s))^2 - (f(s) - g(s))^2)/4$$

と書けるから定理 16.5 と本定理 16.6 の前半より可測となる． □

定理 16.7 関数 $f_n : S \longrightarrow \mathbb{R}_\infty$ $(n = 1, 2, \ldots)$ が可測なら

$$\sup_{n \geq 1} f_n(s), \ \inf_{n \geq 1} f_n(s),$$
$$\limsup_{n \to \infty} f_n(s), \ \liminf_{n \to \infty} f_n(s)$$

も可測である．特に極限関数 $\lim_{n \to \infty} f_n(s)$ が存在すればそれは可測関数である．

証明 任意の実数 c に対し

$$\{s | s \in S, \sup_{n \geq 1} f_n(s) < c\} = \bigcap_{n=1}^{\infty} \{s | s \in S, f_n(s) < c\}$$

は可測である．したがって関数 $\sup_{n \geq 1} f_n(s)$ は可測である．$\inf_{n \geq 1} f_n(s)$ も同様に考えればよい．

$$\limsup_{n \to \infty} f_n(s) = \inf_{n \geq 1} \sup_{k \geq n} f_n(s),$$
$$\liminf_{n \to \infty} f_n(s) = \sup_{n \geq 1} \inf_{k \geq n} f_n(s)$$

であるからこれらの可測性は前半の結果に帰着する． □

16.5 可測関数の積分

以下 $(S, \mathcal{B}, m)$ を完備な測度空間とする．

定義 16.11 S の点 $s \in S$ についての性質 P が m-a.e で成り立つとはある測度 0 の集合 $N \in \mathcal{B}$ すなわち $m(N) = 0$ なる集合 (零集合 (null set) という) の点を除いた $S - N$ の点すべてにおいて P が成り立つことである．$\mathbb{C}$ ないし $\mathbb{R}$-値関数 $f(s)$ が S 上ある零集合 N を除いた $S - N$ で定義されていてその上の関数として可測であるとき f は m-a.e. 定義された可測関数であるあるいは単に可測関数であるという．

定義 16.12 局所コンパクト空間 S 上の $\mathbb{C}$-値関数 f が S 上のベール関数であるとは $\mathbb{C}$ 内の任意のベール集合 B に対し $f^{-1}(B) \subset S$ が S のベール集合であることである．S がコンパクト集合の可算和であれば S 上の $\mathbb{C}$-値連続関数はすべてベール関数である．ベール関数は S のベール集合のなす σ-代数に関し可測である．

定理 16.8 (エゴロフ (Egorov) の定理) B が $\mathcal{B}$-可測集合で $m(B) < \infty$ を満たすとする．関数列 $f_n(s)$ が B 上 m-a.e 有限な $\mathcal{B}$-可測関数の列で，有限値を取るある可測関数 f に B 上 m-a.e. で収束するとする．このとき任意の正数 $\epsilon > 0$ に対し B の部分集合 E で $m(B - E) \leq \epsilon$ かつ $f_n(s)$ は E 上一様に $f(s)$ に収束するものが存在する．

証明 零集合 N を除いた集合 $B - N$ 上の任意の点で定義された関数の列 f_n と関数 f に対し $f_n(s)$ が $B - N$ で至る所収束するから最初から B 上そうであると仮定してよい．いま任意の $\epsilon > 0$ を取り

$$B_n = \bigcap_{k=n+1}^{\infty} \{s \mid s \in B, |f(s) - f_k(s)| < \epsilon\}$$

とおくと B_n は $\mathcal{B}$-可測集合でありかつ $n < m$ なら $B_n \subset B_m$ が成り立つ．$\lim_{n \to \infty} f_n(s) = f(s) \, (\forall s \in B)$ であるから

$$B = \bigcup_{n=1}^{\infty} B_n$$

である．ゆえに測度 m の可算加法性から

$$m(B) = m\left(B_1 + \sum_{k=1}^{\infty}(B_{k+1} - B_k)\right) = m(B_1) + \sum_{k=1}^{\infty} m(B_{k+1} - B_k)$$

$$= m(B_1) + \sum_{k=1}^{\infty}(m(B_{k+1}) - m(B_k)) = \lim_{n\to\infty} m(B_n)$$

となる．よって $\lim_{n\to\infty} m(B - B_n) = 0$ であり従って任意の $\delta > 0$ に対しある番号 N_δ が存在して $n \geq N_\delta$ なら $m(B - B_n) < \delta$ である．

特に任意の整数 $\ell \geq 1$ に対し $\delta_\ell = \epsilon/2^\ell$ ととると $n > N_{\delta_\ell}$ であれば

$$m(B - B_n) < \frac{\epsilon}{2^\ell}$$

であり，かつ $s \in B - (B - B_n) = B_n$ なら任意の $k \geq n+1$ に対し

$$|f(s) - f_k(s)| < \epsilon$$

となる．

いま整数 $\ell \geq 1$ を

$$\frac{1}{2^\ell} < \epsilon$$

ととり $n_\ell (> N_{\delta_\ell})$ を十分大にとれば $G_\ell = B - B_{n_\ell} \subset B$ は可測集合であり $m(G_\ell) \leq \epsilon/2^\ell$ かつ

$$\forall k > n_\ell, \forall s \in B - G_\ell : \ |f(s) - f_k(s)| < 1/2^\ell$$

が成り立つ．そこで $E = B - \bigcup_{\ell=1}^{\infty} G_\ell$ とおくと

$$B - E = \bigcup_{\ell=1}^{\infty} G_\ell$$

であるから

$$m(B - E) \leq \sum_{\ell=1}^{\infty} m(G_\ell) \leq \sum_{\ell=1}^{\infty} \epsilon/2^\ell = \epsilon$$

が成り立ちかつ f_n は E 上一様に f に収束することがいえた． □

定義 16.13 S 上で定義された $\mathbb{R}$ ないし $\mathbb{C}$-値関数 $f(s)$ $(s \in S)$ が単関数 (simple function) であるとは互いに共通部分を持たない有限個の可測集合 B_j $(j = 1, 2, \ldots, n)$ が存在してそのおのおのの上で f は有限値の定数であり，それらの外 $S - \bigcup_{j=1}^n B_j$ では $f(s) = 0$ なることである．

定義 16.14 χ_B で集合 $B \in \mathcal{B}$ の特性関数を表すとき S 上の単関数

$$f(s) = \sum_{j=1}^n f_j \cdot \chi_{B_j}(s) \quad (f_j \in \mathbb{C} \text{ or } \mathbb{R})$$

に対しその積分の値を

$$\int_S f(s) m(ds) = \sum_{j=1}^n f_j \cdot m(B_j)$$

と定義する．

$$\int_S |f(s)| \, m(ds) = \sum_{j=1}^n |f_j| \, m(B_j) < \infty$$

のとき f は S 上 m-可積分 (m-integrable)，測度 m に関し積分可能等という．

命題 16.3 f が S 上で定義された可測な ≥ 0 なる関数であれば S 上の可測な ≥ 0 なる単関数の単調増加列 $f_n(s)$ で $n \to \infty$ のとき S の各点 $s \in S$ で $f(s)$ に収束するものがある．

証明 $f_n(s)$ を $s \in S$ に対し

$$f_n(s) = \begin{cases} 2^{-n}\ell & (2^{-n}\ell \leq f(s) < 2^{-n}(\ell + 1), \\ & \quad (\ell = 0, 1, \ldots, n2^n - 1)) \\ n & (f(s) \geq n) \end{cases}$$

と定義すればよい．実際このとき f_n は非負単関数であり，関数列 $\{f_n\}$ は単調増加である．$f(s) < \infty$ ならある整数 n に対し $0 \leq f(s) - f_n(s) \leq 2^{-n}$．$f(s) = \infty$ なら任意の整数 $n \geq 0$ に対し $f_n(s) = n$．いずれにせよ $\lim_{n \to \infty} f_n(s) = f(s)$ が成り立つ． □

16.5. 可測関数の積分

定義 16.15 1) E ($E \in \mathcal{B}$) 上で $f(s) \geq 0$ なる可測関数に対し命題 16.3 の単調増加単関数列 f_n を用いて f の E 上の積分を

$$\int_E f(s)\, m(ds) = \lim_{n \to \infty} \int_S \chi_E(s) f_n(s)\, m(ds)$$

と定義する．この値が有限のとき f は E 上 (m に関して) 積分可能という．(この定義がこのような単調増加列 f_n の取り方によらないことは以下の命題 16.4 で示される．)

2) E 上の一般の $\mathbb{R}$-値可測関数 f に対して

$$f_+(s) = \max\{f(s), 0\}, \quad f_-(s) = \max\{-f(s), 0\}$$

とおくとこれらは E 上 ≥ 0 なる可測関数であるから 1) よりおのおのの積分

$$\int_E f_+(s)\, m(ds), \quad \int_E f_-(s)\, m(ds)$$

が定義される．これらのうち少なくとも一方が有限値のとき f の E 上の積分を

$$\int_E f(s)\, m(ds) = \int_E f_+(s)\, m(ds) - \int_E f_-(s)\, m(ds)$$

と定義する．この値が有限のとき (従って和の両方の項が有限値のとき) f は E 上測度 m に関し可積分である等という．$\mathbb{C}$-値関数についてはその実部，虚部の可積分性から自明な方法で積分を定義する．

命題 16.4 定義 16.15 1) において右辺の極限値は f に収束する単関数の単調増大列 f_n の取り方によらず一意に定まる．

証明 f_n と g_n を E 上単調増加で各点で f に収束する単関数の列とする．すると $\lim_{n \to \infty} f_n \geq g_m$ ($\forall m \geq 1$) である．このとき

$$\lim_{n \to \infty} \int_E f_n(s) m(ds) \geq \int_E g_m(s) m(ds) \tag{16.18}$$

が言えれば右辺の $m \to \infty$ の極限についてもこの不等式が成り立つ．同様に逆の不等式も言えるから命題が示される．ゆえに (16.18) を示せばよい．

いま $E_0 = \{s \mid s \in E, g_m(s) = 0\}$, $F = E - E_0$ とおくと

$$\int_E f_n(s)m(ds) \geq \int_F f_n(s)m(ds), \quad \int_E g_m(s)m(ds) = \int_F g_m(s)m(ds)$$

だから

$$\lim_{n \to \infty} \int_F f_n(s)m(ds) \geq \int_F g_m(s)m(ds)$$

を示せばよい．以下 F 上ですべてを考える．このとき

$$g_m(s) = \sum_{j=1}^k \mu_j \chi_{B_j}(s) \quad (s \in F, \ \mu_j \in \mathbb{R}, \ B_j \in \mathcal{B}, \ B_j \subset F)$$

と書ける．$\mu = \min_{1 \leq j \leq k}\{\mu_j\}$, $\lambda = \max_{1 \leq j \leq k}\{\mu_j\}$ とおくと

$$0 < \mu \leq \mu_j \leq \lambda < \infty$$

である．よって $0 < \delta < \mu$ なる正数 δ を取ると $g_m - \delta > 0$ でこれも単関数である．$F_n = \{s \mid s \in F, f_n(s) > g_m(s) - \delta\}$ $(n = 1, 2, \dots)$ とおくと以上より F_n は単調増加な集合列でかつ $\lim_{n \to \infty} m(F_n) = m(F)$．

1) $m(F) < \infty$ のときは $\lim_{n \to \infty} m(F_n) = m(F)$ によりある番号 $N \geq 1$ があり $n \geq N$ ならば $m(F - F_n) < \delta$ となる．ゆえに $n \geq N$ のとき

$$\int_F f_n(s)m(ds) \geq \int_{F_n} f_n(s)m(ds) \geq \int_{F_n} (g_m(s) - \delta)m(ds)$$
$$= \int_{F_n} g_m(s)m(ds) - \delta m(F_n)$$
$$= \int_F g_m(s)m(ds) - \int_{F - F_n} g_m(s)m(ds) - \delta m(F_n)$$
$$\geq \int_F g_m(s)m(ds) - \lambda m(F - F_n) - \delta m(F)$$
$$> \int_F g_m(s)m(ds) - \delta(\lambda + m(F)).$$

右辺は n によらないから両辺で $n \to \infty$ として

$$\lim_{n \to \infty} \int_F f_n(s)m(ds) \geq \int_F g_m(s)m(ds) - \delta(\lambda + m(F))$$

を得る．ここで $\delta > 0$ は任意であるからこれらより

$$\lim_{n\to\infty} \int_F f_n(s)m(ds) \geq \int_F g_m(s)m(ds)$$

が言えた．

2) $m(F) = \infty$ のときは

$$\int_F f_n(s)m(ds) \geq \int_{F_n} f_n(s)m(ds) \geq \int_{F_n} (g_m(s) - \delta)m(ds) \geq (\mu - \delta)m(F_n)$$

において $n \to \infty$ とすれば右辺は $\to \infty$ だから

$$\lim_{n\to\infty} \int_F f_n(s)m(ds) = \infty \geq \int_F g_m(s)m(ds)$$

となる．

以上より命題が言えた． □

16.6 収束定理

以下 $\mathbb{C}$ ないし $\mathbb{R}$-値関数の積分の列の収束に関する性質をいくつか述べる．

定理 16.9 (単調収束定理 (monotone convergence theorem)) $E \subset S$, $E \in \mathcal{B}$ とする．E 上で定義された非負値単調増加可測関数列 $0 \leq f_1 \leq f_2 \leq \cdots \leq f_n \leq \ldots$ が $\lim_{n\to\infty} f_n(s) = f(s)$ m-a.e. を満たせば

$$\int_E f(s)m(ds) = \lim_{n\to\infty} \int_E f_n(s)m(ds)$$

が成り立つ．

証明 定義 16.15 より各 f_n に対し単関数 $g_n \geq 0$ で

$$g_n(s) \leq f_n(s) \quad m\text{-a.e.} \tag{16.19}$$

$$\lim_{n\to\infty} |f_n(s) - g_n(s)| = 0 \quad m\text{-a.e.} \tag{16.20}$$

$$0 \leq \int_E f_n(s)m(ds) - \int_E g_n(s)m(ds) < 1/2^n \tag{16.21}$$

かつ
$$0 \le g_1 \le g_2 \le \cdots \le g_n \le \cdots$$
を満たすものがとれる．この g_n は単調増加な単関数の列で上の取り方より $\lim_{n\to\infty} g_n = f$ m-a.e. を満たすから定義 16.15 より
$$\int_E f(s)m(ds) = \lim_{n\to\infty} \int_E g_n(s)m(ds)$$
である．よって (16.21) より
$$\int_E f(s)m(ds) = \lim_{n\to\infty} \int_E f_n(s)m(ds)$$
が言える． □

命題 16.5 f を S 上定義された $\mathbb{C}$ ないし $\mathbb{R}$-値関数とする．以下が成り立つ．

1) f が可積分であることは $|f|$ が可積分であることと同値である．

2) f が可積分で $f(s) \ge 0$ m-a.e. ならば
$$\int_S f(s)m(ds) \ge 0$$
で等号は $f(s) = 0$ m-a.e. のときかつそのときのみ成り立つ．

3) f が可積分であるとする．このとき $B \in \mathcal{B}$ に対し
$$F(B) = \int_B f(s)m(ds) := \int_S \chi_B(s)f(s)m(ds)$$
と定義すると F は σ-加法的である．すなわち
$$F\left(\sum_{j=1}^\infty B_j\right) = \sum_{j=1}^\infty F(B_j)$$
が成り立つ．

4) 3) で定義された集合関数 F は測度 m に関し絶対連続である．すなわち
$$m(B) = 0 \implies F(B) = 0$$

が成り立つ．別の言葉で言えば $B \in \mathcal{B}$ について一様に

$$\lim_{m(B) \to 0} F(B) = 0$$

が成り立つ．

問 **16.4** 命題 16.5 を示せ．

定理 **16.10** (ファトゥーの補題 (Fatou's lemma))　$E \in \mathcal{B}$ とするとき E の上で関数列 f_n が $f_n(s) \geq 0$ m-a.e. を満たせば

$$\liminf_{n \to \infty} \int_E f_n(s) m(ds) \geq \int_E \liminf_{n \to \infty} f_n(s) m(ds)$$

が成り立つ．

証明　$g_n(s) = \inf_{k \geq n} f_k(s)$ とおくと $g_n \geq 0$ かつ g_n は単調増加であり $\lim_{n \to \infty} g_n(s) = \liminf_{n \to \infty} f_n(s)$ m-a.e. を満たす．よって定理 16.9 より

$$\int_E \liminf_{n \to \infty} f_n(s) m(ds) = \lim_{n \to \infty} \int_E g_n(s) m(ds). \tag{16.22}$$

ここで任意の $\ell \geq n$ に対し

$$\int_E g_n(s) m(ds) = \int_E \inf_{k \geq n} f_k(s) m(ds) \leq \int_E f_\ell(s) m(ds)$$

であるから

$$\int_E g_n(s) m(ds) \leq \inf_{\ell \geq n} \int_E f_\ell(s) m(ds).$$

右辺は単調増大であるから

$$\lim_{n \to \infty} \int_E g_n(s) m(ds) \leq \lim_{n \to \infty} \inf_{\ell \geq n} \int_E f_\ell(s) m(ds) = \liminf_{n \to \infty} \int_E f_n(s) m(ds)$$

が言え (16.22) とあわせて定理が言えた．　□

定理 **16.11** (ルベーグの収束定理 (Lebesgue's dominated convergence theorem))　$E \in \mathcal{B}$ とする．f_n を E 上の可測関数列，$g \geq 0$ を E 上積分可能な関数で

$$|f_n(s)| \leq g(s) \quad m\text{-a.e.} \quad (n = 1, 2, \dots)$$

とする.このとき $\lim_{n\to\infty} f_n(s)$ が m-a.e. で存在すれば

$$\lim_{n\to\infty}\int_E f_n(s)m(ds) = \int_E \lim_{n\to\infty} f_n(s)m(ds)$$

が成り立つ.

証明 仮定より $-g(s) \leq f_n(s) \leq g(s)$ m-a.e. だから

$$g - f_n \geq 0, \quad g + f_n \geq 0.$$

ゆえに前定理 16.10 より

$$\liminf_{n\to\infty}\int_E (g-f_n)(s)m(ds) \geq \int_E (g - \limsup_{n\to\infty} f_n)(s)m(ds).$$

よってこれと g の可積分性より

$$-\limsup_{n\to\infty}\int_E f_n(s)m(ds) \geq -\int_E \limsup_{n\to\infty} f_n(s)m(ds).$$

すなわち

$$\limsup_{n\to\infty}\int_E f_n(s)m(ds) \leq \int_E \limsup_{n\to\infty} f_n(s)m(ds). \tag{16.23}$$

同様に

$$\liminf_{n\to\infty}\int_E (g+f_n)(s)m(ds) \geq \int_E (g + \liminf_{n\to\infty} f_n)(s)m(ds)$$

より

$$\liminf_{n\to\infty}\int_E f_n(s)m(ds) \geq \int_E \liminf_{n\to\infty} f_n(s)m(ds) \tag{16.24}$$

が得られる.$\lim_{n\to\infty} f_n(s)$ が存在するから (16.23) と (16.24) の右辺は等しい.ゆえにそれらの左辺は相等しく従って

$$\lim_{n\to\infty}\int_E f_n(s)m(ds)$$

が存在して

$$\int_E \lim_{n\to\infty} f_n(s)m(ds)$$

に等しくなる. □

系 16.1 $E \in \mathcal{B}$ を $m(E) < \infty$ なる集合とし可測関数の列 f_n が E 上一様有界とする．このとき極限 $f = \lim_{n \to \infty} f_n$ が m-a.e. で存在すれば f, f_n は E 上可積分であり

$$\lim_{n \to \infty} \int_E f_n(s) m(ds) = \int_E f(s) m(ds)$$

が成り立つ．

問 16.5 系 16.1 を示せ．

積分変数を増やすには測度空間の直積の上に測度を定義する必要がある．

定義 16.16 $(S, \mathcal{B}, m), (S', \mathcal{B}', m')$ を二つの測度空間とする．$\mathcal{B} \times \mathcal{B}'$ を直積集合 $B \times B'$ ($B \in \mathcal{B}, B' \in \mathcal{B}'$) をすべて含む最小の σ-加法族とする．このときこのような直積集合 $B \times B'$ に対し

$$(m \times m')(B \times B') = m(B)m'(B')$$

を満たす $\mathcal{B} \times \mathcal{B}'$ 上の σ-加法的，σ-有限で非負の測度 $m \times m'$ が一意的に存在することが示される．この測度 $m \times m'$ を m と m' の直積測度という．また $(S \times S', \mathcal{B} \times \mathcal{B}', m \times m')$ を直積測度空間という．おのおのの測度空間が完備であっても直積測度空間は完備とは限らず，完備にするには完備化を取らねばならない．$S \times S'$ 上の関数が $\mathcal{B} \times \mathcal{B}'$-可測と言うこと，また関数が測度 $m \times m'$ に関し積分可能と言うことはこれまでと同様に定義される．関数 $f(s, s')$ が積分可能のときその積分を

$$\int_{S \times S'} f(s, s')(m \times m')(ds ds')$$

あるいは

$$\int_{S \times S'} f(s, s') m(ds) m'(ds')$$

などと表す．

このときリーマン積分のときと同様にフビニの定理が成り立つ．

定理 16.12 (フビニ (Fubini) の定理) $(S, \mathcal{B}, m)$, $(S', \mathcal{B}', m')$ を測度空間とし $f(s,s')$ を $S \times S'$ 上の $\mathcal{B} \times \mathcal{B}'$-可測関数とする．このとき $f(s,s')$ が $m \times m'$-可積分である必要十分条件は以下のうち少なくともひとつの積分が有限であることである．

$$\int_{S'} \left(\int_S |f(s,s')| m(ds) \right) m'(ds'), \quad \int_S \left(\int_{S'} |f(s,s')| m'(ds') \right) m(ds).$$

そしてこのとき以下が成り立つ．

$$\int_{S \times S'} f(s,s') m(ds) m'(ds') = \int_{S'} \left(\int_S f(s,s') m(ds) \right) m'(ds')$$
$$= \int_S \left(\int_{S'} f(s,s') m'(ds') \right) m(ds).$$

証明 前半は $S \times S'$ 上の $\mathcal{B} \times \mathcal{B}'$-非負値可測関数 $h(s,s') \geq 0$ に対し無限大も込めた等式

$$\int_{S \times S'} h(s,s') m(ds) m'(ds') = \int_{S'} \left(\int_S h(s,s') m(ds) \right) m'(ds')$$
$$= \int_S \left(\int_{S'} h(s,s') m'(ds') \right) m(ds) \quad (16.25)$$

を示せばよい．命題 16.3 により各点 $(s,s') \in S \times S'$ で $h(s,s')$ に収束する非負値単関数の単調増大列 $h_n(s,s') \geq 0$ が存在する．単関数は可測集合の特性関数の線型結合であるから直積測度の性質より式 (16.25) が $h = h_n$ として成立する．したがって単調収束定理 16.9 により式 (16.25) がいえる．

後半の等式は積分が関数 $f(s,s')$ の正値部分と負値部分とに分けてそれぞれの積分の差として定義される[5]ことから今の等式 (16.25) より従う． □

16.7　リーマン積分とルベーグ積分

最後に以上より定義されたルベーグ積分と以前考察したリーマン積分との関係を与えよう．

---

[5]定義 16.15 の 2).

16.7. リーマン積分とルベーグ積分　　401

定理 16.13 $[a,b]$ を $\mathbb{R}$ の有界閉区間とする．このとき $f : [a,b] \longrightarrow \mathbb{R}$ がリーマン積分可能であればルベーグ積分可能であり両方の積分の値は等しい．このとき f の不連続点の集合

$$E = \{x \mid x \in [a,b],\ f \text{ は点 } x \text{ において不連続である}\}$$

のルベーグ測度はゼロである．

証明 f はリーマン積分可能である[6]から定理 15.7 よりどのような分割の列 Δ_n で $d(\Delta_n) \to 0$ (as $n \to \infty$) なるものについても上積分と下積分は一致する．したがっていま $n = 1, 2, \ldots$ に対し

$$x_{n,k} = a + k\frac{b-a}{2^n} \quad (k = 0, 1, 2, \ldots, 2^n)$$

とおき分割

$$\Delta_n : a = x_{n,0} < x_{n,1} < \cdots < x_{n,2^n-1} < x_{n,2^n} = b$$

を取り $k = 1, 2, \ldots, 2^n$ に対し

$$m_{n,k} = \inf_{x \in [x_{n,k-1}, x_{n,k}]} f(x), \quad M_{n,k} = \sup_{x \in [x_{n,k-1}, x_{n,k}]} f(x)$$

とおけば不足和，過剰和は

$$s_n = \sum_{k=1}^{2^n} m_{n,k}\frac{b-a}{2^n}, \quad S_n = \sum_{k=1}^{2^n} M_{n,k}\frac{b-a}{2^n}$$

となる．上述の定理 15.7 から

$$\lim_{n \to \infty} s_n = \lim_{n \to \infty} S_n = \int_a^b f(x)dx \tag{16.26}$$

である．いま関数 $F_n, G_n : I = [a,b] \longrightarrow \mathbb{R}$ を

$$F_n(a) = G_n(a) = f(a)$$

---

[6]これまで有界閉区間上のリーマン積分可能な関数に対してもその有界性を仮定して定理等を述べてきたがリーマン積分の定義に戻れば有界閉区間上リーマン積分可能な関数はその有界閉区間上有界である．

かつ $x_{n,k-1} < x \leq x_{n,k}(k = 1, 2, \ldots, 2^n)$ に対し

$$F_n(x) = m_{n,k}, \quad G_n(x) = M_{n,k}$$

と定義すると明らかに F_n, G_n は単関数であり

$$F_n(x) \leq F_{n+1}(x) \leq G_{n+1}(x) \leq G_n(x) \quad (n = 1, 2, \ldots)$$

が成り立つ．よって極限

$$F(x) = \lim_{n \to \infty} F_n(x), \quad G(x) = \lim_{n \to \infty} G_n(x)$$

が存在し

$$F_n(x) \leq F(x) \leq G(x) \leq G_n(x) \quad (n = 1, 2, \ldots)$$

が成り立ち F, G はルベーグ可測関数である．定義より

$$s_n = \int_I F_n(x)m(dx), \quad S_n = \int_I G_n(x)m(dx)$$

が成り立つ．さらにルベーグの収束定理より

$$\int_I F(x)m(dx) = \lim_{n \to \infty} \int_I F_n(x)m(dx),$$
$$\int_I G(x)m(dx) = \lim_{n \to \infty} \int_I G_n(x)m(dx)$$

が成り立つから上述の (16.26) より

$$\int_I F(x)m(dx) = \int_I G(x)m(dx)$$

がいえる．積分の定義 16.15 よりこれは f のルベーグ積分にほかならない．よって f はルベーグ積分可能で

$$\int_a^b f(x)dx = \int_I f(x)m(dx)$$

が言えた．とくに

$$F(x) = G(x) \quad m\text{-a.e.}$$

いま
$$X = \{x_{n,k} \mid k = 0, 1, 2, \ldots, 2^n, \ n = 1, 2, \ldots\}$$
とおくと X は加算集合だからそのルベーグ測度はゼロである．
$$m(X) = 0.$$
他方 $x \in E - X$ とすると点 x は上述の分割 Δ_n のある小区間 $[x_{n,k}, x_{n,k+1}]$ の内点である．$x \in E$ としたから f は点 $x \in (x_{n,k}, x_{n,k+1})$ において不連続であるから
$$F(x) < G(x)$$
が成り立たなければならない．ところが $F(x) = G(x)$ m-a.e. であったから
$$m(E - X) = 0$$
となる．よって以上より
$$m(E) \leq m(X) + m(E - X) = 0$$
となり定理が言えた． □

注 16.1 1) この定理は一般の n 次元ユークリッド空間 $\mathbb{R}^n$ の有界閉区間上で定義される関数にまで拡張される．このように有界区間上ではリーマン積分可能であればルベーグ積分可能である．しかしルベーグ積分可能でもリーマン積分可能でない例がある．実際以下の $f(x)$ $(0 \leq x \leq 1)$ がそうである．
$$f(x) = \begin{cases} 1 & (x \in [0,1] \cap \mathbb{Q}) \\ 0 & (x \in [0,1] - \mathbb{Q}) \end{cases}$$

2) しかし広義リーマン積分可能であるがルベーグ積分可能でない例が存在する．実際 $\mathbb{R}$ の区間 $[1, \infty)$ 上の $\mathbb{C}$-値関数
$$f(x) = \frac{e^{ix}}{x}$$
はルベーグ積分可能でないが，広義リーマン積分可能である．確かめてみよ．定理 16.13 および 1) に述べたように一般に有界閉区間でリーマン積分

可能ならルベーグ積分可能で積分の値は等しい．無限区間でも絶対値関数については同じことが成り立つが上のように被積分関数が正負の値を取り振動する場合あるいは複素数値で原点の周りを振動する場合はそうとは限らない．この場合リーマン積分の方がより柔軟な考え方である．このような振動するが故に収束する積分を一般に「振動積分」と呼び，昨今擬微分作用素やフーリエ積分作用素の理論の基礎として重要な分野をなしている．

問 16.6 三角関数 $\sin x$ は $x = 0$ で値 0 をとりかつ

$$\left|\frac{\sin x}{x}\right| \leq 1 \quad (x \neq 0)$$

を満たす．このとき以下の広義積分が収束することおよび以下の等式を示せ．

$$\int_0^\infty \frac{\sin x}{x} dx = \frac{\pi}{2}.$$

第17章 線型位相空間

　前章で実ユークリッド空間 $\mathbb{R}^n$ 上の積分論の一般化としての測度空間とルベーグ積分の概念の概要を見た．Radon-Nikodym の密度関数等の測度論特有の話題を除けば積分論として応用される場面の基本的な事柄は一通り述べられており，後は必要に応じて文献を当たればルベーグ積分論の基本知識としてはこれで終わりとしてもよいであろう．

　しかし注 16.1 でも触れたとおり２０世紀の解析学において主要の役割を演じかつ今現在も主要の役割を演じているのはルベーグ積分論よりも広義リーマン積分の拡張としての振動積分論である．ルベーグ積分を可能にした主要な要素は被積分関数が実数値，特に正値実数値であるという点であり，たとえば作用素を値にとる関数の積分はこのような方法では扱えない．この場合はバナッハ空間に値をとる関数の強可測性という概念を単関数でノルム近似できるという性質として定義し，ルベーグ積分論の方法で積分を定義することができる．しかし実際の解析学で有用な定理は「微分積分学の基本定理」であり，その応用としての「部分積分」に尽きるといっても過言でないであろう．この意味で積分で被積分関数として扱う関数は作用素を値に取る関数の場合も必然的に滑らかな関数である必要があり，従ってリーマン積分論が有効である．振動積分はリーマン積分論の広義ないし異常積分の拡張であり，被積分関数が滑らかで指数関数 $e^{-ix\xi}$ のような振動因子があれば部分積分により広義積分論を経由して無限遠で減衰しない被積分関数を因子に持つ積分もその値を定義することが可能になる．いったん部分積分により被積分関数が十分な減衰度を持ち積分可能になればルベーグ積分論が使えてルベーグの収束定理や積分の順序交換に関するフビニの定理等のごく常識的な知識は自由に用いることができる．このように現実に行われる有用な積分の議論の多くはリーマン積分論における広義積分論を通して行われる．

　次章以降このような現実に即した積分論を概観してゆくためこれからしばらく線型位相空間およびその特別の場合のフレッシェ空間，バナッハ空

間等について見てゆこう．

17.1 局所凸線型位相空間

まず線型空間の定義を再述する．

定義 17.1 $K = \mathbb{R} \text{ or } \mathbb{C}$ とする．集合 V が体 K 上の線型空間であるとは V 上の演算 $+$ と K の元によるスカラー倍の演算が定義されていて次を満たすことである．V の元をベクトルという．

(I) 任意の $x, y, w \in V$ に対し和 $x + y \in V$ が定義され次の性質を満たす．

1) $(x + y) + w = x + (y + w)$.
2) $x + y = y + x$.
3) $\exists 0 \in V, \forall x \in V: x + 0 = 0 + x = x$.
4) $\forall x \in V, \exists x' \in V: x + x' = 0$.

(II) 任意の $x, y \in V, \alpha, \beta \in K$ に対しスカラー倍 $\alpha x \in V$ が定義され次を満たす．

1) $(\alpha + \beta)x = \alpha x + \beta x$.
2) $\alpha(x + y) = \alpha x + \alpha y$.
3) $(\alpha\beta)x = \alpha(\beta x)$.
4) $1x = x$.

(I) の 3) におけるベクトル 0 は一意に定まる．これを V の零元と呼ぶ．$x \in V$ に対し (I) の 4) における x' は一意に定まる．これを $x' = -x$ と表し，x の（加法に関する）逆元という．

定義 17.2 集合 V が線型位相空間であるとは V が位相空間でありかつ線型空間であって，演算 $V \times V \ni (x, y) \longrightarrow x + y \in V$ および $K \times V \ni (\alpha, x) \longrightarrow \alpha x \in V$ がともに連続写像であることである．

17.1. 局所凸線型位相空間

定義 17.3 線型空間 V の集合 $M(\subset V)$ が凸である (convex) とは
$$x, y \in M, 0 < \alpha < 1 \Longrightarrow \alpha x + (1-\alpha) y \in M$$
が成り立つことである．M が円形である (balanced, équilibré) とは
$$x \in M, |\alpha| \leq 1 \Longrightarrow \alpha x \in M$$
が成り立つことである．M が吸収的である (absorbing) とは
$$\forall x \in V, \exists \alpha > 0 : \alpha^{-1} x \in M$$
が成り立つことである．

定義 17.4 線型位相空間 V の部分集合 B が有界 (bounded) であるとは B が任意の 0 の近傍 N に吸収される (absorbed) ことである．すなわちある定数 $\alpha > 0$ に対し集合 $\alpha^{-1} B = \{\alpha^{-1} x | x \in B\}$ が N の部分集合となることである．

定義 17.5 線型位相空間 V が局所凸線型位相空間 (locally convex linear topological space) あるいは局所凸空間 (locally convex space) であるとは V の零元 0 を含む任意の開集合が凸で円形な吸収的開集合を部分集合として含むことである．

定義 17.6 線型空間 V 上定義された実数値関数 p が V 上のセミノルム (seminorm) であるとは任意のベクトル $x, y \in V$ およびスカラー $\alpha \in K$ に対し以下の二条件が成り立つことである．
$$p(x+y) \leq p(x) + p(y),$$
$$p(\alpha x) = |\alpha| p(x).$$

命題 17.1 線型空間 V 上のセミノルム p は任意のベクトル $x, y \in V$ に対し以下を満たす．
$$p(0) = 0,$$
$$p(x-y) \geq |p(x) - p(y)|,$$
$$p(x) \geq 0.$$

証明 第一の性質は任意のベクトル $x \in V$ に対し $p(0) = p(0 \cdot x) = 0 \cdot p(x) = 0$ が成り立つことによる．第二の性質は任意のベクトル $x, y \in V$ に対し $p(x-y) + p(y) \geq p((x-y)+y) = p(x)$ であるから $p(x-y) \geq p(x) - p(y)$. x と y を交換して同様に $p(x-y) = p(y-x) \geq p(y) - p(x) = -(p(x)-p(y))$. 第三の性質は第一と第二から $p(x) = p(x-0) \geq |p(x) - p(0)| = |p(x)| \geq 0$ による． □

命題 17.2 線型空間 V 上のセミノルム p および正の数 $b > 0$ に対し集合

$$M = \{x \mid p(x) \leq b\}$$

は以下の性質を満たす．

1) $0 \in M$.

2) M は凸集合である．

3) M は円形である．

4) M は吸収的である．

5) $p(x) = b \inf\{\alpha | \alpha > 0, \alpha^{-1}x \in M\}$.

証明は読者に任せる．

命題 17.3 線型空間 V 上のセミノルムの族 $\{p_\gamma | \gamma \in \Gamma\}$ が以下の条件を満たすとする．
$$\forall x \neq 0 \in V, \exists \gamma \in \Gamma : p_\gamma(x) \neq 0.$$
この族から任意有限個のセミノルム $p_{\gamma_1}, \ldots, p_{\gamma_k}$ および正の数 $b_1, \ldots, b_k (> 0)$ をとり
$$U = \{x | x \in V, p_{\gamma_j}(x) \leq b_j (j=1,\ldots,k)\}$$
とおくと命題 17.2 より U は凸で円形な吸収的集合となる．このような集合 U を零ベクトル $0 \in V$ の近傍とし，任意の V の点 $x \in V$ に対し
$$U + x = \{x + y | y \in U\}$$

の形の集合を点 x の近傍とする．このとき $\mathcal{O}$ を集合 G で G が G の任意の点 x のある近傍を含む集合の全体とすると $\mathcal{O}$ は V の位相を定義する．そしてこの位相に関し V は Hausdorff 局所凸線型位相空間となる．とくに任意のセミノルム p_γ $(\gamma \in \Gamma)$ はこの位相に関し連続となる．

逆に以下が言える．

定義 17.7 M を線型空間 V の凸で円形な吸収的集合とするとき汎関数

$$p_M(x) = \inf\{\alpha | \alpha > 0, \alpha^{-1} x \in M\}$$

を集合 M の Minkowski 汎関数 (Minkowski functional) と呼ぶ．

命題 17.4 線型空間 V の凸かつ円形な吸収的集合 M の Minkowski 汎関数 p_M は V 上のセミノルムになり

$$\{x | p_M(x) < 1\} \subset M \subset \{x | p_M(x) \leq 1\}$$

が成り立つ．さらに V が局所凸空間であれば V の原点の任意の円形凸近傍 M は吸収的であって M の Minkowski 汎関数 p_M は V の位相に関し連続となる．

したがって次がいえた．

定理 17.1 セミノルムの族により上記のように定義される線型位相空間は局所凸空間であり，逆に局所凸空間は凸かつ円形な吸収的集合の Minkowski 汎関数をセミノルムの族とする線型位相空間である．

定義 17.8 有向集合(directed set)[1] A を添字集合とする位相空間の族 $\{S_\alpha\}_{\alpha \in A}$ と $\alpha \leq \beta$ なる任意の $\alpha, \beta \in A$ に対し S_α から S_β への連続写像 $f_{\beta\alpha} : S_\alpha \longrightarrow S_\beta$ が与えられていて

$$f_{\alpha\alpha} = I, \quad f_{\gamma\beta} \circ f_{\beta\alpha} = f_{\gamma\alpha} \ (\alpha \leq \beta \leq \gamma)$$

---

[1]任意の有限部分集合が上に有界であるような順序集合．

が成り立つときこの族を位相空間の帰納系 (inductive system, direct system) と呼ぶ．S_α ($\alpha \in A$) を添字が異なるとき互いに共通部分を持たないと考えることができる．このとき直和集合 $S = \sum_{\alpha \in A} S_\alpha$ における同値関係 $\equiv$ を $x \in S_\alpha, y \in S_\beta$ に対し

$$x \equiv y \iff \exists \gamma : \gamma \geq \alpha, \gamma \geq \beta, f_{\gamma\alpha}(x) = f_{\gamma\beta}(y)$$

と定義する．この同値関係による S の商位相空間[2]を $\widetilde{S}$ とする．$x_\alpha \in S_\alpha$ の同値類を $[x_\alpha]$ と表すとき標準連続写像 $f_\alpha : S_\alpha \ni x_\alpha \mapsto [x_\alpha] \in \widetilde{S}$ ($\alpha \in A$) は以下を満たす．

1. 任意の $\alpha \leq \beta$ に対し $f_\beta \circ f_{\beta\alpha} = f_\alpha$．

2. 任意の位相空間 X と $\phi_\beta \circ f_{\beta\alpha} = \phi_\alpha$ ($\alpha \leq \beta$) を満たす連続写像 $\phi_\alpha : S_\alpha \longrightarrow X$ ($\alpha \in A$) に対し $F \circ f_\alpha = \phi_\alpha$ ($\alpha \in A$) を満たす連続写像 $F : \widetilde{S} \longrightarrow X$ が一意に存在する．

$(\widetilde{S}, f_\alpha)$ ないし $\widetilde{S}$ を帰納系 $\{S_\alpha\}_{\alpha \in A}$ の帰納的極限 (inductive limit, direct limit) と呼び，$\widetilde{S} = (\widetilde{S}, f_\alpha) = \varinjlim(S_\alpha, f_{\beta\alpha})$ と書く．

17.2 ノルム空間

定義 17.9 線型空間 V が $x \in V$ に非負実数値 $\|x\| \geq 0$ を対応させる擬ノルムを持つ擬ノルム空間 (pseudonormed linear space) であるとは任意のベクトル x, y，スカラー α，スカラー列 $\alpha_n \to 0$ ($n \to \infty$) およびベクトル列 x_n で $\|x_n\| \to 0$ ($n \to \infty$) を満たすものに対し以下を満たす擬ノルム $\|x\|$ が定義されていてその位相が距離 $d(x,y) = \|x-y\|$ によって与えられている時をいう．

i) $\|x\| \geq 0$, $\|x\| = 0 \iff x = 0$.

ii) $\|x+y\| \leq \|x\| + \|y\|$.

iii) $\|-x\| = \|x\|$, $\lim_{n \to \infty} \|\alpha_n x\| = 0$, $\lim_{n \to \infty} \|\alpha x_n\| = 0$.

---
[2]定義 11.10

17.2. ノルム空間

命題 17.5 擬ノルム空間において以下が成り立つ．

i) $x_n \to x \ (n \to \infty)$ ならば $\|x_n\| \to \|x\| \ (n \to \infty)$.

ii) $\alpha_n \to \alpha \ (n \to \infty)$ かつ $x_n \to x \ (n \to \infty)$ ならば $\alpha_n x_n \to \alpha x$ $(n \to \infty)$.

iii) $x_n \to x \ (n \to \infty)$ および $y_n \to y \ (n \to \infty)$ ならば $x_n + y_n \to x + y$ $(n \to \infty)$.

とくに擬ノルム空間は線型位相空間である．

証明 i), iii) は定義 17.9 の ii) の三角不等式より明らかである．以下 ii) を証明する．体 $K = \mathbb{R}$ or $\mathbb{C}$ 上の汎関数の可算族

$$p_n(\alpha) = \|\alpha(x_n - x)\| \quad (n = 1, 2, \dots)$$

を考えると，これは擬ノルムの性質より K 上の連続関数を定義しかつ ii) の仮定 $\lim_{n \to \infty} \|x_n - x\| = 0$ より

$$\lim_{n \to \infty} p_n(\alpha) = 0$$

を満たす．以下簡単のため $K = \mathbb{R}$ とする．第 16 章のエゴロフの定理 16.8 により $\mathbb{R}$ のある Baire 可測な集合 B が存在してルベーグ測度 $m(B) > 0$ でありかつ $\alpha \in B$ について一様に

$$\lim_{n \to \infty} p_n(\alpha) = 0$$

となる．ルベーグ測度は平行移動に関し連続であるから

$$\lim_{\lambda \to 0} m((B + \lambda) \ominus B) = 0.$$

したがって正数 $\delta > 0$ が存在して $|\lambda| \leq \delta$ のとき

$$m((B + \lambda) \ominus B) < 2^{-1} m(B)$$

となる．とくに $|\lambda| \leq \delta$ のとき

$$m((B + \lambda) \cap B) > 0$$

となる．ゆえに任意の実数 λ で $|\lambda| \leq \delta$ なるものはある $\beta \in B, \gamma \in B$ によって
$$\lambda = \beta - \gamma$$
と表される．これと $p_n(\beta - \gamma) \leq p_n(\beta) + p_n(\gamma)$ より $|\lambda| \leq \delta$ なる λ に関し一様に
$$\lim_{n \to \infty} p_n(\lambda) = 0 \tag{17.1}$$
が成り立つ．三角不等式より
$$\|\alpha_n x_n - \alpha x\| \leq \|\alpha_n(x_n - x)\| + \|(\alpha_n - \alpha)x\|$$
$$= p_n(\alpha_n) + \|(\alpha_n - \alpha)x\|.$$

擬ノルム空間の定義と仮定 $\alpha_n \to \alpha$ $(n \to \infty)$ より $n \to \infty$ のとき右辺第二項は $\to 0$ である．同じ仮定よりある自然数 $L > 0$ に対し $|\alpha_n| < L\delta$ $(n = 1, 2, \ldots)$ である．ゆえに三角不等式より
$$p_n(\alpha_n) = p_n(L \cdot (\alpha_n/L)) \leq Lp_n(\alpha_n/L).$$

$|\alpha_n/L| < \delta$ だから式 (17.1) より $n \to \infty$ のとき右辺は $\to 0$ である．したがって $n \to \infty$ のとき $\|\alpha_n x_n - \alpha x\| \to 0$ となり ii) が言えた． □

定義 17.10 Hausdorff の分離公理[3]を満たす局所凸空間の位相がただ一つのセミノルム $p(x) = \|x\|$ により定義される距離 $d(x, y) = \|x - y\|$ によって定義されるときそれをノルム空間 (normed linear space) といい，そのセミノルムをその空間のノルムという．すなわちただ一つのセミノルム $\|x\|$ が任意のベクトル x, y およびスカラー $\alpha \in K$ に対し次を満たす時をいう．

　i) $\|x\| \geq 0$, $\|x\| = 0 \Leftrightarrow x = 0$.

　ii) $\|x + y\| \leq \|x\| + \|y\|$.

　iii) $\|\alpha x\| = |\alpha|\|x\|$.

---

[3]すなわち V の相異なる二点 x, y に対し x の近傍 U および y の近傍 W で $U \cap W = \emptyset$ なるものが存在することである．

命題 17.6 局所凸空間の位相が可算個のセミノルム p_n $(n = 1, 2, \ldots)$ によって定義されているときその位相は擬ノルム

$$\|x\| = \sum_{n=1}^{\infty} 2^{-n} \frac{p_n(x)}{1 + p_n(x)}$$

によって定義される距離 $d(x, y) = \|x - y\|$ によるものと一致する．このように位相空間の位相がその空間におけるある距離による位相と一致するときその位相空間は距離付け可能という．

擬ノルム空間 V は距離空間であるから V における収束列はコーシー列である．この逆が成り立つとき距離空間は完備であるといった．

定義 17.11 擬ノルム空間が完備であるときそれをフレッシェ空間 (Fréchet space) と呼ぶ．ノルム空間が完備であるときそれをバナッハ空間 (Banach space) と呼ぶ．

注 17.1 局所凸空間 V が距離付け可能である必要十分条件はそれが Hausdorff の分離公理を満たしかつその位相が高々可算個のセミノルムによって与えられることである．特に命題17.6よりその距離は擬ノルムによるものとしてよい．しかし擬ノルム空間は必ずしも局所凸空間ではない．

以下は一様有界性定理として知られている．

定理 17.2 V をフレッシェ空間，W をノルム空間とし $\{T_\alpha | \alpha \in A\}$ を V から W への連続写像の族とする．いま任意の $\alpha \in A$ と $x, y \in V$ に対し

$$\|T_\alpha(x+y)\| \leq \|T_\alpha x\| + \|T_\alpha y\|$$
$$\|T_\alpha(\lambda x)\| = \|\lambda T_\alpha x\| \quad (\lambda \geq 0)$$

が成り立つとする．このとき

$$\forall x \in V : \sup_{\alpha \in A} \|T_\alpha x\| < \infty \tag{17.2}$$

であれば正の数 $\delta > 0$ と $K > 0$ が存在して

$$\alpha \in A, x \in V, \|x\| < \delta \Rightarrow \|T_\alpha x\| < K$$

が成り立つ．

証明 $k = 1, 2, \ldots$ に対し $M_k = \{x | x \in V, \sup_{\alpha \in A}(\|T_\alpha x\| + \|T_\alpha(-x)\|) \leq k\}$ とおくと T_α の連続性より M_k は V の閉集合であり，定理の仮定 (17.2) より

$$V = \bigcup_{k=1}^{\infty} M_k$$

である．他方 V は完備な距離空間であるからベールのカテゴリー定理 11.4 よりある $k_0 \geq 1$ に対し M_{k_0} は全疎集合でない．すなわち閉集合 M_{k_0} はある点 $p \in V$ を中心とする開球 $O_\delta(p) = \{x | x \in V, \|x - p\| < \delta\} = p + O_\delta(0)$ ($\delta > 0$) を含む．M_k の定義より $M_k = -M_k = \{-x | x \in M_k\}$ であるからこれより $O_\delta(-p) = -O_\delta(p) \subset M_{k_0}$ がいえる．したがって $x \in O_\delta(0)$ であれば $x + p \in O_\delta(p) \subset M_{k_0}$ および $-p \in O_\delta(-p) \subset M_{k_0}$ であり $\sup_{\alpha \in A} \|T_\alpha(x+p)\| \leq k_0$ および $\sup_{\alpha \in A} \|T_\alpha(-p)\| \leq k_0$ となる．ゆえに任意の $\alpha \in A$ および $x \in O_\delta(0)$ に対し

$$\|T_\alpha(x)\| \leq \|T_\alpha(x+p)\| + \|T_\alpha(-p)\| \leq 2k_0$$

となる． □

これより以下の共鳴定理 (resonance theorem) が従う．

定理 17.3 V をバナッハ空間，W をノルム空間とする．T_α ($\alpha \in A$) を V から W への有界線型作用素の族とする．このとき

$$\forall x \in V : \sup_{\alpha \in A} \|T_\alpha x\| < \infty \tag{17.3}$$

であれば

$$\sup_{\alpha \in A} \|T_\alpha\| < \infty \tag{17.4}$$

が成り立つ．ただしノルム空間 V からノルム空間 W への線型作用素 T に対し作用素ノルム $\|T\|$ は第 14 章 定義 14.2 により $\|T\| = \sup_{x \in V, \|x\|=1} \|Tx\|$ と定義される．

証明 前定理 17.2 より正の数 $\delta > 0$ および $K > 0$ が存在して $\|x\| < \delta$ なら $\sup_{\alpha \in A} \|T_\alpha x\| < K$ である．したがって任意の $\alpha \in A$ に対し

$$\|T_\alpha\| = \sup_{\|x\|=\delta} \|T_\alpha \delta^{-1} x\| = \delta^{-1} \sup_{\|x\|<\delta} \|T_\alpha x\| \leq \delta^{-1} K$$

となる. □

系 17.1 T_k ($k = 1, 2, \ldots$) をバナッハ空間 V からノルム空間 W への有界作用素の族とする. 任意の $x \in V$ に対し W における極限 $\lim_{k \to \infty} T_k x$ が存在するとしこの極限を Tx と書くと T は V から W への有界線型作用素となり不等式

$$\|T\| \leq \liminf_{k \to \infty} \|T_k\|$$

を満たす.

証明 $\lim_{k \to \infty} T_k x = Tx$ が存在するから各 $x \in V$ に対し $\sup_{k \geq 1} \|T_k x\| < \infty$ である. したがって前定理 17.3 から $\sup_{k \geq 1} \|T_k\| < \infty$ である. 特に $\|T_k x\| \leq \sup_{k \geq 1} \|T_k\| \|x\|$. さらに

$$\begin{aligned}
\|Tx\| &= \lim_{k \to \infty} \|T_k x\| = \liminf_{k \to \infty} \|T_k x\| \\
&= \lim_{k \to \infty} \inf_{\ell \geq k} \|T_\ell x\| \leq \lim_{k \to \infty} \inf_{\ell \geq k} \|T_\ell\| \|x\| \\
&= \liminf_{k \to \infty} \|T_k\| \cdot \|x\|.
\end{aligned}$$

□

この系で定義される有界線型作用素 T を T_k の強極限 (strong limit) と呼び $T = \text{s-}\lim_{k \to \infty} T_k$ と書く.

ノルム空間のうち内積が定義されるヒルベルト空間は特に有用である.

定義 17.12 実ないし複素ノルム空間が前ヒルベルト空間 (pre-Hilbert space) であるとは任意のベクトル x, y に対し

$$\|x + y\|^2 + \|x - y\|^2 = 2(\|x\|^2 + \|y\|^2)$$

が成り立つ時をいう. 完備な前ヒルベルト空間をヒルベルト空間 (Hilbert space) と呼ぶ.

命題 17.7 実前ヒルベルト空間においてベクトル x, y に対し

$$(x, y) = \frac{1}{4}(\|x + y\|^2 - \|x - y\|^2)$$

と定義すると以下の内積の性質が成り立つ. ただしここで α は実数, x, y, z はこの空間のベクトルである.

1) $(\alpha x, y) = \alpha(x, y), \quad (\alpha \in \mathbb{R})$.

2) $(x + y, z) = (x, z) + (y, z)$.

3) $(x, y) = (y, x)$.

4) $(x, x) = \|x\|^2$.

複素前ヒルベルト空間において同様に

$$(x, y) = \frac{1}{4}(\|x + y\|^2 - \|x - y\|^2) + \frac{i}{4}(\|x + y\|^2 - \|x - y\|^2)$$

と定義するとこれは上記性質 2), 4) および

1′) $(\alpha x, y) = \alpha(x, y) \quad (\alpha \in \mathbb{C})$.

3′) $(x, y) = \overline{(y, x)}$.

を満たす.逆に実ないし複素線型空間 V に性質 1), 2), 3) ないし 1′), 2), 3′) を満たす内積 (x, y) $(x, y \in V)$ が与えられていて

$$(x, x) \geq 0,$$
$$(x, x) = 0 \Leftrightarrow x = 0$$

が成り立つときノルムを $\|x\| = \sqrt{(x, x)}$ によって定義するとこれは前ヒルベルト空間になる.

これも証明は容易である.

定義 17.13 ヒルベルト空間 $\mathcal{H}$ からそれ自身への作用素 H の定義域 $\mathcal{D}(H)$ が $\mathcal{H}$ において稠密であるとき H の随伴作用素 H^* の定義域 $\mathcal{D}(H^*)$ は以下の条件を満たす $g \in \mathcal{H}$ の全体として定義される.すなわちある $f \in \mathcal{H}$ が存在して

$$(g, Hu) = (f, u) \qquad (\forall u \in \mathcal{D}(H)) \tag{17.5}$$

を満たすとき $g \in \mathcal{D}(H^*)$ であるという.$\mathcal{D}(H)$ が $\mathcal{H}$ において稠密であるためこのような $f \in \mathcal{H}$ は一意的に定まる.そこで $g \in \mathcal{D}(H^*)$ に対し

$$H^* g = f \tag{17.6}$$

と随伴作用素 H^* を定義する．H^* が H の拡張になっているとき (記号で $H \subset H^*$ と書く) H は対称作用素であるという．また $H^* = H$ となっているとき自己共役作用素という．対称作用素 H はその閉包 H^{**} が自己共役であるとき本質的に自己共役であるという．

17.3　線型位相空間の例

1. 空間 $\mathcal{E}^k(\Omega)$

以下 Ω を $\mathbb{R}^n$ の開集合とする．Ω で定義された関数 f の台 (support) $\mathrm{supp}(f)$ ないし $\mathrm{supp}\, f$ とは

$$\mathrm{supp}\, f = \overline{\{x | x \in \Omega, f(x) \neq 0\}}$$

なる集合のことである．α が多重指数 (multi-index) とは $\alpha = (\alpha_1, \ldots, \alpha_n)$ で $\alpha_j \geq 0 \, (j = 1, \ldots, n)$ は整数であることである．このとき $|\alpha| = \alpha_1 + \cdots + \alpha_n$ を α の長さという．微分作用素 $D = D_x = (-i\partial/\partial x_1, \ldots, -i\partial/\partial x_n)$, $(i = \sqrt{-1})$ と多重指数 $\alpha = (\alpha_1, \ldots, \alpha_n)$ に対し

$$D^\alpha = D_x^\alpha = \left(\frac{1}{i}\frac{\partial}{\partial x_1}\right)^{\alpha_1} \cdots \left(\frac{1}{i}\frac{\partial}{\partial x_n}\right)^{\alpha_n}$$

と定義する．

定義 17.14 $k \geq$ を整数か $k = \infty$ とする．$\mathbb{R}^n$ の開集合 Ω 上 k 回連続的微分可能な関数の全体を $C^k(\Omega)$ と表す．$C^k(\Omega)$ は自然な演算

$$(af_1 + bf_2)(x) = af_1(x) + bf_2(x) \quad (a, b \in \mathbb{C}, x \in \Omega)$$

により線型空間をなす．$C^k(\Omega)$ にセミノルム $p_{K,\ell}$ を以下のようにいれる．$f \in C^k(\Omega)$ のとき Ω の任意のコンパクト集合 K と非負整数 $k \geq \ell \geq 0$ に対し

$$p_{K,\ell}(f) = \sup_{x \in K, |\alpha| \leq \ell} |D^\alpha f(x)|$$

と定義するとこれはセミノルムとなる．ただし $k = \infty$ のときは $0 \leq \ell < \infty$ とする．$C^k(\Omega)$ はこれらのセミノルムにより局所凸線型位相空間となる．この局所凸空間を $\mathcal{E}^k(\Omega)$ と表す．$k = \infty$ のとき $\mathcal{E}^\infty(\Omega)$ を単に $\mathcal{E}(\Omega)$ と書く．

$\mathbb{R}^n$ の開集合 Ω に対しコンパクト集合の増大列 $K_1 \subset K_2 \subset \ldots$ で

$$\bigcup_{m=1}^{\infty} K_m = \Omega$$

となるものがとれる．このとき $\mathcal{E}^k(\Omega)$ の位相はこれら可算個のセミノルム

$$p_{K_m, \ell} \quad (m = 1, 2, \ldots, \ell = 0, 1, 2, \ldots, k)$$

により与えられる．ただし $k = \infty$ のときは $0 \leq \ell < \infty$ とする．これらは一列に並べ替えて

$$p_j \quad (j = 1, 2, \ldots)$$

と書ける．従って命題 17.6 より $\mathcal{E}^k(\Omega)$ の位相はただ一つの擬ノルム

$$\|f\| = \sum_{j=1}^{\infty} 2^{-j} \frac{p_j(f)}{1 + p_j(f)}$$

により与えられ，$\mathcal{E}^k(\Omega)$ は擬ノルム空間となる．特に $\mathcal{E}^k(\Omega)$ は完備な距離空間となる．

2. 空間 $\mathcal{D}(\Omega)$

定義 17.15 $\mathbb{R}^n$ の開集合 Ω 上の無限回連続的微分可能関数で台が Ω のコンパクト集合となる関数の全体を $C_0^{\infty}(\Omega)$ と書く．これは $C^k(\Omega)$ と同様の演算により線型空間となる．Ω のコンパクト集合 K に対し

$$\mathcal{D}_K(\Omega) = \{f | f \in C_0^{\infty}(\Omega), \operatorname{supp} f \subset K\}$$

とし，この $C_0^{\infty}(\Omega)$ の線型部分空間において可算個のセミノルム

$$p_{K, \ell}(f) = \sup_{x \in K, |\alpha| \leq \ell} |D^{\alpha} f(x)| \quad (\ell = 0, 1, 2, \ldots)$$

を定義する．すると $\mathcal{D}_K(\Omega)$ は可算個のセミノルムで位相の定義される局所凸線型位相空間となり，したがって完備な距離空間となる．コンパクト集合 $K_1 \subset K_2$ に対し $\mathcal{D}_{K_1}(\Omega)$ の位相は $\mathcal{D}_{K_2}(\Omega)$ の部分空間としての相対位相[4]と一致する．従って集合の包含関係を順序とする有向集合 $A =$

---
[4] $(X, \mathcal{O}_X)$ が位相空間で Y が X の部分集合であるとき $\mathcal{O}_Y = \{O \cap Y | O \in \mathcal{O}_X\}$ によって Y の位相が定義される．この位相を Y の X に対する相対位相という．

$\{K|\ K$ は Ω のコンパクト集合$\}$ と埋め込み写像 $f_{K_2K_1}: \mathcal{D}_{K_1}(\Omega) \ni \varphi \mapsto \varphi \in \mathcal{D}_{K_2}(\Omega)$ に関し空間 $\mathcal{D}_K(\Omega)$ の帰納的極限[5]が存在し局所凸線型位相空間となる．それを $\mathcal{D}(\Omega) = \varinjlim \mathcal{D}_K(\Omega)$ と表す．これは集合としては $C_0^\infty(\Omega)$ と一致する．容易にわかるように K_ℓ $(\ell = 1, 2, \dots)$ を Ω のコンパクト集合の増大列で $\bigcup_{\ell=1}^\infty K_\ell = \Omega$ となるものとすると $\mathcal{D}(\Omega)$ は帰納列 $\mathcal{D}_{K_\ell}(\Omega)$ の帰納的極限となる．すなわち $\mathcal{D}(\Omega) = \varinjlim \mathcal{D}_{K_\ell}(\Omega)$ となる．このとき $\mathcal{D}(\Omega)$ の位相は標準写像 $f_{K_\ell}: \mathcal{D}_{K_\ell}(\Omega) \ni \varphi \mapsto \varphi \in \mathcal{D}(\Omega)$ を連続にする最も強い位相であるから $\mathcal{D}_{K_\ell}(\Omega)$ の位相は $\mathcal{D}(\Omega)$ からの相対位相と一致する．

帰納的極限については線型位相空間の議論が必要となる場合もあるがおおむね関数列の収束を考えれば十分である．以下はそのような点列収束についての直観的議論である．

命題 **17.8** $\mathcal{D}(\Omega) = \varinjlim \mathcal{D}_{K_\ell}(\Omega)$ とする．このとき $\mathcal{D}(\Omega)$ の点列 f_j $(j = 1, 2, \dots)$ が $\mathcal{D}(\Omega)$ において収束する必要十分条件はある番号 ℓ に対し $f_j \in \mathcal{D}_{K_\ell}(\Omega)$ $(j = 1, 2, \dots)$ となり，かつ $\mathcal{D}_{K_\ell}(\Omega)$ において f_j が収束することである．

証明 条件の十分性は明らかであるから必要性を示す．仮定から $f_j \in \mathcal{D}(\Omega)$ はある $f \in \mathcal{D}(\Omega)$ に収束するから $f_j - f$ を改めて f_j と書けば f_j は $\mathcal{D}(\Omega)$ において 0 に収束する．このとき結論を否定していかなる番号 $\ell = 1, 2, \dots$ に対してもある番号 $j_\ell(> j_{\ell-1})$ が存在して $f_{j_\ell} \notin \mathcal{D}_{K_\ell}(\Omega)$ となると仮定する．

すると任意の $\ell = 1, 2, \dots$ に対し $\operatorname{supp} f_{j_\ell} \not\subset K_\ell$ ゆえ $x_{j_\ell} \in (\operatorname{supp} f_{j_\ell}) - K_\ell$ なる点 $x_{j_\ell} \in \Omega$ で $f_{j_\ell}(x_{j_\ell}) \neq 0$ なるものが存在する．K_ℓ は増大列であるから一般性を失うことなく $x_{j_\ell} \in K_{\ell+1} - K_\ell$ と仮定してよい．そこでセミノルム p を

$$p(f) = \sum_{\ell=1}^\infty \sup_{x \in K_{\ell+1} - K_\ell} \frac{|f(x)|}{|f_{j_\ell}(x_{j_\ell})|}$$

と定義すると，各 $\ell = 1, 2, \dots$ に対し p の $\mathcal{D}_{K_\ell}(\Omega)$ への制限 $p|_{\mathcal{D}_{K_\ell}(\Omega)}$ は連続である．よって p は $\mathcal{D}(\Omega)$ の連続セミノルムである．特に f_j が $\mathcal{D}(\Omega)$ において 0 に収束するから $p(f_j) \to 0$ (as $j \to \infty$)．ところが上の定義により $p(f_{j_\ell}) \geq 1$ で矛盾である．

---
[5] 定義 17.8

したがってある番号 ℓ に対し $f_j \in \mathcal{D}_{K_\ell}(\Omega)$ $(j = 1, 2, \ldots)$ となる．このとき $\mathcal{D}_{K_\ell}(\Omega)$ において $f_j \to 0$ (as $j \to \infty$) は明らかである． □

このことから $\mathcal{D}(\Omega)$ は点列完備であることがいえる．一般に $\mathcal{D}(\Omega)$ は距離付け可能ではなく原点の基本近傍系として可算なものを持たず，完備性の概念はフィルターを用いるより強い条件で定義される．しかし点列に関しては距離空間と同様のことが成り立つのである．

空間 $\mathcal{D}(\Omega)$ の元は超関数 (distribution) を定義するときのテスト関数 (testing function) となる．以下の命題はテスト関数が十分たくさん存在することを示す．

命題 17.9 $\mathbb{R}^n$ にコンパクトな台を持つ連続関数は $C_0^\infty(\mathbb{R}^n)$ 関数により $\mathbb{R}^n$ 上一様に近似される．

証明 関数 $\varphi(x)$ を

$$\varphi(x) = \begin{cases} \exp((|x|^2 - 1)^{-1}) & (|x| < 1) \\ 0 & (|x| \geq 1) \end{cases}$$

と定義すると $\varphi \in C_0^\infty(\mathbb{R}^n)$ である．いま

$$A = \int_{\mathbb{R}^n} \varphi(x) dx \ (> 0)$$

とおき $\psi(x) = A^{-1}\varphi(x)$ とおくと

$$\int_{\mathbb{R}^n} \psi(x) = 1.$$

任意の $\delta > 0$ に対し

$$\psi_\delta(x) = \delta^{-n} \psi(x/\delta)$$

とおくと

$$\int_{\mathbb{R}^n} \psi_\delta(x) dx = 1 \tag{17.7}$$

となる．f を台がコンパクトな $\mathbb{R}^n$ 上の連続関数とし f_δ を

$$f_\delta(x) = (f * \psi_\delta)(x) = \int_{\mathbb{R}^n} f(x-y)\psi_\delta(y) dy = \int_{\mathbb{R}^n} f(y)\psi_\delta(x-y) dy$$

と定義すると積分は収束する．これは

$$f_\delta(x) = \int_{\text{supp } f} f(y)\psi_\delta(x-y)dy$$

と書けるから $\text{supp } f_\delta$ は $\text{supp } f$ の近傍に入り，特に f_δ の台はコンパクトである．また x について微分すれば

$$D_x^\gamma f_\delta(x) = \int_{\mathbb{R}^n} f(y) D_x^\gamma \psi_\delta(x-y)dy.$$

故に $f_\delta \in C_0^\infty(\mathbb{R}^n)$ である．さらに式 (17.7) より

$$|f_\delta(x) - f(x)| \le \int_{\mathbb{R}^n} |f(y) - f(x)|\psi_\delta(x-y)dy.$$

連続関数 f は台がコンパクトだから $\mathbb{R}^n$ 上一様連続である．従って任意の $\epsilon > 0$ に対しある $\delta > 0$ が存在して $x - y \in \text{supp } \psi_\delta(x-y)$ であれば

$$|f(y) - f(x)| < \epsilon$$

となるからこの $\delta > 0$ に対し任意の $x \in \mathbb{R}^n$ において

$$|f_\delta(x) - f(x)| \le \epsilon$$

となる． □

3. 空間 $C(\Omega)$

定義 17.16 Ω を位相空間とし $C(\Omega)$ を Ω 上の複素数値（ないし実数値）有界連続関数の全体とする．この集合に自然な線型演算

$$(af + bg)(x) = af(x) + bg(x) \quad (a, b \in \mathbb{C}, f, g \in C(\Omega))$$

を入れるとこれは線型空間になる．いま

$$\|f\| = \sup_{x \in \Omega} |f(x)|$$

とおくとこのノルムによって $C(\Omega)$ はノルム空間となる．

4. 空間 $L^p(S, \mathcal{B}, m)$

定義 17.17 $(S, \mathcal{B}, m)$ を測度空間とし $1 \leq p < \infty$ とするとき $L^p(S, \mathcal{B}, m)$ は S 上の $\mathcal{B}$-可測な複素数値関数 f で $|f(s)|^p$ が S 上積分可能な関数の全体を表す．線型演算は上の例と同様とするとこれはノルム空間となる．実際ノルムを

$$\|f\| = \|f\|_{L^p} = \left(\int_S |f(s)|^p m(ds)\right)^{1/p} \tag{17.8}$$

と定義すると Minkowski の不等式

$$\left(\int_S |f(s) + g(s)|^p m(ds)\right)^{1/p} \leq \left(\int_S |f(s)|^p m(ds)\right)^{1/p} + \left(\int_S |g(s)|^p m(ds)\right)^{1/p}$$

すなわちノルムに関する三角不等式

$$\|f + g\| \leq \|f\| + \|g\|$$

が成り立つ．したがって $f = 0$ を $\|f\| = 0$ すなわち $f(s) = 0$ (m-a.e. $s \in S$) のことと定義すると $L^p(S, \mathcal{B}, m)$ はノルム空間になる．特に $f, g \in L^p(S, \mathcal{B}, m)$, $a, b \in \mathbb{C}$ ならば $af + bg \in L^p(S, \mathcal{B}, m)$ がいえる．この三角不等式は以下のようにして示す．$p = 1$ のときは明らかだから $1 < p < \infty$ とする．まず

$$\frac{1}{p} + \frac{1}{p'} = 1$$

を満たす $1 < p, p' < \infty$ と $a, b \geq 0$ に対し

$$ab \leq \frac{a^p}{p} + \frac{b^{p'}}{p'}$$

に注意する．実際 $h(x) = x^p/p + 1/p' - x$ $(x \geq 0)$ の最小値 0 は $x = 1$ で取られる．そこで $x = ab^{1/(1-p)}$ とおけば上式が得られる．この不等式を

$$a = |f(s)| \left(\int_S |f(s)|^p m(ds)\right)^{-1/p},$$

$$b = |g(s)| \left(\int_S |g(s)|^p m(ds)\right)^{-1/p'}$$

(ただし分母がともに 0 でないと仮定する) に対し適用し積分すると Hölder の不等式

$$\int_S |f(s)g(s)|m(ds) \leq \left(\int_S |f(s)|^p m(ds)\right)^{1/p} \left(\int_S |g(s)|^{p'} m(ds)\right)^{1/p'}$$

が得られる．ここで

$$\int_S |f(s)+g(s)|^p m(ds)$$
$$\leq \int_S \{|f(s)+g(s)|^{p-1}|f(s)| + |f(s)+g(s)|^{p-1}|g(s)|\}m(ds)$$
$$\leq \left(\int_S |f(s)+g(s)|^{p'(p-1)} m(ds)\right)^{1/p'} \left(\int_S |f(s)|^p m(ds)\right)^{1/p}$$
$$+ \left(\int_S |f(s)+g(s)|^{p'(p-1)} m(ds)\right)^{1/p'} \left(\int_S |g(s)|^p m(ds)\right)^{1/p}.$$

したがって $p'(p-1) = p$ より求める不等式がいえる．

定理 17.4 $L^p(S) = L^p(S, \mathcal{B}, m)$ はバナッハ空間である．

証明 完備性を示せばよい．$\{f_n\}_{n=1}^\infty$ を $L^p(S)$ のコーシー列とするとその部分列 $\{f_{n_\ell}\}$ で $\sum_{\ell=1}^\infty \|f_{n_{\ell+1}} - f_{n_\ell}\|$ が有限なものがとれる．関数列 $\{g_k\} \subset L^p(S)$ を

$$g_k(x) = |f_{n_1}(x)| + \sum_{\ell=1}^k |f_{n_{\ell+1}}(x) - f_{n_\ell}(x)|$$

と定義すると定理 16.9 より

$$\int_S \lim_{k\to\infty} g_k(x)^p m(dx) \leq \liminf_{k\to\infty} \|g_k\|^p \leq \left\{\|f_{n_1}\| + \sum_{\ell=1}^\infty \|f_{n_{\ell+1}} - f_{n_\ell}\|\right\}^p.$$

したがってほとんど至るところ有限な極限 $\lim_{k\to\infty} g_k(x) \in L^p(S)$ が存在する．ゆえに a.e. 有限な極限 $\lim_{k\to\infty} f_{n_{k+1}}(x) = f_\infty(x)$ が存在して $L^p(S)$ に属する．もう一度定理 16.9 を用いて

$$\|f_\infty - f_{n_\ell}\|^p = \int_S \lim_{k\to\infty} |f_{n_k}(x) - f_{n_\ell}|^p m(dx) \leq \left\{\sum_{k=\ell}^\infty \|f_{n_{k+1}} - f_{n_k}\|\right\}^p.$$

したがって $\lim_{\ell\to\infty}\|f_\infty - f_{n_\ell}\| = 0$. ゆえに $\{f_n\}$ がコーシー列であることより

$$\limsup_{n\to\infty}\|f_\infty - f_n\| \le \limsup_{\ell\to\infty}\|f_\infty - f_{n_\ell}\| + \limsup_{\ell,n\to\infty}\|f_{n_\ell} - f_n\| = 0.$$

すなわち元の列 $\{f_n\}$ は収束することがいえた． □

定理 17.5 以上で $(S,\mathcal{B},m)$ をルベーグ測度を持ったユークリッド空間 $\mathbb{R}^n$ とする．このとき $C_0^\infty(\mathbb{R}^n)$ は $L^p(\mathbb{R}^n)$ で稠密である．特に $L^p(\mathbb{R}^n)$ は $C_0^\infty(\mathbb{R}^n)$ の L^p-ノルム

$$\|f\|_{L^p} = \left(\int_{\mathbb{R}^n}|f(x)|^p dx\right)^{1/p}$$

に関する完備拡大に等しい．

証明 任意の $f \in L^p(\mathbb{R}^n)$ をとって固定する．f は正値実数値関数で

$$\int_{\mathbb{R}^n}|f(x)|^p dx < \infty$$

を満たすと仮定してよい．いま $R > 0$ に対し

$$f_R(x) = \begin{cases} f(x) & (|x| \le R) \\ 0 & (|x| > R) \end{cases}$$

とおくと

$$\|f - f_R\|_{L^p} \to 0 \quad (\text{as } R \to \infty)$$

がいえる．実際 $0 \le f(x) - f_R(x) \to 0\ (R\to\infty)$ かつ $0 \le f(x) - f_R(x) \le f(x) \in L^p(\mathbb{R}^n)$ であるから収束定理 16.11 より

$$\|f - f_R\|_{L^p} \to 0 \quad (\text{as } R \to \infty).$$

f は正値としたから f_R も正値可測でありしたがって命題 16.3 より正値単関数の増大列 $\{f_k\}$ が存在して

$$0 \le f_R(x) - f_k(x) \to 0 \quad (\text{as } k \to \infty)$$

および
$$0 \leq f_R(x) - f_k(x) \leq f_R(x)$$
したがって
$$|f_R(x) - f_k(x)|^p \leq |f_R(x)|^p \in L^1(\mathbb{R}^n)$$
が成り立つ．これらと収束定理 16.11 より
$$\int_{\mathbb{R}^n} |f_R(x) - f_k(x)|^p dx \to 0 \quad (\text{as } k \to \infty)$$
が成り立つ．

一般に単関数 g は以下のように $C_0^\infty(\mathbb{R}^n)$ に属する関数列によって $L^p(\mathbb{R}^n)$ において近似される．すなわち $\psi \in C_0^\infty(\mathbb{R}^n)$ を
$$\psi(x) \geq 0, \quad \text{supp } \psi \subset \{x | x \in \mathbb{R}^n, |x| \leq 1\}, \quad \int_{\mathbb{R}^n} \psi(x) dx = 1$$
と取り $\epsilon > 0$ に対し
$$\psi_\epsilon(x) = \epsilon^{-n} \psi(\epsilon^{-1} x) \geq 0$$
とおくと
$$\text{supp } \psi_\epsilon \subset \{x | x \in \mathbb{R}^n, |x| \leq \epsilon\}, \quad \int_{\mathbb{R}^n} \psi_\epsilon(x) dx = 1$$
が成り立つ．したがっていま
$$g_\epsilon(x) = \int_{\mathbb{R}^n} g(y) \psi_\epsilon(x - y) dy$$
とおくと $g_\epsilon \in C_0^\infty(\mathbb{R}^n)$ であり
$$g(x) - g_\epsilon(x) = \int_{\mathbb{R}^n} (g(x) - g(y)) \psi_\epsilon(x - y) dy \to 0 \quad (\text{as } \epsilon \to 0).$$
ゆえに
$$|g(x) - g_\epsilon(x)|^p \leq h_\epsilon(x) := \sup_{|x-y| \leq \epsilon} |g(x) - g(y)|^p.$$
単関数 g は台がコンパクトな有界関数だから $h_\epsilon(x) = \sup_{|x-y| \leq \epsilon} |g(x) - g(y)|^p$ も台がコンパクトな有界関数によって $1 \geq \epsilon > 0$ について一様に抑えられる．以上より収束定理を用いて $\epsilon \to 0$ のとき
$$\int_{\mathbb{R}^n} |g(x) - g_\epsilon(x)|^p dx \to 0$$

が得られる. □

5. 空間 $L^\infty(S,\mathcal{B},m)$

定義 17.18 測度空間 $(S,\mathcal{B},m)$ 上定義された可測関数 $f(s)$ が本質的に有界 (essentially bounded) とは測度 0 の集合 N を除いて有界であることである. すなわちある定数 $C>0$ が存在して $|f(s)|\le C$ $(s\in S-N)$ であることである. このような定数 C の下限を f の本質的上限と呼び $\operatorname{ess\,sup}_{s\in S}|f(s)|$ と書く. 空間 $L^\infty(S,\mathcal{B},m)$ は S 上の $\mathcal{B}$-可測な本質的に有界な関数の全体の集合であり, 先述の線型演算が入った線型空間である. ノルムとして $\|f\|_{L^\infty}=\operatorname{ess\,sup}_{s\in S}|f(s)|$ を入れると完備なノルム空間になる.

6. 空間 $L^2(S,\mathcal{B},m)$

定義 17.19 先述の $L^p(S,\mathcal{B},m)$ の特別な場合として $p=2$ の場合の空間は $L^2(S,\mathcal{B},m)$ である. これは内積

$$(f,g)=\int_S f(s)\overline{g(s)}m(ds)$$

によりヒルベルト空間となる.

7. 空間 $W^{k,p}(\mathbb{R}^n)$

定義 17.20 $k\ge 0$ を整数とし $1\le p<\infty$ とする. $C_0^\infty(\mathbb{R}^n)$ をノルム

$$\|f\|_{k,p}=\left(\sum_{|\alpha|\le k}\int_{\mathbb{R}^n}|D^\alpha f(x)|^p dx\right)^{1/p}$$

により完備化した空間を $\mathbb{R}^n$ 上の k 階ソボレフ空間と呼び $W^{k,p}(\mathbb{R}^n)$ と書く. 特に $p=2$ のときこれは内積

$$(f,g)_k=\int_{\mathbb{R}^n}\sum_{|\alpha|\le k}D^\alpha f(x)\overline{D^\alpha g(x)}dx$$

によりヒルベルト空間となる. これを $H^k(\mathbb{R}^n)$ と表す.

8. 空間 $H^k_s(\mathbb{R}^n)$

17.3. 線型位相空間の例

定義 17.21 $k \geq 0$ を整数とし s を実数とする．$C_0^\infty(\mathbb{R}^n)$ をノルム

$$\|f\|_k = \left(\sum_{|\alpha| \leq k} \int_{\mathbb{R}^n} (1+|x|^2)^s |D^\alpha f(x)|^2 dx\right)^{1/2} \tag{17.9}$$

により完備化した空間を $\mathbb{R}^n$ 上の重み付き k 階ソボレフ空間と呼び $H_s^k(\mathbb{R}^n)$ と表す．これは内積

$$(f,g)_k = \int_{\mathbb{R}^n} \sum_{|\alpha| \leq k} (1+|x|^2)^s D^\alpha f(x) \overline{D^\alpha g(x)} dx$$

によりヒルベルト空間となる．特に $k=0$ のとき単に $L_s^2(\mathbb{R}^n)$ と，また $s=0$ のときは $H^k(\mathbb{R}^n)$ と書く．

9. 空間 $\mathcal{S}(\mathbb{R}^n)$

定義 17.22 $\mathbb{R}^n$ 上の $\mathbb{C}$-値関数 f が急減少関数であるとは任意の整数 $\ell \geq 0$ および多重指数 $\alpha = (\alpha_1, \ldots, \alpha_n)$, $\beta = (\beta_1, \ldots, \beta_n)$ ($\alpha_j, \beta_j \geq 0$) に対し

$$|f|_\ell^{(\mathcal{S})} = \max_{|\alpha|+|\beta| \leq \ell} \sup_{x \in \mathbb{R}^n} |x^\alpha D_x^\beta f(x)| < \infty$$

が成り立つことである．ただし

$$x^\alpha = x_1^{\alpha_1} \ldots x_n^{\alpha_n}, \quad D_x^\beta = D_{x_1}^{\beta_1} \ldots D_{x_n}^{\beta_n}, \quad D_{x_j} = \frac{1}{i} \frac{\partial}{\partial x_j}.$$

$\mathbb{R}^n$ 上の急減少関数の全体を $\mathcal{S} = \mathcal{S}(\mathbb{R}^n)$ と書き，急減少関数の空間という．

$\mathcal{S}(\mathbb{R}^n)$ は上記可算個のセミノルムに関しフレッシェ空間をなす．$C_0^\infty(\mathbb{R}^n) \subset \mathcal{S}$ であり，$H_s^k(\mathbb{R}^n)$ はノルム (17.9) に関する $C_0^\infty(\mathbb{R}^n)$ の完備化である．これらにより後述のフーリエ変換を用いて以下が示される．

$$\mathcal{S} = \bigcap_{k \geq 0, s \geq 0} H_s^k(\mathbb{R}^n). \tag{17.10}$$

命題 17.10 $C_0^\infty(\mathbb{R}^n)$ は $\mathcal{S}(\mathbb{R}^n)$ の位相に関し $\mathcal{S}(\mathbb{R}^n)$ において稠密である．

証明 $\chi \in C_0^\infty$ を $\chi(0)=1$ と取る．任意の $f \in \mathcal{S}$ に対し $f_\epsilon(x) = f(x)\chi(\epsilon x) \in C_0^\infty(\mathbb{R}^n)$ とおくと $\mathcal{S}$ のセミノルムに関し $f_\epsilon \to f$ ($\epsilon \to 0$) がいえる． □

$\mathcal{S}$ から $\mathcal{S}$ へのフーリエ変換が以下のように定義される．

第 17 章　線型位相空間

定義 17.23 任意の $f \in \mathcal{S}(\mathbb{R}^n)$ に対し f のフーリエ変換 $\mathcal{F}f = \widehat{f}$ を

$$\mathcal{F}f(\xi) = \widehat{f}(\xi) = (2\pi)^{-n/2} \int_{\mathbb{R}^n} e^{-i\xi x} f(x) dx$$

により定義する．ただし

$$x\xi = \xi x = \sum_{j=1}^{n} x_j \xi_j.$$

また f の逆フーリエ変換 $\mathcal{F}^{-1}f$ は

$$\mathcal{F}^{-1}f(x) = \widetilde{f}(x) = (2\pi)^{-n/2} \int_{\mathbb{R}^n} e^{-ix\xi} f(\xi) d\xi$$

により定義される．

定義と部分積分により $f \in \mathcal{S}$ および任意の多重指数 α, β に対し

$$D_\xi^\alpha \xi^\beta \mathcal{F}f(\xi) = (\mathcal{F}(-x)^\alpha D_x^\beta f)(\xi)$$

となり右辺の積分は $f \in \mathcal{S}$ ゆえ収束し $\xi \in \mathbb{R}^n$ について一様有界である．したがって $\mathcal{F}f \in \mathcal{S}(\mathbb{R}^n)$ となる．さらにこの式より

$$|D_\xi^\alpha \xi^\beta \mathcal{F}f(\xi)| \leq \left|(\mathcal{F}(\langle x \rangle^{-n-1} \langle x \rangle^{n+1}(-x)^\alpha D_x^\beta f))(\xi)\right|$$
$$\leq \int_{\mathbb{R}^n} \langle x \rangle^{-n-1} dx \cdot \sup_{\xi \in \mathbb{R}^n} |\langle x \rangle^{n+1}(-x)^\alpha D_x^\beta f(x)| < \infty$$

であるから $\mathcal{F}$ は $\mathcal{S}$ からそれ自身への連続作用素となる．ただし $\langle x \rangle = \sqrt{1+|x|^2}$．同様に $f \in \mathcal{S}$ に対し $\mathcal{F}^{-1}f \in \mathcal{S}(\mathbb{R}^n)$ でありかつ $\mathcal{F}^{-1}$ は $\mathcal{S}$ からそれ自身への連続作用素である．

フーリエ変換に対しては以下のフーリエの反転公式ないしフーリエの積分公式あるいは積分定理が成り立つ．

定理 17.6 任意の $f \in \mathcal{S}(\mathbb{R}^n)$ に対し

$$\mathcal{F}^{-1}\mathcal{F}f = f$$

および

$$\mathcal{F}\mathcal{F}^{-1}f = f$$

が成り立つ．

17.3. 線型位相空間の例

証明 フビニの定理により $\mathbb{R}$ 上の関数について示せば十分である．関数 $f, g \in \mathcal{S}(\mathbb{R})$ に対し

$$\int_{-\infty}^{\infty} f(\xi)\widehat{g}(\xi)e^{ix\xi}d\xi$$
$$= \int_{-\infty}^{\infty} f(\xi)\left((2\pi)^{-1/2}\int_{-\infty}^{\infty} g(y)e^{-i\xi y}dy\right)e^{ix\xi}d\xi$$
$$= (2\pi)^{-1/2}\int_{-\infty}^{\infty}\left(\int_{-\infty}^{\infty} f(\xi)e^{-i\xi(y-x)}d\xi\right)g(y)dy$$
$$= \int_{-\infty}^{\infty} \widehat{f}(y-x)g(y)dy$$
$$= \int_{-\infty}^{\infty} \widehat{f}(y)g(x+y)dy. \tag{17.11}$$

ここで $\epsilon > 0$ を正の数として

$$f_\epsilon(\xi) = f(\epsilon\xi)$$

とおき f を f_ϵ で置き換えると上式は

$$\int_{-\infty}^{\infty} f_\epsilon(\xi)\widehat{g}(\xi)e^{ix\xi}d\xi = \int_{-\infty}^{\infty} \widehat{f_\epsilon}(y)g(x+y)dy$$

となる．いま

$$\widehat{f_\epsilon}(y) = \mathcal{F}f_\epsilon(y) = (2\pi)^{-1/2}\int_{-\infty}^{\infty} f(\epsilon\xi)e^{-iy\xi}d\xi$$
$$= (2\pi)^{-1/2}\int_{-\infty}^{\infty} f(\eta)e^{-iy\eta/\epsilon}\epsilon^{-1}d\eta = \epsilon^{-1}\widehat{f}(y/\epsilon)$$

に注意して

$$\int_{-\infty}^{\infty} f(\epsilon\xi)\widehat{g}(\xi)e^{ix\xi}d\xi = \int_{-\infty}^{\infty} f_\epsilon(\xi)\widehat{g}(\xi)e^{ix\xi}d\xi$$
$$= \int_{-\infty}^{\infty} \widehat{f_\epsilon}(y)g(x+y)dy$$
$$= \epsilon^{-1}\int_{-\infty}^{\infty} \widehat{f}(y/\epsilon)g(x+y)dy$$
$$= \int_{-\infty}^{\infty} \widehat{f}(u)g(x+\epsilon u)du. \tag{17.12}$$

補題 17.1

$$\mathcal{F}(e^{-x^2/2})(\xi) = e^{-\xi^2/2}. \tag{17.13}$$

補題の証明 定義により

$$\mathcal{F}(e^{-x^2/2})(\xi) = (2\pi)^{-1/2} \int_{-\infty}^{\infty} e^{-x^2/2} e^{-ix\xi} dx. \tag{17.14}$$

$e^{-x^2/2}$ は急減少関数であるからそのフーリエ変換は存在する.複素積分を用いる.いま $A > 0, \xi \in \mathbb{R}$ に対し

$$\int_{-A}^{A} e^{-x^2/2} e^{-ix\xi} dx = e^{-\xi^2/2} \int_{-A}^{A} e^{-(x+i\xi)^2/2} dx \tag{17.15}$$

なる積分を考える.$z = x + i\xi \in \mathbb{C}$ とおくと関数 $e^{-z^2/2}$ は $z \in \mathbb{C}$ について正則関数である.従って下記のような向きを持った4本の線分のなす $\mathbb{C}$ 内の閉回路に沿っての $e^{-z^2/2}$ の複素線積分はコーシーの積分定理によってゼロである.

$-A$ から A へ向かう線分,
A から $A + i\xi$ へ向かう線分,
$A + i\xi$ から $-A + i\xi$ へ向かう線分,
$-A + i\xi$ から $-A$ へ向かう線分.

すなわち

$$\int_{-A}^{A} e^{-x^2/2} dx + \int_{0}^{\xi} e^{-(A+iv)^2/2} i dv$$
$$+ \int_{A}^{-A} e^{-(x+i\xi)^2/2} dx + \int_{\xi}^{0} e^{-(-A+iv)^2/2} i dv = 0.$$

左辺第2項と第4項は $A \to \infty$ のとき0に収束する.第1項はガウス積分であり命題15.7より $A \to \infty$ のとき

$$\int_{-A}^{A} e^{-x^2/2} dx \to \int_{-\infty}^{\infty} e^{-x^2/2} dx = \sqrt{2\pi}.$$

17.3. 線型位相空間の例

従って第 3 項の $A \to \infty$ の時の極限値は

$$\lim_{A \to \infty} \int_{-A}^{A} e^{-(x+i\xi)^2/2} dx = \sqrt{2\pi}$$

となる．ゆえに (17.14), (17.15) と合わせて

$$\mathcal{F}(e^{-x^2/2})(\xi) = e^{-\xi^2/2} \tag{17.16}$$

が得られた． □

関数 f として

$$f(x) = e^{-x^2/2}$$

をとると補題より

$$\widehat{f}(u) = e^{-u^2/2}.$$

これらを上の式 (17.12) に代入して $\epsilon \to 0$ とする．一般に

$$|f(\epsilon\xi)| = |e^{-\epsilon^2 \xi^2/2}| \leq 1 \quad (\xi \in \mathbb{R})$$

かつ

$$f(\epsilon\xi) = e^{-\epsilon^2 \xi^2/2} \to 1 \quad (\epsilon \to 0)$$

が成り立ち，またある定数 $K > 0$ に対し $g(x + \epsilon u)$ は

$$|g(x + \epsilon u)| \leq K \quad (x, u \in \mathbb{R}, \epsilon > 0)$$

を満たしかつ $\epsilon \to 0$ のとき任意の $x \in \mathbb{R}$ について

$$g(x + \epsilon u) \to g(x)$$

となる．ゆえに (17.12) より $\epsilon \to 0$ の極限において

$$\int_{-\infty}^{\infty} \widehat{g}(\xi) e^{ix\xi} d\xi = g(x) \int_{-\infty}^{\infty} \widehat{f}(u) du$$
$$= g(x) \int_{-\infty}^{\infty} e^{-u^2/2} du$$
$$= (2\pi)^{1/2} g(x)$$

が成り立ち，反転公式

$$\mathcal{F}^{-1}\mathcal{F}g = g$$

が示された．これと

$$\mathcal{F}^{-1}f(x) = \mathcal{F}f(-x)$$

を用いて

$$\mathcal{F}\mathcal{F}^{-1}g = g$$

も示される． □

これより以下のパーセバルの関係式が得られる．

命題 17.11 任意の $f,g \in \mathcal{S}(\mathbb{R}^n)$ に対し

$$(\mathcal{F}f, \mathcal{F}g) = (\widehat{f}, \widehat{g}) = (f, g) \tag{17.17}$$

が成り立つ．

証明 式 (17.11) において $x=0$ ととると

$$\int_{-\infty}^{\infty} f(\xi)\widehat{g}(\xi)d\xi = \int_{-\infty}^{\infty} \widehat{f}(y)g(y)dy. \tag{17.18}$$

が成り立つ．ここにおいて $h \in \mathcal{S}$ に対し $f(\xi) = \widehat{h}(\xi) = \mathcal{F}h(\xi)$ ととれば $\widehat{f}(y) = \mathcal{F}^2 h(y) = h(-y)$ ゆえ

$$\int_{-\infty}^{\infty} \widehat{h}(\xi)\widehat{g}(\xi)d\xi = \int_{-\infty}^{\infty} h(-y)g(y)dy. \tag{17.19}$$

が成り立つ．$j \in \mathcal{S}$ として g を $g(y) = \overline{j(-y)}$ ととれば

$$\begin{aligned}
\widehat{g}(\xi) &= (2\pi)^{-1/2} \int_{-\infty}^{\infty} \overline{j(-y)} e^{-iy\xi} dy \\
&= (2\pi)^{-1/2} \int_{-\infty}^{\infty} \overline{j(y)} e^{iy\xi} dy \\
&= \overline{\widehat{j}(\xi)}
\end{aligned}$$

であるから上の式は

$$\int_{-\infty}^{\infty} \widehat{h}(\xi)\overline{\widehat{j}(\xi)}d\xi = \int_{-\infty}^{\infty} h(y)\overline{j(y)}dy. \tag{17.20}$$

となる．内積

$$(f,g) = \int_{-\infty}^{\infty} f(y)\overline{g(y)}dy$$

を用いれば式 (17.20) は

$$(\mathcal{F}h, \mathcal{F}j) = (\widehat{h}, \widehat{j}) = (h, j) \tag{17.21}$$

となる． □

式 (17.17) より以下のプランシュレルの定理が従う．

定理 17.7 任意の $f \in L^2(\mathbb{R}^n)$ に対し

$$\|\mathcal{F}f\|_{L^2} = \|f\|_{L^2} \tag{17.22}$$

が成り立つ．したがって $\mathcal{F}$ は $L^2(\mathbb{R}^n)$ のユニタリ変換を与える．

証明 定理 17.5 より $L^2(\mathbb{R}^n)$ は $C_0^\infty(\mathbb{R}^n)$ の L^2-ノルムに関する完備拡大であり，$C_0^\infty \subset \mathcal{S}(\mathbb{R}^n) \subset L^2(\mathbb{R}^n)$ であるから $L^2(\mathbb{R}^n)$ は $\mathcal{S}(\mathbb{R}^n)$ の同じノルムに関する完備拡大でもある．したがって式 (17.17) よりフーリエ変換 $\mathcal{F}$ は $L^2(\mathbb{R}^n)$ からそれ自身へのノルムを保つ変換に自然に拡張されヒルベルト空間 $L^2(\mathbb{R}^n)$ のユニタリ変換を与える．特に式 (17.17) は任意の $f, g \in L^2(\mathbb{R}^n)$ に対し自然に拡張され式 (17.22) が成り立つ． □

以下はリーマン-ルベーグの定理 (Riemann-Lebesgue's theorem) として知られている．

定理 17.8 任意の $f \in L^1(\mathbb{R}^n)$ に対し $\mathcal{F}f \in L^\infty(\mathbb{R}^n)$ かつ $\mathcal{F}f(\xi) \to 0$ ($|\xi| \to \infty$).

証明 前半は $\|\mathcal{F}f\|_{L^\infty(\mathbb{R}^n)} \leq (2\pi)^{-n/2}\|f\|_{L^1(\mathbb{R}^n)}$ より従う．この不等式を用いれば後半は $L^1(\mathbb{R}^n)$ が L^1-ノルムに関する $\mathcal{S}(\mathbb{R}^n)$ の完備拡大であることと $\mathcal{F}\mathcal{S}(\mathbb{R}^n) = \mathcal{S}(\mathbb{R}^n)$ であることから従う． □

17.4 双対空間と超関数

定義 14.2 を拡張して一般の局所凸線型位相空間の双対空間を定義する．

定義 17.24 V, W を $K(= \mathbb{C} \text{ or } \mathbb{R})$ 上の局所凸線型位相空間とするとき V から W への連続線型作用素の全体を $B(V, W)$ と書く．$B(V, W)$ は演算

$$(\lambda T + \mu S)(x) := \lambda T(x) + \mu S(x) \quad (\lambda, \mu \in K, \ T, S \in B(V, W), \ x \in V)$$

により線型空間となる．特に $W = K$ のとき $B(V, K)$ を V' と書いて V の双対空間 (dual space) と呼び V' の元を V 上の連続線型汎関数と呼ぶ．

定義 17.25 V, W を $K(= \mathbb{C} \text{ or } \mathbb{R})$ 上の局所凸線型位相空間とする．

1) $B(V, W)$ において V の任意の有限個の点 $x_1, \dots, x_k$ と W 上の任意の連続なセミノルム q に対し

$$p(T; x_1, \dots, x_k, q) = \sup_{1 \le \ell \le k} q(Tx_\ell) \quad (T \in B(V, W))$$

とセミノルムを定義すると $B(V, W)$ は局所凸線型位相空間となる．この位相を $B(V, W)$ の単純収束位相 (simple convergence topology) といいこの位相の入った空間を $B_s(V, W)$ と書く．特に $W = K$ のとき $B_s(V, K)$ を V'_{w^*} と書き V の *弱双対 (weak* dual space) と呼ぶ．この時の単純収束位相を V' の *弱位相 (weak* topology) という．V, W がともにノルム空間のときはこの位相を作用素に関する強位相 (strong topology of operators) と呼ぶ．

2) $B(V, W)$ において V の任意の有界集合 B と W 上の任意の連続なセミノルム q に対し

$$p(T; B, q) = \sup_{x \in B} q(Tx) \quad (T \in B(V, W))$$

とセミノルムを定義するとき $B(V, W)$ は局所凸線型位相空間となる．この位相を $B(V, W)$ の有界収束位相 (bounded convergence topology) といいこの位相の入った空間を $B_b(V, W)$ と書く．特に $W = K$ のとき $B_b(V, K)$ を V'_s と書き V の強双対 (strong dual) と呼ぶ．このとき

の有界収束位相を V' の強位相 (strong topology) という. V, W がともにノルム空間のときはこの位相を作用素に関する一様位相 (uniform topology of operators) と呼ぶ.

以降線型空間 V 上の線型汎関数 f に対し f の $x \in V$ における値 $f(x)$ を

$$\langle f, x \rangle$$

によって表すことがある. 特に V が $K (= \mathbb{C} \text{ or } \mathbb{R})$ 上の局所凸線型位相空間とするとき $\langle f, x \rangle$ は以下の意味で $V' \times V$ 上の双線型汎関数である.

$$\forall \lambda, \forall \mu \in K, \forall f, \forall g \in V', \forall x, \forall y \in V : \langle f, \lambda x + \mu y \rangle = \lambda \langle f, x \rangle + \mu \langle f, y \rangle,$$
$$\langle \lambda f + \mu g, x \rangle = \lambda \langle f, x \rangle + \mu \langle g, x \rangle.$$

定理 17.9 V がノルム空間であるときその双対空間 V' はノルム

$$\|f\| = \sup_{\|x\| \leq 1} |\langle f, x \rangle| = \sup_{\|x\| \leq 1} |f(x)|$$

によるバナッハ空間となる.

証明 $\{f_k\}$ を V' のコーシー列とすると $\lim_{k, \ell \to \infty} \|f_k - f_\ell\| = 0$ である. したがって任意の $x \in V$ に対し

$$|f_k(x) - f_\ell(x)| \leq \|f_k - f_\ell\| \|x\| \to 0 \quad (k, \ell \to \infty). \tag{17.23}$$

特に極限 $\lim_{k \to \infty} f_k(x)$ が $K (= \mathbb{R} \text{ or } \mathbb{C})$ において存在する. その極限を $f(x)$ と書けば f は V 上線型な汎関数を定義する. さらに今示した不等式 (17.23) よりこの収束は $\|x\| \leq 1$ なる $x \in V$ について一様収束であるから f も V 上の連続線型汎関数となる. 特に $\lim_{k \to \infty} \|f_k - f\| = 0$ が得られる. ゆえに V' は上記のノルムに関し完備になる. □

注 17.2 ノルム空間 V の位相はただ一つのセミノルムすなわち V のノルムで定義される. $W = K$ であるから W もただ一つのセミノルムすなわち絶対値で位相が定義される. したがって $f \in V'$ のとき V の有界集合 B に対し V'_s の位相は $p(f; B) = \sup_{x \in B} |f(x)|$ で定義される. これは

$b = \sup_{x \in B} \|x\|$ とおくと $p(f;B) \leq \sup_{\|x\| \leq b} |f(x)| \leq b\|f\|$ と押さえられる．逆に $B = \{x | x \in V, \|x\| \leq 1\}$ ととると B は有界で $\|f\| = p(f;B)$ を満たすから以上より V'_s の位相は上記のノルム $\|f\|$ で与えられるものと同値になる．

定理 17.10 V, W を K 上のノルム空間とする．このとき作用素の空間の一様位相は定義 14.2 における作用素ノルム

$$\|T\| = \sup_{\|x\| \leq 1} \|Tx\|$$

によるものと一致する．

問 17.1 定理 17.10 を証明せよ．

以下 Ω を $\mathbb{R}^n$ の開集合とし $\mathcal{D}(\Omega)$ を前第 17.3 節の定義 17.15 における局所凸線型位相空間とする．

定義 17.26 局所凸線型位相空間 $\mathcal{D}(\Omega)$ の双対空間 $\mathcal{D}'(\Omega)$ の元 f は $\mathcal{D}(\Omega)$ 上の連続な線型汎関数である．このような f を Ω における超関数 (distribution) あるいは一般化された関数 (generalized function) と呼ぶ．超関数 $f \in \mathcal{D}'(\Omega)$ と $\varphi \in \mathcal{D}(\Omega)$ に対し $f(\varphi) = \langle f, \varphi \rangle \in K$ を超関数 f のテスト関数 (testing function) φ における値という．

$\mathcal{D}(\Omega)$ の性質を見るために以下少々概念等の準備をする．

定義 17.27 V, W を線型位相空間とするとき V から W への線形写像 T が有界であるとは T が V の有界集合を W の有界集合に写すことである．

命題 17.12 V, W を線型位相空間とするとき V から W への線形写像 T が連続であれば T は有界写像である．

証明 B を V の有界集合とし，M を $0 \in W$ の任意の近傍とする．T の連続性から $0 \in V$ の近傍 N が存在して $T(N) \subset M$ が成り立つ．$B \subset V$ の有界性からある定数 $\alpha > 0$ に対し $\alpha^{-1} B \subset N$. したがって $T(B) \subset T(\alpha N) = \alpha T(N) \subset \alpha M$. したがって $T(B)$ は W の有界集合である． □

17.4. 双対空間と超関数　437

定義 17.28 局所凸線型位相空間 V の円形凸集合 M が任意の有界集合を吸収するなら M が必ず $0 \in V$ の近傍であるとき V をボルノロジク空間 (bornologic space) であるという．

定理 17.11 V をボルノロジク空間，W を局所凸線型位相空間とする．V から W への線型作用素 T が連続である必要十分条件は T が有界作用素であることである．

証明　T が連続であれば有界作用素であることは命題 17.12 による．逆に T を有界作用素と仮定して連続性を示す．M を W における 0 の任意の円形凸吸収的近傍とする．このとき $N = T^{-1}(M)$ が V における 0 の近傍であることを言えばよい．N が V の円形凸集合であることは明らかである．いま B を V の任意の有界集合とする．すると T は有界作用素であるから $T(B)$ は W の有界集合である．したがって $T(B)$ は W の任意の 0 の近傍に吸収され，ある数 $\alpha > 0$ に対し $T(B) \subset \alpha M$ となる．ゆえに $B \subset T^{-1}(\alpha M) = \alpha T^{-1}(M) = \alpha N$. すなわち N は V の任意の有界集合を吸収する．V はボルノロジク空間であるからこれより N は V における 0 の近傍であることがいえた． $\square$

定理 17.12 V を局所凸線型位相空間とするとき V がボルノロジクである必要十分条件は V 上のセミノルムで V の有界集合上有界なものはすべて連続になることである．

証明　V がボルノロジクと仮定する．p を V 上のセミノルムで V の任意の有界集合上で有界なものとする．このとき $M = \{x | x \in V, p(x) \leq 1\}$ は円形凸集合である．B が V の有界集合であれば $\alpha = \sup_{x \in B} p(x) < \infty$. したがって $B \subset \alpha M$. すなわち M は V の任意の有界集合を吸収する．V はボルノロジクであったからこれより M は V における 0 の近傍である．とくに p は 0 において連続である．

逆に V 上のセミノルムで V の有界集合上有界なものはすべて連続になると仮定する．M を円形凸集合で V の任意の有界集合を吸収するものとすると M の Minkowski 汎関数

$$p_M(x) = \inf\{\alpha | \alpha > 0, \alpha^{-1} x \in M\} \quad (x \in V)$$

は V の任意の有界集合上で有界となる．したがって仮定より p_M は V 上連続である．ゆえに開集合 $N = \{x | x \in V, p_M(x) < \frac{1}{2}\}$ は 0 を元として持つ M の部分集合となり，M は 0 の近傍であることがいえた． □

$\mathcal{D}(\Omega)$ に戻り超関数を見てゆこう．

定理 17.13 $\mathcal{D}(\Omega)$ の部分集合 B が有界である必要十分条件は Ω のあるコンパクト集合 K に対し以下の二条件が成り立つことである．

1) $\forall \varphi \in B$: $\mathrm{supp}\, \varphi \subset K$.

2) $\forall \alpha = (\alpha_1, \ldots, \alpha_n)$: $\sup_{x \in K, \varphi \in B} |D^\alpha \varphi(x)| < \infty$.

証明 条件 1), 2) が満たされれば集合 B は $\mathcal{D}_K(\Omega)$ において有界になるから $\mathcal{D}(\Omega) = \varinjlim \mathcal{D}_K(\Omega)$ においても有界である．

逆に B が $\mathcal{D}(\Omega)$ において有界と仮定する．K_ℓ ($\ell = 1, 2, \ldots$) を Ω のコンパクト集合の増大列で $\bigcup_{\ell=1}^\infty K_\ell = \Omega$ を満たすものとすると $\mathcal{D}(\Omega) = \varinjlim \mathcal{D}_{K_\ell}(\Omega)$ であった．いまいかなる ℓ に対しても $B \subset \mathcal{D}_{K_\ell}(\Omega)$ とならないとしてみよう．すると各 ℓ に対し $\varphi_\ell \in B$ かつ $\varphi_\ell \notin \mathcal{D}_{K_\ell}(\Omega)$ なる φ_ℓ が存在する．B は有界であるから $\lim_{\ell \to \infty} \varphi_\ell / \ell = 0$ (in $\mathcal{D}(\Omega)$). 他方 $\varphi_\ell / \ell \notin \mathcal{D}_{K_\ell}(\Omega)$ ($\ell = 1, 2, \ldots$) でありこれは命題 17.8 に矛盾する．したがってある ℓ に対し $B \subset \mathcal{D}_{K_\ell}(\Omega)$ である．$\mathcal{D}_{K_\ell}(\Omega)$ の位相は $\mathcal{D}(\Omega)$ からの相対位相であるから $\mathcal{D}(\Omega)$ の有界集合 $B \subset \mathcal{D}_{K_\ell}(\Omega)$ は $\mathcal{D}_{K_\ell}(\Omega)$ の有界集合になる．すなわちコンパクト集合 $K = K_\ell$ に対し 1), 2) が成り立つ． □

定理 17.14 空間 $\mathcal{D}(\Omega)$ はボルノロジク空間である．

証明 定理 17.12 より $\mathcal{D}(\Omega)$ 上のセミノルム p が任意の有界集合上有界なものとするとき p が $\mathcal{D}(\Omega)$ 上連続であることを言えばよい．これを示すには定義 17.15 より $\mathcal{D}(\Omega) = \varinjlim \mathcal{D}_K(\Omega)$ であるから p が各 $\mathcal{D}_K(\Omega)$ (K は Ω のコンパクト集合) の上で連続なことを言えば十分である．我々の仮定より p は各 $\mathcal{D}_K(\Omega)$ 上有界であり，かつ空間 $\mathcal{D}_K(\Omega)$ は定義 17.15 に述べたように可算個のセミノルムで位相が定義される局所凸線型位相空間だから命題 17.6 より擬ノルム空間となる．

17.4. 双対空間と超関数   439

補題 17.2 V を擬ノルム空間, W をノルム空間とするとき V から W への線型作用素 T が連続である必要十分条件は T が有界作用素であることである.

補題の証明 連続であれば有界であることは命題 17.12 で示したから T が有界として連続性を言う. いま V の点列 $\{x_\ell\}$ が $\lim_{\ell\to\infty}\|x_\ell\|=0$ を満たすとすると整数列 m_ℓ で $\lim_{\ell\to\infty} m_\ell = \infty$ かつ $\lim_{\ell\to\infty} m_\ell\|x_\ell\|=0$ を満たすものが存在する. 定義 17.9 より擬ノルムは三角不等式を満たすから $\|m_\ell x_\ell\| \le m_\ell \|x_\ell\|$ が成り立つ. 特に $\lim_{\ell\to\infty}\|m_\ell x_\ell\|=0$ が成り立つ. したがって点列 $\{m_\ell x_\ell\} \subset V$ は有界であり, 仮定より $\{T(m_\ell x_\ell)\} \subset W$ も有界点列である. 特に $T(x_\ell) = m_\ell^{-1} T(m_\ell x_\ell)$ はノルム空間 W の点列として 0 に収束する. □

この補題を我々の場合に適用すればセミノルム p は Ω の任意のコンパクト集合 K に対し擬ノルム空間 $\mathcal{D}_K(\Omega)$ 上有界であり, したがって補題の証明の後半と同様の議論により連続である. 特に帰納的極限 $\mathcal{D}(\Omega) = \varinjlim \mathcal{D}_K(\Omega)$ 上連続となる. □

以上より以下は明らかである.

系 17.2 $\mathcal{D}(\Omega)$ 上の線型汎関数 f が超関数である必要十分条件は f が $\mathcal{D}(\Omega)$ の任意の有界集合上有界であることである. すなわち定理 17.13 の条件 1) および 2) を満たす任意の集合 B 上有界であることである.

系 17.3 $\mathcal{D}(\Omega)$ 上の線型汎関数 f が超関数である必要十分条件は Ω の任意のコンパクト集合 K に対し正定数 $C>0$ と整数 $k\ge 0$ が存在して任意の $\varphi \in \mathcal{D}_K(\Omega)$ に対し

$$|\langle f,\varphi\rangle| \le C \sup_{|\alpha|\le k, x\in K} |D^\alpha \varphi(x)|$$

が成り立つことである.

系 17.4 $\mathcal{E}(\Omega)$ 上の線型汎関数 f が $\mathcal{E}(\Omega)$ 上連続である必要十分条件は f が $\mathcal{E}(\Omega)$ の有界集合上有界であることである.

例 17.1 1) Ω で a.e. 定義された複素数値関数 f が Ω において局所可積分 (locally integrable) であるとは f が Ω の任意のコンパクト集合 K 上ルベーグ積分可能であることである．このとき

$$\langle [f], \varphi \rangle = \int_\Omega f(x)\varphi(x)dx \quad (\varphi \in \mathcal{D}(\Omega))$$

と $\mathcal{D}(\Omega)$ 上の汎関数 $[f]$ を定義すると $[f]$ は Ω における超関数を定義する．文脈から混乱のないとき超関数 $[f]$ を単に f と書くときがある．

2) m を Ω の Baire 集合 B の全体 $\mathcal{B}$ 上定義された σ-有限かつ σ-加法的な複素数値の測度とするとき

$$\langle [m], \varphi \rangle = \int_\Omega \varphi(x) m(dx) \quad (\varphi \in \mathcal{D}(\Omega))$$

と $\mathcal{D}(\Omega)$ 上の汎関数 $[m]$ を定義すると $[m]$ は Ω における超関数である．

3) 2) において m が一点 $p \in \Omega$ にのみ台を持つ測度で

$$\int_\Omega \varphi(x) m(dx) = \varphi(p) \quad (\varphi \in \mathcal{D}(\Omega))$$

を満たすものとするとき 2) で定義される超関数 $[m]$ を点 p に台を持つディラックの超関数 (Dirac distribution) と呼び δ_p と表す．すなわち

$$\langle \delta_p, \varphi \rangle = \delta_p(\varphi) = \varphi(p) \quad (\varphi \in \mathcal{D}(\Omega)).$$

特に $p = 0$ のとき δ_0 を δ と書く．

定理 17.15 例 17.1 1) において Ω 上の二つの局所可積分関数 f, g に対して以下が成り立つ．

$$\langle f, \varphi \rangle = \langle g, \varphi \rangle \quad (\forall \varphi \in \mathcal{D}(\Omega)) \iff f(x) = g(x) \text{ a.e. in } \Omega$$

証明 $\impliedby$ は明らかだから $\implies$ を示せばよいがそのためには

$$\langle f, \varphi \rangle = 0 \quad (\forall \varphi \in \mathcal{D}(\Omega)) \implies f(x) = 0 \text{ a.e. in } \Omega \quad (17.24)$$

を示せば十分である．f を定義 16.15 2) に従い $f(x) = f_+(x) - f_-(x)$ $(f_\pm(x) \geq 0)$ と分解し Baire 集合のなす σ-ring $\mathcal{B}$ 上の関数 $m_\pm$ を

$$m_\pm(B) = \int_B f_\pm(x)dx \quad (B \in \mathcal{B})$$

により定義すると命題 16.5 より $m_\pm$ は $\mathcal{B}$ 上の測度となる．そして $\langle f, \varphi \rangle = 0$ $(\forall \varphi \in \mathcal{D}(\Omega))$ は

$$\int_\Omega \varphi(x) m_\pm(dx) = 0 \quad (\forall \varphi \in C_0^\infty(\Omega)) \tag{17.25}$$

を含意する．命題 17.9 によりこれは任意の $\varphi \in C_0^0(\Omega)$ に対し成り立つ[6]．いま $B = \bigcap_{k=1}^\infty G_k$ をコンパクトな G_δ-集合とする[7]．ただし G_k は相対コンパクト[8]な Ω の開集合の単調減少列で $\overline{G_{k+1}} \subset G_k$ を満たすものとする．

補題 17.3 D_1, D_2 を $\mathbb{R}^n$ の $D_1 \cap D_2 = \emptyset$ なる閉集合とすると $\mathbb{R}^n$ 上の $\mathbb{R}$-値連続関数 h で

$$\begin{aligned} 0 \leq h(x) \leq 1 &\quad (x \in \mathbb{R}^n) \\ h(x) = 1 &\quad (x \in D_1) \\ h(x) = 0 &\quad (x \in D_2) \end{aligned}$$

なるものが存在する．

補題の証明 $Q = \{2^{-k}\ell \mid \ell = 0, 1, \ldots, 2^k, k = 0, 1, 2, \ldots\}$ とおく．Q の各有理数 $r = 2^{-k}\ell$ に対し $k = 0, 1, 2, \ldots$ に関する帰納法により以下を満たす $\mathbb{R}^n$ の開集合 $G(r)$ を割り当てる．

$$\begin{aligned} &1) \quad D_2 \subset G(0), \quad D_1 = G(1)^c \\ &2) \quad \overline{G(r)} \subset G(q) \quad (r < q,\ q \in Q) \end{aligned}.$$

実際 $k=0$ のときは自明である．$G(r)$ が $r = 2^{-(k-1)}\ell\ (\ell = 0, 1, \ldots, 2^{k-1})$ まで構成されたとする．このとき奇数 $\ell > 0$ に対しては $2^{-k}(\ell \pm 1)$ は $2^{-(k-1)}\ell'$ $(0 \leq \ell' \leq 2^{k-1})$ の形をしているから帰納法の仮定より $\overline{G(2^{-k}(\ell - 1))} \subset$

---

[6] $C_0^0(\Omega)$ は台が Ω のコンパクト集合である連続関数の全体である．例 14.4 参照．
[7] 定義 16.2 参照．
[8] すなわち閉包が Ω のコンパクト集合となるような集合のことである．

$G(2^{-k}(\ell+1))$. したがってある開集合 G が存在して $\overline{G(2^{-k}(\ell-1))} \subset G \subset \overline{G} \subset G(2^{-k}(\ell+1))$ を満たす. したがって $G(2^{-k}\ell) = G$ とおけばよい.

このとき
$$h(x) = \begin{cases} 0 & (x \in G(0)) \\ \sup\{r | x \in G(r)^c, r \in Q\} & (x \in G(0)^c) \end{cases}$$
とおくと上記 1) より
$$h(x) = \begin{cases} 0 & (x \in D_2) \\ 1 & (x \in D_1) \end{cases}$$
となる. 以下 $h(x)$ が連続関数を定義することを示す. 便宜のため $s<0$ に対し $G(s) = \emptyset$, $s>1$ に対し $G(s) = \mathbb{R}^n$ と約束しておく.

任意の $x_0 \in \mathbb{R}^n$ および整数 $k > 0$ に対し
$$h(x_0) < r < h(x_0) + 2^{-k-1}$$
なる $r \in Q$ をとり, $G = G(r) \cap \left(\overline{G(r-2^{-k})}\right)^c$ とおく. h の定義より
$$h(x_0) < r \Longrightarrow x_0 \in G(r)$$
であり,
$$r - 2^{-k-1} < h(x_0) \Longrightarrow x_0 \in G(r-2^{-k-1})^c \subset \left(\overline{G(r-2^{-k})}\right)^c$$
であるから $x_0 \in G$. いま $x \in G$ とすると $x \in G(r)$ だから
$$h(x) \leq r.$$
また $x \in G$ なら $x \in \left(\overline{G(r-2^{-k})}\right)^c \subset G(r-2^{-k})^c$ だから
$$r - 2^{-k} \leq h(x).$$
これらをまとめると $x \in G$ のとき
$$-2^{-k} = r - 2^{-k} - r \leq h(x) - h(x_0) \leq r - (r - 2^{-k-1}) = 2^{-k-1}.$$

すなわち任意の $x_0 \in \mathbb{R}^n$ および整数 $k > 0$ に対し $\mathbb{R}^n$ の開集合 $G = G(r) \cap \left(\overline{G(r - 2^{-k})}\right)^c$ で $x_0 \in G$ なるものが存在して

$$x \in G \Longrightarrow |h(x) - h(x_0)| \leq 2^{-k}$$

を満たす．すなわち h は $\mathbb{R}^n$ の任意の点 x_0 において連続である． □

この補題を $D_1 = \overline{G_{k+2}}$, $D_2 = G_{k+1}^c$ として適用することにより連続関数の列 $h_k \in C_0^0(\Omega)$ $(k = 1, 2, \dots)$ で

$$\begin{aligned} 0 \leq h_k(x) \leq 1 & \quad (x \in \Omega) \\ h_k(x) = 1 & \quad (x \in \overline{G_{k+2}}) \\ h_k(x) = 0 & \quad (x \in G_{k+1}^c) \end{aligned}$$

を満たすものが存在する．そこで式 (17.25) で $\varphi = h_k$ として $k \to \infty$ とすれば任意のコンパクトな G_δ-集合 B に対し $m_\pm(B) = 0$ が成り立つことがいえる．$\mathcal{B}$ はコンパクトな Ω の G_δ-集合より生成される最小の σ-ring であるから $m_\pm$ の σ-加法性[9]より $m_\pm(B) = 0$ $(\forall B \in \mathcal{B})$．したがって Ω において $f(x) = 0$ a.e. であることがいえた． □

定義 17.29 f が Ω における超関数である時

$$\langle f_j, \varphi \rangle = -\left\langle f, \frac{\partial \varphi}{\partial x_j} \right\rangle \quad (\varphi \in \mathcal{D}(\Omega))$$

によって定義される $\mathcal{D}(\Omega)$ 上の汎関数 f_j は系 17.2 ないし 17.3 によりやはり Ω 上の超関数を定義する．この f_j を f の微分といい

$$f_j = \frac{\partial}{\partial x_j} f = \frac{\partial f}{\partial x_j}$$

と表す．特に

$$\left\langle \frac{\partial f}{\partial x_j}, \varphi \right\rangle = -\left\langle f, \frac{\partial \varphi}{\partial x_j} \right\rangle$$

である．一般に多重指数 $\alpha = (\alpha_1, \dots, \alpha_n)$ に対し

$$\langle D^\alpha f, \varphi \rangle = (-1)^{|\alpha|} \langle f, D^\alpha \varphi \rangle$$

である．これは例 17.1 1) の積分表示を仮定すれば部分積分の公式に相当することに注意されたい．

---

[9]命題 16.5.

定義 17.30 $f \in \mathcal{D}'(\Omega)$ とするとき $h \in C^\infty(\Omega)$ であれば

$$\langle g, \varphi \rangle = \langle f, h\varphi \rangle$$

は $g \in \mathcal{D}'(\mathbb{R}^n)$ を満たす．この超関数 g を h と f との積といい $g = hf$ と表す．

例 17.2 ヘビサイド関数 $H(x)$ $(x \in \mathbb{R})$ は

$$H(x) = \begin{cases} 1 & (x \geq 0) \\ 0 & (x < 0) \end{cases}$$

によって定義される．この関数は $\mathbb{R}$ 上局所可積分であり超関数 $H = [H]$ を定義する．その微分は $\varphi \in \mathcal{D}(\mathbb{R})$ に対し

$$\left\langle \frac{d}{dx}H, \varphi \right\rangle = -\int_{\mathbb{R}} H(x)\varphi'(x)dx = -\int_0^\infty \varphi'(x)dx = \varphi(0) = \langle \delta, \varphi \rangle.$$

したがってヘビサイド関数 (Heaviside function) の微分はディラックのデルタ超関数になることがわかる．

命題 17.13 $k \geq 0$ を整数，$1 \leq p < \infty$ を実数とする．このとき定義 17.20 で定義された k 階ソボレフ空間 $W^{k,p}(\mathbb{R}^n)$ は超関数 f で f およびその超関数としての k 階までの微分 $D^\alpha f$ $(|\alpha| \leq k)$ がすべて $L^p(\mathbb{R}^n)$ に属するものの全体に等しい．すなわち

$$W^{k,p}(\mathbb{R}^n) = \{f \in \mathcal{D}'(\mathbb{R}^n) | \ D^\alpha f \in L^p(\mathbb{R}^n) \ (|\alpha| \leq k)\}. \tag{17.26}$$

証明 式 (17.26) の右辺は $C_0^\infty(\mathbb{R}^n)$ を含んでいるから，右辺が $W^{k,p}(\mathbb{R}^n)$ のノルム

$$\|f\|_{k,p} = \left(\sum_{|\alpha| \leq k} \int_{\mathbb{R}^n} |D^\alpha f(x)|^p dx \right)^{1/p} \tag{17.27}$$

に関し完備であることを言えば定理 11.3 に述べた完備化の一意性より (17.26) の等号がいえる．そのためには $f_\ell \in \mathcal{D}'(\mathbb{R}^n)$ を (17.27) のノルムに関しコーシー列であると仮定して f_ℓ が式 (17.26) の右辺に入るある超関数 f に (17.27)

のノルムに関して収束することを示せばよい．$f_\ell \in \mathcal{D}'(\mathbb{R}^n)$ が (17.27) のノルムに関しコーシー列であれば微分の列 $D^\alpha f_\ell$ ($|\alpha| \leq k$) は $L^p(\mathbb{R}^n)$ のコーシー列をなすから $L^p(\mathbb{R}^n)$ の完備性よりある $f^{(\alpha)} \in L^p(\mathbb{R}^n)$ が存在して $\|D^\alpha f_\ell - f^{(\alpha)}\|_{L^p(\mathbb{R}^n)} \to 0$ ($\ell \to \infty$) が成り立つ．定義 17.17 で示した Hölder の不等式より各微分 $D^\alpha f_\ell$ は局所可積分であることがいえるから例 17.1 1) の意味での超関数となる．したがって任意の $\varphi \in C_0^\infty(\mathbb{R}^n)$ に対し

$$\langle D^\alpha f_\ell, \varphi \rangle = \int_{\mathbb{R}^n} D^\alpha f_\ell(x) \varphi(x) dx = (-1)^{|\alpha|} \int_{\mathbb{R}^n} f_\ell(x) D^\alpha \varphi(x) dx.$$

ゆえに $\|f_\ell - f^{(0)}\|_{L^p(\mathbb{R}^n)} \to 0$ ($\ell \to \infty$) と Hölder の不等式より任意の $\varphi \in C_0^\infty(\mathbb{R}^n)$ に対し

$$\lim_{\ell \to \infty} \langle D^\alpha f_\ell, \varphi \rangle = \langle D^\alpha f^{(0)}, \varphi \rangle. \tag{17.28}$$

同様に $\|D^\alpha f_\ell - f^{(\alpha)}\|_{L^p(\mathbb{R}^n)} \to 0$ ($\ell \to \infty$) と Hölder の不等式より

$$\lim_{\ell \to \infty} \langle D^\alpha f_\ell, \varphi \rangle = \langle f^{(\alpha)}, \varphi \rangle. \tag{17.29}$$

ゆえに式 (17.28) と (17.29) より超関数として

$$D^\alpha f^{(0)} = f^{(\alpha)} \in L^p(\mathbb{R}^n)$$

が成り立つ．したがって $f = f^{(0)}$ は式 (17.26) の右辺に属しかつ $\|f_\ell - f\|_{W^{k,p}(\mathbb{R}^n)} \to 0$ ($\ell \to \infty$) となり式 (17.26) の右辺の完備性が示された．□

定義 17.31 超関数 $f \in \mathcal{D}'(\mathbb{R}^n)$ が開集合 $U \subset \mathbb{R}^n$ においてゼロであるとは U に台が含まれる任意の $\varphi \in \mathcal{D}(\mathbb{R}^n)$ に対し $\langle f, \varphi \rangle = 0$ となることである．

定理 17.16 超関数 $f \in \mathcal{D}'(\mathbb{R}^n)$ が $\mathbb{R}^n$ の開集合の族 $\{U_j\}_{j \in J}$ の各 U_j においてゼロであれば f は和集合 $U = \bigcup_{j \in J} U_j$ においてもゼロである．

証明 $\varphi \in \mathcal{D}(\mathbb{R}^n)$ が $\mathrm{supp}\,\varphi \subset U = \bigcup_{j \in J} U_j$ を満たすとして $\langle f, \varphi \rangle = 0$ を示せばよい．$\mathrm{supp}\,\varphi$ はコンパクトであるから $\mathrm{supp}\,\varphi$ は $\{U_j\}_{j \in J}$ のうちの有限個の開集合 $\{U_{j_i}\}_{i=1}^M$ に対し $\mathrm{supp}\,\varphi \subset \bigcup_{i=1}^M U_{j_i}$ を満たす．各 U_{j_i}

は開集合であるからある開集合 $V_{j_i} \subset U_{j_i}$ で $V_{j_i} \subset \overline{V}_{j_i} \subset U_{j_i}$ および supp $\varphi \subset V = \bigcup_{i=1}^{M} V_{j_i}$ を満たすものが取れる．$S(x,r)$ を中心 $x \in \mathbb{R}^n$ で半径 $r > 0$ の開球とすると各 $\overline{V}_{j_i}$ は V_{j_i} 内に中心 x_k を持つ半径 $r_k > 0$ の有限個の開球 $S(x_k, r_k) \subset \overline{S(x_k, r_k)} \subset U_{j_i}$ の和集合でカバーされる．従って和集合 $\overline{V} = \bigcup_{i=1}^{M} \overline{V}_{j_i}$ は高々有限個の開球 $S(x_k, r_k) \subset U$ $(k = 1, \ldots, K)$ の和合で覆われる．いま (15.17) で定義される C_0^∞-関数を

$$\alpha(x) = \begin{cases} \exp\left(\frac{1}{|x|^2 - 1}\right) & (|x| < 1), \\ 0 & (|x| \geq 1) \end{cases} \tag{17.30}$$

と書くと $\alpha_k(x) = \alpha((x - x_k)/r_k)$ $(k = 1, \ldots, K)$ によって定義される関数は開球 $S(x_k, r_k)$ 上ゼロでなく開球 $S(x_k, r_k)$ の境界および外側でゼロとなる．そこで

$$\alpha(x) = \sum_{k=1}^{K} \alpha_k(x) \tag{17.31}$$

と置くとこの関数は $\overline{V}$ の各点でゼロでなく従って C^∞-関数

$$\beta_k(x) = \frac{\alpha_k(x)}{\alpha(x)} \quad (x \in \overline{V}) \tag{17.32}$$

が定義できて $0 \leq \beta_k(x) \leq 1$ を満たす．構成より supp $\varphi \subset V$ において恒等的に

$$\sum_{k=1}^{K} \beta_k(x) = 1 \tag{17.33}$$

が成り立つ．従って supp $\varphi \in V (\subset \overline{V} \subset U)$ を満たす $\varphi \in \mathcal{D}(\mathbb{R}^n)$ に対し

$$\langle f, \varphi \rangle = \langle f, \sum_{k=1}^{K} \beta_k \varphi \rangle = \sum_{k=1}^{K} \langle f, \beta_k \varphi \rangle \tag{17.34}$$

となり supp$(\beta_k \varphi) \subset \overline{S(x_k, r_k)} \cap V \subset U_{j_i}$ ($x_k \in V_{j_i} \subset U_{j_i}$) であるから右辺はゼロである．すなわち

$$\langle f, \varphi \rangle = 0. \tag{17.35}$$

□

この定理より以下の定義が正当化される．

定義 17.32 超関数 $f \in \mathcal{D}'(\mathbb{R}^n)$ の台 supp f とは f が $\mathbb{R}^n - F$ においてゼロである最小の閉集合 F のことである.

定理 17.17 台がコンパクトな超関数 $f \in \mathcal{D}'(\mathbb{R}^n)$ は supp f の近傍でゼロに等しいテスト関数 $\varphi \in \mathcal{E}(\mathbb{R}^n)$ に対し $\langle g, \varphi \rangle = 0$ を満たすような $\mathcal{E}(\mathbb{R}^n)$ 上の連続線型汎関数 g に一意的に拡張される. 逆に $\mathcal{E}'(\mathbb{R}^n)$ の元 g を $\mathcal{D}(\mathbb{R}^n)$ に制限したものは台がコンパクトな超関数を定義する.

証明 $f \in \mathcal{D}'(\mathbb{R}^n)$ とし supp f が $\mathbb{R}^n$ のコンパクト集合と仮定する. $\psi \in C_0^\infty(\mathbb{R}^n)$ を supp f の有界な開近傍 N で値 1 を取る関数とする. すると任意の $\varphi \in \mathcal{E}(\mathbb{R}^n)$ に対し $\psi\varphi \in \mathcal{D}(\mathbb{R}^n)$ であるから $\langle g, \varphi \rangle = \langle f, \psi\varphi \rangle$ によって $\mathcal{E}(\mathbb{R}^n)$ 上の線型汎関数 g が定義される. この g は $\psi \in C_0^\infty(\mathbb{R}^n)$ の取り方によらない. 実際 $\chi \in C_0^\infty(\mathbb{R}^n)$ が supp f の有界な開近傍 M で値 1 を取る関数であれば $\langle h, \varphi \rangle = \langle f, \chi\varphi \rangle$ によって $\mathcal{E}(\mathbb{R}^n)$ 上の線型汎関数 h が定義されるが $\psi - \chi$ は supp f の開近傍 $N \cap M$ で恒等的にゼロに等しく従って任意の $\varphi \in \mathcal{E}(\mathbb{R}^n)$ に対し $\langle g - h, \varphi \rangle = \langle f, (\psi - \chi)\varphi \rangle = 0$ となり $g = h$ が成り立つ.

 φ が $\mathcal{E}(\mathbb{R}^n)$ の有界集合 B 内を動くとき $\psi\varphi$ は $\mathcal{D}(\mathbb{R}^n)$ の有界集合 $\psi B = \{\psi\varphi | \varphi \in B\}$ の中を動く. 定理 17.14 より $\mathcal{D}(\mathbb{R}^n)$ はボルノロジク空間であるからこのことおよび定理 17.11 と $f \in \mathcal{D}'(\mathbb{R}^n)$ より $\langle g, \varphi \rangle = \langle f, \psi\varphi \rangle$ は $\mathbb{C}$ の有界集合を動く. 従って補題 17.2 あるいは系 17.4 より $g \in \mathcal{E}'(\mathbb{R}^n)$ が言える.

 $\varphi \in \mathcal{D}(\mathbb{R}^n)$ のとき $\langle g, \varphi \rangle = \langle f, \psi\varphi \rangle$ であるが $\psi(x) - 1 = 0$ ($x \in N$) であるから $(\psi - 1)\varphi \in \mathcal{D}(\mathbb{R}^n)$ は supp f の開近傍 N においてゼロに等しい. 従って台の定義から $\langle f, \psi\varphi \rangle = \langle f, \varphi \rangle$ が成り立ち, $\langle g, \varphi \rangle = \langle f, \varphi \rangle$ が言え $g \in \mathcal{E}'(\mathbb{R}^n)$ は $f \in \mathcal{D}'(\mathbb{R}^n)$ の拡張になっている.

 $\varphi \in \mathcal{E}(\mathbb{R}^n)$ が supp f の開近傍 M でゼロに等しいとき $\psi \in C_0^\infty(\mathbb{R}^n)$ を $\psi(x) = 0$ ($x \in \mathbb{R}^n - M$) を満たし $\overline{N} \subset M$ なる supp f の開近傍 N で値 1 を取る関数とすれば $\langle g, \varphi \rangle = \langle f, \psi\varphi \rangle = 0$ となる.

 逆は $g \in \mathcal{E}'(\mathbb{R}^n)$ ならば第 17.3 節 第 1 項に述べた $\mathcal{E}(\mathbb{R}^n)$ の位相の定義により g はある正定数 $C > 0$, 非負整数 $\ell \geq 0$ およびコンパクト集合 $K \subset \mathbb{R}^n$

に対し
$$|\langle g,\varphi\rangle| \leq C \sup_{x\in K, |\alpha|\leq \ell} |D^\alpha \varphi(x)| \quad (\forall \varphi \in \mathcal{E}(\mathbb{R}^n))$$
を満たすから g の $\mathcal{D}(\mathbb{R}^n)$ への制限 f は $\mathrm{supp}\, f \subset K$ かつ $f \in \mathcal{D}'(\mathbb{R}^n)$ を満たす. □

この定理により $\mathcal{E}'(\mathbb{R}^n)$ は台がコンパクトな超関数の全体と同一視される.

定義 17.33 $\mathcal{S}(\mathbb{R}^n)$ の双対空間 $\mathcal{S}'(\mathbb{R}^n)$ の元 f を緩増加超関数 (tempered distribution) と呼ぶ. すなわち緩増加超関数 f とは $\mathcal{S}(\mathbb{R}^n)$ 上の連続線型汎関数のことである.

定義より
$$\mathcal{D}(\mathbb{R}^n) \subset \mathcal{S}(\mathbb{R}^n)$$
で, かつ埋込写像
$$\mathcal{D}(\mathbb{R}^n) \ni \varphi \mapsto \varphi \in \mathcal{S}(\mathbb{R}^n)$$
は $\mathrm{supp}\, \varphi \subset K$ なるコンパクト集合 $K \subset \mathbb{R}^n$ をとれば任意に与えられた整数 $\ell \geq 0$ に対し整数 $k \geq 0$ と定数 $C > 0$ が存在して
$$|\varphi|_\ell^{(\mathcal{S})} \leq C p_{K,k}(\varphi)$$
を満たす. ただし $|\varphi|_\ell^{(\mathcal{S})}$ および $p_{K,k}(\varphi)$ は定義 17.22 および定義 17.15 において定義された $\mathcal{S}(\mathbb{R}^n)$ および $\mathcal{D}_K(\mathbb{R}^n)$ におけるセミノルムである. したがってこの埋込は連続であり, $\mathcal{S}(\mathbb{R}^n)$ 上の連続線型汎関数は $\mathcal{D}(\mathbb{R}^n)$ 上の連続線型汎関数となり特に緩増加超関数は超関数である. 同様に埋め込み $\mathcal{S}(\mathbb{R}^n) \subset \mathcal{E}(\mathbb{R}^n)$ も連続であり, $\mathcal{E}(\mathbb{R}^n)$ 上の連続線型汎関数は $\mathcal{S}(\mathbb{R}^n)$ 上の連続線型汎関数となり緩増加超関数を定義する. すなわち以下が成り立つ.

命題 17.14
$$\mathcal{E}'(\mathbb{R}^n) \subset \mathcal{S}'(\mathbb{R}^n) \subset \mathcal{D}'(\mathbb{R}^n).$$

証明 $f \in \mathcal{S}'(\mathbb{R}^n)$ は $\mathcal{D}(\mathbb{R}^n) = C_0^\infty(\mathbb{R}^n)$ に制限すれば超関数を定義する. さらに命題 17.10 により $C_0^\infty(\mathbb{R}^n)$ は $\mathcal{S}(\mathbb{R}^n)$ において稠密であるから相異なる緩増加超関数 f_1, f_2 は $\mathcal{D}(\mathbb{R}^n)$ に制限してもやはり相異なる超関数を定義する. 従って $\mathcal{S}'(\mathbb{R}^n) \subset \mathcal{D}'(\mathbb{R}^n)$ が言えた. $\mathcal{E}'(\mathbb{R}^n) \subset \mathcal{S}'(\mathbb{R}^n)$ も同様である. □

17.4. 双対空間と超関数

たとえば $\mathbb{R}^n$ の Baire 集合族 $\mathcal{B}$ 上の σ-有限な非負緩増加測度 m は緩増加超関数を定義する．すなわち m がある正の数 $\ell \geq 0$ に対し

$$\int_{\mathbb{R}^n} \langle x \rangle^{-\ell} m(dx) < \infty$$

を満たすとき $\mathcal{S}(\mathbb{R}^n)$ 上の線型汎関数

$$\langle [m], \varphi \rangle = \int_{\mathbb{R}^n} \varphi(x) m(dx) \quad (\varphi \in \mathcal{S}(\mathbb{R}^n))$$

は $\mathcal{S}(\mathbb{R}^n)$ 上連続である．特に $f \in L^p(\mathbb{R}^n)$ $(1 \leq p \leq \infty)$ のとき

$$\langle f, \varphi \rangle = \int_{\mathbb{R}^n} \varphi(x) f(x) dx \quad (\varphi \in \mathcal{S}(\mathbb{R}^n))$$

は緩増加超関数を定義する．

C^∞-関数 $f \in C^\infty(\mathbb{R}^n)$ が任意の多重指数 α に対しある非負の数 $L \geq 0$ をとれば

$$\lim_{|x| \to \infty} \langle x \rangle^{-L} |D^\alpha f(x)| = 0$$

を満たすとき f を緩増加関数という．このような関数 f に対し

$$\langle f, \varphi \rangle = \int_{\mathbb{R}^n} \varphi(x) f(x) dx \quad (\varphi \in \mathcal{S}(\mathbb{R}^n))$$

も緩増加超関数を定義する．

前節 17.3 における空間 $\mathcal{S}(\mathbb{R}^n)$ の定義で述べたようにフーリエ変換 $\mathcal{F}$ は $\mathcal{S}(\mathbb{R}^n)$ から $\mathcal{S}(\mathbb{R}^n)$ への連続作用素である．したがって以下の定義が可能になる．

定義 17.34 上記のように $\mathcal{F}: \mathcal{S}(\mathbb{R}^n) \longrightarrow \mathcal{S}(\mathbb{R}^n)$ は連続であるから与えられた緩増加超関数 $f \in \mathcal{S}'(\mathbb{R}^n)$ に対し

$$\langle \mathcal{F}f, \varphi \rangle = \langle f, \mathcal{F}\varphi \rangle \quad (\varphi \in \mathcal{S}(\mathbb{R}^n))$$

によって $\mathcal{S}(\mathbb{R}^n)$ 上の線型汎関数 $\mathcal{F}f = \widehat{f}$ を定義するとこれは $\mathcal{S}(\mathbb{R}^n)$ 上の緩増加超関数を定義する．この超関数 $\mathcal{F}f = \widehat{f} \in \mathcal{S}'(\mathbb{R}^n)$ を $f \in \mathcal{S}'(\mathbb{R}^n)$ のフーリエ変換という．また逆フーリエ変換 $\mathcal{F}^{-1}f \in \mathcal{S}'(\mathbb{R}^n)$ を

$$\langle \mathcal{F}^{-1}f, \varphi \rangle = \langle f, \mathcal{F}^{-1}\varphi \rangle \quad (\varphi \in \mathcal{S}(\mathbb{R}^n))$$

によって定義する．

たとえば $f \in L^1(\mathbb{R}^n)$ なら
$$\langle f, \varphi \rangle = \int_{\mathbb{R}^n} f(x)\varphi(x)dx \quad (\varphi \in \mathcal{S}(\mathbb{R}^n))$$
によって定義される緩増加超関数 f のフーリエ変換 $\mathcal{F}f$ はフビニの定理より
$$\begin{aligned}\langle \widehat{f}, \varphi \rangle &= \langle f, \widehat{\varphi} \rangle \\ &= \int_{\mathbb{R}^n} f(\xi)(\mathcal{F}\varphi)(\xi)d\xi \\ &= (2\pi)^{-n/2} \int_{\mathbb{R}^{2n}} e^{-i\xi x} f(\xi)\varphi(x) dx d\xi \\ &= \int_{\mathbb{R}^n} \varphi(x)(\mathcal{F}f)(x)dx\end{aligned}$$
であることから関数としてのフーリエ変換 $\mathcal{F}f$ によって与えられることがわかる．逆フーリエ変換も同様である．

定義より一般に以下が成り立つ．

命題 17.15 任意の緩増加超関数 $f \in \mathcal{S}'(\mathbb{R}^n)$ に対し
$$\mathcal{F}^{-1}\mathcal{F}f = \mathcal{F}\mathcal{F}^{-1}f = f$$
が成り立つ．特に写像 $\mathcal{F}: \mathcal{S}'(\mathbb{R}^n) \longrightarrow \mathcal{S}'(\mathbb{R}^n)$ は 1 対 1 上への線型写像である．

例 17.3 定義より明らかに
$$\begin{aligned}\mathcal{F}\delta &= (2\pi)^{-n/2}1, \\ \mathcal{F}1 &= (2\pi)^{n/2}\delta\end{aligned}$$
が成り立つ．ただし 1 は恒等的に 1 を値にとる関数を表す．

微分に関しては以下が成り立つ．

命題 17.16 $f \in \mathcal{S}'(\mathbb{R})$ に対し
$$\mathcal{F}\left(\frac{\partial}{\partial x_j}f\right) = ix_j \mathcal{F}f, \quad \mathcal{F}(ix_j f) = -\left(\frac{\partial}{\partial x_j}\mathcal{F}f\right)$$
が成り立つ．

証明 以下による. 任意の $\varphi \in \mathcal{S}(\mathbb{R}^n)$ に対し

$$\left\langle \mathcal{F}\frac{\partial}{\partial x_j}f, \varphi\right\rangle = -\left\langle f, \frac{\partial}{\partial x_j}\mathcal{F}\varphi\right\rangle$$
$$= \langle f, \mathcal{F}(ix_j\varphi)\rangle = \langle ix_j\mathcal{F}f, \varphi\rangle$$

および

$$\langle \mathcal{F}ix_jf, \varphi\rangle = \langle f, ix_j\mathcal{F}\varphi\rangle$$
$$= \left\langle f, \mathcal{F}\frac{\partial}{\partial x_j}\varphi\right\rangle$$
$$= -\left\langle \frac{\partial}{\partial x_j}\mathcal{F}f, \varphi\right\rangle.$$

□

17.5 ハーン-バナッハの定理

定義 17.35 V を線型空間とする. $p : V \longrightarrow \mathbb{R}$ が亜線型汎関数 (sublinear functional) であるとは p が任意の $x, y \in W$ と実数 $\alpha \geq 0$ に対し以下を満たすことを言う.

$$p(x+y) \leq p(x) + p(y),$$
$$p(\alpha x) = \alpha p(x).$$

定理 17.18 V を $\mathbb{R}$ 上の線型空間とし, $p(x)$ を V 上の亜線型汎関数とする. W を V の実線型部分空間とし f を W 上の実数値線型汎関数とする. すなわち f は任意の $x, y \in W$ と実数 α, β に対し以下を満たすとする.

$$f(\alpha x + \beta y) = \alpha f(x) + \beta f(y).$$

このとき f が $x \in W$ に対し

$$f(x) \leq p(x)$$

を満たすとすると V 上の実数値線型汎関数 F で以下を満たすものが存在する．

$$F(x) = f(x) \quad (x \in W)$$
$$F(x) \leq p(x) \quad (x \in V).$$

証明 まず W を一次元拡大した空間上の実数値線型汎関数で題意の条件を満たすものの存在を示す．V の元 v で $v \notin W$ なるものを取ると W と v で張られる空間は

$$X = \{x | x = u + \alpha v, u \in W, \alpha \in \mathbb{R}\}$$

となり，X の元 x の $x = u + \alpha v$ $(u \in W, \alpha \in \mathbb{R})$ の形の分解は一意的である．f の線型性から任意の $u_1, u_2 \in W$ に対し

$$f(u_1) + f(u_2) = f(u_1 + u_2) \leq p(u_1 + u_2) \leq p(u_1 - v) + p(u_2 + v).$$

従って任意の $u_1, u_2 \in W$ に対し

$$f(u_1) - p(u_1 - v) \leq -f(u_2) + p(u_2 + v)$$

だから

$$\sup_{u_1 \in W} (f(u_1) - p(u_1 - v)) \leq \inf_{u_2 \in W} (-f(u_2) + p(u_2 + v)).$$

故にこの両辺の間にある実数 d が存在する．そこで X 上の線型汎関数 F を

$$F(u + \alpha v) = f(u) + \alpha d \quad (u \in W)$$

と定義するとこれは f の拡張になっておりかつ

$$F(x) \leq p(x) \quad (x \in X)$$

を満たすことがわかる．実際 $\alpha = 0$ の場合は明らかである．$\alpha > 0$ の場合は任意の $u_2 \in W$ に対し d の取り方より

$$d \leq p(u_2/\alpha + v) - f(u_2/\alpha)$$

だから
$$F(u_2 + \alpha v) = f(u_2) + \alpha d \leq p(u_2 + \alpha v).$$
同様に $\alpha < 0$ の場合任意の $u_1 \in W$ に対し
$$f(u_1/(-\alpha)) - p(u_1/(-\alpha) - v) \leq d$$
ゆえ
$$F(u_1 + \alpha v) = f(u_1) + \alpha d \leq p(u_1 + \alpha v).$$
以上まとめて F は f の X への拡張で任意の $x \in X$ に対し
$$F(x) \leq p(x)$$
を満たすことがいえた．

以上で W 上の実数値線型汎関数 f の真の拡張 F で
$$F(x) = f(x) \quad (x \in W)$$
$$F(x) \leq p(x) \quad (x \in X)$$
を満たすものが存在することがいえた．このような f の拡大の全体を $\mathcal{F}$ と書く．この $\mathcal{F}$ の二元 h, f に対し h が f の拡大になっているとき $h \succ f$ ないし $f \prec h$ と書くと関係 $\prec$ は $\mathcal{F}$ の順序関係になっている[10]．この順序関係に関する $\mathcal{F}$ の空でない全順序部分集合は明らかに上界を持つから定理 8.12 (Zorn の補題) が使え $\mathcal{F}$ の極大元 g の存在がいえる．この g が V 全体で定義されていることを言えばよいが，もし全体で定義されていなければある $v \in V$ においては g は定義されていない．その場合上と同様にして g の定義域と v によって張られる空間まで上の条件を保って g を拡大できる．ところがこれは g の極大性に反し証明が終わる． □

定理 17.19 V を $\mathbb{C}$ 上の線型空間とし，$p(x)$ を V 上のセミノルムとする．W を V の複素線型部分空間とし f を W 上の複素数値線型汎関数で任意の $x \in W$ に対し
$$|f(x)| \leq p(x)$$

---

[10] $\prec$ は等号を含んだ順序関係を表す．

を満たすとする．このとき V 上の複素数値線型汎関数 F で以下の条件を満たすものが存在する．

$$F(x) = f(x) \quad (x \in W)$$
$$|F(x)| \leq p(x) \quad (x \in V).$$

証明 f を実部と虚部に分けて

$$f(x) = f_1(x) + if_2(x)$$

と書けば実部 f_1 および虚部 f_2 は W 上の実線型汎関数を定義する．したがって

$$|f_j(x)| \leq |f(x)| \leq p(x) \quad (x \in W, j = 1, 2).$$

任意の $x \in W$ に対し

$$f_1(ix) + if_2(ix) = f(ix) = if(x) = -f_2(x) + if_1(x)$$

であるから $f_2(x) = -f_1(ix)$ $(x \in W)$．定理 17.18 より f_1 は V 上定義された実線型汎関数 F_1 で $F_1(x) \leq p(x)$ $(x \in V)$ を満たすように拡張できる．したがってとくに $-F_1(x) = F_1(-x) \leq p(-x) = p(x)$ $(x \in V)$ であるから

$$|F_1(x)| \leq p(x) \quad (x \in V). \tag{17.36}$$

そこで

$$F(x) = F_1(x) - iF_1(ix) \quad (x \in V)$$

と定義すれば

$$F(ix) = F_1(ix) - iF_1(-x) = F_1(ix) + iF_1(x) = iF(x)$$

ゆえ F は V 上の複素線型汎関数を定義する．さらにこの F は求める性質を満たす．実際 $x \in W$ に対し

$$F(x) = F_1(x) - iF_1(ix) = f_1(x) - if_1(ix) = f_1(x) + if_2(x) = f(x)$$

となり F は f の V 上への拡張である．また $\rho = |F(x)| \geq 0$ $(x \in V)$ とおけば

$$F(x) = \rho\alpha \quad (\alpha \in \mathbb{C}, |\alpha| = 1)$$

と書ける．したがって $F(\alpha^{-1}x) = \rho \geq 0$ は非負の実数値である．ゆえに式 (17.36) より

$$|F(x)| = \rho = F(\alpha^{-1}x) = |F_1(\alpha^{-1}x)| \leq p(\alpha^{-1}x) = p(x).$$

□

定理 17.20 V を $K = \mathbb{R}$ ないし $K = \mathbb{C}$ 上の線型位相空間とする．$x_0 \in V$ とし $p(x)$ を V 上の連続なセミノルムとする．このとき V 上の連続な線型汎関数 F が存在して以下を満たす．

$$F(x_0) = p(x_0),$$
$$|F(x)| \leq p(x) \quad (x \in V).$$

証明 $W = \{x | x = \alpha x_0, \alpha \in K\}$ とおき，W 上の汎関数 f を

$$f(\alpha x_0) = \alpha p(x_0)$$

と定義すると f は線型汎関数である．さらに

$$|f(\alpha x_0)| = |\alpha p(x_0)| = p(\alpha x_0) \quad (\alpha \in K).$$

したがって定理 17.19 より V 上の線型汎関数 F が存在して

$$F(x) = f(x) \quad (x \in W)$$
$$|F(x)| \leq p(x) \quad (x \in V)$$

を満たし，F は V 上連続になる． □

系 17.5 V を局所凸空間とし x_0 を $x_0 \neq 0$ なる V の元とする．いま V 上の連続なセミノルム p で $p(x_0) \neq 0$ なるものが存在すると仮定すると定理 17.20 より V 上の連続な線型汎関数 F が存在して以下を満たす．

$$F(x_0) = p(x_0) \neq 0,$$
$$|F(x)| \leq p(x) \quad (x \in V).$$

系 17.6 V をノルム空間とし $x_0 \in V$ が $x_0 \neq 0$ を満たすとする．このとき V 上の連続な線型汎関数 F が存在して以下を満たす．

$$F(x_0) = \|x_0\| \neq 0,$$
$$\|F\| = 1.$$

証明 系 17.5 において $p(x) = \|x\|$ ととれば $F(x_0) = p(x_0) = \|x_0\|$ および $\|F\| \leq 1$ がいえる．他方 $|F(x_0)| = \|x_0\|$ であるから $\|F\| = 1$ がいえた．□

定理 17.21 V をノルム空間とする．このとき任意の x に対し双対空間 $V' = V'_s$ 上の汎関数 f_x を任意の $x' \in V'$ に対し

$$f_x(x') = x'(x)$$

と定義すると f_x は V' 上の連続線型汎関数となる．すなわち $f_x \in V''$. このとき $x \in V$ に $f_x \in V''$ を対応させる写像 J は等長作用素である．すなわち

$$\|f_x\| = \|x\| \quad (\forall x \in V). \tag{17.37}$$

ただし左辺のノルムは定理 17.9 の意味であり $f \in V''$ に対し

$$\|f\| = \sup_{\|x'\| \leq 1, x' \in V'} |f(x')|$$

と定義される．

証明 f_x の線型性は明らかである．$|f_x(x')| = |x'(x)| \leq \|x'\|\|x\|$ だから連続性も明らかである．したがって $f_x \in V'$ でありかつ

$$\|f_x\| \leq \|x\| \tag{17.38}$$

がいえた．

$x = 0$ のときは任意の $x' \in V'$ に対し $f_0(x') = x'(0) = 0$ ゆえ $f_0 = 0$ であるから $\|f_0\| = 0 = \|0\|$ となり式 (17.37) が成り立つ．$x \in V$ が $x \neq 0$ を満たすとき上記の系 17.6 より $F \in V'$ が存在して

$$F(x) = \|x\| \neq 0,$$
$$\|F\| = 1.$$

17.5. ハーン-バナッハの定理

を満たす．したがってこの $F \in V'$ に対し $f_x(F) = F(x) = \|x\|$ であるから $\|f_x\| \geq \|x\|$．式 (17.38) と併せて $\|f_x\| = \|x\|$ を得る． □

定義 17.36 ノルム空間 V は定理 17.21 で定義した写像 $J : V \longrightarrow V''$ により V'' に等長に埋め込まれる．J が V'' の上への写像であるとき V は反射的 (reflexive) であるという．この場合 V は J により V'' と同一視される．定理 17.9 より定理 17.21 で定義されたノルムに関し V'' はバナッハ空間であるから反射的なノルム空間はバナッハ空間である．

定理 17.22 $\mathcal{H}$ をヒルベルト空間とすると任意の $f \in \mathcal{H}'$ に対し以下を満たす $\mathcal{H}$ の元 x_f が一意的に定まる．

$$\forall y \in \mathcal{H} : f(y) = (y, x_f),$$
$$\|f\| = \|x_f\|.$$

ただし (y, x) はヒルベルト空間 $\mathcal{H}$ の内積を表す．

証明 一意性は明らかである．存在を示すため $N_f = \{x | x \in V, f(x) = 0\}$ とおくと f の連続線型性から N_f は $\mathcal{H}$ の閉部分空間である．$N_f = V$ の場合は自明である．$N_f \neq V$ のとき $x_0 \in N_f^\perp$ で $\|x_0\| = 1$ なるものが存在する．作り方より $f(x_0) \neq 0$ であるから任意の $y \in \mathcal{H}$ は

$$y = (y - f(x_0)^{-1} f(y) x_0) + f(x_0)^{-1} f(y) x_0$$

と書ける．右辺第一項は N_f の元であるから任意の $\mathcal{H}$ の元 y は N_f の元と x_0 の線形結合によって一意的に表現される．$x_0 \in N_f^\perp$ ゆえ $y \in N_f$ であれば $f(y) = 0 = (y, x_0)$ である．いま

$$x_f = f(x_0) x_0$$

ととれば $y = \lambda x_0$ $(\lambda \in K)$ に対し $\|x_0\| = 1$ に注意して

$$(y, x_f) = \lambda(x_0, f(x_0) x_0) = \lambda f(x_0) = f(y)$$

を得る．以上より任意の $y \in \mathcal{H}$ に対し

$$(y, x_f) = f(y)$$

がいえた．特に
$$\|f\| = \sup_{\|y\|=1} |f(y)| = \sup_{\|y\|=1} |(y, x_f)| \leq \|x_f\|.$$

逆に
$$\|f\| = \sup_{\|y\|=1} |f(y)| \geq |f(\|x_f\|^{-1} x_f)| = (\|x_f\|^{-1} x_f, x_f) = \|x_f\|.$$

以上より $\|f\| = \|x_f\|$ がいえた． □

ヒルベルト空間 $\mathcal{H}$ の任意の元 x は $f_x(y) = (y, x)$ により $f_x \in \mathcal{H}'$ を定めるからこの定理は写像 $\widetilde{J} : \mathcal{H} \ni x \mapsto f_x \in \mathcal{H}'$ が 1 対 1 上への写像でかつ等長写像であることを示している．ただし $\widetilde{J}$ は以下の意味で共役線型作用素である．
$$\widetilde{J}(\lambda x + \mu y) = \overline{\lambda} \widetilde{J} x + \overline{\mu} \widetilde{J} y.$$

$\mathcal{H}'$ の内積を
$$(\widetilde{J} x, \widetilde{J} y) = (y, x)$$
によって定めると $\mathcal{H}'$ はヒルベルト空間となる．したがって共役線型等長写像を介して $\mathcal{H}$ の双対空間 $\mathcal{H}'$ は $\mathcal{H}$ と同一視される．

以上より定理 17.21 で定義した写像 $J : \mathcal{H} \longrightarrow \mathcal{H}''$ は線型等長な上への同型写像になるから定義 17.36 よりヒルベルト空間は反射的であることがわかる．

定義 17.37 V をノルム空間とする．V の元の列 x_k が弱収束するとは任意の $x' \in V'$ に対し $x'(x_k) \in K (= \mathbb{R} \text{ or } = \mathbb{C})$ が収束することである．x_k が V の元 x_0 に弱収束するとは任意の $x' \in V'$ に対し $\lim_{k \to \infty} x'(x_k) = x'(x_0)$ が成り立つことである．これを w-$\lim_{k \to \infty} x_k = x_0$ ないし x_k は x_0 に弱収束すると書き表す．弱収束する任意の V の元の列が V のある点に弱収束するとき V は点列弱完備 (sequentially weakly complete) であるという．弱収束に対し通常の収束すなわちノルムに関して $\lim_{k \to \infty} \|x_k - x_0\| = 0$ となることを x_k は x_0 に強収束するという場合がある．

定理 17.23 反射的バナッハ空間 V は点列弱完備である．

17.5. ハーン-バナッハの定理   459

証明 V の元の列 x_k が弱収束するとする．すなわち任意の $x' \in V'$ に対し $x'(x_k) \in K(= \mathbb{R}$ or $= \mathbb{C})$ が収束するとする．このとき定理 17.21 より $Jx_k = f_{x_k} \in V''$ はバナッハ空間 V' 上の連続線型汎関数を定義する．V' は定理 17.9 で定義されたノルムに関しバナッハ空間であるから共鳴定理の系 17.1 が使えて $f = \text{s-}\lim_{k\to\infty} f_{x_k} \in V''$ が存在する．V は反射的だから V のある元 $x_0 \in V$ に対し $f(x') = x'(x_0)$ ($\forall x' \in V'$)．すなわち $x_0 = \text{w-}\lim_{k\to\infty} x_k$ が成り立つ． □

定義 17.38 バナッハ空間 V が局所点列弱コンパクト (locally sequentially weakly compact) であるとは V の点列 x_k ($k = 1, 2, \ldots$) が $\sup_{k\geq 1} \|x_k\| < \infty$ をみたすとすると x_k の部分列 $x_{k(\ell)}$ ($\ell = 1, 2, \ldots$) で V のある点 x_0 に弱収束するものが存在することである．

定理 17.24 可分[11]な反射的バナッハ空間 V は局所点列弱コンパクトである．

証明 V'' は V と等長作用素により距離空間として同型であるから仮定より V'' は可分である．

補題 17.4 バナッハ空間 V の双対空間 V' が可分なら V も可分である．

補題の証明 x'_k ($k = 1, 2, \ldots$) を V' の単位球の表面 $\{x'|x' \in V', \|x'\| = 1\}$ の稠密な部分集合とする．$1 = \|x'\| = \sup_{\|x\|=1, x \in V} |x'(x)|$ であるから $\|x_k\| = 1$ かつ $|x'_k(x_k)| \geq 2^{-1}$ なる点列 $x_k \in V$ ($k = 1, 2, \ldots$) をとれる．S をこれらの x_k の張る V の閉部分空間とする．このとき $V = S$ であれば証明が終わる．ゆえにそうでないとして矛盾を示せばよい．このとき点 $x_0 \in V - S$ がとれる．S は V の線型部分空間であるから $\|x'_0\| = 1$, $x'_0(x_0) \neq 0$ かつ任意の $x \in S$ に対し $x'_0(x) = 0$ なる $x'_0 \in V'$ がとれる．特に $x'_0(x_k) = 0$ ($k = 1, 2, \ldots$) であり，したがって $\|x_k\| = 1$ を用いて $2^{-1} \leq |x'_k(x_k)| \leq |x'_k(x_k) - x'_0(x_k)| + |x'_0(x_k)| = |x'_k(x_k) - x'_0(x_k)| \leq \|x'_k - x'_0\|$ が得られるがこれは点列 x'_k の取り方に矛盾する． □

上記より V'' が可分だから補題より V' も可分である．$x_k \in V$ ($k = 1, 2, \ldots$) が $\sup_{k\geq 1} \|x_k\| < \infty$ を満たすとする．V' は可分だから V' の稠密

---
[11]定義 11.31. この可分性を仮定しなくとも定理が成立することが知られている．

な可算集合 x'_ℓ $(\ell = 1, 2, \dots)$ がとれる．このとき数列 $x'_1(x_k)$ $(k = 1, 2, \dots)$ は有界だから x_k の部分列 $x_{k_1(k)}$ ($\{k_1(k)\} \subset \{k\}$) がとれて $x'_1(x_{k_1(k)})$ は K で収束する．この列 $x_{k_1(k)}$ に対し数列 $x'_2(x_{k_1(k)})$ は有界だから $x_{k_1(k)}$ の部分列 $x_{k_2(k)}$ がとれて $x'_2(x_{k_2(k)})$ および $x'_1(x_{k_2(k)})$ は K において収束する．以下同様に議論することにより $x_{k_\ell(k)}$ の部分列 $x_{k_{\ell+1}(k)}$ がとれて数列 $x'_{\ell+1}(x_{k_{\ell+1}(k)}), \dots, x'_1(x_{k_{\ell+1}(k)})$ が収束する．したがって数列 $x'_\ell(x_{k_k(k)})$ $(\ell = 1, 2, \dots)$ は $k \to \infty$ のとき収束する．x'_ℓ $(\ell = 1, 2, \dots)$ は V' において稠密で $\sup_{k \geq 1} \|x_k\| < \infty$ だからこれより任意の $x' \in V'$ に対し数列 $x'(x_{k_k(k)})$ が収束することが導かれる．すなわち点列 $x_{k_k(k)}$ は弱収束する．定理 17.23 より V は点列弱完備だから点列 $x_{k_k(k)}$ は V のある点 x_0 に弱収束する．すなわち w-$\lim_{k \to \infty} x_{k_k(k)} = x_0$． □

これよりヒルベルト空間の反射性から以下が従う．

系 **17.7** 可分なヒルベルト空間は局所点列弱コンパクトである．

17.6 弱可測性と強可測性

以下 $(S, \mathcal{B}, m)$ を測度空間とする．

定義 **17.39** 1) V をバナッハ空間とする．S 上の V-値関数 f が単関数であるとは互いに共通部分を持たない有限個の可測集合 B_j $(j = 1, 2, \dots, n)$ で $m(B_j) < \infty$ $(j = 1, 2, \dots, n)$ なるものが存在してそのおのおのの上で f は有限値の定数 ($\in V - \{0\}$) であり，それらの外部 $S - \bigcup_{j=1}^n B_j$ では $f(s) = 0$ なることである．
2) S 上の V-値関数 f に対し V-値単関数の列 $f_n(s)$ で S 上 m-a.e. で f に収束するものがあるとき f は強 $\mathcal{B}$-可測 (strongly $\mathcal{B}$-measurable) という．
3) S 上の V-値関数 $f(s)$ が弱 $\mathcal{B}$-可測 (weakly $\mathcal{B}$-measurable) であるとは V 上の任意の $\mathbb{C}$-値連続線型写像 $\varphi \in V'$ に対し $\varphi(f(s))$ が $\mathbb{C}$-値可測関数であることである．

定義 **17.40** S 上の V-値関数 f が可分値 (separably-valued) とはその像 $\{f(s) \mid s \in S\}$ が可分であることである．すなわち $\{f(s) \mid s \in S\}$ が可算稠密部分集合を持つことである．f が m についてほとんど至るところ可分

値 (m-almost separably-valued) であるとは S の零集合 N を除いて可分値であることである．つまり $\{f(s) \mid s \in S - N\}$ が可分であることである．

定理 17.25　$(S, \mathcal{B}, m)$ を測度空間とし V をバナッハ空間とする．f を S 上の V-値関数とするとき f が強 $\mathcal{B}$-可測であることは f が弱 $\mathcal{B}$-可測でかつ m についてほとんど至るところ可分値であることと同値である．

証明　まず f が強 $\mathcal{B}$-可測であるとする．このとき V-値単関数の列 f_n で測度ゼロの集合 $N \subset S$ を除いた S の至る点 s において
$$\lim_{n \to \infty} f_n(s) = f(s)$$
が成り立つものが存在する．単関数は弱可測であるから今述べたことから f も弱可測であることは明らかである．また各単関数 f_n の像は有限集合であるからそれらの $n = 1, 2, \ldots$ についての和集合 $R \subset V$ は可算である．f は上記のように $S - N$ において f_n の極限であるからその像 $\mathcal{R}(f)$ は R の V における閉包に含まれ，従って可分となる．

逆に f が弱 $\mathcal{B}$-可測でかつ m についてほとんど至るところ可分値であると仮定する．N を除外零集合とするとき $S - N$ において考察すれば十分であるからはじめから f は S において可分値と仮定してよい．さらにバナッハ空間 V を像 $\mathcal{R}(f)$ を含む最小の閉部分空間に置き換えて考えてよい．したがって V は可分なバナッハ空間と仮定してよい．このときまず $\|f(s)\|$ が $\mathcal{B}$-可測であることを示す．このため以下の補題を用いる．

補題 17.5　可分なバナッハ空間 V の双対空間 V' は以下の条件を満たす列 $\{\varphi_k\} \subset V'$ を持つ．

1. $\|\varphi_k\| \leq 1$．

2. $\|\varphi\| \leq 1$ を満たす任意の V' の元 φ に対し $\{\varphi_k\}$ の部分列 $\{\varphi_{k_j}\}$ で $\lim_{j \to \infty} \varphi_{k_j}(x) = \varphi(x)$ $(\forall x \in V)$ を満たすものが存在する．

補題 17.5 の証明　V は可分であるから可算列 $\{x_n\}$ で V において稠密なものが存在する．いま V' の単位球
$$U' = \{\varphi | \varphi \in V', \|\varphi\| \leq 1\}$$

から n 次元ヒルベルト空間

$$\mathbb{C}^n = \{(\eta_1, \ldots, \eta_n) | \eta \in \mathbb{C}\}$$

でノルム

$$\|(\eta_1, \ldots, \eta_n)\| = \left(\sum_{k=1}^{n} |\eta_k|^2\right)^{1/2}$$

を持つ空間 $\mathbb{C}^n$ への写像 P_n を $\varphi \in U'$ に対し

$$P_n(\varphi) = (\varphi(x_1), \ldots, \varphi(x_n))$$

と定義する. 空間 $\mathbb{C}^n$ は可分であるから固定した n に対し列

$$\varphi_{n,j} \in U' \quad (j = 1, 2, \ldots)$$

で $\{P_n(\varphi_{n,j})\}_{j=1}^{\infty}$ が U' の像 $P_n(U')$ において稠密なものが存在する. 従って特に任意の $\varphi \in U'$ に対し $\varphi_{n,j}$ の部分列 φ_{n,j_n} で

$$|\varphi_{n,j_n}(x_\ell) - \varphi(x_\ell)| < \frac{1}{n} \quad (\ell = 1, \ldots, n)$$

を満たすものが存在する. 可算列 $\{x_n\}$ は V において稠密であったからこれより任意の $x \in V$ に対し

$$\lim_{n \to \infty} \varphi_{n,j_n}(x) = \varphi(x)$$

がいえる. 列 $\{\varphi_{n,j}\}_{n,j=1,2,\ldots}$ を適当に並び替えて $\{\varphi_k\}_{k=1}^{\infty}$ とすれば証明が終わる. □

いま任意の $r \in \mathbb{R}$ および $\varphi \in V'$ に対し

$$B = \{s \mid \|f(s)\| \leq r\},$$
$$B_\varphi = \{s \mid |\varphi(f(s))| \leq r\}$$

とおく. このとき

$$B = \bigcap_{\|\varphi\| \leq 1} B_\varphi$$

がいえる.実際 $B \subset \bigcap_{\|\varphi\|\leq 1} B_\varphi$ は明らかである.他方ハーン-バナッハの定理の系 17.6 により固定した $s \in S$ に対しある $\varphi \in V'$ で $\varphi(f(s)) = \|f(s)\|$ かつ $\|\varphi\| = 1$ なるものが存在する.よってとくに $B \supset \bigcap_{\|\varphi\|\leq 1} B_\varphi$ がいえ $B = \bigcap_{\|\varphi\|\leq 1} B_\varphi$ となる.ここで上の補題により列 $\{\varphi_k\} \subset V'$ が存在して $\|\varphi\| \leq 1$ なる任意の $\varphi \in V'$ に対し φ_k のある部分列 φ_{k_j} が

$$\lim_{j\to\infty} \varphi_{k_j}(x) = \varphi(x) \quad (\forall x \in V)$$

を満たす.したがって上に示した $B = \bigcap_{\|\varphi\|\leq 1} B_\varphi$ より

$$B = \bigcap_{k=1}^{\infty} B_{\varphi_k}$$

がいえる.これと f の弱可測性より B は S の可測集合となる.とくに $\|f(s)\|$ が $\mathcal{B}$-可測であることがいえた.

$\mathcal{R}(f)$ は可分だから高々可算個の半径 $< 1/n$,中心 $x_{\ell,n}$ なる開球 $B_{\ell,n}$ ($\ell = 1, 2, \dots$) の和集合 $\bigcup_{\ell=1}^{\infty} B_{\ell,n}$ に含まれる.上記により $\|f(s) - x_{\ell,n}\|$ は s の関数として $\mathcal{B}$-可測である.したがって集合

$$M_{\ell,n} = \{s \mid s \in S, f(s) \in B_{\ell,n}\}$$

は $\mathcal{B}$-可測であり,かつ

$$S = \bigcup_{\ell=1}^{\infty} M_{\ell,n}$$

が成り立つ.いま関数 $f_n(s)$ を

$$s \in E_{\ell,n} = M_{\ell,n} - \bigcup_{j=1}^{\ell-1} M_{\ell,n}$$

に対し

$$f_n(s) = x_{\ell,n}$$

と定義すると

$$\|f(s) - f_n(s)\| < 1/n \quad \text{for} \quad \forall s \in S = \sum_{\ell=1}^{\infty} E_{\ell,n}$$

となる.$E_{\ell,n}$ は可測であるから各 f_n は強可測となり,その極限である f も強可測となる.□

第18章 ボホナー積分

本章ではバナッハ空間に値をとる関数に対し測度論の立場からの積分の定義を与えるボホナー積分を概観する．ルベーグの方法による微分積分学の基本定理を与えボホナー積分に拡張する．そののちボホナー積分論としての振動積分を定義し擬微分作用素，フーリエ積分作用素を定義する．

18.1 ボホナー積分

以下 $(S, \mathcal{B}, m)$ を測度空間とする．

定義 18.1 V をバナッハ空間とする．
1) S 上の V-値単関数
$$f(s) = \sum_{j=1}^{n} f_j \cdot \chi_{B_j}(s) \quad (f_j \in V)$$
に対しその積分の値を
$$\int_S f(s) m(ds) = \sum_{j=1}^{n} f_j \cdot m(B_j)$$
と定義する．

2) S 上の V-値関数 f に対し V-値単関数の列 $f_n(s)$ で S 上 m-a.e. で f に収束するものがあるとき f を強 $\mathcal{B}$-可測と呼んだ (定義 17.39)．このときさらに
$$\lim_{n \to \infty} \int_S \|f(s) - f_n(s)\| m(ds) = 0$$
なるものがあるとき f は S 上 m に関しボホナー可積分 (Bochner integrable) であるという．ボホナー積分の値は可測集合 $B \in \mathcal{B}$ に対し
$$\int_B f(s) \, m(ds) = \lim_{n \to \infty} \int_S \chi_B(s) f_n(s) m(ds)$$
と定義する．

この定義の 2) において右辺の極限値が f に収束する単関数の列 f_n の取り方によらず一意に定まることは容易に示される．

以下は明らかであろう．

命題 18.1 f, g が S 上で定義された $\mathbb{C}$-値ないしバナッハ空間 V に値を持つ可積分な関数であるとする．

1) $\lambda, \mu \in \mathbb{C}$ であれば $\lambda g + \mu g$ も S 上可積分で

$$\int_S (\lambda f(s) + \mu g(s)) m(ds) = \lambda \int_S f(s) m(ds) + \mu \int_S g(s) m(ds)$$

が成り立つ．

2) $S = A + B$, $A \cap B = \emptyset$, $A, B \in \mathcal{B}$ で f が A, B のそれぞれで可積分であれば f は S で可積分であり

$$\int_S f(s) m(ds) = \int_A f(s) m(ds) + \int_B f(s) m(ds)$$

が成り立つ．

定理 18.1 f を強 $\mathcal{B}$-可測とするとき，f が m に関しボホナー可積分であることは $\|f(s)\|$ が $\mathbb{R}$-値 m-可積分な関数であることと同値である．

証明 f が強 $\mathcal{B}$-可測で $\|f(s)\|$ が $\mathbb{R}$-値 m-可積分な関数であると仮定する．このとき単関数の列 f_n で

$$\lim_{n \to \infty} \|f_n(s) - f(s)\| = 0 \quad (m\text{-a.e.}) \tag{18.1}$$

を満たすものが存在する．この f_n より単関数 g_n を以下のように定義する．

$$g_n(s) = \begin{cases} f_n(s) & (\|f_n(s)\| \leq 2\|f(s)\|), \\ 0 & (\|f_n(s)\| > 2\|f(s)\|). \end{cases}$$

すると g_n は

$$\|g_n(s)\| \leq 2\|f(s)\|$$
$$\lim_{n \to \infty} \|f(s) - g_n(s)\| = 0 \quad (m\text{-a.e.})$$

を満たす．仮定より $\|f(s)\|$ は m-可積分な関数であり g_n の定義より不等式

$$\|f(s) - g_n(s)\| \leq 3\|f(s)\|$$

が成り立つからルベーグの収束定理 16.11 により

$$\lim_{n\to\infty} \int_S \|f(s) - g_n(s)\| m(ds) = 0$$

がいえた．特に $f(s)$ は S 上ボホナー積分可能である．

逆に強 $\mathcal{B}$-可測な関数 f が m に関しボホナー可積分であるとすると式 (18.1) を満たすある単関数列 f_n に対し

$$\lim_{n\to\infty} \int_S \|f(s) - f_n(s)\| m(ds) = 0 \tag{18.2}$$

が成り立つ．f_n は単関数だから $\|f_n(s)\|$ は m-可積分である．不等式

$$\|f(s)\| \leq \|f_n(s)\| + \|f(s) - f_n(s)\|$$

より

$$\int_S \|f(s)\| m(ds) \leq \int_S \|f_n(s)\| m(ds) + \int_S \|f(s) - f_n(s)\| m(ds)$$

が成り立つから式 (18.2) により

$$\int_S \|f(s)\| m(ds) \leq \liminf_{n\to\infty} \int \|f_n(s)\| m(ds). \tag{18.3}$$

他方

$$\int_S \big|\|f_n(s)\| - \|f_\ell(s)\|\big| m(ds) \leq \int_S \|f_n(s) - f_\ell(s)\| m(ds)$$

ゆえ式 (18.2) より

$$\liminf_{n\to\infty} \int_S \|f_n(s)\| m(ds) = \lim_{n\to\infty} \int_S \|f_n(s)\| m(ds) < \infty$$

が存在して有限値であるから式 (18.3) により $\|f(s)\|$ は m-可積分である． □

系 18.1 定理の仮定の下に任意の可測集合 $B \in \mathcal{B}$ に対し

$$\left\| \int_B f(s)m(ds) \right\| \leq \int_B \|f(s)\| m(ds)$$

が成り立つ．したがって以下の意味で $\int_B f(s)m(ds)$ は m-絶対連続である．

$$\lim_{m(B) \to 0} \int_B f(s)m(ds) = 0.$$

また $\|f(s)\|$ の可積分性から $\int_B \|f(s)\| m(ds)$ は B について σ-加法的であるから $\int_B f(s)m(ds)$ も以下の意味で σ-加法的である．すなわち

$$B = \sum_{\ell=1}^{\infty} B_\ell \quad (m(B_\ell) < \infty)$$

であれば

$$\int_B f(s)m(ds) = \lim_{n \to \infty} \sum_{\ell=1}^{n} \int_{B_\ell} f(s)m(ds).$$

系 18.2 T をバナッハ空間 V から他のバナッハ空間 W への有界線型作用素とする．f が V-値ボホナー m-可積分であれば $Tf(s)$ は W-値ボホナー m-可積分で任意の $B \in \mathcal{B}$ に対し

$$\int_B Tf(s)m(ds) = T \int_B f(s)m(ds)$$

が成り立つ．

証明 f に対し単関数の列 g_n を定理 18.1 の証明のように取ると

$$\|g_n(s)\| \leq 2\|f(s)\|,$$
$$\lim_{n \to \infty} \|f(s) - g_n(s)\| = 0 \quad (m\text{-a.e.})$$

が成り立つ．g_n は単関数だから T の線型性より任意の $B \in \mathcal{B}$ に対し

$$\int_B Tg_n(s)m(ds) = T \int_B g_n(s)m(ds)$$

が成り立つ．さらに T の有界性から

$$\|Tg_n(s)\| \leq \|T\|\|g_n(s)\| \leq 2\|T\|\|f(s)\|,$$
$$\lim_{n\to\infty} Tg_n(s) = Tf(s) \quad (m\text{-a.e.})$$

が成立する．したがって $Tf(s)$ はボホナー m-可積分であり

$$\int_B Tf(s)m(ds) = \lim_{n\to\infty} \int_B Tg_n(s)m(ds)$$
$$= \lim_{n\to\infty} T\int_B g_n(s)m(ds)$$
$$= T\int_B f(s)m(ds)$$

となる． □

18.2 微分積分学の基本定理

リーマン積分論においては第 15 章 定理 15.14 のように微分積分学の基本定理は以下のようであった．

定理 18.2 I を $\mathbb{R}$ の区間，$f: I \longrightarrow \mathbb{R}$ とする．このとき f が I 上微分可能で f' が I 上リーマン積分可能であれば任意の $a, b \in I$ $(a < b)$ に対し

$$\int_a^b f'(x)dx = f(b) - f(a)$$

が成り立つ．

これに対しルベーグ積分論の場合の微分積分学の基本定理は以下のようになる．

定理 18.3 I を $\mathbb{R}$ の区間，$f: I \longrightarrow \mathbb{R}$ とする．このとき f が I 上微分可能で f' が I 上有界ならば f' は任意の $a, b \in I$ $(a < b)$ に対し区間 $[a, b]$ 上ルベーグ積分可能で

$$\int_a^b f'(x)dx = f(b) - f(a)$$

が成り立つ．

証明 一般性を失うことなく $I = [a,b]$ と仮定してよい．f は区間 I で微分可能だから連続である．いま f を $x \in [b, b+1]$ まで

$$f(x) = f(b) + (x-b)f'(b)$$

により拡張すれば明らかに f は区間 $[a, b+1]$ 上微分可能で f' はそこで有界である定数 $M > 0$ に対し

$$|f'(x)| \leq M \quad (x \in [a, b+1]) \tag{18.4}$$

を満たす．従って f は $[a, b+1]$ で連続かつ有界である．導関数 f' は関数

$$f_n(x) = \frac{f(x+n^{-1}) - f(x)}{\frac{1}{n}} = n(f(x+n^{-1}) - f(x))$$

により f_n の極限として

$$f'(x) = \lim_{n \to \infty} f_n(x)$$

と与えられる．$f_n(x)$ は $x \in [a, b+1]$ について連続であり従って可測であるからその極限 $f'(x)$ も定理 16.7 により可測である．f' が区間 $[a, b+1]$ で有界であるから可測性と併せて f' は区間 $[a, b+1]$ においてルベーグ積分可能である．

他方微分に関する平均値の定理すなわち第 14 章 系 14.1 によりある $x_0 \in (x, x+n^{-1})$ に対し

$$f(x+n^{-1}) - f(x) = n^{-1}f'(x_0)$$

となるから式 (18.4) より任意の $x \in [a, b]$ に対し

$$|f_n(x)| = |n(f(x+n^{-1}) - f(x))|$$
$$= |f'(x_0)| \leq M$$

が成り立つ．したがって第 16 章のルベーグの収束定理の系 16.1 より

$$\int_a^b f'(x)dx = \lim_{n \to \infty} \int_a^b f_n(x)dx \tag{18.5}$$

がいえる．ここで第 16 章の問 16.3 より得られる積分の平行移動に関する不変性を用いると B を可測集合とし $c \in \mathbb{R}^n$ とするとき関数 f が $B_c = \{x+c | x \in B\}$ 上積分可能であれば $g_c(x) = f(x+c)$ は集合 B 上積分可能で

$$\int_{B_c} f(x) m(dx) = \int_B g_c(x) m(dx)$$

が成り立つ．これを用いて式 (18.5) の右辺の積分は以下のように計算される．

$$\begin{aligned}
\int_a^b f_n(x) dx &= n \int_a^b f(x + n^{-1}) dx - n \int_a^b f(x) dx \\
&= n \int_{a+n^{-1}}^{b+n^{-1}} f(x) dx - n \int_a^b f(x) dx \\
&= n \int_b^{b+n^{-1}} f(x) dx - n \int_a^{a+n^{-1}} f(x) dx. \quad (18.6)
\end{aligned}$$

以下の補題は容易に証明される．

補題 18.1 有界可測集合 $B \subset \mathbb{R}^n$ 上の実数値関数 f が有界であるとするときある実数 c で

$$\inf_{x \in B} f(x) \leq c \leq \sup_{x \in B} f(x)$$

を満たすものに対し

$$\int_B f(x) m(dx) = c \int_B m(dx) = c\, m(B)$$

が成り立つ．

証明は読者に任せる．

この補題を式 (18.6) の右辺に用いると (18.6) の関数 f は連続であるので式 (18.6) はある $\theta_1, \theta_2 \in (0,1)$ に対し以下に等しくなる．

$$\begin{aligned}
&n \cdot n^{-1} f(b + \theta_1 n^{-1}) - n \cdot n^{-1} f(a + \theta_2 n^{-1}) \\
&= f(b + \theta_1 n^{-1}) - f(a + \theta_2 n^{-1}).
\end{aligned}$$

ここで $n \to \infty$ とすれば式 (18.5) とあわせて

$$\int_a^b f'(x)dx = f(b) - f(a)$$

が示された. □

これを用いてボホナー積分に対する微分積分学の基本定理が証明される.

定理 18.4 I を $\mathbb{R}$ の区間, W をバナッハ空間, $f: I \longrightarrow W$ とする. このとき f が I 上微分可能で f' が I 上有界ならば f' は任意の $a, b \in I$ $(a < b)$ に対し $[a, b]$ 上ボホナー積分可能で

$$\int_a^b f'(x)dx = f(b) - f(a)$$

が成り立つ.

証明 バナッハ空間値の関数 $f: I \longrightarrow W$ は微分可能であるから f は I から W への連続関数である[1]. 前定理と同様に $I = [a, b]$ と仮定してよい. f を区間 $[b, b+1]$ まで

$$f(x) = f(b) + (x - b)f'(b)$$

と拡張すると f は区間 $[a, b+1]$ で微分可能で f' は有界である. すなわち

$$\sup_{x \in [a, b+1]} \|f'(x)\| < \infty. \tag{18.7}$$

導関数 f' は $f_n(x) = n(f(x + n^{-1}) - f(x))$ とするとき

$$f'(x) = \lim_{n \to \infty} f_n(x)$$

で与えられるから強可測関数列 $\{f_n\}$ の極限として強可測である. したがって式 (18.7) とあわせて定理 18.1 より導関数 $f': [a, b+1] \longrightarrow W$ はボホナー積分可能となる.

---

[1] 第 14 章 命題 14.2.

バナッハ空間 W 上の連続線型汎関数 $\varphi \in W'$ を任意にとり固定する．このとき $\varphi \circ f$ は区間 I から $\mathbb{C}$ への一回微分可能関数であり第 14 章 問 14.5 より

$$(\varphi \circ f)'(x) = (\varphi \circ f')(x) \tag{18.8}$$

が成り立つから実数部分と虚数部分とに分けて前定理 18.3 を適用すれば

$$\int_a^b (\varphi \circ f)'(x)\, dx = \varphi(f(b)) - \varphi(f(a))$$

が得られる．式 (18.8) より $(\varphi \circ f)'(x) = (\varphi \circ f')(x)$ であるから上式は

$$\varphi\left(\int_a^b f'(x)\, dx - (f(b) - f(a))\right) = 0$$

となる．これは任意の $\varphi \in W'$ に対し成り立つからハーン-バナッハの定理の系 17.6 より

$$\int_a^b f'(x)\, dx - (f(b) - f(a)) = 0$$

が得られる． □

微分に関する平均値の定理はバナッハ空間の元のようなベクトルを値に取る関数に対しては一般に成り立たない．定理 18.4 がハーン-バナッハの定理を用いずに直接的に前定理 18.3 と同様の方法で証明できないのはこのためである．

この定理はリーマン積分の場合の以下の定理 (第 15 章 定理 15.15) を含んでいることを注意する．

定理 18.5 I を $\mathbb{R}$ の区間，W をバナッハ空間，$f : I \longrightarrow W$ を C^1-級写像とする．このとき任意の $a, b \in I$ $(a < b)$ に対し

$$\int_a^b f'(x)\, dx = f(b) - f(a)$$

が成り立つ．ただし積分はリーマン積分の意味である．

以上は積分範囲 $[a,b]$ が有界区間の場合であることに注意する．たとえば $a \to -\infty$ あるいは $b \to \infty$ 等のような場合やあるいは区間 I の有限個の点で f が特異な場合はルベーグ積分論やボホナー積分では扱えない場合が存在する．そのような場合でも積分

$$\int_a^b f'(x)dx$$

の $a \to -\infty$ や $b \to \infty$ における極限が存在すれば広義積分が定義される．

また部分積分はリーマン積分の場合の定理 15.20 に対応する次の定理で保証される．

定理 18.6 $I = [a,b]$ を $\mathbb{R}$ の区間，W をバナッハ環[2]，$f, g : I \longrightarrow W$ とする．このとき f, g が I 上微分可能で f', g' が I 上有界ならば

$$\int_a^b g'(x)f(x)\,dx = [g(x)f(x)]_a^b - \int_a^b g(x)f'(x)\,dx$$

が成り立つ．特に

$$\int_a^b f(x)\,dx = [xf(x)]_a^b - \int_a^b xf'(x)\,dx$$

が成り立つ．

証明 仮定より

$$(fg)' = f'g + fg'$$

は I 上ボホナー積分可能であるから

$$\int_a^b f'(x)g(x)\,dx + \int_a^b f(x)g'(x)\,dx = \int_a^b (fg)'(x)\,dx = [f(x)g(x)]_a^b$$

である． □

以下はルベーグ積分の場合の系 16.1 に相当する定理である．

---

[2] 後の第 18.3 節参照．

18.2. 微分積分学の基本定理

定理 18.7 I を $\mathbb{R}$ の区間とし W をバナッハ空間とする．$f_n : I \longrightarrow W$ ($n = 1, 2, \ldots$) を I 上ボホナー積分可能な W-値関数の有界列とする．すなわち

$$\sup_{n=1,2,\ldots, x \in I} \|f_n(x)\| < \infty \tag{18.9}$$

とする．このとき f_n がある関数 $f : I \longrightarrow W$ に対し

$$\lim_{n\to\infty} f_n(x) = f(x) \quad (\forall x \in I) \tag{18.10}$$

を満たすとすると f は任意の $a, b \in I$ ($a < b$) に対し $[a, b]$ 上ボホナー積分可能で

$$\lim_{n\to\infty} \int_a^b f_n(x)dx = \int_a^b f(x)dx \tag{18.11}$$

が成り立つ．

証明 式 (18.10) より f は強可測関数列の極限として強可測である．また式 (18.9) および (18.10) より

$$\sup_{x \in I} \|f(x)\| < \infty$$

であるから f は有限区間 $[a, b]$ においてボホナー積分可能である．式 (18.10) より

$$\lim_{n\to\infty} \|f_n(x) - f(x)\| = 0 \quad (\forall x \in I)$$

が言え他方式 (18.9) から

$$\sup_{n=1,2,\ldots, x \in I} \|f_n(x) - f(x)\| < \infty$$

が成り立つ．したがって系 16.1 より

$$\lim_{n\to\infty} \int_a^b \|f(x) - f_n(x)\| dx = 0$$

でありこれより式 (18.11) が従う． □

18.3 ボホナー振動積分

以下前節で考察したボホナー積分において測度空間 $(S, \mathcal{B}, m)$ をルベーグ測度を持つ n 次元ユークリッド空間 $\mathbb{R}^n$ とし，V をバナッハ空間とする．このとき $\mathbb{R}^n$ 上定義された V に値を取る関数 $f: \mathbb{R}^n \longrightarrow V$ が急減少関数であるとは以下の条件を満たすことと定義する．

i) 関数 $f: \mathbb{R}^n \longrightarrow V$ は無限回連続的微分可能である[3]．

ii) 任意の整数 $\ell \geq 0$ および多重指数 $\alpha = (\alpha_1, \ldots, \alpha_n)$, $\beta = (\beta_1, \ldots, \beta_n)$ $(\alpha_j, \beta_j \geq 0\ (j = 1, \ldots, n)$ は整数$)$ に対し

$$|f|_\ell^{(S)} = \max_{|\alpha|+|\beta|\leq \ell} \sup_{x \in \mathbb{R}^n} \|x^\alpha D_x^\beta f(x)\| < \infty.$$

ただし記号

$$D_x = (D_{x_1}, \ldots, D_{x_n}), \quad \partial_x = (\partial_{x_1}, \ldots, \partial_{x_n}),$$
$$D_{x_j} = \frac{1}{i}\partial_{x_j}, \quad \partial_{x_j} = \frac{\partial}{\partial x_j},$$
$$D_x^\beta = D_{x_1}^{\beta_1} \ldots D_{x_n}^{\beta_n}, \quad \partial_x^\beta = \partial_{x_1}^{\beta_1} \ldots \partial_{x_n}^{\beta_n},$$
$$x^\alpha = x_1^{\alpha_1} \ldots x_n^{\alpha_n}$$

を用いた．

このような $\mathbb{R}^n$ 上定義された V-値急減少関数の全体を $\mathcal{S}(\mathbb{R}^n, V)$ あるいは単に $\mathcal{S}$ と書く．

さらに無限回連続的微分可能関数 $f: \mathbb{R}^n \longrightarrow V$ が任意の整数 $\ell \geq 0$ に対し

$$|f|_\ell = \max_{|\alpha|\leq \ell} \sup_{x \in \mathbb{R}^n} \|\partial_x^\alpha f(x)\| < \infty$$

を満たすときこの関数を $\mathcal{B}$-関数と呼びその全体を $\mathcal{B}(\mathbb{R}^n, V)$ あるいは簡単に $\mathcal{B}$ と書く．

空間 $\mathcal{S}(\mathbb{R}^n, V)$ および $\mathcal{B}(\mathbb{R}^n, V)$ は上記のそれぞれのセミノルムによりフレッシェ空間をなす．

---

[3] 第 14 章 定義 14.3 を参照．

以下バナッハ空間 V がバナッハ環 (Banach algebra) をなす場合を考える.すなわち V はバナッハ空間でその任意の二元 v, w の間に積 $vw \in V$ が定義されていて結合法則, 分配法則

$$(vw)u = v(wu), \quad v(w+u) = vw + vu \quad (\forall v, w, u \in V)$$

等を満たしかつ不等式

$$\|vw\| \leq \|v\|\|w\| \quad (v, w \in V)$$

を満たすとする.さらに積に関する単位元 e すなわち

$$ev = ve = v \quad (\forall v \in V)$$

を満たす元 e が存在する場合は

$$\|e\| = 1$$

と仮定して一般性は失われない.

例 18.1 V から V への有界作用素の全体 $B(V)$ のなす線型空間に第 14 章定義 14.2 で定義した作用素ノルム

$$\|T\| = \sup_{x \in V, \|x\|=1} \|Tx\|$$

を入れると $B(V)$ はバナッハ空間でかつバナッハ環になる.単位元は恒等作用素 I である.

例 18.2 Ω をコンパクト空間とするとき第 17 章 第 17.3 節で定義した空間 $C(\Omega)$ は二元 $v, w \in C(\Omega)$ に対し

$$(vw)(x) = v(x)w(x) \quad (x \in \Omega)$$

によって積を定義するとノルム

$$\|v\| = \sup_{x \in \Omega} |v(x)|$$

により可換なバナッハ環をなす.単位元 e は恒等的に 1 を値に取る関数 $e(x) = 1$ である.

以上のいずれの例の場合も単位元 I あるいは e のノルムは

$$\|I\| = 1$$

および

$$\|e\| = 1$$

を満たす．

以下は単位元を持たないバナッハ環の例である．バナッハ空間 V からバナッハ空間 W への線型なコンパクト写像[4]をコンパクト作用素という．

例 18.3 V から V へのコンパクト作用素の全体 $B_0(V)$ のなす線型空間に作用素ノルム

$$\|T\| = \sup_{x \in V, \|x\|=1} \|Tx\|$$

を入れると $B_0(V)$ はバナッハ空間で V が無限次元であれば単位元を持たないバナッハ環になる．

しかし一般に単位元を持たないバナッハ環でも一次元拡大により単位元を付加することは常に可能である．

コンパクト作用素については以下が成り立つことに注意する．

問 18.1 K がバナッハ空間 V からバナッハ空間 W へのコンパクト作用素とする．このとき点列 $x_n \in V$ $(n = 1, 2, \ldots)$ が $x_0 \in V$ に弱収束すれば $Kx_n \in W$ は $Kx_0 \in W$ に強収束することを示せ．

一般に $\mathbb{R}^{2n} = \mathbb{R}^n_\eta \times \mathbb{R}^n_y$ から単位元 e を持つバナッハ環 V への関数 $a = a(\eta, y)$ に対し急減少関数 $\chi \in \mathcal{S}(\mathbb{R}^{2n}, V)$ で

$$\chi(0,0) = e \tag{18.12}$$

なるものを取り $\chi_\epsilon(\eta, y) = \chi(\epsilon\eta, \epsilon y)$ $(\epsilon > 0)$ とおくとき極限

$$\lim_{\epsilon \to 0} \iint e^{-iy\eta} \chi_\epsilon(\eta, y) a(\eta, y) dy d\hat{\eta} \tag{18.13}$$

---

[4]定義 12.2.

が存在してこのような関数 χ の取り方によらない場合この積分を振動積分

$$\text{Os}[e^{-iy\eta}a] = \text{Os-}\iint e^{-iy\eta}a(\eta,y)dy d\widehat{\eta} \tag{18.14}$$

の値と定義する．ただし記号 $d\widehat{\eta} = (2\pi)^{-n}d\eta$ および

$$y\eta = \sum_{j=1}^{n} y_j \eta_j$$

を用いた．

関数 $a = a(\eta, y)$ がたとえば任意の多重指数 α, β に対し

$$\sup_{\eta, y \in \mathbb{R}^m} \|\partial_\eta^\alpha \partial_y^\beta a(\eta, y)\| < \infty \tag{18.15}$$

を満たすときすなわち $a(\eta,y) \in \mathcal{B}(\mathbb{R}^{2n}, V)$ のとき振動積分 (18.13) は存在する．

実際微分作用素 L, P を

$$L = (1+|\eta|^2)^{-1}(1+i\eta\cdot\partial_y)$$

および

$$P = (1+|y|^2)^{-1}(1+iy\cdot\partial_\eta)$$

によって定義すると恒等式

$$Le^{-iy\eta} = e^{-iy\eta}, \quad Pe^{-iy\eta} = e^{-iy\eta}$$

が成り立つ．これを用いて式 (18.13) において η および y について定理 18.6 により部分積分すると任意の整数 $k, \ell \geq 0$ に対して

$$\iint e^{-iy\eta}\chi_\epsilon(\eta,y)a(\eta,y)dy d\widehat{\eta}$$
$$= \iint e^{-iy\eta}({}^tP)^k({}^tL)^\ell \left(\chi_\epsilon(\eta,y)a(\eta,y)\right) dy d\widehat{\eta}.$$

ただし ${}^tP, {}^tL$ はそれぞれ P, L の転置作用素を表す．任意の多重指数 α, β に対し

$$\begin{cases} \partial_\xi^\alpha \chi_\epsilon(\xi, y) = \epsilon^{|\alpha|}(\partial_\xi^\alpha \chi)(\epsilon\xi, \epsilon y), \\ \partial_y^\beta \chi_\epsilon(\xi, y) = \epsilon^{|\beta|}(\partial_y^\beta \chi)(\epsilon\xi, \epsilon y) \end{cases} \tag{18.16}$$

であり かつ (18.15) により $\epsilon > 0$ および $\eta, y \in \mathbb{R}^n$ によらない定数 $C_{k\ell} > 0$ に対し

$$\|({}^tP)^k({}^tL)^\ell(\chi_\epsilon(\eta,y)a(\eta,y))\| \leq C_{k\ell}(1+|\eta|)^{-\ell}(1+|y|)^{-k}$$

であるから $k,\ell \geq n+1$ なら極限 (18.13) が存在する．その極限値は (18.12) と (18.16) から

$$\mathrm{Os}[e^{-iy\eta}a] = \iint e^{-iy\eta}({}^tP)^k({}^tL)^\ell(a(\eta,y))dyd\widehat{\xi} \tag{18.17}$$

となる．この式には急減少関数 χ は現れないから極限値 (18.13) は χ の取り方にはよらない．しかし式 (18.17) は見かけ上整数 $k,\ell \geq n+1$ の取り方によるように見えるから極限値 (18.13) も整数 $k,\ell \geq n+1$ の取り方によるように見える．しかし $\epsilon \to 0$ の極限値を取る途中の $\epsilon > 0$ に対する式は (18.13) の $\lim_{\epsilon \to 0}$ の中身

$$\iint e^{-iy\eta}\chi_\epsilon(\xi,y)a(\eta,y)dyd\widehat{\xi}$$

でありこれは $k,\ell \geq n+1$ によらないから極限値 (18.13) も k,ℓ によらない．以上により極限 (18.13) は χ にも途中の計算に現れる整数 k,ℓ にもよらない値を与える．

さらに一般にある定数 $k_1, k_2 \in \mathbb{R}$, $\sigma \in [0,1)$ が存在して任意の多重指数 α, β に対し

$$\|\partial_\eta^\alpha \partial_y^\beta a(\eta,y)\| \leq C_{\alpha\beta}(1+|\eta|)^{k_1+\sigma|\beta|}(1+|y|)^{k_2+\sigma|\alpha|} \tag{18.18}$$

を満たす関数 $a(\eta,y)$ に対し振動積分 (18.13) が定義される．このような定義は各々の応用の場面で適宜変形して与えることができる．

18.4　擬微分作用素

前節の振動積分の定義を用いて以下のように擬微分作用素を定義することができる．

いま V をバナッハ空間，$B(V)$ を V から V への有界線型作用素全体のなすバナッハ空間とする．$f: \mathbb{R}^n \longrightarrow V$ を $\mathcal{B}(\mathbb{R}^n, V)$-関数とし，$p(x,\xi,y):$

$\mathbb{R}_x^n \times \mathbb{R}_\xi^n \times \mathbb{R}_y^n \longrightarrow B(V)$ を $\mathcal{B}(\mathbb{R}^{3n}, B(V))$-関数とする．このとき $\chi(0,0) = I$ を満たす $\chi(\xi, y) \in \mathcal{S}(\mathbb{R}^{2n}, B(V))$ を任意に取り[5]任意の正の数 $\epsilon > 0$ に対し $\chi_\epsilon(\xi, y) = \chi(\epsilon\xi, \epsilon y)$ とおけば前節と同様の考察を行うことにより以下の極限が存在し χ の取り方によらず同一の値を与えることが言える．

$$\lim_{\epsilon \to 0} \iint_{\mathbb{R}^{2n}} e^{i(x-y)\xi} \chi_\epsilon(\xi, y) p(x, \xi, y) f(y) dy\widehat{d\xi}. \tag{18.19}$$

実際前節と同様に微分作用素

$$L = (1 + |\xi|^2)^{-1}(1 + i\xi \cdot \partial_y), \tag{18.20}$$
$$P = (1 + |x-y|^2)^{-1}(1 - i(x-y) \cdot \partial_\xi) \tag{18.21}$$

を定義すると

$$L e^{i(x-y)\xi} = e^{i(x-y)\xi}, \quad P e^{i(x-y)\xi} = e^{i(x-y)\xi}$$

が成り立つ．これを用いて (18.19) において部分積分すると積分は任意の整数 $k, \ell \geq 0$ に対し

$$\iint_{\mathbb{R}^{2n}} e^{i(x-y)\xi} ({}^tP)^k ({}^tL)^\ell \left(\chi_\epsilon(\xi, y) p(x, \xi, y) f(y)\right) dy\widehat{d\xi}. \tag{18.22}$$

となる．$\chi(\xi, y) \in \mathcal{S}(\mathbb{R}^{2n}, B(V))$ および $p(x,\xi,y) \in \mathcal{B}(\mathbb{R}^{3n}, B(V))$ より

$$\|({}^tP)^k ({}^tL)^\ell \left(\chi_\epsilon(\xi, y) p(x, \xi, y) f(y)\right)\| \leq C_{k\ell}(1+|\xi|)^{-\ell}(1+|x-y|)^{-k} \tag{18.23}$$

であるから $k, \ell \geq n+1$ なら極限 (18.19) が存在しその値は $\chi(0,0) = I$ と式 (18.16) より

$$\iint_{\mathbb{R}^{2n}} e^{i(x-y)\xi} ({}^tP)^k ({}^tL)^\ell \left(p(x, \xi, y) f(y)\right) dy\widehat{d\xi} \tag{18.24}$$

となりこの式すなわち (18.19) は $\mathcal{B}(\mathbb{R}_x^n, V)$-関数を与える．この式には χ は現れないから極限 (18.19) は χ の取り方によらない．整数 $k, \ell \geq n+1$ の

---

[5]具体的には $\chi(\xi, y)$ は $\mathbb{R}^{2n}$ 上の実数値急減少関数で $\chi(0,0) = 1$ を満たせば十分である．この場合はこの実数値関数による掛け算作用素 $\chi(\xi, y) : v \mapsto \chi(\xi, y)v$ $(v \in V)$ が $\mathcal{S}(\mathbb{R}^{2n}, B(V))$ の元を定義する．

取り方にもよらないことは前節の振動積分の場合と同様の議論により示される．

式 (18.19) の値を $p(X, D_x, X')f(x)$ と書き作用素 $P = p(X, D_x, X')$ を擬微分作用素と呼ぶ．これはその名の通り微分作用素の一般化を与える．実際多重指数 α に対し微分作用素 D_x^α はフーリエ変換 $\mathcal{F}$ を用いて $\mathcal{S}(\mathbb{R}^n, V)$-関数 f に対し

$$\begin{aligned} D_x^\alpha f(x) &= \mathcal{F}^{-1} \xi^\alpha \mathcal{F} f(x) \\ &= (2\pi)^{-n} \iint_{\mathbb{R}^{2n}} e^{i(x-y)\xi} \xi^\alpha f(y) dy d\xi \\ &= \lim_{\epsilon \to 0} \iint_{\mathbb{R}^{2n}} e^{i(x-y)\xi} \chi_\epsilon(\xi, y) \xi^\alpha f(y) dy \widehat{d\xi} \end{aligned}$$

と書け擬微分作用素 (18.19) の特別の場合となる[6]．

このように定義される擬微分作用素 $P = p(X, D_x, X')$ は $\mathcal{S}(\mathbb{R}^n, V)$ から $\mathcal{S}(\mathbb{R}^n, V)$ 自身および $\mathcal{B}(\mathbb{R}^n, V)$ から $\mathcal{B}(\mathbb{R}^n, V)$ への連続線型写像を定義することが数値関数に対する擬微分作用素の場合と同様にして示される．また表象のテイラー展開や擬微分作用素の多重積も数値関数に対する場合と同様に議論することができ，したがって $\mathcal{H}$ をヒルベルト空間とするとき擬微分作用素 $p(X, D_x, X')$ は $L^2(\mathbb{R}^n, \mathcal{H})$ から $L^2(\mathbb{R}^n, \mathcal{H})$ 自身への有界線型作用素に拡張される．

18.5 フーリエ積分作用素

同様にフーリエ積分作用素も定義され数値関数の場合と同様の結果が得られる．実際相関数の空間 $P_\sigma(\tau; \ell)$ およびシンボルの空間 B_ℓ^k を以下のように定義する．

定義 18.2 $0 \leq \sigma < 1, 0 \leq \tau < 1$ を実数, $\ell \geq 0$ を整数とするとき相関数 $\varphi(x, \xi)$ がクラス $P_\sigma(\tau; \ell)$ に属するとは $\varphi(x, \xi)$ が実数値の無限回微分可能関数で次の条件 1) および 2) を満たすことである．

---

[6]これまでのシンボルの定義に合わせていえば厳密には $\phi \in \mathcal{S}(\mathbb{R}^n)$ を $\phi(0) = 1$ と取るときシンボル ξ^α を $\xi^\alpha \phi(\delta\xi) \in \mathcal{B}(\mathbb{R}^n_\xi, \mathbb{C})$ $(\delta > 0)$ によって置き換えて得られる上記積分の $\delta \downarrow 0$ の時の極限である．

18.5. フーリエ積分作用素

1) $|\alpha|+|\beta|\geq 1$ を満たす任意の多重指数 α,β に対し定数 $C_{\alpha\beta}>0$ が存在して

$$|\partial_x^\alpha \partial_\xi^\beta (\varphi(x,\xi)-x\xi)|\leq C_{\alpha\beta}(1+|x|)^{\sigma-|\alpha|} \tag{18.25}$$

を満たす．

2)
$$|\varphi|_{2,\ell}=\sum_{|\alpha|+|\beta|\leq \ell}\sup_{x,\xi\in\mathbb{R}^n}|\partial_x^\alpha\partial_\xi^\beta \nabla_x\nabla_\xi(\varphi(x,\xi)-x\xi)| \tag{18.26}$$

とおくとき

$$|\varphi|_{2,\ell}\leq \tau \tag{18.27}$$

が成り立つ．ただし関数 $g(x,\xi)$ に対し $\nabla_x\nabla_\xi g(x,\xi)=\bigl(\partial_{x_i}\partial_{\xi_j}g(x,\xi)\bigr)$ は第 (i,j) 成分を $\partial_{x_i}\partial_{\xi_j}g(x,\xi)$ とする n 次正方行列を表す．また n 次複素正方行列 (a_{ij}) に対し $|(a_{ij})|=\sqrt{\sum_{1\leq i,j\leq n}|a_{ij}|^2}$ は行列ノルムを表す．特に $\nabla_x\nabla_\xi(x\xi)=I$ は n 次単位行列であることに注意する．

以下 V はバナッハ空間である．

定義 18.3 $k,\ell\in\mathbb{R}$ とする．$(x,\xi)\in\mathbb{R}^{2n}$ ないし $(\xi,x')\in\mathbb{R}^{2n}$ の $B(V)$-値関数 $p(x,\xi), q(\xi,x')$ がクラス B_ℓ^k に属するとは任意の整数 $d\geq 0$ に対しおのおの次の条件が成り立つこととする．

$$|p|_d^{(k;\ell)}:=\max_{|\alpha|+|\beta|\leq d}\sup_{x,\xi\in\mathbb{R}^n}\|(1+|x|)^{-\ell}(1+|\xi|)^{-k}\partial_x^\alpha\partial_\xi^\beta p(x,\xi)\|<\infty$$

あるいは

$$|q|_d^{(k;\ell)}:=\max_{|\beta|+|\alpha'|\leq d}\sup_{\xi,x'\in\mathbb{R}^n}\|(1+|\xi|)^{-k}(1+|x'|)^{-\ell}\partial_\xi^\beta\partial_{x'}^{\alpha'} q(\xi,x')\|<\infty.$$

定義 18.4 $k,\ell\in\mathbb{R},\ 0\leq\sigma<1,\ 0\leq\tau<1$ とし $p(x,\xi), q(\xi,x')\in B_\ell^k$, $\varphi(x,\xi)\in P_\sigma(\tau;0)$ とする．このときフーリエ積分作用素 $P_\varphi=p_\varphi(X,D_x)$ および $Q_{\varphi^*}=q_{\varphi^*}(D_x,X')$ を以下のような擬微分作用素として定義する．

1) $f \in \mathcal{B}(\mathbb{R}^n, V)$ に対し

$$P_\varphi f(x) = \iint e^{i(x-y)\xi} \left[e^{i(\varphi(x,\xi)-x\xi)} p(x,\xi) f(y) \right] dy d\widehat{\xi}.$$

2) $f \in \mathcal{B}(\mathbb{R}^n, V)$ に対し

$$Q_{\varphi^*} f(x) = \iint e^{i(x-y)\xi} \left[e^{i(y\xi-\varphi(y,\xi))} q(\xi,y) f(y) \right] dy d\widehat{\xi}.$$

$f \in \mathcal{B}(\mathbb{R}^n, V)$ と仮定しているのでこれらの擬微分作用素が以前行った部分積分により正当に定義されることは明らかである．これらをそれぞれ

$$P_\varphi f(x) = \iint e^{i(\varphi(x,\xi)-y\xi)} p(x,\xi) f(y) dy d\widehat{\xi}$$

および

$$Q_{\varphi^*} f(x) = \iint e^{i(x\xi-\varphi(y,\xi))} q(\xi,y) f(y) dy d\widehat{\xi}$$

と書き表す．後者の形のフーリエ積分作用素を共役型のフーリエ積分作用素と呼ぶことがある．

この場合上記積分は $\mathcal{B}(\mathbb{R}^n, V)$-関数 f に対し収束するが相関数が存在するためその値 $P_\varphi f$ および $Q_{\varphi^*} f$ は必ずしも $\mathcal{B}(\mathbb{R}^n, V)$ に属するとは限らない．しかし $f \in \mathcal{S}(\mathbb{R}^n, V)$ であれば $P_\varphi f$ および $Q_{\varphi^*} f$ は $\mathcal{S}(\mathbb{R}^n, V)$ に属し P_φ および Q_{φ^*} は $\mathcal{S}(\mathbb{R}^n, V)$ から $\mathcal{S}(\mathbb{R}^n, V)$ 自身への連続線型写像を与える．

以上のように定義すると擬微分作用素とフーリエ積分作用素の積，フーリエ積分作用素同士の積，フーリエ積分作用素が可逆になる条件，フーリエ積分作用素の L^2-有界性の条件等が数値関数に対する場合と同様にして示される．

18.6 ヒルベルト空間値関数の可積分性のある条件

本節ではシュワルツの不等式から導かれる簡単な事実を述べておこう．後にこの補題を用いる．

18.6. ヒルベルト空間値関数の可積分性のある条件

補題 18.2 $a \in \mathbb{R}$ を定数, $\mathcal{H}$ をヒルベルト空間とし $Q_0(t), Q_1(t) \in B(\mathcal{H})$ を $t \in [a, \infty)$ について強連続な作用素の族とする. $f \in \mathcal{H}$ としある定数 $M_0 > 0$ に対し

$$\int_a^\infty \|Q_0(t)g\|^2 dt \leq M_0^2 \|g\|^2 \quad (\forall g \in \mathcal{H}) \tag{18.28}$$

および

$$\int_a^\infty \|Q_1(t)f\|^2 dt < \infty \tag{18.29}$$

が成り立つとする. このとき以下の広義積分が収束する.

$$\int_a^\infty Q_0(t)^* Q_1(t) f \, dt.$$

証明 広義積分の収束は $\alpha > \beta > a$ として $\beta \to \infty$ とするとき

$$\left\| \int_\beta^\alpha Q_0(t)^* Q_1(t) f \, dt \right\| \to 0$$

となることと同値である. このノルムは仮定 (18.28) を用いて以下のように評価される.

$$\begin{aligned}
\left\| \int_\beta^\alpha Q_0(t)^* Q_1(t) f \, dt \right\| &= \sup_{\|g\|=1} \left| \left(\int_\beta^\alpha Q_0(t)^* Q_1(t) f \, dt, g \right) \right| \\
&= \sup_{\|g\|=1} \left| \int_\beta^\alpha (Q_1(t)f, Q_0(t)g) dt \right| \\
&\leq \sup_{\|g\|=1} \int_\beta^\alpha \|Q_1(t)f\| \|Q_0(t)g\| dt \\
&\leq \sup_{\|g\|=1} \left(\int_\beta^\alpha \|Q_1(t)f\|^2 dt \right)^{1/2} \left(\int_\beta^\alpha \|Q_0(t)g\|^2 dt \right)^{1/2} \\
&\leq M_0 \left(\int_\beta^\alpha \|Q_1(t)f\|^2 dt \right)^{1/2}.
\end{aligned}$$

仮定 (18.29) より右辺は $\alpha > \beta \to \infty$ のとき 0 に収束する. □

第19章　擬微分作用素

本章では振動積分の多重積分を考察した後，フーリエの反転公式が $\mathcal{B}$-関数に対しても成り立つことを示す．その後擬微分作用素の表象と積について考察する．前章で定義したように以降考察する擬微分作用素およびフーリエ積分作用素は数を値に取る通常の表象ないしシンボルを持ったものを一般化したものであり，バナッハ空間の有界作用素を値に取る関数をシンボルとするものである．

19.1 振動積分の多重積分

いま関数 $p_1(x,\xi,y), p_2(x,\xi,y)$ がともに $\mathcal{B}(\mathbb{R}^{3n}, B(V))$ に属する場合 $f \in \mathcal{B}(\mathbb{R}^n, V)$ に対し振動積分で定義される二つの擬微分作用素

$$p_1(X, D_x, X')f(x) = \iint e^{i(x-y)\xi} p_1(x,\xi,y) f(y) dy d\widehat{\xi}, \qquad (19.1)$$

$$p_2(X, D_x, X')f(x) = \iint e^{i(x-y)\xi} p_2(x,\xi,y) f(y) dy d\widehat{\xi} \qquad (19.2)$$

の積

$$\begin{aligned}&p_1(X, D_x, X') p_2(X, D_x, X') f(x) \\ &= \iint e^{i(x-y)\xi} p_1(x,\xi,y) \iint e^{i(y-z)\eta} p_2(y,\eta,z) f(z) dz d\widehat{\eta} dy d\widehat{\xi}\end{aligned} \qquad (19.3)$$

を考えてみよう．これは振動積分の定義に戻れば

$$\begin{aligned}&\lim_{\epsilon \to 0} \iint e^{i(x-y)\xi} p_1(x,\xi,y) \chi_\epsilon(\xi, y) \\ &\quad \times \lim_{\epsilon' \to 0} \iint e^{i(y-z)\eta} p_2(y,\eta,z) \chi_{\epsilon'}(\eta, z) f(z) dz d\widehat{\eta} dy d\widehat{\xi}\end{aligned} \qquad (19.4)$$

である．この多重積分においておのおのの二重積分に対応して (18.20) および (18.21) で定義される微分作用素 L および P を用いて部分積分して (18.23) に相当する評価をおのおのの二重積分内で行えば結局この二重積分

は部分積分した段階で積分順序によらないことがわかる．この事実を用いて積分順序を変えて式 (19.3) を書き換えればたとえば

$$p_1(X, D_x, X')p_2(X, D_x, X')f(x) = \iint e^{i(x-z)\eta} q(x,\eta,z) f(z) dz d\widehat{\eta}, \quad (19.5)$$

ただし

$$q(x,\eta,z) = \iint e^{i(x-y)(\xi-\eta)} p_1(x,\xi,y) p_2(y,\eta,z) dy d\widehat{\xi}$$
$$= \mathrm{Os}[e^{-iy\xi} p_1(x,\xi+\eta, x+y) p_2(x+y,\eta,z)] \quad (19.6)$$

が得られる．すなわち二つの擬微分作用素の積は新たな表象 $q(x,\eta,z)$ を持ったもう一つの擬微分作用素を定義する．

一般の振動積分の多重積分

$$\mathrm{Os}\left[e^{-ix\xi} \mathrm{Os}[e^{-iy\eta} a(x,\xi,y,\eta)]\right] \quad (19.7)$$

の場合も同様で上のような部分積分による考察を行えばこれは積分順序によらず同一の値を取り

$$\mathrm{Os}\left[e^{-ix\xi} \mathrm{Os}[e^{-iy\eta} a(x,\xi,y,\eta)]\right] = \mathrm{Os}\left[e^{-iy\eta} \mathrm{Os}[e^{-ix\xi} a(x,\xi,y,\eta)]\right]$$
$$= \mathrm{Os}\left[e^{-i(y\eta+x\xi)} a(x,\xi,y,\eta)\right] \quad (19.8)$$

が成り立つことが言える．ただし関数 $a(x,\xi,y,\eta)$ は変数 $(x,y,\xi,\eta) \in \mathbb{R}^{4n}$ に関し $\mathcal{B}(\mathbb{R}^{4n}, B(V))$ に属するとする．式 (19.8) は振動積分に対するいわゆるフビニの定理 (Fubini's theorem) と呼ばれるものである．

19.2　$\mathcal{B}$-関数に対するフーリエの反転公式

第 18.4 節で $p(x,\xi,y)$, $f(x)$ が任意の整数 $\ell \geq 0$ に対し

$$|p|_\ell = \max_{|\alpha|+|\beta|+|\gamma| \leq \ell} \sup_{x,\xi,y \in \mathbb{R}^n} \|\partial_x^\alpha \partial_\xi^\beta \partial_y^\gamma p(x,\xi,y)\| < \infty \quad (19.9)$$

および

$$|f|_\ell = \max_{|\alpha| \leq \ell} \sup_{x \in \mathbb{R}^n} \|\partial_x^\alpha f(x)\| < \infty \quad (19.10)$$

19.2. $\mathcal{B}$-関数に対するフーリエの反転公式

を満たすとき擬微分作用素

$$p(X, D_x, X')f(x) = \lim_{\epsilon \to 0} \iint e^{i(x-y)\xi} p(x,\xi,y) \chi_\epsilon(\xi,y) f(y) dy d\widehat{\xi} \tag{19.11}$$

が $\chi(0,0) = I$ を満たす急減少関数 $\chi \in \mathcal{S}(R^{2n}, B(V))$ の取り方によらず定まることを見た.ここで表象 p が恒等的に I に等しい場合すなわち

$$p(x,\xi,y) = I$$

の場合この p は (19.9) を満たし,式 (19.11) は

$$p(X, D_x, X')f(x) = \lim_{\epsilon \to 0} \iint e^{i(x-y)\xi} \chi_\epsilon(\xi,y) f(y) dy d\widehat{\xi} \tag{19.12}$$

となる.これは形式的に書けば

$$p(X, D_x, X')f(x) = \iint e^{i(x-y)\xi} f(y) dy d\widehat{\xi} \tag{19.13}$$

であり形の上からはフーリエの反転公式の形をしておりしたがってその値は

$$p(X, D_x, X')f(x) = f(x) \tag{19.14}$$

となると予想される.以下これを確かめてみよう.

極限 (19.12) が $\chi(\xi,y) \in \mathcal{S}(\mathbb{R}^{2n}, B(V))$ の取り方によらないことは 18.4 節で見たから $\chi_1(\xi), \chi_2(y)$ をそれぞれ変数 $\xi, y \in \mathbb{R}^n$ についての急減少関数で

$$\chi_1(0) = \chi_2(0) = I \tag{19.15}$$

を満たすものとし $\chi(\xi,y)$ を

$$\chi(\xi,y) = \chi_1(\xi)\chi_2(y) \tag{19.16}$$

としてよい.このとき式 (19.12) は

$$p(X, D_x, X')f(x) = \lim_{\epsilon \to 0} \iint e^{i(x-y)\xi} \chi_1(\epsilon\xi)\chi_2(\epsilon y) f(y) dy d\widehat{\xi}$$
$$= \lim_{\epsilon \to 0} \int \left(\int e^{i(x-y)\xi} \chi_1(\epsilon\xi) d\widehat{\xi} \right) \chi_2(\epsilon y) f(y) dy \tag{19.17}$$

となるが
$$(2\pi)^{-n/2}\int e^{i(x-y)\xi}\chi_1(\epsilon\xi)d\xi = \epsilon^{-n}\widehat{\chi_1}(\epsilon^{-1}(y-x)) \tag{19.18}$$
であるから (19.17) の右辺は
$$(2\pi)^{-n/2}\lim_{\epsilon\to 0}\int \epsilon^{-n}\widehat{\chi_1}(\epsilon^{-1}(y-x))\chi_2(\epsilon y)f(y)dy \tag{19.19}$$
となる．ここで変数変換
$$y = x + \epsilon z$$
を行えば式 (19.19) は
$$(2\pi)^{-n/2}\lim_{\epsilon\to 0}\int \widehat{\chi_1}(z)\chi_2(\epsilon x + \epsilon^2 z)f(x+\epsilon z)dz \tag{19.20}$$
となる．この式で $\epsilon \to 0$ とすれば (19.10) および (19.15) より被積分関数は有界のまま $\widehat{\chi_1}(z)f(x)$ に収束する．したがって式 (19.20) は
$$(2\pi)^{-n/2}\int \widehat{\chi_1}(z)f(x)dz = (2\pi)^{-n/2}\int \widehat{\chi_1}(z)dz f(x) \tag{19.21}$$
に等しい．この右辺の
$$(2\pi)^{-n/2}\int \widehat{\chi_1}(z)dz = (2\pi)^{-n/2}\int e^{i0z}(\mathcal{F}\chi_1)(z)dz$$
は χ_1 のフーリエ変換 $(\mathcal{F}\chi_1)(z)$ の逆フーリエ変換 $\mathcal{F}^{-1}\mathcal{F}\chi_1(\eta) = \chi_1(\eta)$ の $\eta = 0$ における値であるから (19.15) により
$$\chi_1(0) = I$$
に等しい．よって式 (19.21) したがって式 (19.17) すなわち式 (19.12) は
$$p(X, D_x, X')f(x) = \lim_{\epsilon\to 0}\iint e^{i(x-y)\xi}\chi_\epsilon(\xi, y)f(y)dyd\xi$$
$$= f(x) \tag{19.22}$$
となり式 (19.14) が確かめられた．以上まとめれば任意の $\mathcal{B}$-関数 $f \in \mathcal{B}(\mathbb{R}^n, V)$ に対しフーリエの反転公式
$$f(x) = (2\pi)^{-n}\iint e^{i(x-y)\xi}f(y)dyd\xi \tag{19.23}$$
が示された．

19.3 単化表象

前章第 18.4 節では任意の整数 $\ell \geq 0$ に対し評価

$$|p|_\ell = \max_{|\alpha|+|\beta|+|\gamma|\leq \ell} \sup_{x,\xi,y\in\mathbb{R}^n} \|\partial_x^\alpha \partial_\xi^\beta \partial_y^\gamma p(x,\xi,y)\| < \infty \qquad (19.24)$$

を満たす表象 (symbol) $p \in \mathcal{B}(\mathbb{R}^{3n}, B(V))$ を持つ擬微分作用素 $p(X, D_x, X')$ を $f \in \mathcal{B}(\mathbb{R}^n, V)$ に対し

$$\begin{aligned}&p(X, D_x, X')f(x)\\&= \lim_{\epsilon\to 0}\iint e^{i(x-y)\xi}p(x,\xi,y)\chi_\epsilon(\xi,y)f(y)dyd\widehat{\xi}\end{aligned} \qquad (19.25)$$

として定義した．ただし $f \in \mathcal{B}(\mathbb{R}^n, V)$ とは任意の $\ell \geq 0$ に対し

$$|f|_\ell = \max_{|\alpha|\leq \ell}\sup_{x\in\mathbb{R}^n}\|\partial_x^\alpha f(x)\| < \infty \qquad (19.26)$$

を満たすことであり，上記式 (19.25) における関数 χ_ϵ ($\epsilon > 0$) は $(\xi, y) \in \mathbb{R}^{2n}$ についての急減少関数 $\chi(\xi, y) \in \mathcal{S}(\mathbb{R}^{2n}, B(V))$ で

$$\chi(0,0) = I \qquad (19.27)$$

をみたすものから

$$\chi_\epsilon(\xi, y) = \chi(\epsilon\xi, \epsilon y) \qquad (19.28)$$

として定義されるものであった．式 (19.24) で定義される $|p|_\ell$ は表象 p のセミノルムと呼ばれるものであり，表象の空間の位相を与えるものである．

いま擬微分作用素 (19.25) の表象 $p(x, \xi, y)$ から次のような関数を定義する．

$$p_L(x, \xi) = \iint e^{-iy\eta}p(x, \xi+\eta, x+y)dyd\widehat{\eta}. \qquad (19.29)$$

ただし以降二重積分は前章で定義した振動積分を表すものとする．すると $p(x, \xi, y)$ が評価 (19.24) を満たすことから前章で述べたように部分積分により関数 $p_L(x, \xi)$ も任意の整数 $\ell \geq 0$ に対し評価

$$|p_L|_\ell = \max_{|\alpha|+|\beta|\leq \ell}\sup_{x,\xi\in\mathbb{R}^n}\|\partial_x^\alpha \partial_\xi^\beta p_L(x,\xi)\| < \infty \qquad (19.30)$$

を満たすことがわかる．このとき任意の $f \in \mathcal{B}(\mathbb{R}^n, V)$ に対し次が成り立つ．

$$p_L(X, D_x)f(x) = p(X, D_x, X')f(x). \tag{19.31}$$

ただし左辺は式 (19.25) において $p(x, \xi, y)$ を $p_L(x, \xi)$ に置き換えて定義されるものを表す．すなわち

$$p_L(X, D_x)f(x) = \lim_{\epsilon \to 0} \iint e^{i(x-y)\xi} p_L(x, \xi) \chi_\epsilon(\xi, y) f(y) dy d\widehat{\xi} \tag{19.32}$$

である．先述の約束にしたがえばこれは

$$p_L(X, D_x)f(x) = \iint e^{i(x-y)\xi} p_L(x, \xi) f(y) dy d\widehat{\xi} \tag{19.33}$$

と書かれる．式 (19.31) の証明はまず $f \in \mathcal{B}(\mathbb{R}^n, V)$ に対し第 19.2 節で述べたようにフーリエの反転公式

$$f(y) = \iint e^{i(y-z)\eta} f(z) dz d\widehat{\eta} \tag{19.34}$$

が成り立つことに注意しこの式を (19.25) に代入すると

$$\begin{aligned} p(X, D_x, X')f(x) &= \iint e^{i(x-y)\xi} p(x, \xi, y) f(y) dy d\widehat{\xi} \\ &= \iint e^{i(x-y)\xi} p(x, \xi, y) \iint e^{i(y-z)\eta} f(z) dz d\widehat{\eta} dy d\widehat{\xi} \end{aligned} \tag{19.35}$$

が得られる．振動積分に対しフビニの定理が成り立つことを前章で示したからこの式において積分順序は任意に交換できる．そこで等式

$$(x-y)\xi + (y-z)\eta = (x-z)\eta - (x-y)(\eta - \xi)$$

を用いてこの式を次のように書き換えることができる．

$$\begin{aligned} &p(X, D_x, X')f(x) \\ &= \iint e^{i(x-z)\eta} \iint e^{-i(x-y)(\eta-\xi)} p(x, \xi, y) dy d\widehat{\xi}\, f(z) dz d\widehat{\eta}. \end{aligned} \tag{19.36}$$

この内側の二重積分で変数変換

$$x - y = -w, \quad \eta - \xi = -\zeta$$

を行えば式 (19.36) は

$$
\begin{aligned}
&p(X, D_x, X')f(x) \\
&= \iint e^{i(x-z)\eta} \iint e^{-iw\zeta} p(x, \eta+\zeta, x+w) dw d\widehat{\zeta}\, f(z) dz d\widehat{\eta}.
\end{aligned} \quad (19.37)
$$

となる．変数を

$$\eta \to \xi, \quad w \to y, \quad \zeta \to \eta$$

と置き換えればこれは式 (19.29) で与えられる $p_L(x,\xi)$ を用いて

$$
\begin{aligned}
&p(X, D_x, X')f(x) \\
&= \iint e^{i(x-z)\xi} \iint e^{-iy\eta} p(x, \xi+\eta, x+y) dy d\widehat{\eta}\, f(z) dz d\widehat{\xi} \\
&= \iint e^{i(x-z)\xi} p_L(x,\xi) f(z) dz d\widehat{\xi} \\
&= p_L(X, D_x) f(x)
\end{aligned} \quad (19.38)
$$

と書くことができて式 (19.31) が示された．このような表象 $p_L(x,\xi)$ をもとの表象 $p(x,\xi,y)$ の左単化表象 (left simplified symbol) と呼ぶ．同様に右単化表象 (right simplified symbol) $p_R(\xi, x')$ が

$$
\begin{aligned}
p_R(\xi, x') &= \iint e^{-iy\eta} p(x'+y, \xi-\eta, x') dy d\widehat{\eta} \\
&= \iint e^{iy\eta} p(x'+y, \xi+\eta, x') dy d\widehat{\eta}
\end{aligned} \quad (19.39)
$$

によって定義され $f \in \mathcal{B}(\mathbb{R}^n, V)$ に対し

$$p(X, D_x, X') f(x) = p_R(D_x, X') f(x) \quad (19.40)$$

を満たすことが言える．この証明は読者の演習問題としておく．

評価 (19.30) をもう少し精密にしてみよう．式 (19.29) で微分作用素

$$
\begin{cases}
L = (1+|\eta|^2)^{-1}(1+i\eta \cdot \partial_y), \\
P = (1+|y|^2)^{-1}(1+iy \cdot \partial_\eta)
\end{cases} \quad (19.41)
$$

を用いて部分積分すれば

$$p_L(x,\xi) = \iint e^{-iy\eta} ({}^tP)^k ({}^tL)^\ell p(x, \xi+\eta, x+y) dy d\widehat{\eta} \quad (19.42)$$

となる．ここで $k, \ell \geq n+1$ と取ればある定数 $C_0 > 0$ に対し

$$|p_L|_0 \leq C_0 |p|_{2n+2} \tag{19.43}$$

が得られる．微分についても同様にして任意の整数 $j \geq 0$ に対しある定数 $C_j > 0$ が存在して

$$|p_L|_j \leq C_j |p|_{2n+2+j} \tag{19.44}$$

が言える．これは (19.24) を満たす 3 変数のシンボルの空間から (19.30) を満たす 2 変数のシンボルの空間への写像 $p \mapsto p_L$ が連続であることを示している．

19.4　表象と擬微分作用素

いま表象 $p(x, \xi)$ によって定義される擬微分作用素

$$Pf(x) = p(X, D_x)f(x) = \iint e^{i(x-y)\eta} p(x, \eta) f(y) dy d\widehat{\eta} \tag{19.45}$$

を考える．このとき $p(x, \eta)$ が作用素 P の表象であることを示すために $p(x, \eta) = \sigma(P)(x, \eta)$ と書くこともある．$\xi \in \mathbb{R}^n$ を固定するとき指数関数

$$u(x) = e^{ix\xi} \tag{19.46}$$

は x について $\mathcal{B}$-関数であるからこれに式 (19.45) の作用素 P を施すことができる．結果は

$$\begin{aligned}
(Pu)(x) &= \iint e^{i(x-y)\eta} p(x, \eta) u(y) dy d\widehat{\eta} \\
&= \iint e^{i(x-y)\eta} p(x, \eta) e^{iy\xi} dy d\widehat{\eta} \\
&= e^{ix\xi} \iint e^{i(x-y)(\eta-\xi)} p(x, \eta) dy d\widehat{\eta} \\
&= e^{ix\xi} \iint e^{-iy(\eta-\xi)} p(x, \eta) dy d\widehat{\eta} \\
&= e^{ix\xi} \iint e^{-iy\eta} p(x, \xi+\eta) dy d\widehat{\eta} \tag{19.47}
\end{aligned}$$

19.4. 表象と擬微分作用素

となる．右辺の被積分関数中の $p(x,\xi+\eta)$ には積分変数は η しか現れずかつこの関数は $x,\xi \in \mathbb{R}^n$ を固定するとき η について $\mathcal{B}$-関数であるから第 19.2 節のフーリエの反転公式が適用でき，その結果

$$(Pu)(x) = e^{ix\xi}p(x,\xi) \tag{19.48}$$

が得られる．書き換えれば

$$e^{-ix\xi}(Pu)(x) = u(-x)\,(p(X,D_x)u)\,(x) = p(x,\xi) \tag{19.49}$$

となる．図式的に書けばこれは

$$e^{-ix\xi}\,p(X,D_x)\,e^{ix\xi} = p(x,\xi) \tag{19.50}$$

である．この関係式を標準の表象 $p(x,\xi)$ の定義とする文献もある．すなわち一般に作用素 P が指数関数 $u(x) = e^{ix\xi}$ に作用するとき関数

$$p(x,\xi) = e^{-ix\xi}\,(Pu)(x) = e^{-ix\xi}\,(Pe^{ix\xi})(x) \tag{19.51}$$

を与える P を擬微分作用素と呼ぶ場合もある．この場合一般の関数 $f \in \mathcal{B}(\mathbb{R}^n, V)$ はフーリエの反転公式により

$$f(x) = \iint e^{i(x-y)\xi}f(y)dy\widehat{d\xi}$$

と書けるから形式的に

$$(Pf)(x) = \iint (Pe^{ix\xi})(x)\,e^{-iy\xi}f(y)dy\widehat{d\xi}$$

と書けこれに式 (19.51) を適用すれば

$$(Pf)(x) = \iint e^{i(x-y)\xi}p(x,\xi)f(y)dy\widehat{d\xi}$$

となり形式的に今まで述べてきた擬微分作用素の形になる．したがってこの意味において式 (19.50) を表象の定義とすることは意味を持つ．

19.5 擬微分作用素の積

第 19.1 節で述べたように評価 (19.24) を満たす二つの関数 $p_1(x,\xi,y)$, $p_2(x,\xi,y)$ に対し振動積分で定義される二つの擬微分作用素

$$p_1(X,D_x,X')f(x) = \iint e^{i(x-y)\xi}p_1(x,\xi,y)f(y)dyd\widehat{\xi}, \qquad (19.52)$$

$$p_2(X,D_x,X')f(x) = \iint e^{i(x-y)\xi}p_2(x,\xi,y)f(y)dyd\widehat{\xi} \qquad (19.53)$$

の積

$$\begin{aligned}&p_1(X,D_x,X')p_2(X,D_x,X')f(x)\\&= \iint e^{i(x-y)\xi}p_1(x,\xi,y)\iint e^{i(y-z)\eta}p_2(y,\eta,z)f(z)dzd\widehat{\eta}dyd\widehat{\xi}\end{aligned} \quad (19.54)$$

は

$$\begin{aligned}q(x,\eta,z) &= \iint e^{i(x-y)(\xi-\eta)}p_1(x,\xi,y)p_2(y,\eta,z)dyd\widehat{\xi}\\&= \mathrm{Os}[e^{-iy\xi}p_1(x,\xi+\eta,x+y)p_2(x+y,\eta,z)] \qquad (19.55)\end{aligned}$$

とおくとき

$$\begin{aligned}p_1(X,D_x,X')p_2(X,D_x,X')f(x) &= \iint e^{i(x-z)\eta}q(x,\eta,z)f(z)dzd\widehat{\eta}\\&= q(X,D_x,X')f(x) \qquad (19.56)\end{aligned}$$

と新たな擬微分作用素 $q(X,D_x,X')$ により表された. p_1, p_2 が評価 (19.24) を満たすことからこの q も評価 (19.24) を満たすことが前章のように振動積分の部分積分により示される.

後の計算の準備のため q の評価を計算しておこう. まず q そのものの評価は (19.55) において微分作用素

$$\begin{cases} L = (1+|\xi|^2)^{-1}(1+i\xi\cdot\partial_y), \\ P = (1+|y|^2)^{-1}(1+iy\cdot\partial_\xi) \end{cases} \qquad (19.57)$$

を用いて部分積分することにより

$$\begin{aligned}
q(x,\eta,z) &= \mathrm{Os}[e^{-iy\xi}p_1(x,\xi+\eta,x+y)p_2(x+y,\eta,z)] \\
&= \iint e^{-iy\xi}({}^tP)^k({}^tL)^\ell\left(p_1(x,\xi+\eta,x+y)p_2(x+y,\eta,z)\right)dy\widehat{d\xi}
\end{aligned} \quad (19.58)$$

と書き換える．p_1, p_2 は評価 (19.24) を満たすからこの積分は $k, \ell \geq n+1$ なら収束し，ある定数 $C_0 > 0$ に対し評価

$$|q|_0 \leq C_0|p_1|_{2n+2}|p_2|_{n+1} \quad (19.59)$$

が得られる．q の微分については積の微分の公式より必要なら定数 $C_0 > 0$ を大きく取り直せば

$$|q|_\ell \leq C_0^2 \sum_{\ell_1+\ell_2 \leq \ell} |p_1|_{2n+2+\ell_1}|p_2|_{n+1+\ell_2} \quad (19.60)$$

が得られる．ただしこの和において $\ell_1, \ell_2 \geq 0$ は整数である．いまもう一組のシンボル p_3, p_4 を考えそれらによって定義される擬微分作用素 $p_3(X, D_x, X')$ と $p_4(X, D_x, X')$ の積のシンボルを $r(x, \xi, y)$ とすると式 (19.58) より

$$\begin{aligned}
(q-r)(x,\eta,z) &= \mathrm{Os}[e^{-iy\xi}(p_1-p_3)(x,\xi+\eta,x+y)p_2(x+y,\eta,z)] \\
&\quad + \mathrm{Os}[e^{-iy\xi}p_3(x,\xi+\eta,x+y)(p_2-p_4)(x+y,\eta,z)]
\end{aligned} \quad (19.61)$$

となる．これに上述の部分積分を施せば (19.60) と同様にして

$$\begin{aligned}
|q-r|_\ell \leq C_0^2 \sum_{\ell_1+\ell_2 \leq \ell} \big(&|p_1-p_3|_{2n+2+\ell_1}|p_2|_{n+1+\ell_2} \\
&+ |p_3|_{2n+2+\ell_1}|p_2-p_4|_{n+1+\ell_2}\big)
\end{aligned} \quad (19.62)$$

が得られる．したがって二つの擬微分作用素のシンボル p_1, p_2 からその積のシンボルを作る演算は (19.24) の定義する位相に関し連続な写像を定義することがわかる．

式 (19.60) において $p_2(y, \eta, z) = f(y), f \in \mathcal{B}(\mathbb{R}^n, V)$ と取れば式 (19.55) より

$$q(x, 0, z) = \iint e^{i(x-y)\xi} p_1(x, \xi, y) f(y) dy d\hat{\xi}$$
$$= p_1(X, D_x, X') f(x)$$

となりこの値は η, z にはよらずしたがって擬微分作用素 $p_1(X, D_x, X')$ の定義を与える．特に評価 (19.60) はこの場合ある定数 $C_\ell > 0$ に対し

$$|p_1(X, D_x, X')f|_\ell \leq C_\ell |p_1|_{2n+2+\ell} |f|_{n+1+\ell} \tag{19.63}$$

を与える．これは式 (19.24) を満たすシンボルを持った擬微分作用素 $p(X.D_x, X')$ はセミノルム (19.26) で与えられる位相を持った空間 $\mathcal{B}(\mathbb{R}^n, V)$ から同じ空間 $\mathcal{B}(\mathbb{R}^n, V)$ への連続写像を定義することを意味する．同様に急減少関数の空間 $\mathcal{S}(\mathbb{R}^n, V)$ の元 f に対しセミノルムを整数 $\ell \geq 0$ に対し

$$|f|_\ell^{(\mathcal{S})} = \max_{|\alpha|+|\beta| \leq \ell} \sup_{x \in \mathbb{R}^n} \|x^\alpha \partial_x^\beta f(x)\| \tag{19.64}$$

と定義すれば (19.24) を満たすシンボルを持った擬微分作用素 $p(X, D_x, X')$ は $\mathcal{S}(\mathbb{R}^n, V)$ から $\mathcal{S}(\mathbb{R}^n, V)$ への連続写像を定義することが部分積分を用いて示される．

19.6 表象のテイラー展開

第 19.3 節で見たように表象 $p(x, \xi, y)$ に対しその左および右単化表象 $p_L(x, \xi)$ および $p_R(\xi, y)$ は $p_L(X, D_x)$ および $p_R(D_x, X')$ により $P = p(X, D_x, X')$ と同一の擬微分作用素を定義した．そしてたとえば p_L は

$$p_L(x, \xi) = \iint e^{-iy\eta} p(x, \xi + \eta, x + y) dy d\hat{\eta}. \tag{19.65}$$

と定義された．ここで $0 \leq \theta \leq 1$ に対し

$$g(\theta) = p(x, \xi + \theta\eta, x + y) \tag{19.66}$$

とおいてテイラーの公式[1]を適用すると

$$g(1) = p(x, \xi + \eta, x + y)$$
$$= \sum_{j=0}^{N-1} \frac{1}{j!} g^{(j)}(0) + N \int_0^1 \frac{1}{N!} g^{(N)}(\theta)(1-\theta)^{N-1} d\theta \quad (19.67)$$

が得られる．ただし $g^{(j)}(\theta)$ は $g(\theta)$ の j 階導関数である．g の定義に戻り p を用いて書き直せば多少の計算の後

$$p(x, \xi + \eta, x + y)$$
$$= \sum_{|\alpha|<N} \frac{\eta^\alpha}{\alpha!} \partial_\xi^\alpha p(x, \xi, x + y)$$
$$+ N \sum_{|\gamma|=N} \frac{\eta^\gamma}{\gamma!} \int_0^1 (1-\theta)^{N-1} \partial_\xi^\gamma p(x, \xi + \theta\eta, x + y) d\theta \quad (19.68)$$

が得られる．ただし多重指数 $\alpha = (\alpha_1, \ldots, \alpha_n)$ に対し $\alpha! = \alpha_1! \ldots \alpha_n!$ である．この式を p_L の定義式 (19.65) に代入し $\eta^\alpha e^{-iy\eta} = (-D_y)^\alpha e^{-iy\eta}$ を用いて部分積分したうえでフーリエの反転公式を用いれば

$$p_L(x, \xi)$$
$$= \sum_{|\alpha|<N} \frac{1}{\alpha!} (\partial_\xi^\alpha D_y^\alpha p)(x, \xi, x)$$
$$+ N \sum_{|\gamma|=N} \frac{1}{\gamma!} \int_0^1 (1-\theta)^{N-1} (\partial_\xi^\gamma D_y^\gamma p_\theta)(x, \xi, x) d\theta \quad (19.69)$$

となる．ただし $0 \le \theta \le 1$ に対し

$$p_\theta(x, \xi, y) = \iint e^{-iz\eta} p(x, \xi + \theta\eta, y + z) dz d\widehat{\eta} \quad (19.70)$$

である．特に

$$\begin{cases} p_0(x, \xi, y) = p(x, \xi, y), \\ p_1(x, \xi, x) = p_L(x, \xi) \end{cases}$$

---

[1] 第 14 章の問 14.10．

となる.表象 p がたとえばある定数 $\ell_1, k_1, \ell_2 \in \mathbb{R}$ と任意の多重指数 α, β, γ に対し定数 $C_{\alpha\beta\gamma} > 0$ が取れて

$$\|\partial_x^\alpha \partial_\xi^\beta \partial_y^\gamma p(x,\xi,y)\| \leq C_{\alpha\beta\gamma}(1+|x|)^{\ell_1-|\alpha|}(1+|\xi|)^{k_1}(1+|y|)^{\ell_2-|\gamma|} \quad (19.71)$$

を満たすとき式 (19.69) において N を十分大きく取ると右辺の第二項は x についていくらでも早く減少する.このことを用いて第一項を $p_L(x,\xi)$ の近似と見なすことができる.このような近似を表象の漸近展開という.本書では表象として式 (19.24) を満たすような表象を考えているが一般の微分方程式の解の解析等の問題では式 (19.71) あるいはこれの x と ξ の役割を交換したような評価を満たすシンボルを考えることが多い.そのような場合には上記の漸近展開が有用な場合があり解の近似解を求めるのに使われることがある.以上述べた事柄は右単化表象に対しても同様な形で成り立つ.また擬微分作用素の積のシンボルを各因子のシンボルを用いて漸近展開することも有用な場合がある.

第 20 章　擬微分作用素の多重積

前章では V をバナッハ空間として任意の整数 $\ell \geq 0$ に対し評価

$$|p|_\ell = \max_{|\alpha|+|\beta|+|\gamma|\leq \ell} \sup_{x,\xi,y\in\mathbb{R}^n} \|\partial_x^\alpha \partial_\xi^\beta \partial_y^\gamma p(x,\xi,y)\| < \infty \tag{20.1}$$

を満たす二つのシンボル関数 $p_1(x,\xi,y), p_2(x,\xi,y) \in \mathcal{B}(\mathbb{R}^{3n}, B(V))$ および関数 $f \in \mathcal{B}(\mathbb{R}^n, V)$ に対し振動積分で定義される二つの擬微分作用素

$$p_1(X, D_x, X')f(x) = \iint e^{i(x-y)\xi} p_1(x,\xi,y) f(y) dy d\widehat{\xi}, \tag{20.2}$$

$$p_2(X, D_x, X')f(x) = \iint e^{i(x-y)\xi} p_2(x,\xi,y) f(y) dy d\widehat{\xi} \tag{20.3}$$

の積

$$\begin{aligned}&p_1(X, D_x, X') p_2(X, D_x, X') f(x) \\ &= \iint e^{i(x-y)\xi} p_1(x,\xi,y) \iint e^{i(y-z)\eta} p_2(y,\eta,z) f(z) dz d\widehat{\eta} dy d\widehat{\xi}\end{aligned} \tag{20.4}$$

は

$$\begin{aligned}q(x,\eta,z) &= \iint e^{i(x-y)(\xi-\eta)} p_1(x,\xi,y) p_2(y,\eta,z) dy d\widehat{\xi} \\ &= \mathrm{Os}[e^{-iy\xi} p_1(x,\xi+\eta, x+y) p_2(x+y,\eta,z)]\end{aligned} \tag{20.5}$$

とおくとき

$$\begin{aligned}p_1(X,D_x,X') p_2(X,D_x,X') f(x) &= \iint e^{i(x-z)\eta} q(x,\eta,z) f(z) dz d\widehat{\eta} \\ &= q(X, D_x, X') f(x)\end{aligned} \tag{20.6}$$

と新たな擬微分作用素 $q(X, D_x, X')$ により表されることを示した．さらに積のシンボル q は評価

$$|q|_\ell \leq C_0^2 \sum_{\ell_1+\ell_2 \leq \ell} |p_1|_{2n+2+\ell_1} |p_2|_{n+1+\ell_2} \tag{20.7}$$

を満たすことも示した．本章では一般の個数の擬微分作用素の積のシンボルを与えその評価を求める．

20.1 多重積の表象

いま $\nu \geq 1$ を整数とし $p_j(x,\xi,x')$ $(j=1,2,\ldots,\nu+1)$ を $\nu+1$ 個の評価 (20.1) を満たすシンボルとする．このときシンボル $q_{\nu+1}(x,\xi,x')$ を

$$q_{\nu+1}(x,\xi,x')$$
$$= \text{Os-} \overbrace{\int \ldots \int}^{2\nu} e^{-i\sum_{j=1}^{\nu} y^j \eta^j} \prod_{j=1}^{\nu} p_j(x+\overline{y^{j-1}},\xi+\eta^j, x+\overline{y^j})$$
$$\times p_{\nu+1}(x+\overline{y^\nu},\xi,x') d\boldsymbol{y}^\nu d\widehat{\boldsymbol{\eta}}^\nu \qquad (20.8)$$

と定義する．ただし積の順序は $\prod_{j=1}^{\nu} p_j = p_1 p_2 \ldots p_\nu$ と約束し

$$\overline{y^0} = 0, \quad \overline{y^j} = y^1 + \cdots + y^j \quad (j=1,2,\ldots,\nu)$$
$$d\boldsymbol{y}^\nu = dy^1 \ldots dy^\nu, \quad d\widehat{\boldsymbol{\eta}}^\nu = d\widehat{\eta}^1 \ldots d\widehat{\eta}^\nu$$

とする．このとき直接の計算により

$$q_{\nu+1}(X, D_x, X') = p_1(X, D_x, X') \ldots p_{\nu+1}(X, D_x, X') \qquad (20.9)$$

が容易に言える．ただしこの表式を正当化するには $q_{\nu+1}(x,\xi,x')$ が評価 (20.1) を満たすことをいわねばならない．実際以下が示される．

定理 20.1 ある定数 $C_0 > 0$ が存在して任意の整数 $\nu \geq 1, \ell \geq 0$ に対し

$$|q_{\nu+1}|_\ell \leq C_0^{\nu+1} \sum_{\ell_1 + \cdots + \ell_{\nu+1} \leq \ell} \prod_{j=1}^{\nu+1} |p_j|_{3n+3+\ell_j} \qquad (20.10)$$

が成り立つ．ただし和における $\ell_j \geq 0$ はすべて整数である．

証明 まず $\ell = 0$ の場合を考える．前と同様の微分作用素

$$P_d = (1+|y^d|^2)^{-1}(1+iy^d \cdot \partial_{\eta^d}) \quad (d=1,2,\ldots,\nu)$$

を導入し部分積分を行えば (20.8) は

$$q_{\nu+1}(x,\xi,x') = \text{Os-}\overbrace{\int\ldots\int}^{2\nu} e^{-i\sum_{j=1}^{\nu} y^j \eta^j}$$
$$\times \prod_{d=1}^{\nu}({}^t P_d)^{n+1} \prod_{j=1}^{\nu} p_j(x+\overline{y^{j-1}},\xi+\eta^j,x+\overline{y^j}) p_{\nu+1}(x+\overline{y^\nu},\xi,x') d\boldsymbol{y}^\nu d\widehat{\boldsymbol{\eta}}^\nu$$
(20.11)

となる．ここで $j=1,\ldots,\nu$ に対し変数変換

$$z^j = y^1 + \cdots + y^j, \quad \text{すなわち} \quad y^j = z^j - z^{j-1}, \quad z^0 = 0$$

を行えば

$$\sum_{j=1}^{\nu} y^j \eta^j = \sum_{j=1}^{\nu} z^j(\eta^j - \eta^{j+1}), \quad \eta^{\nu+1} = 0$$

であるから (20.11) は

$$q_{\nu+1}(x,\xi,x') = \text{Os-}\overbrace{\int\ldots\int}^{2\nu} e^{-i\sum_{j=1}^{\nu} z^j(\eta^j - \eta^{j+1})}$$
$$\times \prod_{d=1}^{\nu}({}^t \widetilde{P}_d)^{n+1} \prod_{j=1}^{\nu} p_j(x+z^{j-1},\xi+\eta^j,x+z^j) p_{\nu+1}(x+z^\nu,\xi,x') d\boldsymbol{z}^\nu d\widehat{\boldsymbol{\eta}}^\nu$$
(20.12)

となる．ただし

$$\widetilde{P}_d = (1+|z^d - z^{d-1}|^2)^{-1}(1+i(z^d - z^{d-1})\cdot \partial_{\eta^d})$$
$$(d=1,2,\ldots,\nu)$$

である．ここで微分作用素

$$L_k = (1+|\eta^k - \eta^{k+1}|^2)^{-1}(1+i(\eta^k - \eta^{k+1})\cdot \partial_{z^k})$$
$$(k=1,2,\ldots,\nu)$$

を用いてさらに部分積分すると

$$q_{\nu+1}(x,\xi,x') = \text{Os-}\overbrace{\int\ldots\int}^{2\nu} e^{-i\sum_{j=1}^{\nu}z^j(\eta^j-\eta^{j+1})}\prod_{k=1}^{\nu}({}^tL_k)^{n+1}\prod_{d=1}^{\nu}({}^t\widetilde{P}_d)^{n+1}$$
$$\times \prod_{j=1}^{\nu}p_j(x+z^{j-1},\xi+\eta^j,x+z^j)p_{\nu+1}(x+z^\nu,\xi,x')d\boldsymbol{z}^\nu d\widehat{\boldsymbol{\eta}}^\nu \qquad (20.13)$$

が得られる．したがってこの絶対値を評価すれば

$$|q_{\nu+1}|_0$$
$$\leq \overbrace{\int\ldots\int}^{2\nu}\prod_{k=1}^{\nu}(1+|\eta^k-\eta^{k+1}|)^{-n-1}\prod_{d=1}^{\nu}(1+|z^d-z^{d-1}|)^{-n-1}d\boldsymbol{z}^\nu d\widehat{\boldsymbol{\eta}}^\nu$$
$$\times \prod_{j=1}^{\nu}|p_j|_{3n+3}\,|p_{\nu+1}|_{n+1} \qquad (20.14)$$

となる．この積分を評価すればある定数 $C_0 > 0$ に対し

$$|q_{\nu+1}|_0 \leq C_0^{\nu+1}\prod_{j=1}^{\nu+1}|p_j|_{3n+3} \qquad (20.15)$$

が得られる．$q_{\nu+1}$ の微分の評価は関数の積の微分の公式を用いれば以上の計算を見直して容易に (20.10) が示される．ここで注意すべきことはこの評価 (20.10) における定数 $C_0 > 0$ は因子の擬微分作用素 $p_j(X,D_x,X')$ の個数 $\nu+1$ にも微分の階数を表す整数 $\ell \geq 0$ にも依存しないことである．□

20.2 擬微分作用素の可逆性

x を実数ないし複素数とするとき $|x| < 1$ なら $1-x$ の逆数 $(1-x)^{-1} = 1+x+x^2+\ldots$ は存在する．同様に擬微分作用素 $P = p(X,D_x,X')$ に対しそのシンボル $p(x,\xi,x')$ がセミノルム $|p|_\ell$ に関し十分小さいとき逆作用素 $(I-P)^{-1}$ が存在するかという問題を考えてみよう．ただし I は $\mathcal{B}(\mathbb{R}^n,V)$ ないし $\mathcal{S}(\mathbb{R}^n,V)$ の恒等作用素を表す．以下が成り立つ．

20.2. 擬微分作用素の可逆性

定理 20.2 ある定数 $c_0 > 0$ が存在してシンボル $p(x, \xi, x')$ が

$$|p|_{3n+3} \leq c_0 \tag{20.16}$$

を満たせば擬微分作用素 $P = p(X, D_x, X')$ に対し逆作用素 $(I-P)^{-1}$ が存在しある擬微分作用素 $Q = q(X, D_x, X')$ で表される．

証明 $\nu \geq 1$ として多重積 $P^{\nu+1}$ のシンボルを $p_{\nu+1} = p_{\nu+1}(x, \xi, x')$ と表すことにしよう．すると定理 20.1 により

$$|p_{\nu+1}|_\ell \leq C_0^{\nu+1} \sum_{\ell_1+\cdots+\ell_{\nu+1}\leq \ell} \prod_{j=1}^{\nu+1} |p|_{3n+3+\ell_j} \tag{20.17}$$

が成り立つ．特に $\nu+1 \geq \ell$ のとき和における $\ell_j \geq 0$ は整数であるから $\ell_1+\cdots+\ell_{\nu+1} \leq \ell$ を満たすもののうち $\ell_j \geq 1$ となるものの最大個数は ℓ であり，残りの因子においては $\ell_j = 0$ である．したがって仮定 (20.16) より

$$|p_{\nu+1}|_\ell \leq C_0^{\nu+1}(|p|_{3n+3})^{\nu+1-\ell} \sum_{\ell_1+\cdots+\ell_{\nu+1}\leq \ell} (|p|_{3n+3+\ell})^\ell$$
$$\leq (C_0 c_0)^{\nu+1-\ell}(C_0 |p|_{3n+3+\ell})^\ell C_{\nu,\ell} \tag{20.18}$$

が成り立つ．ただし数 $C_{\nu,\ell}$ は次式で与えられ ν によらないある定数 $C_\ell > 0$ に対し

$$C_{\nu,\ell} = \sum_{\ell_1+\cdots+\ell_{\nu+1}\leq \ell} 1 = \sum_{j=0}^{\ell} \binom{\nu+j}{j} \leq C_\ell \nu^\ell \tag{20.19}$$

を満たす．通常の組み合わせの記号で書けば

$$\binom{\nu+j}{j} = \frac{(\nu+j)!}{j!\,\nu!} = {}_{\nu+j}\mathrm{C}_j$$

であり，これは $\nu+1$ 個のものから重複を許して j 個取り出すいわゆる重複組み合わせの個数 ${}_{\nu+1}\mathrm{H}_j$ である．さて式 (20.19) を式 (20.18) に代入すれば

$$|p_{\nu+1}|_\ell \leq C_\ell \nu^\ell (C_0 c_0)^{\nu+1-\ell}(C_0 |p|_{3n+3+\ell})^\ell \tag{20.20}$$

がえられる．ここで $c_0 > 0$ を $0 < C_0 c_0 < 1$ を満たすように小さく取れば級数

$$\sum_{\nu=\ell-1}^{\infty} \nu^\ell (C_0 c_0)^{\nu+1-\ell}$$

は収束するからシンボルの級数

$$1 + p + p_2 + p_3 + \ldots \tag{20.21}$$

はセミノルム (20.1) で与えられる位相を持つシンボルの空間において収束し同じシンボルの空間の元 $q = q(x, \xi, x')$ を定義する．これをシンボルとする擬微分作用素 $Q = q(X, D_x, X')$ は (20.21) より

$$Q = I + P + P^2 + P^3 + \ldots \tag{20.22}$$

を満たす．これを作用素 $I - P$ の右および左から掛ければ簡単な計算により

$$(I - P)Q = Q(I - P) = I \tag{20.23}$$

となり Q が $(I - P)^{-1}$ を与えることがわかる． □

20.3 擬微分作用素の L^2-有界性

前章で述べたように (20.1) を満たすシンボルを持つ擬微分作用素は $\mathcal{B}(\mathbb{R}^n, V)$ および $\mathcal{S}(\mathbb{R}^n, V)$ からそれ自身への連続な線型作用素を定義した．すなわち擬微分作用素 P が $\mathcal{B}(\mathbb{R}^n, V)$ における連続作用素を定義するというのは任意の整数 $\ell \geq 0$ に対しある整数 $k \geq 0$ と定数 $C_{\ell k} > 0$ が存在して任意の $f \in \mathcal{B}(\mathbb{R}^n, V)$ に対し

$$|Pf|_\ell \leq C_{\ell k} |f|_k \tag{20.24}$$

が成り立つことである．急減少関数の空間のセミノルムを前章のように

$$|f|_\ell^{(\mathcal{S})} = \max_{|\alpha|+|\beta|\leq \ell} \sup_{x \in \mathbb{R}^n} \|x^\alpha \partial_x^\beta f(x)\| \tag{20.25}$$

と定義すれば P が $\mathcal{S}(\mathbb{R}^n, V)$ の連続な線型変換を定義することも式 (20.24) と同様の形に表される．

特に V がヒルベルト空間 $\mathcal{H}$ に等しいとき L^2-空間 $L^2(\mathbb{R}^n, \mathcal{H})$ はセミノルムとして

$$\|f\| = \sqrt{(f,f)} \tag{20.26}$$

$$(f, g) = \int_{\mathbb{R}^n} (f(x), g(x))_{\mathcal{H}} dx \tag{20.27}$$

によって定義される単一のノルム $\|f\|$ を持つ空間で，内積 (20.27) に関しヒルベルト空間となる．この場合も作用素 P の連続性ないし有界性はある定数 $C > 0$ が存在して任意の $f \in L^2(\mathbb{R}^n, \mathcal{H})$ に対し

$$\|Pf\| \leq C\|f\| \tag{20.28}$$

を満たすこととして定義される．

本節では V がヒルベルト空間 $\mathcal{H}$ に等しい場合式 (20.1) を満たすシンボル $p = p(x, \xi, x')$ により定義される擬微分作用素 $P = p(X, D_x, X')$ が $L^2(\mathbb{R}^n, \mathcal{H})$ の連続な線型変換を定義することを示す．すなわち

定理 20.3 関数 $p = p(x, \xi, x')$ が (20.1) を満たすシンボルであるときそれにより定義される $\mathcal{S}(\mathbb{R}^n, \mathcal{H})$ から $\mathcal{S}(\mathbb{R}^n, \mathcal{H})$ への擬微分作用素 $P = p(X, D_x, X')$ は $L^2(\mathbb{R}^n, \mathcal{H})$ からそれ自身への有界な線型写像に自然に拡張される．言い換えればある定数 $C > 0$ が存在して任意の $f \in \mathcal{S}(\mathbb{R}^n, \mathcal{H})$ に対し

$$\|Pf\| \leq C\|f\| \tag{20.29}$$

が成り立つ．C は定理 20.1 の定数 C_0 を用いて $C = C_0 |p|_{3n+3}$ ととれる[1]．

証明 いま $\mathbb{R}^{3n}$ の有界集合 B を

$$B = \{(x, \xi, x') \mid \max(|x|, |\xi|, |x'|) \leq 1\} \tag{20.30}$$

と定義する．関数 $\chi(x, \xi, x')$ を無限回微分可能な関数で

$$\chi(0,0,0) = 1, \quad 0 \leq \chi(x, \xi, x') \leq 1 \tag{20.31}$$

$$\operatorname{supp} \chi \subset B \tag{20.32}$$

---

[1] この数 $C_0|p|_{3n+3}$ は $3n+3$ 階までのシンボルの微分の有界性を仮定しているが，より少ない階数までの微分の有界性の仮定のもとで L^2 有界性が示されている．巻末文献 [7], [8], [10], [11], [36], [119] 等を参照されたい．

を満たすものとする．このとき $\epsilon > 0$ に対し

$$p_\epsilon(x,\xi,x') = \chi(\epsilon x, \epsilon\xi, \epsilon x')p(x,\xi,x') \tag{20.33}$$

とおくと

$$\operatorname{supp} p_\epsilon \subset \{(x,\xi,x') \in \mathbb{R}^{3n} \mid \max(|x|,|\xi|,|x'|) \leq \epsilon^{-1}\}$$

であるから積分

$$K_\epsilon(x,x') = \int_{\mathbb{R}^n} e^{i(x-x')\xi} p_\epsilon(x,\xi,x') d\widehat{\xi} \tag{20.34}$$

は収束し $(x,x') \in \mathbb{R}^{2n}$ から $B(\mathcal{H})$ への連続写像を定義する．この定義から $p_\epsilon(x,\xi,x')$ をシンボルに持つ擬微分作用素 P_ϵ は

$$\begin{aligned} P_\epsilon f(x) &= p_\epsilon(X, D_x, X')f(x) \\ &= \int_{\mathbb{R}^n} K_\epsilon(x,x')f(x')dx' \end{aligned} \tag{20.35}$$

と書ける．したがって $f \in \mathcal{S}(\mathbb{R}^n, \mathcal{H})$ に対し

$$\|p_\epsilon(X,D_x,X')f\| \leq \left(\iint_{\mathbb{R}^{2n}} \|K_\epsilon(x,x')\|^2 dxdx'\right)^{1/2} \|f\| \tag{20.36}$$

である．ここで

$$\begin{aligned} \int_{\mathbb{R}^{2n}} \|K_\epsilon(x,x')\|^2 dxdx' &= \iint_{\mathbb{R}^{2n}} \left\|\int_{\mathbb{R}^n} e^{i(x-x')\xi} p_\epsilon(x,\xi,x') d\widehat{\xi}\right\|^2 dxdx' \\ &\leq \iint \left(\int \|p_\epsilon(x,\xi,x')\| d\widehat{\xi}\right)^2 dxdx' \\ &\leq (|p|_0)^2 \iint \left(\int \chi(\epsilon x,\epsilon\xi,\epsilon x') d\widehat{\xi}\right)^2 dxdx' \\ &\leq (|p|_0)^2 \int_{|x'|\leq\epsilon^{-1}} \int_{|x|\leq\epsilon^{-1}} \left(\int_{|\xi|\leq\epsilon^{-1}} 1\, d\widehat{\xi}\right)^2 dxdx' \\ &= (2\pi)^{-2n}(|p|_0)^2 \left(\int_{|\xi|\leq\epsilon^{-1}} 1\, d\xi\right)^4 \end{aligned} \tag{20.37}$$

20.3. 擬微分作用素の L^2-有界性

であるから

$$V_\epsilon = \int_{|\xi| \leq \epsilon^{-1}} 1 \, d\xi \tag{20.38}$$

とおけば

$$\int_{\mathbb{R}^n} \int_{\mathbb{R}^n} \|K_\epsilon(x, x')\|^2 dx dx' \leq (2\pi)^{-2n} V_\epsilon^4 (|p|_0)^2 \tag{20.39}$$

が得られる．ゆえに (20.36) は

$$\|p_\epsilon(X, D_x, X')f\| \leq (2\pi)^{-n} V_\epsilon^2 |p|_0 \|f\| \tag{20.40}$$

となる．

いま $\nu = 2^\ell$ ($\ell = 0, 1, 2, \dots$) に対し

$$Q_{\epsilon\nu} = \overbrace{(P_\epsilon^* P_\epsilon) \dots (P_\epsilon^* P_\epsilon)}^{\nu \text{ factors}} \tag{20.41}$$

とおくとき $\overline{y^0} = 0$ に注意して第 20.1 節で述べた多重積のシンボルの表式

$$\begin{aligned}
& q_{\nu+1}(x, \xi, x') \\
& = \text{Os-} \overbrace{\int \dots \int}^{2\nu} e^{-i \sum_{j=1}^\nu y^j \eta^j} \prod_{j=1}^\nu p_j(x + \overline{y^{j-1}}, \xi + \eta^j, x + \overline{y^j}) \\
& \qquad \times p_{\nu+1}(x + \overline{y^\nu}, \xi, x') d\boldsymbol{y}^\nu d\widehat{\boldsymbol{\eta}}^\nu
\end{aligned} \tag{20.42}$$

を当てはめれば $Q_{\epsilon\nu}$ のシンボル $q_{\epsilon\nu}(x, \xi, x')$ のサポートは

$$\text{supp } q_{\epsilon\nu} \subset B_\epsilon = \{(x, \xi, x') \mid \epsilon(x, \xi, x') \in B\} \tag{20.43}$$

を満たすことがわかる．

ゆえに上の計算式 (20.40) は $Q_{\epsilon\nu}$ のシンボル $q_{\epsilon\nu}(x, \xi, x')$ に対しても適用できて

$$\|Q_{\epsilon\nu} f\| \leq (2\pi)^{-n} V_\epsilon^2 |q_{\epsilon\nu}|_0 \|f\| \tag{20.44}$$

が言える.ここで

$$\begin{aligned}\|Q_{\epsilon\nu}f\|^2 &= (Q_{\epsilon\nu}f, Q_{\epsilon\nu}f) \\ &= (Q_{\epsilon\nu}^*Q_{\epsilon\nu}f, f) \\ &\leq \|Q_{\epsilon\nu}^*Q_{\epsilon\nu}f\|\|f\| \\ &\leq \|Q_{\epsilon\nu}^*Q_{\epsilon\nu}\|\|f\|^2\end{aligned} \qquad (20.45)$$

である.ただし作用素 Q に対しその作用素ノルム $\|Q\|$ は

$$\|Q\| = \sup_{f\neq 0} \frac{\|Qf\|}{\|f\|} \qquad (20.46)$$

で定義される.ゆえに

$$\|Q_{\epsilon\nu}\|^2 \leq \|Q_{\epsilon\nu}^*Q_{\epsilon\nu}\| = \|Q_{\epsilon(2\nu)}\| \qquad (20.47)$$

となる.よって $\ell = 0, 1, 2, \ldots$ に対し

$$\begin{aligned}\|P_\epsilon\|^2 &\leq \|P_\epsilon^*P_\epsilon\| = \|Q_{\epsilon 1}\| \\ &\leq \|Q_{\epsilon 2}\|^{1/2} \leq \|Q_{\epsilon 4}\|^{1/4} \leq \cdots \leq \|Q_{\epsilon(2^\ell)}\|^{1/(2^\ell)}\end{aligned} \qquad (20.48)$$

となる.この式に上の式 (20.44) を代入すれば

$$\begin{aligned}\|P_\epsilon\| &\leq \left((2\pi)^{-n}V_\epsilon^2|q_{\epsilon(2^\ell)}|_0\right)^{1/(2^{\ell+1})} \\ &\leq \left((2\pi)^{-n}V_\epsilon^2\right)^{1/(2^{\ell+1})}\left(|q_{\epsilon(2^\ell)}|_0\right)^{1/(2^{\ell+1})}\end{aligned} \qquad (20.49)$$

が得られる.ここで定理 20.1 の多重積のシンボルの評価式 (20.10) より

$$|q_{\epsilon(2^\ell)}|_0 \leq (C_0|p_\epsilon|_{3n+3})^{2^{\ell+1}} \qquad (20.50)$$

であるからこれを (20.49) に代入すれば

$$\|P_\epsilon\| \leq \left((2\pi)^{-n}V_\epsilon^2\right)^{1/(2^{\ell+1})} C_0|p_\epsilon|_{3n+3} \qquad (20.51)$$

となる.ここで $\epsilon > 0$ を固定するとき $\ell \to \infty$ とすると第1因子は 1 に収束するからこれより任意の $\epsilon > 0$ に対し評価式

$$\|P_\epsilon\| \leq C_0|p_\epsilon|_{3n+3} \qquad (20.52)$$

が得られる．これは (20.46) より任意の $f \in \mathcal{S}(\mathbb{R}^n, \mathcal{H})$ に対し

$$\|P_\epsilon f\| \leq C_0 |p_\epsilon|_{3n+3} \|f\| \tag{20.53}$$

を意味している．振動積分の定義の時と同様の微分作用素

$$L = (1 + |\xi|^2)^{-1}(1 + i\xi \cdot \partial_{x'})$$
$$P = (1 + |x|^2)^{-1}(1 - ix \cdot \partial_\xi)$$

を用いて部分積分すれば $f \in \mathcal{S}(\mathbb{R}^n, \mathcal{H})$ であるから χ の性質 (20.31) より $\epsilon \to 0$ のとき

$$\|P_\epsilon f - Pf\| \to 0 \tag{20.54}$$

が言える．また同じ χ の性質 (20.31) より $\epsilon \to 0$ のとき

$$|p_\epsilon|_{3n+3} \to |p|_{3n+3} \tag{20.55}$$

が言える．式 (20.53), (20.54), (20.55) を併せれば $\epsilon \to 0$ のとき $f \in \mathcal{S}(\mathbb{R}^n, \mathcal{H})$ に対し

$$\|Pf\| \leq C_0 |p|_{3n+3} \|f\| \tag{20.56}$$

が成り立つことが示された．$L^2(\mathbb{R}^n, \mathcal{H})$ の元 f は $\mathcal{S}(\mathbb{R}^n, \mathcal{H})$ の関数の列 $\{f_k\}_{k=1}^\infty$ の極限として表される．特に f_k は $L^2(\mathbb{R}^n, \mathcal{H})$ のコーシー列である．ゆえに式 (20.56) から Pf_k も $L^2(\mathbb{R}^n, \mathcal{H})$ のコーシー列をなすことがわかる．したがって Pf_k は $k \to \infty$ のとき $L^2(\mathbb{R}^n, \mathcal{H})$ のある元 g に収束する．この g を擬微分作用素 P の $f \in L^2(\mathbb{R}^n, \mathcal{H})$ における値と定義し $Pf = g$ とおけば式 (20.56) が任意の $f \in L^2(\mathbb{R}^n, \mathcal{H})$ に対し成り立ったまま擬微分作用素 $P = p(X, D_x, X')$ が $L^2(\mathbb{R}^n, \mathcal{H})$ にまで拡張されたことになる．

以上で定理 20.3 が $C = C_0 |p|_{3n+3}$ として成り立つことが言えた．□

以上の応用として以下の定理が成り立つことが言える．

定理 20.4 関数 $p(x, \xi, y)$ を評価 (20.1) を満たすシンボルとする．また $s \in \mathbb{R}$ とする．このときある定数 $C_s > 0$ が存在して次が成り立つ．

$$\|(1 + |x|)^s p(X, D_x, X')(1 + |x|)^{-s}\| \leq C_s |p|_{3n+3+|s|}. \tag{20.57}$$

問 **20.1** 定理 20.4 を証明せよ.

擬微分作用素のコンパクト性に関しては以下が成り立つ.

定理 **20.5** 関数 $p(x,\xi)$ が (20.1) を満たす $\mathbb{C}$-値シンボルでさらに

$$\lim_{R\to\infty}\max_{|\alpha|+|\beta|\leq 3n+3}\sup_{|x|+|\xi|\geq R}|\partial_x^\alpha \partial_\xi^\beta p(x,\xi)|=0 \tag{20.58}$$

を満たすなら擬微分作用素 $P=p(X,D_x)$ は $L^2(\mathbb{R}^n)$ のコンパクト作用素を定義する.

証明 $\chi(x,\xi)\in C_0^\infty(\mathbb{R}^{2n})$ を $0\leq\chi(x,\xi)\leq 1$, $\chi(x,\xi)=0$ ($|x|+|\xi|\geq 2$), $=1$ ($|x|+|\xi|\leq 1$) と取り $R>0$ に対し $\chi_R(x,\xi)=\chi(R^{-1}x,R^{-1}\xi)$ とおいて $p_R(x,\xi)=p(x,\xi)\chi_R(x,\xi)$ と定義する. このとき $p_R(X,D_x)$ がコンパクト作用素になることがいえたとすると仮定 (20.58) と定理 20.3 の評価 (20.29) により $\|p(X,D_x)-p_R(X,D_x)\|\to 0$ ($R\to\infty$) となるから例 18.3 により $p(X,D_x)$ はやはりコンパクトになる.

そこでシンボル $p(x,\xi)$ が (20.1) を満たしかつその台が

$$\operatorname{supp} p \subset \{(x,\xi)|x,\xi\in\mathbb{R}^n, |x|\leq 2R, |\xi|\leq 2R\} \tag{20.59}$$

を満たす場合に $P=p(X.D_x)$ がコンパクト作用素を定義することを示せばよい. このとき

$$K(x,y)=(2\pi)^{-n}\int_{\mathbb{R}^n}e^{i(x-y)\xi}p(x,\xi)d\xi$$

とおけば $f\in\mathcal{S}(\mathbb{R}^n)$ に対し

$$Pf(x)=\int_{\mathbb{R}^n}K(x,y)f(y)dy$$

と書ける. $p(x,\xi)$ は評価 (20.1) を満たしかつ台が (20.59) を満たすから部分積分により

$$|K(x,y)|\leq C\langle x\rangle^{-n-1}\langle y\rangle^{-n-1} \tag{20.60}$$

20.3. 擬微分作用素の L^2-有界性

を満たすことがいえる．とくに任意の $x \in \mathbb{R}^n$ に対し

$$\int_{\mathbb{R}^n} |K(x,y)|^2 dy < \infty. \tag{20.61}$$

いま $L^2(\mathbb{R}^n)$ の有界列 $f_k \in L^2(\mathbb{R}^n)$ $(k = 1, 2, \dots)$ を

$$\sup_{k \geq 1} \|f_k\| \leq 1$$

ととる．$L^2(\mathbb{R}^n)$ は可分なヒルベルト空間であるから系 17.7 により局所点列弱コンパクトである．したがって列 f_k の中から $L^2(\mathbb{R}^n)$ のある元 f に弱収束する部分列を取り出すことができる．この列を改めて f_k と書くと

$$\text{w-}\lim_{k \to \infty} f_k = f. \tag{20.62}$$

$x \in \mathbb{R}^n$ を任意に固定するとき (20.61) より $K(x, \cdot) \in L^2(\mathbb{R}^n)$ であるから (20.62) より $k \to \infty$ のとき

$$(Pf_k)(x) = (f_k, \overline{K(x, \cdot)}) \to (f, \overline{K(x, \cdot)}) = (Pf)(x)$$

である．評価 (20.60) より

$$|(Pf_k)(x)|^2 \leq \|f_k\|^2 \int_{\mathbb{R}^n} |K(x,y)|^2 dy \leq \int_{\mathbb{R}^n} |K(x,y)|^2 dy \in L^1(\mathbb{R}^n_x).$$

ゆえにルベーグの収束定理 16.11 より

$$\int_{\mathbb{R}^n} |Pf_k(x)|^2 dx \to \int_{\mathbb{R}^n} |Pf(x)|^2 dx \quad (k \to \infty).$$

すなわち

$$\|Pf_k\| \to \|Pf\| \quad (k \to \infty). \tag{20.63}$$

他方定理 20.3 より P は $L^2(\mathbb{R}^n)$ からそれ自身への有界作用素を定義するから (20.62) より任意の $g \in L^2(\mathbb{R}^n)$ に対し

$$(Pf_k, g) = (f_k, P^*g) \to (f, P^*g) = (Pf, g) \quad (k \to \infty).$$

すなわち

$$\text{w-}\lim_{k\to\infty} Pf_k = Pf. \tag{20.64}$$

(20.63) と (20.64) より $k \to \infty$ のとき

$$\|Pf_k - Pf\|^2 = \|Pf_k\|^2 + \|Pf\|^2 - (Pf_k, Pf) - (Pf, Pf_k)$$
$$\to 2\|Pf\|^2 - 2\|Pf\|^2 = 0.$$

以上により有界点列 $\{f_k\}_{k=1}^\infty$ に対し $\{Pf_k\}_{k=1}^\infty$ は $L^2(\mathbb{R}^n)$ において収束する部分列を含むことが言え，P は $L^2(\mathbb{R}^n)$ のコンパクト作用素を定義することが証明された． □

第21章　フーリエ積分作用素

第18章第18.3節において振動積分を定義し，その後第19, 20章において擬微分作用素の理論を概観した．本章ではこれらおよびフーリエ解析そのものの拡張であるフーリエ積分作用素 (Fourier integral operator) という概念を導入する．フーリエの反転公式は $f \in \mathcal{S} = \mathcal{S}(\mathbb{R}^n, V)$ に対し

$$f(x) = \iint e^{i(x-y)\xi} f(y) dy d\widehat{\xi}$$
$$= \iint e^{i(x\xi - y\xi)} f(y) dy d\widehat{\xi} \tag{21.1}$$

と書かれた．ここにおいて指数の $x\xi = \sum_{j=1}^{m} x_j \xi_j$ をそれに近い何らかの実数値関数 $\varphi(x, \xi)$ に置き換えかつシンボル関数 (symbol function) $p(x, \xi)$ を持つ作用素:

$$P_\varphi f(x) = \iint e^{i(\varphi(x,\xi) - y\xi)} p(x, \xi) f(y) dy d\widehat{\xi}$$
$$= (2\pi)^{-n/2} \int e^{i\varphi(x,\xi)} p(x, \xi) \widehat{f}(\xi) d\xi \tag{21.2}$$

を一般にフーリエ積分作用素という．関数 $\varphi(x, \xi)$ は相関数 (phase function) と呼ばれる．フーリエ積分作用素 (21.2) は

$$P_\varphi f(x) = \iint e^{i(x-y)\xi} e^{i(\varphi(x,\xi) - x\xi)} p(x, \xi) f(y) dy d\widehat{\xi}$$
$$= (2\pi)^{-n/2} \int e^{ix\xi} e^{i(\varphi(x,\xi) - x\xi)} p(x, \xi) \widehat{f}(\xi) d\xi \tag{21.3}$$

と書き直されるから相関数 $\varphi(x, \xi)$ が何らかの条件を満たせばシンボル関数

$$q(x, \xi) = e^{i(\varphi(x,\xi) - x\xi)} p(x, \xi) \tag{21.4}$$

を持つ擬微分作用素

$$P_\varphi f(x) = \iint e^{i(x-y)\xi} q(x, \xi) f(y) dy d\widehat{\xi}$$
$$= (2\pi)^{-n/2} \int e^{ix\xi} q(x, \xi) \widehat{f}(\xi) d\xi \tag{21.5}$$

とも見なせる．相関数 $\varphi(x,\xi)$ が $x\xi$ に近いという条件はこのような擬微分作用素への書き換えが可能になる条件がふつう選ばれる．$f \in \mathcal{S}(\mathbb{R}^n, V)$ としたから $\varphi(x,\xi)$ が実数値で連続な関数なら (21.2) ないし (21.3) の右辺の積分はこれまで考えてきた通常のシンボル $p(x,\xi)$ に対しては収束することを注意しておく．

21.1 相関数の空間 $P_\sigma(\tau;\ell)$ とシンボルの空間 B_ℓ^k

相関数 $\varphi(x,\xi)$ が $x\xi$ に近いという条件は (21.4) によりフーリエ積分作用素を擬微分作用素 (21.5) と見直すような場合，シンボルの空間を規定する性質と連動して与えなければならないのがふつうである．この連動の仕方は考えている問題ごとに様々な方法があり一般的にこうであると述べることはできない．ここではたとえば次のような相関数とシンボルの空間を考えてみるが，読者は遭遇するそれぞれの場面に応じてこれらの条件を適宜変更して問題を考えて頂きたい．以下は定義 18.2 の再述である．

定義 21.1 $0 \leq \sigma < 1$, $0 \leq \tau < 1$ を実数，$\ell \geq 0$ を整数とするとき相関数 $\varphi(x,\xi)$ がクラス $P_\sigma(\tau;\ell)$ に属するとは $\varphi(x,\xi)$ が実数値の無限回微分可能関数で次の条件 1) および 2) を満たすことである．

1) $|\alpha| + |\beta| \geq 1$ を満たす任意の多重指数 α, β に対し定数 $C_{\alpha\beta} > 0$ が存在して

$$|\partial_x^\alpha \partial_\xi^\beta (\varphi(x,\xi) - x\xi)| \leq C_{\alpha\beta}(1 + |x|)^{\sigma - |\alpha|} \tag{21.6}$$

を満たす．

2)
$$|\varphi|_{2,\ell} = \sum_{|\alpha|+|\beta|\leq \ell} \sup_{x,\xi \in \mathbb{R}^n} |\partial_x^\alpha \partial_\xi^\beta \nabla_x \nabla_\xi (\varphi(x,\xi) - x\xi)| \tag{21.7}$$

とおくとき

$$|\varphi|_{2,\ell} \leq \tau \tag{21.8}$$

が成り立つ．ただし関数 $g(x,\xi)$ に対し $\nabla_x\nabla_\xi g(x,\xi) = \bigl(\partial_{x_i}\partial_{\xi_j}g(x,\xi)\bigr)$ は第 (i,j) 成分を $\partial_{x_i}\partial_{\xi_j}g(x,\xi)$ とする n 次正方行列を表す．また n 次複素正方行列 (a_{ij}) に対し $|(a_{ij})| = \sqrt{\sum_{1\leq i,j\leq n}|a_{ij}|^2}$ は行列ノルムを表す．特に $\nabla_x\nabla_\xi(x\xi) = I$ は n 次単位行列であることに注意する．

シンボルの空間は第 18.5 節で与えた条件で規定する．以下は定義 18.3 の再述である．ただし V はバナッハ空間である．

定義 21.2 $k,\ell \in \mathbb{R}$ とする．$(x,\xi) \in \mathbb{R}^{2n}$ ないし $(\xi,x') \in \mathbb{R}^{2n}$ の $B(V)$-値関数 $p(x,\xi), q(\xi,x')$ がクラス B_ℓ^k に属するとは任意の整数 $d \geq 0$ に対しおのおの次の条件が成り立つこととする．

$$|p|_d^{(k;\ell)} := \max_{|\alpha|+|\beta|\leq d}\sup_{x,\xi\in\mathbb{R}^n}\|(1+|x|)^{-\ell}(1+|\xi|)^{-k}\partial_x^\alpha\partial_\xi^\beta p(x,\xi)\| < \infty$$

あるいは

$$|q|_d^{(k;\ell)} := \max_{|\beta|+|\alpha'|\leq d}\sup_{\xi,x'\in\mathbb{R}^n}\|(1+|\xi|)^{-k}(1+|x'|)^{-\ell}\partial_\xi^\beta\partial_{x'}^{\alpha'} q(\xi,x')\| < \infty.$$

以下は定義 18.4 の再述である．

定義 21.3 $k,\ell \in \mathbb{R}$, $0 \leq \sigma < 1$, $0 \leq \tau < 1$ とし $p(x,\xi), q(\xi,x') \in B_\ell^k$, $\varphi(x,\xi) \in P_\sigma(\tau;0)$ とする．このときフーリエ積分作用素 $P_\varphi = p_\varphi(X,D_x)$ および $Q_{\varphi^*} = q_{\varphi^*}(D_x,X')$ を以下のような擬微分作用素として定義する．

1) $f \in \mathcal{B}(\mathbb{R}^n, V)$ に対し

$$P_\varphi f(x) = \iint e^{i(x-y)\xi}\left[e^{i(\varphi(x,\xi)-x\xi)}p(x,\xi)f(y)\right]dyd\widehat{\xi}.$$

2) $f \in \mathcal{B}(\mathbb{R}^n, V)$ に対し

$$Q_{\varphi^*} f(x) = \iint e^{i(x-y)\xi}\left[e^{i(y\xi-\varphi(y,\xi))}q(\xi,y)f(y)\right]dyd\widehat{\xi}.$$

$f \in \mathcal{B}(\mathbb{R}^n, V)$ と仮定しているのでこれらの振動積分が以前行った部分積分により正当に定義されることは明らかである．これらをそれぞれ既述のように

$$P_\varphi f(x) = \iint e^{i(\varphi(x,\xi)-y\xi)}p(x,\xi)f(y)dyd\widehat{\xi} \tag{21.9}$$

および

$$Q_{\varphi^*}f(x) = \iint e^{i(x\xi-\varphi(y,\xi))}q(\xi,y)f(y)dyd\widehat{\xi} \qquad (21.10)$$

と書き表す．後者の (21.10) の形のフーリエ積分作用素を共役型のフーリエ積分作用素 (conjugate Fourier integral operator) と呼ぶことがある．

21.2 擬微分作用素とフーリエ積分作用素の積

本節では擬微分作用素とフーリエ積分作用素との積がやはりフーリエ積分作用素となることを示す．

定理 21.1 $k_1, k_2, \ell_1, \ell_2 \in \mathbb{R}$, $0 \leq \sigma < 1$, $0 \leq \tau < 1$ とし $p(x,\xi) \in B^{k_1}_{\ell_1}$, $q(x,\xi) \in B^{k_2}_{\ell_2}$, $\varphi(x,\xi) \in P_\sigma(\tau;0)$ とする．このときあるシンボル $r(x,\xi)$, $s(x,\xi) \in B^{k_1+k_2}_{\ell_1+\ell_2}$ が存在して次が成り立つ．

a) $\quad p(X, D_x) q_\varphi(X, D_x) = r_\varphi(X, D_x)$.

b) $\quad q_\varphi(X, D_x) p(X, D_x) = s_\varphi(X, D_x)$.

ただし

$$r(x,\xi) = \iint e^{i(x-y)\eta} p(x, \eta + \nabla_x\varphi(x,\xi,y)) q(y,\xi) dy d\widehat{\eta} \qquad (21.11)$$

$$s(x,\xi) = \iint e^{-i(\eta-\xi)y} q(x,\eta) p(y + \nabla_\xi\varphi(\eta,x,\xi), \xi) dy d\widehat{\eta} \qquad (21.12)$$

および

$$\nabla_x \varphi(x,\xi,y) = \int_0^1 \nabla_x \varphi(y + \theta(x-y), \xi) d\theta \qquad (21.13)$$

$$\nabla_\xi \varphi(\eta,x,\xi) = \int_0^1 \nabla_\xi \varphi(x, \xi + \theta(\eta-\xi)) d\theta \qquad (21.14)$$

である．

これらの共役を取ることによりシンボル $p(\xi, x') \in B^{k_1}_{\ell_1}$, $q(\xi, x') \in B^{k_2}_{\ell_2}$ に対しあるシンボル $r(\xi, x')$, $s(\xi, x') \in B^{k_1+k_2}_{\ell_1+\ell_2}$ が存在して次が成り立つことも言える．

c) $\quad q_{\varphi^*}(D_x, X')p(D_x, X') = r_{\varphi^*}(D_x, X').$

d) $\quad p(D_x, X')q_{\varphi^*}(D_x, X') = s_{\varphi^*}(D_x, X').$

証明　直接の計算により

$$p(X, D_x)q_\varphi(X, D_x)f(x)$$
$$= \iint e^{i(\varphi(x,\eta)-z\eta)} \iint e^{i(\varphi(y,\eta)-\varphi(x,\eta)+(x-y)\xi)} p(x,\xi) q(y,\eta) dy d\widehat{\xi} f(z) dz d\widehat{\eta} \tag{21.15}$$

が言える．ここで (21.13) を用いれば

$$\begin{aligned}\psi &= \varphi(y,\eta) - \varphi(x,\eta) + (x-y)\xi \\ &= (x-y)(\xi - \nabla_x \varphi(x,\eta,y))\end{aligned} \tag{21.16}$$

である．そこで

$$\widetilde{\eta} = \xi - \nabla_x \varphi(x,\eta,y) \tag{21.17}$$

と変数変換すると (21.15) は

$$p(X, D_x)q_\varphi(X, D_x)f(x)$$
$$= \iint e^{i(\varphi(x,\xi)-z\xi)} \iint e^{i(x-y)\eta} p(x, \eta + \nabla_x\varphi(x,\xi,y)) q(y,\xi) dy d\widehat{\eta} f(z) dz d\widehat{\xi} \tag{21.18}$$

と書き換えられ a) の証明が終わる．ほかも同様に示される． □

21.3　フーリエ積分作用素の積

この節ではフーリエ積分作用素と共役型のフーリエ積分作用素との積が擬微分作用素となることを示す．

定理 21.2 $k_1, k_2, \ell_1, \ell_2 \in \mathbb{R}$, $0 \leq \sigma < 1$, $0 \leq \tau < 1$ とし $p(x,\xi) \in B^{k_1}_{\ell_1}$, $q(\xi, x') \in B^{k_2}_{\ell_2}$, $\varphi(x,\xi) \in P_\sigma(\tau; 0)$ とする．このときあるシンボル $r(x,\xi)$, $s(\xi, x') \in B^{k_1+k_2}_{\ell_1+\ell_2}$ が存在して次が成り立つ．

e) $p_\varphi(X, D_x) q_{\varphi^*}(D_x, X') = r(X, D_x).$

f) $q_{\varphi^*}(D_x, X') p_\varphi(X, D_x) = s(D_x, X').$

ただしシンボル $r = r(x, \xi)$ は

$$r(x, \xi) = \iint e^{-iy\eta} \widetilde{r}(x, \xi + \eta, x + y) dy d\widehat{\eta}, \tag{21.19}$$

$$\widetilde{r}(x, \xi, y) = p(x, \nabla_x \varphi^{-1}(x, \xi, y)) q(\nabla_x \varphi^{-1}(x, \xi, y), y) J_\xi(x, \xi, y) \tag{21.20}$$

と定義される.ここで $\nabla_x \varphi^{-1}(x, \xi, y)$ は証明中で与えられる写像 $\eta \mapsto \xi = \nabla_x \varphi(x, \eta, y)$ の逆写像であり $J_\xi(x, \xi, y)$ は $\nabla_x \varphi^{-1}(x, \xi, y)$ のヤコビアン

$$\left| \det \nabla_\xi \nabla_x \varphi^{-1}(x, \xi, y) \right| \tag{21.21}$$

である.また $s = s(\xi, x')$ も同様に

$$s(\xi, x') = \iint e^{-iy\eta} \widetilde{s}(\xi - \eta, x' + y, \xi) dy d\widehat{\eta}, \tag{21.22}$$

$$\widetilde{s}(\xi, y, \eta) = q(\xi, \nabla_\xi \varphi^{-1}(\xi, y, \eta)) p(\nabla_\xi \varphi^{-1}(\xi, y, \eta), \eta) J_y(\xi, y, \eta) \tag{21.23}$$

と定義される.ここで $\nabla_\xi \varphi^{-1}(\xi, y, \eta)$ は上と同様な写像 $x \mapsto y = \nabla_\xi \varphi(\xi, x, \eta)$ の逆写像であり $J_y(\xi, y, \eta)$ は $\nabla_\xi \varphi^{-1}(\xi, y, \eta)$ のヤコビアン

$$\left| \det \nabla_y \nabla_\xi \varphi^{-1}(\xi, y, \eta) \right| \tag{21.24}$$

である.

証明 直接の計算により

$$\begin{aligned} & p_\varphi(X, D_x) q_{\varphi^*}(D_x, X') f(x) \\ &= \iint e^{i(\varphi(x,\xi) - \varphi(y,\xi))} p(x, \xi) q(\xi, y) f(y) dy d\widehat{\xi} \\ &= \iint e^{i(x-y)\nabla_x \varphi(x, \xi, y)} p(x, \xi) q(\xi, y) f(y) dy d\widehat{\xi}. \end{aligned} \tag{21.25}$$

ここで $\eta \in \mathbb{R}^n$ を任意に固定し $\mathbb{R}^n$ から $\mathbb{R}^n$ への写像 T_η を

$$T_\eta(\xi) = \eta + \xi - \nabla_x \varphi(x, \xi, y) \tag{21.26}$$

と定義すると仮定 $\varphi \in P_\sigma(\tau;0)$ より

$$\begin{aligned}
&|T_\eta(\xi) - T_\eta(\xi')| \\
&= |(\xi - \xi') - (\nabla_x\varphi(x,\xi,y) - \nabla_x\varphi(x,\xi',y))| \\
&= \left|(\xi - \xi')\int_0^1\int_0^1 (I - (\nabla_\xi\nabla_x\varphi)(y+\theta(x-y),\xi'+\rho(\xi-\xi')))\,d\theta d\rho\right| \\
&\leq \tau|\xi - \xi'|
\end{aligned} \qquad (21.27)$$

を得る．ここで $0 \leq \tau < 1$ であるから $T_\eta : \mathbb{R}^n \longrightarrow \mathbb{R}^n$ は縮小写像を定義する．したがって縮小写像に対する不動点定理[1]より，任意の $\eta \in \mathbb{R}^n$ に対しただ一つの点 $\xi \in \mathbb{R}^n$ が存在して

$$T_\eta(\xi) = \xi$$

を満たす．これは

$$\eta = \nabla_x\varphi(x,\xi,y)$$

が一意的に

$$\xi = \nabla_x\varphi^{-1}(x,\eta,y) \qquad (21.28)$$

と解けることを意味している．この関数 (21.28) は逆関数定理[2]より $\eta \in \mathbb{R}^n$ について無限回微分可能なことが言える．そこで (21.25) において

$$\xi = \nabla_x\varphi^{-1}(x,\eta,y)$$

と変数変換すれば (21.20) で定義されるシンボル $\widetilde{r}(x,\xi,y)$ を用いて

$$p_\varphi(X,D_x)q_{\varphi^*}(D_x,X')f(x) = \iint e^{i(x-y)\xi}\widetilde{r}(x,\xi,y)f(y)dyd\widehat{\xi} \qquad (21.29)$$

と書ける．これを左単化表象で表せば式 e) が得られる．他も同様である． □

以上ではシンボル $p(x,\xi)$ 等は $(x,\xi) \in \mathbb{R}^{2n}$ からバナッハ空間 V からそれ自身への有界作用素を値にとる $B(V)$-値関数であった．以下では V をヒルベルト空間 $\mathcal{H}$ とし $p(x,\xi)$ は (x,ξ) に対し $B(\mathcal{H})$ の元を値に取る B_0^0 関数とする．

---

[1] 定理 12.13．
[2] 定理 14.9．

定理 21.3 $\varphi \in P_\sigma(\tau;0)$ ($0 \leq \sigma < 1, 0 \leq \tau < 1$) とし,$p(x,\xi) \in B_0^0$ をヒルベルト空間 $\mathcal{H}$ からそれ自身への有界作用素を値にとる関数とするときフーリエ積分作用素 $p_\varphi(X, D_x)$ は $L^2(\mathbb{R}^n, \mathcal{H})$ の有界線型変換を定義する.

証明 式 f) において $q(\xi, x') = \overline{p(x', \xi)}$ と取れば

$$q_{\varphi^*}(D_x, X') = (p_\varphi(X, D_x))^* \tag{21.30}$$

となることが直接の計算よりわかる.したがって f) よりあるシンボル $s = s(\xi, x')$ に対し

$$(p_\varphi(X, D_x))^* p_\varphi(X, D_x) = s(D_x, X')$$

となる.第 20 章で述べた式 (20.47) と同様にしてこれより

$$\begin{aligned}\|p_\varphi(X, D_x)\|^2 &\leq \|(p_\varphi(X, D_x))^* p_\varphi(X, D_x)\| \\ &= \|s(D_x, X')\|\end{aligned} \tag{21.31}$$

が導かれる.いま $p \in B_0^0$ とすれば定理 21.2 より $s \in B_0^0$ であるから第 20 章に述べた定理 20.3 が使えて $s(D_x, X')$ は $L^2(\mathbb{R}^n, \mathcal{H})$ から $L^2(\mathbb{R}^n, \mathcal{H})$ への有界線型作用素を定義する.したがってこの事実と (21.31) より $p_\varphi(X, D_x)$ も $L^2(\mathbb{R}^n, \mathcal{H})$ からそれ自身への有界作用素となる. □

21.4　フーリエ積分作用素の可逆性

フーリエの反転公式は

$$\begin{aligned}f(x) &= \iint e^{i(x-y)\xi} f(y) dy d\widehat{\xi} \\ &= \iint e^{i(x\xi - y\xi)} f(y) dy d\widehat{\xi}\end{aligned} \tag{21.32}$$

であった.あるいはフーリエ変換 $\mathcal{F}$ を用いて書けば

$$\mathcal{F}^* \mathcal{F} = I \tag{21.33}$$

21.4. フーリエ積分作用素の可逆性

である．ただし $\mathcal{F}^*$ はフーリエ変換 $\mathcal{F}$ の随伴作用素[3]である．いまシンボルが 1 で相関数が $\varphi \in P_\sigma(\tau; \ell)$ のフーリエ積分作用素を

$$I_\varphi f(x) = \iint e^{i(\varphi(x,\xi) - y\xi)} f(y) dy d\widehat{\xi} \tag{21.34}$$

と書こう．このときこの随伴作用素は同じシンボル 1 を持つ次の作用素となる：

$$I_{\varphi^*} f(x) = \iint e^{i(x\xi - \varphi(y,\xi))} f(y) dy d\widehat{\xi} \tag{21.35}$$

これらは互いに共役であり $(I_{\varphi^*})^* = I_\varphi$ が成り立つ．そこで (21.33) と同様に $I_\varphi I_{\varphi^*} = (I_{\varphi^*})^* I_{\varphi^*}$ を計算すると

$$I_\varphi I_{\varphi^*} f(x) = \iint e^{i(\varphi(x,\xi) - \varphi(y,\xi))} f(y) dy d\widehat{\xi} \tag{21.36}$$

となる．これは式 (21.32) と似た形をしているが相関数が一般のものなので f に等しいとは限らない．しかし以下が成り立つ．

定理 21.4 相関数 φ が $\varphi \in P_\sigma(\tau; 3n+3)$ を満たし $0 \leq \tau < 1$ が前章の定理 20.2 における定数 $c_0 > 0$ に比べて十分小さいとする．このとき 1 をシンボルとするフーリエ積分作用素

$$I_\varphi f(x) = \iint e^{i(\varphi(x,\xi) - y\xi)} f(y) dy d\widehat{\xi} \tag{21.37}$$

の逆作用素が存在してあるシンボル $r(\xi, x') \in B_0^0$ に対し共役型のフーリエ積分作用素

$$r_{\varphi^*}(D_x, X') \tag{21.38}$$

の形で与えられる．同様にシンボル 1 を持つ共役型のフーリエ積分作用素

$$I_{\varphi^*} f(x) = \iint e^{i(x\xi - \varphi(y,\xi))} f(y) dy d\widehat{\xi} \tag{21.39}$$

の逆作用素もあるシンボル $s(x, \xi) \in B_0^0$ により

$$s_\varphi(X, D_x) \tag{21.40}$$

の形で与えられる．

---

[3]定義 17.13．

証明 式 (21.36) において

$$\varphi(x,\xi) - \varphi(y,\xi) = (x-y)\nabla_x \varphi(x,\xi,y) \tag{21.41}$$

と書いて先述の (21.28) の変数変換をしてみる．すると (21.21) のヤコビアン $J_\xi(x,\xi,y)$ を用いて

$$I_\varphi I_{\varphi^*} f(x) = \iint e^{i(x-y)\xi} J_\xi(x,\xi,y) f(y) dy \widehat{d\xi} \tag{21.42}$$

を得る．ここで

$$p(x,\xi,y) = 1 - J_\xi(x,\xi,y) \tag{21.43}$$

とおけば

$$I_\varphi I_{\varphi^*} = I - p(X, D_x, X') \tag{21.44}$$

が得られる．式 (21.43) より相関数に関する仮定 $\varphi \in P_\sigma(\tau;\ell)$ における ℓ を $\ell = 3n+3$ と取り，$\tau \geq 0$ を前章の定理 20.2 の仮定の定数 $c_0 > 0$ に比べて十分小さいとすると擬微分作用素 $P = p(X, D_x, X')$ は定理 20.2 の仮定を満たすことがわかる．よって同定理から $I_\varphi I_{\varphi^*}$ の逆写像 $(I-P)^{-1}$ が擬微分作用素 $Q = q(X, D_x, X')$ で与えられることがわかり

$$I = (I_\varphi I_{\varphi^*})(I-P)^{-1} = (I_\varphi I_{\varphi^*})Q = I_\varphi(I_{\varphi^*}Q) \tag{21.45}$$

が成り立つ．今の場合相関数 φ は定義 21.1 の 1) を満たすから p はシンボルの定義 21.2 を一般化した評価

$$\max_{|\alpha|+|\beta|+|\gamma| \leq d} \sup_{x,\xi,x' \in \mathbb{R}^n} \|(1+|x|)^{|\alpha|}(1+|x'|)^{|\gamma|} \partial_x^\alpha \partial_\xi^\beta \partial_{x'}^\gamma p(x,\xi,x')\| < \infty \tag{21.46}$$

を満たす．このことからシンボル $q(x,\xi,x')$ の右単化表象 $q_R(\xi,x')$ は B_0^0 に属することがわかる．したがって擬微分作用素 $Q = q(X, D_x, X')$ を右単化表象 $q_R(\xi,x')$ を用いて

$$Q = q(X, D_x, X') = q_R(D_x, X')$$

と書けば定理 21.1 の c) よりあるシンボル $r(\xi, x') \in B_0^0$ に対し

$$I_{\varphi^*} Q = I_{\varphi^*} q_R(D_x, X') = r_{\varphi^*}(D_x, X') \tag{21.47}$$

となることがわかる．これと式 (21.45) より定理が得られる． $\square$

この定理はさらに次のように拡張される．

定理 21.5 相関数 φ が $\varphi \in P_\sigma(\tau; 3n+3)$ を満たし $0 \leq \tau < 1$ が前章の定理 20.2 における定数 $c_0 > 0$ に比べて十分小さいとする．いま相関数 $\varphi(x, \xi)$ および整数 $k \geq 1$ に対しセミノルム

$$|\varphi|_{1,k} = \max_{1 \leq |\gamma|+|\delta| \leq k} \sup_{x, \xi \in \mathbb{R}^n} |\partial_x^\gamma \partial_\xi^\delta \nabla_x \varphi(x, \xi)| \tag{21.48}$$

を定義する．このとき $c_0 > 0$ に比べて十分小さな数 $d_0 > 0$ に対し $a \in B_0^0$ が

$$|a-1|_{3n+3}^{(0;0)} (|\varphi|_{1,3n+3})^{3n+3} \leq d_0 \tag{21.49}$$

を満たせばあるシンボル $q(\xi, x') \in B_0^0$ が存在して

$$A_\varphi Q_{\varphi^*} = Q_{\varphi^*} A_\varphi = I \tag{21.50}$$

が成り立つ．ここで

$$A_\varphi = a_\varphi(X, D_x), \quad Q_{\varphi^*} = q_{\varphi^*}(D_x, X')$$

である．

問 21.1 定理 21.5 を示せ．

第22章 広義積分の収束 – 散乱理論の場合

本章では具体的な広義積分の収束を考えこれまで述べてきた議論のまとめとする．本章で述べる同一視作用素 J は散乱理論の超局所解析的扱いを可能にする基本的道具であり，巻末文献 [48] においてはじめて導入され，後に [80] により負のラプラシアンの冪 $H_0 = \kappa^{-1}(-\Delta)^{\kappa/2}$ ($\kappa \geq 1$) に拡張されたものである．以下では $\kappa = 2$ のラプラシアン $H_0 = -\Delta/2$ の場合についての漸近完全性の証明を述べる．この証明は同一視作用素 J および超局所性の奥深い性質 (補題 22.3) を用い，加藤敏夫 [55] の洞察によって得られた smooth operator の概念を適用可能にした，簡明な漸近完全性の証明 ([81]) であり，バナッハ空間に値をとるある関数の広義積分の収束を示すものである．

本章では自己共役作用素のスペクトル分解等の基礎的な関数解析の事柄は既知と仮定する．

22.1 量子散乱の問題

いまヒルベルト空間 $\mathcal{H} = L^2(\mathbb{R}^n)$ において定義された自由ハミルトニアン

$$H_0 = -\frac{1}{2}\Delta = -\frac{1}{2}\sum_{j=1}^n \frac{\partial^2}{\partial x_j^2}$$

とその摂動

$$H = H_0 + V$$

を考える．ただしポテンシャル V は $V = V_S(x) + V_L(x)$ と二つの実数値可測関数 $V_S(x)$ と $V_L(x)$ による掛け算作用素の和に分解され，おのおの以下の条件を満たすとする．

仮定 ある定数 $\delta \in (0,1)$ および $C, C_\alpha > 0$ が存在して任意の $x \in \mathbb{R}^n$ と多

重指数 α に対し

$$|V_S(x)| \leq C\langle x \rangle^{-1-\delta},$$
$$|\partial_x^\alpha V_L(x)| \leq C_\alpha \langle x \rangle^{-|\alpha|-\delta}$$

が成り立つ．ただし $\langle x \rangle = \sqrt{1+|x|^2}$．

　この仮定は弱めることができ，短距離力 $V_S(x)$ は局所的な特異性たとえば原点で言えば $|x|^{-2+\epsilon}$ ($\epsilon \in (0,2)$) のオーダーの特異性を持った関数としても以下の議論のほとんどが成立する．特に長距離力 $V_L(x)$ との和として $V(x) = V_S(x) + V_L(x)$ はクーロンポテンシャル $C|x|^{-1}$ ($C \in \mathbb{R}$ は定数) を含めることができる．長距離力 $V_L(x)$ についても減衰の仮定は有限階の微分まで仮定すれば十分であるが取り扱いを容易にするためここでは上記の仮定を採用する．

　上述の仮定の下では V は対称な有界作用素となるので $H = H_0 + V$ は定義域 $\mathcal{D}(H)$ が H_0 の定義域 $\mathcal{D}(H_0) = H^2(\mathbb{R}^n)$ ($H^2(\mathbb{R}^n)$ はソボレフ空間) と一致する自己共役作用素を定義する．したがってシュレーディンガー方程式

$$\frac{1}{i}\frac{\partial u}{\partial t}(t) + Hu(t) = 0, \quad u(0) = f(\in \mathcal{D}(H))$$

の解はユニタリ群 e^{-itH} ($t \in \mathbb{R}$) を用いて

$$u(t) = e^{-itH}f$$

と書ける．同様に自由ハミルトニアン H_0 に対応するシュレーディンガー方程式の解 $u_0(t)$ も初期条件 $u_0(0) = g$ に対し

$$u_0(t) = e^{-itH_0}g$$

と書ける．

　あるいは今の仮定の下では V は有界作用素であるので具体的にシュレーディンガー方程式の解 $U_0(t) = e^{-itH_0}$ および $U(t) = e^{-itH}$ を書き下すことができる．実際 $\mathcal{F}$ をフーリエ変換とすると

$$H_0 = \mathcal{F}^{-1}\frac{\xi^2}{2}\mathcal{F}$$

であることに注意すれば自由なハミルトニアンに対するシュレーディンガー方程式の解は

$$u_0(t) = U_0(t)g = e^{-itH_0}g = (2\pi)^{-n}\iint_{\mathbb{R}^{2n}} e^{i(x\xi - t\xi^2/2 - y\xi)}g(y)dyd\xi$$

と擬微分作用素によって書き表されることが容易にわかる．摂動 V が仮定を満たすときは解 $U(t)f$ は以下のようにして $U_0(t)$ を用いて求めることができる．いま $w(t) = (U_0(t)^{-1}U(t))f$ と書けば $A(t) = U_0(-t)VU_0(t)$ とおくとき上記シュレーディンガー方程式は

$$\frac{1}{i}\frac{d}{dt}w(t) + A(t)w(t) = 0, \quad w(0) = f$$

と同値になる．仮定より V は有界作用素であるから

$$w(t) = f + \sum_{\nu=1}^{\infty}(-i)^{\nu}\int_0^t\int_0^{t_1}\ldots\int_0^{t_{\nu-1}} A(t_1)A(t_2)\ldots A(t_{\nu})fdt_{\nu}\ldots dt_1$$

は $\mathcal{H} = L^2(\mathbb{R}^n)$ において収束し $u(t) = U(t)f = U_0(t)w(t)$ はシュレーディンガー方程式の解を与える．

このとき散乱理論の問題は同一視作用素 J を適当に作るとき極限

$$W_1^{\pm}g = \lim_{t\to\pm\infty} e^{itH}Je^{-itH_0}g \quad (g \in \mathcal{H})$$
$$W_2^{\pm}f = \lim_{t\to\pm\infty} e^{itH_0}J^{-1}e^{-itH}f \quad (f \in \mathcal{H}_c)$$

がともに存在するか？と言う問題である．これは「波動作用素 $W_1^{\pm}$ の存在と漸近完全性の問題」と呼ばれる．ただし上で記号 $\mathcal{H}_c = \mathcal{H}_c(H)$ はハミルトニアン H の連続スペクトル空間を表す．すなわち $E_H(B)$ によって H のスペクトル測度を表し $E_H(\lambda) = E_H((-\infty,\lambda])$ とおくとき

$$\mathcal{H}_c = \mathcal{H}_c(H) = \{f \mid E_H(\lambda)f \text{ が } \lambda \in \mathbb{R} \text{ に関し強連続である．}\}.$$

同様に H の絶対連続部分空間 $\mathcal{H}_{ac}$ および純粋点スペクトル空間 $\mathcal{H}_p$ が以下のように定義される．

$$\mathcal{H}_{ac} = \mathcal{H}_{ac}(H) = \{f \mid (E_H(\Delta)f, f) = \|E_H(\Delta)f\|^2 \text{ はルベーグ測度}$$
$$\text{に関し絶対連続測度を定義する．}\},$$
$$\mathcal{H}_p = \mathcal{H}_p(H) = \{f \mid \exists \lambda \in \mathbb{R}: Hf = \lambda f\} \text{ の線型包の閉包．}$$

漸近完全性は $W_1^\pm$ の値域 $\mathcal{R}(W_1^\pm)$ が $\mathcal{H}_c$ と一致することと定義される．すなわち以下のことである．

$$\mathcal{R}(W_1^\pm) = \mathcal{H}_c. \tag{22.1}$$

$W_1^\pm$ が存在するとき漸近完全性は上述の $W_2^\pm f$ ($f \in \mathcal{H}_c$) の存在と同値であることは以下の命題により示される．

上の $W_1^\pm$ の定義からすぐわかるように波動作用素 $W_1^\pm$ が存在すれば

$$e^{-isH} W_1^\pm = W_1^\pm e^{-isH_0} \quad (\forall s \in \mathbb{R})$$

が成り立つ．これをラプラス変換して少々議論すれば任意のボレル集合 B に対し

$$E_H(B) W_1^\pm = W_1^\pm E_0(B) \tag{22.2}$$

が言える．ただし $E_H(B)$, $E_0(B)$ はそれぞれ H および H_0 のスペクトル測度を表す．この関係より波動作用素 $W_1^\pm$ が存在すれば

$$\mathcal{R}(W_1^\pm) \subset \mathcal{H}_{ac} \subset \mathcal{H}_c \tag{22.3}$$

が言える．

命題 22.1 $W_1^\pm$ が存在するとき漸近完全性 (22.1) は以下の条件と同値である．
(AC) $\mathcal{H}_c$ のある稠密部分集合 D をとるとき任意の $f \in D$ に対し数列 $t_k \to \pm\infty$ ($k \to \pm\infty$) が存在して極限

$$W_2^\pm f = \lim_{k \to \pm\infty} e^{it_k H_0} J^{-1} e^{-it_k H} f \tag{22.4}$$

が存在する．

証明 上記の性質 (22.3) より

$$\mathcal{R}(W_1^\pm) \subset \mathcal{H}_c$$

であるから条件 (AC) が

$$\mathcal{H}_c \subset \mathcal{R}(W_1^\pm) \tag{22.5}$$

と同値であることをいえばよい．$-$ の場合も同様なので $+$ の場合のみ考える．

まず D は $\mathcal{H}_c$ で稠密であり作用素 $e^{itH_0}J^{-1}e^{-itH}$ は $t \in \mathbb{R}$ について有界であるから条件 (AC) が成り立てばそれは任意の $f \in \mathcal{H}_c$ に対し成り立つことに注意する．いま $f \in \mathcal{H}_c$ をとるときある数列 $t_k \to \infty$ $(k \to \infty)$ に対し

$$W_2^+ f = \lim_{k \to +\infty} e^{it_k H_0} J^{-1} e^{-it_k H} f$$

が存在したとする．すると

$$\begin{aligned} f &= \lim_{k \to \infty} e^{it_k H} J e^{-it_k H_0} e^{it_k H_0} J^{-1} e^{-it_k H} f \\ &= W_1^+ W_2^+ f \in \mathcal{R}(W_1^+). \end{aligned}$$

よって $\mathcal{H}_c \subset \mathcal{R}(W_1^+)$ がいえた．

逆に $\mathcal{H}_c \subset \mathcal{R}(W_1^+)$ と仮定すると任意の $f \in \mathcal{H}_c$ に対しある $g \in \mathcal{H}$ で

$$f = W_1^+ g = \lim_{t \to \infty} e^{itH} J e^{-itH_0} g$$

となるものが存在する．したがって特に

$$\|e^{itH_0} J^{-1} e^{-itH} f - g\| \to 0 \quad (t \to \infty)$$

となり $W_2^+ f = \lim_{t \to +\infty} e^{itH_0} J^{-1} e^{-itH} f$ が存在し g に等しい． □

いま (22.1) が成り立ったとして一般化されたフーリエ変換 $\mathcal{F}_\pm$ を定義 17.23 で定義されたフーリエ変換 $\mathcal{F}$ を用いて以下のように定義しよう．

$$\mathcal{F}_\pm = \mathcal{F}(W_1^\pm)^*.$$

すると性質 (22.2) より

$$\begin{aligned} \mathcal{F}_\pm H f(\xi) &= \mathcal{F}(W_1^\pm)^* H f(\xi) = \mathcal{F}(H W_1^\pm)^* f(\xi) \\ &= \mathcal{F}(W_1^\pm H_0)^* f(\xi) = \mathcal{F} H_0 (W_1^\pm)^* f(\xi) = \frac{1}{2}\xi^2 \mathcal{F}_\pm f(\xi) \quad (22.6) \end{aligned}$$

が得られる．これは $\mathcal{F}_\pm$ がハミルトニアン H を対角化することを意味する．いま一般化されたフーリエ変換 $\mathcal{F}_\pm$ がある関数族

$$\phi_\pm(x,\xi) \quad (x,\xi \in \mathbb{R}^n), \tag{22.7}$$

によって以下のような積分作用素として表現されているとしよう.

$$\mathcal{F}_\pm f(\xi) = (2\pi)^{-n/2} \int_{\mathbb{R}^n} \overline{\phi_\pm(x,\xi)} f(x) dx.$$

すると $H = H_0 + V$ の自己共役性と式 (22.6) より

$$(2\pi)^{-n/2} \int_{\mathbb{R}^n} \overline{((H - \xi^2/2)\phi_\pm)(x,\xi)} f(x) dx$$
$$= (2\pi)^{-n/2} \int_{\mathbb{R}^n} \overline{\phi_\pm(x,\xi)} ((H - \xi^2/2) f)(x) dx$$
$$= \mathcal{F}_\pm H f(\xi) - \frac{1}{2}\xi^2 \mathcal{F}_\pm f(\xi) = 0$$

が得られる.積分が収束する限り f は任意であるのでこれより

$$(H - \xi^2/2)\phi_\pm(x,\xi) = 0$$

が得られる.すなわち式 (22.7) の関数 $\phi_\pm$ は H の一般化された固有関数であることがわかる.いま

$$e_\xi^\pm(x) = (2\pi)^{-n/2} \phi_\pm(x,\xi)$$

と書くと関係

$$f = W_1^\pm (W_1^\pm)^* f = W_1^\pm \mathcal{F}^* \mathcal{F}(W_1^\pm)^* f = \mathcal{F}_\pm^* \mathcal{F}_\pm f \quad (f \in \mathcal{R}(W_1^\pm) = \mathcal{H}_c)$$

より

$$f(x) = \mathcal{F}_\pm^* \mathcal{F}_\pm f(x) = \int_{\mathbb{R}^n} (f, e_\xi^\pm) e_\xi^\pm(x) d\xi$$

が得られる.これは波動作用素 $W_1^\pm$ の像空間 $\mathcal{R}(W_1^\pm) = \mathcal{H}_c$ の元は一般化された固有関数 $\phi_\pm(x,\xi)$ に関するフーリエ積分として展開されることを示している.連続スペクトル空間 $\mathcal{H}_c$ の直交補空間は純粋点スペクトル空間 $\mathcal{H}_p$ でありこの空間の元は H の真の固有関数によって展開される.したがって以上から波動作用素 $W_1^\pm$ の漸近完全性は真の固有関数を含む H の一般化された固有関数により $\mathcal{H} = L^2(\mathbb{R}^n) = \mathcal{H}_p \oplus \mathcal{H}_c$ の元が展開されることを含意し,したがって H の固有関数の完全性を含意することがわかる.漸近完全性は存在確率の保存という物理的に重要な意味を持っているがその意

味合いのほかにこのように数学的に重要な意味を持っている.以下漸近完全性の証明を見てゆこう.

以下 − の場合も同様なので + の場合のみ考える.

いま W_1^+ の存在は言えていると仮定する.命題 22.1 により $\mathcal{H}_c$ の稠密部分集合 D がとれて与えられた任意の $f \in D$ に対しある列 $t_k \to \infty$ (as $k \to \infty$) を取れば極限

$$\Omega^+ f = \lim_{k \to \infty} e^{it_k H_0} J^{-1} e^{-it_k H} f \tag{22.8}$$

が存在することを示せばよい.

波動作用素

$$W_1^\pm g = \lim_{t \to \pm\infty} e^{itH} J e^{-itH_0} g \quad (g \in \mathcal{H})$$

の存在は極限 (22.8) の存在と同様に示すことができるので以下極限 (22.8) の存在の証明を見てみよう.

22.2 連続スペクトル空間の性質

P_c を H の連続スペクトル空間 $\mathcal{H}_c$ への直交射影とするとき以下が成り立つことが知られている.

補題 22.1 $\mathcal{H}$ を可分なヒルベルト空間とし H を $\mathcal{H}$ における自己共役作用素とする.いま $B_\sigma(t)$ $(t, \sigma \in \mathbb{R})$ を $\mathcal{H}$ から $\mathcal{H}$ への有界作用素の族で t に関し作用素ノルムについて有界かつ連続で $\sup_{\sigma, t \in \mathbb{R}} \|B_\sigma(t)\| < \infty$ なるものとする.このとき K を $\mathcal{H}$ におけるコンパクト作用素とすると

$$\lim_{T \to \pm\infty} \sup_{\sigma \in \mathbb{R}} \left\| \frac{1}{T} \int_0^T B_\sigma(t) K e^{-itH} P_c dt \right\| = 0 \tag{22.9}$$

が成り立つ.

証明 ヒルベルト空間 $\mathcal{H}$ が可分であるからコンパクト作用素 KP_c は有限次元作用素の列により作用素ノルムにおいて近似される.したがって一般性を失うことなく KP_c は一次元作用素 $(f, \phi)\psi$ $(\phi \in \mathcal{H}_c, \psi \in \mathcal{H})$ の形をして

いると仮定してよい．$Ke^{-itH}P_c = KP_c e^{-itH}$ であるから $\widetilde{K} = KP_c$ と書くと以下のように計算される．

$$
\begin{aligned}
& \left\| \frac{1}{T} \int_0^T B_\sigma(t) K e^{-itH} P_c dt \right\|^2 \\
&= \left\| \frac{1}{T} \int_0^T B_\sigma(t) \widetilde{K} e^{-itH} dt \right\|^2 \\
&= \left\| \frac{1}{T} \int_0^T e^{itH} (\widetilde{K})^* B_\sigma(t)^* dt \right\|^2 \\
&= \sup_{\|f\|=1} \left\| \frac{1}{T} \int_0^T e^{itH} (\widetilde{K})^* B_\sigma(t)^* f dt \right\|^2 \\
&= \sup_{\|f\|=1} \frac{1}{T^2} \int_0^T \int_0^T (B_\sigma(t)^* f, \psi)(\psi, B_\sigma(s)^* f)(e^{-i(s-t)H}\phi, \phi) ds dt \\
&\leq C \frac{1}{T^2} \int_0^T \int_0^T |(e^{-i(s-t)H}\phi, \phi)| ds dt \\
&\leq C \frac{1}{T} \int_{-T}^T |(e^{-itH}\phi, \phi)| dt.
\end{aligned}
$$

ただし $C = \|\psi\|^2 \sup_{\sigma, t \in \mathbb{R}} \|B_\sigma(t)\|^2$ である．シュワルツの不等式により右辺は以下により押さえられる．

$$
\sqrt{2} C \left(\frac{1}{T} \int_{-T}^T |(e^{-itH}\phi, \phi)|^2 dt \right)^{\frac{1}{2}}.
$$

関数 $\mu(\lambda) = (E_H(\lambda)\phi, \phi)$ が単調増大で有界であることから括弧内の式は以下のように計算される．

$$
\frac{1}{T} \int_{-T}^T \int_{\mathbb{R}} \int_{\mathbb{R}} e^{-i(\lambda-\lambda')t} d\mu(\lambda) d\mu(\lambda') dt = 2 \int_{\mathbb{R}} \int_{\mathbb{R}} \frac{\sin\{(\lambda-\lambda')T\}}{(\lambda-\lambda')T} d\mu(\lambda) d\mu(\lambda').
$$

積分領域 $\mathbb{R}_\lambda \times \mathbb{R}_{\lambda'}$ を $|\lambda - \lambda'| \leq \epsilon$ およびその外の領域に分解すれば上の積分は以下により押さえられる．

$$
2 \int_{|\lambda-\lambda'| \leq \epsilon} d\mu(\lambda) d\mu(\lambda') + \frac{2}{\epsilon T} \|\phi\|^4. \tag{22.10}
$$

22.2. 連続スペクトル空間の性質　535

第一項の積分は以下のように計算される．

$$\int_{|\lambda-\lambda'|\leq\epsilon}d\mu(\lambda)d\mu(\lambda')=\int_{\mathbb{R}}\int_{\lambda-\epsilon}^{\lambda+\epsilon}d\mu(\lambda')d\mu(\lambda)$$
$$=\int_{\mathbb{R}}\|E_H((\lambda-\epsilon,\lambda+\epsilon])\phi\|^2 d\mu(\lambda).$$

$\phi \in \mathcal{H}_c$ より被積分関数 $\|E_H((\lambda-\epsilon,\lambda+\epsilon])\phi\|^2$ は $\mathbb{R}$ 上有界で λ について連続であり $\epsilon \to 0$ のとき各点 $\lambda \in \mathbb{R}$ において 0 に収束する．関数 $\mu(\lambda)$ より生成される測度に関し $\mathbb{R}$ の測度は有限であるからルベーグの収束定理の系 16.1 より (22.10) の第一項は $\epsilon > 0$ を小さくすれば任意に小さくできる．そののち $T \to \infty$ とすれば第二項は 0 に収束する． □

ポテンシャルに対する仮定より H は正の固有値を持たない[1]．さらに H の本質的スペクトル[2]はポテンシャル V が H_0 に関し相対コンパクト[3]であるため H_0 の本質的スペクトル $[0,\infty)$ と一致する[4]．これらのことから $\mathcal{H}_c(a,b) = E_H([a,b])\mathcal{H}_c$ $(0 < a < b < \infty)$ とするとき

$$\mathcal{H}_c = \overline{\bigcup_{0<a<b<\infty}\mathcal{H}_c(a,b)}$$

が成り立つことに注意する．このとき $D(a,b) = \{f|f \in \mathcal{H}_c(a,b), \langle x\rangle^2 f \in \mathcal{H}\}$ $(0 < a < b < \infty)$ とおく．上記の補題を用いて以下が言える．

補題 22.2 任意の $0 < a < b < \infty$ に対し数列 $t_k \to \pm\infty$ $(k \to \pm\infty)$ で任意の $f \in D(a,b), \phi \in C_0^\infty(\mathbb{R})$ および $R > 0$ に対し $k \to \pm\infty$ のとき以下を満たすものが存在する．

1) $\|\chi_{\{x\in\mathbb{R}^n | |x|<R\}}e^{-it_k H}f\| \to 0$.

2) $\|(\phi(H) - \phi(H_0))e^{-it_k H}f\| \to 0$.

---
[1] たとえば [26]．
[2] H の本質的スペクトル $\sigma_{ess}(H)$ は $\sigma_{ess}(H) = \{\lambda|\lambda \in \mathbb{R}, \dim(E_H(\lambda+\epsilon) - E_H(\lambda-\epsilon))\mathcal{H} = \infty \ (\forall \epsilon > 0)\}$ と定義される．
[3] V が H_0 に対し相対コンパクトな作用素であるとは列 $f_k \in \mathcal{D}(H_0)$ および $H_0 f_k$ がともに有界列であるとき $V f_k$ に収束する部分列がとれることをいう．H_0 は正定値な自己共役作用素であるのでこれは $V(H_0+1)^{-1}$ が $\mathcal{H}$ におけるコンパクト作用素であることと同値である．
[4] [54], p. 244, Theorem 5.35.

3) $\left\|\left(\dfrac{x}{t_k} - D_x\right) e^{-it_k H} f\right\| \to 0.$

ただし χ_B は集合 B の特性関数を表す．

証明[5] 1) および 2) をすべての $f \in D(a.b)$, $R > 0$ および任意の $\phi \in C_0^\infty(\mathbb{R})$ に対し同時に成り立たせるような列 $t = t_k \to \infty$ ($k \to \infty$) の存在を示せば十分である．実際このとき 3) は以下のようにして示される．$f \in D(a.b)$ に対し以下の量を計算する．

$$\left\|\left(\frac{x}{t} - D_x\right) e^{-itH} f\right\|^2$$
$$= \left(f, e^{itH}\left(\frac{x}{t} - D_x\right)^2 e^{-itH} f\right)$$
$$= \frac{1}{t^2}(f, (e^{itH} x^2 e^{-itH} - x^2)f) - \frac{2}{t}(f, e^{itH} A e^{-itH} f)$$
$$+ (f, e^{itH} D_x^2 e^{-itH} f) + \frac{1}{t^2}(f, x^2 f). \quad (22.11)$$

ただし
$$A = \frac{1}{2}(x \cdot D_x + D_x \cdot x).$$

直接の計算より
$$i[H_0, x^2] = i(H_0 x^2 - x^2 H_0) = 2A.$$

したがって式 (22.11) の右辺第一項は

$$\frac{1}{t^2} \int_0^t \frac{d}{ds}(f, e^{isH} x^2 e^{-isH} f)ds = \frac{1}{t^2} \int_0^t (f, e^{isH} i[H_0, x^2] e^{-isH} f)ds$$
$$= \frac{2}{t^2} \int_0^t (f, e^{isH} A e^{-isH} f)ds$$

---

[5][80], Lemma 5.2.

22.2. 連続スペクトル空間の性質 537

に等しい．ゆえに (22.11) の右辺第一項と第二項の和は以下に等しい．

$$\begin{aligned}
G(t) &= \frac{2}{t^2}\left(\int_0^t (f, e^{isH}Ae^{-isH}f)ds - t(f, e^{itH}Ae^{-itH}f)\right) \\
&= \frac{1}{t^2}\int_0^t \frac{d(\tau^2 G)}{d\tau}(\tau)d\tau = -\frac{2}{t^2}\int_0^t s(f, e^{isH}i[H,A]e^{-isH}f)ds \\
&= -\frac{2}{t^2}\int_0^t s(f, e^{isH}i[H_0,A]e^{-isH}f)ds - \frac{2}{t^2}\int_0^t s(f, e^{isH}i[V,A]e^{-isH}f)ds.
\end{aligned} \tag{22.12}$$

ここで直接の計算により

$$i[H_0, A] = D_x^2$$

が容易に示される．式 (22.12) にこれを用いて式 (22.11) から

$$\begin{aligned}
&\left\|\left(\frac{x}{t} - D_x\right)e^{-itH}f\right\|^2 \\
&= -\frac{2}{t^2}\int_0^t s(f, e^{isH}D_x^2 e^{-isH}f)ds + (f, e^{itH}D_x^2 e^{-itH}f) \\
&\quad -\frac{2}{t^2}\int_0^t s(f, e^{isH}i[V,A]e^{-isH}f)ds + \frac{1}{t^2}(f, x^2 f)
\end{aligned} \tag{22.13}$$

が得られる．$f \in D(a.b)$ より最後の項は $t \to \infty$ のとき 0 に収束する．さらにポテンシャルに対する仮定を用い補題 22.1 から第三項も $t \to \infty$ のとき 0 に収束することがわかる．第一項と第二項の和は $D_x^2 = -\Delta = 2H - 2V$ および $e^{isH}He^{-isH} = H$ に注意すると以下のように計算される．

$$\begin{aligned}
&-\frac{4}{t^2}\int_0^t s\{(f, Hf) - (f, e^{isH}Ve^{-isH}f)\}ds + 2(f, Hf) - 2(f, e^{itH}Ve^{-itH}f) \\
&= \frac{4}{t^2}\int_0^t s(f, e^{isH}Ve^{-isH}f)ds - 2(f, e^{itH}Ve^{-itH}f).
\end{aligned}$$

この右辺の第一項は補題 22.1 から $t \to \infty$ のとき 0 に収束する．第二項は 1) を満たす列 $t_k \to \infty$ ($k \to \infty$) に対し $k \to \infty$ のとき

$$(f, e^{it_k H}Ve^{-it_k H}f) \to 0$$

を満たす．これより 3) が言える．

そこで列 t_k を $f \in D(a.b)$, $R > 1$, $\phi \in C_0^\infty(\mathbb{R})$ によらず 1), 2) が成り立つようにとれることを示そう.

まず 2) については任意の $\phi \in C_0^\infty(\mathbb{R})$ に対し $\phi(H)$, $\phi(H_0)$ はフーリエ変換 $\hat{\phi}$ を用いて以下のように書けることに注意する.

$$\phi(H) = (2\pi)^{-1/2} \int_{\mathbb{R}} e^{i\tau H} \hat{\phi}(\tau) d\tau,$$

$$\phi(H_0) = (2\pi)^{-1/2} \int_{\mathbb{R}} e^{i\tau H_0} \hat{\phi}(\tau) d\tau.$$

これを用いて以下の量を計算する. $B = [a, b]$ と書くとき $f = E_H(B)f = E_H(B)P_c f$ に注意して

$$\|(\phi(H) - \phi(H_0))e^{-itH}f\|^2$$
$$= (f, e^{itH}(\phi(H) - \phi(H_0))^*(\phi(H) - \phi(H_0))E_H(B)e^{-itH}f).$$

ここで

$$(2\pi)^{1/2}(\phi(H) - \phi(H_0))E_H(B)e^{-itH}f$$
$$= \int_{\mathbb{R}} (e^{i\tau H} - e^{i\tau H_0}) E_H(B) e^{-itH} P_c f \hat{\phi}(\tau) d\tau$$
$$= \int_{\mathbb{R}} (I - e^{i\tau H_0} e^{-i\tau H}) e^{i\tau H} E_H(B) e^{-itH} P_c f \hat{\phi}(\tau) d\tau$$
$$= i \int_{\mathbb{R}} \int_0^\tau e^{i\sigma H_0} V E_H(B) e^{-itH} P_c e^{-i(\sigma-\tau)H} f \hat{\phi}(\tau) d\sigma d\tau.$$

ゆえに $B_\sigma(t) = e^{itH}(\phi(H) - \phi(H_0))^* e^{i\sigma H_0}$, $K = VE_H(B)$ とおくと $T > 1$ に対し

$$\frac{1}{T} \int_0^T \|(\phi(H) - \phi(H_0))e^{-itH}f\|^2 dt$$
$$= (2\pi)^{-1/2} \int_{\mathbb{R}} \int_0^\tau (f, \frac{i}{T} \int_0^T B_\sigma(t) K e^{-itH} P_c dt e^{-i(\sigma-\tau)H} f \hat{\phi}(\tau)) d\sigma d\tau$$
$$\leq (2\pi)^{-1/2} \int_{\mathbb{R}} \int_0^\tau \|f\|^2 \left\| \frac{1}{T} \int_0^T B_\sigma(t) K e^{-itH} P_c dt \right\| |\hat{\phi}(\tau)| d\sigma d\tau$$
$$= C_\phi \|f\|^2 \sup_{\sigma \in \mathbb{R}} \left\| \frac{1}{T} \int_0^T B_\sigma(t) K e^{-itH} P_c dt \right\|. \qquad (22.14)$$

22.2. 連続スペクトル空間の性質　539

ただし
$$C_\phi = (2\pi)^{-1/2} \int_{\mathbb{R}} |\tau \hat{\phi}(\tau)| d\tau.$$

これを用いて 1) および 2) が $f \in D(a.b)$, $R > 1$, $\phi \in C_0^\infty(\mathbb{R})$ によらず成り立つ列 $t_k \to \infty$ をとれることを以下に示そう．そのために $B(R) = \{x \in \mathbb{R}^n | |x| < R\}$, $F_\ell = \{\phi \in C_0^\infty(\mathbb{R}) | C_\phi + \sup_{\lambda \in \mathbb{R}} |\phi(\lambda)|^2 < 2^{\ell-1}\}$ および $D(R) = \{f \in D(a,b) | \|f\|^2 < R\}$ ($\ell = 1, 2, \dots$) とおいて以下の量を考える．以下 ψ を命題 17.9 の関数とし $\tilde{\chi}_{B(R)} = \chi_{B(2R)} * \psi$ とする．

$$\sum_{\ell=1}^\infty 2^{-3\ell} \sup_{f \in D(2^\ell)} \left\{ \|\tilde{\chi}_{B(2^\ell)} e^{-itH} f\|^2 + \sup_{\phi \in F_\ell} \|(\phi(H) - \phi(H_0)) e^{-itH} f\|^2 \right\}. \tag{22.15}$$

この量がある列 $t = t_k \to \infty$ ($k \to \infty$) に対し $k \to \infty$ の時 0 に収束することを示せば上記のことが示される．

いま整数 $k \geq 1$ に対し

$$\sum_{\ell=k+1}^\infty 2^{-\ell+1} = 2^{-k+1} \tag{22.16}$$

であることから式 (22.15) の対応する和は 2^{-k+1} で押さえられる．

(22.15) の残りの項の和の時間平均は (22.14) より

$$\sum_{\ell=1}^k 2^{-3\ell} \sup_{f \in D(2^\ell)} \left\{ \frac{1}{T} \int_0^T \|\tilde{\chi}_{B(2^\ell)} e^{-itH} f\|^2 dt \right.$$
$$\left. + \sup_{\phi \in F_\ell} \frac{1}{T} \int_0^T \|(\phi(H) - \phi(H_0)) e^{-itH} f\|^2 dt \right\}$$
$$\leq \sum_{\ell=1}^k 2^{-3\ell} \sup_{f \in D(2^\ell)} \left\{ \frac{1}{T} \int_0^T \|\tilde{\chi}_{B(2^\ell)} e^{-itH} f\|^2 dt \right.$$
$$\left. + 2^{\ell-1} \sup_{\sigma \in \mathbb{R}, \phi \in F_\ell} \left\| \frac{1}{T} \int_0^T B_\sigma(t) K e^{-itH} P_c dt \right\| \|f\|^2 \right\}$$

と押さえられるが右辺第一項に上述の (22.14) と同様の計算を行うとこれは

$$\leq \sum_{\ell=1}^{k} 2^{-3\ell} \sup_{f \in D(2^\ell)} \left\{ \left\| \frac{1}{T} \int_0^T e^{itH} \tilde{\chi}_{B(2^k)}^2 E_H(B) e^{-itH} P_c dt \right\| \right.$$
$$\left. + 2^{\ell-1} \sup_{\sigma \in \mathbb{R}, \phi \in F_k} \left\| \frac{1}{T} \int_0^T B_\sigma(t) K e^{-itH} P_c dt \right\| \right\} \|f\|^2$$

$$\leq \sum_{\ell=1}^{k} 2^{-\ell} \left\{ \left\| \frac{1}{T} \int_0^T e^{itH} \tilde{\chi}_{B(2^k)}^2 E_H(B) e^{-itH} P_c dt \right\| \right.$$
$$\left. + \sup_{\sigma \in \mathbb{R}, \phi \in F_k} \left\| \frac{1}{T} \int_0^T B_\sigma(t) K e^{-itH} P_c dt \right\| \right\}$$

$$\leq \left\| \frac{1}{T} \int_0^T e^{itH} \tilde{\chi}_{B(2^k)}^2 E_H(B) e^{-itH} P_c dt \right\| + \sup_{\sigma \in \mathbb{R}, \phi \in F_k} \left\| \frac{1}{T} \int_0^T B_\sigma(t) K e^{-itH} P_c dt \right\|$$

によって押さえられる．右辺は補題 22.1 により $T \to \infty$ のとき 0 に収束する．特に十分大なるある数 t_k がとれて時間平均を外した項が 2^{-k} より小にできる．すなわち

$$\sum_{\ell=1}^{k} 2^{-3\ell} \sup_{f \in D(2^\ell)} \left\{ \|\tilde{\chi}_{B(2^\ell)} e^{-it_k H} f\|^2 + \sup_{\phi \in F_\ell} \|(\phi(H) - \phi(H_0)) e^{-it_k H} f\|^2 \right\}$$
$$< 2^{-k}.$$

これと (22.16) より式 (22.15) が $t = t_k \to \infty$ のとき 0 に収束することが言えた． □

以上の証明を見直せばこの補題は $H = H_0$ の場合は $\langle x \rangle^2 f \in \mathcal{H}$ を満たす任意の $f \in \mathcal{H} = L^2(\mathbb{R}^n)$ に対し数列 $t_k \to \infty$ を $t \to \infty$ に置き換えて成り立つことを注意しておく．

関数 $\rho(\lambda) \in C^\infty(\mathbb{R})$ が以下を満たすとする．

$$0 \leq \rho(\lambda) \leq 1,$$
$$\rho(\lambda) = \begin{cases} 1 & (\lambda \leq -1) \\ 0 & (\lambda \geq 0) \end{cases}$$
$$\rho'(\lambda) \leq 0,$$
$$\rho(\lambda)^{1/2}, \quad |\rho'(\lambda)|^{1/2} \in C^\infty(\mathbb{R}).$$

このとき $\lambda \in \mathbb{R}, R, \varepsilon > 0, \theta > 0$ に対し

$$\phi_\varepsilon(\lambda < R) = \rho((\lambda - R)/\varepsilon),$$
$$\phi_\varepsilon(\lambda > R) = 1 - \phi_\varepsilon(\lambda < R),$$
$$\phi(\lambda < \theta) = \phi_\theta(\lambda < 2\theta)$$

と定義し関数 $\chi(\lambda) \in C^\infty(\mathbb{R})$ を $0 \le \chi(\lambda) \le 1$ かつ

$$\chi(\lambda) = \begin{cases} 1 & (\lambda \in [a,b]), \\ 0 & (\lambda \le a/2 \text{ or } \ge 2b). \end{cases}$$

を満たすようにとる．そして

$$p^\varepsilon(x/t, \xi) = \phi(|x/t - \xi|^2 < \varepsilon)\chi(\xi^2/2)^2 \tag{22.17}$$

と定義する．この $p^\varepsilon(x/t, \xi)$ をシンボルに持つ擬微分作用素を $P^\varepsilon(t)$ と書く．

$0 < a < b < \infty$ とするとき数列 $t_k \to \infty$ $(k \to \infty)$ で $f \in D(a,b) = \{f | f \in \mathcal{H}_c(a,b), \langle x \rangle^2 f \in \mathcal{H}\}$ に対し補題 22.2 の条件を満たすものが存在する．とくに $\phi(0 < \varepsilon) = 1$ および補題の条件 3) より $k \to \infty$ のとき

$$\|e^{-it_k H}f - P^\varepsilon(t_k)e^{-it_k H}f\| \to 0 \tag{22.18}$$

が言える．

したがって極限 (22.8) の存在を言うためには $f \in D(a,b)$ $(0 < a < b < \infty)$ に対し極限

$$\lim_{k \to \infty} e^{it_k H_0} J^{-1} P^\varepsilon(t_k) e^{-it_k H} f \tag{22.19}$$

の存在を示せばよい．

22.3　同一視作用素 J

同一視作用素 J はフーリエ積分作用素として以下の形に定義される．

$$Jf(x) = (2\pi)^{-n} \iint e^{i(\varphi(x,\xi) - y\xi)} f(y) dy d\xi$$
$$= (2\pi)^{-n/2} \int e^{i\varphi(x,\xi)} \hat{f}(\xi) d\xi.$$

ここで相関数 $\varphi(x,\xi)$ はアイコナル方程式

$$\frac{1}{2}|\nabla_x \varphi(x,\xi)|^2 + V_L(x) = \frac{1}{2}|\xi|^2$$

の相空間における前方および後方領域での解として構成される．ただし相空間 $\mathbb{R}_x^n \times \mathbb{R}_\xi^n$ の前方ないし後方領域 (strongly outgoing or incoming region) とはそれぞれ $x \in \mathbb{R}^n$ および $\xi \in \mathbb{R}^n$ がほぼ平行な領域およびほぼ反平行な領域を意味する．

相関数 $\varphi(x,\xi)$ を構成するためには古典軌道を考察する必要がある．古典ハミルトニアンを

$$H_\rho(t,x,\xi) = \frac{1}{2}|\xi|^2 + V_\rho(t,x).$$

とする．ただし $0 < \rho < 1$ かつ

$$V_\rho(t,x) = V_L(x)\chi_0(\rho x)\chi_0\left(\frac{\langle \log\langle t\rangle\rangle}{\langle t\rangle}x\right), \tag{22.20}$$

とした．ここで $\chi_0(x)$ は $C^\infty(\mathbb{R}^n)$ 関数で

$$\chi_0(x) = \begin{cases} 1 & |x| \geq 2, \\ 0 & |x| \leq 1. \end{cases}$$

を満たすものである．すると V_ρ は以下を満たす．

$$|\partial_x^\alpha V_\rho(t,x)| \leq C_\alpha \rho^{\delta_0}\langle t\rangle^{-\ell}\langle x\rangle^{-m}. \tag{22.21}$$

ただし $\ell, m \geq 0$ および $0 < \delta_0 < \delta$ は $\delta_0 + \ell + m < |\alpha| + \delta$ を満たすとする．

対応する古典軌道 $(q,p)(t,s,y,\xi) = (q(t,s,y,\xi), p(t,s,y,\xi))$ は方程式

$$\begin{cases} q(t,s) = y + \int_s^t p(\tau,s)d\tau, \\ p(t,s) = \xi - \int_s^t \nabla_x V_\rho(\tau, q(\tau,s))d\tau \end{cases} \tag{22.22}$$

によって定まる．$\delta_0, \delta_1 > 0$ を $0 < \delta_0 + \delta_1 < \delta$ と固定し逐次近似法により方程式 (22.22) を解くことにより $(q,p)(t,s,y,\xi)$ に対し以下の評価がいえる．

命題 22.2 定数 $C_\ell > 0$ ($\ell = 0, 1, 2, \cdots$) が存在して任意の $(y, \xi) \in \mathbb{R}^{2n}$, $\pm t \geq \pm s \geq 0$ および多重指数 α に対し以下が成り立つ.

$$|p(s, t, y, \xi) - \xi| \leq C_0 \rho^{\delta_0} \langle s \rangle^{-\delta_1}. \tag{22.23}$$

$$|\partial_y^\alpha [\nabla_y q(s, t, y, \xi) - I]| \leq C_{|\alpha|} \rho^{\delta_0} \langle s \rangle^{-\delta_1}, \tag{22.24}$$

$$|\partial_y^\alpha [\nabla_y p(s, t, y, \xi)]| \leq C_{|\alpha|} \rho^{\delta_0} \langle s \rangle^{-1-\delta_1}. \tag{22.25}$$

$$|\nabla_\xi q(t, s, y, \xi) - (t-s)I| \leq C_0 \rho^{\delta_0} \langle s \rangle^{-\delta_1} |t - s|, \tag{22.26}$$

$$|\nabla_\xi p(t, s, y, \xi) - I| \leq C_0 \rho^{\delta_0} \langle s \rangle^{-\delta_1}. \tag{22.27}$$

$$|\nabla_y q(t, s, y, \xi) - I| \leq C_0 \rho^{\delta_0} \langle s \rangle^{-1-\delta_1} |t - s|, \tag{22.28}$$

$$|\nabla_y p(t, s, y, \xi)| \leq C_0 \rho^{\delta_0} \langle s \rangle^{-1-\delta_1}. \tag{22.29}$$

$$|\partial_\xi^\alpha [q(t, s, y, \xi) - y - (t-s)p(t, s, y, \xi)]| \tag{22.30}$$
$$\leq C_{|\alpha|} \rho^{\delta_0} \min(\langle t \rangle^{1-\delta_1}, |t - s| \langle s \rangle^{-\delta_1}).$$

さらに $|\alpha + \beta| \geq 2$ なる任意の α, β に対しある定数 $C_{\alpha\beta} > 0$ で以下を満たすものが存在する.

$$|\partial_y^\alpha \partial_\xi^\beta q(t, s, y, \xi)| \leq C_{\alpha\beta} \rho^{\delta_0} |t - s| \langle s \rangle^{-\delta_1}, \tag{22.31}$$

$$|\partial_y^\alpha \partial_\xi^\beta p(t, s, y, \xi)| \leq C_{\alpha\beta} \rho^{\delta_0} \langle s \rangle^{-\delta_1}. \tag{22.32}$$

この命題において $\rho > 0$ を $C_0 \rho^{\delta_0} < 1/2$ となるように十分小に取ると $\pm t \geq \pm s \geq 0$ に対し写像 $T_x(y) = x + y - q(s, t, y, \xi) : \mathbb{R}^n \to \mathbb{R}^n$ は縮小写像になる. 従って第 12 章に述べた定理 12.13 により任意の $x \in \mathbb{R}^n$ に対し T_x はただ一つの不動点 $y = y(s, t, x, \xi)$ を持ち, $T_x(y) = y$ となる. 同様に写像 $S_\xi(\eta) = \xi + \eta - p(t, s, x, \eta) : \mathbb{R}^n \to \mathbb{R}^n$ は縮小写像になり, 任意の $\xi \in \mathbb{R}^n$ に対し S_ξ はただ一つの不動点 $\eta = \eta(t, s, x, \xi)$ を持つ. これらのことより以下が得られる.

命題 22.3 $\rho > 0$ を $C_0 \rho^{\delta_0} < 1/2$ となるように取ると $\pm t \geq \pm s \geq 0$ に対し $\mathbb{R}^n$ の微分同相写像

$$x \mapsto y(s, t, x, \xi) \tag{22.33}$$

$$\xi \mapsto \eta(t, s, x, \xi) \tag{22.34}$$

が関係

$$\begin{cases} q(s,t,y(s,t,x,\xi),\xi) = x \\ p(t,s,x,\eta(t,s,x,\xi)) = \xi \end{cases} \quad (22.35)$$

によって定まる.そして $y(s,t,x,\xi)$ および $\eta(t,s,x,\xi)$ は $(x,\xi) \in \mathbb{R}^{2n}$ について C^∞ でありその微分 $\partial_x^\alpha \partial_\xi^\beta y$ および $\partial_x^\alpha \partial_\xi^\beta \eta$ は (t,s,x,ξ) について C^1 である.これらは関係

$$\begin{cases} y(s,t,x,\xi) = q(t,s,x,\eta(t,s,x,\xi)) \\ \eta(t,s,x,\xi) = p(s,t,y(s,t,x,\xi),\xi) \end{cases} \quad (22.36)$$

および任意の α, β に対し評価

$$|\partial_x^\alpha \partial_\xi^\beta [\nabla_x y(s,t,x,\xi) - I]| \leq C_{\alpha\beta} \rho^{\delta_0} \langle s \rangle^{-\delta_1}, \quad (22.37)$$

$$|\partial_x^\alpha \partial_\xi^\beta [\nabla_x \eta(t,s,x,\xi)]| \leq C_{\alpha\beta} \rho^{\delta_0} \langle s \rangle^{-1-\delta_1}. \quad (22.38)$$

$$|\partial_\xi^\alpha [\eta(t,s,x,\xi) - \xi]| \leq C_\alpha \rho^{\delta_0} \langle s \rangle^{-\delta_1} \quad (22.39)$$

$$|\partial_\xi^\alpha [y(s,t,x,\xi) - x - (t-s)\xi]| \quad (22.40)$$
$$\leq C_\alpha \rho^{\delta_0} \min(\langle t \rangle^{1-\delta_1}, |t-s|\langle s \rangle^{-\delta_1})$$

を満たす.さらに任意の $|\alpha + \beta| \geq 2$ に対し

$$|\partial_x^\alpha \partial_\xi^\beta \eta(t,s,x,\xi)| \leq C_{\alpha\beta} \rho^{\delta_0} \langle s \rangle^{-\delta_1}, \quad (22.41)$$

$$|\partial_x^\alpha \partial_\xi^\beta y(s,t,x,\xi)| \leq C_{\alpha\beta} \rho^{\delta_0} \langle t-s \rangle \langle s \rangle^{-\delta_1} \quad (22.42)$$

が成り立つ.ここで定数 $C_\alpha, C_{\alpha\beta} > 0$ は t,s,x,ξ に依らない.

以下の図はこれらの関係を表す.ただし $U(t,s)$ は時刻 s における初期値 (x,η) に時刻 t における相空間の点 $(q,p)(t,s,x,\eta)$ を対応させる写像を表す.

$$\begin{array}{ccc} \text{time } s & & \text{time } t \\ \begin{pmatrix} x \\ \\ \eta(t,s,x,\xi) \end{pmatrix} & \xmapsto{U(t,s)} & \begin{pmatrix} y(s,t,x,\xi) \\ \\ \xi \end{pmatrix} \end{array} \quad (22.43)$$

さて関数 $\phi(t,x,\xi)$ を
$$\phi(t,x,\xi) = u(t,x,\eta(t,0,x,\xi)) \tag{22.44}$$
と定義する．ただし
$$u(t,x,\eta) = x\cdot\eta + \int_0^t (H_\rho - x\cdot\nabla_x H_\rho)(\tau, q(\tau,0,x,\eta), p(\tau,0,x,\eta))d\tau.$$
すると直接の計算より $\phi(t,x,\xi)$ はハミルトン-ヤコビ方程式
$$\partial_t \phi(t,x,\xi) = \frac{1}{2}|\xi|^2 + V_\rho(t, \nabla_\xi \phi(t,x,\xi)), \tag{22.45}$$
$$\phi(0,x,\xi) = x\cdot\xi$$
および関係
$$\nabla_x \phi(t,x,\xi) = \eta(t,0,x,\xi), \tag{22.46}$$
$$\nabla_\xi \phi(t,x,\xi) = y(0,t,x,\xi) \tag{22.47}$$
を満たすことがいえる．そこで $(x,\xi) \in \mathbb{R}^{2n}$ に対し
$$\phi_\pm(x,\xi) = \lim_{t\to\pm\infty}(\phi(t,x,\xi) - \phi(t,0,\xi)) \tag{22.48}$$
と定義する．この極限の存在を以下で証明する．$R, d > 0$ および $\sigma_0 \in (-1,1)$ に対し
$$\Gamma_\pm = \Gamma_\pm(R, d, \sigma_0) \tag{22.49}$$
$$= \{(x,\xi) \in \mathbb{R}^{2n} |\ |x| \geq R, |\xi| \geq d, \pm\cos(x,\xi) \geq \pm\sigma_0\}$$
とおく．ただしここで記号 $\cos(x,\xi) = (x\cdot\xi)/(|x||\xi|)$ を用いた．

命題 22.4 極限 (22.48) が任意の $(x,\xi) \in \mathbb{R}^{2n}$ に対し存在し (x,ξ) の C^∞ 関数を定義する．極限 $\phi_\pm(x,\xi)$ は以下のアイコナル方程式を満たす．すなわち任意の $d > 0$ および $\sigma_0 \in (-1,1)$ に対しある定数 $R = R_d = R_{d\sigma_0} > 1$ が存在して任意の $(x,\xi) \in \Gamma_\pm = \Gamma_\pm(R, d, \sigma_0)$ に対し関係
$$\frac{1}{2}|\nabla_x \phi_\pm(x,\xi)|^2 + V_L(x) = \frac{1}{2}|\xi|^2 \tag{22.50}$$

が成り立つ. さらに任意の α, β および $(x, \xi) \in \Gamma_\pm$ に対し評価

$$|\partial_x^\alpha \partial_\xi^\beta (\phi_\pm(x,\xi) - x \cdot \xi)| \leq C_{\alpha\beta} |\xi|^{-1} \langle x \rangle^{1-|\alpha|-\delta} \tag{22.51}$$

が成り立つ. ただし $C_{\alpha\beta} > 0$ は $(x, \xi) \in \Gamma_\pm$ に依らない定数である.

証明 ϕ_- の場合も同様なので $\phi = \phi_+$ の場合のみ考える. 最初に $t \to +\infty$ に対する極限 (22.48) の存在を示す. そのため

$$R(t, x, \xi) = \phi(t, x, \xi) - \phi(t, 0, \xi)$$

とおいて極限

$$\lim_{t\to\infty} \partial_x^\alpha \partial_\xi^\beta R(t,x,\xi) = \lim_{t\to\infty} \int_0^t \partial_x^\alpha \partial_\xi^\beta \partial_t R(\tau, x, \xi) d\tau + \partial_x^\alpha \partial_\xi^\beta (x \cdot \xi)$$

の存在を示す. ハミルトン-ヤコビ方程式 (22.45) より

$$\begin{aligned}
\partial_t R(t, x, \xi) &= \partial_t \phi(t, x, \xi) - \partial_t \phi(t, 0, \xi) \tag{22.52} \\
&= V_\rho(t, \nabla_\xi \phi(t, x, \xi)) - V_\rho(t, \nabla_\xi \phi(t, 0, \xi)) \\
&= (\nabla_\xi \phi(t, x, \xi) - \nabla_\xi \phi(t, 0, \xi)) \cdot a(t, x, \xi) \\
&= (y(0, t, x, \xi) - y(0, t, 0, \xi)) \cdot a((t, x, \xi) \\
&= \nabla_\xi R(t, x, \xi) \cdot a(t, x, \xi)
\end{aligned}$$

となる. ただし

$$a(t, x, \xi) = \int_0^1 (\nabla_x V_\rho)(t, \nabla_\xi \phi(t, 0, \xi) + \theta \nabla_\xi R(t, x, \xi)) d\theta, \tag{22.53}$$

$$\nabla_\xi R(t, x, \xi) = x \cdot \int_0^1 (\nabla_x y)(0, t, \theta x, \xi) d\theta. \tag{22.54}$$

式 (22.37) より任意の α, β に対し

$$|\partial_x^\alpha \partial_\xi^\beta \nabla_\xi R(t, x, \xi)| \leq C_{\alpha\beta} \langle x \rangle \tag{22.55}$$

である. また式 (22.40) および (22.47) より $|\beta| \geq 1$ に対し

$$|\partial_\xi^\beta \nabla_\xi \phi(t, 0, \xi)| \leq C_\beta |t| \tag{22.56}$$

22.3. 同一視作用素 J

である．これと式 (22.53) および (22.55) より

$$|\partial_x^\alpha \partial_\xi^\beta a(t,x,\xi)| \leq C_{\alpha\beta} \langle t \rangle^{-1-\delta/2} \langle x \rangle^{|\alpha|+|\beta|} \tag{22.57}$$

を得る．したがって (22.52), (22.55) および (22.57) より任意の α, β に対し極限

$$\lim_{t\to\infty} \partial_x^\alpha \partial_\xi^\beta R(t,x,\xi) = \int_0^\infty \partial_x^\alpha \partial_\xi^\beta \left(\nabla_\xi R(t,x,\xi) \cdot a(t,x,\xi)\right) dt + \partial_x^\alpha \partial_\xi^\beta (x \cdot \xi)$$

が存在する．とくに $\phi = \phi_+(x,\xi) = \lim_{t\to\infty} R(t,x,\xi)$ および $\eta(\infty,0,x,\xi) = \lim_{t\to\infty} \nabla_x \phi(t,x,\xi)$ が存在し (x,ξ) について C^∞ 関数となる．

次に式 (22.50) を示す．上の議論より以下の極限が存在する．

$$\nabla_x \phi(x,\xi) = \lim_{t\to\infty} \nabla_x \phi(t,x,\xi) = \lim_{t\to\infty} \eta(t,0,x,\xi)$$
$$= \lim_{t\to\infty} p(0,t,y(0,t,x,\xi),\xi).$$

したがって十分大きな $|x|$ (すなわち $|\rho x| \geq 2$ なる x に対し)

$$\frac{1}{2}|\nabla_x \phi_+(x,\xi)|^2 + V_L(x) = \frac{1}{2}\lim_{t\to\infty}|p(0,t,y(0,t,x,\xi),\xi)|^2 + V_\rho(0,x) \tag{22.58}$$

となる．$0 \leq s \leq t < \infty$ に対し

$$f_t(s,y,\xi) = \frac{1}{2}|p(s,t,y,\xi)|^2 + V_\rho(s,q(s,t,y,\xi))$$

とおくと式 (22.22) より

$$\begin{aligned}\frac{\partial f_t}{\partial s}(s,y,\xi) &= p(s,t,y,\xi) \cdot \partial_s p(s,t,y,\xi) \\ &\quad + (\nabla_x V_\rho)(s,q(s,t,y,\xi)) \cdot \partial_s q(s,t,y,\xi) + \frac{\partial V_\rho}{\partial t}(s,q(s,t,y,\xi)) \\ &= \frac{\partial V_\rho}{\partial t}(s,q(s,t,y,\xi))\end{aligned}$$

が得られる．他方式 (22.35) および (22.36) より

$$\begin{aligned}q(s,t,y(0,t,x,\xi),\xi) &= q(s,t,q(t,0,x,\eta(t,0,x,\xi)),\xi) \\ &= q(s,0,x,\eta(t,0,x,\xi)), \\ p(s,t,y(0,t,x,\xi),\xi) &= p(s,t,q(t,0,x,\eta(t,0,x,\xi)),\xi) \\ &= p(s,0,x,\eta(t,0,x,\xi))\end{aligned}$$

である．いま命題 22.2 を用いると $\cos(x,\xi) \geq \sigma_0$ なる x,ξ に対し

$$\begin{aligned}
|q(s,t,y(0,t,x,\xi),\xi)| &= |q(s,0,x,\eta(t,0,x,\xi))| \\
&\geq |x + sp(s,0,x,\eta(t,0,x,\xi))| - C_0 \rho^{\delta_0} \langle s \rangle^{1-\delta_1} \\
&= |x + sp(s,t,y(0,t,x,\xi),\xi)| - C_0 \rho^{\delta_0} \langle s \rangle^{1-\delta_1} \\
&\geq c(|x| + s|\xi|) - C_0 \rho^{\delta_0} \langle s \rangle^{1-\delta_1} - C_0 \rho^{\delta_0} \langle s \rangle^{1-\delta_1}
\end{aligned}$$

を得る．ただし $c > 0$ は s,t,x,ξ に依らない定数である．$(x,\xi) \in \Gamma_+(R,d,\sigma_0)$ により $|\xi| \geq d$ であり，$V_\rho(t,x)$ の定義 (22.20) より

$$\mathrm{supp}\,\frac{\partial V_\rho}{\partial t}(s,x) \subset \{x | 1 \leq \langle \log\langle s \rangle \rangle |x|/\langle s \rangle \leq 2\}$$

である．したがって t に依らないある定数 $S = S_{d,\sigma_0} > 1$ が存在して任意の $s \in [S,t]$ に対し

$$\frac{\partial f_t}{\partial s}(s, y(0,t,x,\xi), \xi) = 0$$

となる．$s \in [0,S]$ なる s に対しては $R = R_S > 1$ を十分大きく取ると $|x| \geq R$ および $\cos(x,\xi) \geq \sigma_0$ なる x,ξ に対し

$$\frac{\partial f_t}{\partial s}(s, y(0,t,x,\xi), \xi) = 0$$

となる．したがって $(x,\xi) \in \Gamma_+(R,d,\sigma_0)$ に対し

$$0 \leq s \leq t < \infty \text{ において } f_t(s, y(0,t,x,\xi), \xi) = \text{定数}$$

が示された．とくに

$$f_t(0, y(0,t,x,\xi), \xi) = f_t(t, y(0,t,x,\xi), \xi)$$

が成り立ち，これは

$$\frac{1}{2}|p(0,t,y(0,t,x,\xi),\xi)|^2 + V_\rho(0,x) = \frac{1}{2}|\xi|^2 + V_\rho(t,y(0,t,x,\xi))$$

を意味する．式 (22.21) より $t \to \infty$ のとき $y \in \mathbb{R}^n$ について一様に $V_\rho(t,y) \to 0$ であるからこれと式 (22.58) より $R > 1$ が十分大きいとき

$$\frac{1}{2}|\nabla_x \phi_+(x,\xi)|^2 + V_L(x) = \frac{1}{2}|\xi|^2 \quad \text{for} \quad (x,\xi) \in \Gamma_+(R,d,\sigma_0)$$

が得られる．

最後に評価 (22.51) を示す．まず ξ についての微分

$$\partial_\xi^\beta(\phi_+(x,\xi) - x \cdot \xi) = \int_0^\infty \partial_\xi^\beta \partial_t R(t,x,\xi) dt$$

を考える．ただし上と同様に $R(t,x,\xi) = \phi(t,x,\xi) - \phi(t,0,\xi)$ である．いま $(x,\xi) \in \Gamma_+(R,d,\sigma_0)$ に対し

$$\gamma(t,x,\xi) = y(0,t,x,\xi) - (x + t\xi)$$

とおくと式 (22.40) より $\theta \in [0,1]$ に対し x, ξ, θ および $t \geq 0$ に依らない定数 $c_0, c_1 > 0$ が存在して

$$\begin{aligned}
|\nabla_\xi \phi(t,0,\xi) &+ \theta \nabla_\xi R(t,x,\xi)| \quad (22.59)\\
&= |y(0,t,0,\xi) + \theta(y(0,t,x,\xi) - y(0,t,0,\xi))|\\
&= |t\xi + \gamma(t,0,\xi) + \theta(x + \gamma(t,x,\xi) - \gamma(t,0,\xi))|\\
&= |\theta x + t\xi + (1-\theta)\gamma(t,0,\xi) + \theta\gamma(t,x,\xi)|\\
&\geq c_0(\theta|x| + t|\xi|) - c_1 \rho^{\delta_0} \min(\langle t \rangle^{1-\delta_1}, |t|)
\end{aligned}$$

が成り立つ．したがって定数 $\rho \in (0,d)$ および $T = T_{d,\sigma_0} > 0$ が存在して任意の $t \geq T$ および $(x,\xi) \in \Gamma_+(R,d,\sigma_0)$ に対して

$$\langle \nabla_\xi \phi(t,0,\xi) + \theta \nabla_\xi R(t,x,\xi) \rangle^{-1} \leq C \langle \theta|x| + t|\xi| \rangle^{-1}$$

が成り立つ．ゆえに式 (22.53) で定義された $a(t,x,\xi)$ は式 (22.55) および (22.56) により

$$|\partial_\xi^\beta a(t,x,\xi)| \leq C_\beta \int_0^1 \langle \theta|x| + t|\xi| \rangle^{-1-\delta} d\theta \quad (22.60)$$

を満たす．式 (22.59) を用いて $\rho > 0$ が十分小なら式 (22.60) は $t \in [0,T]$ に対しても成り立つことがわかる．よって任意の $(x,\xi) \in \Gamma_+(R,d,\sigma_0)$ に対し式 (22.52) および (22.55) より

$$\begin{aligned}
|\partial_\xi^\beta(\phi_+(x,\xi) - x \cdot \xi)| &\leq C_{T,\beta} \langle x \rangle \int_0^\infty \int_0^1 \langle \theta|x| + t|\xi| \rangle^{-1-\delta} d\theta dt\\
&\leq C_{T,\beta} \langle x \rangle |\xi|^{-1} \int_0^1 \langle \theta|x| \rangle^{-\delta} d\theta \leq C_{T,\beta} \langle x \rangle^{1-\delta} |\xi|^{-1}
\end{aligned}$$

がいえる．

次に

$$\begin{aligned}
\nabla_x \phi_+(x,\xi) - \xi &= \lim_{t\to\infty}(\nabla_x \phi(t,x,\xi) - \xi) \\
&= \lim_{t\to\infty}(p(0,t,y(0,t,x,\xi),\xi) - \xi) \\
&= \lim_{t\to\infty}\int_0^t (\nabla_x V_\rho)(\tau, q(\tau,t,y(0,t,x,\xi),\xi))\,d\tau \\
&= \lim_{t\to\infty}\int_0^t (\nabla_x V_\rho)(\tau, q(\tau,0,x,\eta(t,0,x,\xi)))\,d\tau \\
&= \int_0^\infty (\nabla_x V_\rho)(\tau, q(\tau,0,x,\eta(\infty,0,x,\xi)))\,d\tau
\end{aligned}$$

を考える．命題 22.2 の式 (22.23) および (22.30) より

$$\begin{aligned}
|q(\tau,0,x,\eta(\infty,0,x,\xi))| &\geq |x + \tau p(\tau,0,x,\eta(\infty,0,x,\xi))| - C_0 \rho^{\delta_0}\langle\tau\rangle^{1-\delta_1} \\
&\geq |x + \tau p(\tau,\infty,y(0,\infty,x,\xi),\xi)| - C_0\rho^{\delta_0}\langle\tau\rangle^{1-\delta_1} \\
&\geq |x + \tau\xi| - C_0\rho^{\delta_0}\langle\tau\rangle^{1-\delta_1} - C_0\rho^{\delta_0}\langle\tau\rangle^{1-\delta_1}
\end{aligned}$$

であるから，$\rho > 0$ を十分小さく取り $R = R_{d,\sigma_0,\rho} > 1$ を十分大きく取るとある定数 $c_0 > 0$ が存在して $(x,\xi) \in \Gamma_+(R,d,\sigma_0)$ に対し

$$|q(\tau,0,x,\eta(\infty,0,x,\xi))| \geq c_0(|x| + \tau|\xi|)$$

が成り立つ．したがって

$$|\nabla_x \phi_+(x,\xi) - \xi| \leq C\int_0^\infty \langle |x| + \tau|\xi|\rangle^{-1-\delta}d\tau \leq C|\xi|^{-1}\langle x\rangle^{-\delta}$$

を得る．

高階の微分についても同様である．たとえば

$$\begin{aligned}
\partial_\xi \partial_x \phi_+(x,\xi) - I &= \int_0^\infty \partial_\xi\{(\nabla_x V_\rho)(\tau, q(\tau,0,x,\eta(\infty,0,x,\xi)))\}d\tau \\
&= \int_0^\infty (\nabla_x \nabla_x V_\rho)(\tau, q(\tau,0,x,\eta(\infty,0,x,\xi)))\nabla_\xi q \cdot \nabla_\xi \eta\, d\tau
\end{aligned}$$

を考える．ただし $q = q(\tau,0,x,\eta(\infty,0,x,\xi))$ および $\eta = \eta(\infty,0,x,\xi)$ と略記した．右辺は命題 22.2 および 22.3 の式 (22.26) および (22.39) により

$(x,\xi) \in \Gamma_+(R,d,\sigma_0)$ に対し定数倍の

$$\int_0^\infty \langle |x|+\tau|\xi|\rangle^{-2-\delta}\langle\tau\rangle d\tau \leq c|\xi|^{-1}\langle x\rangle^{-\delta}$$

で押さえられる．他の評価も式 (22.26), (22.31), (22.39), (22.41) を用いて同様に示される． □

いま $-1 < \sigma_- < \sigma_+ < 1$ とし関数 $\psi_\pm(\sigma) \in C^\infty([-1,1])$ を以下のように取る．

$$0 \leq \psi_\pm(\sigma) \leq 1,$$
$$\psi_+(\sigma) = \begin{cases} 1 & (\sigma_+ \leq \sigma \leq 1) \\ 0 & (-1 \leq \sigma \leq \sigma_-) \end{cases},$$
$$\psi_-(\sigma) = 1 - \psi_+(\sigma) = \begin{cases} 0 & (\sigma_+ \leq \sigma \leq 1) \\ 1 & (-1 \leq \sigma \leq \sigma_-) \end{cases}.$$

そして

$$\chi_\pm(x,\xi) = \psi_\pm(\cos(x,\xi))$$

とおいて相関数 $\varphi(x,\xi)$ を以下のように定義する．

$$\varphi(x,\xi) = \{(\phi_+(x,\xi) - x\cdot\xi)\chi_+(x,\xi) + (\phi_-(x,\xi) - x\cdot\xi)\chi_-(x,\xi)\} \times$$
$$\chi_0(2\xi/d)\chi_0(2x/R) + x\cdot\xi.$$

この関数 $\varphi(x,\xi)$ は $(x,\xi) \in \mathbb{R}^{2n}$ について C^∞ 関数である．関係 $\chi_+(x,\xi) + \chi_-(x,\xi) \equiv 1$ $(x\neq 0, \xi\neq 0)$ に注意して以下の定理が言えた．

定理 22.1 任意の $d > 0$ と $-1 < \sigma_- < \sigma_+ < 1$ に対し定数 $R = R_{d,\sigma_\pm} > 1$ が存在して以下が成り立つ．

i) 任意の $|\xi| \geq d$, $|x| \geq R$ で $\cos(x,\xi) \geq \sigma_+$ あるいは $\cos(x,\xi) \leq \sigma_-$ を満たすものに対し

$$\frac{1}{2}|\nabla_x\varphi(x,\xi)|^2 + V_L(x) = \frac{1}{2}|\xi|^2.$$

ii) 任意の多重指数 α, β に対し定数 $C_{\alpha\beta} > 0$ が存在して $|\xi| \geq d$ および $x \in \mathbb{R}^n$ に対し

$$|\partial_x^\alpha \partial_\xi^\beta (\varphi(x,\xi) - x\cdot\xi)| \leq C_{\alpha\beta}\langle x\rangle^{1-\delta-|\alpha|}\langle\xi\rangle^{-1}$$

が成り立つ．特に $|\alpha| \neq 0$ のとき $\delta_0, \delta_1 \geq 0$ で $\delta_0 + \delta_1 = \delta$ を満たすものに対し

$$|\partial_x^\alpha \partial_\xi^\beta (\varphi(x,\xi) - x\cdot\xi)| \leq C_{\alpha\beta} R^{-\delta_0}\langle x\rangle^{1-\delta_1-|\alpha|}\langle\xi\rangle^{-1}$$

が成り立つ．

iii) $f \in \mathcal{S}$ に対し

$$Tf(x) = (HJ - JH_0)f(x)$$

とおくと

$$Tf(x) = \iint e^{i(\varphi(x,\xi) - y\xi)}\{a(x,\xi) + V_S(x)\}f(y)dy\widehat{d\xi}$$

と書ける．ただし

$$a(x,\xi) = \frac{1}{2}|\nabla_x\varphi(x,\xi)|^2 + V_L(x) - \frac{1}{2}|\xi|^2 - \frac{i}{2}\Delta_x\varphi(x,\xi)$$

でシンボル $a(x,\xi)$ は $|\xi| \geq d$, $|x| \geq R$ および任意の α, β に対し

$$|\partial_x^\alpha \partial_\xi^\beta a(x,\xi)| \leq \begin{cases} C_{\alpha\beta}\langle x\rangle^{-1-\delta-|\alpha|}\langle\xi\rangle^{-1} \\ (\cos(x,\xi) \in [-1,\sigma_-] \cup [\sigma_+, 1]), \\ C_{\alpha\beta}\langle x\rangle^{-\delta-|\alpha|} \\ (\cos(x,\xi) \in [\sigma_-, \sigma_+]) \end{cases}$$

を満たす．

上記の評価において定数 $C_{\alpha\beta}$ は $d > 0$ に依存することに注意する．相関数 $\varphi(x,\xi)$ の定義域 $\Gamma_\pm(R,d,\sigma_\pm)$ は $Je^{-itH_0}f$ において時間 t が十分経ち t が ∞ に近くなるまで待つかあるいは十分過去までさかのぼり t が $-\infty$ に近くなるまで待てばより小さい $d > 0$ にまで拡大され全体として $\mathbb{R}^n \times (\mathbb{R}^n - \{0\})$

をカバーする．したがって同一視作用素 J は全ヒルベルト空間 $\mathcal{H} = L^2(\mathbb{R}^n)$ で定義されていると見なしてよい．このように構成されると考えれば J は前章定理 21.4 により共役型のフーリエ積分作用素として書き表される逆作用素 J^{-1} を持つ．特に上記定理の ii) の評価から B が $\overline{B} \subset (0, \infty)$ なる有界なボレル集合なら擬微分作用素のコンパクト性に関する定理 20.5 を用いて $(J^{-1} - J^*)E_0(B)$ はコンパクト作用素であることが言える．他方補題 22.2 の 1) より $f \in D(a, b)$ に対し w-$\lim_{k \to \pm\infty} e^{-it_k H} f = 0$ である．したがって極限 (22.19) の存在を言うには問 18.1 より

$$\lim_{k \to \infty} e^{it_k H_0} J^* P^\varepsilon(t_k) e^{-it_k H} f \tag{22.61}$$

の存在を示せばよいことになる．

22.4 漸近完全性の証明

漸近完全性を示すには (22.61) の極限の存在を示せばよい．以下では (22.19) において $P^\varepsilon(t_k)$ を導入したことにより

$$\lim_{t \to \infty} e^{itH_0} J^* P^\varepsilon(t) e^{-itH} f \tag{22.62}$$

の存在が言えることを示す．以下 $\varepsilon > 0$ は十分小さく取って固定するので $P^\varepsilon(t)$ を単に $P(t)$ と書く．(22.62) が存在する必要十分条件は $\tau > \sigma \to \infty$ のとき

$$\|e^{i\tau H_0} J^* P(\tau) e^{-i\tau H} f - e^{i\sigma H_0} J^* P(\sigma) e^{-i\sigma H} f\| \to 0 \tag{22.63}$$

である．このノルムは以下に等しい．

$$\sup_{\|g\|=1} |(e^{i\tau H_0} J^* P(\tau) e^{-i\tau H} f - e^{i\sigma H_0} J^* P(\sigma) e^{-i\sigma H} f, g)|. \tag{22.64}$$

微分積分学の基本定理によりこの式の内積は

$$\int_\sigma^\tau \frac{d}{dt}(e^{itH_0} J^* P(t) e^{-itH} f, g) dt$$

に等しい. 被積分関数は以下のように計算される.

$$\frac{d}{dt}(e^{itH_0}J^*P(t)e^{-itH}f,g)$$
$$= (e^{itH_0}\{-iT^*P(t) + iJ^*(V_S P(t) - P(t)V_S)$$
$$+ iJ^*[V_L, P(t)] + J^*(i[H_0, P(t)] + \partial_t P(t))\}e^{-itH}f, g).$$

右辺の $-iT^*P(t) + iJ^*(V_S P(t) - P(t)V_S) + iJ^*[V_L, P(t)]$ は定理22.1 の iii) と V_S および V_L に対する仮定から t について $t^{-1-\delta}$ のオーダーで減少し t について積分可能である. 残りの項 $i[H_0, P(t)] + \partial_t P(t)$ については以下の補題が成り立つ[6].

補題 22.3 $P^\varepsilon(t)$ $(t \geq 1)$ を式 (22.17) によって定義されるシンボル $p^\varepsilon(x/t, \xi)$ を持つ擬微分作用素とする. このとき作用素ノルムに関し連続な作用素関数 $S(t)$ および $R(t)$ $(t \geq 1)$ が存在して以下を満たす.

$$i[H_0, P^\varepsilon(t)] + \partial_t P^\varepsilon(t) = \frac{1}{t}S(t) + R(t).$$

ただし $S(t)$ は正定値自己共役作用素であり $R(t)$ は $t \geq 1$ によらないある定数 $C > 0$ に対し

$$S(t) \geq 0, \quad \|R(t)\| \leq Ct^{-2}$$

を満たす.

証明 $\varepsilon = 1$ に対し示せば十分である. すなわち $P^\varepsilon(t)$ のシンボル $p(x/t, \xi)$ は以下の形をしていると仮定して良い.

$$p(x/t, \xi) = \phi(|x/t - \xi|^2 < 1)\chi(\xi^2/2)^2 =: p_t(x, \xi). \tag{22.65}$$

このシンボル $p_t(x, \xi)$ は任意の多重指数 α, β に対し以下の評価を満たすことに注意する.

$$\sup_{x, \xi \in R^n} |\partial_x^\alpha \partial_\xi^\beta p_t(x, \xi)| \leq C_{\alpha\beta} t^{-|\alpha|}. \tag{22.66}$$

---

[6][68], Lemma 4.2 あるいは [81], Lemma 4.1.

22.4. 漸近完全性の証明

ただし $C_{\alpha\beta} > 0$ は $t \geq 1$ によらない定数である．直接の計算により急減少関数 f に対し

$$(i[H_0, p_t(X,D)] + \partial_t p_t(X,D))f(x)$$
$$= (2\pi)^{-n/2}\int e^{ix\xi}\{\xi \cdot \nabla_x p_t(x,\xi) + \partial_t p_t(x,\xi) - \frac{i}{2}\Delta_x p_t(x,\xi)\}\chi(\xi^2/2)^2 \hat{f}(\xi)d\xi \qquad (22.67)$$

となる．ただし $\hat{f}$ は f のフーリエ変換である．式 (22.65) を用いて直接計算することにより

$$\xi \cdot \nabla_x p_t(x,\xi) + \partial_t p_t(x,\xi)$$
$$= -\frac{2}{t}\phi'(|x/t - \xi|^2 < 1)|x/t - \xi|^2 \chi(\xi^2/2)^2 =: \frac{1}{t}u_t(x,\xi)$$

を得る．$\phi'(\tau < 1) \leq 0$ であるから $u_t(x,\xi)$ は非負であり，(22.66) を満たす．さらに (22.66) より

$$|\partial_x^\alpha \partial_\xi^\beta \Delta_x p_t(x,\xi)| \leq C_{\alpha\beta} t^{-2-|\alpha|}.$$

したがって (22.65), (22.67) および擬微分作用素の L^2-有界性定理 20.3 より

$$i[H_0, P(t)] + \partial_t P(t) = \frac{1}{t}u_t(X,D) + J(t) \qquad (22.68)$$

が得られる．ただし

$$\|J(t)\| \leq Ct^{-2}. \qquad (22.69)$$

$u_t(x,\xi) \geq 0$ であるから ϕ の定義と仮定 $|\rho'(\lambda)|^{1/2} \in C^\infty(\mathbb{R})$ により

$$q_t(x,\xi) = \sqrt{u_t(x,\xi)}$$

は (x,ξ) について C^∞ であり，評価 (22.66) を満たす．この $q_t(y,\xi)$ をシンボルに持つ擬微分作用素を $Q(t)$ と書く．

$$Q(t)f(x) = q_t(Y,D)f(x)$$
$$= (2\pi)^{-n}\text{Os-}\iint e^{i(x-y)\xi}q_t(y,\xi)f(y)dyd\xi.$$

第22章　広義積分の収束 – 散乱理論の場合

そして
$$S(t) = Q(t)^*Q(t) \geq 0 \tag{22.70}$$
とおくと $S(t)$ のシンボル $s_t(x,\xi)$ は
$$s_t(x,\xi) = (2\pi)^{-n}\text{Os-}\iint e^{-iy\eta}q_t(x,\xi+\eta)q_t(x+y,\xi+\eta)d\eta dy,$$
で与えられ，これは
$$s_t(x,\xi) = q_t(x,\xi)^2 + s_t^1(x,\xi) = u_t(x,\xi) + s_t^1(x,\xi),$$
と展開される．ただし $s_t^1(x,\xi)$ は
$$|\partial_x^\alpha \partial_\xi^\beta s_t^1(x,\xi)| \leq C_{\alpha\beta} t^{-1-|\alpha|}$$
を満たす．したがって
$$\|s_t^1(X,D)\| \leq Ct^{-1}.$$
ゆえに (22.68) は
$$i[H_0, P(t)] + \partial_t P(t) = \frac{1}{t}S(t) + R(t)$$
と書ける．ただし
$$R(t) = -\frac{1}{t}s_t^1(X,D) + J(t)$$
で (22.70) より $S(t) \geq 0$ また (22.69) より $\|R(t)\| \leq Ct^{-2}$ が成り立つ．
□

この補題の証明中の式 (22.70) より $S(t) = Q(t)^*Q(t)$ であるから以上より
$$\frac{d}{dt}(e^{itH_0}J^*P(t)e^{-itH}f,g) = \frac{1}{t}(e^{itH_0}J^*Q(t)^*Q(t)e^{-itH}f,g) + (L(t)f,g)$$
と書ける．ただし $L(t)$ は作用素ノルムに関し連続で
$$\|L(t)\| \leq C(1+|t|)^{-1-\delta} \quad (t \geq 1)$$

22.4. 漸近完全性の証明

を満たす．したがって (22.64) 式の内積は

$$(e^{i\tau H_0}J^*P(\tau)e^{-i\tau H}f - e^{i\sigma H_0}J^*P(\sigma)e^{-i\sigma H}f, g)$$
$$= \int_\sigma^\tau \frac{1}{t}(Q(t)e^{-itH}f, Q(t)Je^{-itH_0}g)dt + \int_\sigma^\tau (L(t)f, g)dt \quad (22.71)$$

となる．

同様の計算により

$$(e^{i\tau H_0}J^*P(\tau)Je^{-i\tau H_0}g - e^{i\sigma H_0}J^*P(\sigma)Je^{-i\sigma H_0}g, g)$$
$$= \int_\sigma^\tau \frac{1}{t}\|Q(t)Je^{-itH_0}g\|^2 dt + \int_\sigma^\tau (L_0(t)g, g)dt$$

および

$$(e^{i\tau H}P(\tau)e^{-i\tau H}f - e^{i\sigma H}P(\sigma)e^{-i\sigma H}f, f)$$
$$= \int_\sigma^\tau \frac{1}{t}\|Q(t)e^{-itH}f\|^2 dt + \int_\sigma^\tau (L_1(t)f, f)dt$$

が得られる．ただしある定数 $C_j > 0$ $(j = 0, 1)$ に対し

$$\|L_j(t)\| \leq C_j(1 + |t|)^{-1-\delta}.$$

これら二つの等式の左辺はある定数 $C_j' > 0$ $(j = 0, 1)$ に対しそれぞれ $C_0'\|g\|^2, C_1'\|f\|^2$ によって押さえられるからある定数 $M_0, M_1 > 0$ および任意の $\tau > \sigma > 1$ に対し

$$\int_\sigma^\tau \frac{1}{t}\|Q(t)Je^{-itH_0}g\|^2 dt \leq M_0^2 \|g\|^2 \quad (22.72)$$

および

$$\int_\sigma^\tau \frac{1}{t}\|Q(t)e^{-itH}f\|^2 dt \leq M_1^2 \|f\|^2 \quad (22.73)$$

が得られる．(22.71), (22.72), (22.73) 式より以下が得られる．

$$|(e^{i\tau H_0}J^*P(\tau)e^{-i\tau H}f - e^{i\sigma H_0}J^*P(\sigma)e^{-i\sigma H}f, g)|$$
$$\leq M_0 \left(\int_\sigma^\tau \frac{1}{t}\|Q(t)e^{-itH}f\|^2 dt\right)^{1/2} \|g\| + C(1 + |\sigma|)^{-\delta}\|f\|\|g\|.$$

第 22 章 広義積分の収束 – 散乱理論の場合

したがって (22.64) 式とあわせて (22.63) 式は以下のように評価される．

$$\|e^{i\tau H_0}J^*P(\tau)e^{-i\tau H}f - e^{i\sigma H_0}J^*P(\sigma)e^{-i\sigma H}f\|$$
$$\leq M_0\left(\int_\sigma^\tau \frac{1}{t}\|Q(t)e^{-itH}f\|^2 dt\right)^{1/2} + C(1+|\sigma|)^{-\delta}\|f\|.$$

(22.73) より右辺は $\tau > \sigma \to \infty$ のとき 0 に収束する．したがって (22.63) 式が示され漸近完全性の証明が終わる．

以上の計算から (22.63) 式の左辺のノルムは

$$\|e^{i\tau H_0}J^*P(\tau)e^{-i\tau H_0}f - e^{i\sigma H_0}J^*P(\sigma)e^{-i\sigma H_0}f\|$$
$$= \left\|\int_\sigma^\tau \left(\frac{1}{t}e^{itH_0}J^*Q(t)^*Q(t)e^{-itH}f + L(t)f\right)dt\right\|$$
$$\leq \left\|\int_\sigma^\tau \frac{1}{t}e^{itH_0}J^*Q(t)^*Q(t)e^{-itH}f dt\right\| + C(1+\sigma)^{-\delta}\|f\|$$

および

$$\geq \left\|\int_\sigma^\tau \frac{1}{t}e^{itH_0}J^*Q(t)^*Q(t)e^{-itH}f dt\right\| - C(1+\sigma)^{-\delta}\|f\| \quad (22.74)$$

を満たす．

式 (22.74) を見れば漸近完全性の問題は広義積分

$$\int_1^\infty \frac{1}{t}e^{itH_0}J^*Q(t)^*Q(t)e^{-itH}f dt \quad (22.75)$$

の収束問題と同値である．第 18 章第 18.6 節の補題 18.2 で

$$Q_0(t) = \frac{1}{\sqrt{t}}Q(t)Je^{-itH_0},$$
$$Q_1(t) = \frac{1}{\sqrt{t}}Q(t)e^{-itH}$$

とおけば以上の議論から広義積分 (22.75) の収束も直接に示される．

問題略解

問 **2.1** x_j $(j=1,\ldots,n)$ を縦ベクトルとし $X=(x_1,\ldots,x_n)$ と書くと問題の前提 $AX=I$ は $Ax_j=e_j$ $(j=1,\ldots,n)$ と書ける．任意の n 次ベクトル $b={}^t(b_1,\ldots,b_n)$ は $b=\sum_{j=1}^n b_j e_j$ と書けるから $b=\sum_{j=1}^n b_j e_j = \sum_{j=1}^n b_j(Ax_j) = A\left(\sum_{j=1}^n b_j x_j\right)$ を満たす．これは任意のベクトル b に対し $Ax=b$ が $x=\sum_{j=1}^n b_j x_j$ という解を持つことを示す．したがって定理 2.2 より $\mathrm{rank}(A)=n$ となるから定理 2.4 より A は正則となる．

問 **2.2** A が正則であれば A は正方行列であるから転置行列 ${}^tA$ も正方行列である．A が正則であることより $AX=XA=I$ なる正方行列 X が存在する．したがって転置行列を取ることにより ${}^tX{}^tA={}^tA{}^tX=I$ となり，これは転置行列 ${}^tA$ も正則であることを示す．

問 **2.3** 定理 2.1 以下で述べた階数の定義と前問により明らかである．

問 **2.4** これは演習問題とする．

問 **3.1** 1. $a_{11}a_{22}-a_{12}a_{21}$. 2. $a_{11}a_{22}a_{33}+a_{12}a_{23}a_{31}+a_{13}a_{32}a_{21}-a_{13}a_{22}a_{31}-a_{12}a_{21}a_{33}-a_{11}a_{32}a_{23}$. 3. $\prod_{i<j}(x_j-x_i)$. 4. $a_0x^n+a_1x^{n-1}+\cdots+a_{n-1}x+a_n$.

問 **3.2** 1. $n!$ 個．2. n 文字の置き換え σ の任意の数 j_1 からはじめてその行き先を j_2 とし以下同様に続けると行き先は n 個の文字の中にしかないから必ずいつかはもとの j_1 に戻る．これで尽きればそれが答えである．もしこの巡換の中に現れない文字があれば今と同様に行えばもう一つの巡換が得られる．以下同様に続ければもとの置き換えは有限個の巡換の積として書くことがわかる．巡換 $(j_1,j_2,\ldots,j_k)$ は互換の積として $(j_1,j_2,\ldots,j_k)=(j_k,j_1)\ldots(j_3,j_1)(j_2,j_1)$ と書ける．3 以下は容易なので演習問題とする．

問 **3.3** $A=(a_{ij})$, $B=(b_{jk})$, $C=AB=(c_{ik})$ とすると $c_{ik}=\sum_{j=1}^n a_{ij}b_{jk}$ かつ $\det C = \det(AB) = \sum_{\tau\in S_n}\mathrm{sgn}(\tau)c_{1\tau(1)}\cdots c_{n\tau(n)} = \sum_{\tau\in S_n}\mathrm{sgn}(\tau)\sum_{1\le k_1,\ldots,k_n\le n}\prod_{\ell=1}^n a_{\ell k_\ell}b_{k_\ell \tau(\ell)}$. 他方 $\det(A)\det(B) = \sum_{\sigma\in S_n}\mathrm{sgn}(\sigma)a_{1\sigma(1)}\cdots a_{n\sigma(n)} \times \sum_{\rho\in S_n}\mathrm{sgn}(\rho)b_{1\rho(1)}\cdots b_{n\rho(n)} = \sum_{\sigma,\rho\in S_n}\mathrm{sgn}(\sigma\rho)a_{\sigma(1)1}b_{1\rho(1)}\cdots a_{\sigma(n)n}b_{n\rho(n)}$. これらが等しいことは明らかであろう．

問 **3.4** $A=(a_{ij})$ とし A_{11} を k 次とすると仮定より $k+1\le i\le n$ かつ $1\le j\le k$ なる i,j に対し $a_{ij}=0$．したがって $\det(A)=\sum_{\sigma\in S_n}\mathrm{sgn}(\sigma)a_{1\sigma(1)}\cdots a_{n\sigma(n)} = \sum_{\sigma\in S_n}\mathrm{sgn}(\sigma)a_{1\sigma(1)}\cdots a_{k+1\sigma(k+1)}\cdots a_{n\sigma(n)}$. ただし第三辺の和は $k+1\le\sigma(k+1),\ldots,\sigma(n)$ なる置き換え $\sigma\in S_n$ に対して取るものとする．これより題意が従う．

問 **3.5** これは階数の定義の際行った基本変形がすべて正則行列を掛ける操作であることより明らかである．

問 **3.6** 1 は $W^\perp$ の定義から明らかである．2. W_1+W_2 の元に直交していれば W_1, W_2 双方の元に直交しているから $(W_1+W_2)^\perp \subset W_1^\perp \cap W_2^\perp$．逆に W_1 および W_2 の元にともに直交していれば $(W_1+W_2)^\perp$ に属することは明らかである．3 は 1 と 2 から明らかである．

問 **5.1** すでに見たように基底の取り替えの行列は正則行列であるから明らかである.

問 **5.2** 命題 5.8 において $B = A^*$ と取れば $C = P^{-1}AP$ および $D = P^{-1}A^*P$ がともに上半三角行列になる. 命題 5.7 の証明中の $X = (x, *)$ をユニタリ行列になるようにとって以降の議論を行えば命題 5.8 の P はユニタリ行列 U になり, したがって $C = U^*AU$, $D = U^*A^*U$ はともに上半三角行列であり $C^* = D$ を満たす. これは C, D がともに対角行列となることを意味する. すなわち A および A^* は同じユニタリ行列 U によって同時に対角化可能である. 逆に A がユニタリ行列 U によって対角化可能で U^*AU が対角行列となれば $U^*A^*U = (U^*AU)^*$ も対角行列であるからこれらは可換であり, 特に A と A^* は可換となる. $K = \mathbb{R}$ の場合は上記 X を直交行列にとれることより明らかである.

問 **7.1** $\Leftarrow$ は明らかであるから $\Rightarrow$ を示す. $x \neq y$ の場合は $u \neq v$ でなければ $\langle x, y \rangle = \langle u, v \rangle$ は成り立たないが $u \neq v$ とすれば自明である. $x = y$ のときは $u = v$ でなければやはり左辺は成り立たないからそう仮定すると $x = y = u = v$ が得られる.

問 **7.2** 集合族 $\{A_\lambda\}_{\lambda \in \Lambda}$ が与えられたとき和集合の公理 4 より和集合 $\bigcup_{\lambda \in \Lambda} A_\lambda$ が存在する. 写像 $f : \Lambda \longrightarrow \bigcup_{\lambda \in \Lambda} A_\lambda$ を $\lambda \in \Lambda$ に対し $f(\lambda) = a_\lambda \in A_\lambda$ ととれば置換公理 5 よりその像 $\mathcal{R}(f) = \{a_\lambda\}_{\lambda \in \Lambda}$ は集合であり, $\mathcal{R}(f) \subset \bigcup_{\lambda \in \Lambda} A_\lambda$ である. したがって $\{a_\lambda\}_{\lambda \in \Lambda} \in \mathcal{P}(\bigcup_{\lambda \in \Lambda} A_\lambda)$ ゆえ直積は $\prod_{\lambda \in \Lambda} A_\lambda \subset \mathcal{P}(\mathcal{P}(\bigcup_{\lambda \in \Lambda} A_\lambda))$ となり集合となる.

問 **7.3** 集合 $X = \{x_1, \ldots, x_k\}$ を考えるとこれは空でないから公理 7 よりある集合 $y \in X$ が存在して任意の X の元 $x_1, \ldots, x_k$ は y の元でない. したがって $y = x_j$ としてみると $x_1 \notin x_j, \ldots, x_k \notin x_j$ である. とくに $x_1 \in x_2 \in \cdots \in x_k \in x_1$ は成り立たない.

問 **7.4** $X = \{x_1, x_2, \ldots, x_k, \ldots\}$ とおくとこれは空でないから公理 7 よりある集合 $y \in X$ が存在して任意の X の元 z は y の元ではない. たとえば $y = x_j$ としてみると任意の $k = 1, 2, \ldots$ に対し $x_k \notin x_j$ となり $\cdots \in x_{n+1} \in x_n \in x_{n-1} \in \cdots \in x_2 \in x_1$ を満たすような集合の列は存在しない.

問 **8.1** $\alpha < \alpha + 1 = \alpha \cup \{\alpha\}$ は明らかである. いまある順序数 β で $\alpha < \beta < \alpha + 1 = \alpha \cup \{\alpha\}$ なるものがあるとすると $\beta = \alpha$ であるか $\beta \in \alpha$ でなければならない. $\beta = \alpha$ とすると $\alpha < \beta = \alpha$ となり矛盾であるから $\beta \in \alpha$ でなければならない. しかしこのとき順序数の大小関係として $\beta < \alpha$ であり, 他方仮定より $\alpha < \beta$ となりどちらの場合も矛盾する. したがって $\alpha + 1$ は α より大きい最小の順序数である.

問 **8.2** α が可算であれば $\alpha + 0 = \alpha$ は可算である. β を可算とし $\gamma < \beta$ までの $\alpha + \gamma$ が可算とするとき $\alpha + \beta = \sup\{\alpha + \gamma | \gamma < \beta\}$ が可算であることをいえばよいが, 上限の定義より $\alpha + \gamma$ $(\gamma < \beta)$ が可算なら $\alpha + \beta$ も可算である. 他も同様である.

問 **8.3** (ここでは [123], Proposition 10.39 に従い概略を述べるにとどめる. 詳細はそちらを参照されたい.) 順序数 α に対し $\alpha \geq \omega \Rightarrow \overline{\alpha \times \alpha} = \overline{\alpha}$ をいえば十分である. 超限帰納法によるため帰納法の仮定として $\mu < \alpha \Rightarrow [\mu < \omega \vee \overline{\mu \times \mu} = \overline{\mu}]$ をおく. 濃度の定義から $\mu < \alpha$ ならば $\overline{\mu} \leq \overline{\alpha}$ である. ある $\mu < \alpha$ に対し $\overline{\mu} = \overline{\alpha}$ となる場合は $\mu \cong \alpha \geq \omega$ であるから帰納法の仮定から $\overline{\alpha \times \alpha} = \overline{\mu \times \mu} = \overline{\mu} = \overline{\alpha}$. こうでない場合すなわち任意の $\mu < \alpha$ に対し $\overline{\mu} < \overline{\alpha}$ である場合帰納法の仮定より $\mu < \omega$ または $\overline{\mu + 1} = \overline{\mu}$ であるから $\mu + 1 < \overline{\alpha} \leq \alpha$. したがって帰納法の仮定から $\alpha > \mu \geq \omega$

問題略解　561

であれば $\overline{(\mu+1) \times (\mu+1)} = \overline{\mu+1}$ が得られる．順序数全体の類を V とするとき $V \times V$ に以下の順序 R を入れる．すなわち $R = \{\langle\langle\alpha,\beta\rangle,\langle\gamma,\delta\rangle\rangle| \max(\alpha,\beta) < \max(\gamma,\delta) \vee [\max(\alpha,\beta) = \max(\gamma,\delta) \wedge \langle\alpha,\beta\rangle < \langle\gamma,\delta\rangle]\}$．ただし $\langle\alpha,\beta\rangle < \langle\gamma,\delta\rangle$ はここでは $\alpha < \gamma \vee [\alpha = \gamma \wedge \beta < \delta]$ のことである．すると R は $V \times V$ の整列順序となることが示される．したがって定理 8.3 に対応する考察により $V \times V$ と V との間の順序同型写像 J が存在することがいえる．この同型写像により $J(\alpha \times \alpha) \subset \overline{\alpha}$ が示され，$\omega \leq \mu < \alpha$ ならば $\overline{(\mu+1) \times (\mu+1)} = \overline{\mu+1} < \overline{\alpha}$ がいえる．これより無限順序数 α について $\overline{\alpha \times \alpha} = \overline{\alpha}$ がいえる．

問 **9.1** $(m',n') \sim (m,n)$, $(k',\ell') \sim (k,\ell)$ とする．定義より $m'+n = m+n'$, $k'+\ell = k+\ell'$ であるから $m'+k'+n+\ell = m+k+n'+\ell'$ となり $[\langle m',n'\rangle]+[\langle k',\ell'\rangle] = [\langle m,n\rangle] + [\langle k,\ell\rangle]$ がいえる．同様に $[\langle m',n'\rangle] \cdot [\langle k',\ell'\rangle] = [\langle m,n\rangle] \cdot [\langle k,\ell\rangle]$ および $[\langle m,n\rangle] < [\langle k,\ell\rangle] \Leftrightarrow [\langle m',n'\rangle] < [\langle k',\ell'\rangle]$ もいえる．

問 **9.2** $\langle q,p\rangle \sim \langle q',p'\rangle$, $\langle r,s\rangle \sim \langle r',s'\rangle$ $(p \neq 0, p' \neq 0, s \neq 0, s' \neq 0)$ とする．定義より $qp' = pq'$, $rs' = sr'$．このとき $(qs+pr)(p's') = (ps)(q's'+p'r')$ が成り立つから $[\langle q,p\rangle]+[\langle r,s\rangle] = [\langle q',p'\rangle]+[\langle r',s'\rangle]$ がいえる．積についても同様である．$q,p,r,s>0$ のとき $[\langle q,p\rangle] < [\langle r,s\rangle]$ であれば $qs < pr$．両辺に $p'r'$ を掛けて $qp'sr' < pp'rr'$ ゆえ仮定より得られる $qp' = pq'$, $rs' = sr'$ を用いて $pq'rs' < pp'rr'$ を得る．これより $q's' < p'r'$ となり $[\langle q',p'\rangle] < [\langle r',s'\rangle]$ がいえる．結合法則，交換法則，分配法則は自然数のそれに帰着される．$[\langle 0,1\rangle]$, $[\langle 1,1\rangle]$ がそれぞれ加法の零元および積の単位元の性質を満たすことも容易に示される．

問 **9.3** 1. $r \in \alpha$, $s \in \alpha^c$ のとき $s \leq r$ と仮定して矛盾を導く．$s = r$ ならば $s = r \in \alpha$ となり $s \in \alpha^c$ に反するから $s < r$ と仮定してよい．このとき切断の定義の二番目の性質より $s \in \alpha$ となりやはり $s \in \alpha^c$ に矛盾する．2. $s \in \alpha^c$, $t > s$ とするとき $t \in \alpha$ と仮定すると切断の定義の二番目の性質より $s \in \alpha$ となり $s \in \alpha^c$ に矛盾する．したがって $t \in \alpha^c$ である．

問 **9.4** $\alpha \not\subset \beta$ と仮定するとある $r \in \alpha$ に対し $r \notin \beta$ すなわち $r \in \beta^c$．ゆえに $s \in \beta$ ならば問 9.3 の 1 より $s < r$．$r \in \alpha$ ゆえ切断の定義の条件 2 より $s \in \alpha$ となり $\beta \subset \alpha$ がいえた．

問 **9.5** これらは有理数の結合法則，交換法則および $0 = 0^*$ と切断の和の定義に帰着する．

問 **9.6** これらも切断の和の定義に帰着して示される．

問 **9.7** 定理 9.2 の切断の積の定義より示される．

問 **9.8** 定理 9.2 の切断の積の定義および有理数の積の交換法則，結合法則，分配法則に帰着する．

問 **9.9** 1 は逆元の定義に帰着する．2 はほかに $\alpha\gamma' = \beta$ なる $\gamma' \in \mathbb{R}$ が存在するとすると $\alpha(\gamma - \gamma') = 0$ となるが両辺に α^{-1} を掛けると $\gamma - \gamma' = 0$ となることからわかる．3 は積の定義および順序の定義に帰着して示される．

問 **9.10** $p \in \alpha$ であれば $r \in p^*$ ならば $r < p$ だから切断の定義より $r \in \alpha$．他方 $p^* = \{r|r \in \mathbb{Q}, r < p\}$ ゆえ $p \notin p^*$．したがって $p^* < \alpha$ である．逆に $p^* < \alpha$ とすればある $s \in \alpha$ に対し $s \notin p^*$ であるから $s \geq p$．ゆえに $p \in \alpha$ である．

問 **9.11** 与えられた集合が切断であることおよび二乗すると 3 になることを示せばよいがこれは容易である．

問 **10.1** カントールの公理よりカントール列 $[x_n^-, x_n^+]$ $(n = 1,2,\ldots)$ に対し数

$x \in \mathbb{R}$ で $x \in \bigcap_{n=1}^{\infty}[x_n^-, x_n^+]$ なるものが存在する．ほかに数 $y \in \mathbb{R}$ で $y \neq x$ かつ $y \in \bigcap_{n=1}^{\infty}[x_n^-, x_n^+]$ なるものが存在するとする．一般性を失うことなく $x > y$ と仮定してよい．すると各 $n = 1, 2, \ldots$ に対し $x, y \in [x_n^-, x_n^+]$ であるから $x_n^- \leq y < x \leq x_n^+$ となり $|x_n^+ - x_n^-| \geq x - y > 0$ となる．これはカントールの公理の条件 3 に反する．したがって $\bigcap_{n=1}^{\infty}[x_n^-, x_n^+] = \{x\}$ である．

問 **11.1** 1. X のべき集合 $2^X = \mathcal{P}(X)$ は X のすべての部分集合を含むから明らかである．2. これは空集合と全空間 X のみからなる集合であるからそれらの和集合および共通部分も空集合か X になるから位相を定義する．3. これも有限個の集合からなる X の部分集合の集合であり，それらの和集合および共通部分はまた元の集合 $\{\emptyset, \{b\}, X\}$ に含まれる．

問 **11.2** M に含まれる任意の開集合 O は定義から O の任意の点の近傍である．したがって O の任意の点は M の内点であり O は開核 M° に含まれる．したがって M° は M に含まれるすべての開集合の和集合を含む．逆に M の内点 p に対してはそれを含む開集合 N で $N \subset M$ なるものがとれる．したがって M° は M に含まれる開集合の和集合に含まれる．

問 **11.3** 1) $\Leftrightarrow$ 2): $C_2^c = X_2 - C_2$ は X_2 の開集合だから 1) より $f^{-1}(C_2^c)$ は X_1 の開集合になるが $f^{-1}(C_2^c) = X_1 - f^{-1}(C_2)$ であるから $f^{-1}(C_2)$ は X_1 の閉集合である．逆も同様である．1) $\Leftrightarrow$ 3): 1) が成り立つとする．このとき $x \in X_1$ に対し $y = f(x) \in X_2$ とおくとき任意の $U \in \mathcal{U}_2(y)$ に対し X_2 の開集合 O_2 で $O_2 \subset U$ かつ $y \in O_2$ なるものが存在する．したがって 1) より $O_1 = f^{-1}(O_2)$ は X_1 の開集合でありかつ $x \in O_1$ である．位相 $\mathcal{O}_1$ は基本近傍系 $\mathcal{U}_1(x)$ ($x \in X_1$) によって生成されるからある $V \in \mathcal{U}_1(x)$ が存在して $V \subset O_1$ である．よって $f(V) \subset f(O_1) = O_2 \subset U$．逆に O_2 を X_2 の開集合とするとある $x \in X_1$ によって $y = f(x)$ と書ける O_2 の任意の点 y に対し $U_y \in \mathcal{U}_2(y)$ が存在して $U_y \subset O_2$．ゆえに 3) よりある $V_x \in \mathcal{U}_1(x)$ に対し $f(V_x) \subset U_y \subset O_2$．したがって $V_x \subset f^{-1}(U_y) \subset f^{-1}(O_2)$．すなわち $f^{-1}(O_2)$ は X_1 の開集合である．

問 **11.4** X が第二可算公理を満たし可算な基底 $\mathcal{O}_b$ をもてば任意の開集合は $\mathcal{O}_b$ の可算個の開集合の和集合として書ける．特に基本近傍系として $\mathcal{O}_b$ の開集合からなるものをとれるから第一可算公理が成り立つ．

問 **11.5** 定義より $\overline{M}$ の補集合は M^c に含まれる開集合すべての和集合に等しい．この和集合は問 11.2 より M^c の開核である．

問 **11.6** $M \subset \overline{M}$ は明らかである．M の集積点 p が $\overline{M}$ に含まれないとして矛盾を導く．このとき $p \in (\overline{M})^c$ であり問 11.5 より p は M^c の開核に含まれる．したがって p のある近傍 V に対し $V \subset M^c$．これは p が M の集積点であることに反する．したがって $M \cup M^d \subset \overline{M}$．逆に $p \in \overline{M}$ が M に含まれないとすると $p \in M^c$．しかし $p \in \overline{M}$ だから問 11.5 より $p \notin (M^c)^\circ$．これは p が M の集積点であることを意味する．したがって $\overline{M} \subset M \cup M^d$．

問 **11.7** 1. M が閉集合であれば M^c は開集合であるから $(M^c)^\circ = M^c$．したがって問 11.5 より $M = ((M^c)^\circ)^c = \overline{M}$．逆に $M = \overline{M}$ であれば M は閉集合である．2. $p \in \overline{M}$ であれば問 11.6 より p の任意の近傍は M の点を含む．このとき境界 ∂M の定義から $p \in M \cup \partial M$．逆に $p \in M \cup \partial M$ であれば p の任意の近傍は明らかに M の点を含む．このとき p が M の点でないとすれば p は M の集積点であるから $p \in \overline{M}$ となる．

問題略解　563

問 11.8 問 11.7 の 2 より明らかである.

問 11.9 距離空間として同型であれば同型写像 f は $f(\{x_1|x_1 \in S_1, d_1(x_1, p) < \epsilon\}) = \{f(x_1)|f(x_1) \in S_2, d_2(f(x_1), f(p)) < \epsilon\} = \{x_2|x_2 \in S_2, d_2(x_2, f(p)) < \epsilon\}$ を満たすから f は同相写像である.

問 11.10 カントールの公理よりカントール列 $\{E_n\}$ が与えられたとき少なくとも一点 p で $p \in \bigcap_{n=1}^{\infty} E_n$ を満たすものが存在する. ほかにもう一点 $q \neq p$ があって $q \in \bigcap_{n=1}^{\infty} E_n$ を満たすとすると $d(p,q) > 0$ でかつ任意の $n = 1, 2, \ldots$ に対し $p, q \in E_n$. 特に $0 < d(p,q) \leq d(E_n)$ でなければならないがこれはカントールの公理の条件 3 に反する.

問 11.11 まず S の二つのコーシー列 $\{s_n\}_{n=1}^{\infty}$ および $\{t_n\}_{n=1}^{\infty}$ の間に同値関係 $\{s_n\}_{n=1}^{\infty} \sim \{t_n\}_{n=1}^{\infty}$ が成り立てばこれらがコーシー列であることから $d(s_n, t_m) \to 0$ $(n, m \to \infty)$ が成り立つことに注意する. いま $\{[\{s_n^{(k)}\}_{n=1}^{\infty}]\}_{k=1}^{\infty}$ を $\overline{S}$ のコーシー列と仮定してこれが $\overline{S}$ のある元に収束することを示せば $\overline{S}$ の完備性がいえる. このとき定義および上記注意から $d([\{s_n^{(k)}\}_{n=1}^{\infty}], [\{s_n^{(\ell)}\}_{n=1}^{\infty}]) = \lim_{n \to \infty} d(s_n^{(k)}, s_n^{(\ell)}) = \lim_{n,m \to \infty} d(s_n^{(k)}, s_m^{(\ell)}) \to 0$ $(k, \ell \to \infty)$. したがって任意の $\epsilon > 0$ に対しある番号 $N_\epsilon > 0$ が存在して $k, \ell, n, m > N_\epsilon$ ならば $d(s_n^{(k)}, s_m^{(\ell)}) < \epsilon$ が成り立つ. そこで任意の番号 $k > N_\epsilon$ に対し整数 n_k を $n_k > N_\epsilon$ ととると $k, \ell > N_\epsilon$ に対し $d(s_{n_k}^{(k)}, s_{n_\ell}^{(\ell)}) < \epsilon$ となる. ゆえに列 $\{s_{n_\ell}^{(\ell)}\}_{\ell=1}^{\infty}$ は S のコーシー列である. これより同値類 $E = [\{s_{n_\ell}^{(\ell)}\}_{\ell=1}^{\infty}]$ を作ると作り方から $j > N_\epsilon$ なら $d([\{s_\ell^{(j)}\}_{\ell=1}^{\infty}], E) = \lim_{\ell \to \infty} d(s_\ell^{(j)}, s_{n_\ell}^{(\ell)}) < \epsilon$ となる. したがってコーシー列 $\{[\{s_n^{(k)}\}_{n=1}^{\infty}]\}_{k=1}^{\infty}$ は $\overline{S}$ において $E \in \overline{S}$ に収束し, $\overline{S}$ が完備であることがいえた. ほかに S の任意のコーシー列 $\{s_n\}_{n=1}^{\infty}$ が収束するような S の完備拡大 $\widetilde{S}$ が存在するとすれば $\{s_n\}_{n=1}^{\infty}$ の $\widetilde{S}$ における収束点と $\overline{S}$ における収束点とを同一視すれば $\widetilde{S}$ と $\overline{S}$ は距離空間として同型となるから完備化の一意性がいえる.

問 11.12 $1 \Rightarrow 2$: s_n を S の有界点列とする. ある番号 N より先の $n, m > N$ に対し $s_n = s_m$ となる場合は自明であるからそうでないとすると集合 $K = \{s_n|n = 1, 2, \ldots\}$ は有界な無限集合になる. したがって仮定から K は S 内に集積点 p を持つ. 従って点列 $\{s_n\}_{n=1}^{\infty}$ は p に収束する部分列を持つ. $2 \Rightarrow 3$: K が点列コンパクトであることをいえばよい. $\{a_k\}_{k=1}^{\infty}$ を K の任意の点列とする. K は有界閉集合であることより $\{a_k\}$ は有界点列であるから仮定から $\{a_k\}$ はある点 $a \in S$ に収束する部分列を持つ. ところが K は閉集合であるから $a \in K$ となり K は点列コンパクトであることがいえた. $3 \Rightarrow 1$: K を S の有界な無限部分集合とすると K の閉包 $\overline{K}$ は有界閉集合である. したがって仮定から $\overline{K}$ は点列コンパクトであり, したがって任意の点列 $\{a_k\}_{k=1}^{\infty} \subset K$ に対し $\overline{K}$ の点 $p \in S$ に収束する部分列を持つ. とくに p は K の集積点となる.

問 11.13 B をコンパクト集合 K の閉部分集合とする. すなわち S の閉集合 L があって $B = K \cap L$ と書けるとする. $\{a_k\}$ を B の任意の点列とするとこれは K の点列であるから K がコンパクトであることより K の点 p に収束する部分列を持つ. $\{a_k\} \subset B = L \cap K$ であるから $p \in B$ となり B が点列コンパクトであることがいえた.

問 11.14 距離空間 $S = \mathbb{R}^n$ においては各 $\mathbb{R}$ においてボルツァーノ-ワイエルシュトラスの公理 5 が成り立つことから $S = \mathbb{R}^n$ においても同公理が成り立つことがいえ

る．したがって定理 11.6 より K が $\mathbb{R}^n$ の有界閉集合であれば K はコンパクトであることがわかる．逆に K がコンパクトであれば定理 11.5 より K は全有界かつ完備である．とくに K は有界閉集合である．

問 **11.15** S を全有界な距離空間とすると任意の正数 $\epsilon > 0$ に対し有限個の点 $x_1, \ldots, x_n$ が存在して $S \subset \bigcup_{j=1}^{n} O_\epsilon(x_j)$ となる．とくに $k = 1, 2, \ldots$ に対し有限個の点 $x_{k1}, \ldots, x_{kn_k}$ が存在して $S \subset \bigcup_{j=1}^{n_k} O_{k^{-1}}(x_{kj})$ となるから可算集合 $M = \{x_{kj} | j = 1, \ldots, n_k, k = 1, 2, \ldots\}$ は S において稠密になる．

問 **12.1** 定理 12.1 を用いて $f : S_1 \longrightarrow S_2, g : S_2 \longrightarrow S_3$ がそれぞれ点 $a \in S_1$ および $f(a) \in S_2$ で連続であることより $\lim_{x \to a} f(x) = f(a)$ および $\lim_{y \to f(a)} g(y) = g(f(a))$ が得られる．これらから $\lim_{x \to a} (g \circ f)(x) = \lim_{x \to a} g(f(x)) = \lim_{y \to f(a)} g(y) = g(f(a)) = (g \circ f)(a)$ となる．従って定理 12.1 より $g \circ f$ は点 $a \in S_1$ で連続である．

問 **12.2** 1. $x, y > 0$ に対し $x^n - y^n = (x-y)(x^{n-1} + \cdots + y^{n-1})$ ゆえ $x \to y$ のとき $x^n \to y^n$ であり $f(x) = x^n$ は連続である．同じ式より $x > y > 0$ なら $f(x) > f(y) > 0$ が得られるから $f(x)$ は単調増大である．$x \to 0$ のとき $f(x) \to 0$ であり $x \to \infty$ のとき $f(x)$ はいくらでも大きな値をとる．したがって $f(\mathbb{R}_+) = \mathbb{R}_+$. 2. これは定理 12.9 と 1 の帰結である．

問 **12.3** 1. m, n は正の整数として $r = m/n$ に対し示せば十分である．$(xy)^{m/n} = ((xy)^m)^{1/n} = (x^m y^m)^{1/n}$. 命題 12.2 の f が準同型であることから逆関数 $f^{-1}(x) = x^{1/n}$ も準同型となり $x^{1/n} y^{1/n} = (xy)^{1/n}$ がいえる．したがって 1 が成り立つ．2. $r = m/n, s = q/p$ として $x^{r+s} = x^{(mp+nq)/(np)}$ と書いて 1 と同様に考えればよい．3. これも同様である．

問 **12.4** $0 < r = m/n < s = q/p$ とすると $mp < nq$ ゆえ $x^{nq} > x^{mp}$ となる．これは指数法則から $(x^s)^{pn} > (x^r)^{pn}$ を意味し関数 $f^{-1}(x) = x^{1/n}$ の単調性から $x^s > x^r$ が従う．負の指数に対しては場合分けをして議論すればよい．

問 **12.5** 実数の指数を持つ場合は指数が有理数の場合の極限であるので定義 12.9 により自明である．

問 **12.6** $f(x) = a^x$ は $f(x)f(y) = f(x+y)$ を満たすから逆関数は $f^{-1}(xy) = f^{-1}(x) + f^{-1}(y)$ を満たす．このことから 1, 2, 3 が従う．4. 指数法則から $b^{\log_b a \log_a x} = (b^{\log_b a})^{\log_a x} = a^{\log_a x} = x$ であるから定義から $\log_b a \log_a x = \log_b x$.

問 **12.7** $a > 1$ ゆえ $\log a > 0$ で $a^x/x^b = e^{(\log a)x}/x^b = \sum_{k=0}^{\infty} (k!)^{-1} (\log a)^k x^k / x^b$. k_0 を $k_0 > b(> 0)$ なる整数にとれば $a^x/x^b > (k_0!)^{-1} (\log a)^{k_0} x^{k_0 - b} \to \infty$ $(x \to \infty)$.

問 **12.8** $x > e$ のとき $x = e^y$ とおくと $y > 1$ で $x \to \infty$ のとき $y \to \infty$. このとき $\log x = \log(e^y) = y$ であるから問 12.7 より $x/(\log x) = e^y/y \to \infty$.

問 **13.1** 級数 $s_n = \sum_{k=1}^{n} a_k$ にコーシーの判定条件を適用すれば $m > n \to \infty$ のとき $|s_m - s_{n-1}| = |\sum_{k=n}^{m} a_k| \to 0$ にほかならない．

問 **13.2** 級数 $s_n = \sum_{k=1}^{n} |a_k|$ は単調増大だから任意の $M \geq 1$ に対し $s_M \leq R$ ならば単調数列公理 5 より級数は絶対収束する．

問 **13.3** e が有理数で正の整数 p, q に対し $e = q/p$ と書けると仮定して矛盾を導く．このとき $p! e - p! \sum_{n=0}^{p} (n!)^{-1} = p! \sum_{n=p+1}^{\infty} (n!)^{-1}$ で左辺は正の整数である．$p \geq 1$ であるから右辺は $p! \sum_{n=p+1}^{\infty} (n!)^{-1} \leq 2^{-1} + (2 \cdot 3)^{-1} + \cdots < \sum_{\ell=1}^{\infty} 2^{-\ell} = 1$. ゆ

えに $0 < p!e - p!\sum_{n=0}^{p}(n!)^{-1} < 1$ で中辺は整数となり矛盾が生じた．
問 13.4 定義 13.1 と定理 13.10 による．
問 13.5 定義 13.1 と定義 13.2 による．
問 14.1 1. ノルム $\|\cdot\|_2$ による距離に関し集合 $\{y \in \mathbb{R}^n \mid \|y\|_2 = 1\}$ は有界閉集合であるから問 11.14 によりコンパクト集合である．2. $x = \sum_{k=1}^{n} x_k e_k, y = \sum_{k=1}^{n} y_k e_k \in \mathbb{R}^n$ とするときノルムの性質より $\|x - y\|_1 \leq \sum_{k=1}^{n} |x_k - y_k| \|e_k\|_1$. 他方 $\|x - y\|_2 \to 0$ とすると $\|\cdot\|_2$ の定義より各 $k = 1, 2, \ldots, n$ に対し $\mathbb{R}$ において $x_k - y_k \to 0$ であるから上式より $\|x - y\|_1 \to 0$. ゆえに関数 $\mathbb{R}^n \ni x \mapsto \|x\|_1 \in \mathbb{R}$ は連続である．したがって定理 12.3 より関数 $\mathbb{R}^n \ni x \mapsto \|x\|_1 \in \mathbb{R}$ はコンパクト集合 $\{y \in \mathbb{R}^n \mid \|y\|_2 = 1\}$ 上最小値 $\beta \in \mathbb{R}$ と最大値 $\alpha \in \mathbb{R}$ をとる．仮に最小値 $\beta = 0$ と仮定すると $x \neq 0$ に対し $\|x\|_1 = 0$ となりノルムの定義に反するから $\alpha \geq \beta > 0$ であり，証明が終わる．

問 14.2 $B(V, W)$ がノルム空間であることは明らかであるから完備性をいえばよい．$T_k \in B(V, W)$ を作用素ノルムに関しコーシー列をなす作用素の列とする．このとき各 $x \in V$ に対し $\|T_k x - T_\ell x\| \leq \|T_k - T_\ell\| \|x\| \to 0 \ (k, \ell \to \infty)$. したがって W の完備性から極限 $\lim_{k \to \infty} T_k x = Tx$ が存在する．この T は V から W への線型作用素を定義することは明らかである．さらにノルムの連続性から $\|Tx\| = \lim_{k \to \infty} \|T_k x\|$. $\|T_k x\| \leq \|T_k\| \|x\|$ であるから T_k が作用素ノルムに関しコーシー列をなすことから $\|Tx\| \leq \lim_{k \to \infty} \|T_k\| \|x\|$. ゆえに $\|T\| \leq \lim_{k \to \infty} \|T_k\| < \infty$ となるから $T \in B(V, W)$. 上式 $\|T_k x - T_\ell x\| \leq \|T_k - T_\ell\| \|x\|$ において $\ell \to \infty$ とすると $\|T_k x - Tx\| \leq \lim_{\ell \to \infty} \|T_k - T_\ell\| \|x\|$ すなわち $\|T_k - T\| \leq \lim_{\ell \to \infty} \|T_k - T_\ell\|$. したがって $\lim_{k \to \infty} \|T_k - T\| \leq \lim_{k, \ell \to \infty} \|T_k - T_\ell\| = 0$. ゆえに作用素ノルムに関し $T_k \to T \ (k \to \infty)$ となり証明が終わる．

問 14.3 $\mathbb{R}^n$ から $\mathbb{R}^k$ への線型作用素 A は $\mathbb{R}^n$ および $\mathbb{R}^k$ の標準基底 $e_1, \ldots, e_n$ および $f_1, \ldots, f_k$ に対し $x \in \mathbb{R}^n$ を $x = \sum_{j=1}^{n} x_j e_j$ および $y \in \mathbb{R}^k$ を $y = \sum_{j=1}^{k} y_j f_j$ と表すとき行列 $A = (a_{ij})_{1 \leq i \leq k, 1 \leq j \leq n}$ によって $y = {}^t(y_1, \ldots, y_k) = (\sum_{j=1}^{n} a_{ij} x_j)_{i=1}^{k} = A^t(x_1, \ldots, x_n) = Ax$ と書けるから $\|y\|_2 = \|Ax\|_2 \leq (\sum_{i,j} |a_{ij}|^2)^{1/2} \|x\|_2$ を満たす．とくに A は有界である．

問 14.4 $F : V \longrightarrow W$ を有界な線型作用素で $\lim_{x \to x_0, x \neq x_0} \|f(x) - f(x_0) - F(x - x_0)\| \|x - x_0\|^{-1} = 0$ を満たすものとすると $Df(x_0)$ の定義式から $\lim_{x \to x_0, x \neq x_0} \|(F - Df(x_0))(x - x_0)\| \|x - x_0\|^{-1} = 0$. この極限において x は $x \to x_0, x \neq x_0$ を満たすものなら何でもよいからこれより $\lim_{\|y\|=1} \|(F - Df(x_0))y\| = 0$ が得られしたがって $\|F - Df(x_0)\| = 0$ すなわち $F = Df(x_0)$ となる．

問 14.5 微分の定義より $\lim_{y \to x, y \neq x} \|f(y) - f(x) - D(f)(x)(y - x)\| \|y - x\|^{-1} = 0$. $\varphi \in W' = B(W, \mathbb{C})$ は線型有界であるからこれより $\lim_{y \to x, y \neq x} \|\varphi \circ f(y) - \varphi \circ f(x) - \varphi \circ D(f)(x)(y - x)\| \|y - x\|^{-1} = 0$ が得られる．微分の定義と前問よりこれは $D(\varphi \circ f)(x) = \varphi \circ Df(x)$ を意味する．

問 14.6 $y = f(x), y_0 = f(x_0)$ とおくと $x \neq x_0$ のとき $\|g \circ f(x) - g \circ f(x_0) - Dg(f(x_0)) \circ Df(x_0)(x - x_0)\| \|x - x_0\|^{-1} \leq \|g(y) - g(y_0) - Dg(y_0)(y - y_0)\| \|x - x_0\|^{-1} + \|Dg(y_0)\| \|f(x) - f(x_0) - Df(x_0)(x - x_0)\| \|x - x_0\|^{-1}$. f は x_0 において微分可能だから右辺第二項は $x \to x_0, x \neq x_0$ のとき 0 に収束する．$x \to x_0$, $x \neq x_0$ のとき $y - y_0 = f(x) - f(x_0) = Df(x_0)(x - x_0) + o(\|x - x_0\|)$. た

ただし $o(\rho)$ は $\lim_{\rho\to 0, \rho\neq 0} |o(\rho)|\|\rho\|^{-1} = 0$ なる量を表す. $y = y_0$ のとき右辺第一項は 0 となるから $y \neq y_0$ と仮定して議論すれば十分である. このとき第一項 $= \|g(y) - g(y_0) - Dg(y_0)(y - y_0)\|\|y - y_0\|^{-1} \cdot \|f(x) - f(x_0)\|\|x - x_0\|^{-1}$. $x \to x_0$ であれば $y \to y_0$ であり $g(y)$ は $y = f(x_0)$ において微分可能であるから第一因子は $\to 0$. 第二因子は $f(x) - f(x_0) = Df(x_0)(x - x_0) + o(\|x - x_0\|)$ であるから第一項は 0 に収束する. 以上より $Dg(f(x_0)) \circ Df(x_0) = D(g \circ f)(x_0)$ がいえた.

問 **14.7** 1. 一変数実数値の場合微分の定義より $df/dt(t) = \lim_{s\to t, s\neq t}(f(s) - f(t))(s-t)^{-1}$ だから $f(t) = t^n$ なら $df/dt(t) = nt^{n-1}$. 以下同様に帰納法により題意が示される. 2. e^x の微分は定理 13.12 と定理 13.17 による. 3. $g(t) = a^t = e^{(\log a)t}$ であるから $dg/dt(t) = (\log a)g(t)$ であり帰納法により題意が示される. 4. $g(x) = \log_a x$ は $f(x) = a^x$ の逆関数であるから $f(g(x)) = x$. 従って命題 14.3 より $f'(g(x))g'(x) = 1$. $f'(y) = (\log a)f(y)$ ゆえ $g'(x) = (\log_a e)x^{-1}$. 5. $x^\alpha = e^{\alpha \log x}$ ゆえ 2 と 4 による. 6. これは問 13.5 と定理 13.17 による.

問 **14.8** 1. $y \neq a, x \neq a$ のとき $f(y) - f(a) = (f(y) - f(x)) + (f(x) - f(a)) = f'(x)(y - x) + o(|y - x|) + (f(x) - f(a)) = f'(x)(y - x) + (f(x) - f(a)) + o(|y - a|) + o(|x - a|)$. この式で $x \to a$ とすると仮定より $f(y) - f(a) \to b(y - a) + o(|y - a|)$. これは f が a において微分可能で $f'(a) = b$ を意味する. 2. $x > 0$ のとき $f'(x) = kx^{-k-1}f(x)$. ゆえに $x \to 0$ のとき $f'(x) \to 0$. $x < 0$ のとき $f'(x) = 0$. したがって 1 より f は $x = 0$ において微分可能で $f'(0) = 0$. 同様に任意の $n = 1, 2, \ldots$ に対し $x = 0$ における n 階微分が存在し $f^{(n)}(0) = 0$ がいえるから f は $\mathbb{R}$ 上 C^∞ である. 3. 与えられた関数 $f(x)$ が $x \in \mathbb{R}$ について連続であることは明らかである. また $x \neq 0$ での微分可能性も明らかで $f'(x) = \sin x^{-1} - x^{-1}\cos x^{-1}$ でありこれは $x \neq 0$ において連続である. 他方 $x \to 0, x \neq 0$ のとき $(f(x) - f(0))x^{-1} = \sin x^{-1}$ は $+1$ と -1 の間を振動し収束しない. したがって $f(x)$ は $x = 0$ において微分可能でない. (これは $f(0)$ の値を 0 以外のものと定義しても同様である. 実際 $x \neq 0$ のときの $f'(x)$ の上記表現式は $x \to 0$ のとき $+\infty$ と $-\infty$ の間を振動しいかなる値にも収束しない. ゆえに f は原点 $x = 0$ において微分可能となるように $f(0)$ の値を決めることはできない.) 4. $(x, y) \neq (0, 0)$ における連続的微分可能性は $(f_x(x, y), f_y(x, y)) = (2x(x^4 + 2x^2y^2 - y^2)(x^2 + y^2)^{-2}, 2x^2y(1 - x^2)(x^2 + y^2)^{-2})$ とおくと $(h, k) \to 0, (h, k) \neq (0, 0)$ のとき $|f(x + h, y + k) - f(x, y) - (f_x(x, y), f_y(x, y))^t(x, y)\|(h, k)|^{-1} \to 0$ であることから $(x, y) \neq (0, 0)$ における f の微分は $Df(x, y) = (f_x(x, y), f_y(x, y))$ となり, $(x, y) \neq (0, 0)$ について連続となることからわかる. 他方 $t \neq 0$ のとき $f(tx, ty) = (t^2x^4 + y^2)(x^2 + y^2)^{-1}$ だから $t \to 0, t \neq 0$ のとき $f(tx, ty) \to y^2(x^2 + y^2)^{-1}$. とくに $y = x \neq 0$ として $t \to 0$ の場合は $f(tx, tx) \to 2^{-1}$. しかし $x = 0, y \neq 0$ として $t \to 0$ のときは $f(0, ty) \to 1$ となり $f(x, y)$ は原点 $(x, y) = (0, 0)$ において連続でない. したがって命題 14.2 より f は原点で微分可能でない.

問 **14.9** 1. ロピタルの定理より $\lim_{x\to 0}(x - \ln(1 + x))x^{-2} = \lim_{x\to 0}(1 - (1 + x)^{-1})(2x)^{-1} = \lim_{x\to 0}(2(1 + x))^{-1} = 2^{-1}$. 2. 1 と同様に示される.

問 **14.10** 微分積分学の基本定理 15.15 より $f(x) = f(x_0) + \int_{x_0}^{x} f'(t)dt$. 基本定理より得られる部分積分の定理 ($\mathbb{R}$-値の場合の定理 15.20 に対応) より右辺第二項は $(x - x_0)f'(x_0) + \int_{x_0}^{x}(x - t)f''(t)dt$ に等しくなる. 以降帰納法により示される.

問 **14.11** 1. $\sin(\sin^{-1} x) = x$ と逆関数定理 14.9 より $d(\sin^{-1} x)/dx = \{\cos(\sin^{-1} x)\}^{-1}$

$= (1 - \{\sin(\sin^{-1} x)\}^2)^{-1/2} = (1 - x^2)^{-1/2}$. $\cos^{-1} x$ についても同様. 2. 1 と同様に $d(\tan^{-1} x)/dx = \cos^2(\tan^{-1} x) = (1 + x^2)^{-1}$.

問 14.12 $\Phi(x, \Lambda) = g(x) - \Lambda F(x)$ とおき定理 14.11 を用いると極値の必要条件は $D_{x,\Lambda}\Phi(x, \Lambda) = (1 - 2\Lambda x_1, 1 - 2\Lambda x_2, 1 - 2\Lambda x_3, -F(x)) = 0$ である. $\Lambda = 0$ はこの条件を満たさないから $\Lambda \neq 0$ として解いてよい. 解は $\Lambda = \pm 2^{-1}3^{1/2}$ および $x_j = \pm 3^{-1/2}$ である. したがって各場合の g の値は $g(\pm 3^{-1/2}, \pm 3^{-1/2}, \pm 3^{-1/2}) = \pm\sqrt{3}$ であり, 最大値を与える座標は $x = (3^{-1/2}, 3^{-1/2}, 3^{-1/2})$, 最小値を与える座標は $x = (-3^{-1/2}, -3^{-1/2}, -3^{-1/2})$ である.

問 15.1 1. $n \geq 1$ を自然数として区間 $[0, a]$ を n 等分割すると $\int_0^a x dx = \lim_{n \to \infty} an^{-1} \sum_{k=1}^n kan^{-1} = \lim_{n \to \infty} a^2 n^{-2} \sum_{k=1}^n k = \lim_{n \to \infty} (2n)^{-1}(1+n)a^2 = 2^{-1}a^2$. 2. 1 と同様に n 等分割により $\int_0^a x^2 dx = \lim_{n \to \infty} an^{-1} \sum_{k=1}^n k^2 a^2 n^{-2} = \lim_{n \to \infty} a^3 n^{-3} 6^{-1} n(n+1)(2n+1) = 3^{-1} a^3$. 3. やはり n 等分割により $\int_0^a e^x dx = \lim_{n \to \infty} an^{-1} \sum_{k=1}^n \exp(kan^{-1}) = \lim_{n \to \infty} an^{-1}(\exp(n^{-1}a) - \exp((1 + n^{-1})a))(1 - \exp(n^{-1}a))^{-1} = (e^a - 1) \lim_{n \to \infty} \exp(n^{-1}a)\{(\exp(n^{-1}a - 1)na^{-1}\}^{-1} = e^a - 1$.

問 15.2 区間 I の境界を除いて $f(x) = 0$ であるからリーマン和において境界を含む分割小区間 I_k に関する和 $\sum_{I_k \cap \partial I \neq \emptyset} f(\xi_k) v(I_k)$ を考えればよい. f は I 上有界であるから和 $S = \sum_{I_k \cap \partial I \neq \emptyset} v(I_k)$ を評価すればよいが, たとえば分割小区間を境界から幅 $\delta > 0$ を持つものとすれば I は有界区間であるから $\delta \to 0$ のとき $S \to 0$ となる.

問 15.3 仮定より $D_n = \sup_{t \in [a,b]} \|f_n(t) - f(t)\| \to 0 \ (n \to \infty)$. ゆえに $\|\int_I f_n(t)dt - \int_I f(t)dt\| \leq \int_I \|f_n(t) - f(t)\| dt \leq |b - a| D_n \to 0 \ (n \to \infty)$.

問 15.4 $f_+(x) = \max\{f(x), 0\}$, $f_-(x) = \max\{-f(x), 0\}$ とおくと $|f|(x) = f_+(x) + f_-(x)$, $f(x) = f_+(x) - f_-(x)$ である. いま $\{K_m\}_{m=1}^\infty$ を Ω の任意の近似列とする. $m > \ell$ とすると $K_m \supset K_\ell$ だから仮定より $\int_{K_m} |f|(x)dx - \int_{K_\ell} |f|(x)dx \to 0 \ (m > \ell \to \infty)$. 他方この差は $I_+(m, \ell) + I_-(m, \ell)$ に等しい. ただし $I_+(m, \ell) = \int_{K_m} f_+(x)dx - \int_{K_\ell} f_+(x)dx \geq 0$, $I_-(m, \ell) = \int_{K_m} f_-(x)dx - \int_{K_\ell} f_-(x)dx \geq 0$. これらより $I_+(m, \ell) \to 0$, $I_-(m, \ell) \to 0 \ (m > \ell \to \infty)$. したがって f_+, f_- は Ω において広義積分可能である. 特に $f = f_+ - f_-$ も Ω において広義積分可能である.

問 15.5 畳み込みの定義式において $x - y = y'$ と変数変換すれば $(\chi_A * \psi_\epsilon)(x) = \int \chi_A(y)\psi_\epsilon(x - y)dy$ が得られ, これは $x \in \mathbb{R}^n$ について C^∞-級である. さらにこの式は $y \in A$ かつ $x - y \in \text{supp } \psi_\epsilon$ でなければ 0 であるから supp $(\chi_A * \psi_\epsilon) \subset \{x \mid \text{dist}(x, \text{supp } \chi_A) \leq 2\epsilon\}$ がいえる. $x \in A$ が $\text{dist}(x, A^c) \geq \epsilon$ を満たすとき $y \in \mathbb{R}^n$ が supp $\psi_\epsilon(x - y)$ に入っていれば $|x - y| \leq \epsilon$ であるから $y \in \bar{A}$ である. したがって $\chi_{\bar{A}}(y) = 1$. ゆえに A が体積確定であることから $(\chi_A * \psi_\epsilon)(x) = \int \chi_{\bar{A}}(y)\psi_\epsilon(x - y)dy = \int \psi_\epsilon(x - y)dy = 1$ となる.

問 16.1 べき集合 $2^\mathbb{N} = \mathcal{P}(\mathbb{N})$ は $\mathbb{N}$ の部分集合の全体であるから定義 16.1 の条件を満たす.

問 16.2 m^*-可測性が与えられた条件と同値であることは明らかである.

問 16.3 これは定義より明らかであろう.

問 16.4 1), 2) は積分可能性の定義 16.15 より明らかである. 3) f は S 上積分可能で

あるから f_+, f_- を定義 16.15 2) のものとするとき $F_\pm(B) = \int_S \chi_B f_\pm(s) m(ds)$ は非負値有限であり $F(B) = F_+(B) - F_-(B)$ である．したがって $f(s) \geq 0$ $(s \in S)$ と仮定してよい．このとき $0 \leq \cdots \leq f_n = \chi_{\sum_{j=1}^n B_j} f \leq \chi_{\sum_{j=1}^{n+1} B_j} f \leq \cdots$ で $\lim_{n\to\infty} f_n(s) = \chi_{\sum_{j=1}^\infty B_j}(s) f(s)$ m-a.e. ゆえ単調収束定理 16.9 より $F(\sum_{j=1}^\infty B_j)$ $= \int_{\sum_{j=1}^\infty B_j}(s) f(s) = \lim_{n\to\infty} \int_S \chi_{\sum_{j=1}^n B_j}(s) f(s) m(ds) = \lim_{n\to\infty} \sum_{j=1}^n \int_{B_j} f(s) m(ds) = \sum_{j=1}^\infty F(B_j)$ となる．4) 3) と同様に $f(s) \geq 0$ $(s \in S)$ と仮定してよい．このとき f は積分可能であるから $m(B) = 0$ なら $F(B) = 0$ は明らかである．いま $B \in \mathcal{B}$ について一様に $\lim_{m(B)\to 0} F(B) = 0$ でないとしてみるとある $\epsilon > 0$ に対し可測集合 B_k $(k = 1, 2, \ldots)$ が存在して $m(B_k) < 2^{-k}$ かつ $F(B_k) \geq \epsilon$ が成り立つ．ところが $D = \bigcap_{n=1}^\infty \bigcup_{k=n}^\infty B_k$ とおくと任意の $n = 1, 2, \ldots$ に対し $m(D) \leq \sum_{k=n}^\infty m(B_k) \leq \sum_{k=n}^\infty 2^{-k} = 2^{-n+1}$．特に $m(D) = 0$ ゆえ $F(D) = 0$ となる．他方 D の定義と F の σ-加法性より $F(D) = \lim_{n\to\infty} F(\bigcup_{k=n}^\infty B_k) \geq \limsup_{n\to\infty} F(B_n) \geq \epsilon$ となり矛盾が導かれるから仮定が誤りであり $B \in \mathcal{B}$ について一様に $\lim_{m(B)\to 0} F(B) = 0$ である．逆は明らかである．

問 **16.5** 仮定より $|f_n(s)| \leq M$ なる定数 $M < \infty$ が存在し定数関数 $g(s) = M$ は E 上積分可能で $|f_n(s)| \leq g(s)$ を満たす．したがってルベーグの収束定理より系が示される．

問 **16.6** (この証明は [143] 例 10.22 に従う．) $L > 0$ に対し $x^{-1} = \int_0^L e^{-xt} dt + x^{-1} e^{-Lx}$ より $\int_0^L x^{-1} \sin x\, dx = \mathrm{I}_L + \mathrm{II}_L$．ただし $\mathrm{I}_L = \int_0^L \int_0^L \sin x e^{-xL} dt dx$ および $\mathrm{II}_L = \int_0^L x^{-1} \sin x e^{-Lx} dx$．部分積分により得られる $\int e^{-tx} \sin x dx = -(1+t^2)^{-1}(t\sin x + \cos x) e^{-tx}$ を用いて $\mathrm{I}_L = \mathrm{III}_L + \int_0^L (1+t^2)^{-1} dt$．ただし $\mathrm{III}_L = -\int_0^L (1+t^2)^{-1}(t\sin L + \cos L) e^{-Lt} dt$．ゆえに $\int_0^L x^{-1} \sin x dx - \int_0^L (1+t^2)^{-1} dt = \mathrm{III}_L + \mathrm{II}_L$．$(1+t^2)^{-1}|t\sin L + \cos L| \leq 2$ $(t > 0)$ だから $|\mathrm{III}_L| \leq 2\int_0^L e^{-Lt} dt \leq 2/L$．同様に $|\mathrm{II}_L| \leq 1/L$．したがって $|\int_0^L x^{-1} \sin x dx - \int_0^L (1+t^2)^{-1} dt| \leq 3/L$．$\lim_{L\to\infty} \int_0^L (1+t^2)^{-1} dt = \pi/2$ ゆえ広義積分の収束と等式が示された．

問 **17.1** 定義 17.25 より V, W がノルム空間のとき作用素の空間 $B(V, W)$ の一様位相は V の有界集合 B に対し $p(T; B) = \sup_{x \in B} \|Tx\|$ で定義されるセミノルムによるものであるが，作用素は線型であるからこの位相は単一のノルム $\|T\| = \sup_{\|x\| \leq 1} \|Tx\|$ によるものと一致する．

問 **18.1** 点列 $\{x_n\} \subset V$ は弱収束しているから任意の $f \in V'$ に対し $\{f(x_n)\}_{n=1}^\infty \subset \mathbb{C}$ は有界である．$J: V \to V''$ を定理 17.21 で定義した写像とすると以上より $\{Jx_n(f)|n = 1, 2, \ldots\}$ が任意の $f \in V'$ に対し有界となる．従って共鳴定理 17.3 より $\sup_{n=1,2,\ldots} \|x_n\| = \sup_{n=1,2,\ldots} \|Jx_n\| < \infty$ となり，点列 $\{x_n\}$ は有界である．いま Kx_n が Kx_0 に強収束しないとすると $\{x_n\}$ の部分列 $\{x_{k(\ell)}\}_{\ell=1}^\infty$ である $\epsilon > 0$ に対し $\|Kx_{k(\ell)} - Kx_0\| \geq \epsilon$ $(\forall \ell \geq 1)$ なるものが存在する．$x_{k(\ell)}$ は有界列だから $K: V \to W$ がコンパクト作用素であることから $\{Kx_{k(\ell)}\}$ はある $z \in W$ に収束する部分列 $\{Kx_{k(\ell_j)}\}_{j=1}^\infty$ を含む．特に $\|Kx_0 - z\| \geq \epsilon$ でありかつ任意の $h \in W'$ に対し $h(Kx_{k(\ell_j)}) \to h(z)$ $(j \to \infty)$．他方 $h(Kx_n) = (h \circ K)(x_n)$ は $h \circ K \in V'$ および w-$\lim_{n\to\infty} x_n = x_0$ より $h(Kx_n) \to (h \circ K)(x_0)$．以上より任意の $h \in W'$ に対し $h(z) = (h \circ K)(x_0) = h(Kx_0)$ となるからハーン-バナッハの定理の系 17.6 より $z = Kx_0$ となり矛盾が生じた．

問 20.1 多重指数 α に対し $x^\alpha p(X, D_x, X') f(x) = (\sum_{\beta+\gamma=\alpha} ((-D_\xi)^\beta p)(x, D_x, X')(x^\gamma f))(x)$ であることに注意して補間定理を用いれば $s \geq 0$ の場合が得られる.$s \leq 0$ に対する評価は $s \geq 0$ の場合の双対をとることにより得られる.

問 21.1 $A_\varphi I_{\varphi^*}$ を計算すれば式 (21.42) で $J_\xi(x.\xi, y)$ を $b(x, \xi, y) = a(x, \nabla_x \varphi^{-1}(x, \xi, y)) J_\xi(x, \xi, y)$ で置き換えた式が得られる.そこで $p(x, \xi, y) = 1 - b(x, \xi, y)$ とおいて定理 21.4 と同様に議論すればよい.

関連文献

[1] R. Abraham and J. E. Marsden, Foundations of Mechanics, The Benjamin/Cummings Publishing Company, 2nd ed., London-Amsterdam-Don Mills, Ontario-Sydney-Tokyo, 1978.

[2] S. Agmon, *Spectral properties of Schrödinger operators and scattering theory*, Ann. Scuola Norm. Sup. Pisa **2** (1975), 151-218.

[3] P. Alsholm and T. Kato, *Scattering with long-range potentials*, Proc. Symp. Pure Math. **23** (1973), 393-399.

[4] W. O. Amrein and V. Georgescu, *On the characterization of bound states and scattering states in quantum mechanics*, Helv. Physica Acta **46** (1972), 635-658.

[5] A. Ashtekar and J. Stachel (eds.), *Conceptual Problems of Quantum Gravity*, Birkhäuser, Boston-Basel-Berlin, 1991.

[6] P. Beamish, http://groups.yahoo.com/group/time/message/2054.

[7] A. Boulkhemair, L^2 estimates for pseudodifferential operators, Annali Scuola Normale Sup. Pisa, **22** (1995), 155-183.

[8] A. Boulkhemair, L^2 estimates for Weyl quantization, J. Funct. Anal. **165** (1999), 173-204.

[9] P. Busch and P. J. Lahti, *The determination of the past and the future of a physical system in quantum mechanics*, Foundations of Physics, **19** (1989), 633-678.

[10] A. P. Calderón and R. Vaillancourt, On the boundedness of pseudo-differential operators, J. Math. Soc. Japan, **23** (1971), No. 2, 374-378.

[11] A. P. Calderón and R. Vaillancourt, A class of bounded pseudo-differential operators, Proc. Nat. Acad. Sci. USA, **69** (1972), No. 5, 1185-1187.

[12] P. J. Cohen, Set Theory and the Continuum Hypothesis, W. A. Benjamin, Inc. New York 1966.

[13] H. L. Cycon, R. G. Froese, W. Kirsch and B. Simon, Schrödinger Operators, Springer-Verlag, 1987.

[14] J. Dereziński, *Asymptotic completeness of long-range N-body quantum systems*, Annals of Math. **138** (1993), 427-476.

[15] J. Dereziński and C. Gerard, Scattering Theory of Classical and Quantum N-particle systems, Texts and Monographs in Physics, Springer, 1997.

[16] A. Einstein, *On the electrodynamics of moving bodies*, translated by W. Perrett and G. B. Jeffery from *Zur Elektrodynamik bewegter Körper*, Annalen der Physik, **17** (1905) in The Principle of Relativity, Dover, 1952.

[17] A. Einstein, B. Podolsky, N. Rosen, *Can quantum-mechanical description of physical reality be considered complete?*, Phys. Rev. **47** (1935), 777-780.

[18] V. Enss, *Asymptotic completeness for quantum mechanical potential scattering I. Short-range potentials*, Commun. Math. Phys., **61** (1978), 285-291.

[19] V. Enss, *Asymptotic completeness for quantum mechanical potential scattering II. singular and long-range potentials*, Ann. Physics **119** (1979), 117-132.

[20] V. Enss, *Propagation properties of quantum scattering states*, J. Functional Analysis **52** (1983), 219-251.

[21] V. Enss, *Quantum scattering theory for two- and three-body systems with potentials of short and long range*, in "Schrödinger Operators" edited by S. Graffi, Springer Lecture Notes in Math. **1159**, Berlin 1985, 39-176.

[22] V. Enss, *Introduction to asymptotic observables for multiparticle quantum scattering*, in "Schrödinger Operators, Aarhus 1985" edited

関 連 文 献 573

by E. Balslev, Lect. Note in Math., vol. 1218, Springer-Verlag, 1986, 61-92.

[23] V. Enss, *Long-range scattering of two- and three-body quantum systems*, Equations aux derivées partielles, Publ. Ecole Polytechnique, Palaiseau (1989), 1-31.

[24] S. Feferman, *Transfinite recursive progressions of axiomatic theories*, Journal Symbolic Logic, **27** (1962), 259-316.

[25] J. Fourier, The Analytical Theory of Heat, Transl. by A. Freeman, Dover Publications, Mineola, New York, 2003.

[26] R. Froese and I. Herbst, *Exponential bounds and absence of positive eigenvalues for N-body Schrödinger operators*, Commun. Math. Phys. **87** (1982), 429-447.

[27] D. Fujiwara, *A construction of the fundamental solution for the Schrödinger equation*, J. Analyse Math. **35** (1979), 41-96.

[28] D. Gilberg and N. S. Trudinger, Elliptic Partial Differential Equations of Second Order, Springer-Verlag, Berlin, Heidelberg, New York, 1977.

[29] K. Gödel, *On formally undecidable propositions of Principia mathematica and related systems I*, in "Kurt Gödel Collected Works, Volume I, Publications 1929-1936," Oxford University Press, New York, Clarendon Press, Oxford, 1986, 144-195, translated from *Über formal unentsceidebare Sätze der Principia mathematica und verwandter Systeme I*, Monatshefte für Mathematik und Physik, **38** (1931), 173-198.

[30] K. Gödel, The consistency of the continuum hypothesis, Princeton University Press, 1940.

[31] P. R. Halmos, Measure Theory, Van Nostrand Reinhold Company, New York, Cincinnati, Toronto, London, Melbourne, 1969.

[32] L. Hörmander, *Fourier integral operators I*, Acta Math. **127** (1971), 79-183.

[33] L. Hörmander, *The existence of wave operators in scattering theory*, Math. Z. **146** (1976), 69-91.

[34] L. Hörmander, The Analysis of Linear Partial Differential Operators, II Differentail Operators with Constant Coefficients, Springer, 1983.

[35] L. Hörmander, The Analysis of Linear Partial Differential Operators, IV Fourier Integral Operators, Springer, 1985.

[36] I. L. Hwang, The L^2-boundedness of pseudodifferential operators, Trans. AMS, **302** (1987), No. 1, 55-76.

[37] T. Ikebe, *Eigenfunction expansions associated with the Schrödinger operators and their applications to scattering theory*, Arch. Rational Mech. Anal., **5** (1960), 1-34.

[38] T. Ikebe, *Spectral representation for Schrödinger operators with long-range potentials*, J. Functional Analysis **20** (1975), 158-177.

[39] T. Ikebe, *Spectral representation for Schrödinger operators with long-range potentials II perturbation by short-range potentials*, Publ. RIMS Kyoto Univ. **11** (1976), 551-558.

[40] T. Ikebe and H. Isozaki, *Completeness of modified wave operators for long-range potentials*, Publ. RIMS Math. Sci. **15** (1979), 679-718.

[41] T. Ikebe and H. Isozaki, *A stationary approach to the existence and completeness of long-range wave operators*, Integral Equations Operator Theory **5** (1982), 18-49.

[42] T. Ikebe and Y. Saitō, *Limiting absorption method and absolute continuity for the Schrödinger operators*, J. Math. Kyoto Univ. **12** (1972), 513-542.

[43] M. Insall, private communication, 2003, (an outline is found at: http://www.cs.nyu.edu/pipermail/fom/2003-June/006862.html).

[44] G. L. Isaacs, Real Numbers, McGRAW-HILL LONDON, 1968.

[45] C. J. Isham, *Canonical quantum gravity and the problem of time*, Proceedings of the NATO Advanced Study Institute, Salamanca, June 1992, Kluwer Academic Publishers, 1993.

関 連 文 献 575

[46] H. Isozaki and H. Kitada, *Asymptotic behavior of the scattering amplitude at high energies*, Differential Equations, ed. by I. W. Knowles and R. T. Lewis, North-Holland, 1984, 327-334.

[47] H. Isozaki and H. Kitada, *Micro-local resolvent estimates for 2-body Schrödinger operators*, Journal of Functional Analysis, **57** (1984), 270-300.

[48] H. Isozaki and H. Kitada, *Modified wave operators with time-independent modifiers*, Journal of the Fac. Sci, University of Tokyo, Sec. IA, **32** (1985), 77-104.

[49] H. Isozaki and H. Kitada, *A remark on the microlocal resolvent estimates for two body Schrödinger operators*, Publ. RIMS Kyoto Univ. **21** (1985), 889-910.

[50] H. Isozaki and H. Kitada, *Scattering matrices for two-body Schrödinger operators*, Scientific Papers of the College of Arts and Sciences, The University of Tokyo **35** (1985), 81-107.

[51] W. Jäger, *Ein gewöhnlicher Differentialoperator zweiter Ordnung für Funktionen mit Werten in einem Hilbertraum*, Math. Z. **113** (1970), 68-98.

[52] T. Jech, Set Theory, The Third Millennium Edition, Revised and Expanded, Springer-Verlag, Berlin, Heidelberg, New York, 2003.

[53] A. Jensen and H. Kitada, *Fundamental solutions and eigenfunction expansions for Schrödinger operators II. Eigenfunction expansions*, Math. Z. **199** (1988), 1-13.

[54] T. Kato, Perturbation Theory for Linear operators, Springer-Verlag, 1976.

[55] T. Kato, *Wave operators and similarity for some non-selfadjoint operators*, Math. Annalen 162 (1966), 258-279.

[56] T. Kato and S. T. Kuroda, *Theory of simple scattering and eigenfunction expansions*, Functional Analysis and Related Fields, Springer-Verlag, Berlin, Heidelberg, and New York, 1970, 99-131.

[57] T. Kato and S. T. Kuroda, *The abstract theory of scattering*, Rocky Mount. J. Math. **1** (1971), 127-171.

[58] H. Kitada, *On the completeness of modified wave operators*, Proc. of the Japan Academy **52** (1976), 409-412.

[59] H. Kitada, *A stationary approach to long-range scattering*, Osaka J. Math. **13** (1976), 311-333.

[60] H. Kitada, *Scattering theory for Schrödinger operators with long-range potentials, I abstract theory*, J. Math. Soc. Japan **29** (1977), 665-691.

[61] H. Kitada, *Scattering theory for Schrödinger operators with long-range potentials, II spectral and scattering theory*, J. Math. Soc. Japan **30** (1978), 603-632.

[62] H. Kitada, *Asymptotic behavior of some oscillatory integrals*, J. Math. Soc. Japan **31** (1979), 127-140.

[63] H. Kitada, *On a construction of the fundamental solution for Schrödinger equations*, Journal of the Fac. Sci, University of Tokyo, Sec. IA, **27** (1980), 193-226.

[64] H. Kitada, *Scattering theory for Schrödinger equations with time-dependent potentials of long-range type*, Journal of the Fac. Sci, University of Tokyo, Sec. IA, **29** (1982), 353-369.

[65] H. Kitada, *Fourier integral operators with weighted symbols and micro-local resolvent estimates*, J. Math. Soc. Japan, **39** (1987), 101-124.

[66] H. Kitada, *Fundamental solutions and eigenfunction expansions for Schrödinger operators I. Fundamental solutions*, Math. Z. **198** (1988), 181-190.

[67] H. Kitada, *Fundamental solutions and eigenfunction expansions for Schrödinger operators III. Complex potentials*, Scientific Papers of the College of Arts and Sciences, The University of Tokyo **39** (1989), 109-123.

[68] H. Kitada, *Asymptotic completeness of N-body wave operators I. Short-range quantum systems*, Rev. in Math. Phys. **3** (1991), 101-124.

[69] H. Kitada, *Asymptotic completeness of N-body wave operators II. A new proof for the short-range case and the asymptotic clustering for long-range systems*, Functional Analysis and Related Topics, 1991, Ed. by H. Komatsu, Lect. Note in Math., vol. 1540, Springer-Verlag, 1993, 149-189.

[70] H. Kitada, *Theory of local times*, Il Nuovo Cimento **109 B, N. 3** (1994), 281-302, http://xxx.lanl.gov/abs/astro-ph/9309051.

[71] H. Kitada, *Quantum Mechanics and Relativity – Their Unification by Local Time*, Spectral and Scattering Theory, edited by A. G. Ramm, Plenum Publishers, New York 1998, 39-66. (http://xxx.lanl.gov/abs/gr-qc/9612043)

[72] H. Kitada, *A possible solution for the non-existence of time*, http://xxx.lanl.gov/abs/gr-qc/9910081, 1999.

[73] H. Kitada, *Local Time and the Unification of Physics Part II. Local System*, http://xxx.lanl.gov/abs/gr-qc/0110066, 2001.

[74] H. Kitada, *Inconsistent Universe – Physics as a meta-science –*, (http://arXiv.org/abs/physics/0212092) (2002).

[75] H. Kitada, *Is mathematics consistent?*, (http://arXiv.org/abs/math.GM/0306007) (2003).

[76] H. Kitada, *Does Church-Kleene ordinal ω_1^{CK} exist?*, (http://arXiv.org/abs/math.GM/0307090) (2003).

[77] H. Kitada, Quantum Mechanics, Lectures in Mathematical Sciences, vol. 23, The University of Tokyo, 2005, ISSN 0919-8180, ISBN 1-000-01896-2. (http://arxiv.org/abs/quant-ph/0410061)

[78] H. Kitada, *Fundamental solution global in time for a class of Schrödinger equations with time-dependent potentials*, Commun.

Math. Anal. **1** (2006), 137-147 (http://arxiv.org/abs/math.AP/0607101).

[79] H. Kitada, *Asymptotically outgoing and incoming spaces and quantum scattering*, Commun. Math. Anal. **8** (2010), No. 1, 12-25.

[80] H. Kitada, *Scattering theory for the fractional power of negative Laplacian*, J. Abstr. Differ. Equ. Appl. **1** (2010), No. 1, 1-26. (http://math-res-pub.org/images/stories/abstr11.pdf)

[81] H. Kitada, *A remark on simple scattering theory*, Commun. Math. Anal. **11** (2011), No. 2, 124-138.

[82] H. Kitada, *An implication of Gödel's incompleteness theorem*, International Journal of Pure and Applied Mathematics, **52** (2009) 511-567.

[83] H. Kitada and L. Fletcher, *Local time and the unification of physics, Part I: Local time*, Apeiron **3** (1996), 38-45.

[84] H. Kitada and L. Fletcher, *Comments on the Problem of Time*, http://xxx.lanl.gov/abs/gr-qc/9708055, 1997.

[85] H. Kitada and H. Kumano-go, *A family of Fourier integral operators and the fundamental solution for a Schrödinger equation*, Osaka J. Math., **18** (1981), 291-360.

[86] H. Kitada and K. Yajima, *A scattering theory for time-dependent long-range potentials*, Duke Math. J. **49** (1982), 341-376.

[87] H. Kitada and K. Yajima, *Remarks on our paper "A scattering theory for time-dependent long-range potentials"*, Duke Math. J. **50** (1983), 1005-1016.

[88] S. C. Kleene, Introduction to Metamathematics, North-Holland Publishing Co. Amsterdam, P. Noordhoff N. V., Groningen, 1964.

[89] H. Koch, *Sur une courbe continue sans tangente, obtenue par une construction géométrique élémentaire*, Arkiv för Matematik **1** (1904), 681-704.

[90] S. T. Kuroda, *Scattering theory for differential operators, I operator theory*, J. Math. Soc. Japan **25** (1973), 75-104.

[91] S. T. Kuroda, *Scattering theory for differential operators, II self-adjoint elliptic operators*, J. Math. Soc. Japan **25** (1973), 222-234.

[92] R. Lavine, *Absolute continuity of positive spectrum for Schrödinger operators with long-range potentials*, J. Functional Analysis **12** (1973), 30-54.

[93] R. Lavine, *Commutators and scattering theory II*, Indiana Univ. Math. J. **21** (1972), 643-656.

[94] E. H. Lieb, *The stability of matter: From atoms to stars*, Bull. Amer. Math. Soc. **22** (1990), 1-49.

[95] C. W. Misner, K. S. Thorne, and J. A. Wheeler, Gravitation, W. H. Freeman and Company, New York, 1973.

[96] T. S. Natarajan, private communication, 2000.

[97] T. S. Natarajan, Phys. Essys., **9, No. 2** (1996) 301-310, or *Do Quantum Particles have a Structure?* (http://www.geocities.com/ResearchTriangle/Thinktank/1701/).

[98] J. von Neumann, Mathematical Foundations of Quantum Mechanics, translated by R. T. Beyer, Princeton University Press, Princeton, New Jersey, 1955.

[99] I. Newton, Sir Isaac Newton Principia, Vol. I The Motion of Bodies, Motte's translation Revised by Cajori, Tr. Andrew Motte ed. Florian Cajori, Univ. of California Press, Berkeley, Los Angeles, London, 1962.

[100] Kitarou Nishida, *Absolute inconsistent self-identity* (*Zettai-Mujun-teki-Jikodouitsu*), http://www.aozora.gr.jp/cards/000182/files/1755.html, 1989.

[101] G. Peano, *Sur une courbe, qui remplit toute une aire plane*, Mathematische Annalen **36** (1890), 157-160.

[102] P. Perry, I. M. Sigal and B. Simon, *Spectral analysis of N-body Schrödinger operators*, Ann. Math. **114** (1981), 519-567.

[103] W. V. Quine, Mathematical Logic, revised edition, Harvard University Press, 1981.

[104] M. Reed and B. Simon, Methods of Modern Mathematical Physics Vol. I: Functional Analysis, Academic Press, 1972.

[105] M. Reed and B. Simon, Methods of Modern Mathematical Physics Vol. II: Fourier Analysis, Self-adjointness, Academic Press, 1975.

[106] H. Rogers Jr., Theory of Recursive Functions and Effective computability, McGraw-Hill, 1967.

[107] B. Rosser, *Extension of some theorems of Gödel and Church*, J. Symb. Logic, **1** (1936), 87-91.

[108] D. Ruelle, *A remark on bound states in potential-scattering theory*, Il Nuovo Cimento **61 A** (1969), 655-662.

[109] B. Russell, The Principles of Mathematics, W. W. Norton & Company, New York, London, Norton paperback edition reissued 1966.

[110] Y. Saitō, *The principle of limiting absorption for second-order differential equations with operator-valued coefficients*, Publ. RIMS, Kyoto Univ. **7** (1971/72), 581-619.

[111] Y. Saitō, *Spectral and scattering theory for second-order differential operators with operator-valued coefficients*, Osaka J. Math. **9** (1972), 463-498.

[112] Y. Saitō, *Spectral theory for second-order differential operators with long-range operator-valued coefficients I Limiting absorption principle*, Japan. J. Math. **1** (1975), 311-349.

[113] Y. Saitō, *Spectral theory for second-order differential operators with long-range operator-valued coefficients II Eigenfunction expansions and the schrödinger operators with long-range potentials*, Japan. J. Math. **1** (1975), 351-382.

[114] Y. Saitō, Spectral Representations for Schrödinger Operators with Long-Range Potentials, Lecture Notes in Math. **727**, Springer, 1979.

[115] L. I. Schiff, Quantum Mechanics, McGRAW-HILL, New York, 1968.

[116] U. R. Schmerl, *Iterated reflection principles and the ω-rule*, Journal Symbolic Logic, **47** (1982), 721–733.

[117] I. M. Sigal and A. Soffer, *The N-particle scattering problem: Asymptotic completeness for short-range systems*, Ann. Math. **126** (1987), 35-108.

[118] R. M. Smullyan, Gödel's Incompleteness Theorems, Oxford University Press, 1992.

[119] E. M. Stein, Harmonic Analysis: Real-Variable Methods, Orthogonality, and Oscillatory Integrals, Princeton University Press, Princeton, New Jersey, 1993.

[120] Ronald Swan, *A meta-scientific theory of nature and the axiom of pure possibility*, a draft not for publication, 2002.

[121] Teiji Takagi, *A simple example of the continuous function without derivative*, Proc Phys.-Math. Soc. Japan, Ser. II 1, 1903, 176-177

[122] Teiji Takagi, The Collected Papers of Teiji Takagi, Iwanami-Shoten, 1973, 5-6.

[123] G. Takeuti and W. M. Zaring, Introduction to axiomatic set theory, second edition, Springer-Verlag, 1982

[124] A. M. Turing, *Systems of logic based on ordinals*, Proc. London Math. Soc., ser. 2, **45** (1939), 161–228.

[125] P. Wegner and D. Goldin, *Mathematical models of interactive computing*, draft, January 1999, Brown Technical Report CS 99-13, http://www.cs.brown.edu/people/pw.

[126] A. N. Whitehead, Process and Reality, The Free Press, 1978.

[127] A. N. Whitehead and B. Russell, Principia Mathematica, Vol. 1-3, Cambridge Univ. Press, 1910-1913 and 1925-1927.

[128] A. N. Whitehead and B. Russell, Principia Mathematica to *56, Cambridge University Press, 1997.

[129] D. R. Yafaev, *New channels in three-body long-range scattering*, Equations aux derivées partielles, Publ. Ecole Polytechnique, Palaiseau XIV (1994), 1–11.

[130] D. R. Yafaev, Mathematical Scattering Theory, Analytic Theory, Mathematical Surveys and Monographs Vol. 158, American Mathematical Society, Providence, Rhode Island, 2010.

[131] K. Yosida, Functional Analysis, Springer-Verlag, 1968.

[132] アーノルド, 常微分方程式, 現代数学社, 1981.

[133] 服部 昭, 線型代数学, 朝倉書店, 1982.

[134] 伊藤清三, ルベーグ積分入門, 裳華房, 1969.

[135] 北田 均, フーリエ解析の話, 現代数学社, 2007.

[136] 北田 均, 大数学者の数学 ゲーデル／不完全性発見への道, 現代数学社, 2011.

[137] コルモゴロフ-フォーミン, 函数解析の基礎, 岩波書店, 2002.

[138] 熊ノ郷 準, 擬微分作用素, 岩波書店, 1974.

[139] 熊ノ郷 準, 偏微分方程式, 共立出版株式会社, 1978.

[140] 黒田 成俊, スペクトル理論 II, 岩波講座 基礎数学, 岩波書店, 1979.

[141] 黒田 成俊, 関数解析, 共立出版, 1980.

[142] 黒田 成俊, 量子物理の数理, 岩波書店, 2007.

[143] 黒田 成俊, 微分積分, 共立出版, 初版 7 刷, 2009.

[144] 中尾 槙宏, 微分積分学, 近代科学社, 1987.

[145] ポントリャーギン, 常微分方程式, 共立出版株式会社, 1968.

[146] 齋藤 正彦, 線型代数入門, 東京大学出版会, 2000.

[147] 佐武 一郎, 線型代数学, 裳華房, 1980.

[148] 杉浦 光夫, 解析入門 I, 東京大学出版会, 1981.

[149] 杉浦 光夫, 解析入門 II, 東京大学出版会, 1985.

[150] 吉田 洋一, ルベグ積分入門, 培風館, 2002.

索引

あ

アイコナル方程式 eikonal equation, 542, 545
アルキメデス的 archimedean, 197
安定性 stability, 14

い

位相 topology, 219
位相空間 topological space, 220, 243
一意性 uniqueness, 20
一次結合 linear combination, 19
一次従属 linearly dependent, 65
一次独立 linearly independent, 65
1 対 1 対応 one-to-one mapping, 40, 150
一様収束 uniform convergence, 260, 287
一様有界性定理 the uniform boundedness theorem, 413
一様連続 uniformly continuous, 247
一般化 generalization, 118, 145
一般化された関数 generalized function, 436
一般連続体仮説 generalized continuum hypothesis, 184
ϵ-近傍 ϵ-neighborhood, 227
陰関数定理 implicit function theorem, 285, 306

う

上に有界 bounded (from) above, 202
上への写像 onto mapping, 150
上への対応 onto mapping, 40
埋め込み写像 embedding mapping, 197

え

影響範囲 scope, 119
エゴロフの定理 Egorov's theorem, 390
n 次元ベクトル空間 n-dimensional vector space, 15
m-a.e m-almost everywhere, 390
$m \times n$ 型行列 $m \times n$ matrix, 15
m-可積分 m-integrable, 392
m に関し積分可能 integrable with respect to m, 392
m に関し絶対連続 absolutely continuous with respect to m, 396
L^2-有界 L^2-bounded, 506
エルミート行列 Hermitian matrix, 58
エルミート変換 Hermitian operator, 58
演繹可能 deducible, 121
円形 balanced, équilibré, 407
円周率 the ratio of the circumference of a circle to its diameter, 277

お

黄金比 golden ratio, 14
置き換え permutation, 49

か

外延性の公理 axiom of extensionality, 147, 148
開核 open kernel, 222
開球 open ball, open sphere, 227
開集合 open set, 220
階数 rank, 26, 72, 75

解析関数 analytic function, 303
外測度 outer measure, 377
外点 exterior point, 222
開被覆 open covering, 237
外部 exterior, 222
ガウス積分 Gaussian integral, 362, 430
下界 lower bound, 202
可逆 invertible, 504, 522
下極限 inferior limit, 209
核空間 kernel, 70
拡大 extension, 197
拡大係数行列 enlarged coefficient matrix, 23
拡張 extension, 150, 417
各点収束 pointwise convergence, 260
下限 infimum, 202
可算加法族 countably additive class, 372
可算加法的 countably additive, 371, 375
可算集合 countable set, 161, 162
可算無限 countably infinite, 161
下積分 lower integral, 323
可測 measurable, 377, 386
可測空間 measurable space, 371, 372
可測関数 measurable function, 390
可測集合 measurable set, 372
カタストロフ catastrophe, 3
括弧 parenthesis, 116
カテゴリー定理 Baire's category theorem, 236, 414
可付番集合 countable set, 161
可分 separable, 242
可分値 separably-valued, 460
カラテオドリの意味で可測 measurable in the sense of Carathéodory, 377
関係 relation, 159
関数 function, 202
関数記号 function symbol, 116
完全 complete, 201

完全加法族 completely additive class, 372
緩増加超関数 tempered distribution, 448
カントール Georg Cantor, 140, 141
カントールの公理 Cantor's axiom, 199, 207, 234
カントールの対角線論法 Cantor's diagonal argument, 163
カントールの連続体仮説 Cantor's continuum hypothesis, 184
カントール-ベルンシュタインの定理 Cantor-Bernstein theorem, 163
カントール列 Cantor sequence, 234
完備 complete, 201, 232, 376
完備化 completion, 232, 236, 376
完備距離空間 complete metric space, 232
完備性 completeness, 226

き

基底 basis, 19, 65, 225
帰納系 inductive system, direct system, 410
帰納的 inductive, 47, 116
帰納的極限 inductive limit, direct limit, 410
擬ノルム pseudonorm, 410
擬ノルム空間 pseudonormed linear space, 410
擬微分作用素 pseudodifferential operator, 404, 480, 495
基本近傍系 fundamental system of neighborhood, 223
基本変形行列 elementary matrix, 34
基本列 fundamental sequence, 205, 231
逆関数 inverse function, 151, 254, 285
逆関数定理 inverse function theorem, 306, 310

逆行列 inverse matrix, 27, 31
逆元 inverse element, 192
逆写像 inverse mapping, 64, 151
球 ball, sphere, 227
吸収的 absorbing, 407
級数 series, 265
強位相 strong topology, 435
境界点 boundary point, 223
強可測 strongly measurable, 460
強極限 strong limit, 415
強収束 strong convergence, 458
強双対 strong dual, 434
共通部分 intersection, 153
強$\mathcal{B}$-可測 strongly $\mathcal{B}$-measurable, 460
行ベクトル row vector, 16
共鳴定理 the resonance theorem, 414, 459
共役型のフーリエ積分作用素 conjugate Fourier integral operator, 484
行列 matrix, 15
行列式 determinant, 47
極限数 limit ordinal, 177
極限点 limit point, 230
極座標 polar coordinates, 312
極小元 minimal element, 155
極小値 minimal value, 298
極小点 minimal point, 298
局所可積分 locally integrable, 440
局所コンパクト空間 locally compact space, 373
局所点列弱コンパクト locally sequentially weakly compact, 459, 460, 513
局所凸空間 locally convex space, 407
局所凸線型位相空間 locally convex linear topological space, 407
極大値 maximal value, 298
極大点 maximal point, 298
極値 extremum, 298
極値点 extremum point, 298
距離 metric, 219
距離空間 metric space, 219, 226, 243

距離空間として同型 isometric, 229
距離付け可能 metrizable, 413, 420
近似列 exhaustion, 355
近傍 neighborhood, 227

く

空集合 empty set, null set, 155
空集合の公理 axiom of null set, 147, 149
クラメルの公式 Cramer's formula, 52
クレタ人のパラドクス Cretan paradox, 114
クロネッカーのデルタ Kronecker's delta, 51

け

形式主義 formalism, 114
形式的集合論 formal set theory, 142
形式的体系 formal system, 115
係数行列 coefficient matrix, 9, 22
計量 metric, 53
計量線型空間 metric linear space, 77
計量線型同型 isomorphic, 79
計量同型写像 isomorphism, 58, 78
ケイレイ-ハミルトン Cayley-Hamilton, 93
ゲーデル数 Gödel number, 122, 123, 134
ゲーデルの第一不完全性定理 Gödel's first incompleteness theorem, 115
ゲーデルの第二不完全性定理 Gödel's second incompleteness theorem, 115
ゲーデルの不完全性定理 Gödel's incompleteness theorem, 136
ゲーデル-ベルネイの公理論的集合論 Gödel-Bernays set theory, 143
結合法則 associative law, 54

決定不可能 undecidable, 165
元 element, 141
原始関数 primitive function, 336, 341
原子式 atomic formula, 117, 144

こ

項 term, 116, 117
高階微分 higher derivative, 290
広義積分 improper integral, v, 346, 355, 362, 404, 405, 474, 485, 527, 558
後者 successor, 156, 177
後者集合 successor-set, 156
合成関数 composite map, 291
合成写像 composite map, 245
交代性 alternating property, 48
項 t は式 $A(x)$ の変数 x に対し自由である t is free for x in $A(x)$, 119, 146
恒等置き換え identity permutation, 53
恒等写像 identity transformation, 64
恒等変換 identity transformation, 64
項別積分 termwise integration, 340
項別微分 termwise differentiation, 339
後方領域 strongly incoming region, 542
公理 axiom, 118, 145
公理論的集合論 axiomatic set theory, 141, 142, 165
コーシーの公理 Cauchy's axiom, 199, 206, 215, 232
コーシー列 Cauchy sequence, 205, 231, 511
コーヘン Paul J. Cohen, 184
互換 transposition, 49
個体記号 individual symbol, 116
コッホ Helge von Koch, 7
コッホ曲線 Koch curve, 7, 365
古典軌道 classical orbit, 542
固有空間 eigenspace, 81

固有多項式 characteristic polynomial, 82
固有値 eigenvalue, 10, 60, 76
固有値問題 eigenvalue problem, 10, 12, 60
固有ベクトル eigenvector, 10, 60, 76
固有方程式 characteristic equation, 82
混沌 chaos, 3, 7
コンパクト compact, 237
コンパクト作用素 compact operator, 478, 512, 553
コンパクト写像 compact mapping, 246
コンパクト集合 compact set, 237, 245

さ

再帰的 recursive, 116
最小元 minimum element, 159
最小多項式 minimal polynomial, 93, 94, 97
最小値 minimum, 246
最小の極限数 minimum limit ordinal, 177
最大公約因子 greatest common divisor, 87
最大値 maximum, 246
細分 refinement, 323
差集合 difference of sets, 153
サポート support, 287
作用素に関する一様位相 uniform topology of operators, 435
作用素に関する強位相 strong topology of operators, 434
作用素ノルム operator norm, 288
三角関数 trigonometric function, 276
三角級数 trigonometric series, 165
三角不等式 triangle inequality, 54, 226
三段論法 Modus ponens, Syllogism, 118, 145

散乱理論 scattering theory, 529

し

G_δ-集合 G_δ-set, 374
式 well-formed formula, wff, 117, 144
σ-加法族 σ-additive class, 372
σ-加法的 σ-additive, 375
σ-代数 σ-algebra, σ-ring, 372
σ-有限 σ-finite, 375
次元 dimension, 20, 37
自己共役作用素 selfadjoint operator, 417
自己相似 self-similar, 7, 8
自己相似性 self-similarity, 3, 4
指数関数 exponential function, 253, 256
自然数 natural number, 155, 156, 177, 185
自然対数 natural logarithm, 259
四則演算 four arithmetic operations, 190
下に有界 bounded (from) below, 202
実数 real number, 111, 141, 185
実数の完全性ないし完備性 completeness of real numbers, 201
実数の切断 cut of real numbers, 199
実数の濃度 cardinality (cardinal) of real numbers, 183
実数の連続性 continuity (or completeness) of real numbers, 199
実正規行列 real normal matrix, 317
自明でない解 nontrivial solution, 60
弱可測 weakly measurable, 460
弱収束 weak convergence, 458
弱$\mathcal{B}$-可測 weakly $\mathcal{B}$-measurable, 460
写像 mapping, 13, 16, 149
集合 set, 141
集合として同値 equivalent as sets, 160
集合の構成 construction of sets, 148
集合の同値 equivalent as sets, 159

集合の包含関係 inclusion relation, 148
集合論 set theory, 141, 165
集積点 accumulation point, 202, 222, 230
収束 converngence, 203
収束定理 convergence theorem, 395
収束半径 radius of convergence, 278
自由変数 free variable, 119, 146
縮小写像 contraction, 243, 260
縮小写像の原理 principle of contraction mapping, 260
主切断 principal cut, 188
述語記号 predicate symbol, 116
述語計算 predicate calculus, 119, 146
述語論理 predicate logic, 119, 146
シュミットの直交化法 orthonormalization of Schmidt, 56, 78
シュレーディンガー方程式 Schrödinger equation, 528
シュワルツの不等式 Schwarz' inequality, 54, 331
順序関係 order relation, 189
順序準同型写像 order homomorphism, 168
順序数 ordinal number, 165, 172, 173
順序体 ordered field, 167
順序同型写像 order isomorphism, 168
商位相 quotient topology, 224
商位相空間 quotient topological space, 224
上界 upper bound, 167, 202
上界公理 upper bound axiom, 199, 202, 210
小行列式 minor, 47
上極限 superior limit, 209
商空間 quotient space, 99
上限 supremum, 167, 202
条件収束 conditionally convergent, 268
商集合 quotient set, 160
上積分 upper integral, 323

証明 proof, 121
証明可能 provable, 115, 121, 133
証明論 proof theory, 114
ジョルダン標準形 Jordan canonical form, 81, 98, 103
振動積分 oscillatory integral, 404, 405, 479
シンボル symbol, 487, 491, 494, 497, 498, 502

す

推移性 transience, 172
推移的 transitive, 172
随伴行列 adjoint matrix, 58
随伴作用素 adjoint operator, 416, 417
推論規則 rules of inference, 118, 145
数学基礎論 foundations of mathematics, 114
数学的帰納法 mathematical induction, 121, 132
数学的帰納法の原理 principle of mathematical induction, 157, 178
数値項 numeral, 117
数値的に表現可能 numeralwise expressible, 134
スカラー scalar, 16, 63
スケーリングファクター(縮尺比) scaling factor, 4
∗弱位相 weak∗ topology, 434
∗弱双対 weak∗ dual, 434

せ

正規直交基底 orthonormal basis, 56, 77
正規直交系 orthonormal system, 56
正規変換 normal transformation, 58, 86, 103, 104, 107
制限 restriction, 150
正項級数 positive term series, 271
斉次方程式 homogeneous equation, 45

整数 integer, 185
正則行列 regular matrix, non-singular matrix, 31
正則公理 axiom of regularity, 148, 154
正則測度 regular measure, 383
正定値対称行列 positive definite symmetric matrix, 318
正方行列 square matrix, 16, 28
整列可能定理 well-ordering theorem, 154, 159, 181
整列集合 well-ordered set, 159, 166, 167
整列順序 well-order, 166, 181
跡 trace, 82
積分可能 integrable, 393
積分定数 integral constant, 341
絶対収束 absolutely convergent, 267
切断 cut, 188
切片 segment, 167
切片写像 order-preserving function from a segment onto an initial segment, 168
セミノルム seminorm, 407, 491, 498, 506
漸近完全性 asymptotic completeness, 529
線型位相空間 linear topological space, 406
線型近似 linear approximation, 3
線型空間 linear space, 63
線型結合 linear combination, 19, 56
線型作用素 linear operator, 13
線型写像 linear mapping, 9, 13, 15, 64
線型従属 linearly dependent, 65
線型性 linearity, 13
線型同型 isomorphic, 64
線型独立 linearly independent, 18, 19, 29, 65
線型汎関数 linear functional, 434
線型部分空間 linear subspace, 56, 65
線型変換 linear transformation, 9,

13, 58, 70
線型包 linear hull, linear span, 70
全射 surjection, 150
選出公理 axiom of choice, 154
全順序集合 totally ordered set, 158
全称量化子 universal quantifier, 116, 144
線積分 curvilinear integral, 364
全疎集合 non-dense set, nowhere dense set, 226, 237, 414
選択公理 axiom of choice, 143, 148, 154, 159, 181
全単射 bijection, 150
前ヒルベルト空間 pre-Hilbert space, 415
前方領域 strongly outgoing region, 542
全有界 totally bounded, 238

そ

像 image, 16
相関数 phase function, 482, 515, 516, 551
双曲関数 hyperbolic function, 276
相似 similar, 70
相似性 similarity, 4
相対位相 relative topology, 245
相対コンパクト relatively compact, 441
相対コンパクトな作用素 relatively compact operator, 535
双対空間 dual space, 289, 434
測度空間 measure space, 375
束縛変数 bounded variable, 119, 146
素朴な集合論 naive set theory, 142
ソボレフ空間 Sobolev space, 427
存在量化子 existential quantifier, 116, 144

た

台 support, 287

第一可算公理 the first countability axiom, 225
第一類の集合 a set of the first category, 226
対角化 diagonalization, 43, 63
対角化可能 diagonalizable, 43, 61, 86
対角行列 diagonal matrix, 86
対角線論法 diagonal argument, 140
台がコンパクトな超関数 distribution with compact support, 447
対称差 symmetric difference, 153
対称作用素 symmetric operator, 417
代数学の基本定理 fundamental theorem of algebra, 60
対数関数 logarithmic function to the base a, 259
第二可算公理 the second countability axiom, 225
第二類の集合 a set of the second category, 226, 237
代表元 representative, 99, 160, 165, 172
タイプ理論 type theory, 142
互いに素 relatively prime, 91
(高々)可算 countable, 161
多重指数 multi-index, 313, 417
多重積 multi-product, 501
多重積分 multiple integral, 344
多重線型 multilinear, 48
畳み込み convolution, 363
縦ベクトル column vector, 15
タルスキー Tarski, 114
ダルブーの定理 Darboux's theorem, 319, 325
単位円 unit circle, 276
単位元 identity element, 194
単位正方行列 unit matrix, 26
単関数 simple function, 392, 460
単射 injection, 150
単純収束位相 simple convergence topology, 434
単調減少 monotonically decreasing,

索引 591

204, 253
単調収束定理 monotone convergence theorem, 395
単調数列公理 monotonic-sequence axiom, 199, 204, 210
単調増大 monotonically increasing, 204, 253

ち

置換公理 axiom of substitution, 147, 151
稠密 dense, 197
超関数 distribution, 420, 436
超関数の台 support of a distribution, 447
超局所解析 micro-local analysis, v, 527
超限帰納法 transfinite induction, 183
超限帰納法的構成 construction by transfinite induction, 179
超限帰納法の原理 principle of transfinite induction, 178
超限無限 transfinite, 165
超数学 metamathematics, 114
直積距離空間 product metric space, 227
直積集合 direct product, 153, 159
直積測度 product measure, 399
直接的帰結 immediate consequence, 121
直和 direct sum, 72
直観主義 intuitionism, 113
直径 diameter, 229
直交行列 orthogonal matrix, 58, 317
直交補空間 orthogonal complement, 56, 62

つ

ツェルメロ Ernest Zermelo, 142
ツェルメロ-フレンケルの公理論的集合論 Zermelo-Fraenkel set theory, 142

Zorn の補題 Zorn's lemma, 184, 453

て

T-不変 T-invariant, 61
定義域 domain, 16, 150
ディターミナント determinant, 47
テイラー展開 Taylor's expansion, 302
テイラーの公式 Taylor's formula, 301, 304
ディラックの超関数 Dirac distribution, 440, 444
定理 theorem, 121
テスト関数 testing function, 420, 436
デデキント Richard Dedekind, 200
デデキントの公理 Dedekind's axiom, 199, 201, 210
転置行列 transposed matrix, 32
転置縦ベクトル transposed column vector, 19
点列コンパクト sequentially compact, 238
点列弱完備 sequentially weakly complete, 458

と

同一視作用素 identification operator, 529, 541
導関数 derived function, derivative, 289
同型写像 isomorphism, 64
導集合 derived set, 222
同相写像 homeomorphism, 224
同値関係 equivalence relation, 160
等長作用素 isometric operator, 456
同値類 equivalence class, 160
特殊化 specialization, 118, 145
特性関数 characteristic function, 349
特性多項式 characteristic polynomial, 82
特性方程式 characteristic equation, 82

凸 convex, 407
トポロジー (位相) topology, 221
トレース trace, 82

な

内積 inner product, 53, 58, 286
内点 interior point, 222
長さが有限の曲線 rectifiable curve, 364
中への関数ないし写像 into mapping, 150

に

二項定理 binomial theorem, 270
二等分割公理 bisection axiom, 199, 206, 210
ニュートン Newton, 3, 7

の

濃度 cardinal, 180
濃度 cardinality, 163, 165, 180, 183
ノルム norm, 54, 285, 412
ノルム空間 normed linear space, 286, 412
ノルム線型空間 normed linear space, 285, 286

は

パーセバルの関係式 Parseval's relation, 432
ハーン-バナッハの定理 Hahn-Banach theorem, 338, 451, 463
バーンスレイのシダの葉 Barnsley's fern, 8
排中律 the law of the excluded middle, 113
ハイネ-ボレルの公理 Heine-Borel axiom, 241
ハウスドルフ空間 Hausdorff space, 373
掃き出す sweep out, 27
発散 diverge, 204
波動作用素 wave operator, 529
バナッハ環 Banach algebra, 477
バナッハ空間 Banach space, 285, 286, 413
ハミルトン-ヤコビ方程式 Hamilton-Jacobi equation, 545
張る span, 56, 70
汎関数 functional, 314, 434
反射的 reflexive, 457
反証可能 refutable, 133

ひ

$\mathcal{B}$-可測 $\mathcal{B}$-measurable, 386
非可算 uncountable, 161
非可算無限集合 uncountably infinite set, 163
非順序対の公理 axiom of unordered pair, 147, 149
非斉次方程式 inhomogeneous equation, 45
非線型方程式 nonlinear equation, 4
非退化 non-degenerate, 317
左単化表象 left simplified symbol, 493
非負整数 nonnegative integer, 177
微分 derivative, 281, 285, 289
微分可能 differentiable, 289
微分積分学の基本定理 the fundamental theorem of calculus, 319, 336, 338, 469, 472, 553
表象 symbol, 487, 488, 491
ヒルベルト空間 Hilbert space, 415

ふ

ファトゥーの補題 Fatou's lemma, 397
フィボナッチ Fibonacci, 8
フーリエ積分作用素 Fourier integral operator, 404, 482, 515
フーリエの積分公式 Fourier's integral formula, 428

索引　593

フーリエの積分定理 Fourier's integral theorem, 428
フーリエの反転公式 Fourier's inversion formula, 428
フォンノイマン John von Neumann, 165
不完全 incomplete, 139
不完全性 incompleteness, 122
複雑系 complex system, 3
複素共役 complex conjugate, 54
複素数 comlex number, 54
不定積分 indefinite integral, 336
負定値対称行列 negative definite symmetric matrix, 318
不動点定理 fixed point theorem, 243, 260, 306
フビニの定理 Fubini's theorem, 319, 344, 400, 488
部分集合 subset, 148
部分積分 integration by parts, 314, 343, 474
部分列 subsequence, 203
不変部分空間 invariant subspace, 75
プライム prime, 159
フラクタル fractal, 5, 7, 14
フラクタル次元 fractal dimension, 4, 5
ブラリ-フォルティ Cesare Burali-Forti, 142
プランシュレルの定理 Plancherel's theorem, 433
フレーゲ Gottlob Frege, 142
フレッシェ空間 Fréchet space, 413
フレッシェ微分 Fréchet derivative, iv
不連結 disconnected, 249
フレンケル Adolf Fraenkel, 142
分割 partition, 319
分出公理 axiom of subset (or comprehension), 152, 155
分数 fraction, 196
分配法則 distributive law, 54

へ

ペアノ Giuseppe Peano, 7
ペアノ曲線 Peano curve, 7, 365
平均値の定理 mean value theorem, 293, 300, 322
閉集合 closed set, 220
閉包 closure, 225
ベール関数 Baire function, 390
ベール集合 Baire set, 374
ベール測度 Baire measure, 383
ベールのカテゴリー定理 Baire's category theorem, 236, 414
べき級数 power series, 277
冪(べき)集合 power set, 159
冪集合の公理 axiom of power set, 148, 162
ヘッセ行列 Hesse matrix, Hessian, 316
ヘビサイド関数 Heaviside function, 444
ヘルダー条件 Hölder condition, 249
ヘルダーの不等式 Hölder's inequality, 423
ヘルダー連続 Hölder continuous, 249
変換 transformation, 13
変数記号 variable, 116
偏微分 partial differentiation, 285, 290
偏微分可能 partially differentiable, 290
変分学の基本補題 the fundamental lemma of the calculus of variations, 314, 364

ほ

補集合 complement, 153
ほとんど至るところ可分値 m-almost separably-valued, 461
ボホナー可積分 Bochner integrable, 465
ボホナー積分 Bochner integral, 465

ボルツァーノ-ワイエルシュトラスの公理 Bolzano-Weierßtrass axiom, 199, 210
ボルノロジク空間 bornologic space, 437
ボレル空間 Borel space, 372
ボレル集合 Borel set, 372, 374
ボレル測度 Borel measure, 383
本質的に自己共役 essentially selfadjoint, 417

ま

マクローリン展開 MacLaurin's expansion, 302

み

右単化表象 right simplified symbol, 493
密着位相 trivial topology, indiscrete topology, 221
ミンコフスキの不等式 Minkowski's inequality, 422
ミンコフスキ汎関数 Minkowski functional, 409

む

無基礎の公理 axiom of non-well-foundation, 155
無限公理 axiom of infinity, 148, 155, 156
無限次元 infinite dimension, infinite dimensional, 65, 285
無限次元線型空間 infinite dimensional linear space, 287
無限集合 infinite set, 161, 162

め

命題計算 propositional calculus, 118, 145
メタレベル meta level, 134

も

モース指数 Morse index, 317

や

ヤコビ行列式 Jacobian, 356

ゆ

有界 bounded, 229, 407
有界収束位相 bounded convergence topology, 434
有界数列 bounded sequence, 204
有界数列公理 bounded-sequence axiom, 199, 204, 210
有界線型作用素 bounded linear operator, 288
有界双線型写像 bounded bilinear mapping, 290
有界な線型写像 bounded operator, 288
有界閉区間 bounded closed interval, 319
有界閉集合 bounded closed set, 246
有界無限部分集合 bounded infinite set, 203
有基礎の公理 axiom of well-foundation, 155
ユークリッド空間 Euclidean space, 15, 222
有限加法族 finitely additive class, 371
有限加法的 finitely additive, 371
有限次元 finite dimension, finite dimensional, 65, 285
有限集合 finite set, 161
有限の立場 finitary standpoint, 114
有向集合 directed set, 409
有理数 rational number, 161, 185, 186
ユニタリ行列 unitary matrix, 58
ユニタリ変換 unitary transformation, 58, 433

索引　595

よ

余因子 cofactor, 47
要素 element, 141
横ベクトル row vector, 16

ら

ラッセル Bertrand Russell, 142
ラッセルのパラドクス Russell's paradox, 142, 155

り

リーマン-ルベーグの定理 Riemann-Lebesgue's theorem, 433
リーマン積分 Riemann integral, 303, 319, 320
リーマン積分可能 Riemann integrable, 319, 321
リーマン和 Riemann sum, 320
離散位相 discrete topology, 221
離散空間 discrete space, 221
リプシッツ条件 Lipschitz condition, 249
リプシッツ連続 Lipschitz continuous, 249
量子散乱 quantum scattering, 527
臨界点 critical point, 312

る

類 class, 143
類の公理 axiom of class, 147
ルベーグ外測度 Lebesgue outer measure, 377
ルベーグ可測 Lebesgue measurable, 384
ルベーグ積分 Lebesgue integral, 321, 371
ルベーグ測度 Lebesgue measure, 375
ルベーグの収束定理 Lebesgue's dominated convergence theorem, 397

ルベーグ非可測集合 Lebesgue nonmeasurable set, 384

れ

零集合 null set, 390
零ベクトル zero vector, 18
劣加法性 subadditivity, 377
列ベクトル column vector, 15
連結 connected, 243, 249
連結集合 connected set, 251
零元 zero element, 191
連続 continuous, 243
連続写像 continuous mapping, 243
連続線型汎関数 continuous linear functional, 434
連続体仮説 continuum hypothesis, 165, 181
連続微分可能 continuously differentiable, 289

ろ

ロッサー Rosser, 115, 133, 134, 136
ロピタルの定理 l'Hôpital's theorem, 300
ロルの定理 Rolle's theorem, 299
論理記号 logical symbol, 116

わ

ワイエルシュトラスの公理 Weierßtrass axiom, 202
歪エルミート skew Hermitian, 105
和空間 sum of subspaces, 57, 70
和集合の公理 axiom of sum set (or union), 147, 151
和ないし和集合 sum set, 151
割り算 division, 196

著者紹介：

北田　均（きただ・ひとし）

理学博士

著　書　Quantum Mechanics, Lectures in Mathematical Sciences,
　　　　The University of Tokyo, Vol. 23, 2005
　　　　フーリエ解析の話，現代数学社，2007
　　　　ゲーデル　不完全性発見への道，現代数学社，2011
　　　　ほか

新装版　数理解析学概論

2025 年 3 月 21 日　初版第 1 刷発行

著　者　北田　均

発行者　富田　淳

発行所　株式会社　現代数学社
　　　　〒606-8425 京都市左京区鹿ヶ谷西寺ノ前町 1
　　　　TEL 075 (751) 0727　FAX 075 (744) 0906
　　　　https://www.gensu.co.jp/

装　幀　中西真一（株式会社 CANVAS）

印刷・製本　有限会社 ニシダ印刷製本

ISBN 978-4-7687-0662-6　　　　　　　　　　Printed in Japan

● 落丁・乱丁は送料小社負担でお取替え致します．
● 本書のコピー，スキャン，デジタル化等の無断複製は著作権法上での例外を除き禁じられています．本書を代行業者等の第三者に依頼してスキャンやデジタル化することは，たとえ個人や家庭内での利用であっても一切認められておりません．

ⓒ Hitoshi Kitada